全国本科院校机械类创新型应用人才培养规划教材

机械制图（第 2 版）

主　编　孙晓娟　王慧敏
副主编　张绍群　刘志香
参　编　鲍春平　周桂云

北京大学出版社
PEKING UNIVERSITY PRESS

内容简介

本书是在第1版的基础上，根据教育部高等院校工程图学教学指导委员会2005年制定的“普通高等院校工程图学课程教学基本要求”及2003年以来颁布的与机械制图有关的国家标准，并吸收近几年来的教改经验修订而成的，是全国本科院校机械类创新型应用人才培养规划教材。

本书主要内容包括制图的基本知识和技能，投影的基本知识，点、直线及平面的投影，立体的投影，组合体，轴测图，机件图样的表达方法，标准件与常用件，零件图，装配图，附录。各章节前有教学提示和教学要求。书中零件图和装配图中的国家标准按照2008年最新国家标准编写，表面结构表示法按2006年国家标准编写。

与本书配套的习题集也同时做了修订。为了给使用本书的教师和学生提供方便，在北京大学出版社网站上可下载本书多媒体课件及配套习题集电子版答案。

本书可作为高等院校工科机械类各专业机械制图课程的教材，也可供相近专业的师生及工程技术人员参考。

图书在版编目(CIP)数据

机械制图/孙晓娟，王慧敏主编. —2版. —北京：北京大学出版社，2011.8
(全国本科院校机械类创新型应用人才培养规划教材)
ISBN 978-7-301-19332-7

Ⅰ. ①机… Ⅱ. ①孙…②王… Ⅲ. ①机械制图—高等学校—教材 Ⅳ. ①TH126

中国版本图书馆CIP数据核字(2011)第157881号

书　　名：机械制图(第2版)
著作责任者：孙晓娟　王慧敏　主编
策 划 编 辑：童君鑫
责 任 编 辑：周　瑞
标 准 书 号：ISBN 978-7-301-19332-7/TH・0254
出　版　者：北京大学出版社
地　　址：北京市海淀区成府路205号　100871
网　　址：http://www.pup.cn　http://www.pup6.cn
电　　话：邮购部62752015　发行部62750672　编辑部62750667　出版部62754962
电 子 邮 箱：pup_6@163.com
印　刷　者：三河市欣欣印刷有限公司
发　行　者：北京大学出版社
经　销　者：新华书店
787毫米×1092毫米　16开本　21.25印张　497千字
2007年8月第1版　2011年8月第2版　2014年1月第3次印刷
定　　价：38.00元

前　言

本书根据教育部“面向21世纪工程制图与机械基础系列课程教学内容和课程体系改革的研究与实践”项目教改整体方案的要求，以及近年来颁布的与机械制图有关的国家标准，在认真总结和充分吸收近几年的教学与教改成功经验的基础上，对本教材第1版进行了修订和改编。

本书主要有以下特点。

(1) 重视基础理论。本书在现有的学时下比较全面、系统、准确地论述基本投影理论，注意对这些理论进行新的总结和提炼。本书以点、线、面的投影为基础理论，立足于培养学生形象思维能力、空间想象力和表达创新设计思想的能力。

(2) 贯彻少而精原则，加强基础，突出重点，注重实用性。本书在编写中按照培养本科应用型人才的特点，特别注重实用性。书中的例子、例图多数来自生产实践，表达方法及简化画法等都是实用性较强的方法。

(3) 重视手工绘图。在科技活动中，经常用计算机绘制标准的图样，而在进行日常的设计及科技思想交流时，有时用徒手绘图比较方便。徒手绘制草图的方法与技能训练贯穿全书，既有利于加强学生徒手画草图能力的培养，又有利于加速培养学生空间想象能力。

(4) 在便于学生自学的前提下，力求表述简练。精心设计和选用图例，将文字说明和图例紧密结合，使描述重点突出，条理分明。

(5) 编写严谨、规范。全书内容科学准确、语言流畅、逻辑性强，图例丰富、插图清晰。本书全部采用我国最新颁布的《技术制图与机械制图》国家标准及与制图相关的其他标准。

本书除绪论、附录外，共10章，并且有与之配套的《机械制图习题集(第2版)》可供选用。

本书由孙晓娟(第1章、第9章、附录)、王慧敏(第5章、第8章、附录)担任主编；张绍群(第2章、第3章)、刘志香(第7章)担任副主编；参加编写的还有鲍春平(第4章、第10章)、周桂云(第6章)。由孙晓娟进行全书的统稿工作。

本书在编写过程中参考了一些同行所编写的教材、书籍和文献等，在此一并表示衷心的感谢！

由于编者水平有限，编写时间仓促，书中难免有疏漏之处，恳请使用本书的师生和有关人士批评指正。

编　者

2011年6月

前言

目　录

绪 论

1. 本课程的研究对象及主要任务

在机械制造业中，机械设备是根据图样加工制造的。如果要生产一部机器，首先必须画出表达该机器的装配图和所有零件图，然后根据零件图制造出全部零件，再按照装配图装配成机器。在工程技术中，工程图样是生产中不可缺少的技术文件。它是工程和产品信息的载体，人们通过图样来表达设计思想。图样不但是指导生产的重要技术文件，而且是进行技术交流的重要工具。因此，图样是每一个工程技术人员必须掌握的“工程界的语言”。

机械制图就是研究如何运用正投影的基本原理，绘制和阅读机械图样的学科。它是工科院校学生一门十分重要的、必修的技术基础课程，其主要任务如下。

(1) 培养学生使用投影的方法及二维平面图形表达三维图形转换的能力。

(2) 培养学生空间图形的想象力、空间图形的分析能力以及二、三维能力。

(3) 培养学生创造性构型设计能力。

(4) 培养学生正确使用绘图仪器和工具、徒手绘图的技能，同时具备查阅各标准件与常用件、标准结构及各项技术要求等国家标准的能力，并掌握看图和绘图的技巧。

(5) 培养学生严格遵守《技术制图》、《机械制图》等国家标准的意识和认真细致的工作态度及严谨踏实的工作作风。

2. 本课程的性质及内容

本课程是一门理论严谨、实践性强、与工程实践有着密切联系的基础课；对培养学生掌握科学思维方法，增强创新意识有重要的作用；它研究的是绘制和阅读工程图样的原理和方法，同时培养学生的空间想象和形象思维能力，也是普通高等院校本科理工科专业重要的技术基础课程。

本课程的内容分为两大部分：工程图学基础和工程图样绘制与阅读。具体内容可分为两个方面。

(1) 相关国家标准基本规定以及投影法的基本理论。

(2) 绘制和看懂简单的零件图和装配图。

3. 本课程的学习方法

学好本课程一般应做到以下几点。

(1) 牢固掌握投影理论和投影方法，培养和提高空间思维能力，并在理解的基础上由浅入深根据物体画图和根据图样想象物体的形状，反复进行训练，从而掌握一定的绘图和读图能力。

(2) 认真完成每章习题(习题集)，在做作业的过程中，养成正确使用绘图工具和仪器的习惯，牢牢把握机械制图基本理论和基本方法，严格遵守国家标准的各项规定，切忌死记硬背、只翻书懒动手的不良习惯，通过作业培养绘图和读图能力。

(3) 经常深入生产实际，向有经验的工程技术人员和工人师傅学习，不断增加和丰富自己的工程实践知识。同时注意克服自己在学习和绘图过程中的急躁情绪与粗糙马虎等不良习惯，逐步养成勤于思考、勇于拼搏、认真负责、精益求精的良好作风。

4. 我国工程图学的发展概况

纵观我国工程图学的发展，大致分三个阶段。

(1) 古代积累了许多经验，留下了丰富的历史遗产。我国在工程图学方面有着悠久的历史，从出土的陶器、骨板和铜器等文物上的花纹考证，早在4000多年前的殷商时代，我们的祖先当时就已有简单的绘图能力，掌握了绘画几何图形的技能。3000多年前的春秋时代，我国劳动人民就创造了“规、矩、绳、墨、悬、水”等绘图工具。宋代是我国古代工程图学发展的全盛时期，建筑制图以李诫的《营造法式》(公元1100年成书，公元1103年刊行)为代表，共36卷，其中建造房屋的图样达6卷之多，对建筑制图的规格、营造技术、工料等阐述详尽，有很高的水平。机械制图以曾公亮的《武经总要》为代表。书中已能用透视投影、平行投影等投影法来绘制物体形状，其中图样绘制、线型采用及文字技术说明等都明显反映制图的规范化和标准化情况。明代宋应星所著《天工开物》中大量图例正确运用了轴测图表示工程结构，清代程大位所著《算法统筹》中有丈量步车的装配图和零件图。

(2) 建国以后制图技术重新得到了快速发展。由于中国长期处于封建制度统治下，工农业生产发展迟缓，近代又经历了鸦片战争、抗日战争等，制图技术的发展也受到阻碍。建国以后，我国各行各业处于百业待兴状态，党和政府及时把工作中心调整到经济建设上来，先后制定了11个“五年计划”及目前的“十二五”规划。这期间我国的各行各业得到了快速发展，我国的工程图学也有了较快的发展，在理论图学、应用图学、计算机图学、制图技术、制图标准、图学教学等各个方面，都有了相应的发展。《机械制图》教科书建立在投影理论的基础上，很大程度上是依附于国家机械制图标准。我国于1956年由原第一机械工业部发布了第一个部颁标准《机械制图》，共21项；1959年由原国家科委发布了第一套《机械制图》国家标准，共20项，从而结束了旧中国留下的混乱局面。后来，在1970年及1974年，又分别对《机械制图》标准做了修订。但上述标准均属前苏联ГОСТ标准体系。为适应改革开放的需要，1983—1984年，由原国家标准局批准发布了跟踪国际标准(ISO)的17项《机械制图》国家标准，并于1985年开始实施，这套标准当时达到国际先进水平，其中部分标准一直沿用到今天。到2006年底为止，1985年实施的17项制图标准中已有14项被先后修订。

(3) 电子技术时代，制图技术产生革命性的飞跃。随着科学技术的突飞猛进，制图理论与技术等得到很大的发展。尤其是在电子技术迅速发展的今天，人们把数控技术应用于制图领域，于是在20世纪中叶产生了第一台绘图机，它的诞生使制图技术产生了革命性的飞跃。人们从此由原来的手工绘图开始逐步走向半自动化乃至实现制图技术自动化。现在的一些企业、设计院中已很少摆放过去用的图板，取而代之的是一台台计算机、打印机和绘图机。由于CAD、CG等技术的发展，采用计算机绘图在工业生产的各个领域已经得到了广泛的应用，人们在进行产品设计时，也将越来越多地使用三维图形。在得到直观形象的同时，还可将计算机内部自动生成的数据文件传输给数控机床，从而加工出合格的零件。可见，随着各种先进的绘图软件的推出，工程制图技术必将在我国的四个现代化建设中发挥出越来越重要的作用。

第1章 制图的基本知识和技能

教学提示

工程图样是工程界共同的技术语言，是表达技术人员设计思想、交流技术经验的方法之一，是现代工业生产中的重要技术文件。因此，必须对此做出统一的规定。中华人民共和国国家标准《技术制图》和《机械制图》是统一我国制图实践标准的最具权威的强制性文件，每一位工程技术人员在绘制图样时，都应严格遵守和贯彻执行。

教学要求

要求学生通过学习本章内容，逐渐熟悉国家标准中图幅的幅面及格式、比例、字体、尺寸标注和线型等基本规定，了解绘图仪器的使用方法，掌握并严格遵守《机械制图》国家标准的有关规定，学会并熟练掌握机械制图中的基本几何作图原理，为正确、合理、灵活地运用这些原理进行工程图样的绘制和阅读打好基础。

1.1 国家标准《技术制图》和《机械制图》

1959年，我国首次颁布了国家标准《机械制图》。以后，随着生产技术不断进步和经济建设的不断发展，中华人民共和国国家质量监督检验检疫总局又几次颁布和修订了《机械制图》国家标准及一些技术文件。《技术制图》标准在内容上具有统一性和通用性，它涵盖了机械、电气、水利等行业。《机械制图》标准则是机械类专业制图标准。《技术制图》和《机械制图》国家标准是工程界重要的技术基础标准，是绘制和阅读工程图样的依据。工程技术人员必须熟悉和掌握有关标准和规定。

国家标准《机械制图》含有17个独立的标准，它们是参照国际标准化组织(ISO)制订的。国家标准简称国标，其代号是GB，例如GB/T 4656.1—2000，其中，GB/T是表示推荐性国标，GB表示强制性国标，4656.1是标准编号，2000是发布年份。

本节介绍图纸幅面和格式、比例、字体、图线、尺寸标注法等制图标准中的内容。

1.1.1　图纸幅面、格式和标题栏

1. 图纸幅面(GB/T 14689—2008)

图纸幅面是指图纸宽度和长度组成的图面。图纸幅面有基本幅面和加长幅面两类。绘制技术图样时，优先选用表1-1中的基本幅面，必要时允许选用加长幅面，加长幅面是按基本幅面的短边成整数倍增加。

表1-1　图纸幅面尺寸和图框尺寸

幅面代号	A0	A1	A2	A3	A4
B×L	841×1189	594×841	420×594	297×420	210×297
e	20		10		
c	10			5	
a	25				

2. 图框格式(GB/T 14689—1993)

图框是图纸上限定绘图区域的线框。在图纸上，必须用粗实线画出图框，用来限定绘图区域，其格式分为留装订边和不留装订边两种，如图1.1和图1.2所示。同一产品的图样只能采用一种格式。加长幅面的图框尺寸按所选定的基本幅面大一号的图框尺寸确定。

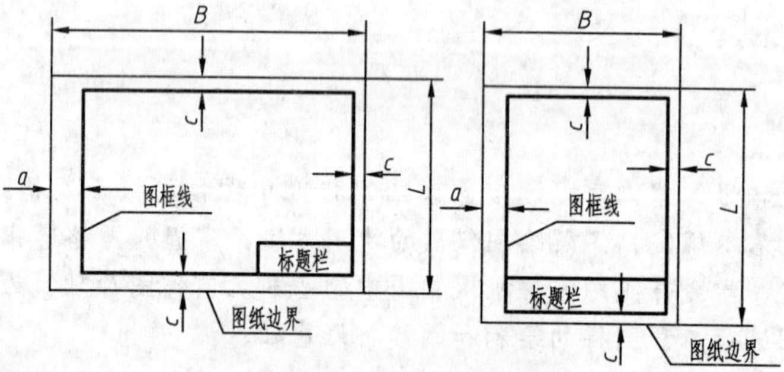

图1.1　留装订边的图框格式

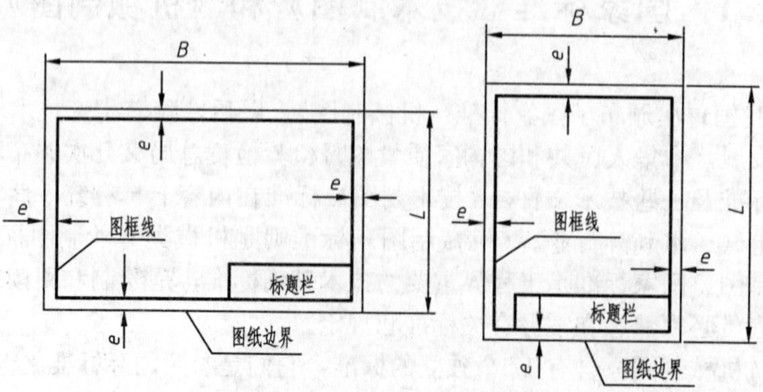

图1.2　不留装订边的图框格式

3. 标题栏

每张图纸上都必须画出标题栏，标题栏是由名称、代号区、签字区、更改区和其他区域组成的栏目。标题栏的基本要求、内容、尺寸和格式应根据 GB/T 10609.1—1989《技术制图标题栏》的规定。标题栏位于图纸右下角，底边与下图框线重合，右边与右图框线重合。

零件图采用图 1.3 所示的标题栏，装配图标题栏的格式及尺寸如图 1.4 所示。

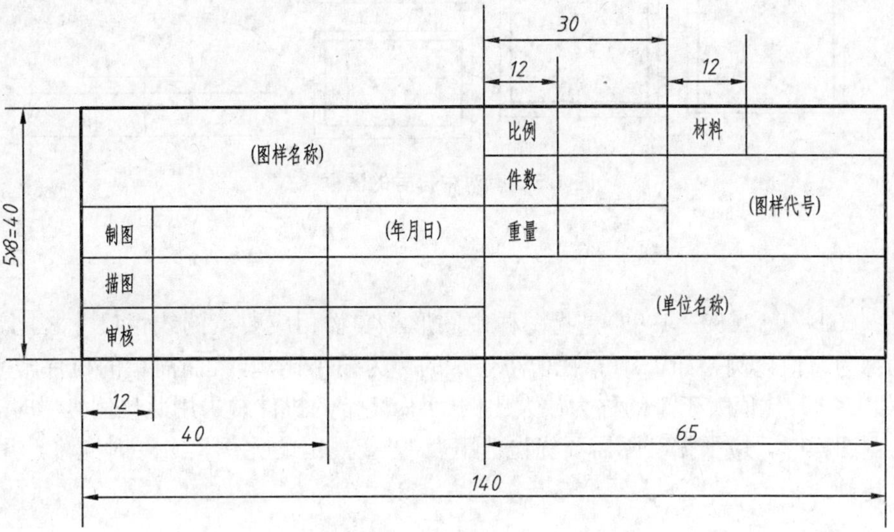

图 1.3　零件图标题栏的格式及尺寸

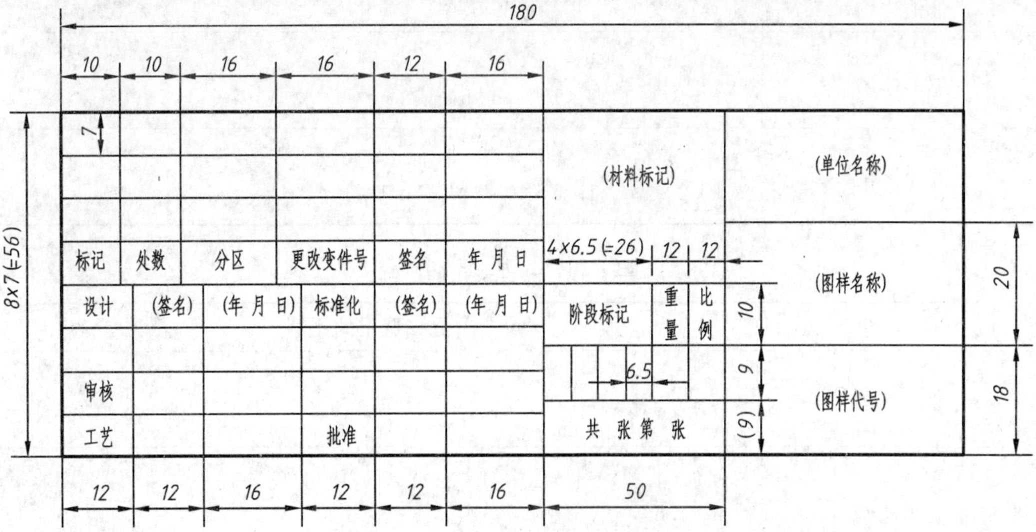

图 1.4　装配图标题栏的格式及尺寸

根据视图布置的需要，图纸可以横放(长边位于水平方向)或竖放(短边位于水平方向)，标题栏位于图框右下角，如图 1.1、图 1.2 所示，这时看图与看标题栏的方向一致。

但有时为了利用预先印刷好图框和标题栏的图纸，允许将图纸逆时针旋转 90°，标题栏位于图框右上角，此时看图方向与标题栏方向不一致。为了明确绘图与看图时的图纸方向，应在图框下边的中间位置画一个方向符号——细实线的等边三角形，为了使图样复制和缩微摄影时定位方便，均应在图纸各边的中点处分别画出对中符号，如图 1.5 所示。

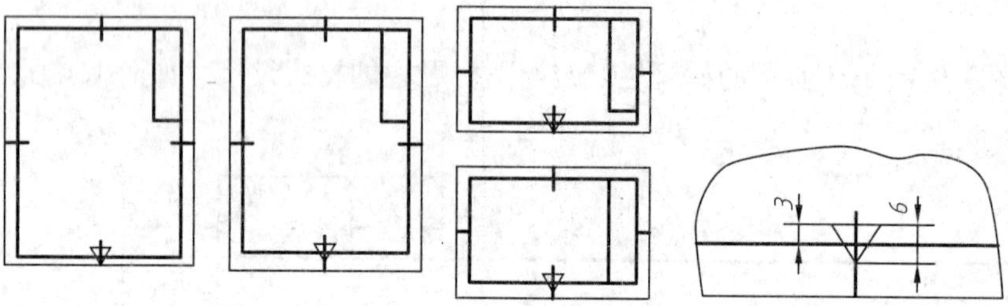

图 1.5 有对中符号的图框格式

1.1.2 比例

比例(GB/T 14689—1993)是指图样中图形与实物相应要素的线性尺寸之比。比值等于 1 的称为原值比例，如 1∶1；比值小于 1 的称为缩小比例(大而简单的机件常采用此比例)，如 1∶3；比值大于 1 的称为放大比例(小而复杂的机件常采用此比例)，如 4∶1。

绘制图样时，应根据实际需要优先选用表 1-2 规定的比例，必要时允许选用表 1-3 规定的比例。

表 1-2 优先选用的比例

种 类	优先选用的比例
原值比例	1∶1
放大比例	2∶1　5∶1 1×10^n∶1　2×10^n∶1　5×10^n∶1
缩小比例	1∶2　1∶5　1∶10 1∶2×10^n　1∶5×10^n　1∶1×10^n

表 1-3 允许选用的比例

种 类	允许选用的比例
放大比例	2.5∶1　4∶1 2.5×10^n∶1　4×10^n∶1
缩小比例	1∶1.5　1∶2.5　1∶3　1∶4　1∶6 1∶1.5×10^n　1∶2.5×10^n　1∶3×10^n 1∶4×10^n　1∶6×10^n

绘制同一机件的各视图应尽可能采用相同的比例，并在标题栏的“比例”栏内填写。当某个图形需要不同的比例时，必须按规定另行标注。

不论采用何种比例，图形中标注的尺寸按机件的实际尺寸大小标出，与所选的比例无关，如图 1.6 所示。

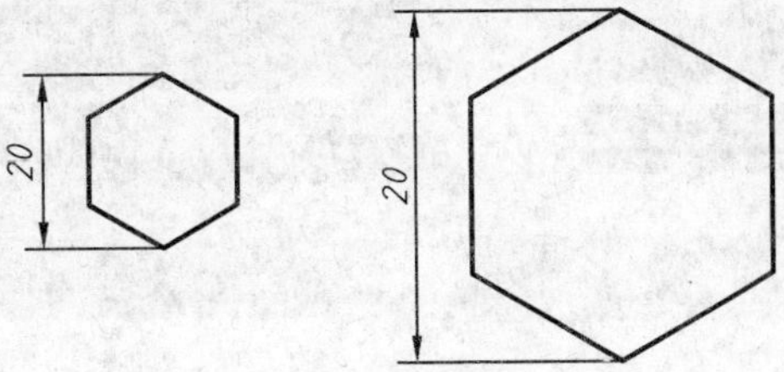

图 1.6　用不同比例画出的图形

1.1.3　字体

1. 技术图样及有关技术文件中字体的基本要求

字体(GB/T 14691—1993)指的是图中文字、字母、数字的书写形式。国家标准 GB/T 14691—1993《技术制图　字体》对字体做了规定。图样上所注写的汉字、数字、字母必须做到以下几点。

(1) 字体工整、笔画清楚、间隔均匀、排列整齐。

(2) 字体的高度(用 h 表示)，其公称尺寸系列为：1.8mm、2.5mm、3.5mm、5mm、7mm、10mm、14mm、20mm。若有需要，字高可按$\sqrt{2}$的比率递增。字体高度代表字体号数。

(3) 汉字应写成长仿宋体字，并应采用国家正式公布推行的《汉字简化方案》中规定的简化字。汉字的高度 h 不应小于 3.5mm，其字宽一般为 $h/\sqrt{2}$。

(4) 数字和字母分 A 型和 B 型。B 型字体的笔画宽度为字高的 1/10；A 型字体的笔画宽度为字高的 1/14。同一图样上，只允许选用一种形式的字体。

(5) 数字和字母可写成直体或斜体。斜体的字头向右倾斜，与水平基准线成 75°。但在计量单位符号(安培 A、牛 N、米 m)、单位字头(千 k、毫 m、兆 M)、化学符号(碳 C、氮 N、铁 Fe)、数学符号(sin、cos、ln)等场合则应采用直体。

2. 常用字头示例

(1) 汉字，长仿宋体汉字的书写要领是：横平竖直，注意起落，结构均匀，填满方格。

1) 10 号字

字体工整笔画清楚间隔均匀排列整齐

2) 7 号字

横平竖直注意起落结构均匀填满方格

3) 5 号字

技术制图机械电子汽车航空船舶土木建筑矿山井坑港口纺织服装

4) 3.5 号字

螺纹齿轮端子接线飞行指导驾驶舱位挖填施工引水通风闸阀坝棉麻化纤

(2) 拉丁字母和数字的示例如下。

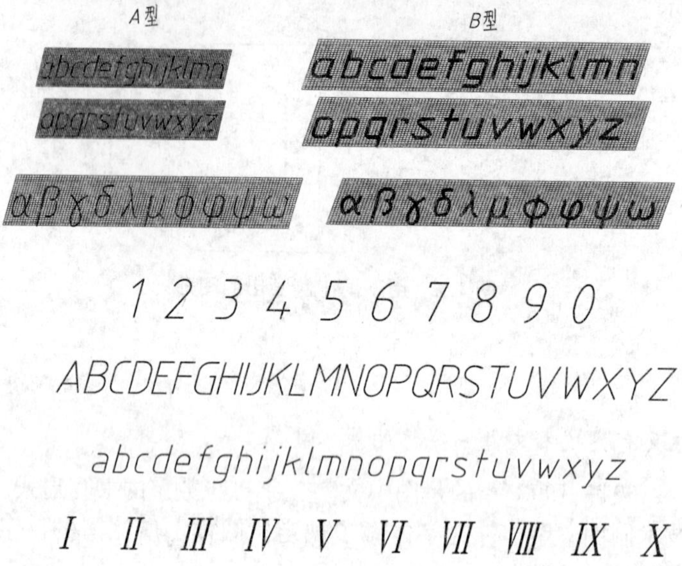

(3) 用作指数、分数、极限偏差、注角的数字及字母，一般应采用小一号字体。

$\phi 20^{+0.021}_{0}$　　$\phi 25^{-0.007}_{-0.020}$

1.1.4　图线及其画法

1. 图线线型及应用

图线时图中所采用各种型式的线。GB/T 4457.4—2002《机械制图　图样画法　图线》规定了图线的基本线型有 15 种。机械制图中常用的图线有 9 种，见表 1-4。

表 1-4　基本线型及应用

图线名称	代码	线型	线宽	一般应用
细实线	01.1		$d/2$	(1) 过渡线 (2) 尺寸线 (3) 尺寸界线 (4) 指引线和基准线 (5) 剖面线 (6) 重合断面的轮廓线 (7) 螺纹牙底线
波浪线	01.1	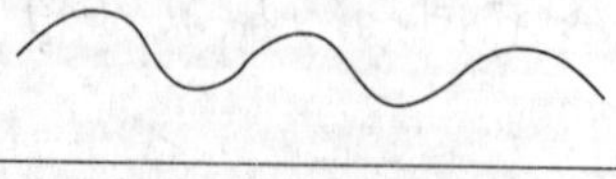	$d/2$	(1) 断裂处边界线 (2) 视图与剖视图的分界线
双折线	01.1	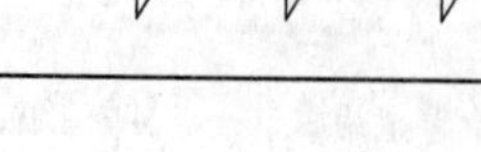	$d/2$	(1) 断裂处边界线 (2) 视图与剖视图的分界线

（续）

图线名称	代码	线型	线宽	一般应用
粗实线	01.2		*d*	(1) 可见棱边线 (2) 可见轮廓线 (3) 相贯线 (4) 螺纹牙顶线 (5) 螺纹长度终止线
细虚线	02.1	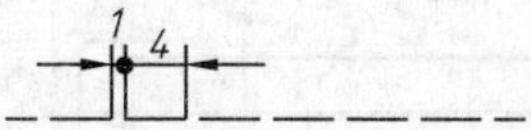	*d*/2	(1) 不可见棱边线 (2) 不可见轮廓线
粗虚线	02.2		*d*	允许表面处理的表示线
细点画线	04.1	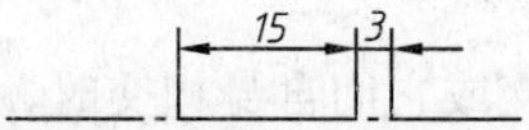	*d*/2	(1) 轴线 (2) 对称中心线 (3) 分度圆(线)
粗点画线	04.2		*d*	限定范围表示线
双点画线	05.1	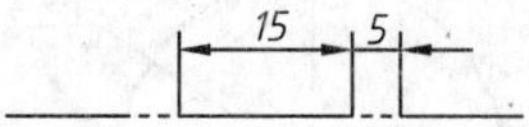	*d*/2	(1) 相邻辅助零件的轮廓线 (2) 可动零件的极限位置的轮廓线 (3) 轨迹线

2. 图线的宽度

图线宽度(*d*)应按图样的类型和尺寸大小在下列数系中选择：0.13mm、0.18mm、0.25mm、0.35mm、0.5mm、0.7mm、1.0mm、1.4mm、2mm。

图线按线宽分为粗、细两种，它们的宽度之比为 2∶1。粗线宽度优先选用 0.5mm 和 0.7mm 两组。为了保证图样的清晰度、易读性和便于缩微复制，应尽量避免采用小于 0.18mm 的图线。

3. 图线应用

图线应用示例如图 1.7 所示。

4. 图线的画法

(1) 同一图样中，同类图线的宽度应一致。同一条虚线、点画线及双点画线的画长度和间隔应各自大致相等。

(2) 两条平行线之间的距离最小间距不小于 0.7mm。

(3) 画圆的对称中心线(细点画线)时，圆心应为长画的交点。细点画线两端应超出圆的轮廓线 3～5mm；点画线、双点画线的首末两端应是长画，而不是间隔和点。点画线、双点画线的点不是点，而是一个约 1mm 的短画；在较小的图形上绘制点画线有困难时，可用细实线代替，如图 1.8 所示。

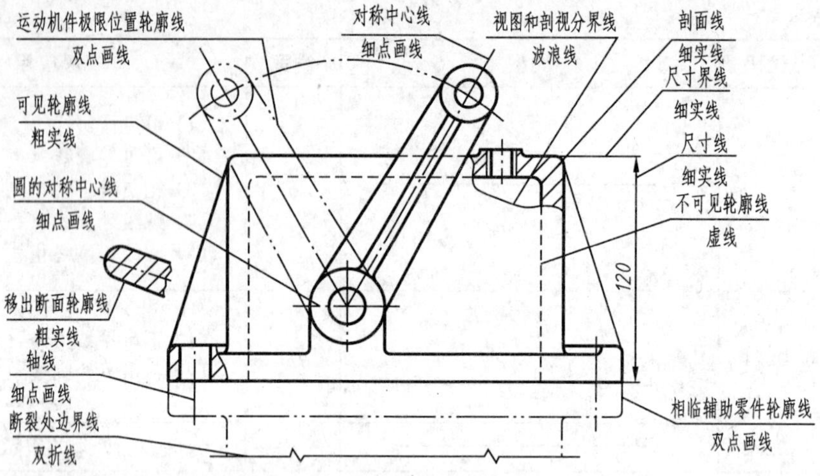

图 1.7 图线的应用举例

(4) 虚线、点画线或双点画线和实线相交或它们自身相交时，应以“画”相交，而不应为“点”或“间隔”；虚线、点画线或双点画线为实线的延长线时，不得与实线相连。如图 1.8 所示。

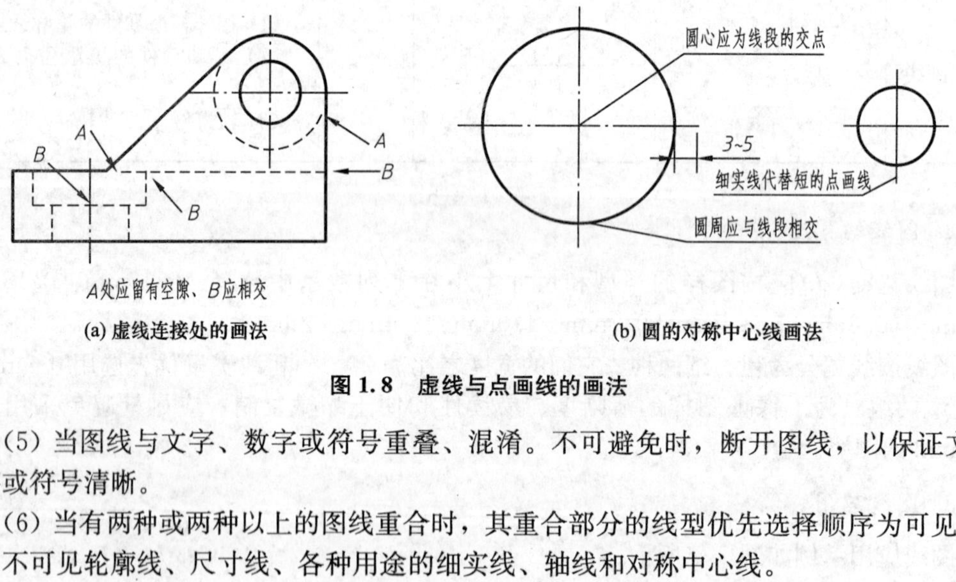

(a) 虚线连接处的画法　　(b) 圆的对称中心线画法

图 1.8 虚线与点画线的画法

(5) 当图线与文字、数字或符号重叠、混淆。不可避免时，断开图线，以保证文字、数字或符号清晰。

(6) 当有两种或两种以上的图线重合时，其重合部分的线型优先选择顺序为可见轮廓线、不可见轮廓线、尺寸线、各种用途的细实线、轴线和对称中心线。

1.1.5 尺寸注法

图样中的视图只能表达物体的形状，物体各部分的真实大小及相对位置要靠标注尺寸来确定。尺寸也可配合图形表达物体的形状。

下面介绍国家标准(GB/T 4458.4—2003)《尺寸标注》的基本规则和基本规定的主要内容。

1. 基本规则

(1) 机件的真实大小应以图样上所注尺寸数值为依据，与图形的大小及绘图的准确度无关。

(2) 机件的每一尺寸，一般只标注一次，并应标注在反映该结构最清晰的图形上。

(3) 图样中的尺寸(包括技术要求和其他说明)，以mm(毫米)为单位时，不需标注计量单位，如采用其他单位，则必须注明相应的单位符号。

(4) 图样中所标注的尺寸，为该图样所示机件的最后完工尺寸，否则应另加说明。

2. 尺寸的组成

一个完整的尺寸由尺寸界线、尺寸线、尺寸数字和尺寸终端组成，如图1.9所示。

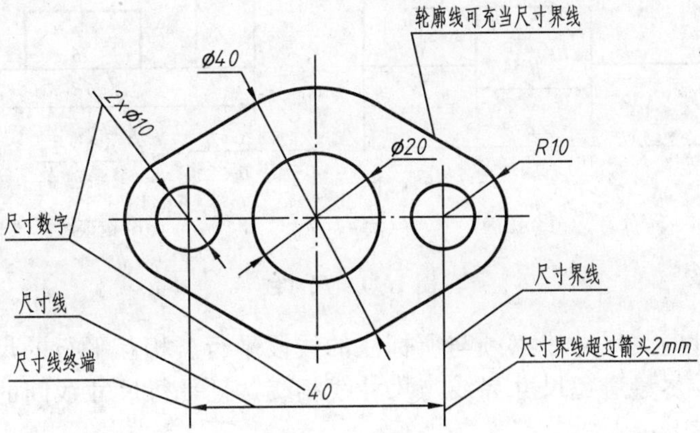

图1.9　尺寸要素

1) 尺寸界线

尺寸界线用细实线绘制，一般由图形的轮廓线、轴线或对称中心线处引出。也可利用轮廓线、轴线或对称中心线本身作尺寸界线。尺寸界线超出尺寸线2～3mm左右，尺寸界线一般应与尺寸线垂直，必要时允许倾斜，如图1.10所示。

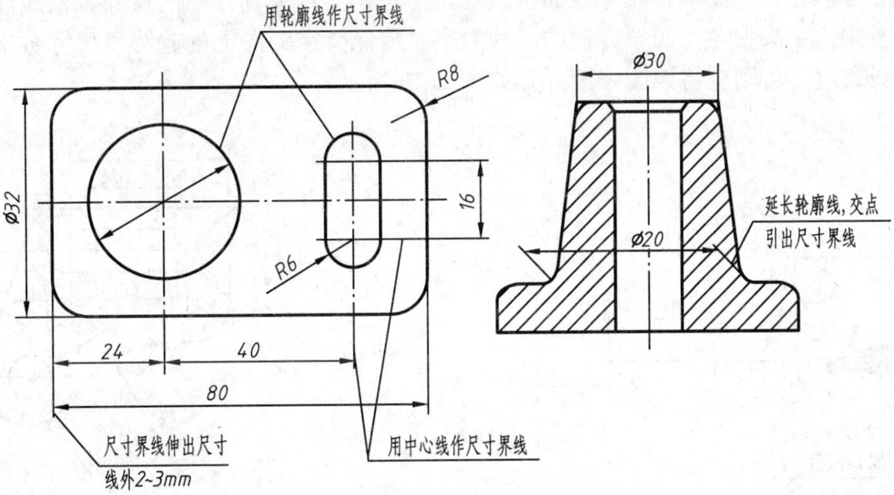

图1.10　尺寸界线

2) 尺寸线

尺寸线必须用细实线绘制，不得用其他任何图线代替，也不得与其他图线重合或画在其他图线的延长线上，并应避免尺寸线之间相交，如图 1.11 所示。

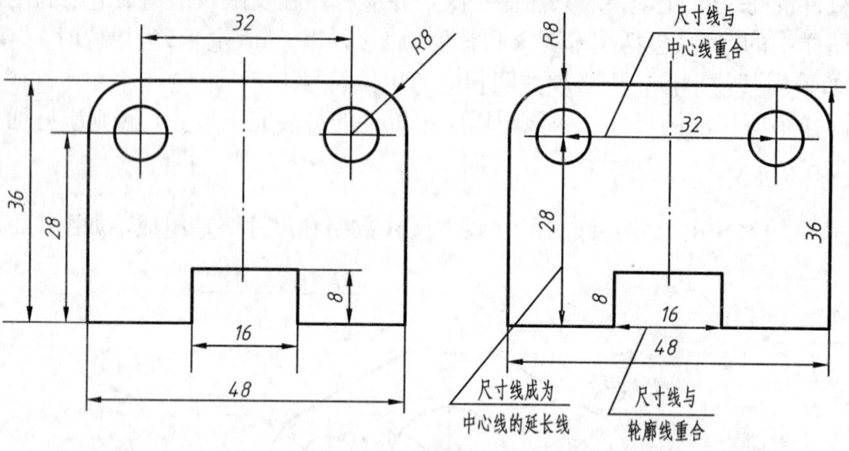

(a) 正确　　(b) 错误

图 1.11　尺寸线

标注线性尺寸时，尺寸线必须与所标注的线段平行。相互平行的尺寸线，大尺寸在外，小尺寸在内，尽量避免尺寸界线与尺寸线相交，且平行尺寸线间的间距尽量保持一致，一般约为 5～10mm。

3) 尺寸线终端

尺寸线终端有两种形式：箭头和斜线，同一张图样中只能采用一种尺寸线终端。机械图样一般用箭头形式，箭头尖端与尺寸界线接触，不得超出也不得离开，如图 1.12 所示。

4) 尺寸数字

尺寸数字按标准字体书写，且同一张纸上的字高要一致。线性尺寸数字一般注写在尺寸线的上方，也允许注写在尺寸线的中断处，字头朝上；垂直方向的尺寸数值应注写在尺寸线的左侧，字头朝左；倾斜方向的尺寸数字，应保持字头向上的趋势。尺寸数字不能被任何图线通过，否则应将该图线断开，如图 1.13 所示。

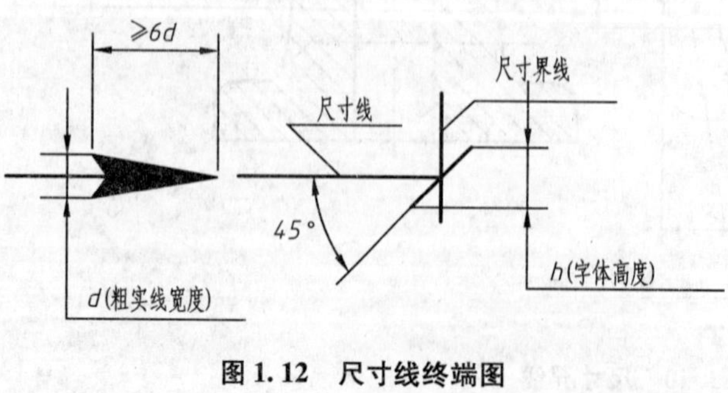

图 1.12　尺寸线终端图

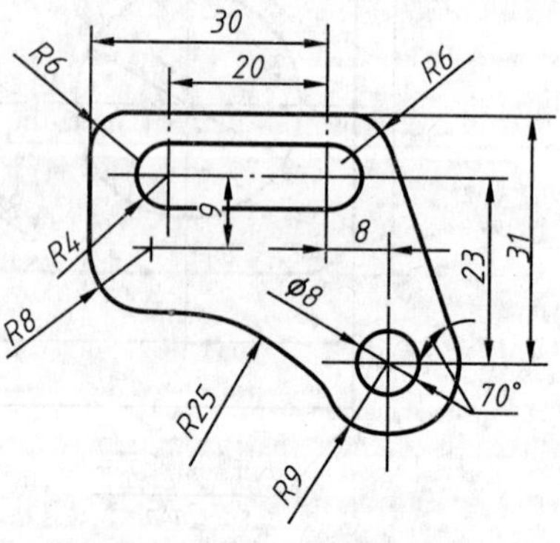

图 1.13　尺寸数字注写位置

线性尺寸数字方向，按图 1.14(a)所示方向填写，并尽可能避免在图示 30°范围内标注尺寸，无法避免时，按图 1.14(b)标注。

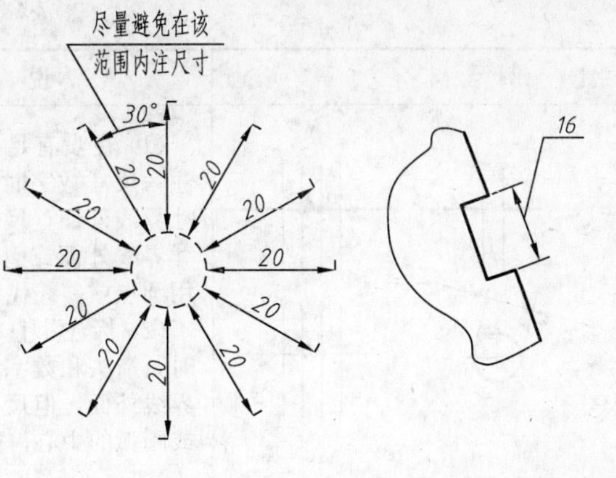

(a)　　　　　　　　(b)

图 1.14　线性尺寸数字的注写方向

3. 尺寸注法示例

尺寸标注示例见表 1-5。

表 1-5　尺寸标注示例

<table>
<tr><th></th><th>图　　例</th><th>说　　明</th></tr>
<tr><td rowspan="2">直线尺寸的注法</td><td>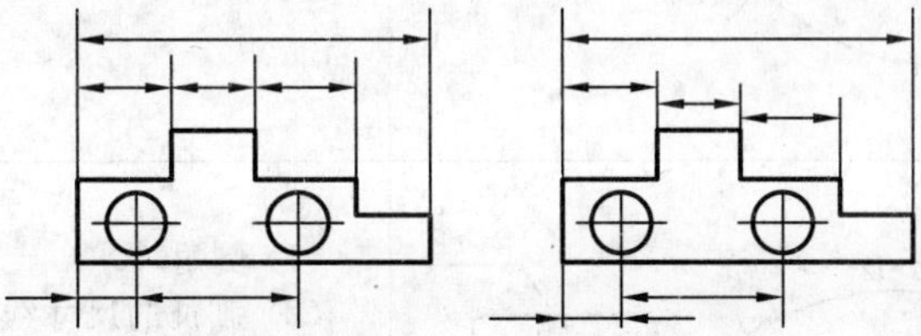</td><td>同一方向的连续尺寸，尺寸线必须保证在一条线上</td></tr>
<tr><td>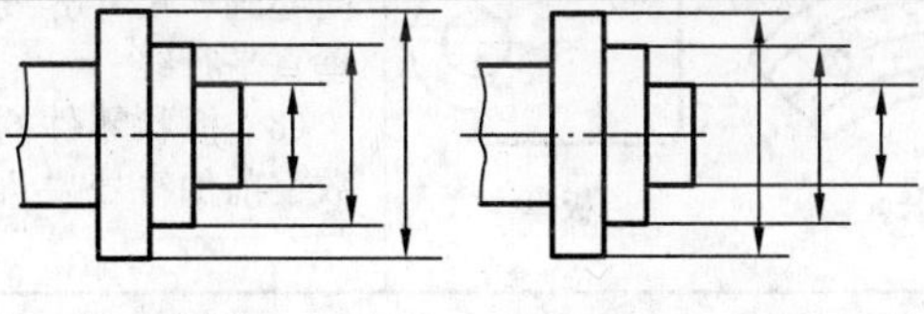
正确　　　　错误</td><td>同一方向的不同大小尺寸，遵循小尺寸在里，大尺寸在外的原则，避免尺寸线与尺寸界线相交</td></tr>
<tr><td>直径尺寸的注法</td><td>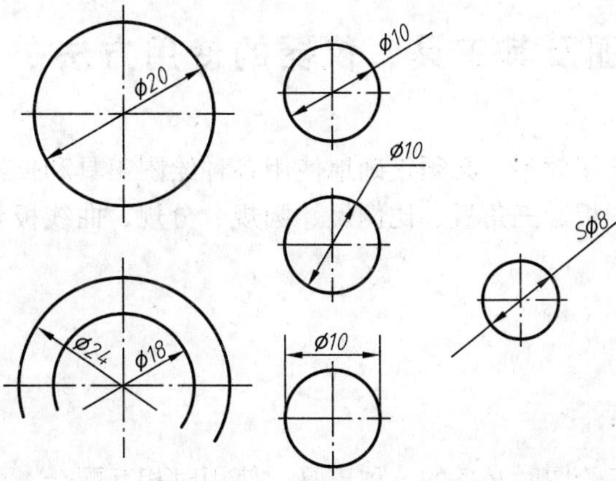
</td><td>(1) 标注直径尺寸时，应在尺寸数字前加注符号“ϕ”
(2) 直径尺寸线应通过圆心或平行直径
(3) 直径尺寸线圆周或尺寸界线接触处画箭头终端
(4) 不完整圆的尺寸线应超过半径
(5) 标注球面的直径或半径，在符号“R”或“ϕ”前加注符号“s”</td></tr>
</table>

(续)

	图　　例	说　　明
位置狭小的尺寸注法	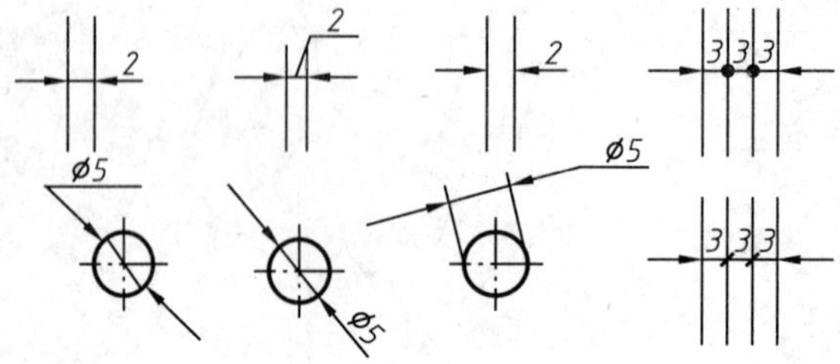	(1) 在没有足够位置画箭头或注写尺寸数字时，箭头可放在尺寸界线外面，尺寸数字可写在尺寸界线外面或引出标注，也允许用圆点或斜线代替箭头 (2) 标注小直径或小半径尺寸时，箭头和数字都可布置在尺寸界线外面，但尺寸线一定要过圆或圆弧的中心，或箭头指向圆心
角度尺寸的注法	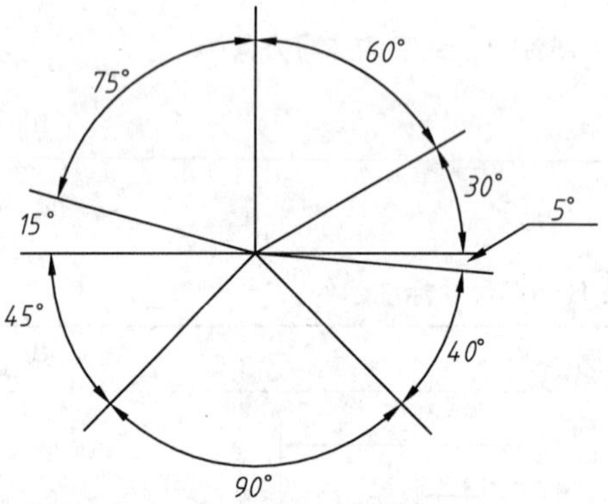	(1) 角度的数字一律水平书写 (2) 角度的数字一般注写在尺寸线的中断处，也可注写在上方或引出标注 (3) 角度的尺寸线为圆弧，尺寸界线沿径向引出
其他结构尺寸注法	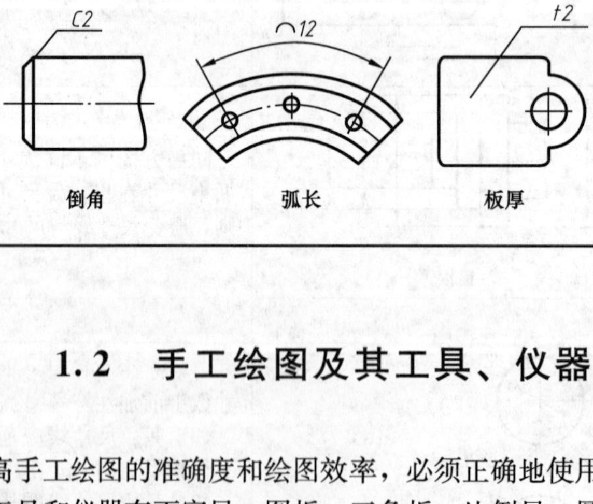	(1) 倒角 (2) 弧长的尺寸线是该圆弧的同心圆，尺寸界线平行于弦长的垂直平行线 (3) 板状零件的厚度，在尺寸数字前加符号“t”

1.2　手工绘图及其工具、仪器的使用方法

要提高手工绘图的准确度和绘图效率，必须正确地使用各种绘图工具和仪器。常用的手工绘图工具和仪器有丁字尺、图板、三角板、比例尺、圆规、分规、曲线板等，下面介绍常用尺规绘图工具和仪器的用法。

1.2.1　常用绘图工具及用法

1. 图板、丁字尺和三角板

图板、丁字尺和三角板是手工绘图时必备的3种工具，使用时相互配合，可快速而准

确地绘制各种位置的水平线、垂直线和倾斜线。

(1) 图板是用来铺放和固定图纸的。根据不同规格的图纸，图板一般分 0 号、1 号、2 号和 3 号四种型号。图板工作表面应光滑、平整。一旦选定了绘图方向后，图板左侧即为导边，在绘图中不得更换导边。绘图前，用胶带纸将图纸固定在图板的适当位置。

(2) 丁字尺由尺头和尺身组成，尺身的上边有刻度，是工作边。画图时，须将尺头紧靠图板的左侧导边，上下移动丁字尺可画水平线，其画线方向为由左至右，如图 1.15(a) 所示。

(3) 三角板有 45°和 30°、60°两块，与丁字尺配合可以画垂直线和与水平线成 15°、30°、45°、60°、75°的斜线。两块三角板配合画任意角度水平线，如图 1.15(b)所示。

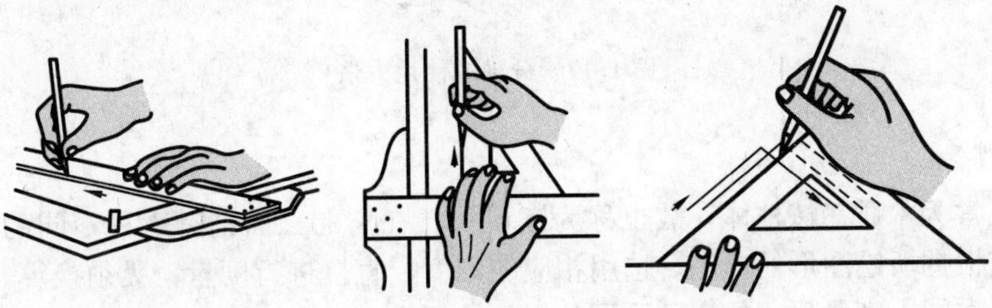

(a)　　(b)

图 1.15　水平线、垂直线和斜线的画法

2. 圆规和分规

圆规用来画圆和圆弧的工具。圆规有两只脚，其中一只脚上有活动钢针，钢针一端为圆锥，另一端是带有台阶的针尖，针尖是画圆或圆弧时定心用的，圆锥端作分规用；另一只脚上有活动关节，可随时装换铅芯插脚、鸭嘴插脚、作分规用的锥形钢针插脚。

画圆或圆弧前，调整针脚使针尖略长于铅芯。画图时，针尖插入纸面，铅芯与纸面接触，向前方稍微倾斜按顺时针方向画。画较大圆，则要使用加长杆，并使针尖和铅芯均垂直纸面，如图 1.16 所示。

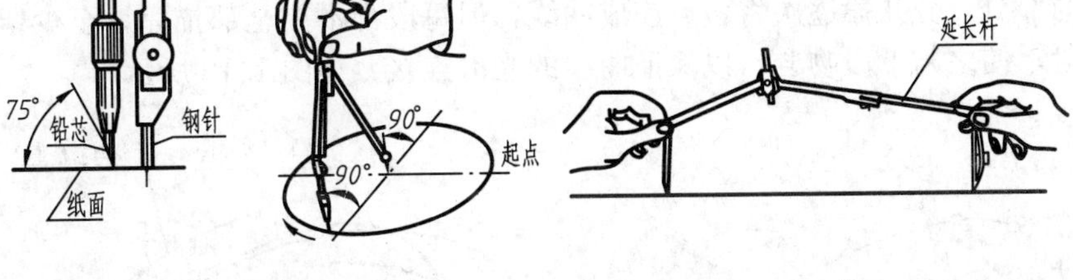

(a)　　(b)　　(c)

图 1.16　圆规的使用方法

分规是用来量取和等分线段的工具。为了准确地度量尺寸，分规两脚端部的针尖应平齐，如图 1.17 所示。

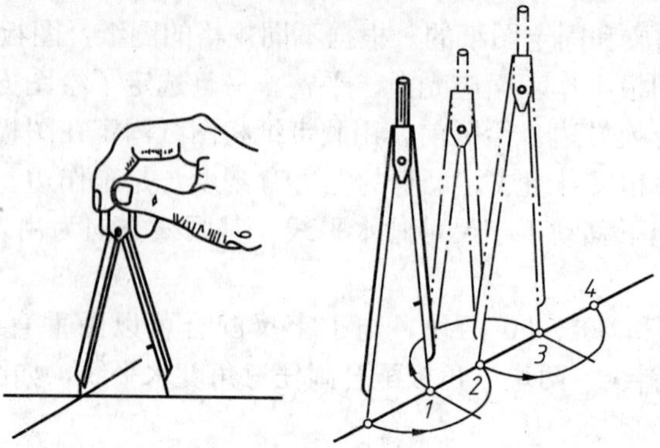

图1.17　分规的使用方法

3. 比例尺

比例尺常为木质三棱柱体，故也称为三棱尺。在它的三面刻有六种不同的比例刻度。绘图时，应根据所绘图形的比例，选用相应的刻度，直接进行度量，无须换算。比例尺除了用来直接在图上度量尺寸外，还可用分规从比例尺上量取尺寸，如图1.18所示。

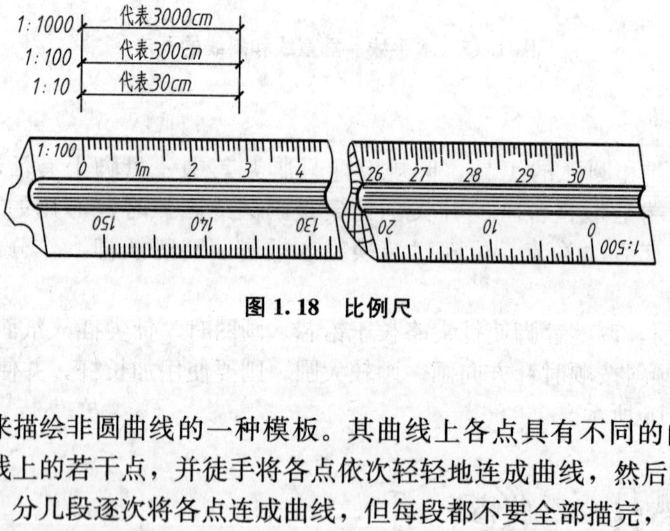

图1.18　比例尺

4. 曲线板

曲线板是用来描绘非圆曲线的一种模板。其曲线上各点具有不同的曲率半径，使用时，应先求出曲线上的若干点，并徒手将各点依次轻轻地连成曲线，然后在曲线板上选取曲率相当的部分，分几段逐次将各点连成曲线，但每段都不要全部描完，至少留出后两点间的一小段，使之与下段吻合，以保证曲线的光滑连接，如图1.19所示。

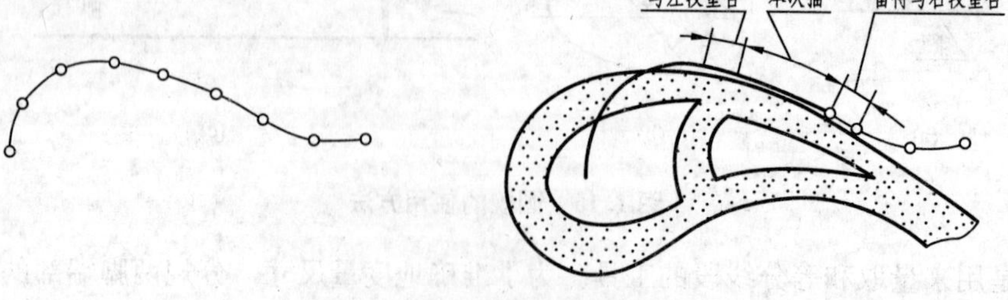

图1.19　曲线板的使用方法

5. 铅笔

铅笔应采用木质绘图铅笔。这种绘图铅笔有软硬之分。铅芯的软硬用 B 和 H 表示。B 前的数字越大，铅芯越软；H 前的数字越大，铅芯越硬。HB 表示软硬适中的铅芯。

画图时，H 或 2H 的铅笔画细实线，打底稿用；用 HB 或 H 的铅笔写字；用 B 或 HB 的铅笔画粗实线。画圆的铅芯要比画线的铅芯软一些。

画粗实线的铅芯削成四棱柱或扁铲形，画细实线或写字的铅芯削成圆锥形，如图 1.20 所示。

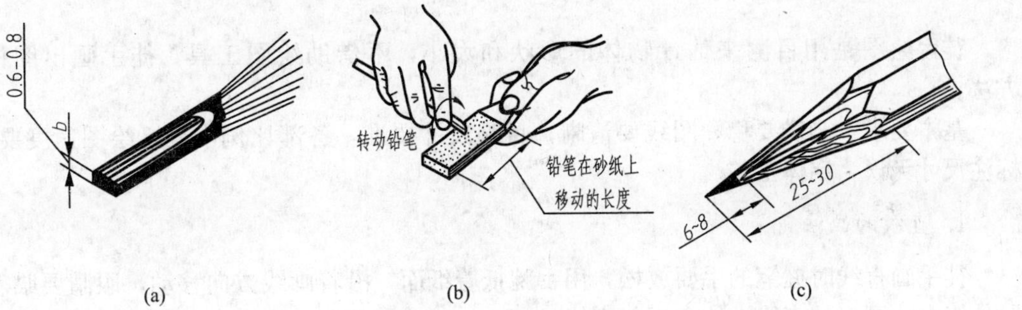

图 1.20　铅笔的削法

6. 其他工具

除了上述绘图工具外，还需要橡皮、小刀、量角器、胶带纸、擦图片和修磨铅芯的细砂纸和绘图机等。胶带纸用于把图纸固定在图板上，擦图片用于修改图线时遮盖不需擦掉的图线，如图 1.21 所示。

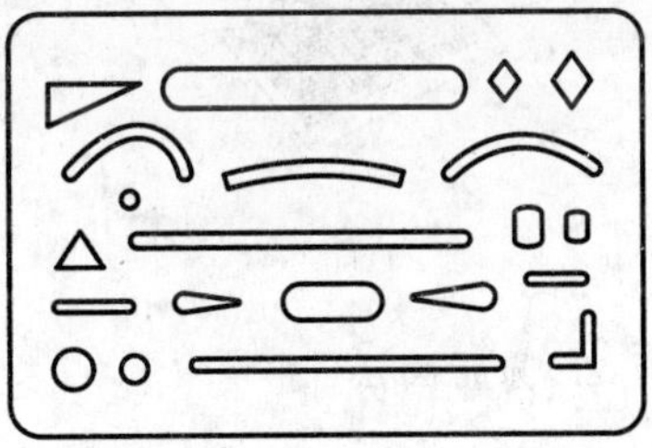

图 1.21　擦图片

1.2.2　尺规绘图的方法与步骤

(1) 将圆规和铅笔的铅芯按所绘制的线型削好，然后将图板、丁字尺、三角板和擦图片等擦干净。

根据图形的大小和复杂程度选取比例，确定合适的图幅。将图纸的反面铺在图板的左下方，用丁字尺校正后再用胶带纸固定。

(2) 底稿用削尖的 H 或 2H 铅笔准确、轻轻地绘制。

画底稿的步骤：先画图框及标题栏，后画图形。

画图时，首先要根据其尺寸布置好图形的位置。图形与图形、图形与图框之间留有合适的间隔，以备标尺寸用。

先画出基准线、轴线、对称中心线，然后再画图形的主要轮廓线，最后绘制细节部分。

(3) 加深。先粗后细、先实后虚、先小后大、先圆后直、先上后下、先左后右、先水平后垂直，最后描斜线。

(4) 标注尺寸。一次性画出尺寸线、尺寸界限及箭头，填写尺寸数字和标题栏，书写技术要求等。

1.2.3　绘图时注意事项

(1) 画底稿时，细线类图线可一次画好，不必描深。

(2) 描深前必须全面检查底稿，把错线、多余线和作图辅助线擦去。

(3) 描深图线时，用力要均匀，以保证图线浓淡一致。

(4) 为保证图面整洁，要擦净绘图工具，尽量减少三角板在已加深的图线上反复移动。

1.2.4　徒手绘图的方法

徒手绘图是用目测来估计物体的形状和大小，不借助绘图工具，徒手画出图样的方法。

基本要求：画线要稳，图线要清晰；目测尺寸要准，各部比例准确；绘图速度要快；标注尺寸无误，字体工整。

1. 直线的画法

徒手画直线时握笔的手要放松，用手腕抵着纸面，沿着画线方向移动，眼睛要瞄着线段的终点。画出的直线大体上近似直线。

画水平线时，图纸可放斜一点，不要将图纸固定死，以便可随时转动图纸到最顺手的位置。画垂直线时，自上而下运笔。直线的画法如图 1.22 所示。

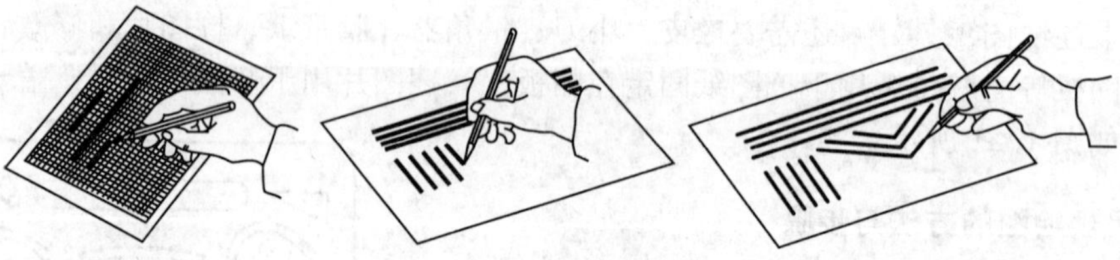

图 1.22　直线的画法

2. 圆的画法

画圆时，先定出圆心的位置，过圆心画出互相垂直的两条中心线，再在中心线上按半径大小目测定出四个点后，分两半画成。对于直径较大的圆，可在 45°方向的两中心线上再目测增加四个点，分段逐步完成，如图 1.23 所示。

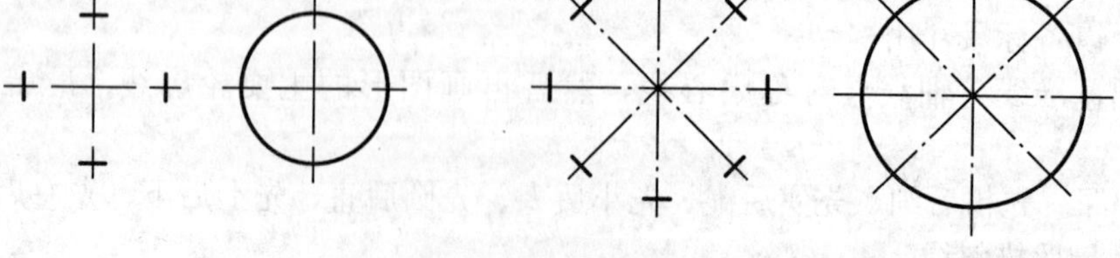

图 1.23　圆的画法

3. 角度的画法

画 30°、45°、60°等角度时，先根据两直角边的比例关系近似确定两端点，徒手连成直线，如图 1.24 所示。

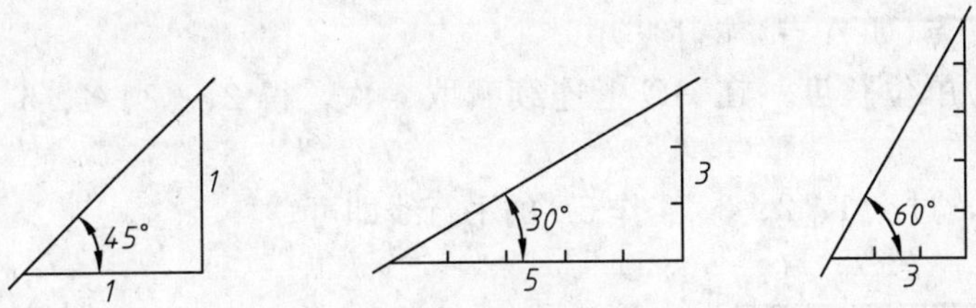

图 1.24　角度的画法

4. 椭圆的画法

方法一　已知椭圆长、短轴画椭圆。

画椭圆时，先目测定出其长、短轴上的四个端点，将它们连成矩形，再分段画出四段圆弧，四段圆弧要与矩形相切。画图时应注意图形的对称性，如图 1.25 所示。

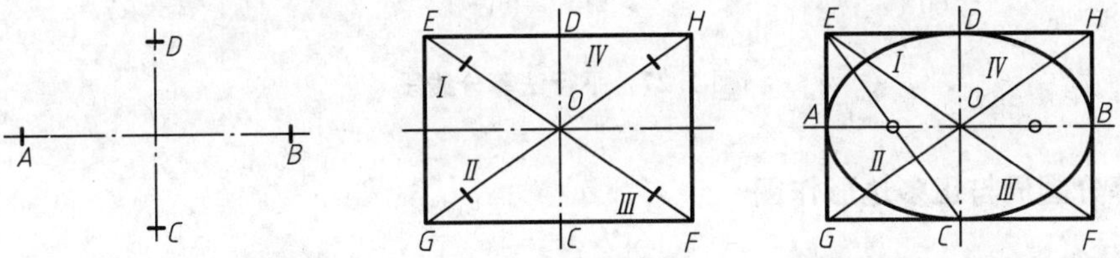

图 1.25　椭圆画法(一)

方法二　已知共轭直径画椭圆。

目测共轭直径上四个端点，将它们连成平行四边形，再分段画出四段圆弧，四段圆弧要与平行四边形相切，如图 1.26 所示。

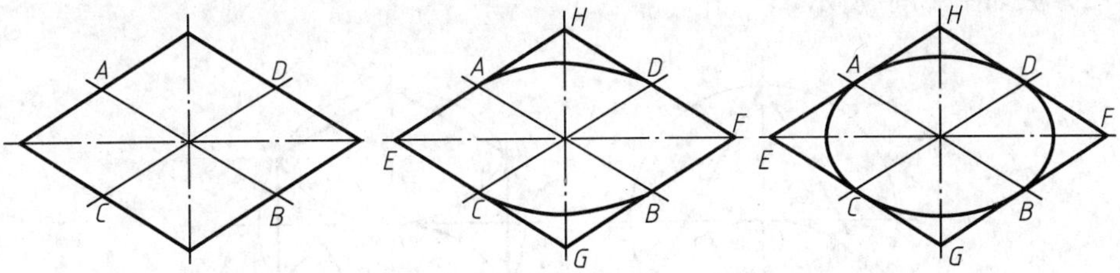

图 1.26　椭圆画法(二)

1.3　常用的几何作图方法

在绘制机件的图样时，经常遇到正多边形、圆弧连接、非圆曲线以及锥度和斜度等几何作图的问题。

1.3.1　等分直线段

如图 1.27 所示，要求将一直线段 5 等分。作图步骤如下。

(1) 过任一端点(如 A 点)作射线 AC。

(2) 以 $A1$ 为单位长度，在 AC 上连续截取 4 次，得 2、、3、4、5 点如图 1.27(b) 所示。

(3) 连接 $B5$，过点 1、2、3、4 作 $5B$ 的平行线即可。

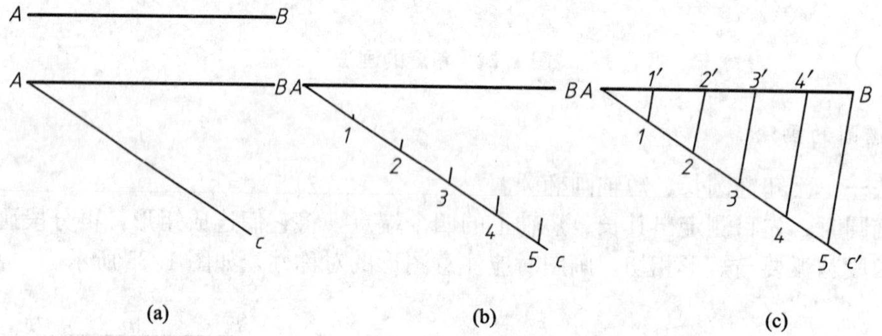

图 1.27　平行法等分线段

1.3.2　等分圆周与正多边形作图

圆周的等分，有用圆规作图，也有用三角板配合丁字尺作图。

1. 圆周的三、六等分

作图方法如图 1.28 和图 1.29 所示。

2. 圆周的五等分

作图方法如图 1.30 所示。

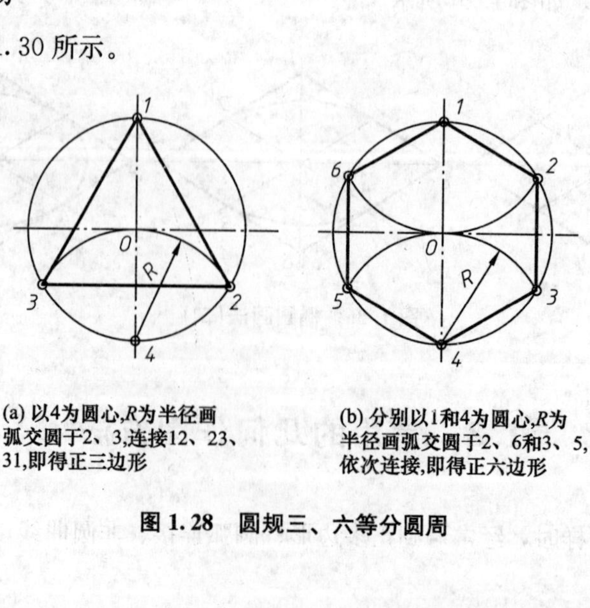

(a) 以4为圆心,R为半径画弧交圆于2、3,连接12、23、31,即得正三边形

(b) 分别以1和4为圆心,R为半径画弧交圆于2、6和3、5,依次连接,即得正六边形

图 1.28　圆规三、六等分圆周

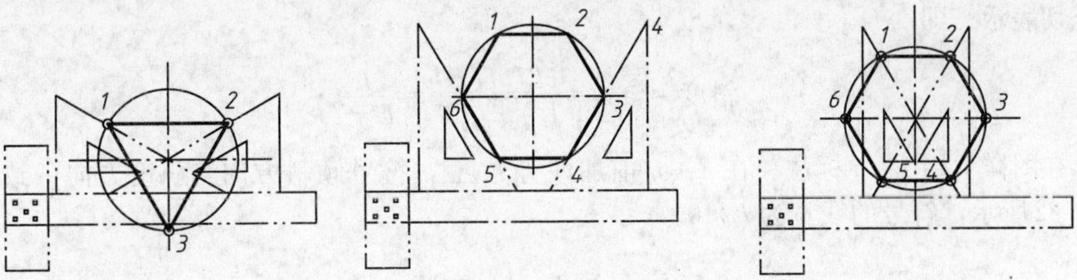

图 1.29　三角板和丁字尺配合三、六等分圆周

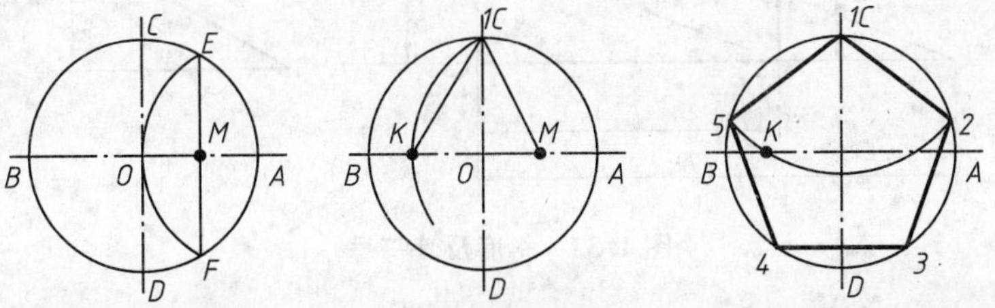

(a) 以A为圆心,OA为半径画弧交圆于E、F,连接EF得的中心M

(b) 以M为圆心,CM为半径画弧交OB于K,CK为正五边形边长

(c) 以CK为长自C截圆周得1、2、3、4、5,依次连接,即得五边形

图 1.30　圆周的五等分

3. n 等分圆周及作圆内接正 n 边形

以正七边形为例介绍七等分圆周和圆内接正多边形的画法，如图 1.31 所示。

(1) 将外接圆直径 AK 七等分。

(2) 以 K 为圆心，AK 为半径画弧交水平中心线于 P 和 S。

(3)自点 P 和 S 与直径 AK 上的偶数点相连，延长到圆周得点 G、B、F、C、E、D，依次相连得正七边形。

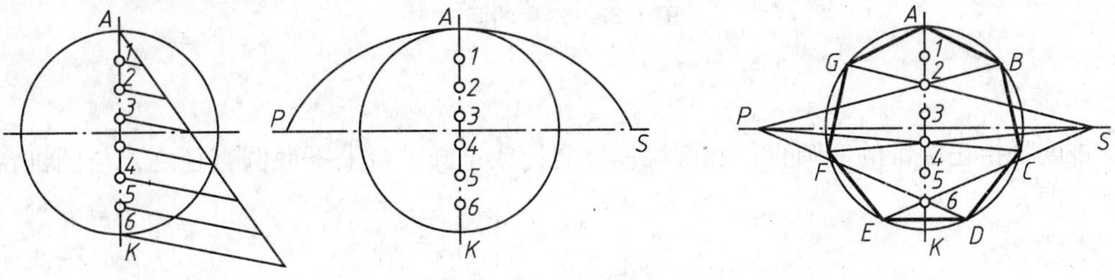

(a)　(b)　(c)

图 1.31　正多边形的画法

1.3.3　斜度与锥度

1. 斜度

斜度是指一直线(或平面)对另一直线(或平面)的倾斜程度，斜度大小用两直线或平面

的正切表示。即

$$斜度=\tan\alpha=\frac{H}{L}=\frac{H-h}{l}=\frac{h}{L-l}$$

在图样上用1∶n标注。在1∶n前加注符号∠，符号倾斜方向与斜度方向一致，如图1.32所示，符号的线宽为$h/10$。

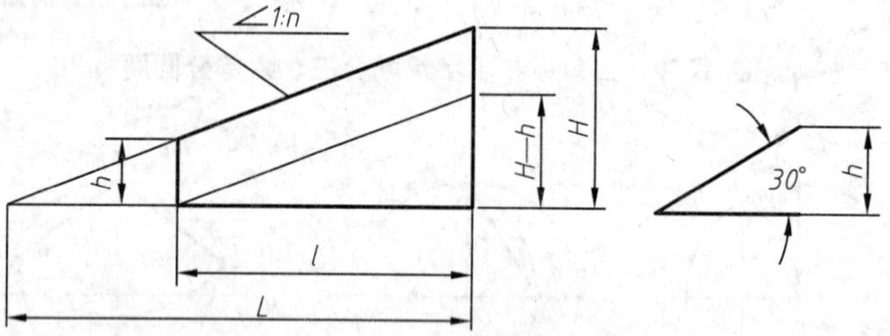

图1.32　斜度及其符号

已知如图1.33(a)所示，求斜度。

(1) 作$OB\perp OA$，在OA和OB上各取5个和1个单位长度，连接1和5，即得1∶5的斜度，如图1.33(b)所示。

(2) 过C点作15的平行线即可，如图1.33(c)所示。

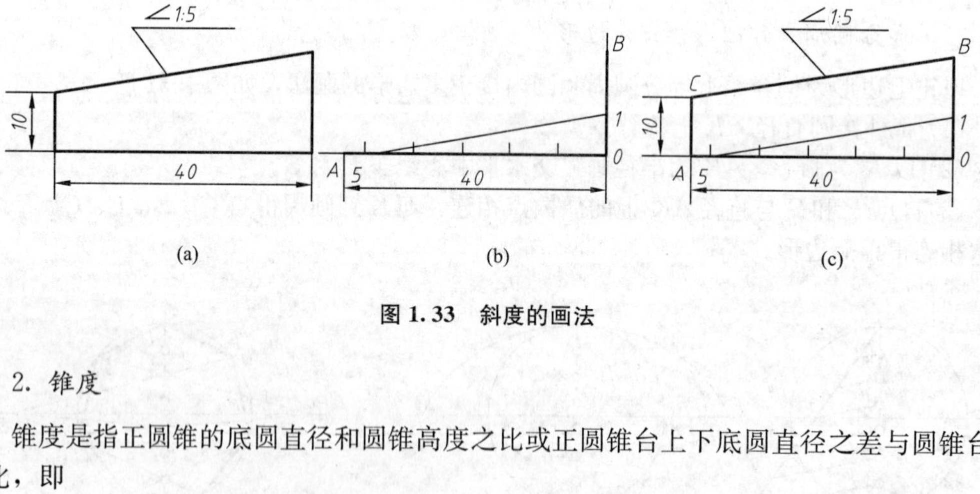

(a)　　(b)　　(c)

图1.33　斜度的画法

2. 锥度

锥度是指正圆锥的底圆直径和圆锥高度之比或正圆锥台上下底圆直径之差与圆锥台高之比，即

$$锥度=2\tan\frac{\alpha}{2}=\frac{D}{L}=\frac{D-d}{l}$$

在图样上用1∶n标注，在1∶n前加注符号◁，符号倾斜方向与锥度方向一致，如图1.34所示，符号的线宽为$h/10$。

已知如图1.35(a)所示，求锥度。

(1) 作$AB\perp OC$，在OC和AB上各取5个和1个单位长度，连接CD和CE，即得1∶5的斜度，如图1.35(b)所示。

(2) 分别过点A和B作CD和CE的平行线即可，如图1.35(c)所示。

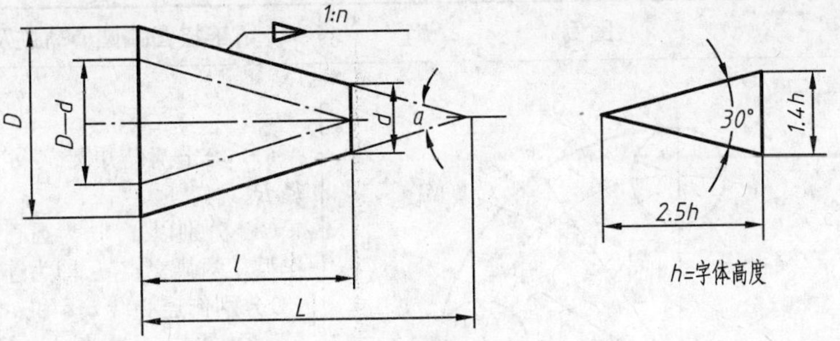

图 1.34　锥度及其符号

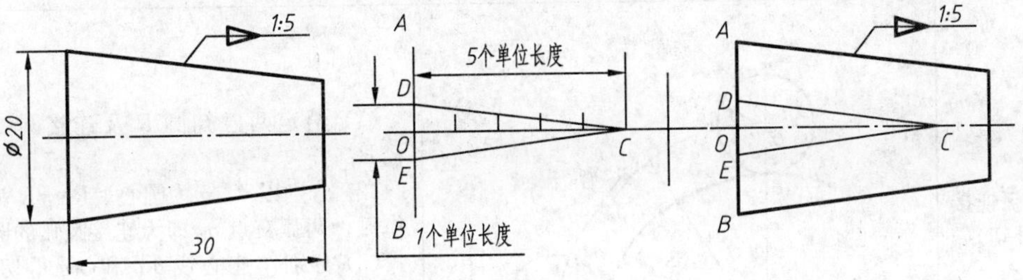

(a)　(b)　(c)

图 1.35　锥度的画法

1.3.4　圆弧连接

绘制机件图样时，经常遇到用直线或圆弧光滑连接已知直线或已知圆弧情况，这称为圆弧连接。光滑连接实质是圆弧与圆弧或圆弧与直线相切，连接点就是切点。

圆弧连接关键是准确定出连接圆弧的圆心和切点。

1. 圆弧连接的基本作图

圆弧连接作用原理见表 1－6。

表 1－6　圆弧连接作图原理

类型	图例	连接圆弧圆心轨迹及切点位置
圆弧与直线连接	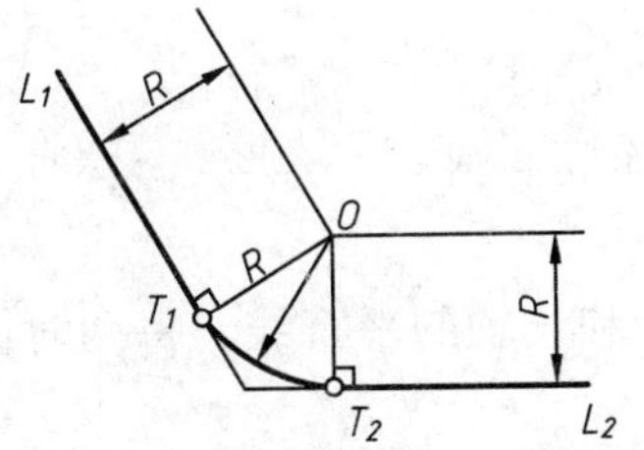	(1) 作与已知两直线 L_1、L_2 分别相距为 R 的平行线，交点 O 即为连接弧圆心 (2) 过点 O 分别向已知两直线 L_1、L_2 作垂线，垂足 T_1、T_2 即为切点 (3) 以 O 为圆心，R 为半径在两切点 T_1、T_2 之间画连接圆弧

(续)

类型	图例	连接圆弧圆心轨迹及切点位置
两圆弧连接 (内切)	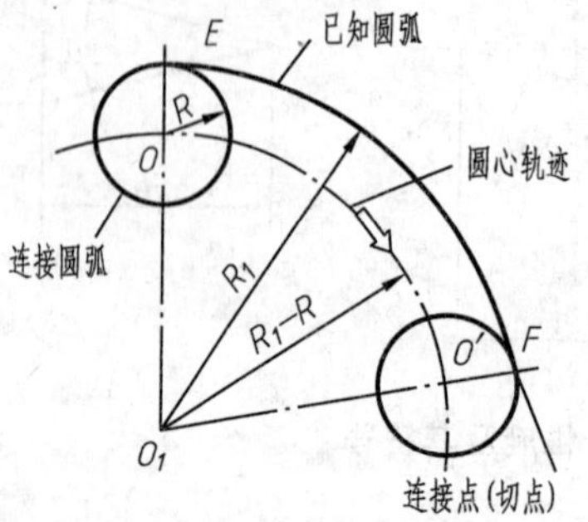	(1) 给定两已知圆 o、o'及连接圆弧的半径 R_1 (2) 分别以 o、o'为圆心，R_1-R 为半径作弧，两弧交点 o_1 即为连接圆弧的圆心 (3)分别作连心线 o_1o 和 o_1o'并延长得切点 E、F，再以 o_1 为圆心，R_1 为半径作弧从 E 画至 F 即为所求
两圆弧连接 (外切)	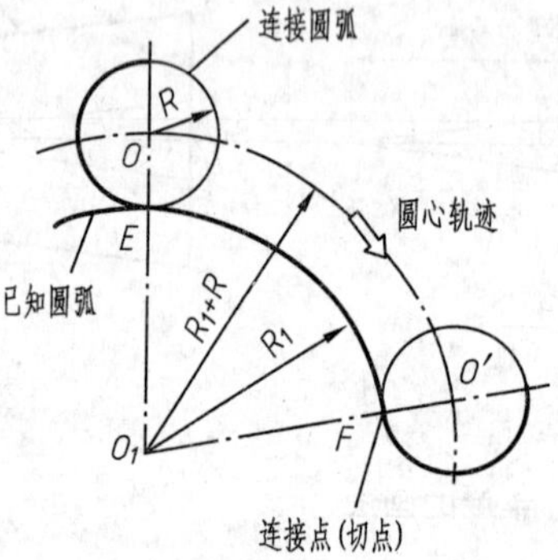	(1) 给定两已知圆 R 及连接圆弧的半径 R_1 (2) 分别以 o、o'为圆心，R_1+R 为半径作弧，两弧交点 o_1 即为连接圆弧的圆心 (3) 分别作连心线 o_1o 和 o_1o 得切点 E、F，再以 o_1 为圆心，R_1 为半径作弧从 E 画至 F 即为所求

1.3.5 椭圆的画法

椭圆是常见非圆曲线。已知椭圆长、短轴，常采用四心圆弧和同心圆两种方法画椭圆，如图 1.36 所示。

1) 四心圆弧法

① 连接 AC，以 O 为圆心，OA 为半径画弧，交 OC 于 E，以 C 为圆心，CE 为半径画弧，交 AC 于 E_1。

② 作 AE_1 的中垂线，分别交长轴 OA、短轴 OD 于点 O_1 和 O_2，并取其对称点 O_3、O_4。

③ 分别以 O_1、O_2、O_3、O_4 为圆心，O_1A、O_2C、O_3B、O_4D 为半径作弧，即得近似椭圆，切点为 K、N、N_1、K_1。

2) 同心圆法

① 以 O 为圆心，OA 与 OC 为半径作两个同心圆。

② 由 O 作一系列射线与两同心圆相交。

③ 由大圆和小圆上的各交点分别作短轴和长轴的平行线，每两对应平行线的交点即为椭圆上的一系列点。

④ 依次光滑连接各点，即得椭圆。

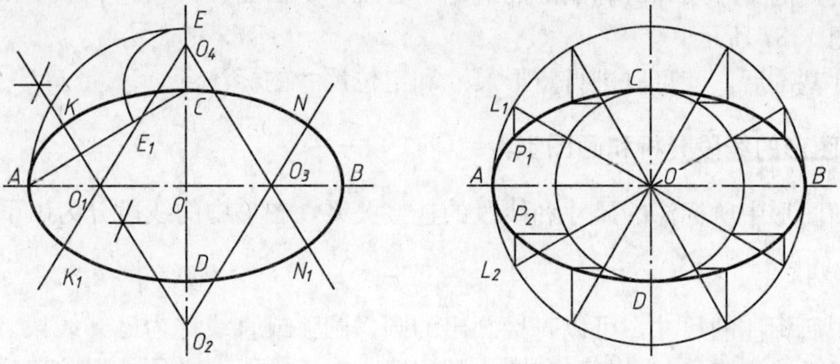

(a) 四心圆弧法画椭圆　　(b) 同心圆法画椭圆

图 1.36　椭圆的画法

1.4　平面图形的分析与尺寸标注

一个平面图形由一个或几个封闭图形组成，有的封闭图形由若干彼此相切或相交的若干线段(直线、圆弧)组成。要正确绘制平面图形和标注它的尺寸，必须掌握平面图形的尺寸分析和线段分析。所以画图时，应根据图中尺寸对线段进行分析，以便确定画图步骤。

1.4.1　平面图形的尺寸分析

尺寸按其在平面图形中所起的作用，分为定形尺寸和定位尺寸两类。

1. 定形尺寸

确定平面图形中各封闭图形的大小和形状的尺寸称为定形尺寸。如圆的直径、直线段的长度、圆弧的半径及角度大小等。图 1.37 所示的 ϕ20、ϕ27、R3、R40、R32、R27 等为定形尺寸。

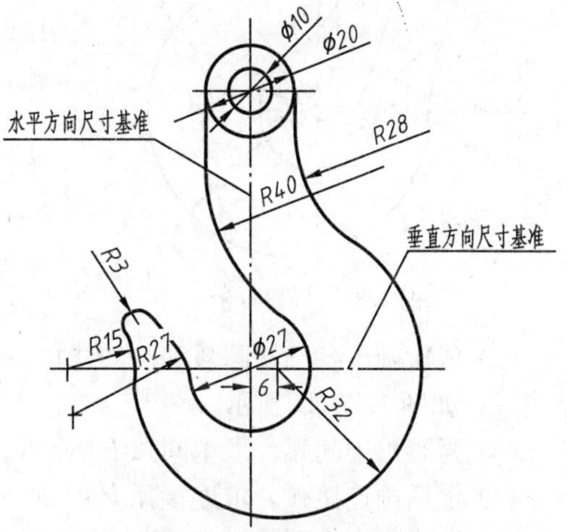

图 1.37　定形尺寸分析

2. 定位尺寸

确定平面图形中所含的封闭图形之间和组成封闭图形的线段之间相对位置的尺寸称为定位尺寸。一般来说，平面图形有两个方向的定位尺寸。如图 1.38 所示，尺寸 60 和 6 确定 ϕ20 和 R32 的圆心位置；10 确定了 R27 圆心的垂直方向的位置。

3. 尺寸基准

作为定位尺寸起点的点和直线称为尺寸基准。平面图形中常用作尺寸基准的有主要轮廓线、较大圆的中心线和对称图形的对称中心线。平面图形有垂直和水平两个方向的尺寸基准，如图 1.37 所示。

确定尺寸基准后，就可以进行定形尺寸和定位尺寸的标注。

1.4.2　平面图形的线段分析和画图步骤

根据平面图形中所标注的尺寸和线段的连接关系，图形中的线段分为以下 3 种。

1. 已知线段

根据图中所标注的尺寸，可以直接画出的圆、圆弧或直线称为已知线段。对于圆和圆弧，必须用尺寸确定直径(或半径)和圆心的位置；对于直线，必须由尺寸确定线上两个点的位置或一点和直线的方向。当直线的方向与基准线方向一致时，定向尺寸不标注。如图 1.38 中的 $\phi20$、$\phi27$ 和 $R32$。

2. 中间线段

标出定形尺寸和一个方向的定位尺寸，另一个方向的定位尺寸通过与已知线段的连接关系才能确定的圆、圆弧或直线称为中间线段。如图 1.38 中的 $R27$，$R27$ 是定形尺寸，10 是垂直方向的定位尺寸，通过与圆弧 $\phi27$ 的外切关系可定出圆心、连接点(切点)，即可画出该圆弧。

3. 连接线段

只标出定形尺寸而没标出定位尺寸，需待与其两端相连接的线段作出后，再用几何作图的方法求出其位置和连接点(如前述圆的切线、圆弧连接)才能画出的线段称连接线段。如图 1.38 中的 $R28$、$R40$ 和 $R3$ 是定形尺寸，无定位尺寸。$R28$ 通过与直线连接及与圆弧 $R32$ 的外切关系可定出圆心、连接点(切点)；$R40$ 通过与直线连接及与圆弧 $\phi27$ 的外切关系可定出圆心、连接点(切点)，即可画出两段圆弧。

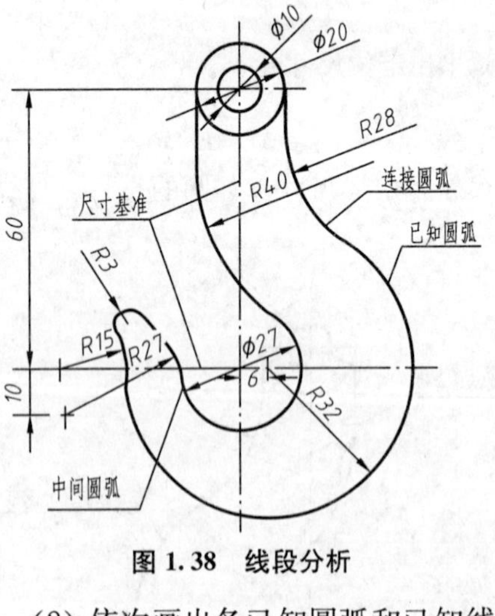

图 1.38　线段分析

画平面图形时，先画已知线段，再画中间线段，最后画连接线段。对圆弧来说，先画已知圆弧，再画中间圆弧，最后画连接圆弧。

通过平面图形的线段分析，显然可以得出如下绘图步骤。

(1) 首先选定尺寸基准，画基准线，合理布置平面图形的各基本图形的相对位置，如图 1.39(a)所示。

(2) 依次画出各已知圆弧和已知线段。画已知圆 $\phi10$、$\phi27$、$\phi20$，已知圆弧 $R32$ 及两条直线，如图 1.39(b)所示。

(3) 再画出中间弧。求中间弧 $R15$、$R27$ 的圆心及切点，如图 1.39(c)所示。

(4) 最后画连接弧。求连接弧 $R3$、$R28$、$R40$ 的圆心及切点，如图 1.39(d)所示。

(5) 擦去多余作图线，检查图形，画尺寸线和尺寸界线，加深图形，完成全图，如图 1.39(e)所示。

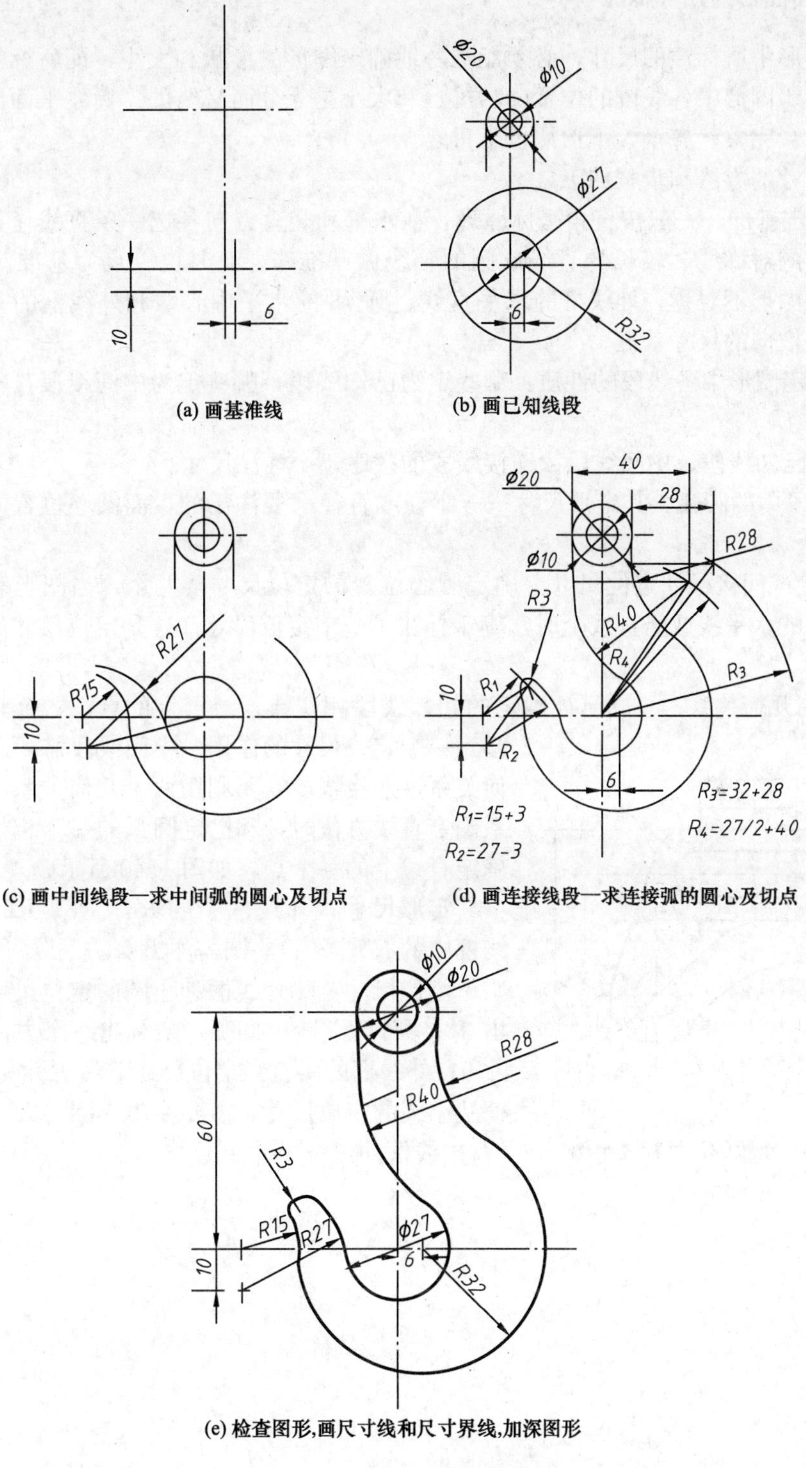

(a) 画基准线　(b) 画已知线段

(c) 画中间线段—求中间弧的圆心及切点　(d) 画连接线段—求连接弧的圆心及切点

(e) 检查图形,画尺寸线和尺寸界线,加深图形

图 1.39　吊钩平面图的画法

1.4.3　平面图形的尺寸标注

平面图形中所标注的尺寸，必须能唯一地确定图形的形状和大小，即所标注的尺寸对于确定各封闭图形中各线段的位置(或方位)和大小是充分而必要的。标注平面图形尺寸的要求是正确、完整、齐全，不遗漏也不重复。

标注尺寸的方法和步骤如下。

(1) 选定基准。一般按直角坐标原理，在水平和竖直方向各选一条直线作为基准；通常选择图中的对称线、较长的直线或圆的轴线做基准线。有时也以点为基准。如图 1.40 所示，由于图形不对称，外线框的水平直线、圆 $\phi8$ 的水平中心线和外线框的垂直直线分别是纵向和横向的尺寸基准。

(2) 确定图形中各线段的性质：哪些定为已知线段，哪些定为中间线段，哪些定为连接线段。

(3) 按已知线段、中间线段、连接线段的次序逐个标注尺寸。

3 种线段中的圆弧，其定形尺寸——半径或直径都要注出的，而圆心位置的确定方式则有两种。

① 直接或间接标注定位尺寸。确定圆心位置的定位尺寸要两个，当图上表明圆心在一条已确定的水平线或竖直线上时，等于标注了一个定位尺寸。这是定位尺寸的一种表现形式。

② 利用几何关系——同已被确定的相邻线段相切或通过已定的点；一个几何关系能起到一个定位尺寸的作用。中间线段需要利用一个几何关系，连接线段需要利用两个几何关系。用几何关系确定直线方位时，和已定圆弧的一个相切关系就能确定直线上的一个点，如图 1.40 所示。

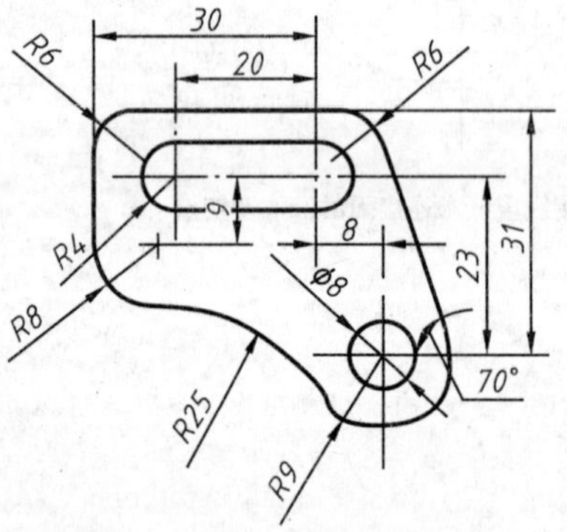

图 1.40　垫板的尺寸标注示例

定形尺寸：外线框中的 $R6$、$R8$、$R25$、$R9$；内线框中的 $R4$、20；小圆需注出 $\phi8$。

定位尺寸：①外线框和小圆的定位尺寸，需要注出 31；圆弧 $R8$ 为中间弧，应标出一个方向的定位尺寸 9；外线框的斜直线定位尺寸 70°。②内线框和外线框及小圆的定位尺寸，需要注出小圆的圆心定位尺寸 8；内线框的定位尺寸 30、20、23。

第2章 投影的基本知识

教学提示

人和物体在阳光或灯光的照射下，在地面或墙面上会呈现出它们的影像，人们把这个影像和人及物体之间的关系总结成投影理论，从而发展成画法几何。本章简单介绍投影法的基本知识和工程上常用的投影图。

教学要求

通过学习本章内容，了解投影的基本概念和工程上常用的投影图，掌握正投影的基本性质。

2.1 投影的基本概念

2.1.1 投影法的概念

人们在长期的社会实践中发现物体在某一光源的照射下，会在地下或墙上产生影子。例如，手影、皮影戏中的影像，这些现象都是投影。人们从这种现象得到启发，经过科学地抽象，找出了影子和物体间的几何关系，从而获得投影法。如图 2.1 所示，在空间有一平面 H(通常用一平行四边形表示)，在 H 之外有一点 S(画小圆圈表示)，S 和平面 H 之间有一空间点 A(画小圆圈表示)，连接 SA 并延长与 H 平面交于 a(画小圆圈表示)，点 a 称为空间点 A 在投影面 H 上的投影。

其中，射线 SA 称为投射线；

平面 H 称为投影面；

点 S 称为投射中心。

像上述这样投射线通过物体向投影面投射并在投影面上产生图像的方法，称为投影法。由图2.1不难看出，投影有如下特点：当投射线方向和投影面确定以后，点在该投影面上的投影是唯一的。反之，已知空间点的一个投影，并不能确定空间点的位置。如图2.2所示，已知投影 a，其投射线上的点 A，A_1，A_2，…，A_n的投影都是 a。

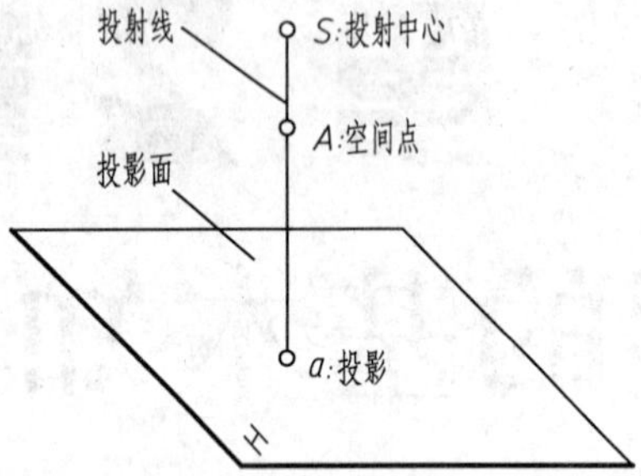

图2.1　投影方法

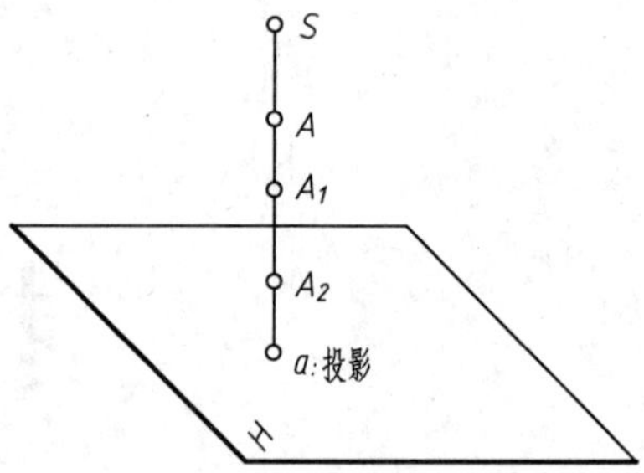

图2.2　投影的特点

2.1.2　投影法的种类

投影法分两类：中心投影法和平行投影法。

1. 中心投影法

如图2.3所示，投射中心 S 在位于投影面 H 有限远处，$\triangle ABC$ 位于 S 和平面 H 之间。由投射中心 S 可作出$\triangle ABC$ 在投影面 H 上的投影。首先，连接 SA、SB、SC 分别与投影面 H 交于点 a、b、c，则 a、b、c 分别是 A、B、C 的投影。然后，连接 ab、bc、ca，则 ab、bc、ca 分别为 AB、BC、CA 的投影，$\triangle abc$ 就是$\triangle ABC$ 的投影。这种投射中心位于有限远处，投射线汇交于一点的投影法，称为中心投影法。用中心投影法所得的投影称为中心投影。中心投影立体感强，通常用来绘制建筑物或产品富有逼真感的立体图，也称为透视图。

2. 平行投影法

如图2.3所示，如果把点光源 S 看做无穷大，当 S 和平面 H 之间的距离为无限远时。可以认为其发出的光束是相互平行的。那么它照射$\triangle ABC$ 时，其投射线如图2.4所示，彼此可看做相互平行的。投射线 Aa、Bb、Cc 根据给定的投射方向相互平行，分别与投影面 H 交于点 a、b、c，那么$\triangle abc$ 是$\triangle ABC$ 在投影面 H 上的投影。像这种投射线都相互平行的投影法，称为平行投影法。用平行投影法所得的投影称为平行投影。在平行投影法中，如图2.4(a)所示其投射方向垂直于投影面 H，这种投射方向垂直于投影面的平行投影法，称为正投影法。用正投影法所得的投影称为正投影或正投影图，简称投影。工程图样通常都用正投影。所以在不特殊声明时，本书所说的“投影”都是指“正投影”。而像图2.4(b)所示的投影，其投射方向倾斜于投影面 H，这种平行投影法，称为斜投影法。

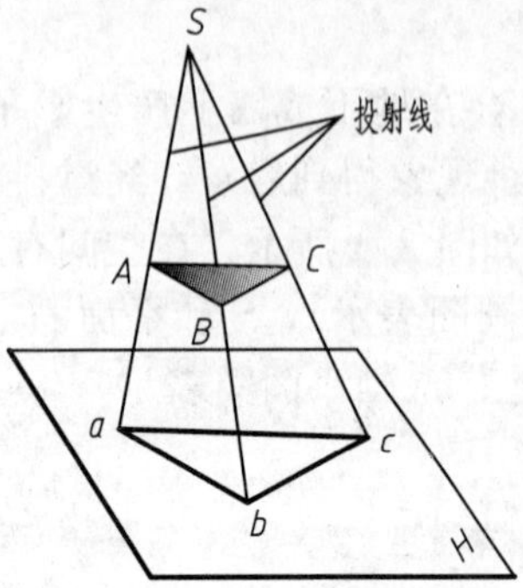

图2.3　中心投影法

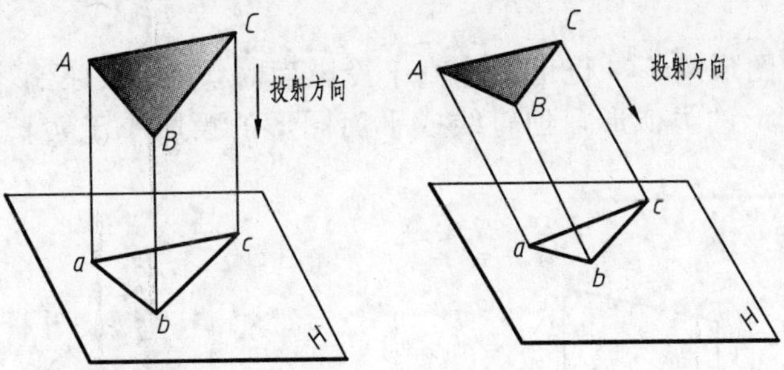

(a) 正投影　　(b) 斜投影

图 2.4　平行投影法

2.1.3　正投影的基本性质

1. 实形性

当直线段或平面图形平行于投影面时，其投影反映直线的实长或平面的实形，如图 2.5 所示。

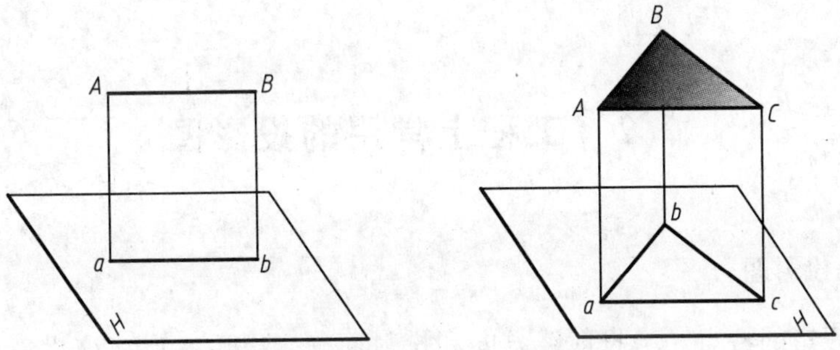

图 2.5　直线及平面图形平行于投影面时的投影

2. 积聚性

当直线或平面图形垂直于投影面时，直线的投影积聚成点，平面图形的投影积聚成直线，如图 2.6 所示。

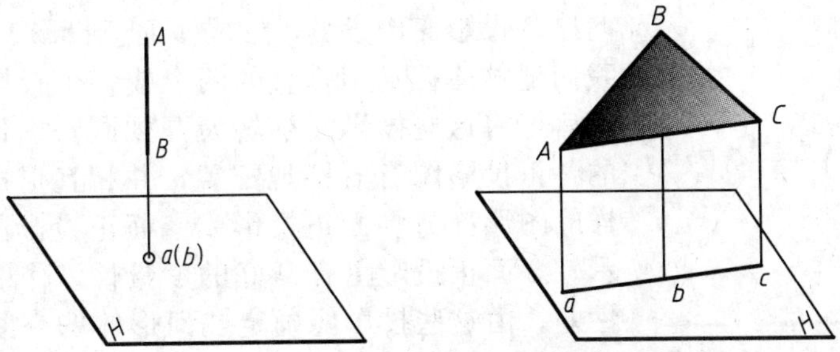

图 2.6　直线及平面图形垂直于投影面时的投影

3. 类似性

当直线或平面图形既不平行也不垂直于投影面时，直线的投影仍然是直线，平面图形的投影是原图形的类似形，但直线或平面图形的投影小于实长或实形，如图 2.7 所示。

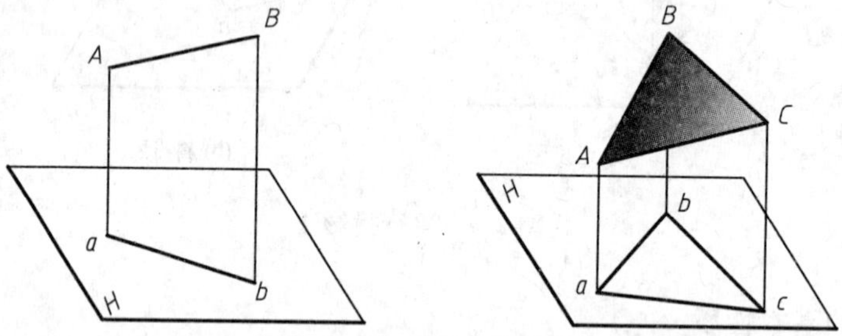

图 2.7 直线及平面图形倾斜于投影面时的投影

此外，正投影还有平行性，即空间相互平行线段的投影仍然相互平行；定比性，即空间平行线段的长度比在投影中保持不变；从属性，即几何元素的从属关系在投影中不会发生改变，如属于直线的点的投影必属于直线的投影，属于平面的点和线的投影必属于平面的投影等性质。

2.2 工程上常用的投影图

2.2.1 多面正投影图

前面讲过投影的特点，当投射线方向和投射面确定以后，点在该投影面上的投影是唯一的。如图 2.1 所示，由空间点 A 作垂直于投影面 H 的投射线 Aa，与平面 H 交于唯一的投影 a。反之，若已知 A 的投影 a，则不能唯一确定 A 的空间位置，如图 2.2 所示。

设想能否让 a、A 之间建立一一对应关系？在如图 2.1 所示的投影图基础上，再加上一个与水平面 H 垂直的正立的投影面 V，如图 2.8 所示，然后将点 A 再向 V 面投影得 a'，这样由 a、a'就可确定空间点 A 的位置。这就是两面投影。在实际绘图工作中，常将几何形体放置在相互垂直的两个或多个投影面间，向这些投影面作投影，形成多面正投影。如图 2.9 所示。我们把物体在互相垂直的两个或多个投影面上得到正投影后，将这些投影面旋转展开到同一图面上，使该物体的各正投影图有规则地配置，并相互形成对应关系，这样的图形称为多面正投影或多面正投影图，如图 2.9 所示。多面正投影图有良好的度量性，作图简便，但直观性差。由这些投影能确定几何形体的空间位置和物体的形状。

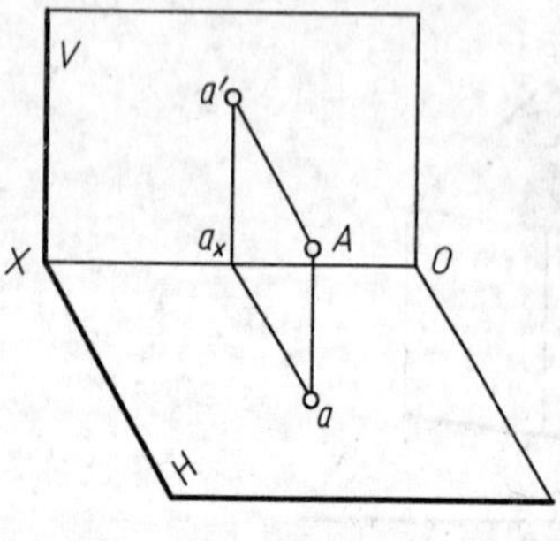

图 2.8 两面投影图

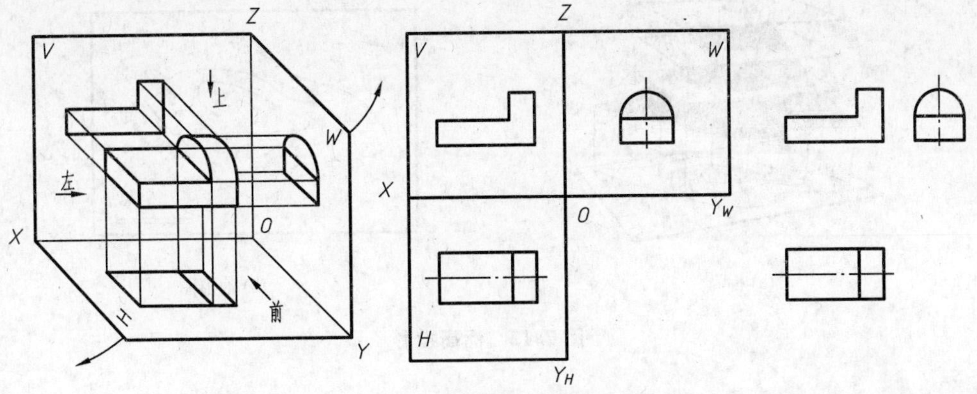

图 2.9　多面正投影投影图

2.2.2　轴测图

轴测图是将物体连同其参考直角坐标系，沿不平行于任一坐标面的方向，用平行投影法将其投射在单一投影面上所得的具有立体感的图形，如图 2.10 所示。习惯上称之为立体图。这种图形有一定的立体感，容易读懂，它能反映长、宽、高的形状，但作图较麻烦。由于轴测图是在单一投影面上绘制的立体图，有时不易确切地表达物体各部分尺寸，所以在工程上只作辅助性的图样。

2.2.3　透视图

透视图是根据中心投影法绘制的，如图 2.11 所示。这种图与用眼睛看见的一样，所以看起来很自然，尤其是表示庞大的物体时更为优越。但由于不能很明显地把真实形状和度量关系表示出来，且作图很复杂，所以目前只在建筑工程上作辅助性的图样使用。

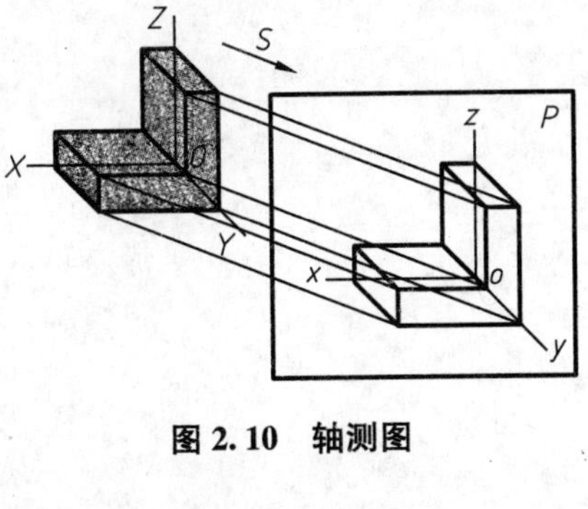

图 2.10　轴测图

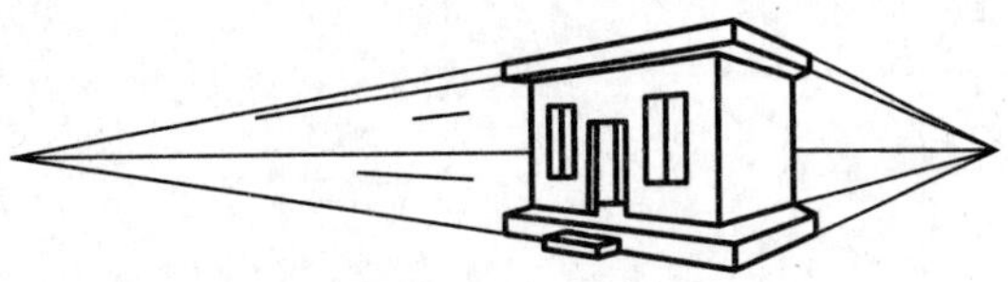

图 2.11　透视图

2.2.4　标高投影

标高投影是利用平行正投影法，将物体投影在一个水平面上得到的，如图 2.12 所示。为了解决高度的度量问题，在投影图上画上一系列相等高度的线，称为等高线。在等高线上标出高度尺寸(标高)，这种图在地图以及土建工程图中表示土木结构或地形。

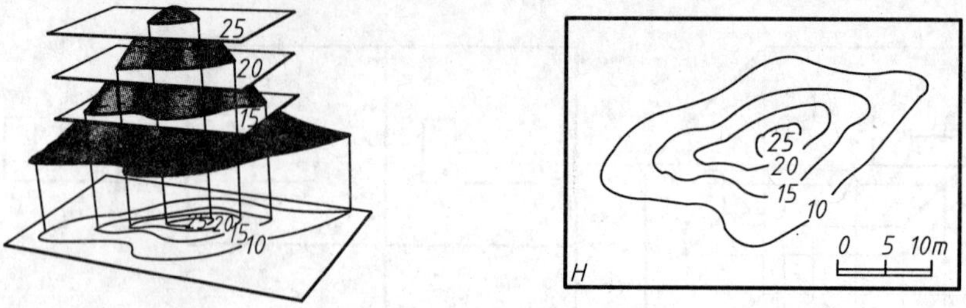

(a) 标高　　　　(b) 地形图

图 2.12　标高投影

第3章

点、直线及平面的投影

教学提示

点、线、面是构成物体的最基本的几何元素，一个物体的结构无论多么复杂，其组成都离不开上述几何元素；为了正确地绘制物体的投影图，除了掌握投影法，还必须研究点、线、面这些几何元素的投影规律与特性。本章重点介绍点、线、面的投影规律与特性以及换面法的基本原理。

教学要求

通过学习本章内容，掌握点在二、三投影面体系中的投影特点；熟练掌握点的投影规律和求解第三投影的方法。掌握直线在投影面体系中的投影特点；熟练掌握特殊位置直线的投影特性；掌握直线上点的投影规律；掌握两直线在各种相对位置时的投影特性。掌握平面在投影面体系中的投影方法；熟练掌握特殊位置平面的投影特性；熟练掌握在平面上取点、取线的作图方法。了解投影变换理论的基本概念，熟悉使用换面法解决空间基本问题的作图过程。

3.1 点的投影

3.1.1 点在两面投影体系中的投影

1. 两面投影体系的组成

如图3.1所示，两面投影体系的组成如下。

(1) 两个互相垂直的投影面。

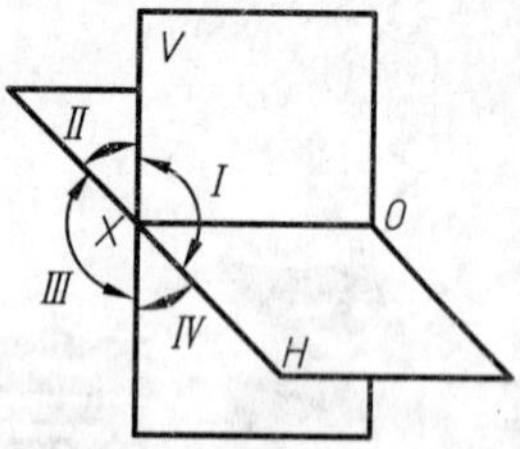

图 3.1　两面投影体系

正立投影面(正投影面) V：处于正面直立的投影面。

水平投影面 H：处于水平位置的投影面。

(2) 投影轴 OX 轴：V 面与 H 面的交线。

(3) 正投影面 V 和水平投影面 H，把空间分成 4 个部分，分别称为 4 个分角。

如图 3.1 所示，V 面和 H 面，把空间分成 4 个部分，依次用Ⅰ、Ⅱ、Ⅲ、Ⅳ表示，分别称为第一、二、三、四分角。本书只着重讲述第一分角的几何形体的投影。

2. 点的两面投影图

如图 3.2(a)所示，在两面投影体系的第一分角中，有一空间点 A，过点 A 分别作垂直于 V 面、H 面的投射线 Aa'、Aa，分别与 V、H 面相交得点 A 的正面(V 面)投影 a'和水平(H 面)投影 a。图 3.2(a)为点 A 的投影立体图，也可称为直观图。目的是把空间的问题放在平面来研究，于是可按照下列方法展开投影面。

使 V 面不动，将 H 面绕 OX 轴向下旋转 90°，使其与 V 面位于同一平面，如图 3.2(b)所示，即为点 A 的投影面展开图。在实际画图时，不必画出投影面的边框和点 a_x，于是得到点 A 的投影图，如图 3.2(c)所示。

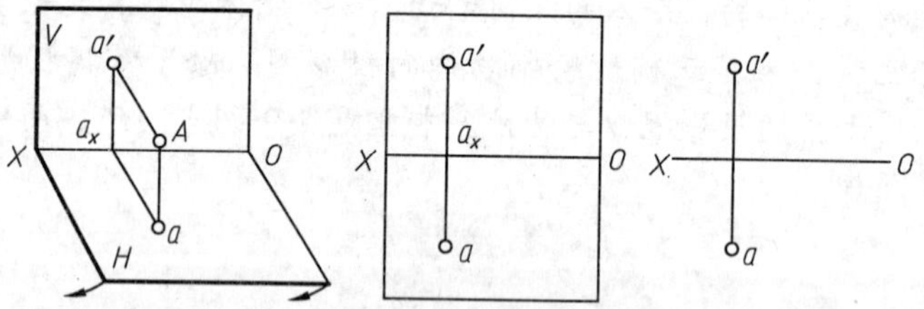

(a) 投影立体图　(b) 投影面展开图　(c) 投影图

图 3.2　点的两面投影图

3. 点的两面投影特性

点 A 在互相垂直的两个投影面的投影 a'、a，在投影面展开后，图 3.2(b)中的连线 aa'称为投影连线。在图 3.2(a)中，由于 $Aa\perp H$，$Aa'\perp V$，因而 Aa 和 Aa'决定的平面同时垂直于 H 面和 V 面，也必定垂直于 V、H 的交线 OX。a_x就是 OX 与平面 Aaa_xa'的交点。因为 $a'a_x$和 aa_x都是过 a_x 而位于平面 Aaa_xa'上的直线，所以 $a'a_x\perp OX$，$aa_x\perp OX$。当投影面展开时，aa_x在平面 Aaa_xa'内旋转，展开后 $a'a_x$和 aa_x必垂直于 OX，所以 $a'a\perp OX$。即点的投影连线垂直于投影轴。

又因为□Aaa_xa'是矩形，所以 $a_xa'=Aa$，$aa_x=Aa'$。即点的投影与投影轴的距离，等于该点与相邻投影面的距离。

可见，点的两面投影特性如下。

(1) 点的投影连线垂直于投影轴，即 $a'a\perp OX$。

(2) 点的投影与投影轴的距离，等于该点与相邻投影面的距离，即 $a_xa'=aA$，$a_xa=a'A$。

如果已知一点的两面投影，由点的两面投影特性，就能唯一地确定该点的空间位置。

3.1.2 点在三面投影体系中的投影

1. 三投影面体系的组成

虽然由点的两面投影已经能够确定点的位置，但有时在实践中，用两投影面图示某些几何形体，还不够清晰。例如，对于上课用的讲台，如用两面投影表达，只能看清讲台的上面和前面的形状，对于其侧面的形状不能表达清楚。为了反映物体的完整形状，在两面投影体系的基础上，再加上一个与 V 面、H 面都垂直的侧立投影面(简称侧面或 W 面)，于是就形成了一个三面投影面体系，如图 3.3 所示。可见，三面投影体系的组成如下。

(1) 3 个两两垂直的投影面。

正立投影面简称为正面投影或 V 面；

水平投影面简称为 H 面；

侧立投影面简称为侧面或 W 面。

(2) 3 个互相垂直且交于一点的投影轴。

每两个投影面相交产生的交线 OX、OY、OZ，称为投影轴，分别简称为 X 轴、Y 轴、Z 轴，它们的交点 O 称为原点。

(3) H、V、W 面把空间分为 8 个区域，分别称为 8 个分角。

由于平面是可以向四周无限延长的，所以三面投影体系实际应该如图 3.4 所示，H、V、W 面把空间分为 8 个区域，分别称为 8 个分角。GB/T 14692—1993《技术制图》投影法规定，我国采用第一角画法。所以今后在不特殊说明的情况下，所研究的投影都是把物体放在第一分角内进行投影。

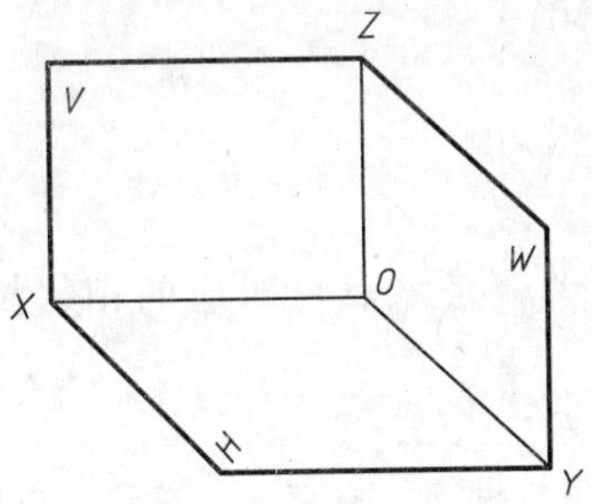

图 3.3 三面投影体系

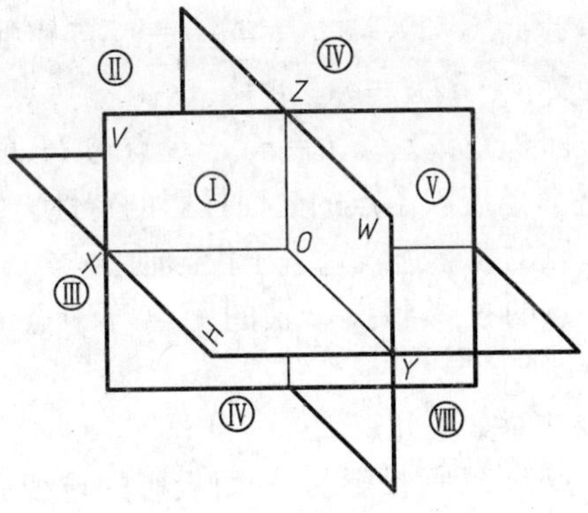

图 3.4 三面投影体系把空间分成 8 个分角

2. 点的三面投影及其特性

如图 3.5(a)所示，在三面投影体系中，有一空间点 A，由点 A 分别作垂直于 V、H、W 面的投射线，交得点 A 的正面投影 a'，水平投影 a，侧面投影 a''。关于空间点及其投影的标记规定为：空间点用大写字母 A，B，C，…表示，水平投影用相应小写字母 a，b，c，…表示，正面投影用相应小写字母右上角加一撇 a'，b'，c'，…表示，侧面投影用相应小写字母右上角加两撇 a''，b''，c''，…表示。

按以下方法将投影面体系展开：使 V 面保持正立位置，沿 OY 轴分开 H 面和 W 面，

将 H 面向下转 90°，W 面向右转 90°，使 H、W 面旋转成与 V 面位于一个平面，如图 3.5(b)所示投影面展开图。与两面投影一样，去掉投影面的边框和点 a_x、a_y、a_Z，就可得到点在三面投影体系中的投影图，如图 3.5(c)所示。

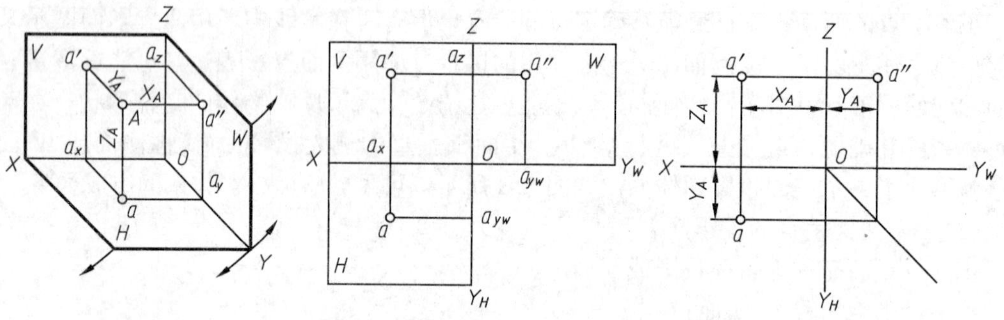

(a) 立体图　　(b) 投影面展开图　　(c) 投影图

图 3.5　三面投影体系点的投影图系

由点的两面投影特性(如图 3.5)不难看出：点 A 的 V 面投影和 H 面投影的连线垂直于 OX 轴，即 $a'a\perp OX$；点 A 的 V 面投影和 W 面投影的连线垂直于 OZ 轴，即 $a'a''\perp OZ$。另外，三面投影体系很像直角坐标系，其中投影轴、投影面、点 O 分别是坐标轴、坐标面、原点。空间点 A 可用坐标表示为 $A(x_A, y_A, z_A)$，如图 3.5(a)、(c)所示。在立体图 3.5(a)中空间点 A 的每两条投射线分别确定一个平面，与 3 个投影面分别相交，构成一个长方体 $Aa a_x a' a_z a'' a_y o$。在长方体 $Aa a_x a' a_z a'' a_y o$ 中，由于其每组平行边分别相等，所以点 $A(x_A, y_A, z_A)$的投影与坐标有下述关系。

x 坐标 $x_A(oa_x)=a_za'=aa_{YH}$=点与 W 面距离 $a''A$；

y 坐标 $y_A(oa_{yH}=oa_{yw})=a_xa=a_za''$=点与 V 面距离 $a'A$；

z 坐标 $z_A(oa_z)=a'_xa=a_{yw}a''$=点与 H 面距离 aA。

上述 3 条反映了点的三面投影的特性。

(1) 点的投影连线垂直于投影轴。

(2) 点的投影到投影轴的距离等于点的坐标，也就是该点与对应的相邻投影面的距离。

需要注意如下几点。

(1) 点的 H 面投影与 W 面投影的连线分为两段，一段在 H 面上，垂直于 H 面上的 OY_H 轴，另一段在 W 面上，垂直于 W 面上 OY_W 轴，两者交汇于过 O 点的 45°辅助线上。所以在投影图中，为了作图方便，可用过点 O 的 45°辅助线帮助作图。

(2) 在三面投影图中，只要已知一点的两面投影，就可确定它的坐标及第三个投影。

(3) 通常用 V、H 投影体系，需要时可扩展成 V、H、W 三投影面体系。

【例 3.1】 已知点的正面投影和水平投影，如图 3.6(a)所示，试求其侧面投影。

作图：

(1) 由 b' 作 Z 轴的垂线，并延长之，如图 3.6(b)所示；

(2) 由 b 作 Y_H 轴的垂线，得 b_{yH}，用 45°辅助线或圆弧将 b_{yH} 移至 b_{yW}($Ob_{YH}=Ob_{YW}$)，然

后从 b_{yW} 作 Y_W 轴的垂线，同过 b' 作与 Z 轴的垂线相交，得到交点即为 b''，如图 3.6(c)所示。

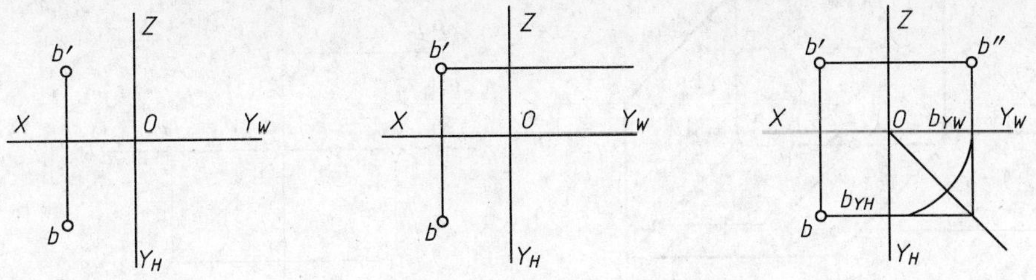

(a)　(b)　(c)

图 3.6　由点的两面投影求第三个投影

【例 3.2】 已知点 $A(10、8、12)$，求点 A 的三面投影。

作图：

(1) 如图 3.7(a)所示，画坐标轴(OX、OY_H、OY_W、OZ)；在 OX、OY_H、OZ 轴上分别量取 $Oa_x=10$；$Oa_{YH}=8$；$Oa_Z=12$。

(2) 根据点的投影特性：点的投影连线垂直于投影轴。如图 3.7(b)所示，分别过 a_x 作 OX 轴的垂直线、过 a_Z 作 OZ 轴的垂直线，两垂线的交点得点 A 的面 V 投影 a'，过 a_{YH} 作 OY_H 轴的垂直线与 $a'a_x$ 的延长线相交得点 A 的 H 面投影 a。

(3) 如图 3.7(b)所示，过原点 O 作 45°辅助线。

(4) 如图 3.7(c)所示，延长 aa_{YH} 与 45°辅助线相交，再过交点作垂直于 OY_W 轴垂线，与过 a' 作 OZ 轴的垂线的延长线相交得交点，即为点 A 的 W 面投影 a''。

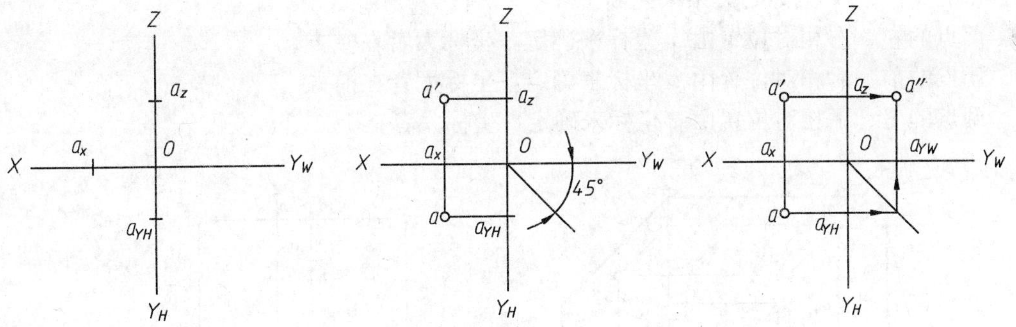

(a)　(b)　(c)

图 3.7　求点的三面投影

3.1.3　特殊位置点的投影

1. 投影面上的点的投影

如图 3.8(a)所示，点 B 是 V 面上的点，点 C 是 H 面上的点。由图 3.8 可以得出投影面上的点的投影有下列特性：投影面上的点有一个坐标为零；在该投影面上的投影与该点重合；在相邻投影面上的投影分别在相应的投影轴上。值得注意的是，H 面上的点 C 的 W 面投影 c'' 在 OY_W 轴上，而不能画在 OY_H 轴上，如图 3.8(b)所示。

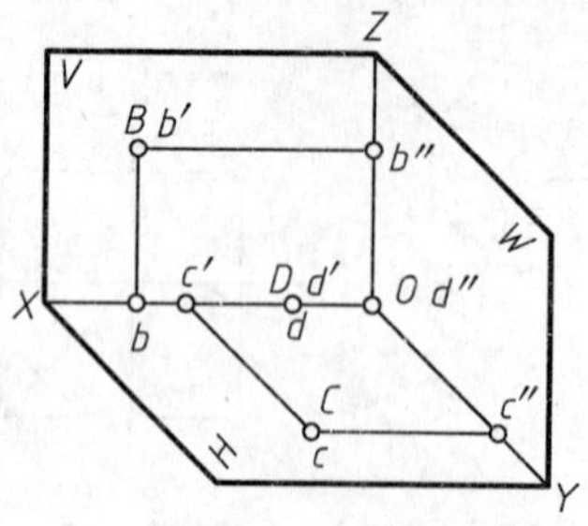

(a) 立体图

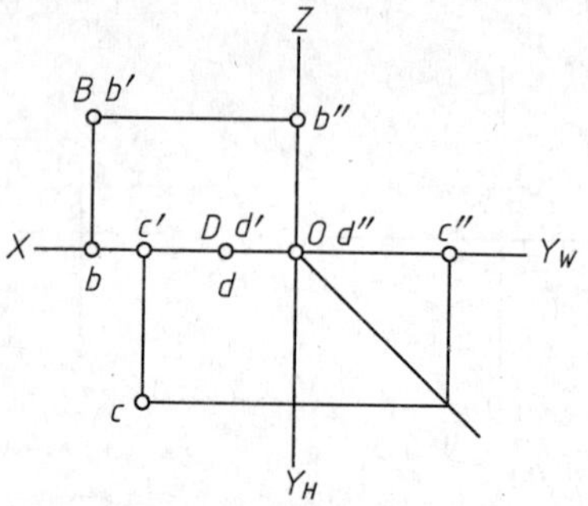

(b) 投影图

图 3.8　投影面和投影轴上点的投影

2. 投影轴上的点的投影

图 3.8(a)中的点 D 是 OX 轴上的点，由图 3.8 可以得出投影轴上的点的投影特性是：投影轴上的点有两个坐标为零；在包含这条轴的两投影面上的投影都与该点重合；在另一投影面上的投影则与原点 O 重合。

3.1.4　两点的相对位置和重影点

1. 两点的相对位置

如图 3.9 所示，空间两个点之间的左右、前后、上下的相对位置，在投影图上可由两点投影的 x、y、z 坐标的关系来判断。

两点的左、右相对位置由 x 坐标来确定，坐标大者在左方。

两点的前、后相对位置由 y 坐标来确定，坐标大者在前方。

两点的上、下相对位置由 z 坐标来确定，坐标大者在上方。

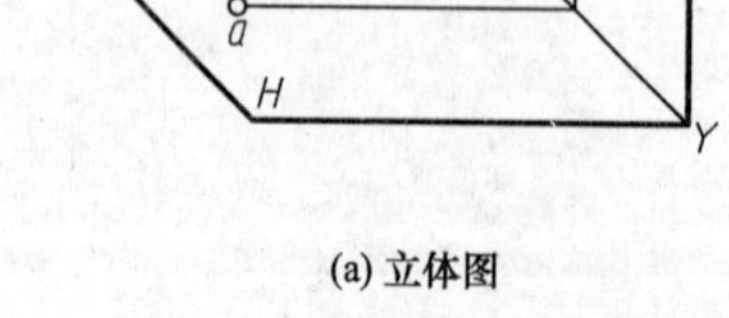

(a) 立体图

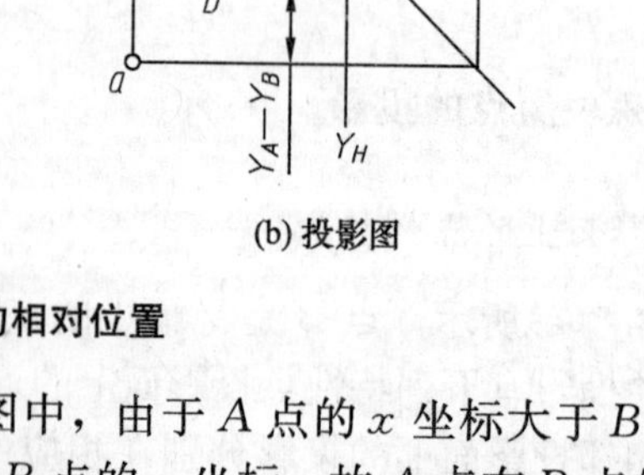

(b) 投影图

图 3.9　两点的相对位置

图 3.9 中所示的空间两点 A、B，在投影图中，由于 A 点的 x 坐标大于 B 点的 x 坐标，故 A 点在 B 点的左方；A 点的 y 坐标大于 B 点的 y 坐标，故 A 点在 B 点的前方；A 点的 z 坐标大于 B 点的 z 坐标，故 A 点在 B 点的上方。所以可以判断 A 点在 B 点的左、

前、上方。

需要注意如下两点。

(1) 由于投影图是 H 面绕 OX 轴向下旋转，W 面绕 OZ 轴向右旋转而成的，所以对水平投影而言，由 OX 轴向下就代表向前；对侧面投影而言，由 OZ 轴向右也代表向前。

(2) 已知两点的相对位置，只要知道其中一点的位置，另一点的位置随之就能确定。如图 3.9(b)中所示，已知点 $A(X_A, Y_A, Z_A)$ 和两点 A、B 的 X、Y、Z 方向坐标差，B 点的位置就可以确定。

2. 重影点及其可见性

当两点的某两个坐标相同时，该两点将处于同一投射线上，因而对某一投影面具有重合的投影，则这两点称为对该投影面的重影点。例如，图 3.10 中的空间两点 A、C，由于它们的 x、z 坐标相等，两点就是一对关于 V 面的重影点。重影点中有一个点是可见的，另一个点被遮挡住，是不可见的。有时需要表明点的可见性，此时，可将不可见投影的符号上加括号，如图 3.10 中的点(c')。

当空间两点为重影点时，在投影图上，其可见性由重影点的一对同名不等的坐标值来判断，坐标值大者可见，小者不可见。如图 3.10(b)中的点 A、C 的 x、z 坐标相等，y 坐标不等，A 点的 y 坐标大于 C 点，所以，a'可见，c'不可见并加括号表示。

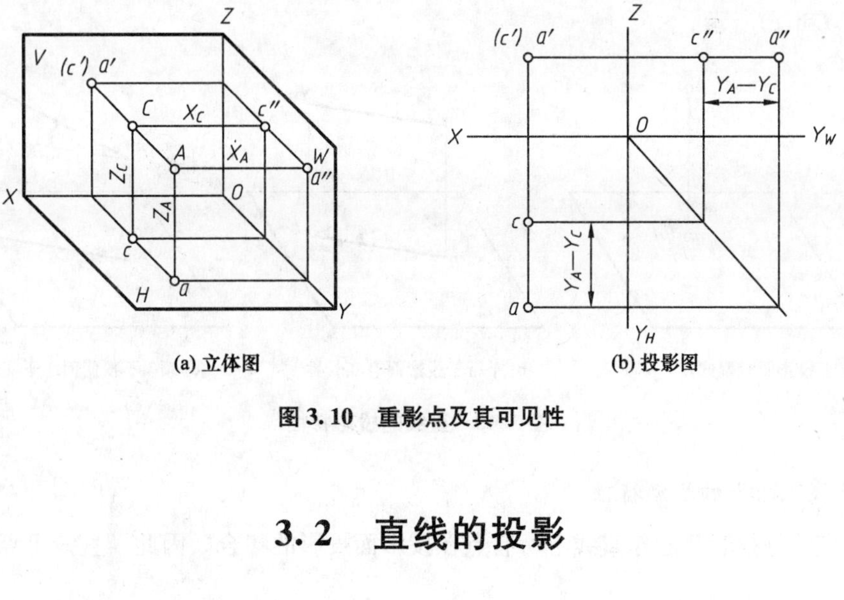

(a) 立体图　　(b) 投影图

图 3.10　重影点及其可见性

3.2　直线的投影

3.2.1　直线及直线上点的投影特性

1. 直线的投影

直线可以看成点按照一定的方向运动所形成的轨迹。因此，直线是由无数个点组成的，直线的投影可看作直线上所有点在投影面投影的集合。从几何角度看，直线的投影是过直线上各点向投影面作投射线，各投射线所形成的平面与投影面的交线。由于两点可以确定一条直线，如图 3.11(a)所示，要作空间直线 AB 的投影，只要作出其上面的任意两个点 A、B 在投影面 H 的投影 a、b，然后，连接 ab 即为 AB 在 H 面的投影。由于直线是可以向两端无限延长的，为了方便研究问题，通常用直线上的一段线段，例如 AB 来表示直线，用 AB 的投影 ab 表示该直线的投影，如图 3.11(b)所示。在三面投影中，如图 3.12 所示，只需分别连接直线 AB 上两端点的同面投影 ab、$a'b'$、$a''b''$，即得直线 AB 的三面投影。

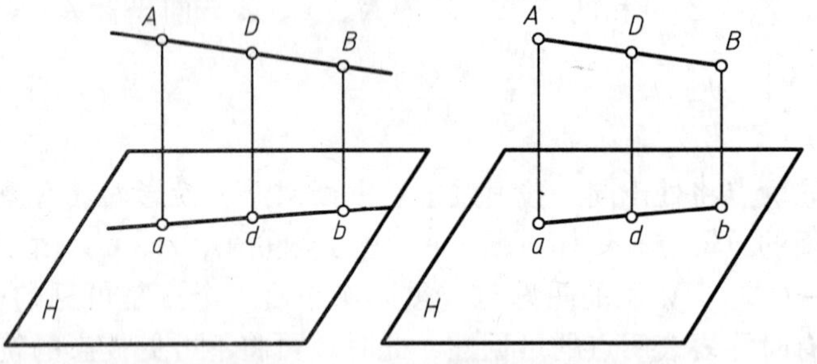

(a) 直线在平面上的投影　　(b) 线段在平面上的投影

图 3.11　直线投影图

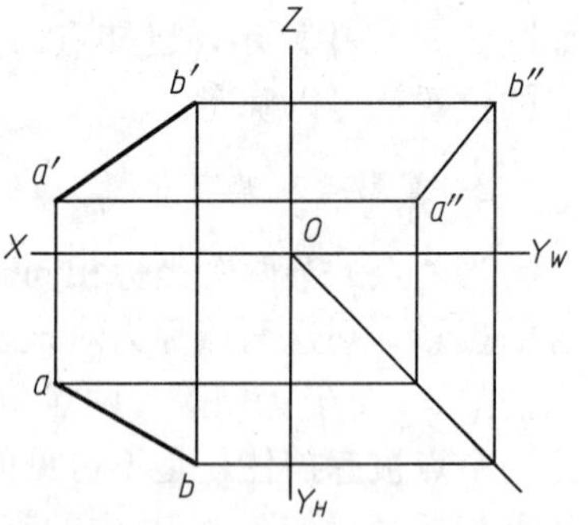

图 3.12　直线的三面投影图

2. 直线的投影特性

直线的投影特性取决于直线与投影面的相对位置，但其投影通常还是一条直线，如图 3.13(b)和(c)所示。

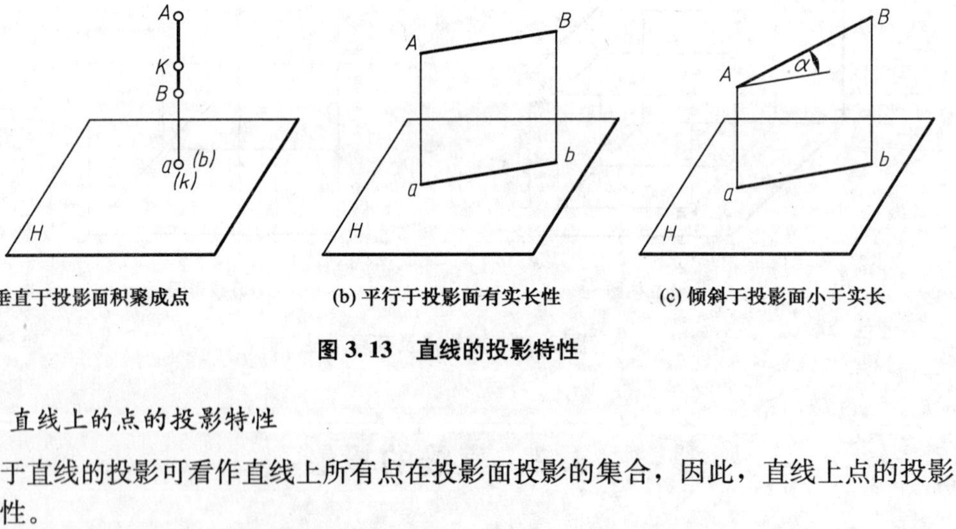

(a) 垂直于投影面积聚成点　　(b) 平行于投影面有实长性　　(c) 倾斜于投影面小于实长

图 3.13　直线的投影特性

3. 直线上的点的投影特性

由于直线的投影可看作直线上所有点在投影面投影的集合，因此，直线上点的投影有下列特性。

(1) 若点在直线上，则点的投影必在直线的同面投影上。

(2) 若点在直线上，则点分割直线段之比，等于投影后点分割直线段之比，如图 3.14 所示，即 $AC:CB=ac:cb=a'c':c'b'=a''c'':c''b''$。

上述两点反之也成立。

【例 3.3】 如图 3.15(a)、(b)所示，作出分线段 AB 为 1∶4 的点的两面投影。

分析：

由直线上点的投影特性，可将 AB 的一个投影分为 1∶4，然后，得出点 C 的另一投影。

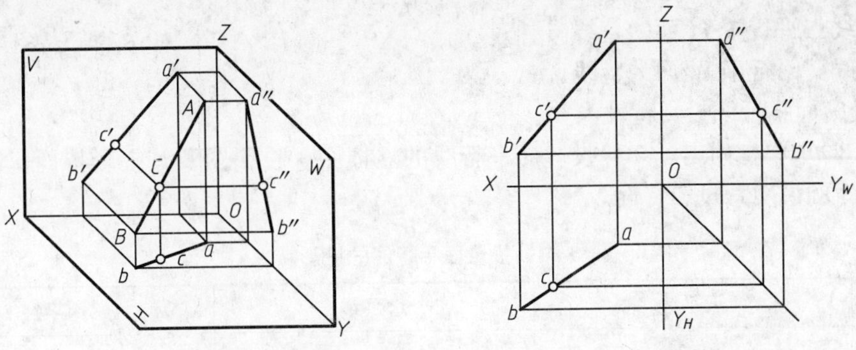

(a) 立体图　　(b) 投影图

图 3.14　直线上的点的投影特性

作图：

(1) 如图 3.15(c)所示，由 a 作任意直线，在其上量取 5 个单位长度，得 B_0。

(2) 在 aB_0 上取 C_0 使 $aC_0:C_0B_0=1:4$，连接 B_0 和 b，作 $C_0c \parallel B_0b$ 与 ab 相交得 C 点的水平投影 c。

(3) 由 c 作垂直于 OX 轴的投影线，与 $a'b'$ 相交得点 C 的正面投影 c'。

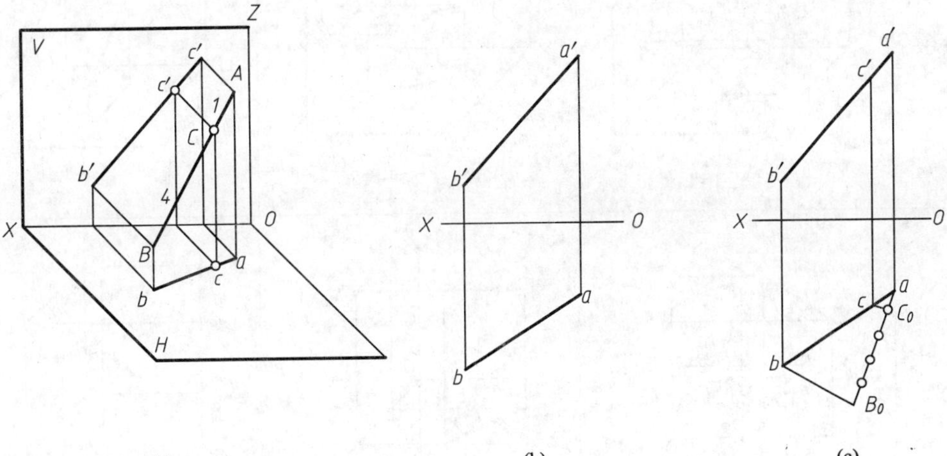

(a)　　(b)　　(c)

图 3.15　求分线段 AB 为 1∶4 的点

3.2.2　各种位置直线的投影特性

直线按与投影面相对位置可分为 3 类：投影面平行线、投影面垂直线、一般位置直线。前两类又统称为特殊位置直线。直线和投影面的夹角称为直线对投影面的倾角，通常用 α、β、γ 分别表示直线对 H、V、W 面的倾角。

1. 投影面平行线

1) 投影面平行线

只平行于一个投影面的直线称为投影面平行线，见表 3－1。投影面平行线分为 3 种。

正平线：平行于V面的直线。

水平线：平行于H面的直线。

侧平线：平行于W面的直线。

2）投影面平行线投影特性

在表3-1中，列出了3种投影面平行线的立体图、投影图及其投影特性。以表中正平线AB为例说明其投影特性。

表3-1　投影面平行线的投影特性

名称	正平线	水平线	侧平线
实例图	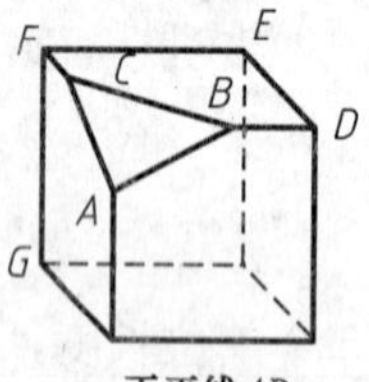 正平线AB	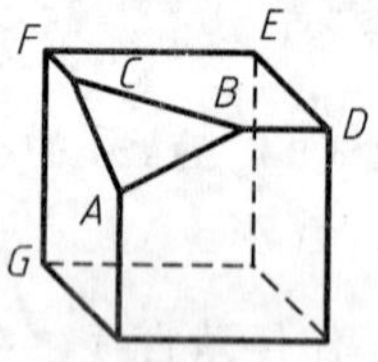 水平线BC	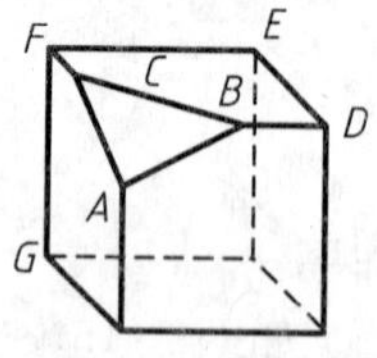 侧平线AC
立体图	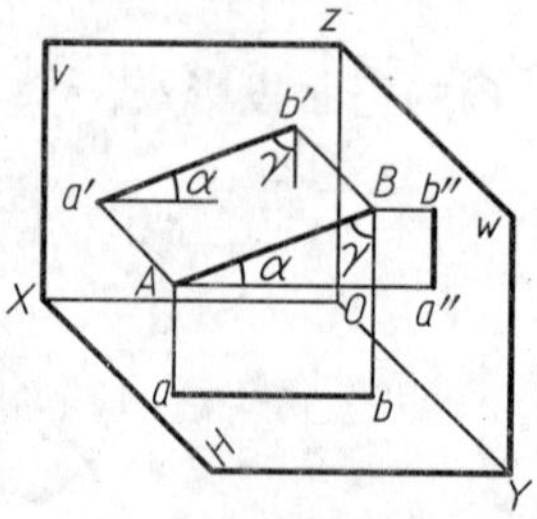 正平线AB	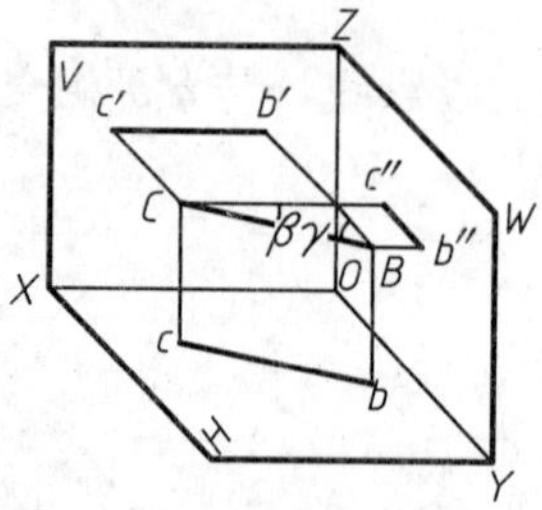 水平线BC	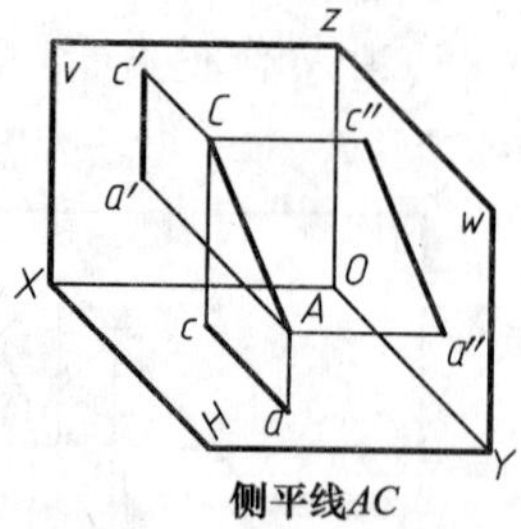 侧平线AC
投影图	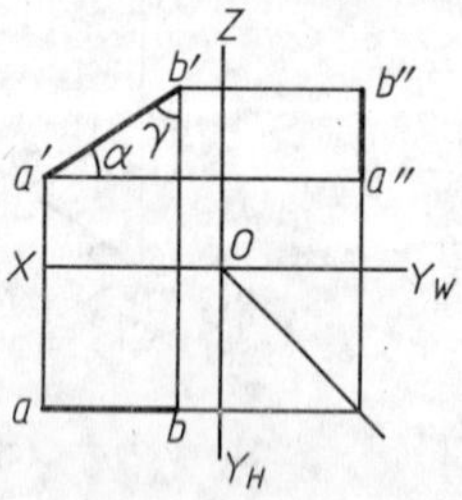	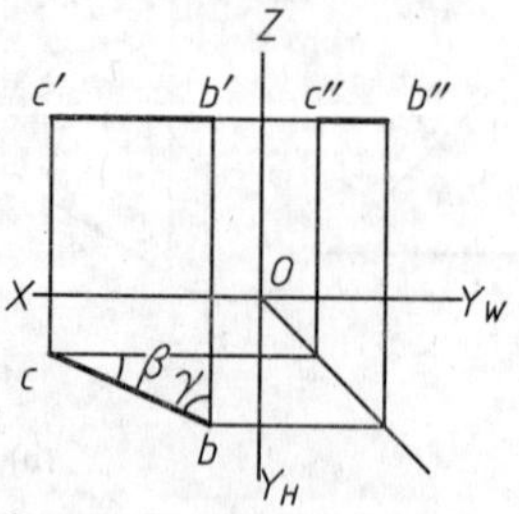	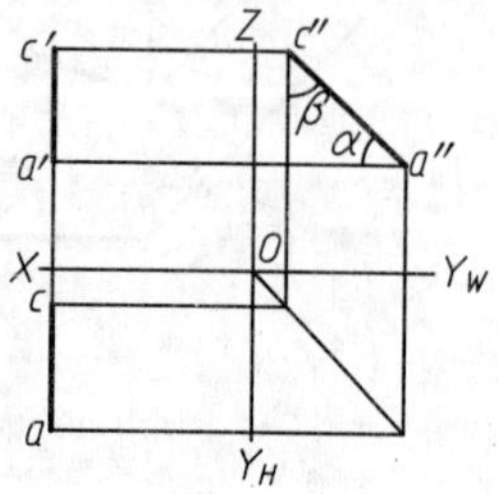
投影特性	(1) 其正面投影反映实长，与OX、OZ的夹角，分别是对面H、面W的真实倾角α、γ (2) 水平面投影ab∥OX轴，侧面投影$a''b''$∥OZ轴，且小于实长	(1) 其水平面投影反映实长，与OX、OY_H的夹角，分别是对面V、W的真实倾角β、γ (2) 正面投影$c'b'$∥OX轴，侧面投影$c''b''$∥OY_W轴，且小于实长	(1) 其侧面投影反映实长，与OZ、OY_W的夹角，分别是对面V、H的真实倾角β、α (2) 正面投影$a'c'$∥OZ轴，水平面投影ac∥OY_H轴，且小于实长

由正平线的立体图可知：由于AB平行于V面，因此，$ABb'a'$为矩形，所以$a'b'$∥AB，$a'b'=AB$，即正面投影反映实长。又因为AB∥V面时AB上各点到V面的距离相

等，也就是其各点 y 坐标相等，所以 $ab//OX$，$a''b''//OZ$。

而 $ab=AB\cos\alpha<AB$，$a''b''=AB\cos\gamma<AB$，即 AB 的水平面投影 $ab//OX$ 轴，侧面投影 $a''b''//OZ$ 轴，且小于实长。

由于 $a'b'//AB$，$ab//OX$，$a''b''//OZ$，因此，$a'b'$ 与 OX 轴的夹角，是 AB 对 H 面的真实倾角 α；$a'b'$ 与 OZ 轴的夹角，是 AB 对 W 面的真实倾角 γ。

因此，正平线的投影特性是：①其正面投影反映实长，与 OX、OZ 的夹角，分别是对面 H、W 的真实倾角 α、γ；②水平面投影 $ab//OX$ 轴，侧面投影 $a''b''//OZ$ 轴，且小于实长。

同理可得水平线、侧平线的投影特性，见表 3-1。

综上所述，对于投影面平行线的投影特性可归纳如下。

(1) 投影面平行线在它所平行的投影面上的投影反映实长，与相应投影轴的夹角反映与相应的投影面的夹角。

(2) 其他两个投影分别平行相应的投影轴，且小于实长。

2. 投影面垂直线

1) 投影面垂直线

垂直于一个投影面的直线，称为投影面垂直线，见表 3-2。投影面垂直线分为 3 种。

正垂线：垂直于 V 面。

铅垂线：垂直于 H 面。

侧垂线：垂直于 W 面。

2) 投影面垂直线投影特性

在表 3-2 中，列出了 3 种投影面垂直线的立体图、投影图及投影特性。以表中正垂线 DE 为例说明其投影特性。

表 3-2　投影面垂直线的投影特性

名称	正垂线	铅垂线	侧垂线
实例图	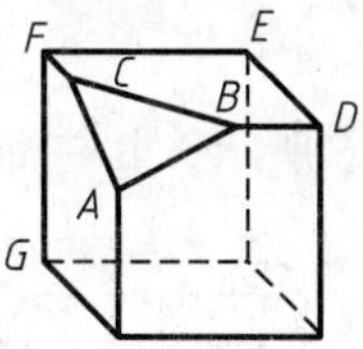 正垂线DE	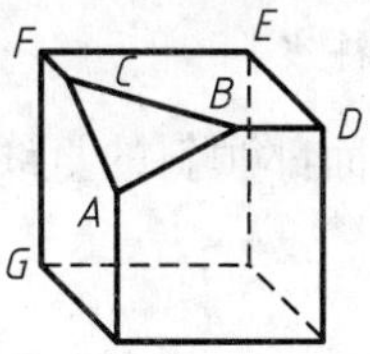 铅垂线FG	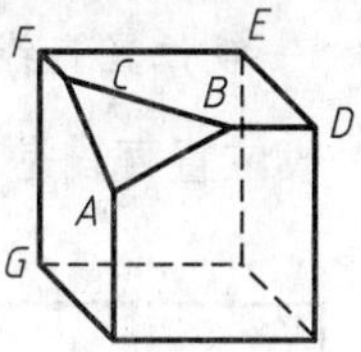 侧垂线EF
立体图	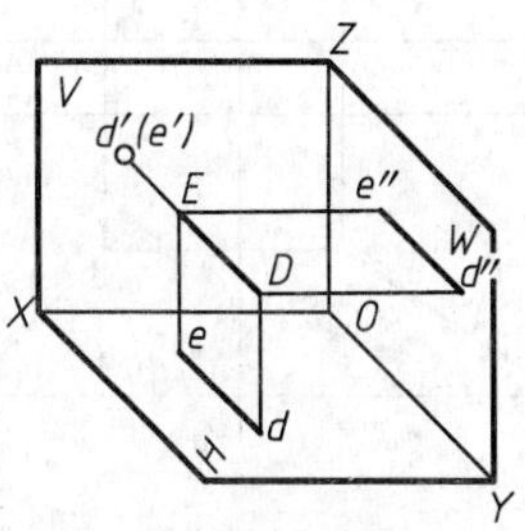 正垂线DE	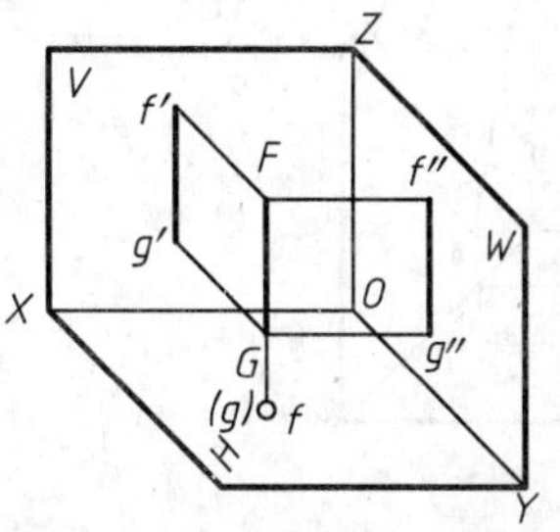 铅垂线FG	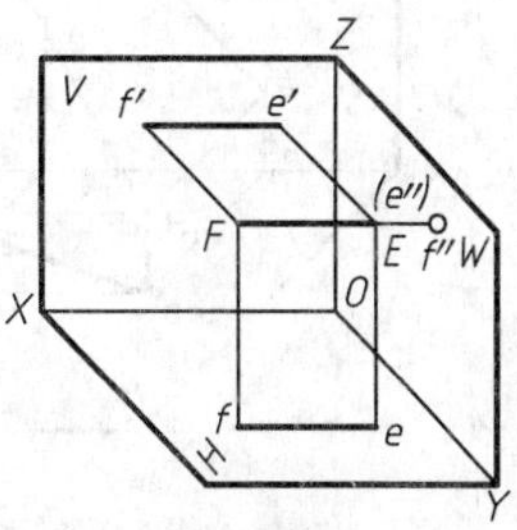 侧垂线EF

(续)

名称	正垂线	铅垂线	侧垂线
投影图	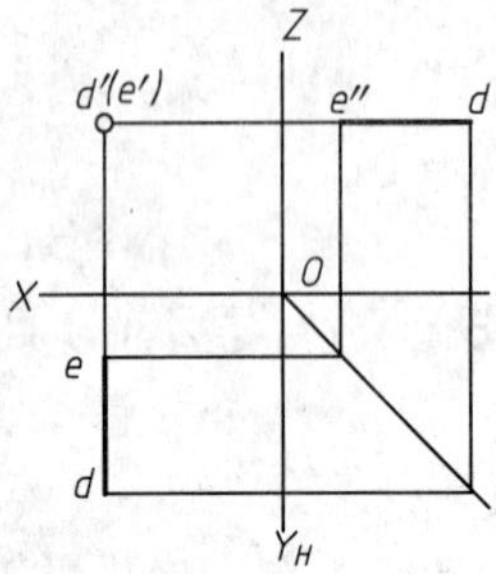	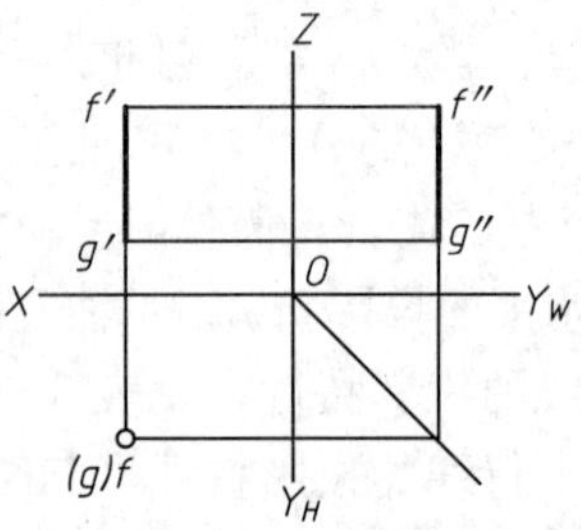	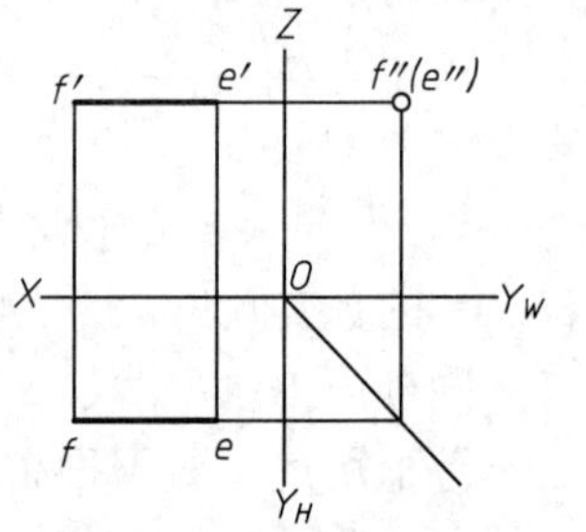
投影特性	(1) 其正面投影积聚成一个点 (2) DE 的水平面投影 $de/\!/OY_H$，侧面投影 $d''e''/\!/OY_w$，且 $d''e''=DE$、$de=DE$	(1) 其水平面投影积聚成一个点 (2) FG 的正平面投影 $f'g'/\!/OZ$ 轴，侧面投影 $f''g''/\!/OZ$ 轴，且 $f'g'=FG$，$f''g''=FG$	(1) 其侧面投影积聚成一个点 (2) EF 的正面投影 $e'f'/\!/OX$ 轴，水平面投影 $ef/\!/OX$ 轴，且 $e'f'=EF$，$ef=EF$

在正垂线 DE 的立体图中，由于 $DE\perp V$ 面，所以其正面投影 $d'e'$ 积聚成一点，而 $DE/\!/W$ 面，$DE/\!/H$ 面，DE 上各点的 x 坐标、z 坐标分别相等，所以 $de/\!/OY_H$，$d''e''/\!/OY_w$，且 $de=DE$、$d''e''=DE$。

因此，得出了表 3-2 中正垂线的投影特性是：①在正面投影积聚成一个点；②DE 的水平投影 $de/\!/OY_H$，侧面投影 $d''e''/\!/OY_w$，且 $d''e''=DE$、$de=DE$。

同理可得铅垂线、侧垂线的投影特性，见表 3-2。

综上所述，对于投影面垂直线其投影特性归纳如下。

(1) 投影面垂直线在其所垂直的投影面的投影积聚成一点。

(2) 投影面垂直线在其他两个投影面的投影，平行于相应投影轴，且反映实长。

3. 一般位置直线(投影面倾斜线)

一般位置直线是与 3 个投影面都倾斜的直线，如图 3.16 所示。其三面投影的长度均

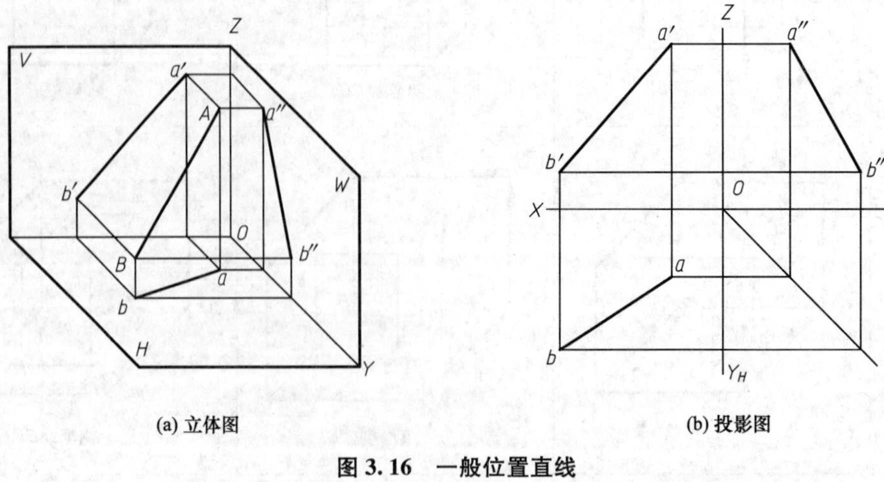

(a) 立体图　　(b) 投影图

图 3.16　一般位置直线

缩短，AB 的各面投影与投影轴的夹角，不反映 AB 与投影面的真实倾角。其投影特性可归纳如下。

(1) 一般位置线的 3 个投影都倾斜于投影轴。

(2) 投影长度小于直线实长。

(3) 投影与投影轴的夹角，不反映直线对投影面的倾角。

3.2.3 两直线的相对位置

空间两直线的相对位置有 3 种：平行、相交、交叉(也称异面)。

1. 平行两直线的投影特性

如果空间两直线平行，则其同面投影必平行，反之也成立，且两平行线段长度之比等于其投影长度之比。

如图 3.17 所示，AB、CD 是两条一般位置的平行直线，由于 $AB /\!/ CD$，所以，过直线 AB、CD 上各点的投射线所形成的两个平面互相平行，它们与 H 面的交线也相互平行，即 $ab /\!/ cd$。同理可证 $a'b' /\!/ c'd'$，$c''d'' /\!/ a''b''$；由于 $AB /\!/ CD$，所以它们对某一投影面的倾角相同，即 $ab = AB\cos\alpha$，$cd = CD\cos\alpha$，所以 $ab : cd = AB : CD$。同理 $a'b' : c'd' = AB : CD$，$a''b'' : c''d'' = AB : CD$，因此，$AB : CD = ab : cd = a'b' : c'd' = a''b'' : c''d''$。

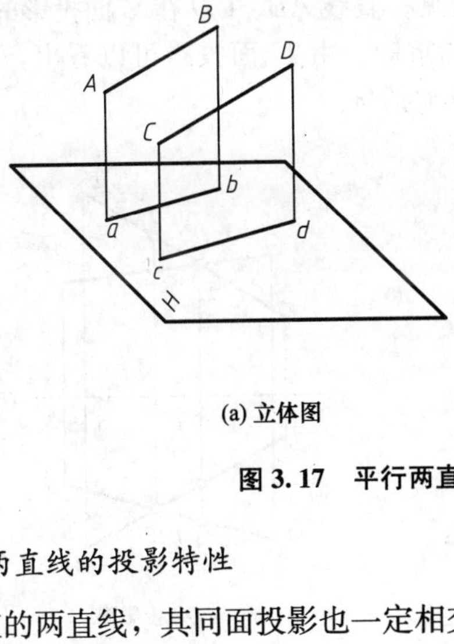

(a) 立体图

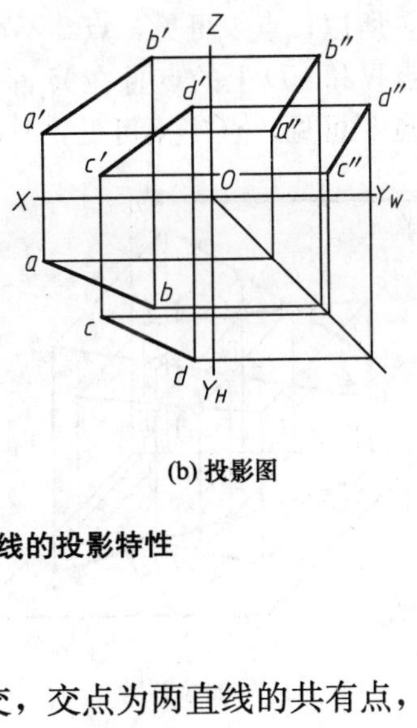

(b) 投影图

图 3.17 平行两直线的投影特性

2. 相交两直线的投影特性

空间相交的两直线，其同面投影也一定相交，交点为两直线的共有点，且符合点的投影特性。

如图 3.18 所示，因为 AB、CD 交于 K，则 K 是两直线的共有点，k 既在 ab 上，又在 cd 上。所以，在这两条直线的交点处。同理 k' 在 $a'b'$ 和 $c'd'$ 交点处，k'' 在 $a''b''$ 和 $c''d''$ 交点处；由于 k、k'、k'' 是 K 的三面投影，所以应符合点的三面投影特性，即 $k'k \perp OX$，$k'k'' \perp OZ$。

3. 交叉两直线的投影特性

在空间既不平行也不相交的两直线称为交叉直线，又称为异面直线。交叉直线既不符合平行两直线的投影特性，又不符合相交两直线的投影特性。

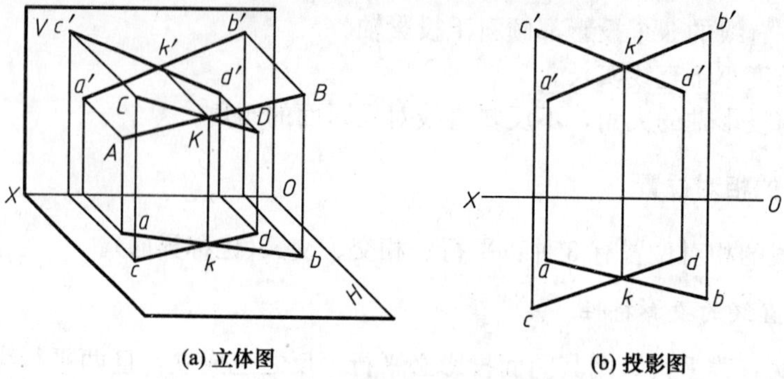

(a) 立体图　　(b) 投影图

图 3.18　相交两直线的投影特性

由于交叉两直线在空间既不平行，又不相交，所以，如果它们的 3 对同面投影都相交，但其交点 K 不符合点的三面投影特性；也可能它们的同面投影有一对或两对相交，其余的同面投影分别平行。这两种情况都表明交叉直线的投影既不符合平行直线投影特性，又不符合相交直线投影特性，其 3 个投影面上的交点是两直线上关于此投影面的一对重影点。如图 3.19 所示，AB、CD 是两条交叉直线，直线 AB、CD 在 H 面投影的交点 1(2)是直线 AB 上的Ⅰ点和 CD 上的Ⅱ点在 H 投影面的重影。由 V 面投影可以看出，Ⅰ点在Ⅱ点的上方，所以，点 1 可见，点 2 不可见；直线 AB、CD 在 V 面投影的交点 $3'(4')$是直线 AB 上的点Ⅳ和 CD 上的点Ⅲ在 V 面的重影。由 H 面投影可以看出，点Ⅲ在点Ⅳ的前方，所以，点 $3'$可见，点 $4'$不可见，$4'$要加括号。

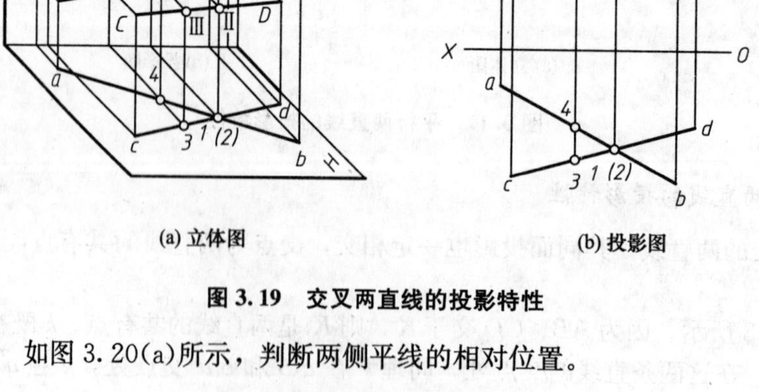

(a) 立体图　　(b) 投影图

图 3.19　交叉两直线的投影特性

【例 3.4】　如图 3.20(a)所示，判断两侧平线的相对位置。

分析：

由于是两侧平线，有左右距离差，它们一定不相交。

解法一

作图：

如图 3.20(b)所示，添加 W 面，将两面投影添加成三面投影，作出直线 AB、CD 的

面 W 的投影 $a''b''$ 和 $c''d''$。如两者平行，则 $AB /\!/ CD$；否则 AB 和 CD 交叉。按作图结果可判定 $AB /\!/ CD$，如图 3.20(b)所示。

解法二

作图：

假设两侧平线 AB、CD 是两条平行线，则 AB 和 CD 在一个平面内，分别连接 AD、BC，它们一定交于一点，否则，AB、CD 是两条交叉直线。如图 3.20(c)所示，分别连接 $a'd'$ 和 $b'c'$、ad 和 bc。由于 $a'd'$ 和 $b'c'$ 的交点与 ad 和 bc 的交点符合点的投影特性，所以可判定 $AB /\!/ CD$。

此种解题方法还可进一步思考，如果连接 AC 和 BD 是否也可以。

解法三

分析：

前面已经分析过 AB 和 CD 一定不相交，那么只有平行或交叉。可以先检查 AB 和 CD 在向前或向后、向上或向下的指向是否一致。

(1) 若不一致，则 AB 和 CD 交叉。

(2) 若一致，AB 和 CD 可能平行也可能交叉；再继续检查 $a'b' : ab$ 是否等于 $c'd' : cd$。如果 $a'b' : ab = c'd' : cd$，则 $AB /\!/ CD$；否则，AB 和 CD 交叉。

从图 3.20(a)中可以看出：AB 和 CD 的方向都是向前、向下的，所以需要进一步判别 $a'b' : ab$ 是否等于 $c'd' : cd$。

作图：

(1) 如图 3.20(d)所示，在 $a'b'$ 上量取 $a'1 = ab$。

(2) 过 a' 作一直线，在其上分别量取 $a'2 = cd$、$a'3 = c'd'$。

(3) 连接 1 和 2，b' 和 3。若 $12 /\!/ b'3$，则 $a'b' : ab = c'd' : cd$；即 $AB /\!/ CD$。

如图 3.20(d)所示，按作图结果可判两侧平线的位置关系为 $AB /\!/ CD$。

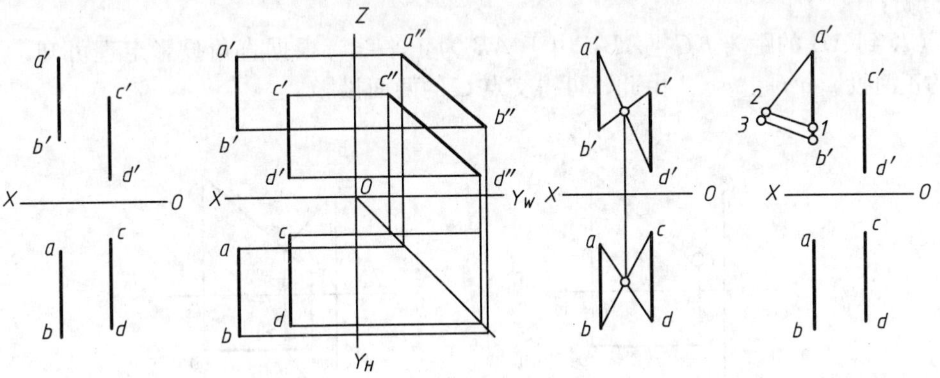

(a) 两侧平线　(b) 解法一　(c) 解法二　(d) 解法三

图 3.20 判断两侧平线的相对位置

3.2.4 直角投影定理

空间两直线成直角(相交或交叉)，若两边都与某一投影面倾斜，则在该投影面上的投影不是直角。如若是一边平行于某一投影面的直角，则在该投影面上的投影仍是直角。此投影特性称为直角投影定理。如图 3.21 所示，现以一边平行于水平面的直角为例，对其证明如下。

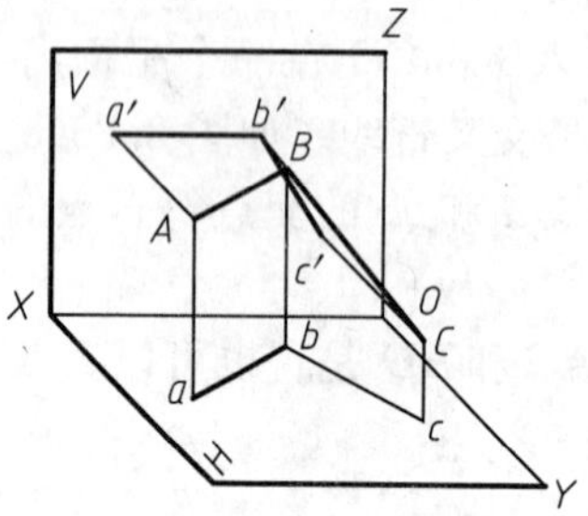

(a) 立体图

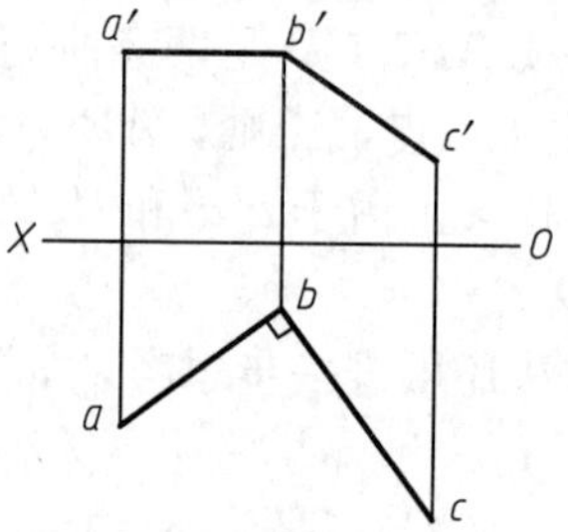

(b) 投影图

图 3.21　一边平行于水平面的直角的投影

已知 $AB /\!/ H$，$\angle ABC$ 是直角。

因为 $AB /\!/ H$，$Bb \perp H$，所以 $AB \perp Bb$。

因为 $AB \perp BC$、$AB \perp Bb$，则 $AB \perp$ 平面 $BCcb$。又因 $AB /\!/ H$，所以 $ab /\!/ AB$。

由于 $ab /\!/ AB$、$AB \perp$ 平面 $BCcb$，则 $ab \perp$ 平面 $BCcb$，于是 $ab \perp bc$，即 $\angle abc$ 仍是直角。

需要说明如下两点。

(1) 若空间直线为交叉垂直时，直角投影定理仍然成立。

(2) 当直角的另一边也平行于该投影面时，在该投影面上的投影也是直角；当直角的另一边垂直于该投影面时，在该投影面上的投影成为一直线。这是两个特例。

利用直角投影定理可以解决许多有关垂直、求距离的作图问题。

【例 3.5】 如图 3.22(a)所示，求点 K 到正平线 AB 的距离 KC 的投影。

分析：

点 K 到 AB 的距离 $KC \perp AB$，由于 AB 为正平线，根据直角投影定理可知，AB 和 KC 的正面投影 $a'b' \perp k'c'$。由此，可得交点 C 的两面投影。

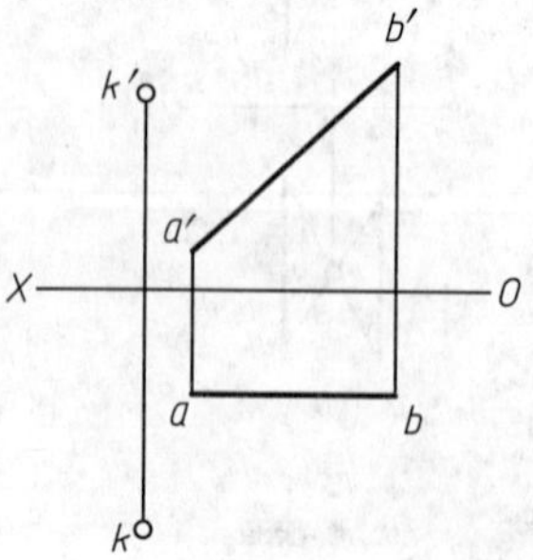

(a)

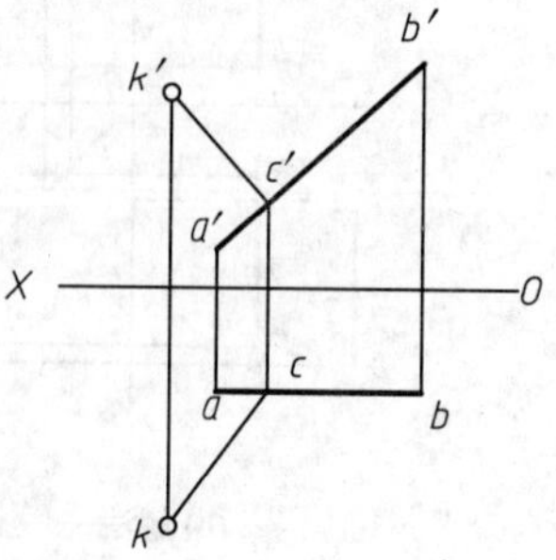

(b)

图 3.22　求点 *K* 到正平线 *AB* 的距离 *KC* 的投影

作图：

(1) 如图 3.22(b)所示，由 k' 作 $k'c' \perp a'b'$，与 $a'b'$ 相交得点 C 的正面投影 c'。

(2) 点 C 在 AB 上，依据点的投影规律求得点 C 的水平面投影 c；连接 $k'c'$、kc 即为 KC 的两面投影。

3.2.5 用直角三角形法求直线实长及其对投影面的倾角

特殊位置直线在三面投影中能直接反映其实长及对投影面的倾角，而一般位置直线则不能直接反映。下面介绍用直角三角形法求作一般位置直线的实长和其对投影面的倾角。

如图 3.23(a)所示，已知一般位置直线 AB 的两面投影。在过 AB 上各点向面 H 所引的投射线形成的平面 $ABba$ 内，作 $BK /\!/ ab$，与 Aa 交于点 K，得直角三角形 ABK。在 $\triangle ABK$ 中：$BK=ab$；$AK=Aa-aK$，即为直线 AB 两端点与面 H 的距离差；斜边 AB 即为实长；AB 与 BK 的夹角，就是 AB 对面 H 的倾角 α。因此，只要作出这个直角三角形，就能确定 AB 的实长和倾角 α。这种求作一般位置直线的实长和倾角的方法，称为直角三角形法。

其作图过程如图 3.23(b)所示。

(1) 在正面投影中，由 b' 作水平线，作出直线 AB 两端点与面 H 的距离差 Z_A-Z_B。

(2) 以 ab 为一直角边，由 a 作 ab 的垂线，在此垂线上量取 $am=Z_A-Z_B$。

(3) 连接 b 和 m，bm 即为直线 AB 的实长，$\angle abm$ 即为 AB 的真实倾角 α。

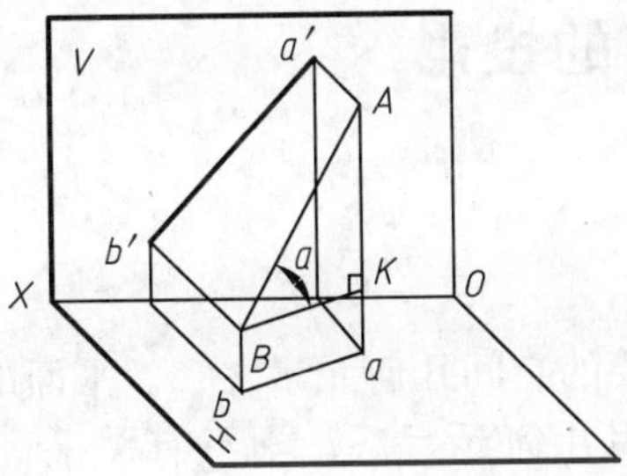

(a) 立体图

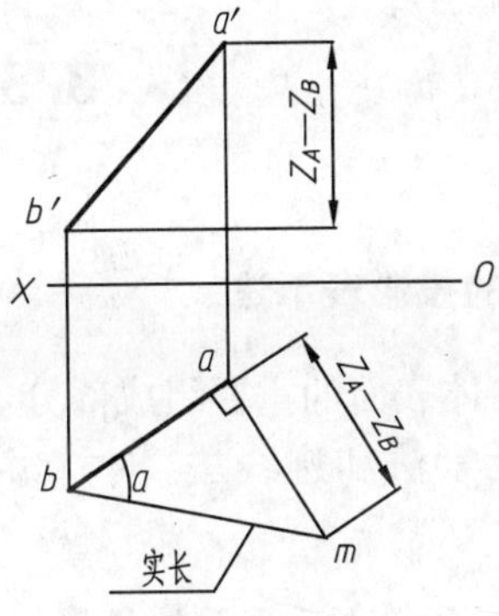

(b) 投影图

图 3.23 用直角三角形法求一般位置直线的实长及其对投影面的倾角

按照上述的作图原理和方法，也可以以 $a'b'$ 或 $a''b''$ 为一直角边，直线 AB 的两端点与 V 面或 W 面的距离差为另一直角边，作出 AB 的实长及其对面 V 的倾角 β 或对面 W 的倾角 γ。

因此，用直角三角形法求直线实长与倾角的方法是：以直线在某一投影面上的投影为底边，以直线的两端点与这个投影面的距离差为高，形成一个直角三角形，其斜边是直线的实长，斜边与底边的夹角就是该直线对这个投影面的倾角。

【例 3.6】 如图 3.24(a)所示，求点 K 到正平线 AB 的距离。

分析：

先用直角投影定理求出求点 K 到正平线 AB 的距离 KC(C 为垂足) 的两面投影，然后用直角三角形法求其实长。

作图：

(1) 作点 K 到正平线 AB 的距离 KC 的两面投影，如图 3.24(b)所示。

(2) 在图 3.24(b)基础上，过 c' 作 $k'k$ 的垂线 $c'm'$ 交 $k'k$ 于 m'，如图 3.24(c)所示。

(3) 由 c 作 kc 的垂线，并在其上截取 cm_0，使 $cm_0=k'm'$，连接 k 和 m_0，km_0 即为点 K 到正平线 AB 的距离。

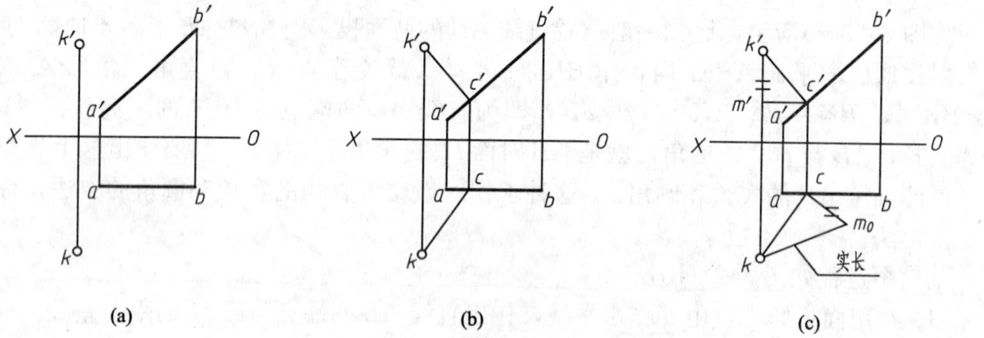

图 3.24　求点 K 到正平线 AB 的距离

3.3　平面的投影

3.3.1　平面的投影表示法

平面是物体表面的重要组成部分，也是主要的空间几何元素之一。平面的表示方法有两种：几何元素法和迹线法。本节主要介绍用几何元素法，学习有关平面的投影及其特点。

1. 用几何元素表示平面的投影

平面的几何元素表示法有如下几种。

(1) 用不在同一直线上的 3 点，如图 3.25(a)所示。

(2) 用一直线与直线外一点，如图 3.25(b)所示。

(3) 用相交两直线，如图 3.25(c)所示。

(4) 用平行两直线，如图 3.25(d)所示。

(5) 用平面图形(三角形、矩形等)，如图 3.25(e)所示。

2. 用迹线表示平面的投影

平面也可以用迹线表示，其迹线表示法如图 3.26 所示。此处所说的迹线是指平面与投影面的交线，通常把用迹线表示的平面称为迹线平面。如图 3.26 中平面 P 是个一般位置的平面，因此，平面 P 与 3 个投影都相交，即在 V、H、W 面上都有迹线，平面与 V 面、H 面、W 面的迹线分别称为正面迹线(V 面迹线)用 P_V 表示、水平迹线(H 面迹线)用 P_H 表示、侧面迹线(W 面迹线)用 P_W 表示。迹线须画成粗实线。

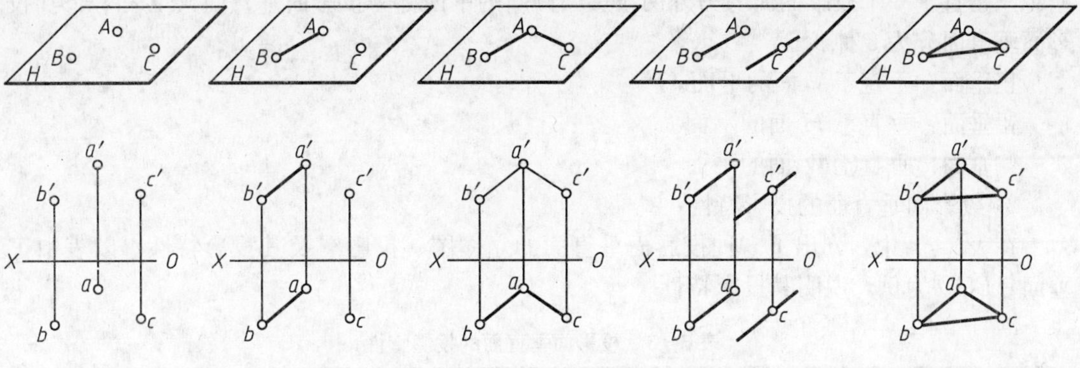

(a)　(b)　(c)　(d)　(e)

图 3.25　平面的几何元素表示法

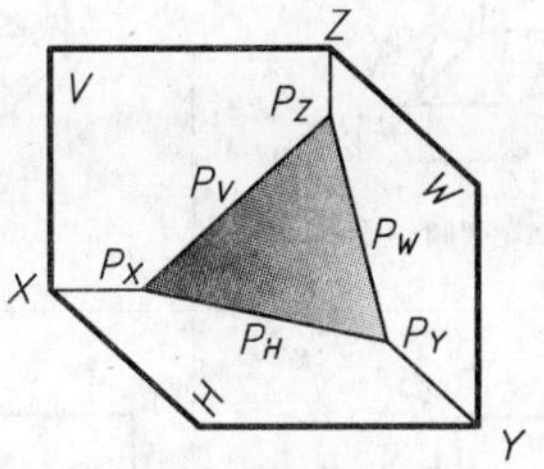

(a) 立体图

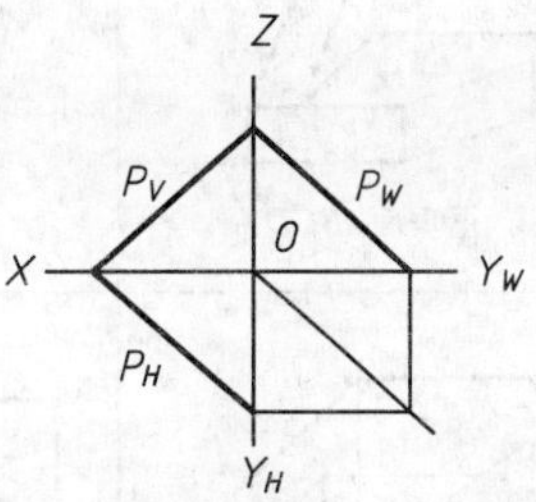

(b) 投影图

图 3.26　平面的迹线表示法

由于迹线是平面与投影面的交线，所以，如图 3.26(b)所示，迹线在投影面上的投影与其本身重合，并用相应标记 P_H、P_V、P_W。迹线的另两个投影与相应的投影轴重合，一般不再标记。图 3.26 中平面 P 是个一般位置的平面，不难看出其有下列投影特性。

(1) 在 3 个投影面上都有迹线，每条迹线都没有积聚性，都与投影轴倾斜。

(2) 每两条迹线分别相交于相应的投影轴上的同一点，由其中的任意两条迹线即可表示这个平面。

所以，用迹线表示平面实质上就是用两条相交直线表示平面。

用迹线表示平面比用其他方法表示平面容易想象空间位置，有利于研究问题。但是，由于组成物体的表面通常是封闭的几何图形，同时投影图常常是无轴的，因此，采用迹线表示平面有时也不方便，所以在工程中不常用。

3.3.2　各种位置平面的投影特性

在三面投影体系中，平面与投影面的相对位置可分为 3 类：投影面平行面、投影面垂直面、一般位置平面(亦称投影面倾斜面)。前两类又统称为特殊位置平面。下面介绍各种位置平面的投影特性。

1. 投影面垂直面

1) 投影面垂直面

只垂直于一个投影面而与另外两投影面倾斜的平面称为投影面垂直面，见表 3-3。投影面垂直面分为 3 种。

正垂面：垂直于 V 面的平面。

铅垂面：垂直于 H 面的平面。

侧垂面：垂直于 W 面的平面。

2）投影面垂直面的投影特性

在表 3-3 中，列出了 3 种投影面垂直面的立体图、投影图及其投影特性。以表中正垂面 $ABCD$ 为例，说明其投影特性。

表 3-3　投影面垂直面的投影特性

名称	正垂面	铅垂面	侧垂面
实例图	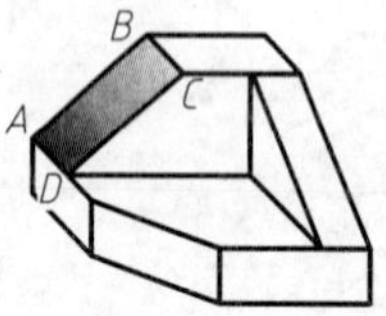 正垂面*ABCD*	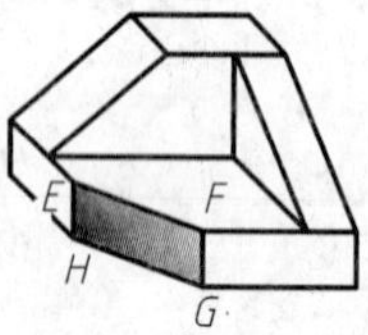 铅垂面*EFGH*	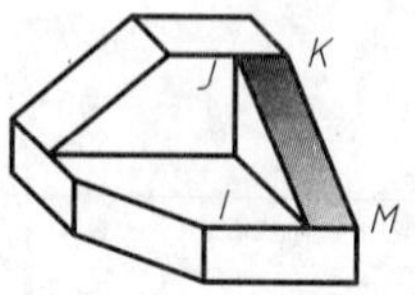 侧垂面*IJKM*
立体图	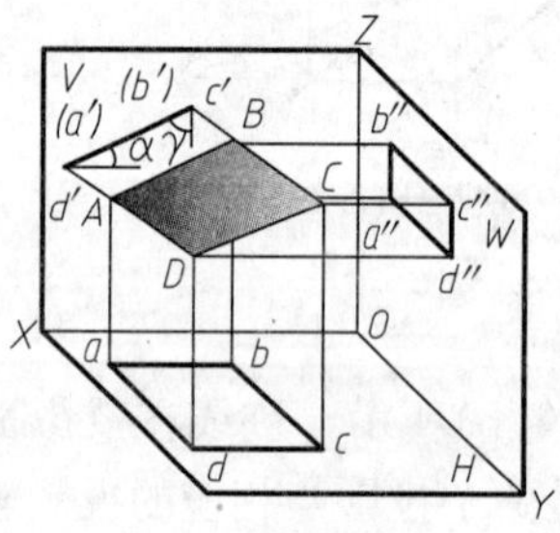 正垂面*ABCD*	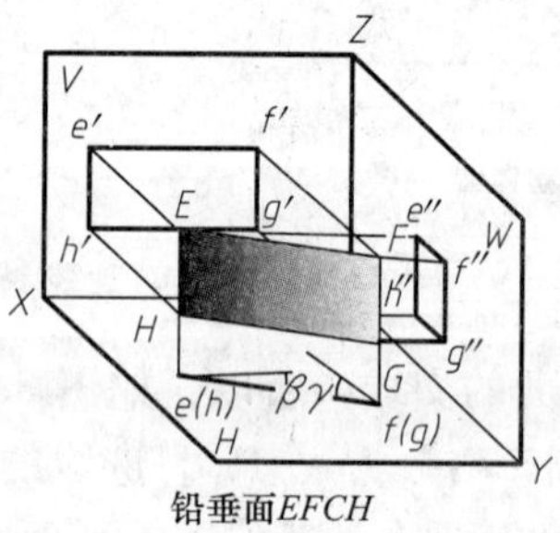 铅垂面*EFCH*	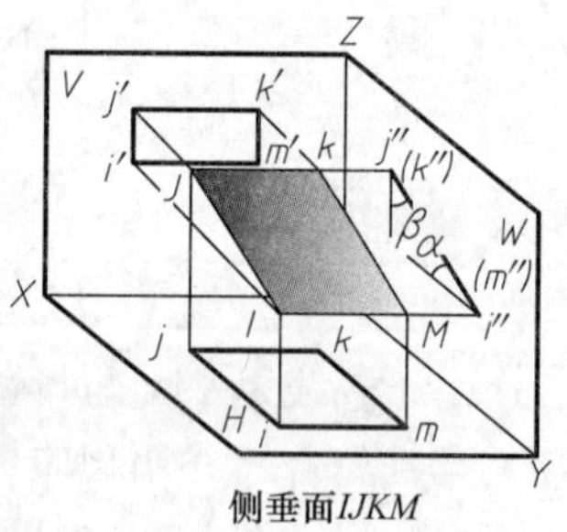 侧垂面*IJKM*
投影图	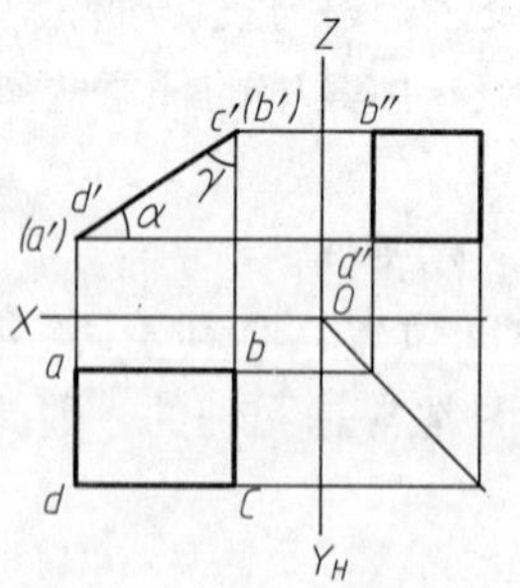	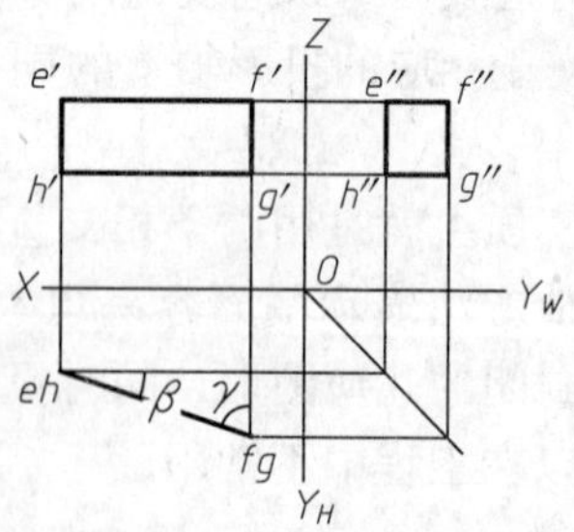	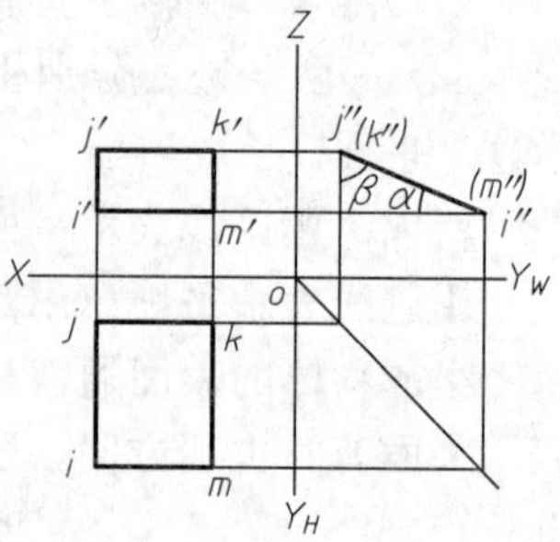
投影特性	（1）在正面投影积聚成直线，该直线与 OX 轴的夹角反映 α，与 OZ 轴的夹角反映 γ （2）在水平面和侧面的投影具有类似性，且面积缩小	（1）在水平面投影积聚成直线，该直线与 OX 轴的夹角反映 β，与 OY_H 轴的夹角反映 γ （2）在正面和侧面的投影具有类似性，且面积缩小	（1）在侧面投影积聚成直线，该直线与 OY_W 轴的夹角反映 α，与 OZ 轴的夹角反映 β （2）在正面和水平面的投影具有类似性，且面积缩小

如表3-3中正垂面$ABCD$的立体图、投影图所示，由于矩形平面$ABCD$是一正垂面，所以矩形平面$ABCD$在V面的投影积聚成一条直线；又因为矩形平面$ABCD\perp V$、$H\perp V$，$(a')(b')c'd'$和OX分别是矩形平面$ABCD$及H面与V面的交线，所以，$(a')(b')c'd'$和OX的夹角是矩形平面$ABCD$和H面的两面角的平面角，即矩形平面$ABCD$和H面的倾角α。同理，$(a')(b')c'd'$和OZ的夹角是矩形平面$ABCD$和W面的两面角的平面角，即矩形平面$ABCD$和W面的倾角γ。

由于矩形平面$ABCD$倾斜于H、W面，所以，它在H、W面的投影具有类似性，但面积缩小。因此，正垂面的投影特性是：①在正面投影积聚成直线，该直线与OX轴的夹角反映α，与OZ轴的夹角反映γ；②在水平面和侧面的投影具有类似性，且面积缩小。

同理可得：铅垂面、侧垂面的投影特性见表3-3。

可见，对于投影面的垂直面，其投影特性可归纳如下。

(1) 在所垂直的投影面上的投影，积聚成直线；该投影与投影轴的夹角，分别反映平面与相应投影面的夹角。

(2) 在另两投影面上的投影具有类似性，且面积缩小。

2. 投影面平行面

1) 投影面平行面

平行于一个投影面而与另外两投影面垂直的平面称为投影面平行面，见表3-4。投影面平行面分为3种。

正平面：平行于V面的平面。

水平面：平行于H面的平面。

侧平面：平行于W面的平面。

2) 投影面平行面投影特性

表3-4列出了3种投影面平行面的立体图、投影图、及其投影特性。以表中正平面$ABCD$为例，说明其投影特性。

如表3-4中正平面的立体图、投影图所示，由于矩形平面$ABCD$是一正平面，所以矩形平面$ABCD$在V面的投影具有实形性，其投影反映实形；对于H、W面，矩形平面$ABCD$又是其垂直面，所以，其在H面、W面投影具有积聚性，分别积聚成一条直线，由于正平面$ABCD$上各点的Y坐标相等，所以，该直线分别平行于OX、OZ轴。因此，正平面的投影特性是：①在正面的投影反映实形；②在H面投影积聚成一条直线，平行于OX轴；在面W投影积聚成一条直线，平行于OZ轴。

同理可得，水平面、侧平面的投影特性见表3-4。

表3-4　投影面平行面的投影特性

名称	正平面	水平面	侧平面
实例图	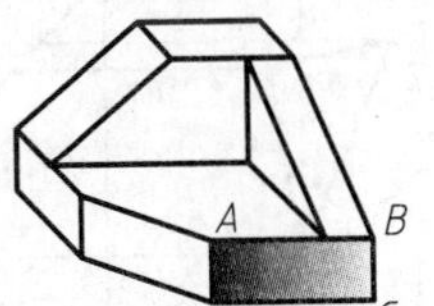 正平面$ABCD$	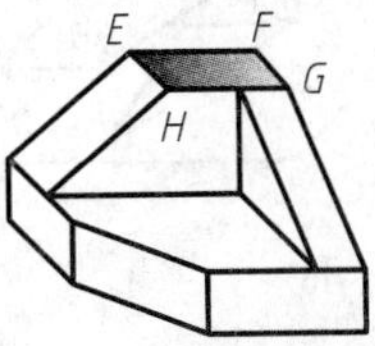 水平面$EFGH$	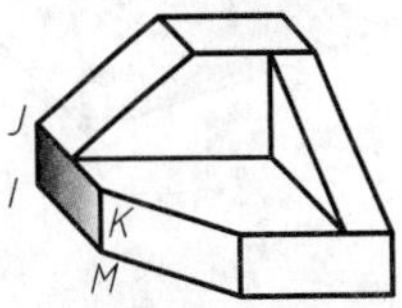 侧平面$IJKM$

（续）

名称	正平面	水平面	侧平面
立体图	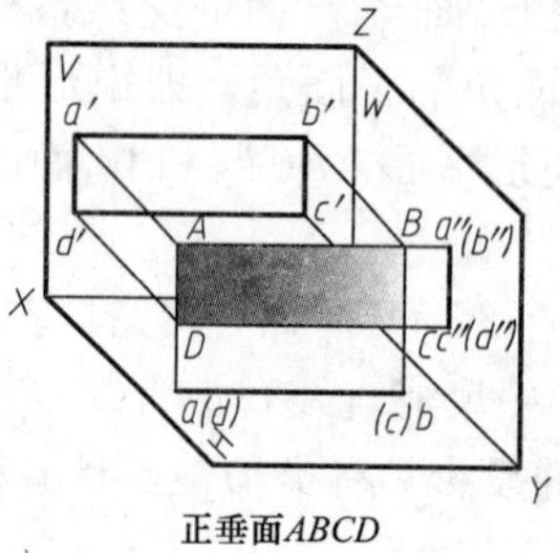 正垂面$ABCD$	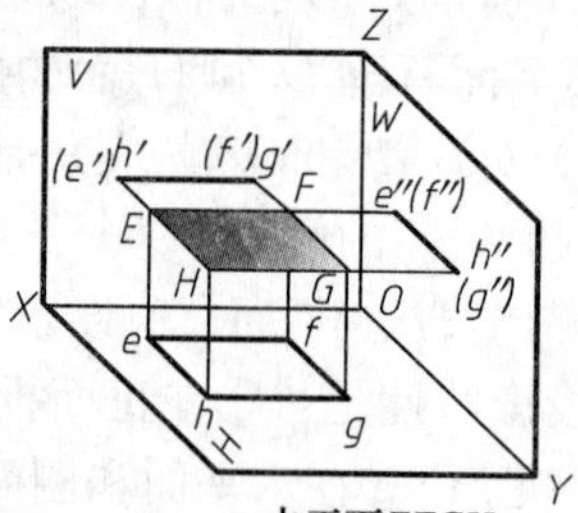 水平面$EFGH$	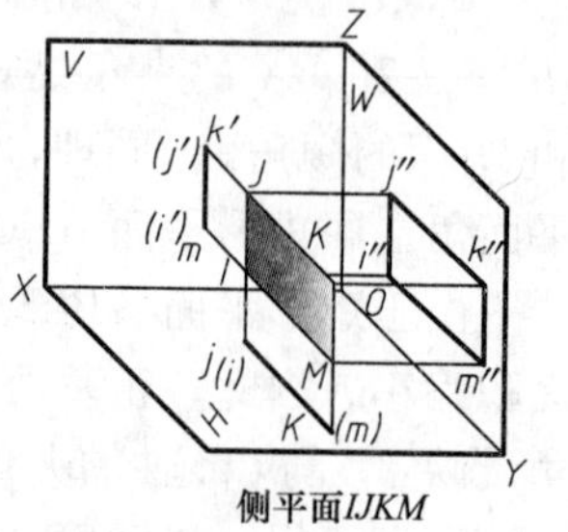 侧平面$IJKM$
投影图	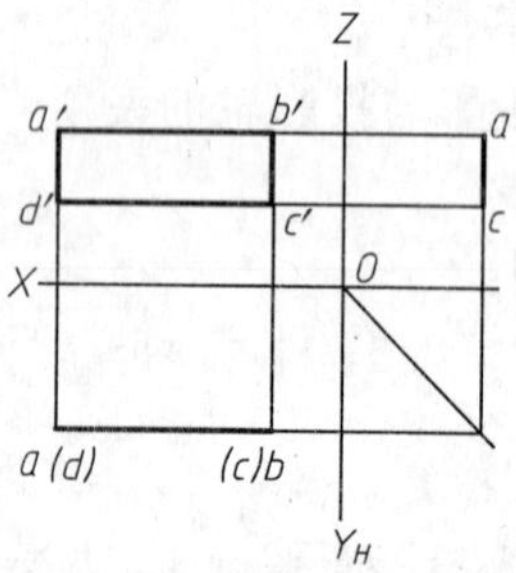	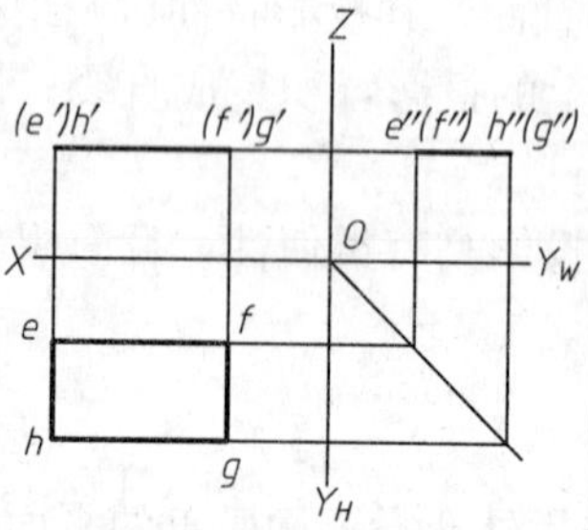	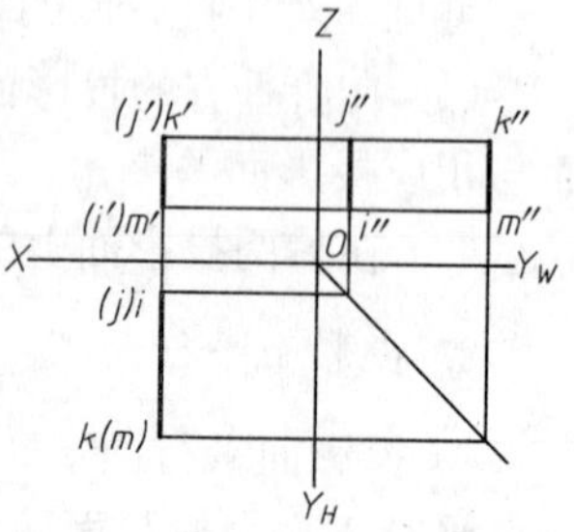
投影特性	(1) 在正面的投影反映实形 (2) 在面 H 投影积聚成一条直线，平行于 OX 轴；在 W 面投影积聚成一条直线，平行于 OZ 轴	(1) 在水平面的投影反映实形 (2) 在 V 面投影积聚成一条直线，平行于 OX 轴；在 W 面投影积聚成一条直线，平行于 OY_W 轴	(1) 在侧面的投影反映实形 (2) 在 V 面投影积聚成一条直线，平行于 OZ 轴；在 H 面投影积聚成一条直线，平行于 OY_H 轴

可见，对于投影面的平行面，其投影特性可归纳如下。

(1) 在它所平行的投影面上投影反映实形。

(2) 其另外两个投影积聚成直线，且平行于相应的投影轴。

3. 一般位置的平面

一般位置的平面的投影特性如图 3.27 所示，三棱锥的棱面△SAB 是一般位置的平面。

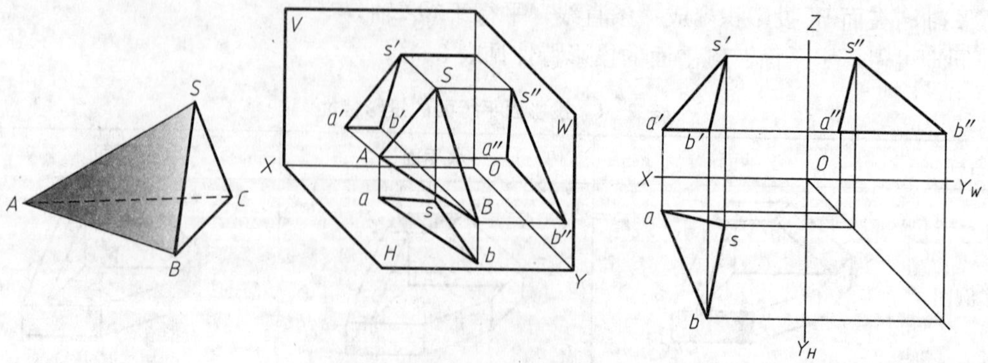

图 3.27　一般位置的平面的投影特性

由于△SAB与3个投影面都倾斜，所以，平面在V、H、W面投影都有类似性，且面积缩小。由于它具有这样的投影特性，所以，其投影度量性差。在实际投影制图中应尽量避免物体的表面全都处于一般位置。

3.3.3 平面上的点和直线

1. 点在平面上的几何条件

点在平面上的几何条件是该点在这个平面内的某一条直线上，如图3.28所示，由于M点在AB、BC所确定的H面内的直线AB上，因此点M是H面上的点。

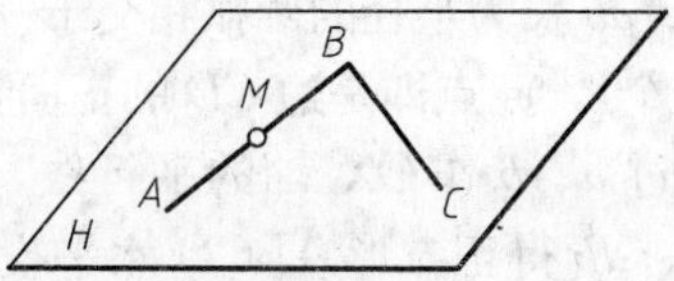

(a) 立体图

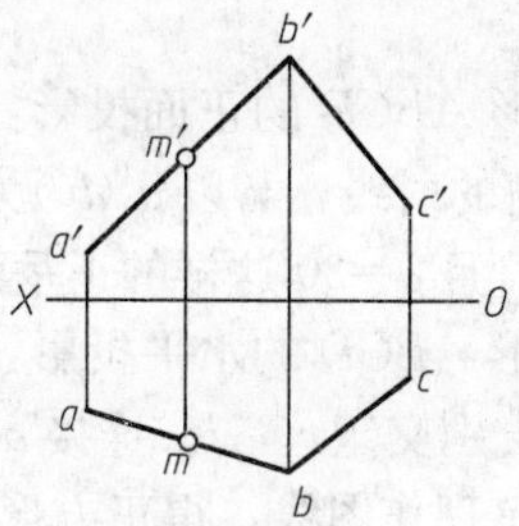

(b) 投影图

图3.28 点在直线上的几何条件

2. 直线在平面上的几何条件

直线在平面上的几何条件是：直线通过这个平面上的两个点；或者通过这个平面上的一个点，且平行于这个平面上的另一条直线。如图3.29所示，直线MN通过平面ABC上的两个点M、N，直线MN在平面ABC上；如图3.30所示，直线NE通过平面ABC上的N点，且平行于平面ABC上的直线AB，直线NE在平面ABC上。

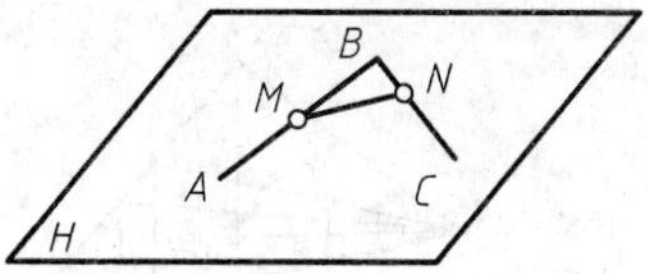

(a) 立体图

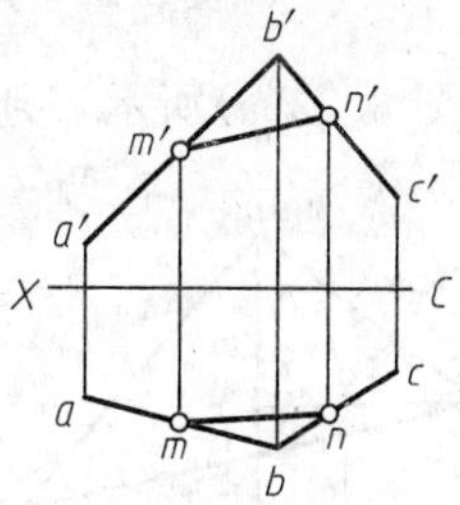

(b) 投影图

图3.29 直线在平面上的几何条件1

【例3.7】 如图3.31(a)所示正方形ABCD处于正垂面，已知其左下边AB的两面投影，$\alpha=30^\circ$，补全其两面投影。

分析：

如图3.31(a)所示，由于正方形ABCD处于正垂面位置，$\alpha=30^\circ$，所以，其正面投影积聚成一条与OX轴成30°角的直线，且AB、CD为正垂线，水平投影ab、cd反映实长；AD、BC为正平线，其正面投影$a'd'$、$b'c'$反映实长。

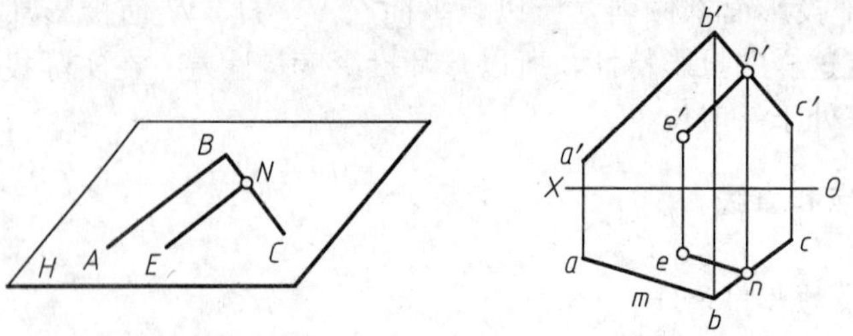

(a) 立体图　　(b) 投影图

图 3.30　直线在平面上的几何条件 2

作图：

(1) 作正方形 $ABCD$ 的正面投影：如图 3.31(b)所示，过边 AB 的正面投影 $a'(b')$作与 OX 轴成 30°角的射线，与以 $a'(b')$为圆心、ab 长为半径的圆弧相交于一点(正方形 $ABCD$ 处于正垂面位置，且 $\alpha=30°$这样的正垂面有两个)，此点即是边 CD 的正面投影 $c'(d')$。

(2) 作正方形 $ABCD$ 的水平投影：分别过 a、b 作 OX 轴的平行线，与过点 c'、d'作 OX 轴的垂直线分别交于 c、d。连接 ac、cd、db 得正方形 $ABCD$ 水平投影。

(3) 最后，整理作图线，得正方形 $ABCD$ 的两面投影如图 3.31(c)所示。

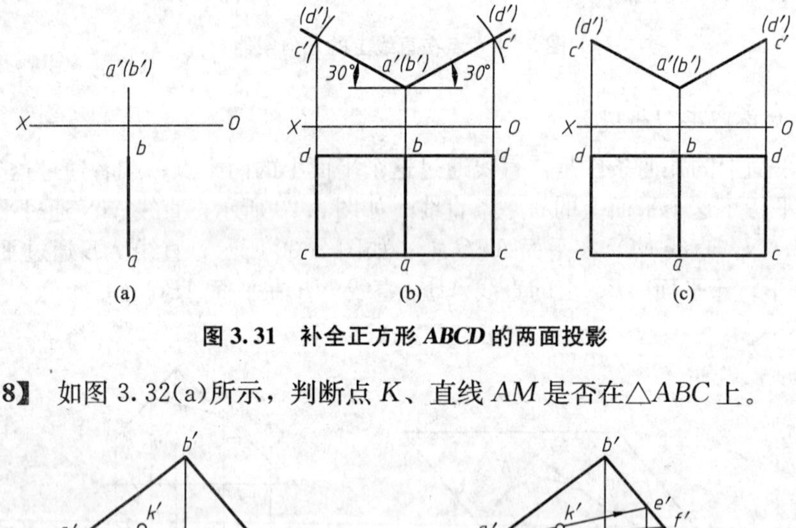

(a)　　(b)　　(c)

图 3.31　补全正方形 *ABCD* 的两面投影

【例 3.8】 如图 3.32(a)所示，判断点 K、直线 AM 是否在△ABC 上。

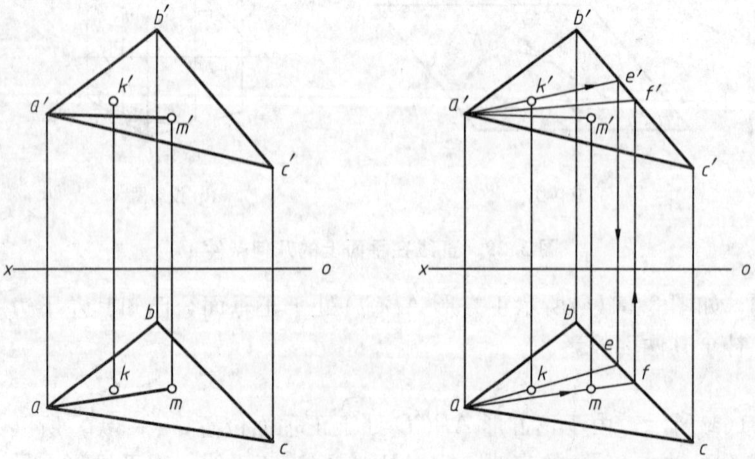

(a)　　(b)

图 3.32　判断点 *K*、直线 *AM* 是否在△*ABC*

1) 判断点 K 是否在△ABC 上

分析：

根据点在平面上的几何条件：若点位于△ABC 平面的一条直线上，则点在△ABC 面上，否则就不在△ABC 面上。

作图：

(1) 如图 3.32(b)所示，假设点 K 在△ABC 上，作 AK 的正面投影，即连接 $a'k'$，并延长与 $b'c'$交于 e'。

(2) 由 $a'e'$作出其水平投影 ae。由于 K 点的水平投影 k 在 ae 上，说明点 K 在△ABC 的直线 AE 上，即 K 点在△ABC 上。

2) 判断直线 AM 是否在△ABC 上

分析：

根据直线在平面上的几何条件，直线在平面上，直线通过这个平面上的两个点。不难看出 A 点在△ABC 面上，只要判断 M 点是否在△ABC 平面上，就可判断出 AM 是否在△ABC 面上。于是问题转化为第一问。

作图：

如图 3.32(b)所示，方法同第一问，只是先作 AM 的水平投影 am，由 af 作 $a'f'$。判断结果是：直线 AM 不在△ABC 上。

【例 3.9】 如图 3.33(a)所示，已知平面四边形 $ABCD$ 的正面投影及 AB、AD 边的水平投影，补全其水平投影；并在其上取一点 M，使 M 在 H 面之上 15mm、V 面之前 30mm。

1) 补全其水平投影

分析：

由图 3.33(a)可知，只要作出 C 点的水平投影 c，然后顺次连接 b、c、d 即可。由于 $ABCD$ 是平面四边形，所以，AC、BD 必相交一点 K，连接 AK，C 点在 AK 上，即可求得 C 点的水平投影。

作图：

(1) 如图 3.33(b)所示，分别连接 $a'c'$、$b'd'$，其交点为平面四边形 $ABCD$ 对角线 AC、BD 交于 K 点的 V 面投影 k'。

(2) 连接 bd，过 k'作 OX 轴垂线，与 bd 相交，得 AC 和 BD 的交点 K 的水平面投影 k。

(3) 连接 ak，并延长，与过 c'作 OX 轴垂线相交，得 C 点的水平面投影 c。

(4) 顺次连接 b、c、d 得平面四边形 $ABCD$ 水平投影 $abcd$。

2) 在其上取一点 M

分析：

如图 3.33(c)所示，M 在 H 面之上 15mm，它一定在平面 $ABCD$ 内距离水平面 15mm 的水平线 EF 上；M 在 V 面之前 30mm，所以，它也在平面 $ABCD$ 内距离 V 面 30mm 的正平线 GH 上，直线 EF、GH 的交点即是所求的 M 点。

作图：

(1) 作位于平面 $ABCD$ 内距离水平面 15mm 的水平线 EF 的正面投影 $e'f'$和水平投影 ef。

(2) 作位于平面 $ABCD$ 内距离正面 30mm 的正平线 GH 的水平投影 gh 和正面投影 $g'h'$。

(3) $e'f'$和$g'h'$交点m'，ef和gh的交点m，分别为所求的点M的正面投影和水平投影。

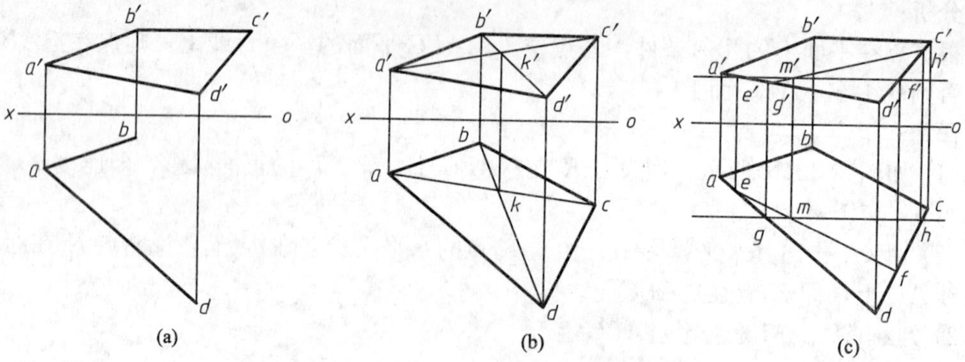

图 3.33　补全平面 ***ABCD*** 的水平投影并在其上取一点 ***M***

3.4　直线与平面、平面与平面之间的相对位置

编者在 3.3.3 节中已经讲过直线在平面上的几何条件。其实，直线和平面之间还有平行、相交、垂直的位置关系，平面与平面之间也存在着平行、相交、垂直的位置关系。其中的垂直是相交的特例。下面分析一下在这些位置情况下它们的投影情况。

3.4.1　平行问题

1. 直线与平面平行

对于一般位置的直线，由初等几何可知，如平面外的一条直线与平面内的某直线平行，则该直线与平面平行。如图 3.34 所示，△ABC 外直线 MN 平行于△ABC 内直线 ED，则直线 MN 平行于△ABC。

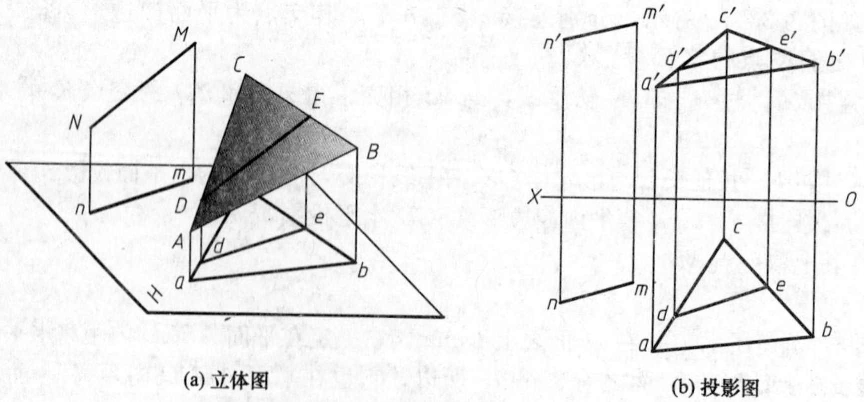

图 3.34　直线与平面平行

当直线与垂直于投影面的平面平行时，直线的投影平行于平面有积聚性的同面投影，或者，直线、平面在同一投影面上的投影都有积聚性，如图 3.35 所示。

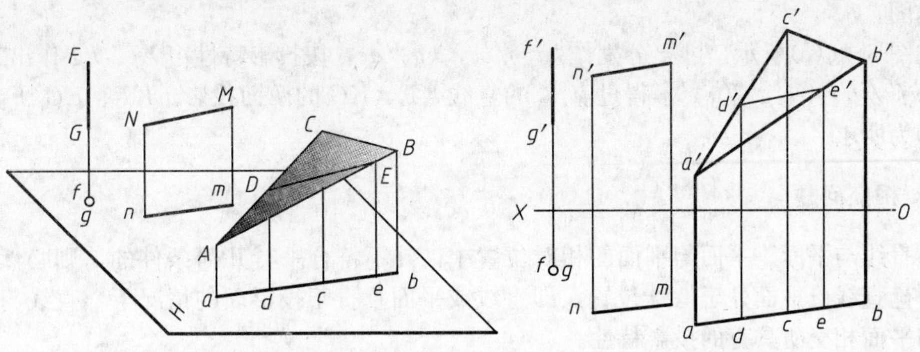

(a) 立体图　　(b) 投影图

图 3.35　直线与垂直于投影面的平面平行

2. 平面与平面平行

由初等几何知识可知，若一平面内的两相交直线平行于另一平面内的两相交直线，则两平面相互平行。

【例 3.10】　如图 3.36(a)所示，已知△*ABC* 所确定平面及平面外一点 *K* 的两面投影。

(1) 过点 *K* 作正平线平行于△*ABC* 所确定平面。

(2) 过点 *K* 作一平面平行于△*ABC* 所确定平面。

1) 过点 *K* 作正平线平行于△*ABC* 所确定的平面

分析：

当直线平行于某平面时，该直线必平行于该平面内的一条直线，因此，在△*ABC* 内作正平线 *BD*，然后过点 *K* 作 *BD* 的平行线 *KE*，*KE* 即为所求。

作图：

(1) 如图 3.36(b)所示，过 *b* 作 *bd* 平行于 *OX* 轴交 *ac* 于 *d*，按投影特性作 *bd* 的正面投影 $b'd'$，得△*ABC* 内正平线 *BD* 的两面投影。

(2) 作直线 *ke*//*bd*，$k'e'$//$b'd'$，得直线 *KE* 的两面投影。

2) 过点 *K* 作一平面平行于△*ABC* 所确定的平面

分析：

根据两平面平行的几何条件，可过点 *K* 作两条直线分别平行于△*ABC* 内两条直线，此两条直线所确定的平面即为所求的平面。

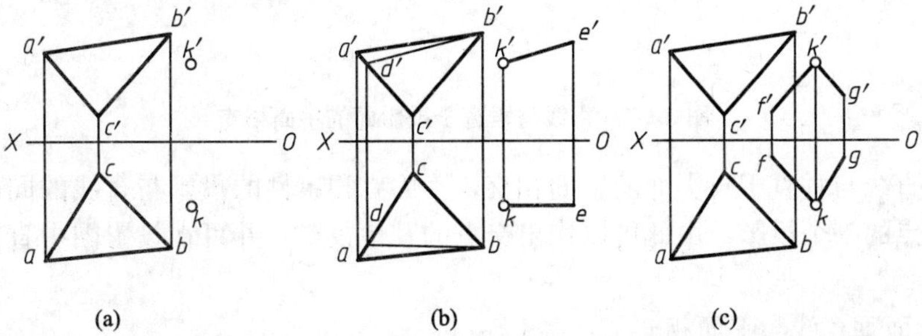

(a)　　(b)　　(c)

图 3.36　直线与平面平行及作平面与平面平行

作图:

如图 3.36(c)所示，过 k 分别作 $kf // bc$，$kg // ac$，按投影特性由 kf、kg 作出其正面投影 $k'f' // b'c'$，$k'g' // a'c'$，得过点 K 的直线 KF、KG 的两面投影。KF、KG 所确定的平面即为所求。

3.4.2 相交问题

在直线与平面、平面与平面的相对位置中，凡不符合平行几何条件的，则必然相交。以下讨论直线或平面处于特殊位置，即直线或平面垂直于投影面的情况下，直线与平面、平面与平面相交所具有的投影特性。

1. 直线与平面相交

1) 直线与垂直于投影面的平面相交

如图 3.37(a)、(b)所示，已知直线 AB 和铅垂面□$CDEF$ 的两面投影，求作交点 K，并表明 $a'b'$的可见性(AB 与 $CDEF$ 重影部分暂用双点画线表示)。

因为□$CDEF \perp H$ 面，所以它的水平投影 $cd(e)(f)$积聚成一条直线，交点 K 是 AB 与□$CDEF$ 的共有点，所以，如图 3.37(c)所示，直接在 ab 与 $cd(e)(f)$的交点定出 k，再由 k 在 $a'b'$上作出 k'。

判断可见性时可按以下方法：K 点是 AB 投影的可见与不可见的分界点，如图 3.37(c)所示，在 AB 与□$CDEF$ 的两面投影中，从水平投影可以看出直线 AB 在交点 K 的右下方的线段位于□$CDEF$ 之前，因此，$a'b'$在 $c'd'e'f'$ 内 k' 右下方的一段是可见的，应画成粗实线；直线 AB 在交点 K 的左上方的线段则位于□$CDEF$ 之后，因此，$a'b'$在 $c'd'e'f'$ 内 k' 左上方的一段是不可见的，应画成细虚线。

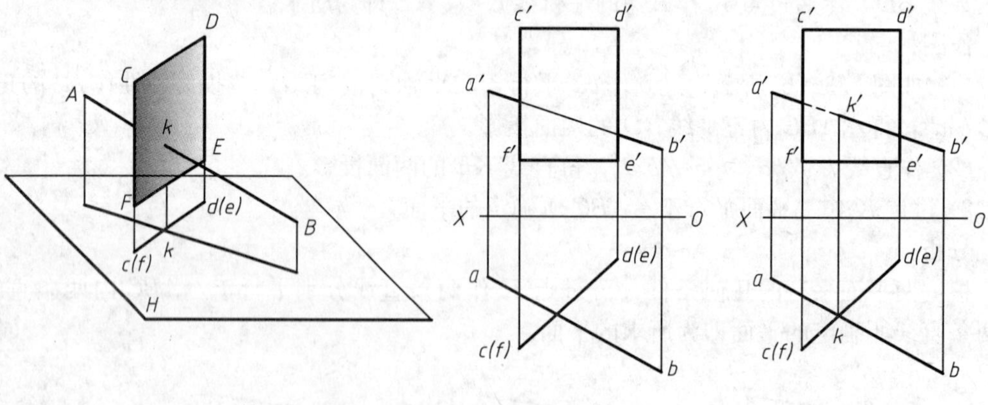

(a) (b) (c)

图 3.37 直线与垂直于投影面的平面相交

可见，直线与垂直于投影面的平面相交，平面有积聚性的投影与直线的同面投影的交点，就是交点的一个投影，由此可以作出交点的其他投影，并可在投影图中直接判断直线的可见性。

2) 投影面垂直线与平面相交

如图 3.38(a)所示，已知正垂线 ED 和△ABC 的两面投影，求作其交点 K，并表明 de

在△abc 内的可见性(暂用双点画线表示)。

由于 $DE\perp V$ 面，$d'e'$积聚成一点，交点 K 的正面投影 k'必定与 $d'e'$重合。又因为 K 点是DE 与△ABC 的共有点，所以求作其交点 K 的问题就转化为已知△ABC 上的点 K 的正面投影 k'，求其水平投影 k 的问题。作图过程：如图 3.38(b)所示，k'重合于 $d'(e)'$，即 K 的正面投影已知。利用点在平面上的作图方法，连接 a'、k'并延长，与 $b'c'$交于 f'。由 f'作投影连线，与bc 交于 f。连接a、f，af 与de 相交得k。k'和 k 即为所求交点K 的两面投影。

至于 de 在△abc 内的可见性，可利用交叉线对面 H 的重影点投影来判断，点 K 是可见和不可见的分界点。看交叉两直线 AB、DE 对面 H 的重影点的投影，即 ab 和 ed 的交点，如图 3.38(c)所示，AB 上的点 L 的正面投影 l'在 $a'b'$上，DE 上的点 G 的正面投影 g'与 $d'e'$重合。由于 l'在 g'的上方，所以，在水平投影上，AB 上的点 L 可见，DE 上的点 G 不可见。因此，$k(g)$不可见，应画成细虚线；过了分界点 k 后，ke 是可见的，应画成粗实线。

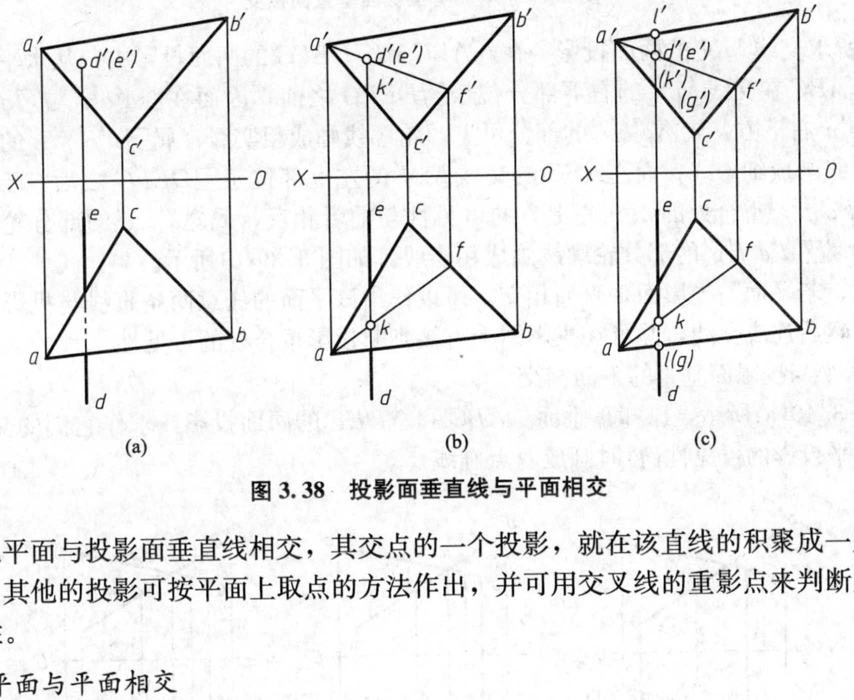

图 3.38 投影面垂直线与平面相交

可见平面与投影面垂直线相交，其交点的一个投影，就在该直线的积聚成一点的同面投影上，其他的投影可按平面上取点的方法作出，并可用交叉线的重影点来判断直线投影的可见性。

2. 平面与平面相交

两平面相交的交线是两平面的共有线，当需要判断平面投影的可见性时，交线又是平面各投影可见与不可见的分界线。

1) 平面与垂直于投影面的平面相交

如图 3.39(a)所示，已知△ABC 和铅垂的□$DEFG$ 的两面投影，求作交线 MN，并表明两个平面的正面投影重合处的可见性(暂时画成双点画线)。

平面和平面相交为一直线，欲求其交线，只要求出交线上两个点，交线就可以求得。而交线实际上是△ABC 的两个边 AB、BC 与平面□$DEFG$ 交点的连线，只要分别求出 AB、BC 与平面□$DEFG$ 的交点即可，于是问题转化成直线与垂直于投影面的平面相交的问题。作图过程：如图 3.39(b)所示，作出△ABC 的 AB、BC 边与□$DEFG$ 的交点 M、N 的两面投影 m、m'和 n、n'。然后，连接 $m'n'$，而 mn 就积聚在 $d(g)e(f)$上。$m'n'$和

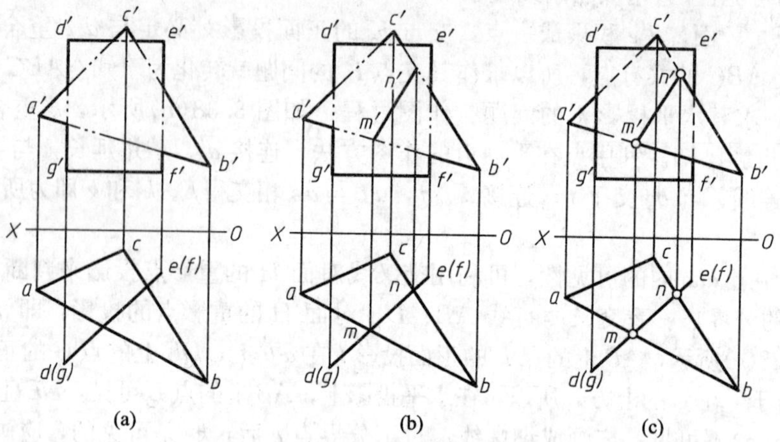

图 3.39　平面与投影面垂直面相交

mn 即为所求交线 MN 的两面投影。在△ABC 和□$DEFG$ 的两面投影中，从水平投影可以看出：△ABC 在交线 MN 的右下部分位于□$DEFG$ 之前，因而在△$a'b'c'$ 与□$d'e'f'g'$ 重合处的 $m'n'$ 右下方，属△$a'b'c'$ 的部分可见，轮廓线画成粗实线；属□$d'e'f'g'$ 的部分不可见，轮廓线画成细虚线；而△ABC 的交线 MN 的左上部位于□$DEFG$ 之后，于是在△$a'b'c'$ 与□$d'e'f'g'$ 重合处的 $m'n'$ 左上方的可见性与前者相反，属△$a'b'c'$ 的部分轮廓线画成细虚线；属□$d'e'f'g'$ 的部分轮廓线画成粗实线，如图 3.39(c)所示。

可见，若平面与投影面垂直面相交，可以作出该平面的任意两条直线与投影面垂直面的交点，然后连成交线，并可在投影图上直接判断投影重合处的可见性。

2) 两个与投影面垂直的平面相交

如图 3.40(a)所示，已知正垂面△ABC 和△DEF 的两面投影，求作它们的交线 MN，并表明水平投影的可见性(暂时画成双点画线)。

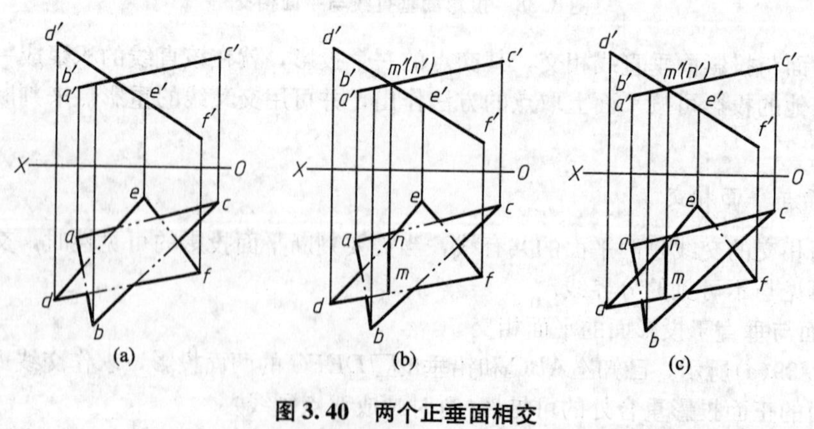

图 3.40　两个正垂面相交

因为两个三角形都垂直于正面，交线是正垂线，所以它们有积聚性的正面投影 $a'b'c'$ 和 $d'e'f'$ 的交点，就是交线 MN 的有积聚性的正面投影 $m'(n')$，如图 3.40(b)所示，由 $m'(n')$ 引投影线，在两个三角形的水平投影相重合的范围内作出 m、n，从而作出 MN 的水平投影 mn。由于△ABC 和△DEF 的正面投影有积聚性，从而就可以直接判断它们水平投影的可见性，交线是可见和不可见的分界线。如图 3.40(c)所示，在交线 MN 左侧，$\triangle DEF$ 位于$\triangle ABC$ 上方，属于$\triangle DEF$ 的部分可见，应画成粗实线，属于$\triangle ABC$ 的部分不可见，应画成细虚线；而在交线 MN 右侧则相反，属于$\triangle DEF$ 的部分不可见，应画成细虚线，属于$\triangle ABC$ 的部分可见，应画成粗实线。

可见，两个垂直与同一投影面的交线，一定是该投影面的垂直线，两平面有积聚性的投影交点，就是其交线有积聚性的投影，由此可作出交线的其他投影，并可在投影图中直接判断投影重合处的可见性。

3.4.3　垂直问题

垂直是相交的特殊情况，本节只讨论直线或平面垂直于投影面时，直线和平面及两平面之间的垂直问题。

1. 直线与平面垂直

当直线与垂直于投影面的平面相垂直时，直线一定平行于该平面所垂直的投影面，而且直线的投影垂直于平面有积聚性的同面投影。如图 3.41 所示，直线 MN 垂直于铅垂面$\triangle ABC$，则 MN 一定是水平线，且 $mn \perp abc$。

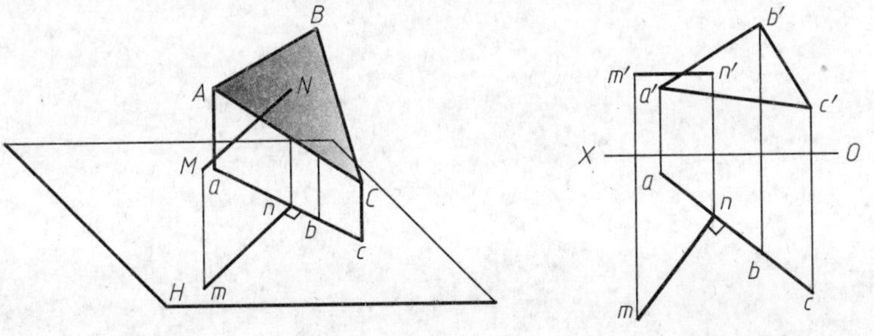

(a) 立体图　　(b) 投影图

图 3.41　直线与垂直于投影面的平面相垂直

当投影面垂直线与平面相垂直时，平面一定平行于该直线所垂直的投影面，且在其他投影面的投影垂直于该直线的投影。如图 3.42 所示，平面$\triangle ABC$ 垂直于铅垂线 MN，所以，平面$\triangle ABC$ 一定平行于水平面，且 $m'n' \perp a'b'c'$。

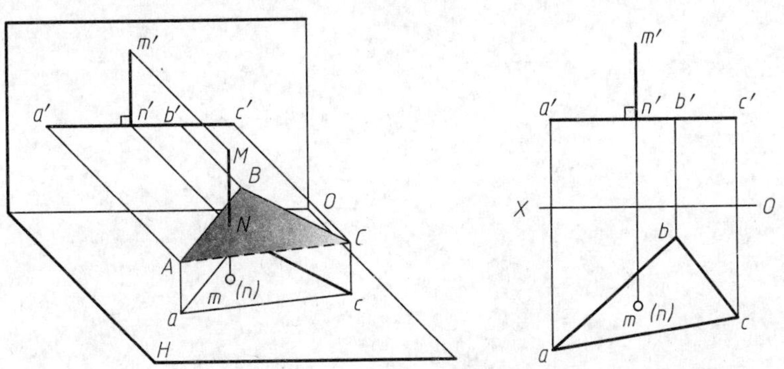

(a) 立体图　　(b) 投影图

图 3.42　平面与投影面垂直线相垂直

2. 平面与平面垂直

若空间两平面垂直相交，且两平面都垂直于同一个投影面时，两平面的积聚性投影一定互相垂直，且交线为该投影面的垂直线。如图 3.43 所示，铅垂面□ABCD 和铅垂面□CDEF 互相垂直，因此，它们水平面的积聚性投影互相垂直，其交线 CD 为铅垂线。

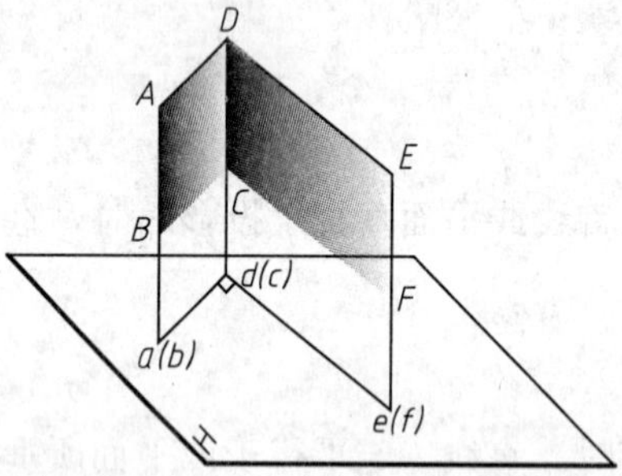

(a) 立体图

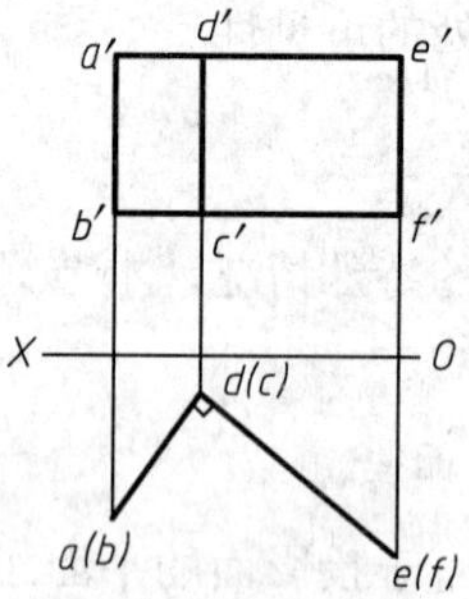

(b) 投影图

图 3.43　两铅垂面互相垂直

第4章 立体的投影

教学提示

生产实际中使用的机械零件，虽然形状多种多样，但都是由一些简单的基本体(如棱柱、棱锥、圆柱、圆锥、圆球等)按照一定方式组合而成的。因此，本章主要介绍基本体的三面投影图的形成及其表面上点、线的投影和作图方法，在此基础上进一步研究立体表面交线的画法。

教学要求

(1) 掌握平面立体、回转体的投影特性和作图方法及在立体表面上取点、取线的方法；

(2) 能分析平面与平面立体和平面与回转体截交线的性质，掌握求截交线的方法；

(3) 学会利用回转体投影积聚性和辅助平面法求回转体相贯线；

(4) 了解影响相贯线的因素和相贯线的特殊情况。

立体表面由若干面围成。表面均为平面的立体称为平面立体，如棱柱、棱锥等；表面为曲面或曲面和平面的立体，称为曲面立体，如圆柱、圆锥、圆球、圆环等。机械制图中，通常把棱柱、棱锥、圆柱、圆锥、圆球、圆环等简单立体称为基本几何体，简称基本体。

4.1 基本体的投影

4.1.1 三面投影和三视图

在画法几何中，几何元素在 V、H 和 W 三面投影体系中的投影称为几何元素的三面投影，如图 4.1(a)所示。

在三面投影体系中，用正投影法绘制的物体的图形称为视图。正面投影称为主视图，水平投影称为俯视图，侧面投影称为左视图，主、俯、左视图通常称为三视图，如图 4.1(b)所示。物体的投影与物体距离投影面的远近无关，因此，画几何体的三视图时，不必画投影轴和投影连线，即可采用无轴投影。又因为投影面是无限大的，所以可去掉线框，如图 4.1(c)所示。

三视图的投影规律：主、俯视图长对正；主、左视图高平齐；俯、左视图宽相等。或者简单地说，长对正、高平齐、宽相等。特别指出，三视图之间的投影规律不仅适用于整个物体的投影，也适用于物体的每个局部的投影，如图 4.1(d)所示。

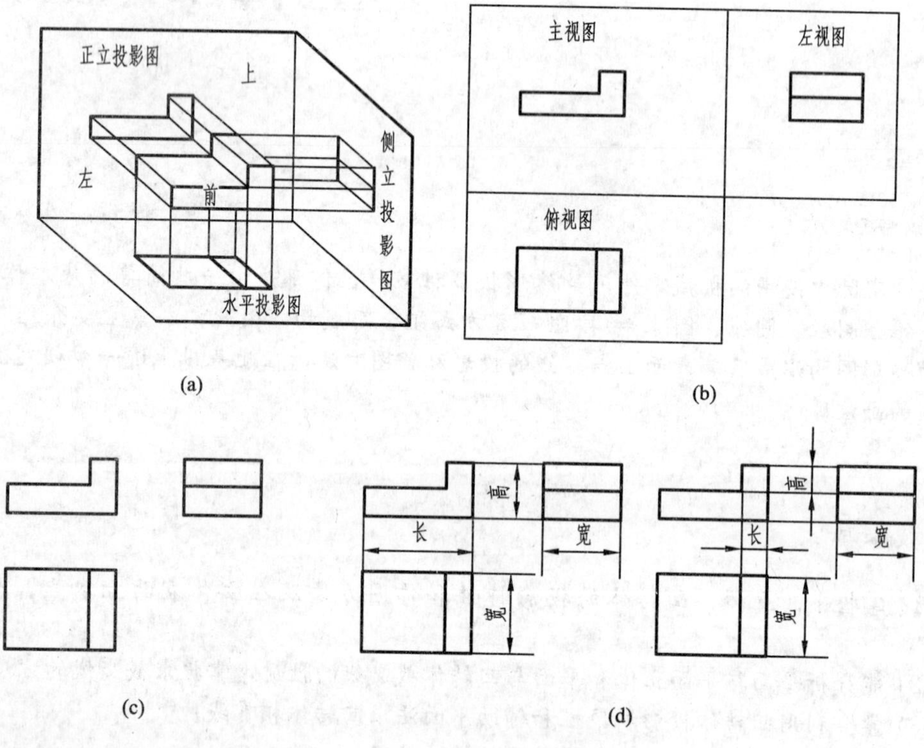

图 4.1　三视图的形成及投影规律

4.1.2　平面立体的投影

平面立体的表面都是平面，而这些平面又是由直线(即平面立体的棱线)所围成的，所以绘制平面立体的投影，可归结为绘制各种直线、平面及它们之间相对位置的投影，然后判别可见性，将可见棱线的投影画成粗实线；不可见棱线的投影画成虚线；当粗实线与虚线重合时，应画粗实线。

为了使画图简便，同时画出的图度量性好，应使立体尽可能多的表面处于特殊位置。然后根据立体各表面和棱线对投影面的相对位置，分析它们的投影，完成作图过程。

常见的平面立体有棱柱和棱锥(包括棱台)。

1. 棱柱

1) 棱柱的投影

图 4.2(a)所示为一正六棱柱。它的上、下底面均为水平面，上、下底面的水平投影重合并反映实形，正面投影和侧面投影都积聚成平行于相应投影轴的直线。正六棱柱有 6 个侧棱面，前后两个棱面为正平面，它们的正面投影重合并反映实形，水平投影和侧面投影积聚成直线。其余 4 个棱面为铅垂面，其水平投影分别积聚成倾斜的直线，正面投影和侧面投影都是缩小的类似形。将其上、下底面及 6 个侧棱面的投影画出后即得正六棱柱的三面投影图(图 4.2(b))。

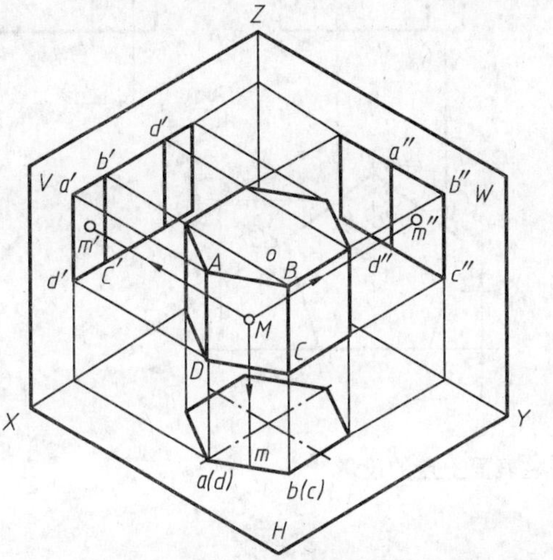

(a) 立体图

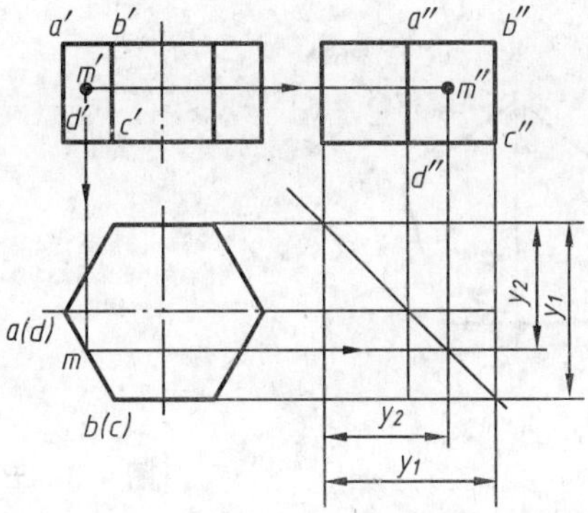

(b) 投影图

图 4.2　正六棱柱的投影

作棱柱的投影图时，一般先画上、下底面的 3 个投影，然后将上、下底面对应顶点的同面投影连接起来即为棱线的投影。最后判断各棱线的可见性。

2) 棱柱表面上取点

在平面立体表面上取点的方法与平面上取点的方法一致，但需要注意：首先确定该点在平面立体的哪一个棱面上。

如图 4.2(b)所示，已知正六棱柱表面上点 M 的正面投影 m'，要求出其水平投影 m 和侧面投影 m''。由于点 M 的正面投影是可见的，因此，点 M 必定在 $ABCD$ 棱面上，而 $ABCD$ 棱面为铅垂面，水平投影 a(d)b(c)具有积聚性，因此，点 m 必在 a(d)b(c)上。由点的投影规律，根据 m 和 m' 即可求出 m''，因点 M 所在的表面 $ABCD$ 的侧面投影可见，故 m''可见。

注意事项：

(1) 作图时要保证水平投影和侧面投影之间必须符合宽度相等和前后对应的关系。如图 4.2(b)所示，正六棱柱前后棱面之间的宽度都应为 y_1，点 M 与后棱面之间的宽度

为 y_2，作图时一般可直接量取相等距离；也可以如图 4.4(b)所示，添加 45°辅助线作图。

(2) 作完点的投影后必须判断可见性。

【例 4.1】 如图 4.3 所示，已知五棱柱表面上 M 点和 K 点的正面投影 m' 和(k')，求其水平投影和侧面投影。

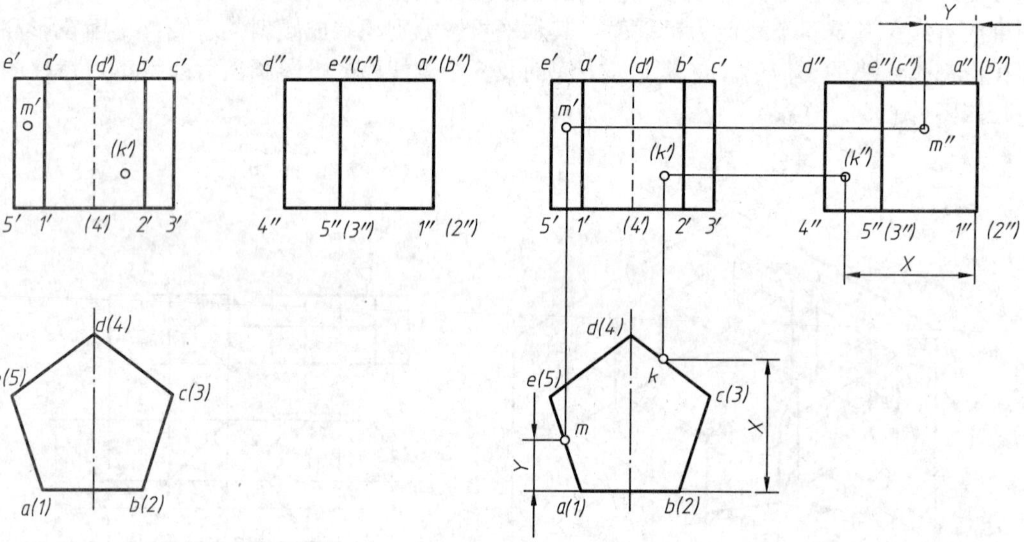

图 4.3　五棱柱表面上点的投影

分析：

由于 M 点的正面投影 m' 为可见投影，所以 M 点位于铅垂面 AE Ⅴ Ⅰ 上，而 K 点的正面投影(k')为不可见投影，所以 K 点位于铅垂面 CD Ⅳ Ⅲ 上。

作图：

(1) 过 m' 和(k')作铅垂线与 ae、cd 相交于 m 及 k。

(2) 根据 M 点的正面投影 m' 和水平投影 m 补画出其侧面投影 m''。由于铅垂面 AE Ⅴ Ⅰ 的侧面投影可见，所以 m'' 也可见。

(3) 根据 K 点的正面投影(k')和水平投影 k 补画出其侧面投影(k'')，由于铅垂面 CD Ⅳ Ⅲ 的侧面投影不可见，所以 k'' 也是不可见的。

2. 棱锥

1) 棱锥的投影

图 4.4(a)所示为一正三棱锥。它的底面△ABC 是水平面，其水平投影反映实形，正面投影和侧面投影积聚成平行于相应投影轴的直线。其余 3 个棱面中△SAB、△SBC 为一般位置平面，它们的各个投影均为类似形；棱面△SAC 为侧垂面，其侧面投影积聚为一直线，其他两个投影为类似形。要画出这 3 个棱面的投影，必须先画出 3 条棱线的投影。

如图 4.4(b)所示，要作正三棱锥的投影图，首先画出三棱锥底面△ABC 的三个投影

abc、$a'b'c'$、$a''b''c''$，再作出锥顶 S 的 3 个投影 s、s'、s''，然后锥顶和底面 3 个顶点的同面投影连接起来，即得正三棱锥的投影。

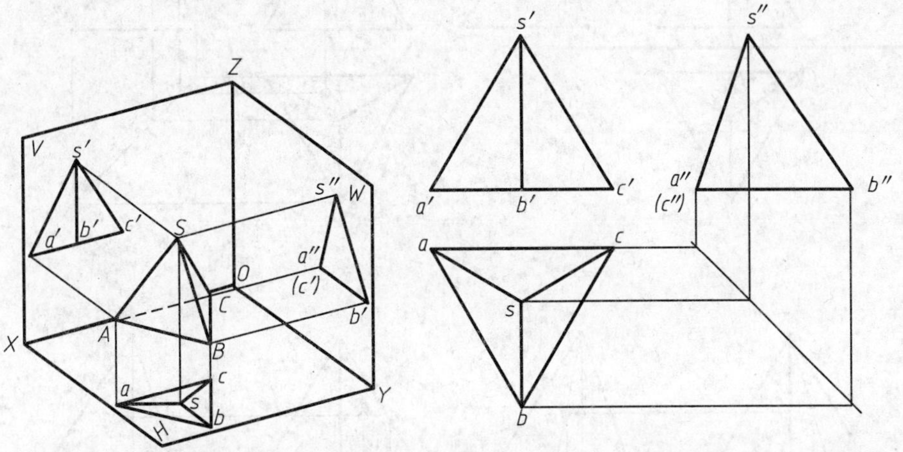

(a) 立体图　　(b) 投影图

图 4.4　正三棱锥的投影

2) 棱锥表面上取点

如图 4.5(a)所示，已知正三棱锥 $S-ABC$ 表面上点 M 的正面投影 m'，点 N 的水平投影 n，求两点 M、N 在其余两投影面上的投影。

如图 4.5(b)所示，分析点 N 的三面投影。根据点 N 的水平投影 n 的位置及其可见性，可知点 N 在正三棱锥 $S-ABC$ 的棱面 SAC 上，且棱面 SAC 是侧垂面，其侧面投影积聚为一直线 $s''(c'')$，n''在直线 $s''(c'')$上，由于在积聚线上，不需要判别可见性。求出 n'' 后，再由 n 和n''即可求出 n'。由于点 N 所属棱面$\triangle SAC$ 的面 V 投影不可见，所以 n' 为不可见点。

如图 4.5(c)所示，分析点 M 的三面投影。根据点 M 的水平投影 m'的位置及其可见性，可知点 M 在正三棱锥 $S-ABC$ 的棱面 SAB 上，由于它所在的棱面$\triangle SAB$ 是一般位置平面，其三面投影均没有积聚性，所以欲求点 M 的其他投影，可利用点在平面上投影的性质(点在平面内，点就在平面内的一条直线上)进行作图，先在$\triangle SAB$ 平面上作辅助线，连接锥顶 S 与点 M 并延长交 AB 于点 D(即辅助线 SD)。具体步骤是：连接 $s'm'$ 并延长，交 $a'b'$于点 d'，过点 d' 向下作铅垂线与 ab 相交得 d，连接 sd，即为直线 SD 的水平投影。点 M 在直线 SD 上，点 M 的投影就在直线 SD 的投影上。过 m' 作铅垂投影线与 sd 交于点 m，即得 M 点的水平投影，棱面上点的水平投影均可见，所以 m 可见。同理，可根据已知的 d、d' 求出 d''，连接 $s''d''$，即为直线 SD 的侧面投影，过 m'作水平线与 $s''d''$ 相交，即得点 M 的侧面投影 m''。由于棱面$\triangle SAB$ 的侧面投影是可见的，所以点 M 的侧面投影 m''可见。

如图 4.5(d)所示，表示了另一种作辅助线求解的方法，具体步骤如下：过 m'作一直线与 $a'b'$平行，并与 $s'a'$相交于一点，在水平投影上找到此点的投影后，作 ab 的平行线，再过 m'作铅垂线与之相交即得 m，后续分析同前。

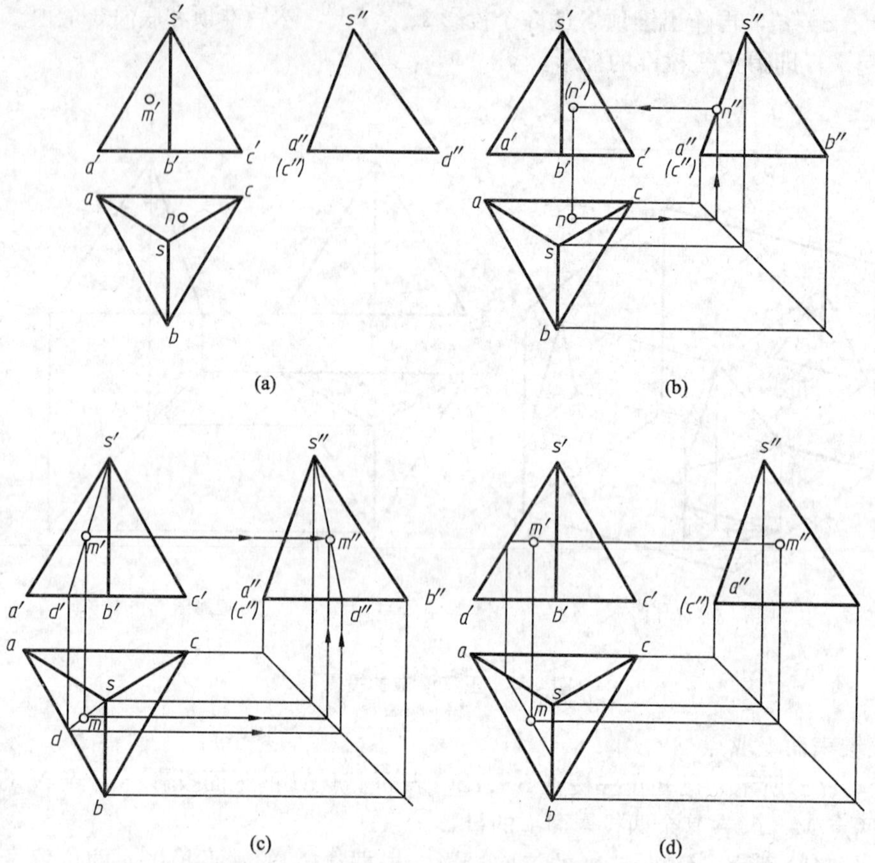

图 4.5　正三棱锥表面取点

【例 4.2】 补画出三棱锥的侧面投影以及三棱锥棱面上 M、N、K 点的其余两投影，如图 4.6 所示。

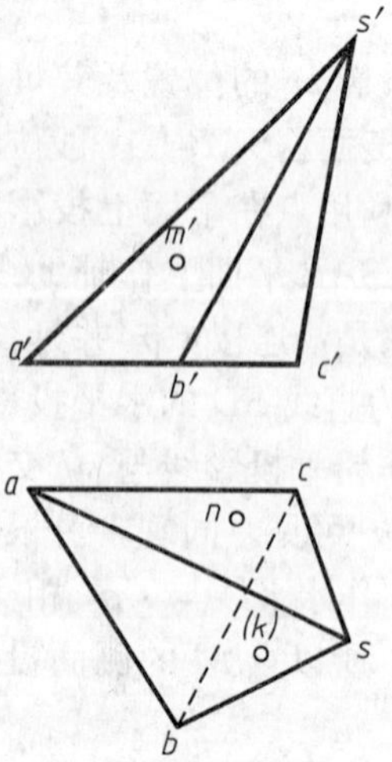

图 4.6　已知三棱锥的两投影

分析：由图 4.6 可知，三棱锥的底面△ABC 是水平面，棱面△SAB、△SBC 为一般位置平面，棱面△SAC 为侧垂面(AC 是侧垂线)。在补画三棱锥侧面投影时，首先补画底面△ABC 的侧面投影，这时 $a''(c'')$ 积聚为一点。然后根据 s 和 s' 补画出 s''，最后连接 $s''a''(c'')$、$s''b''$，即得到三棱锥的侧面投影，如图 4.7 所示。

由图 4.6 可知，m' 和 n 都是可见的，所以 M 点、N 点分别在棱面△SAB 和△SAC 上，而(k)是不可见的，因此 K 点在棱面△SBC 上。要求出各点的其余投影，就必须过这些点在其所在棱面上作辅助线。

作图：

补画 M 点其余两投影的作图过程如图 4.8 所示。图中是以过点 M 在棱面 SAB 上作一水平线为辅助线。具体作图方法如下。

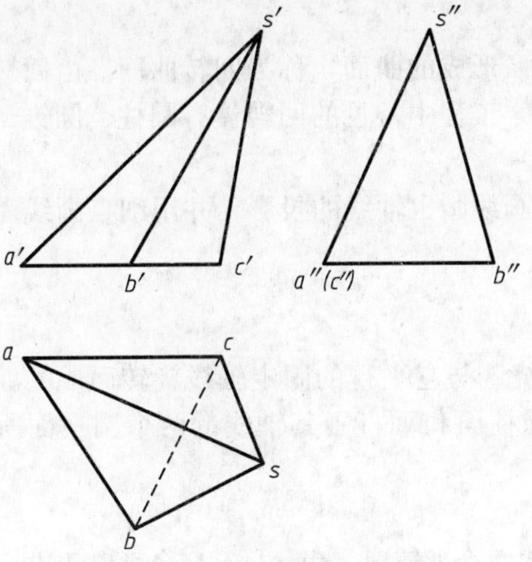

图 4.7 补画三棱锥侧面投影

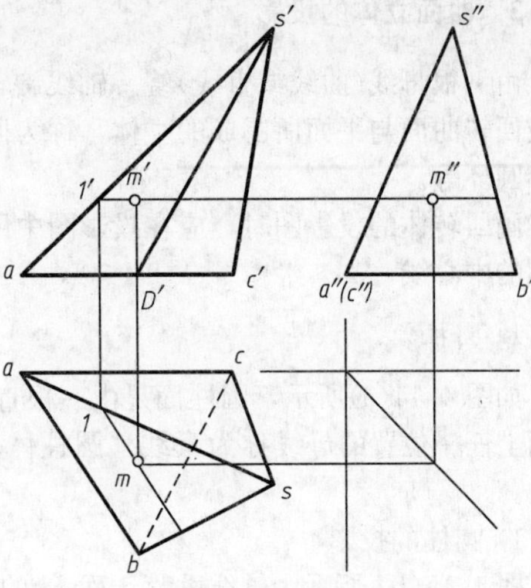

图 4.8 补画 M 点的投影

(1) 过 m' 作直线与 $a'b'$ 平行，并与 $s'a'$ 相交于 $1'$。

(2) 过 $1'$ 作铅垂线与 sa 相交于 1。过 1 作直线与 ab 平行，再过 m' 作铅垂线与前面所画平行线交于一点，即水平投影 m 且可见。

(3) 根据 M 点的正面投影 m' 和水平投影 m 补画出其侧面投影 m''。由于棱面 SAB 的侧面投影可见，所以 m'' 也可见。

图 4.9 所示为补画 N 点其余两投影的作图过程。图中是以过锥顶 S 和 N 点的直线 S Ⅱ 为辅助线进行作图的。因为 N 点所在棱面 SAC 的正面投影是不可见的，所以 (n') 不可见。其侧面投影 n'' 在积聚线 $s''a''(c'')$ 上，不用判断可见性。

图 4.10 是补画 K 点其余两投影的作图过程，读者可看图分析。

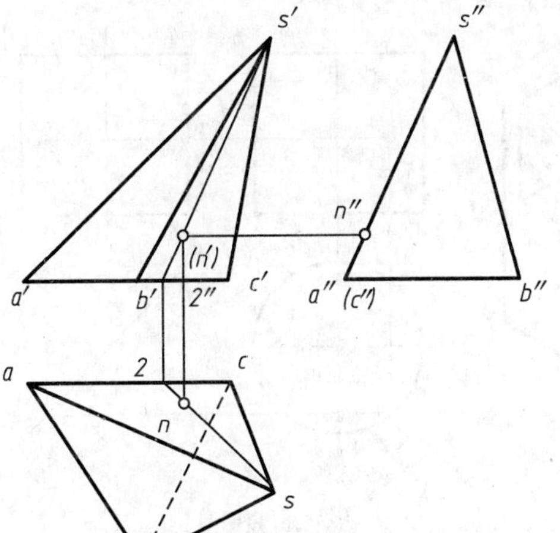

图 4.9 补画 N 点的投影

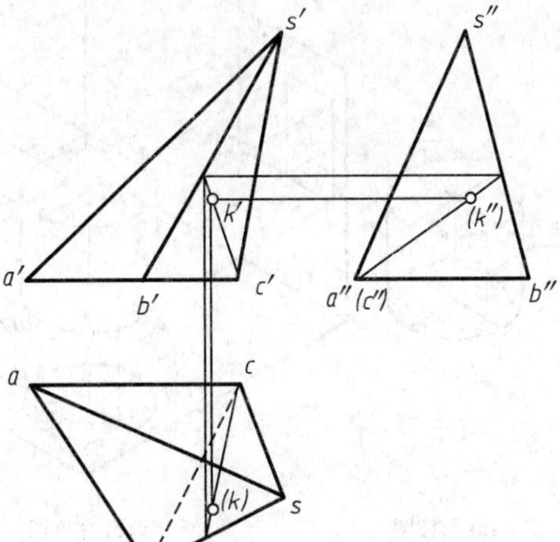

图 4.10 补画 K 点的投影

4.1.3 曲面立体的投影

由一根母线(曲线或直线)绕一轴线旋转一周所形成的曲面，称为回转曲面。由回转曲面或回转曲面与平面所围成的立体，称为回转体。工程中常见的回转体有圆柱、圆锥、圆球、圆环等。

画回转体的投影图时，应在投影图中用细点画线画出轴线的投影，并用细点画线表示出圆的中心线。

1. 圆柱

如图4.11(a)所示，圆柱面是由一根直母线绕着与它平行的固定轴线旋转而成的。圆柱面上任一位置的母线称为素线。圆柱体是由圆柱面和垂直于其轴线的两个圆平面所围成的。

1) 圆柱的投影

图4.11(b) 所示为轴线垂直于面 H 的圆柱体的投影情况。由图4.11(c)可以看出，圆柱面的水平投影具有积聚性，投影为一圆，其上下底面为水平面，在水平投影上反映实形，与圆重合，上下底面的正面和侧面投影积聚为一直线。圆柱面在正面和侧面投影为大小相等的两个矩形，其中正面投影为最左、最右两条素线 AA_1、BB_1 的投影 $a'a_1'$、$b'b_1'$ 与上下底面的积聚线组成；侧面投影为最前、最后两条素线 CC_1、DD_1 的投影 $c''c_1''$、$d''d_1''$与上下底面的积聚线组成。AA_1、BB_1 将圆柱面分成前、后两个部分，在它们前面的半个圆柱面的正面投影为可见，在它们后面的半个圆柱面的正面投影为不可见。因此，这两条素线是圆柱面在正面投影中的可见与不可见部分的分界线，也可以说成前一半与后一半的转向轮廓线。

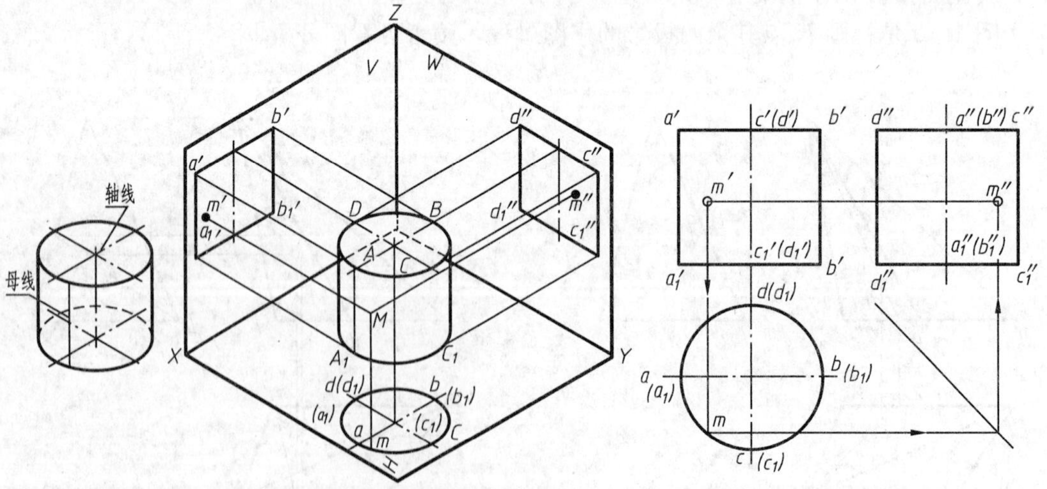

(a) 圆柱图　　(b) 立体图　　(c) 投影图

图4.11 圆柱的投影

同理，侧面投影中的外轮廓线 $c''c_1''$、$d''d_1''$是圆柱面上最前与最后两条素线 CC_1、DD_1 的投影，它们的正面投影与圆柱轴线的正面投影重合，它们的水平投影积聚成两点 $c(c_1)$、

$d(d_1)$。CC_1、DD_1 将圆柱面分成左、右两个部分，在侧面投影中，CC_1、DD_1 以左的半个圆柱面为可见，而在它们以右的半个圆柱面为不可见。因此，这两条素线是圆柱面在侧面投影中的可见与不可见部分的分界线。

结论：正面投影的转向轮廓线(最左、最右素线)在侧面投影中与圆柱轴线的侧面投影重合；侧面投影的转向轮廓线(最前、最后素线)在正面投影中与圆柱轴线的正面投影重合；它们的水平投影都积聚成点。

画圆柱体投影时，一般先画出轴线和圆中心线的投影，然后画出有积聚性的圆，最后再画出其他两个投影。

2) 圆柱表面上取点

可根据在平面(上、下底圆) 上或圆柱面上取点的方法来作图。如图 4.11(c)所示，已知点 M 的正面投影 m'，求其水平投影 m 和侧面投影 m''。

由于 m' 是可见的，因此点 M 必定在前半个圆柱面上，水平投影 m 必定在具有积聚性的前半水平投影圆周上，可以求得 m。由 m、m' 根据点的投影规律可求得 m''，又因为 M 点在左半圆柱面上，左半圆柱面侧面投影可见，所以 m'' 可见。

【例 4.3】 已知圆柱表面上一条曲线上 M、K、N3 点的正面投影，求该曲线的其余两个投影，如图 4.12 所示。

分析：要作曲线的投影，必须求出曲线上一系列点的各个投影，然后将它们的同面投影光滑连接即为所求。由图 4.12 可知，此圆柱的轴线垂直于侧立投影面，它的侧面投影有积聚性，所以曲线的侧面投影必积聚在圆周上。为使曲线投影连接光滑，在曲线上增加两个点 Q 和 D，因此，可根据曲线上各点 M、Q、K、D、N 的正面投影 m'、q'、k'、d'、n' 找到它们各自的侧面投影 m''、q''、k''、d''、n''，然后按点的投影规律求出它们的水平投影 m、q、k、d、n，最后将各点的水平投影按顺序连成光滑的曲线，即得到圆柱面上曲线的水平投影。

必须注意：K 点的水平投影 k 是曲线水平投影可见与不可见的分界点，作图时应先求出，曲线 KDN 段在下半个圆柱面上，所以其水平投影不可见，应画虚线。作图过程如图 4.13 所示。

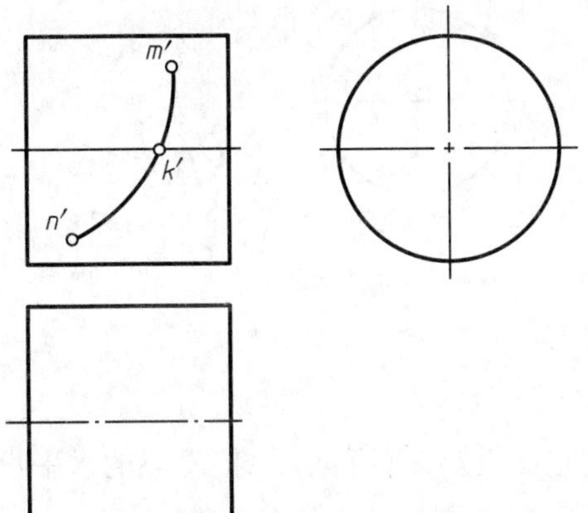

图 4.12　圆柱面上曲线的已知投影

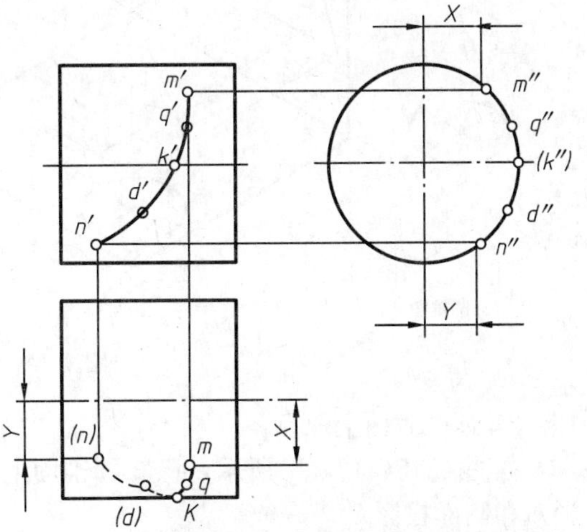

图 4.13　圆柱面上曲线投影的作图过程

2. 圆锥

如图4.14(a)所示，一直母线绕与它相交的轴线旋转而成的回转面称为圆锥面。显然，圆锥面上所有素线都是过锥顶的。

圆锥体的表面是由圆锥面和垂直于轴线的底圆面围成的。

1) 圆锥的投影

如图4.14(b)所示为一轴线垂直于水平面的圆锥，底面为水平面，因此它的水平投影反映实形(圆)，其正面和侧面投影积聚成垂直于轴线的直线。圆锥面的水平投影与底面圆的水平投影重合，其正面投影和侧面投影均为等腰三角形。

正面投影的外形轮廓线 $s'a'$、$s'b'$ 是圆锥面上最左、最右两条素线 SA、SB 的投影，它们的侧面投影 $s''a''$、$s''b''$ 与圆锥轴线的同面投影重合，水平投影 sa、sb 与圆的水平方向的中心线重合。这两条素线将圆锥面分成前、后两个部分，在 SA、SB 两条素线前面的半个圆锥面的正面投影可见，后半个圆锥面的正面投影不可见，所以，最左、最右两条素线 SA、SB 为圆锥面前后可见和不可见部分的分界线。

同理在侧面投影中，外形轮廓线 $s''c''$、$s''d''$ 是圆锥面上最前、最后两条素线 SC、SD 的投影，它们的正面投影 $s'c'$、$s'd'$ 与圆锥轴线的同面投影重合，水平投影 sc、sd 与圆的垂直方向的中心线重合。这两条素线将圆锥面分成左、右两个部分，在 SC、SD 两条素线左面的半个圆锥面的侧面投影可见，右半个圆锥面的侧面投影不可见，所以，最前素线 SC、最后素线 SD 是圆锥面左右可见和不可见部分的分界线。

作图时，先画出轴线的各面投影和圆的对称中心线，然后画出底面圆的三面投影及锥顶的各投影，最后分别画出其外形轮廓线，即完成圆锥的各个投影，如图4.14(c)所示。

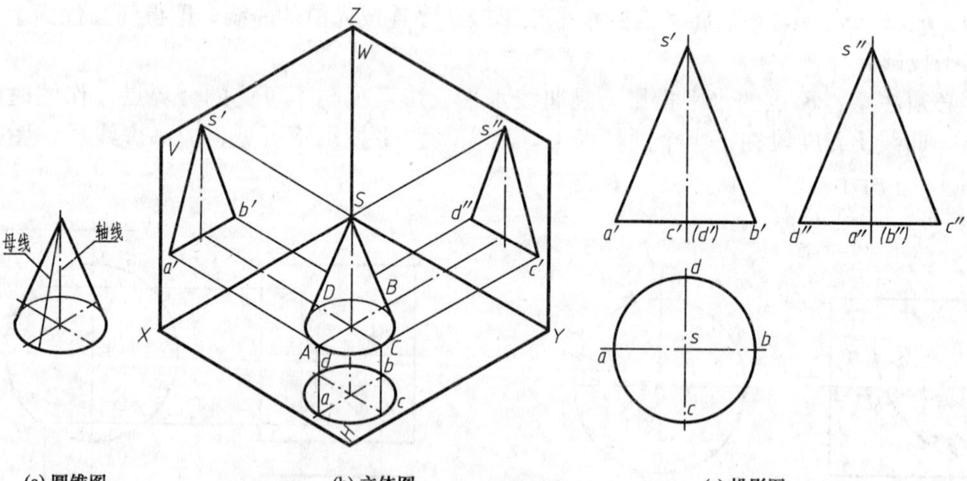

(a) 圆锥图　　(b) 立体图　　(c) 投影图

图4.14　圆锥的投影

2) 圆锥表面上取点

如图4.15(a)、(b)所示，已知圆锥面上点 K 的正面投影 k'(可见)，求 K 点的水平投影 k 和侧面投影 k''。

因为圆锥面的各个投影都没有积聚性，所以圆锥面上取点，必须在圆锥面上作辅助线。作辅助线有如下两种方法。

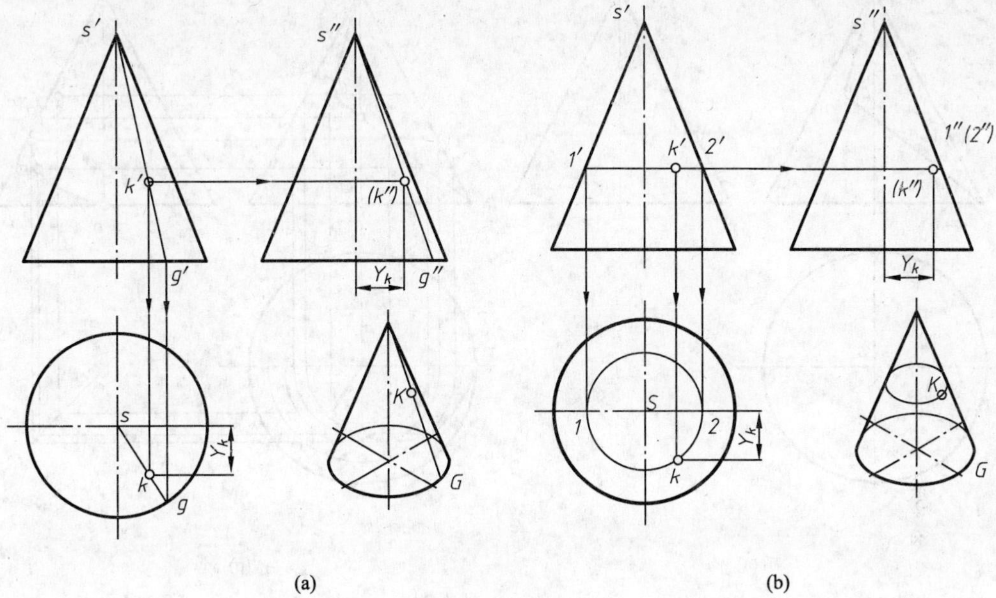

图 4.15　圆锥表面取点

(1) 辅助素线法。如图 4.15(a) 所示，过锥顶 S 与点 K 作辅助素线 SG 的三面投影，再根据直线上点的投影规律，作出 k、k''，最后进行可见性判别。

具体的作图过程：首先连接 $s'k'$并延长交底圆正面投影于 g'，由 g'作铅垂线在水平投影上求出 g，连接 sg，再由 k'向下作铅垂线，交点即为 K 点的水平投影 k，最后根据 k 和 k'求出 k''。由 k'的位置及可见性可知，点 K 在右前半圆锥面上，所以 k 可见，k''不可见。

(2) 纬圆法。如图 4.15(b)所示，过点 K 作平行于锥底的辅助圆，即在正面投影中过 k'作一水平线 $1'2'$，则 $1'2'$即为辅助圆的正面投影，并反映辅助圆的直径。在水平投影上，以 S 为圆心，以 $1'2'$为直径作圆，该圆即为辅助圆的水平投影，由正面投影和水平投影可得辅助圆的侧面投影。因为点 K 在辅助圆上，可根据辅助圆的三面投影求出点 K 的另两个投影。具体作图过程如图 4.15(b)所示。

【例 4.4】 如图 4.16(a) 所示，已知圆锥表面上的线 SAB 的正面投影，求其水平投影和侧面投影。

分析：

由于 $s'a'b'$为可见投影，所以，SAB 位于前半圆锥面，其中 $s'a'$过顶点，则 SA 为圆锥面上素线的一部分，因此投影为直线，且位于前圆锥面的右方。$a'b'$倾斜于轴线，所以 AB 为圆锥面上的曲线，又因 $a'b'$跨越了向 W 面投影的转向轮廓线(在轴线处)，所以 AB 的一部分位于前圆锥面的右部，另一部分位于前圆锥面的左部，C 为分界点，点 C 在 V 面的投影为 $a'b'$与轴线的交点 c'，如图 4.16(b) 所示。

作图：

(1) 求点。首先，根据线上已知点的正面投影 a'、b'、c'分别求出它们的在 H 面和 W 面的投影 a、b、c 及 a''、b''、c''。其中，一般位置点 A 的水平投影 a 和侧面投影 a''需要用

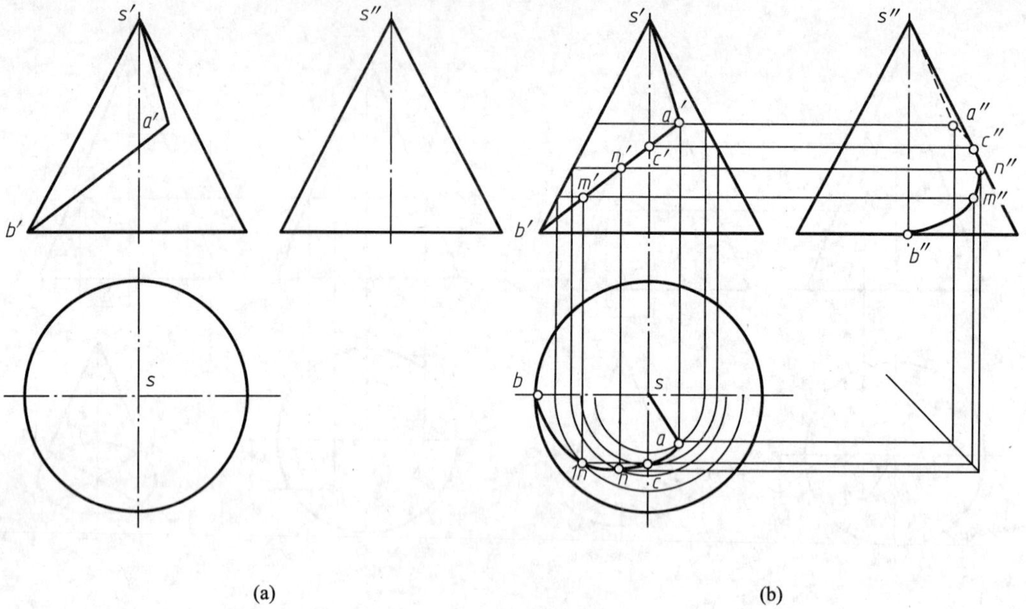

图4.16　圆锥表面取线

纬圆法求出，而 B、C 分别是对 V、W 面的投影转向线(即最左、最前素线)上的点，也即特殊位置点，可直接求出 b、c''，然后按点的投影规律可求出 b''、c，不需作辅助线。为使得曲线的投影精确，在 B、C 两点之间补充两点 M、N。即先在 $c'b'$ 间选两点为 m' 和 n'，然后，用纬圆法求出相应的 m、n 和 m''、n''。

(2) 连线。因向 H 面投影时圆锥面是可见面的，则其表面上的线均可见，所以，用粗实线连接直线 sa 和光滑曲线连接 $acnmb$。对 W 面的投影来说，点 C 为左、右两部分可见与不可见的分界点，故 $c''n''m''b''$ 可见，用光滑粗实线连接；$s''a''c''$ 不可见，用细虚线连接，其中 $s''a''$ 为直线。所以，点 c'' 是椭圆弧虚实的分界点。应特别注意的是，点 c'' 是椭圆弧与轮廓素线的切点。

3. 圆球

以一个半圆为母线，绕其直径旋转一周所形成的回转面称为球面，球即由球面围成的。如图4.17(a)所示。

1) 圆球的投影

如图4.17(b)所示，圆球的各面投影均为与其直径相同的圆，但各个投影面上的圆，是不同的大圆的投影，正面投影的圆是平行于正投影面的最大圆的投影，水平投影和侧面投影的圆分别是平行于水平投影面和侧投影面的最大圆的投影，也就是3个投影的外轮廓线。正面投影的最大圆，其水平投影与水平中心线重合，其侧面投影与垂直中心线重合，它将球面分成前、后两个半球面，前半个球面的正面投影可见，后半个球面的正面投影不可见，所以正面投影上的最大圆是圆球正面投影可见与不可见的分界线；水平投影的最大圆，其正面投影与水平中心线重合，其侧面投影与水平中心线重合，它将球面分成上、下两个半球面，上半个球面的水平投影可见，下半个球面的水平投影不可见，所以水平投影上的最大圆是圆球水平投影可见与不可见的分界线；侧面投影的最大圆，其正面投影与垂直中心线重合，其水平投影与垂直中心线重合，它将球面分成左、右两个半球面，左半个球面的侧面投影可见，右半个球面的侧面投影不可见，所以侧面投影上的最大圆是圆球侧面投影可见与不可见的分界线。必须注意，这 3 个圆不是空间一个圆的 3 个投影。

作图时，首先确定球心的 3 个投影，再过球心画出三投影面上的中心线，然后再以 3 个球心投影为圆心画出与球等直径的圆。

2) 圆球面上取点

由于圆球面是回转面，所以应在球面上求点的投影，需过该点在球面上作一平行于任一投影面的辅助纬圆，然后在该纬圆的投影上取点。

如图 4.17(c)所示，已知圆球面上点 M 水平投影 m，作出正面投影 m'和侧面投影 m''。过点 M 水平投影 m 作平行于正投影面的辅助纬圆的水平投影 12，正面投影是以 $1'2'$ 为直径的圆，m'必在该圆上，由 m 作出m'，再由 m、m'求出 m''。由水平投影 m 的位置及可见性，可知点 M 是在前、上、左半球上，因此正面投影 m'在上且可见，侧面投影 m''可见。

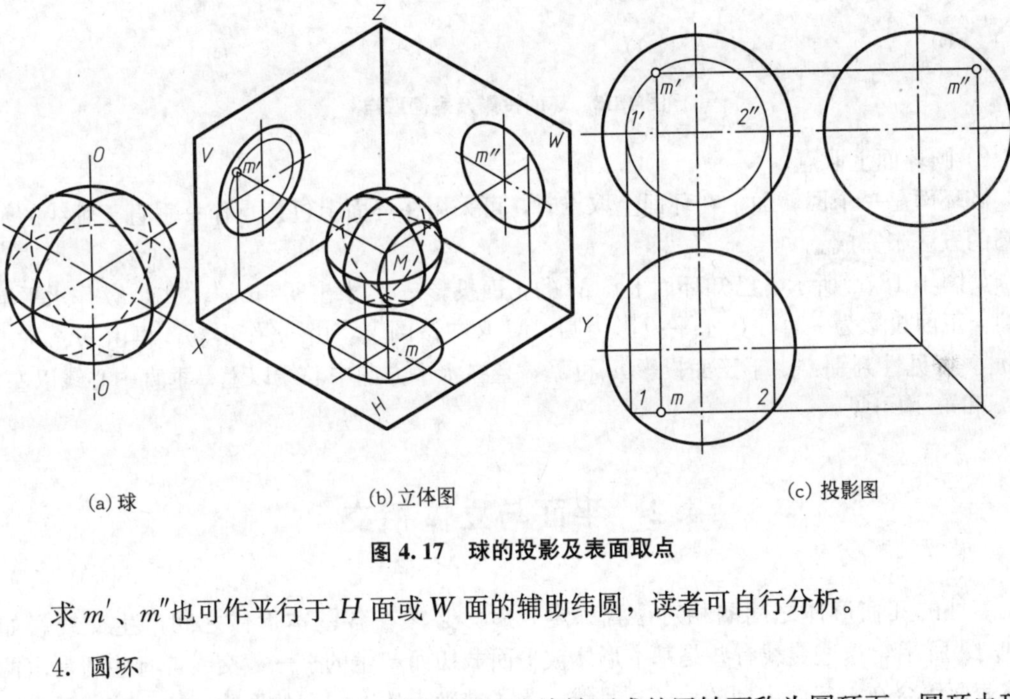

(a) 球　　(b) 立体图　　(c) 投影图

图 4.17　球的投影及表面取点

求 m'、m''也可作平行于 H 面或 W 面的辅助纬圆，读者可自行分析。

4. 圆环

一圆母线绕与其共面但不通过圆心的轴线旋转而成的回转面称为圆环面，圆环由环面围成，如图 4.18(a)所示。

1) 圆环的投影

如图 4.18(b)所示，圆环的轴线垂直于水平投影面。在投影图中，水平投影上画出两个同心圆，是环面对水平投影面的最大圆和最小圆，它们的正面投影和侧面投影均与水平方向的中心线重合。正面投影上左、右两小圆是前半环面和后半环面分界处的外形轮廓线，侧面投影上左、右两小圆是左半环面和右半环面分界处的外形轮廓线，正面投影和侧面投影上下两条水平直线是内环面和外环面分界处的外形轮廓线。其可见性为：水平投影以正面投影和侧面投影上的水平方向中心线为分隔，上可见下不可见；正面投影以水平投影水平方向的中心线和侧面投影垂直方向的中心线为分隔，前可见后不可见；侧面投影以水平投影和正面投影的垂直方向的中心线为分隔，左可见右不可见。

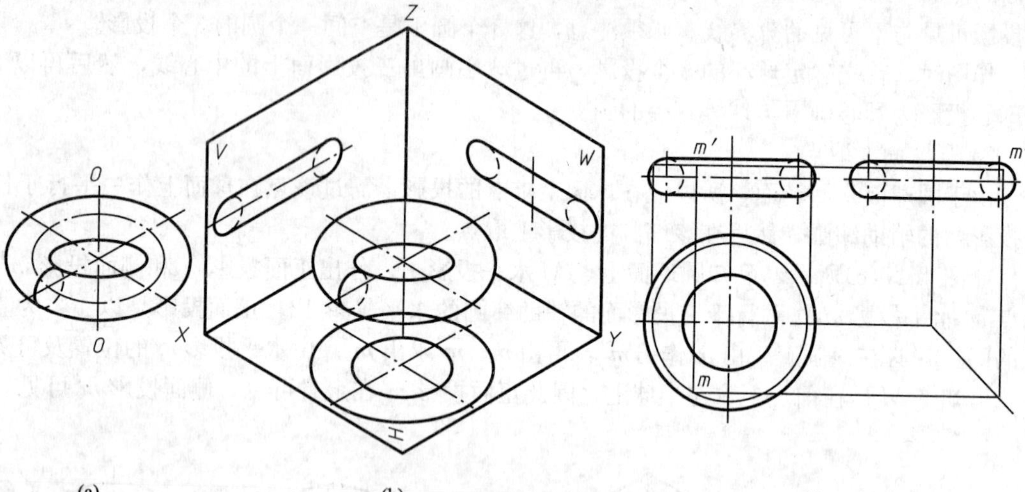

图 4.18 环的投影及表面取点

2）圆环面上取点

圆环面是一个回转面，在环面上取点时，可采用在环面上过该点作一垂直于轴线的辅助圆的方法来完成。

如图 4.18(c)所示，已知环面上点 M 的正面投影 m'，求出 m 和 m''。过点 M 作水平辅助圆，正面投影为一直线，水平投影为圆，M 必在该圆上，由 m' 作出 m，再由 m、m' 求出 m''。可见性判别：由于正面投影 m' 可见，且在水平方向中心线以上、垂直中心线以左，则 m 和 m'' 均可见。

4.2 平面与立体相交

零件的几何形体之间的相对位置确定之后，必然在各基本形体之间产生交线。如图 4.19 所示，这些交线有些是基本形体被平面截切而产生的——截交线，有些则是由两立体表面组合在一起而出现的——相贯线。为了准确表达出它们的形状，这一节主要介绍立体表面截交线的画法。

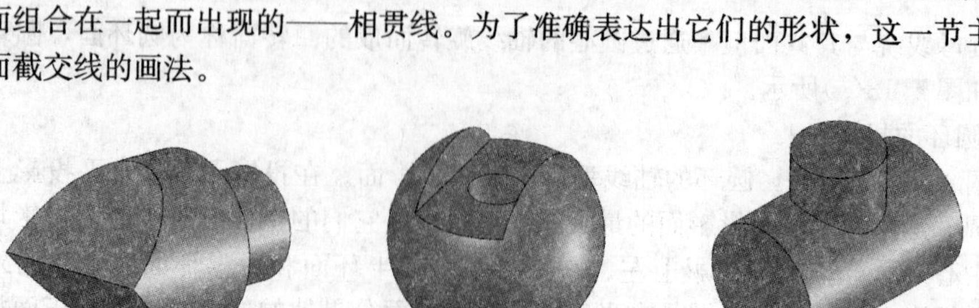

(a) 截交线 (b) 截交线 (c) 相贯线

图 4.19 零件几何形体的交线

4.2.1 平面与平面立体相交

如图 4.20 所示，平面 P 与三棱锥相交，可以看作是三棱锥被平面截切。平面 P 通常称为截平面，截平面与立体表面的交线称为截交线。截交线所围成的平面图形称为断面。

截交线的性质如下。

(1) 截交线既在截平面上，又在立体表面上，因此截交线是截平面与立体表面的共有线。截交线上的点是截平面与立体表面的共有点。

(2) 由于立体表面是封闭的，因此截交线是封闭的线条，断面是封闭的平面图形。

(3) 截交线的形状决定于立体表面的形状和截平面与立体的相对位置。

1. 平面立体的截交线

平面立体的截交线是一个多边形，它的顶点是平面立体的棱线或底边与截平面的交点，它的边是截平面与平面立体表面的交线。

【例 4.5】 如图 4.21 所示，已知三棱锥 $S-ABC$ 被正垂面 P 截切，求作截交线的三面投影。

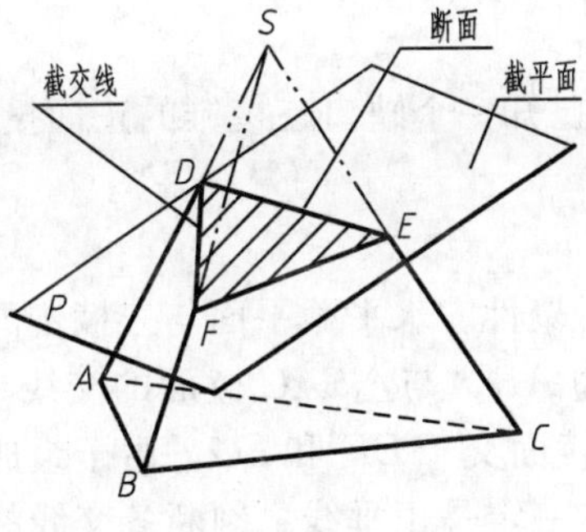

图 4.20 平面截切平面立体

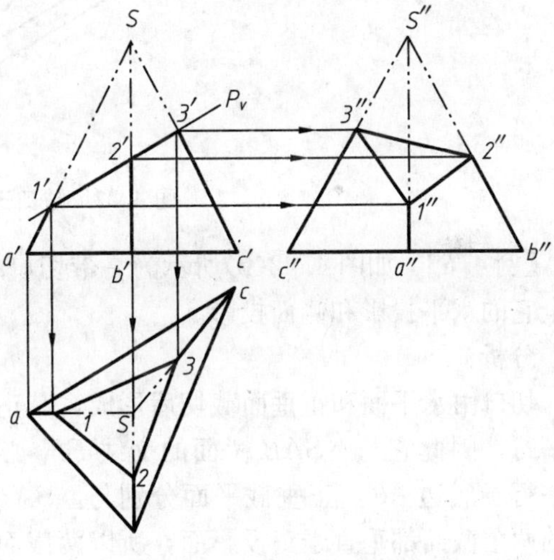

图 4.21 平面截切三棱锥

分析：

截平面 P 为正垂面，它与三棱锥的三个棱面均相交，截交线围成一个三角形。又由于截平面 P 的正面投影 P_V 具有积聚性，所以截交线的正面投影与 P_V 重影，P_V 与三棱锥各棱线正面投影 $s'a'$、$s'b'$、$s'c'$ 的交点 1′、2′、3′ 为三角形 3 个顶点的正面投影，接下来只需按点的投影规律求出它们的水平投影和侧面投影。

作图：

(1) 在主视图中标记 P_V 与 $s'a'$、$s'b'$、$s'c'$ 的交点 1′、2′、3′。

(2) 根据线上取点的方法作出其水平投影 1、2、3 及侧面投影 1″、2″、3″。

(3) 由于点Ⅰ、Ⅱ、Ⅲ的各面投影均可见，因此连接各点的同面投影即得截交线的三面投影。

2. 平面立体的切割与穿孔

在形状较为复杂的机械零件上，经常出现带有缺口的平面立体(图 4.22(a))或穿孔的平面立体，这是由于有多个平面与平面立体相交而形成的，作图时只要逐个作出各个截平面与平面立体的截交线，并画出截平面之间的交线，就可以得到这些平面立体的投影图。

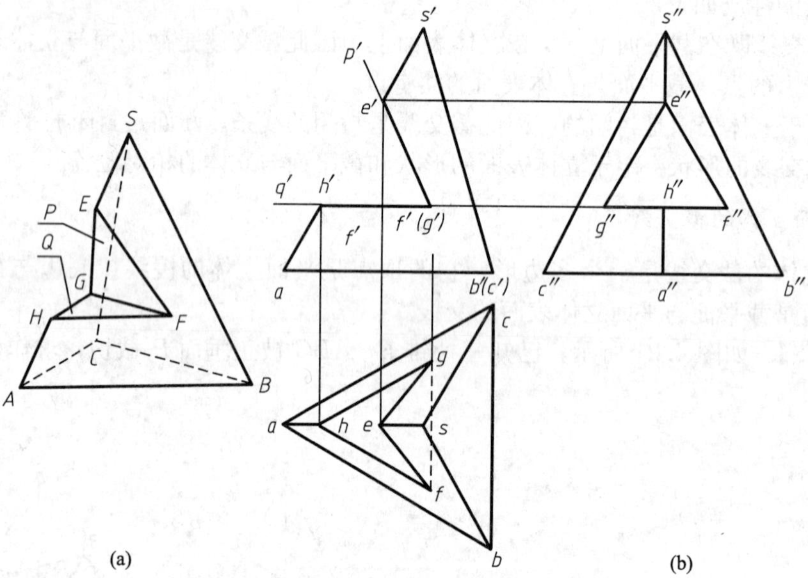

图 4.22　缺口三棱锥的投影图

【例 4.6】 如图 4.22(b)所示为一带切口的三棱锥。已知一个缺口三棱锥的正面投影，补全它的水平投影和侧面投影。

分析：

切口由水平面和正垂面截切后形成，其正面投影有积聚性。水平截平面与三棱锥的底面平行，因此它与△SAB 棱面的交线 FH 必平行于底边 AB，与△SAC 棱面的交线 GH 必平行于底边 AC，正垂截平面分别与△SAB、△SAC 棱面交于 EF 和 EG。由于组成切口的两个截面都垂直于正投影面，所以两截面的交线 FG 一定是正垂线。判断各交线的可见性，然后画出这些交线的投影即可得切口的水平投影和侧面投影。

作图：

(1) H 在 SA 上，分别在主、俯视图上找到 h'、h，又由 h 作 $hf \parallel ab$、$hg \parallel ac$，再分别由 f'、g'在 fh 和 gh 上作出 f、g。由 $f'h'$和 fh 作出 $f''h''$，由 $g'h'$和 gh 作出 $h''g''$。

(2) E 在 SA 上，在三视图上作出 e'、e 和 e''。然后再分别与 f、g 和 f''、g''连成 ef、eg 和 $e''f''$、$e''g''$。

(3) 最后求 P 平面与 Q 平面的交线 FG，特别注意组成切口两截面交线的水平投影 fg 应连成细虚线，即完成切口的水平投影和侧面投影。

4.2.2　平面与曲面立体相交

曲面立体的截交线一般情况下是一条封闭的平面曲线，其形状取决于曲面立体的几何特征以及曲面立体与截平面的相对位置。

当截交线是圆或直线时，可借助绘图仪器直接作出截交线的投影。当截交线为非圆曲线时，则需采用描点作图法。即先作出能确定截交线的形状和范围的特殊点，再作出若干个一般点，判断可见性，然后将这些共有点连成光滑曲线。所谓特殊点包括曲面投影转向轮廓线上的点，截交线在对称轴上的点，以及截交线上最高、最低点，最左、最右点，最前、最后点等。

下面介绍一些特殊位置平面与常见回转体表面相交所得截交线的画法。

1. 平面与圆柱相交

平面与圆柱体表面的交线有 3 种情况，见表 4-1。

表 4-1　平面与圆柱相交的 3 种情况

截平面位置	垂直于轴线	倾斜于轴线	平行于轴线
截交线	圆	椭圆	矩形
轴测图	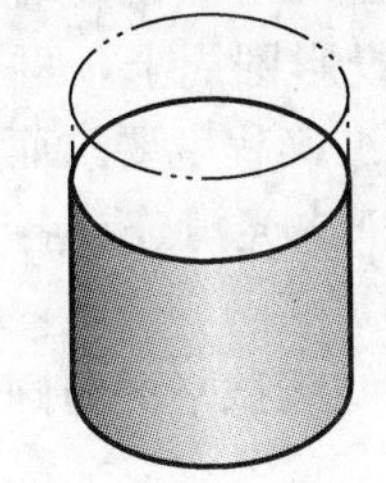	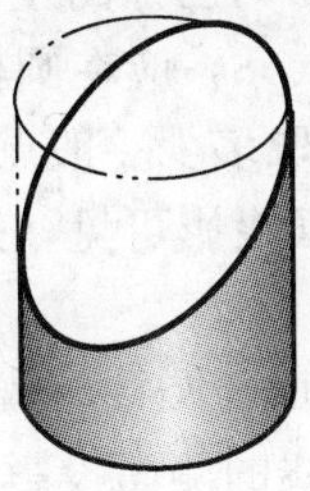	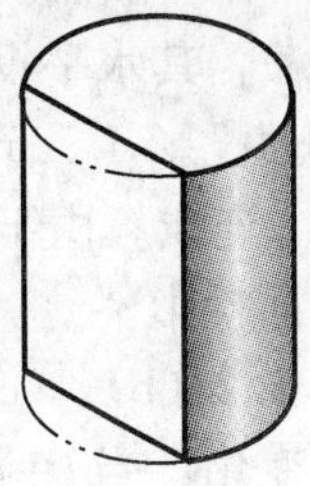
投影图	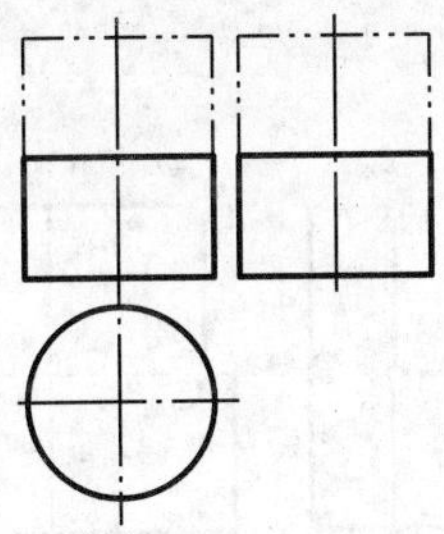	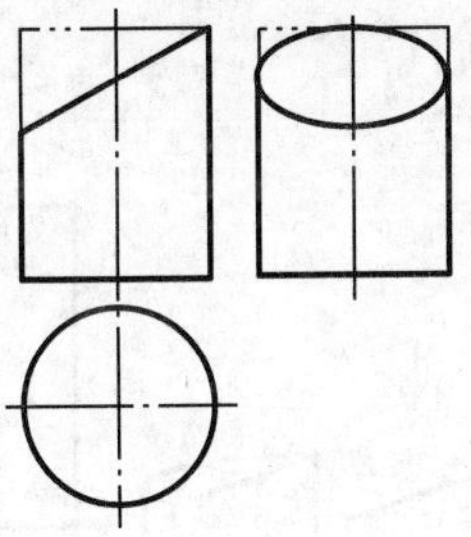	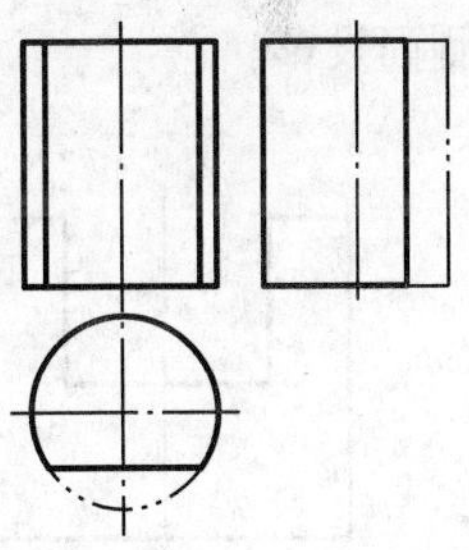

【例 4.7】 如图 4.23(a)所示，为圆柱被正垂面截切，求其截交线的投影。

分析：

由于截平面与圆柱的轴线斜交，因此截交线为一椭圆。截交线的正面投影积聚为一直线，其水平投影则与圆柱面的投影重合。因此只需求其侧面投影，侧面投影可根据投影规律和圆柱面上取点的方法求出。

作图：

(1) 作出完整圆柱的侧面投影。

(2) 作特殊点的投影。正面投影上的点 1′、5′、3′、7′既是椭圆长、短轴的端点也是上下、前后的极限位置点，同时还是圆柱轮廓线上的点。根据投影关系可直接作出其侧面投影 1″、5″、3″、7″及水平投影 1、5、3、7。

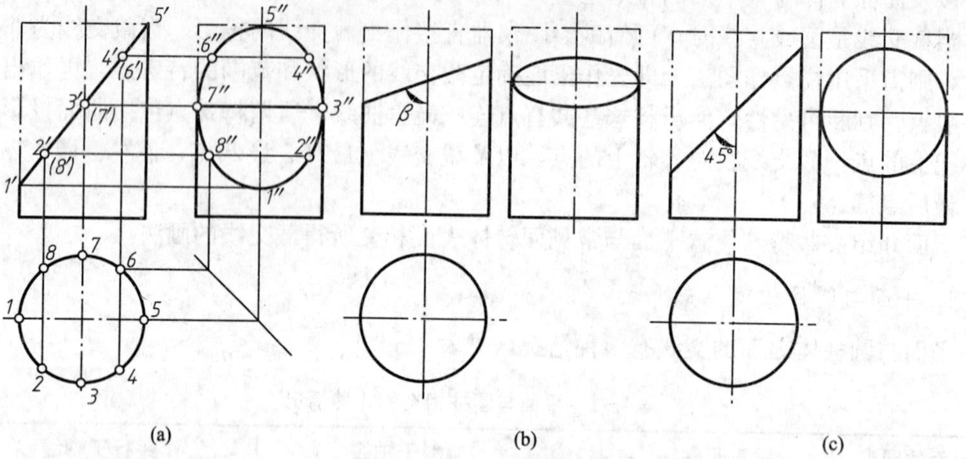

图 4.23　平面与圆柱相交

(3) 作一般点。在截交线投影为已知的正面投影上定出一般点的位置，如点 $4'(6')$ 和点 $2'(8')$，其水平投影 4、6 和 2、8，应在圆柱面积聚性投影圆周上，再根据投影关系求出其侧面投影 $4''$、$6''$ 和 $2''$、$8''$。取多少一般点可根据作图准确程度要求而定。

(4) 连线。由于截交线的侧面投影可见，采用粗实线依次光滑连接各点，即得到截交线的侧面投影。

图 4.23(b)、(c)所示为截平面与圆柱轴线斜交，截交线随截平面与圆柱轴线夹角 β 的变化而变化，当 $\beta=45°$ 时，截交线的侧面投影为圆。

【例 4.8】 如图 4.24 所示，已知圆柱上方开一方槽后的正面投影和水平投影，试求作其侧面投影。

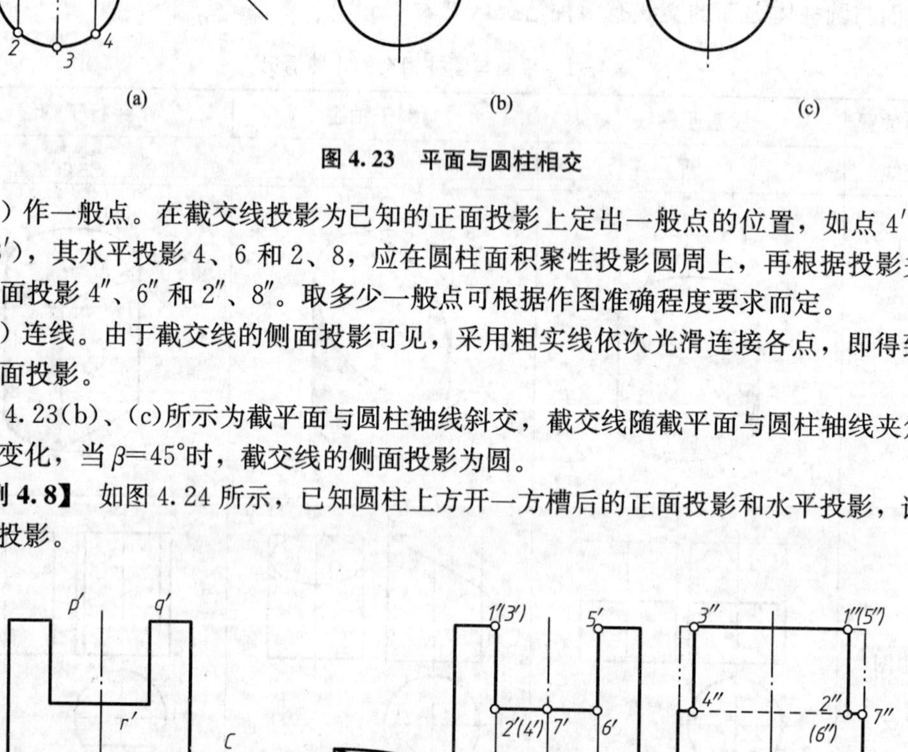

图 4.24　补画开方槽圆柱的投影

分析：

从图中可以看出，方槽口是被两个侧平面 P、Q 和一个水平面 R 组合截切而成的。前者与圆柱面的交线为直线，后者与圆柱面的交线是水平圆弧。

由于截平面 P 的正面投影 p'有积聚性，所以交线 AB 和 CG 的正面投影 $1'\ 2'$和 $3'\ 4'$与 p'重合，而又由于圆柱的水平投影有积聚性，因此交线 AB 和 CG 的水平投影(12)和(34)在圆周上积聚成两点。截平面 Q 与 P 的情况类似，读者可自己分析。

由于截平面 R 是一水平面，其正面投影 r'有积聚性，所以前半个圆柱面上的交线圆弧的正面投影 $2'7'6'$与 r'重合，水平投影(2) 7(6)与圆柱的水平投影圆重合。后半圆柱面与前半圆柱面对称，读者可自己分析。

作图：

(1) 先画出整个圆柱的侧面投影。

(2) 按投影关系，先求平面 P 与圆柱面截交线的侧面投影 $1''2''$和 $3''4''$，再求平面 R 与圆柱截交线的侧面投影 $2''7''(6'')$，此段圆弧为水平圆弧，故其侧面投影积聚为直线段。

(3) 补画截平面之间的交线投影。截平面的交线为正垂线，其侧面投影为一直线，由于被柱体挡住为不可见，应画成细虚线。

(4) 整理轮廓线并加深。作图时，应特别注意轮廓线的投影。由正面投影可见，圆柱侧面轮廓线在点7以上就被切掉了，因此侧面投影上圆柱轮廓线切掉处不应再画出。最后，加深所有可见轮廓线，完成作图。

2. 平面与圆锥相交

平面与圆锥体表面的交线有5种情况，见表4-2。

表4-2　平面与圆锥相交的5种情况

截平面位置	通过锥顶	垂直于轴线	倾斜于轴线且($\alpha>\phi$)	倾斜于轴线($\alpha=\phi$)	倾斜于轴线($\alpha<\phi$)
截交线	等腰三角形	圆	椭圆	抛物线加直线段	双曲线加直线段
轴测图		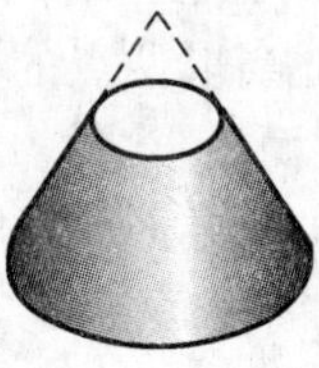	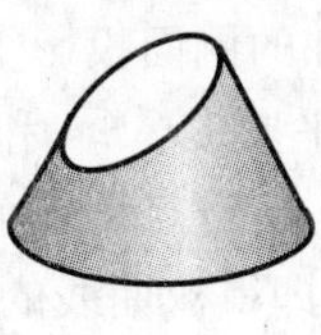	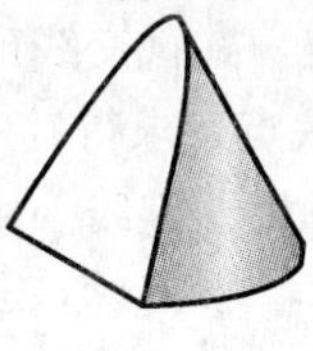	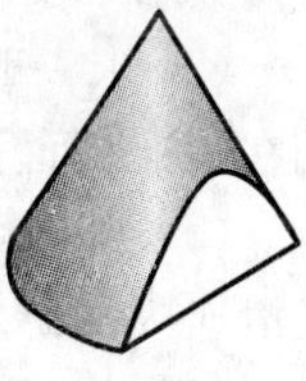
投影图	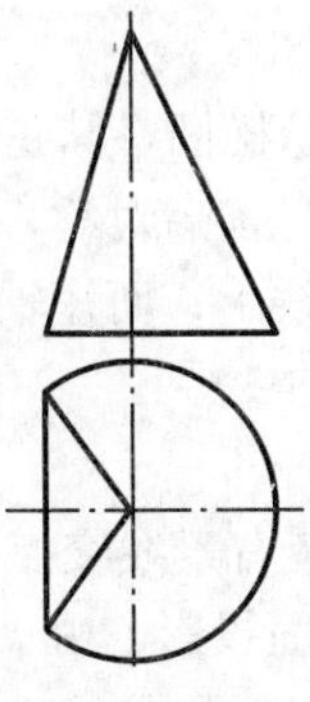	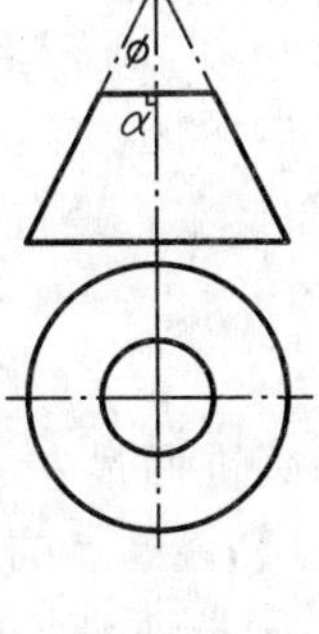	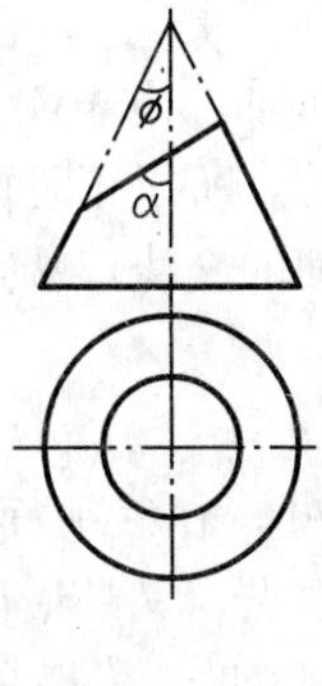	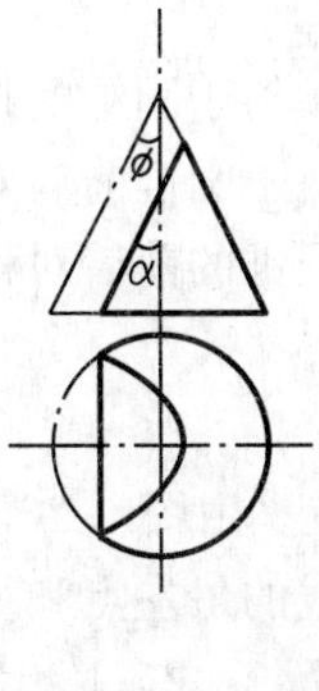	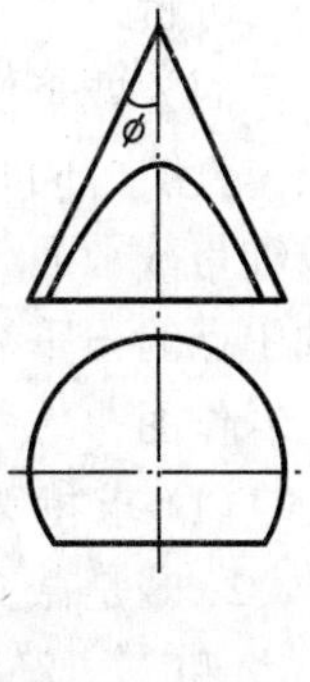

【例 4.9】 求作被正平面截切的圆锥截交线，如图 4.25(a)所示。

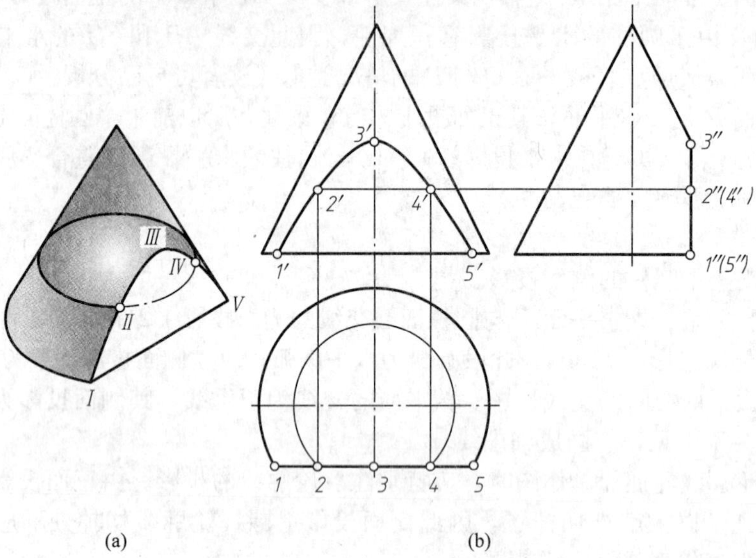

图 4.25　正平面截切圆锥

分析：

截平面为不过锥顶但平行于圆锥轴线的正平面，其截交线是双曲线和直线围成的平面图形。截交线的水平投影和侧面投影都积聚为直线，只需求正面投影，正面投影反映双曲线实形。

作图：

(1) 求特殊点。点Ⅲ为最高点，位于最前素线上，点Ⅰ、Ⅴ为最低点，位于底圆上。可由其水平投影 3、1、5 及侧面投影 3″、1″、5″求得其正面投影 3′、1′、5′。

(2) 求一般点。在截交线已知的侧面投影上适当取两点的投影 2″、4″，然后采用辅助圆在圆锥表面上取点，求得其水平投影 2、4 和正面投影 2′、4′。

(3) 判断可见性并连线。由于所有点均在前半圆锥面上，所以都可见，用粗实线依次光滑连接点 1′、2′、3′、4′、5′，即得双曲线的正面投影。

【例 4.10】 如图 4.26 所示，圆锥被正垂面截去上端，截切掉的圆锥用双点画线画出，作出截交线的水平投影和侧面投影。

分析：

因为截平面倾斜于圆锥的投影轴，由表 4－2 可知，截交线是椭圆，其正面投影积聚成一直线。同时由于圆锥前后对称，所以正垂面与它的截交线也是前后对称，断面椭圆的长轴是截平面与圆锥的前后对称面的交线，端点在最左、最右素线上；而短轴则是通过长轴中点的正垂线。

作图：

(1) 求特殊点。由图 4.26 可知，在截平面和圆锥面最左、最右素线交点的正面投影 1′、2′ 既是截交线的最左点和最右点，又是最低点和最高点的正面投影，由 1′、2′可作出 1、2 和 1″、2″，而 1、2，1′、2′ 和 1″、2″ 也是椭圆长轴端点的三面投影。

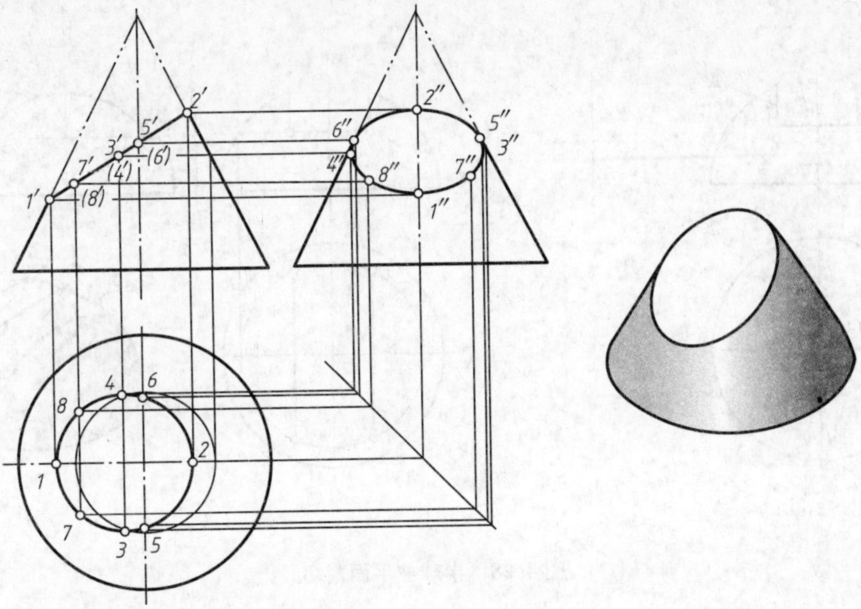

图 4.26　正垂面截切圆锥

选取 $1'$、$2'$的中点，即为椭圆短轴有积聚性的投影，如图正面投影 $3'$、($4'$)即椭圆短轴端点，同时也是最前和最后点的正面投影。可过 $3'$、$4'$ 作辅助水平圆，作出该辅助水平圆的水平投影，采用表面取点的方法，即可由 $3'$、$4'$ 求得 3、4，再求得 $3''$、$4''$。

(2) 求一般点。在特殊点Ⅰ、Ⅱ、Ⅲ、Ⅳ之间分别取一般点Ⅴ、Ⅵ、Ⅶ、Ⅷ。作图时，先在截交线的正面投影上确定出 $5'$、($6'$)和 $7'$、($8'$)，再用辅助圆法求出水平投影 5、6 和 7、8，最后求得 $5''$、$6''$和 $7''$、$8''$。应注意Ⅴ、Ⅵ是最前和最后两条素线上的点，因此 $5''$、$6''$ 是截交线侧面投影与圆锥侧面投影外形轮廓线的切点。

(3) 判别可见性，然后依次光滑连接各点即得截交线的水平投影和侧面投影。

3. 平面与圆球相交

圆球被平面截切，无论截平面的位置如何，其截交线均是圆。当截平面平行于投影面时，截交线在所平行的投影面上的投影为圆，其余两面投影积聚为直线，该直线的长度等于圆的直径，如图 4.27 所示。当截平面倾斜于投影面时，截交线的投影为一般椭圆。

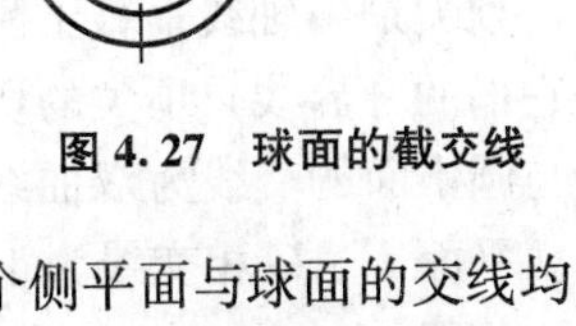

图 4.27　球面的截交线

【例 4.11】　求作半球开槽后的水平投影和侧面投影，如图 4.28(a)所示。

分析：

半球的槽是被两个对称的侧平面和一个水平面所截切。两个侧平面与球面的交线均为一段平行于侧面的圆弧，截平面为弓形，其侧面投影反映实形。水平面与球面的交线是两段水平的圆弧，截平面的水平投影反映实形。作图的关键是确定各段圆弧的半径。

作图：

(1) 作辅助线。如图 4.28(b)所示，在正面投影上延长 $1'(2')$ $3'(4')$至其外轮廓线，得到一点。

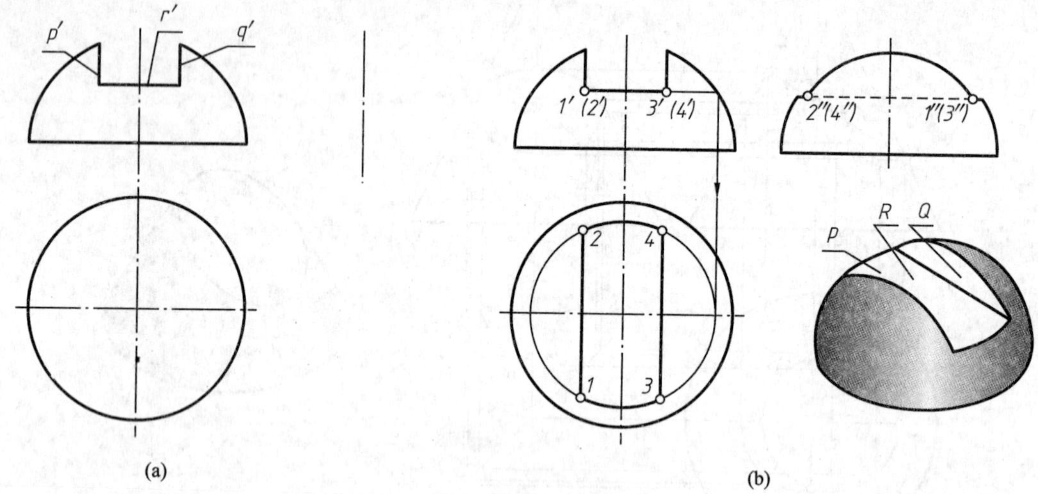

图 4.28　半球被平面截切

(2) 完成水平投影。量取上一点到轴线距离作为半径，在水平投影上以球心为圆心画圆，过 1′(2′)、3′(4′)向水平投影作铅垂线，交圆于 1、2、3、4 点。12 连线为侧平面 P 与水平面 R 交线的水平投影，34 为侧平面 Q 与水平面 R 交线的水平投影，均可见；13、24 两段圆弧为水平面 R 的水平投影(可见)。

(3) 完成侧面投影。由 1、2、3、4 可确定 1″、2″、(3″)、(4″)，过球心到 2″作圆弧，即为侧平面 P 的侧面投影，侧平面 Q 侧面投影与其重合；13、24 两段圆弧在侧面投影上积聚为两段直线且可见；P、Q 两侧平面与水平面 R 交线(也是水平面 R)的侧面投影 1″2″、3″4″ 为不可见，画成细虚线。

4. 平面与组合曲面立体相交

由两个或两个以上曲面立体组合而成的形体称为组合回转体。

当平面与组合曲面立体相交时，其截交线是由截平面与各个曲面立体表面的交线所组成的平面图形。在求作平面与组合回转体的截交线投影时，可分别作出平面与组合曲面立体的各段曲面立体以及各个截平面表面的交线的投影，然后拼成所求的截交线的投影。

【例 4.12】　求作顶尖头部的截交线投影，如图 4.29 所示。

分析：

顶尖是由轴线垂直于侧面的圆锥和圆柱组成的同轴曲面立体，圆锥与圆柱的公共底圆是它们的分界线，顶尖的切口由平行于轴线的平面 P 和垂直于轴线的平面 Q 截切，平面 P 与圆锥面的交线为双曲线，与圆柱面的交线为两条直线；平面 Q 与圆柱的交线是一圆弧。平面 P、Q 相交线为正垂线，如图 4.29(a)所示。

作图：

(1) 求作平面 P 与顶尖的截交线，如图 4.29(b) 所示。由于其正面投影和侧面投影有积聚性，故只需求出水平投影。首先找出圆锥与圆柱的分界线，从正面投影可知，分界点即为 1′、2′，侧面投影为 1″、2″，进而求出 1、2。分界点左边为双曲线，其中 1、2、3 为

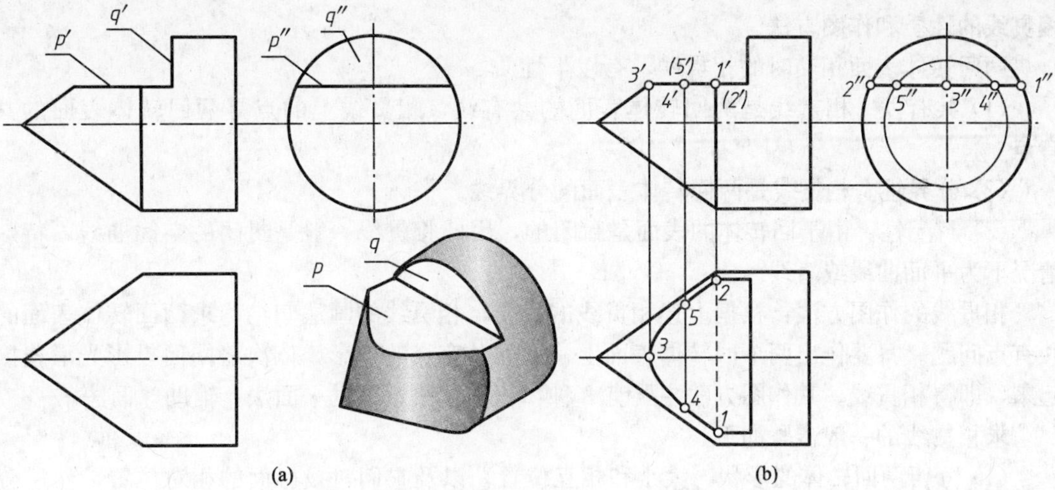

图 4.29　顶尖头部的截交线

特殊点，4、5 为一般点，具体作图步骤参照【例 4.9】。右边为直线，可直接画出。

(2) 平面 Q 的正面投影和水平投影都积聚为直线，侧面投影积聚到圆周上的一段圆弧，可直接求出。

(3) 判别可见性，将各点依次光滑连接并加深。注意水平投影上 12 直线段不可见。

4.3　立体与立体相交

4.3.1　概述

两立体相交按其立体表面的性质可分为：两平面立体相交；平面立体与曲面立体相交；两曲面立体相交 3 种情况，如图 4.30(a)、(b)、(c)所示。两立体表面的交线称为相贯线。

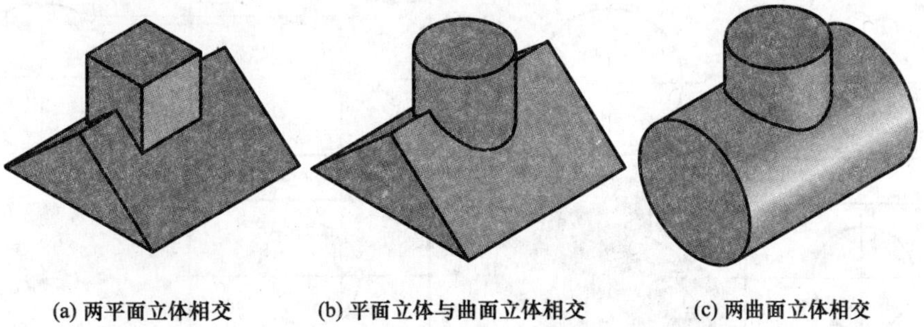

(a) 两平面立体相交　　(b) 平面立体与曲面立体相交　　(c) 两曲面立体相交

图 4.30　两立体相交的种类

图 4.30(a)所示立体的表面均为平面，因而平面立体与平面立体相交，其实质是平面与平面立体相交的问题；图 4.30(b)所示为平面立体与曲面立体的相交，其实质是平面与曲面

立体相交的问题，故不再详述。本节主要论述两曲面立体中的两回转体相交(图 4.30(c))时相贯线的性质和作图方法。

两回转体表面相交时的相贯线，有以下性质。

(1) 共有性。相贯线是两回转体表面的共有线，相贯线上的点是两回转体表面的共有点。

(2) 分界性。相贯线是两回转体表面的分界线。

(3) 封闭性。由于回转体的表面是封闭的，因此相贯线一般是封闭的空间曲线，特殊情况下为平面曲线或直线。

相贯线的作图方法：根据上述相贯线的性质，相贯线的画法归结为求两回转体表面的共有点问题。只要作出两个回转体表面上一系列共有点的投影，依次将同面投影光滑连接起来，即得相贯线。其作图方法主要有 3 种：积聚性法、辅助平面法、辅助球面法。

求相贯线的一般步骤如下。

(1) 分析两回转体的形状、大小和相互位置，以及它们对投影面的相对位置，然后分析相贯线的性质。

(2) 求特殊点。特殊点是能确定相贯线的形状和范围的点，如相贯线最高、最低点，最前、最后点，最左、最右点以及回转体的转向轮廓线上的点、对称的相贯线在其对称平面上的点等。

(3) 求一般点。为使作出的相贯线更加准确，需要在特殊点之间求出若干个一般点。

(4) 判别可见性。对相贯线的各投影应分别进行可见性判别。

(5) 依次光滑连接各点同面投影，即为所求。

4.3.2　两曲面立体的相贯线的画法

1. 利用积聚性法求相贯线

当两曲面立体相交，其中至少有一个为圆柱体，其轴线垂直于某投影面时，则圆柱面在该投影面上的投影为一个圆。其他投影可根据表面上取点的方法作出。

【例 4.13】 如图 4.31(a)所示，求作轴线正交两圆柱的相贯线的投影。

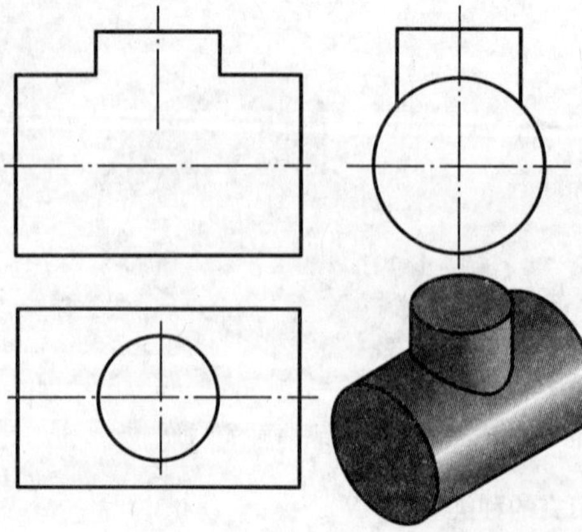

(a)

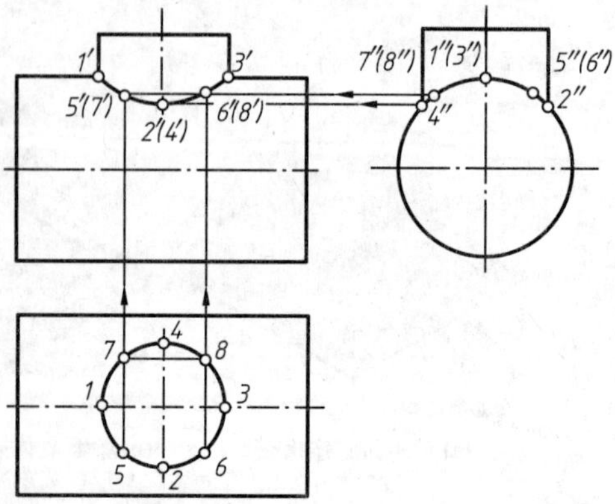

(b)

图 4.31　两圆柱相贯

分析：

由于两圆柱正交，因此相贯线为前后、左右均对称的空间曲线。其水平投影重影于直立圆柱的水平投影上，侧面投影重影于水平圆柱的侧面投影上，所以只需作相贯线的正面投影。

作图：

作图过程如图 4.31(b)所示。

(1) 求特殊点。从水平投影和侧面投影可以看出，两圆柱面在 V 面投影轮廓线的交点为相贯线的最左点和最右点Ⅰ(1，1′，1″) 和Ⅲ(3，3′，3″)，同时它们又是最高点。从侧面投影中可以直接得到最低点Ⅱ(2，2′，2″)和Ⅳ(4，4′，4″)，同时它们又是最前点和最后点。

(2) 求一般点。由于相贯线的水平投影具有积聚性，且已知相贯线前后左右都对称，可以在水平投影上取点 5、6、7、8，由于水平圆柱的侧面投影具有积聚性，可作出其侧面投影 5″、(6″)、7″、(8″)，最后由水平、侧面投影求得其正面投影 5′、6′、(7′)、(8′)。

(3) 判别可见性。相贯线正面投影的可见与不可见部分重合，故画成粗实线。

(4) 依次光滑连接各点的正面投影，即为所求。

由于圆柱面可以是圆柱体的外表面，也可以是圆柱孔的内表面，因此两圆柱轴线垂直相交可以有 3 种形式：两圆柱外表面相交(图 4.31)、外表面与内表面相交(图 4.32(a))、两内表面相交图(图 4.32(b))。

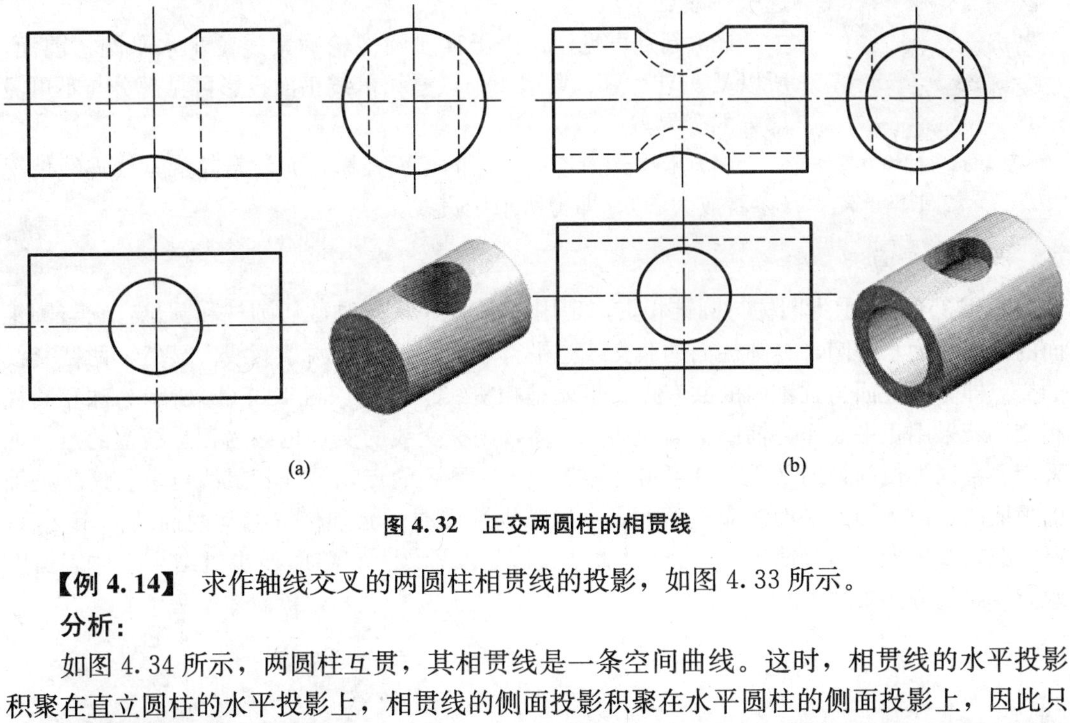

(a)　　(b)

图 4.32　正交两圆柱的相贯线

【例 4.14】 求作轴线交叉的两圆柱相贯线的投影，如图 4.33 所示。

分析：

如图 4.34 所示，两圆柱互贯，其相贯线是一条空间曲线。这时，相贯线的水平投影积聚在直立圆柱的水平投影上，相贯线的侧面投影积聚在水平圆柱的侧面投影上，因此只需求作相贯线的正面投影。

作图：

(1) 求特殊点。由侧面投影，可求出 4 个点Ⅰ、Ⅱ、Ⅲ、Ⅵ的各个投影，其中Ⅰ、Ⅱ为最高点，Ⅲ、Ⅵ为最低点；由水平投影，求出另外 4 个点Ⅴ、Ⅵ、Ⅶ、Ⅷ，其中Ⅴ、Ⅵ为最左点，Ⅶ、Ⅷ为最右点；此外，从有积聚性的水平投影可直接求得最前点Ⅸ、Ⅹ；从

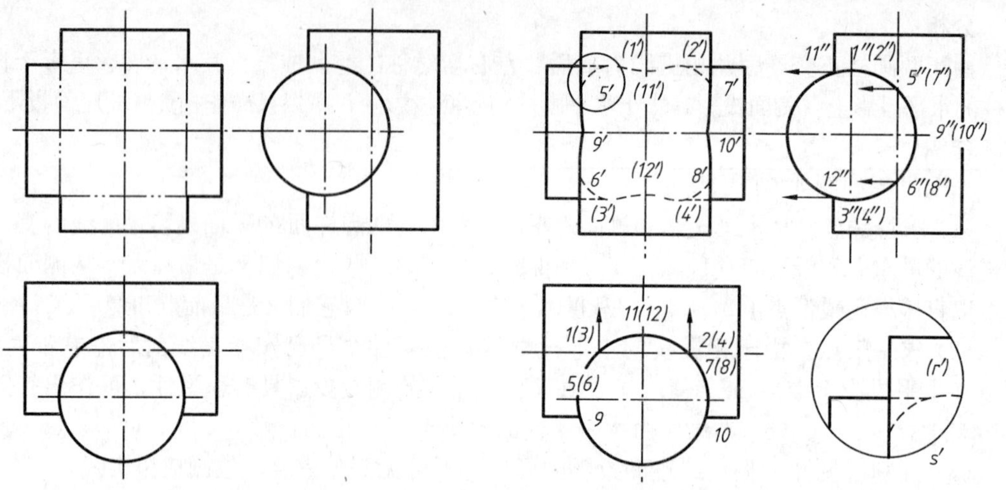

(a)　　(b)

图 4.33　轴线交叉的两圆柱相贯线

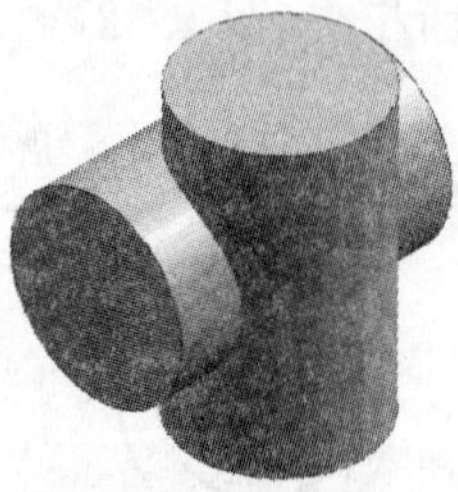

图 4.34　轴线交叉的圆柱

有积聚性的侧面投影可直接求得最后点Ⅺ、Ⅻ。

(2) 求一般点。为了作图精确，还可从水平投影或侧面投影中选取一般点。

(3) 判别可见性。由于直立圆柱轮廓素线位于水平圆柱前面，所以Ⅴ、Ⅵ、Ⅶ、Ⅷ这 4 个点是相贯线正面投影可见部分与不可见部分的分界点。

(4) 依次光滑连接各点的正面投影，并注意轮廓素线连线情况(参看放大图)，即得所求相贯线。

2. 辅助平面法

图 4.35(a)所示为圆柱与圆锥相贯，现用一水平面 P 同时截切圆柱和圆锥，它与圆锥面的截交线为水平圆，与圆柱面的截交线是平行于圆柱轴线的两条素线。显然，两截交线的交点即为圆柱面与圆锥面的共有点，也就是相贯线上的点。图 4.35(b)所示为球和圆柱相交，若采用正平面作为辅助平面截切两立体，则截交线的交点也必为相贯线上的点。如采用一系列类似的辅助平面，就可得到相贯线上一系列的点，这样相贯线可求。这就是辅助平面法。使用辅助平面法应注意的是，取辅助平面时，必须使它们与两回转体相交后，所得截交线的投影为最简单(尽可能是直线或圆)。另外，有些时候也可结合立体表面上取点、线的方法求之。

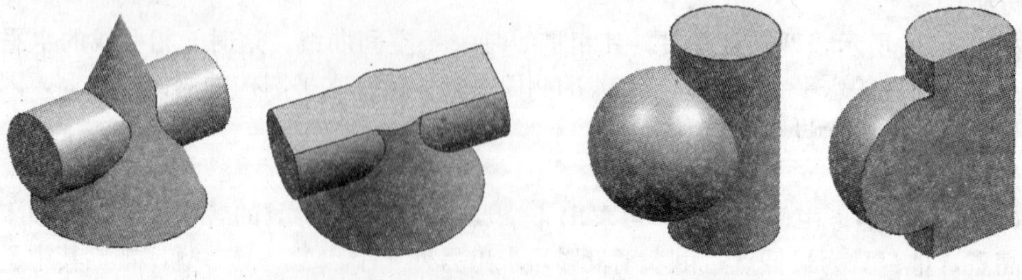

(a) 圆柱与圆锥　　(b) 球与圆柱

图 4.35　辅助平面法

【例 4.15】　求圆柱与半球的相贯线的投影。

分析：

图 4.36 所示为水平圆柱与半球相交。其公共对称面平行于 V 面，故相贯线的正面投影为抛物线，侧面投影重影在水平圆柱的侧面投影圆上，水平投影为四次曲线。其辅助平面可以选择与圆柱轴线平行的水平面，这时平面与圆柱面相交为一对平行直线，与球面相交为圆，也可选择与圆柱轴线相垂直的侧平面作为辅助平面，这时平面与圆柱面、球面相交均为圆或圆弧。

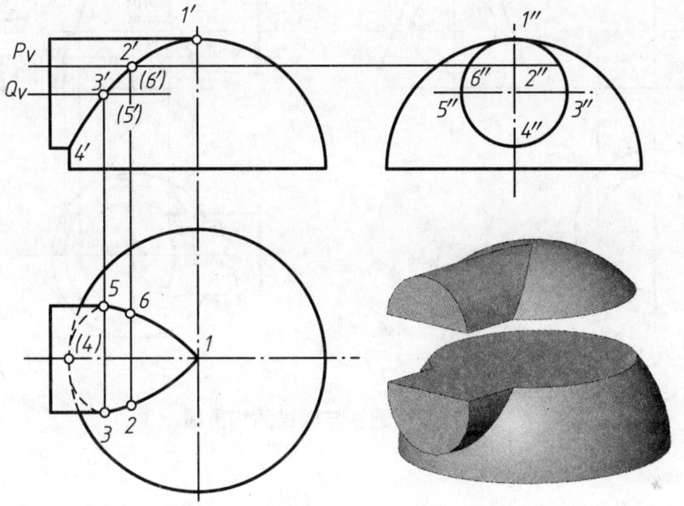

图 4.36　圆柱与半球的相贯

作图：

(1) 求特殊点。Ⅰ、Ⅳ为最高点和最低点，也是最右点和最左点，可以直接求出。Ⅲ、Ⅴ为最前点和最后点，也是水平投影可见与不可见的分界点。可过圆柱面轴线作辅助水平面 Q，则与柱面相交为最前和最后素线，与球面相交为圆，它们的水平投影相交在 3、5 点。

(2) 求一般点。可作辅助平面，如取水平面 P，它与圆柱面相交为一对平行直线，与球面相交为圆，直线与圆的水平投影的交点 2、6 即为共有点Ⅱ、Ⅵ的水平投影，由此可求出正面投影 $2'$、$6'$ 这一对重影点的投影。

(3) 判别可见性。两曲面的可见部分的交线才是可见的，否则是不可见的。Ⅲ、Ⅳ、Ⅴ在圆柱面的下半部分，其水平投影不可见，画虚线，其余线段画实线。

(4) 顺次连接各点，即得相贯线的各个投影。其连接原则是：如果原曲面的两个共有点分别位于一曲面的相邻两素线上，同时也分别在另一曲面的相邻两素线上，则这两点才能相连。其连接顺序为：Ⅰ—Ⅱ—Ⅲ—Ⅳ—Ⅴ—Ⅵ—Ⅰ。注意：半球被圆柱挡住部分的水平投影为虚线。

【例 4.16】　求两轴线正交的圆柱与圆锥的相贯线投影。

分析：

如图 4.37 所示，由于圆柱的侧面投影有积聚性，相贯线的侧面投影与它重合，因此，只需求作其水平投影和正面投影。该相贯线为前后对称的空间曲线，故其正面投影的可见部分与不可见部分重合。

又因圆锥轴线垂直于 H 面，为使两截交线的形状简单，作图时选取水平面为辅助平面。

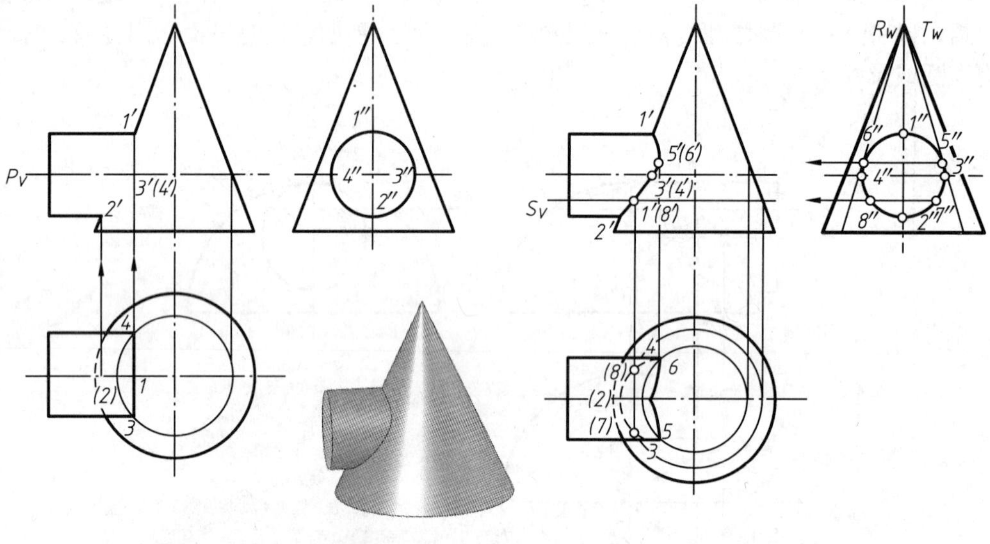

图 4.37　圆柱与圆锥的相贯线

作图：

(1) 求作特殊点。由于两立体轴线相交，且前后对称于同一平面，所以两立体对 V 面的轮廓素线彼此相交，交点Ⅰ(1，1′，1″)为最高点，交点Ⅱ(2，2′，2″)为最低点，也是最左点；通过圆柱轴线作辅助水平面 P，平面 P 与圆锥相交，其截交线为水平圆，与圆柱相交，其截交线为含两条对面 H 的轮廓素线的矩形，此两截交线的交点Ⅲ(3，3′，3″)为最前点，交点Ⅳ(4，4′，4″)为最后点；通过锥顶作与圆柱面相切的侧垂面 T，与圆柱面相切于一条素线，其侧面投影积聚在 T_w 与圆锥面投影的切点处；与左圆锥面相交于一条素线，其侧面投影与 T_w 相重合。这两条素线的交点 V 就是相贯线上的点，其侧面投影 5″就重合在圆柱面的切线的侧面投影上。根据侧面投影 5″可求出 5、5′。同理，通过锥顶作与圆柱面相切的侧垂面 R，可作出相贯线上的点Ⅵ的三面投影 6″、6 和 6′。点Ⅴ、Ⅵ前后对称，正面投影 5′、6′重合。点Ⅴ、Ⅵ为相贯线的最右点。

(2) 求一般点。为了连点的需要，再作水平面 S，找出一般点Ⅶ(7，7′，7″)、Ⅷ(8，8′，8″)。

(3) 判别可见性。相贯线的正面投影，可见与不可见部分重合，画成粗实线。在水平投影中，圆柱面的上半部分与圆锥面的交线为可见，故 3、4 两点为可见与不可见的分界点。

(4) 依次光滑连接各点的正面投影和水平投影。

【例 4.17】 求圆台与半圆球相贯线的投影，如 4.38 所示。

分析：

圆台与半圆球的 3 个投影均无积聚性，故只能用辅助平面法完成，且相贯线的三面投

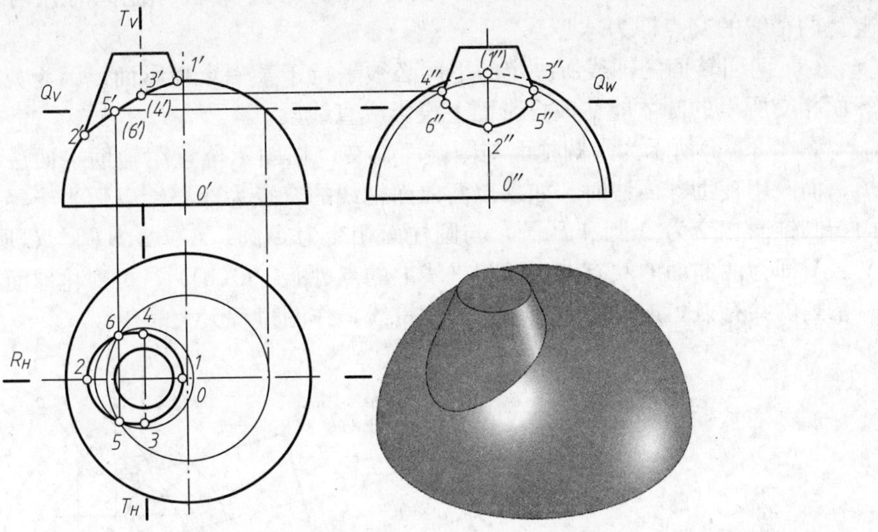

图 4.38 圆台与半圆球的相贯线

影均需求出。根据圆台与半圆球的空间位置，辅助平面可取过圆台回转中心的正平面、侧平面或一系列水平面。

作图：

(1) 求特殊点(转向线上的点)。过锥顶作辅助正平面 P，它与圆锥面和圆球面均交于正面投影转向线，两者的两交点 V 的投影为 1′、2′，即为所求正面转向线上的点。再过锥顶作辅助侧平面 T，它与圆锥面交于侧面投影转向线，与圆球面交于一条侧平半圆，两者的交点的投影为 3″、4″，即为所求圆锥侧面投影转向线上的点。

(2) 求一般点。在点Ⅱ和点Ⅲ、Ⅳ之间适当位置，作辅助平面 Q，与圆锥面和圆球面均交于一水平圆。其交点的水平投影为 5、6，然后定出 5′、6′和 5″和 6″。

(3) 判别可见性。因相贯线前后对称，故其正面投影只画出前一半曲线 2′5′3′1′，后一半曲线 2′(6′)(4′)1′与之重合。相贯线的水平投影全部可见，画成粗实线。相贯线的侧面投影，3″5″2″6″4″同时位于圆锥面和圆球面的左半部，是可见的，画成粗实线，而 3″(1″)4″位于圆锥面的右半部，故不可见，画成细虚线。

(4) 依次光滑地连接各点同面投影。

3. 辅助球面法

1) 辅助球面法的原理

当圆球与回转面相交，且球心在回转面轴线上时，其相贯线为垂直于回转体轴线的圆(图 4.41)；若回转面的轴线平行于某一投影面时，则该圆在该投影面上的投影为垂直于轴线的线段，该线段就是球面与回转面投影轮廓线的交点的连线。如两回转面相交，以轴线的交点作为球心作一球面，则球面与两回转面的交线分别为圆；由于两圆均在同一球面上，因此两圆的交点即为两回转面的共有点。

2) 应用辅助球面法的条件

(1) 相交两立体都是回转体。因为只有回转面和球面相交时，其相贯线才可能是圆。

(2) 两回转体的轴线必须相交，只有轴线相交，球心才能同时在两个回转体的轴线上。两轴线的交点即为球心。

(3) 两回转面的轴线所决定的平面必须平行于某一个投影面。因为只有这样，它们与球面相交所得的圆才能在该投影面上投影成直线段。

图 4.39(a)所示为一圆柱面与圆锥面斜交。在图示位置用辅助平面法求共有点将很麻烦，而改用辅助球面法时，如果以两曲面轴线的交点为球心，以适当半径作一球面，该球面与圆锥面相交为 A 圆和 B 圆，与圆柱面相交为 C 圆。A 圆、B 圆与 C 圆的交点Ⅲ、Ⅳ、Ⅴ、Ⅵ即为两曲面的共有点，即相贯线上的点(图 4.39(b))，再变化球面的半径则可求出一系列的共有点，连接后即为所求的相贯线，作图过程大大简化。

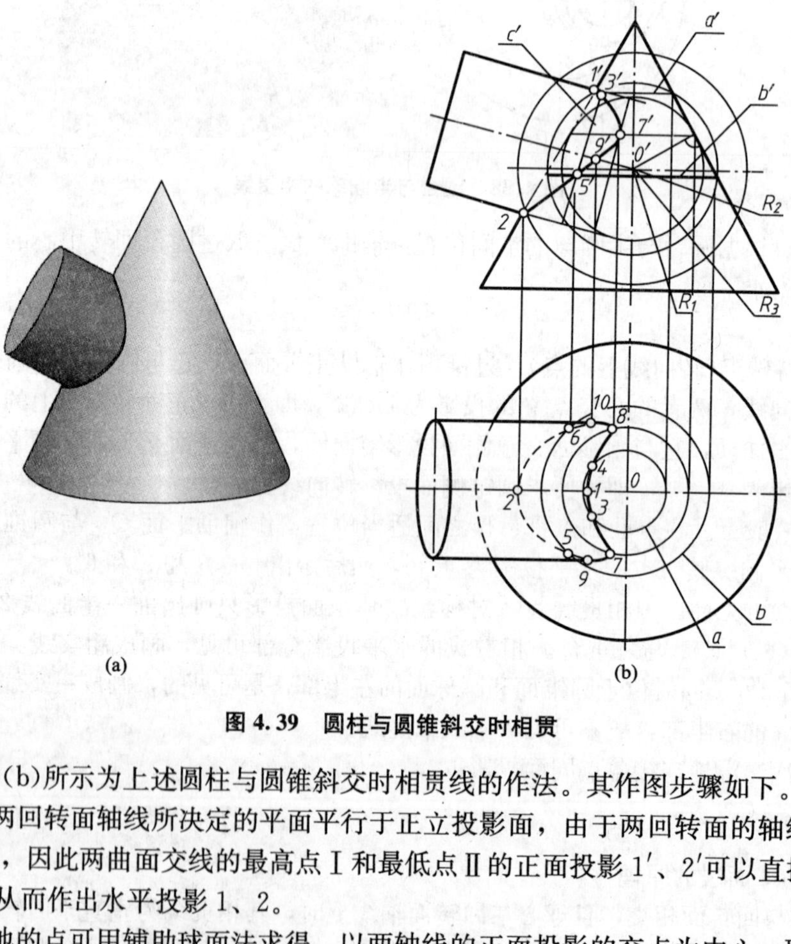

图 4.39　圆柱与圆锥斜交时相贯

图 4.39(b)所示为上述圆柱与圆锥斜交时相贯线的作法。其作图步骤如下。

(1) 取两回转面轴线所决定的平面平行于正立投影面，由于两回转面的轴线是相交且平行于 V 面，因此两曲面交线的最高点Ⅰ和最低点Ⅱ的正面投影 $1'$、$2'$可以直接从正面投影上确定；从而作出水平投影 1、2。

(2) 其他的点可用辅助球面法求得。以两轴线的正面投影的交点为中心，取适当半径 R_3 作圆，此即为辅助球面的正面投影，作出球面与圆锥面的交线圆 A、B 的正面投影 a'、b' 以及球面与圆柱面的交线圆 C 的正面投影 c'，这两组圆的正面投影相交，交点 $3'(4')$、$5'(6')$即为两曲面的共有点Ⅲ、Ⅳ、Ⅴ、Ⅵ的正面投影。再作若干不同半径的同心球面，可求出一系列的点。共有点的水平投影可通过作相应的辅助水平圆求出。如图 4.39 所示，作过点Ⅴ、Ⅵ的水平圆的水平投影后即可求得 5、6 点。

(3) 依次光滑地连接各点，即得相贯线投影。

(4) 判别可见性。由于水平投影上 9、10 是可见部分与不可见部分的分界点，因此左面部分的连线 9－5－2－6－10 画成细虚线，其余均画成粗实线。

利用辅助球面法的优点是可以在一个投影图上完成相贯线的全部作图过程，故作图较方便。

4.3.3　相贯线的特殊情况

1. 公切于同一个球的圆柱、圆锥的相贯线

轴线相交且平行于同一投影面的圆柱与圆柱、圆柱与圆锥、圆锥与圆锥相交，若它们能公切一于个球，则它们的相贯线是垂直于这个投影面的椭圆。

图 4.40 中圆柱与圆柱、圆柱与圆锥、圆锥与圆锥相交，轴线都分别相交，且都平行于正平面，还公切于一个球，因此，它们的相贯线都是垂直于正平面的两个椭圆。连接它们的正面投影的转向轮廓线的交点，即相贯线的正面投影。

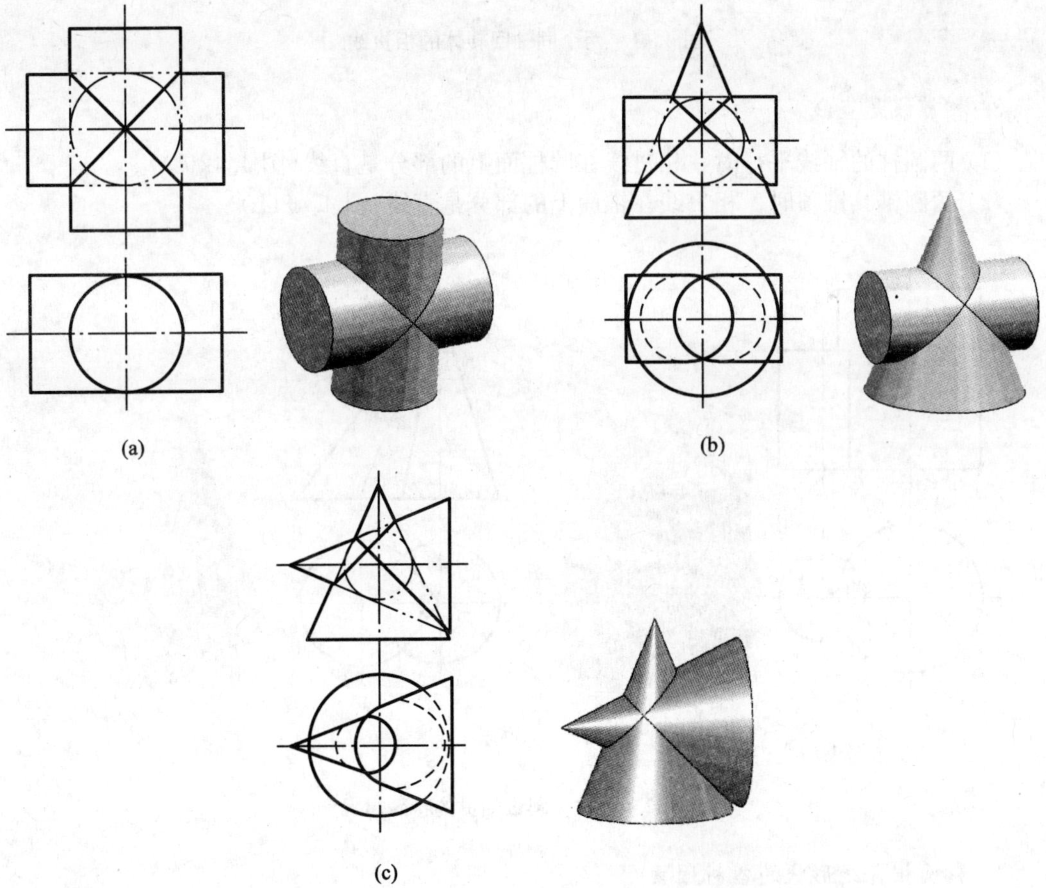

图 4.40　公切于同一个球的圆柱、圆锥的相贯线

2. 两个同轴回转体的相贯线

两个同轴回转体的相贯线是垂直于轴线的圆，如图 4.41 所示。

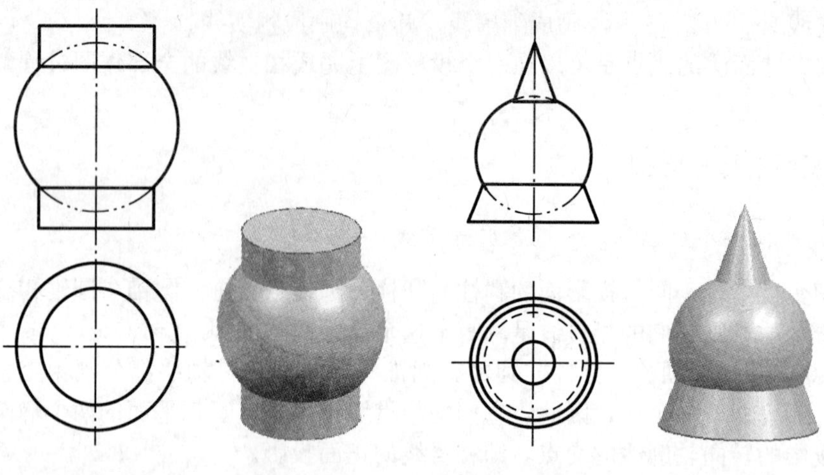

(a)　　　　(b)

图 4.41　两个同轴回转体的相贯线

3. 相贯线是直线

(1) 两圆柱的轴线平行时，相贯线在圆柱面上的部分是直线(图 4.42(a))。

(2) 两圆锥共锥顶时，相贯线在锥面上的部分是直线(图 4.42(b))。

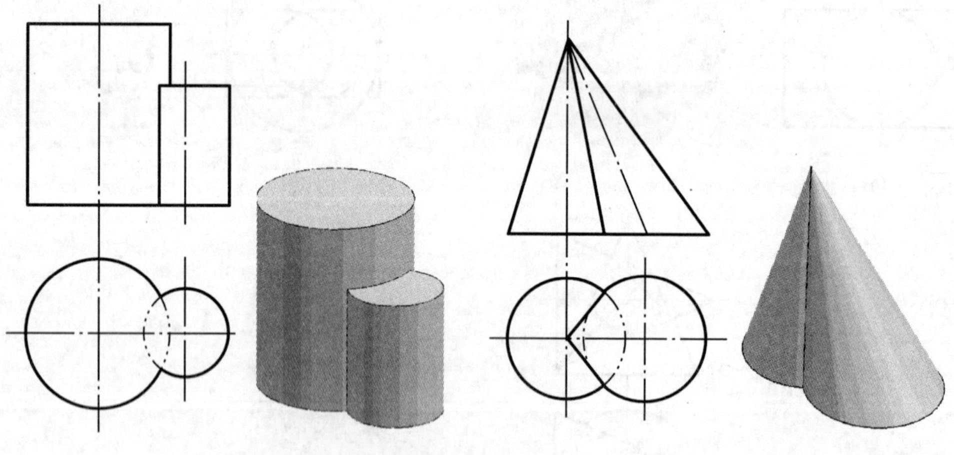

(a)　　　　(b)

图 4.42　圆柱、圆锥相贯的特殊情况

4. 影响相贯线形状的各种因素

影响相贯线形状的因素，是两曲面立体的形状、大小及其相互位置。至于相贯线投影的形状，还要看它们与投影面的相对位置。表 4-3 分别以圆柱与圆柱相贯和圆柱与圆锥相贯为例说明两立体的形状及相对位置变化，对相贯线形状的影响。表 4-4 分别以圆柱与圆柱相贯和圆柱与圆锥相贯为例说明尺寸变化对相贯线的影响。

表 4－3　立体的形状及相对位置对相贯线的影响

	两立体的相对位置		
	轴线正交	轴线斜交	轴线交叉
圆柱与圆柱相贯	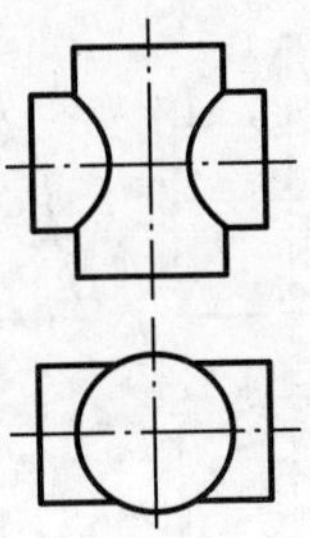	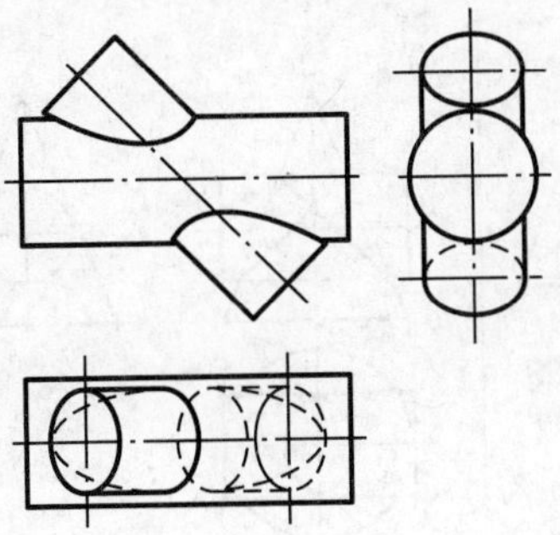	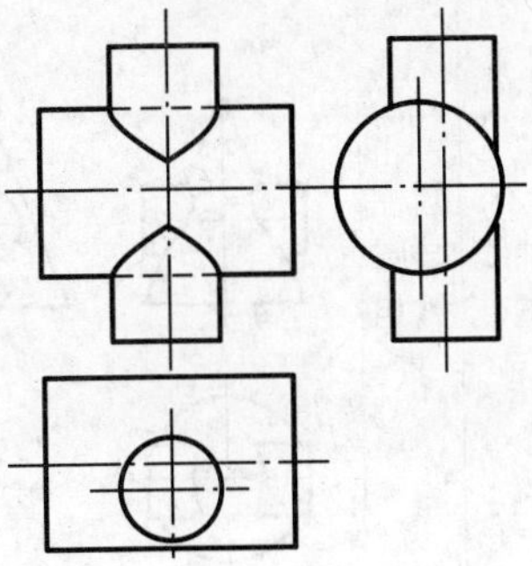
圆柱与圆锥相贯	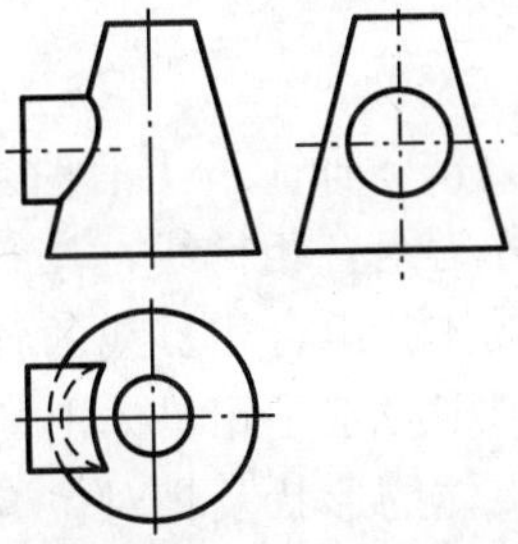	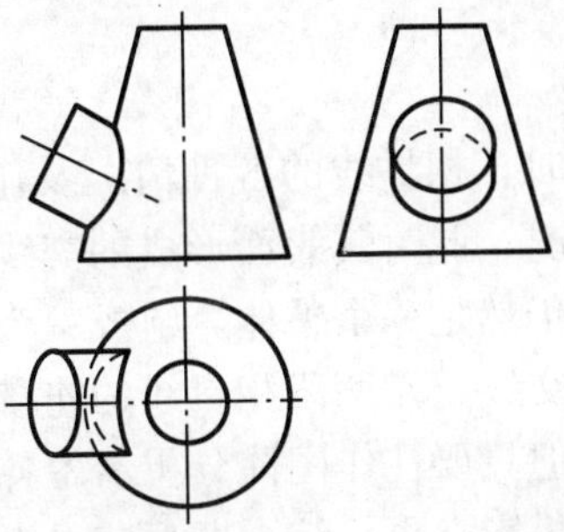	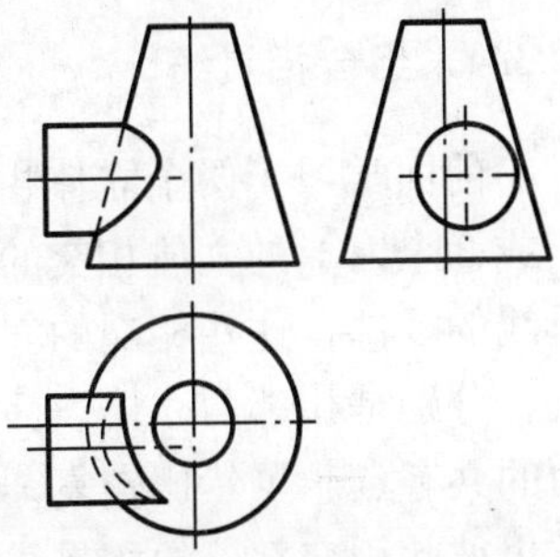

表 4－4　立体的尺寸变化对相贯线的影响

相对位置	形状	两立体尺寸变化		
		直立圆柱直径小于水平圆柱直径	两圆柱直径相等	直立圆柱直径大于水平圆柱直径
轴线正交	圆柱与圆柱相贯	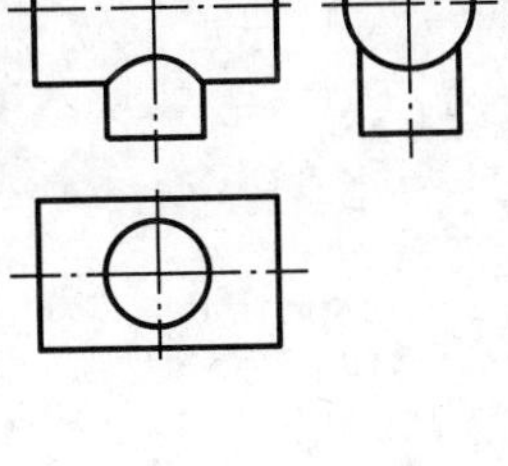	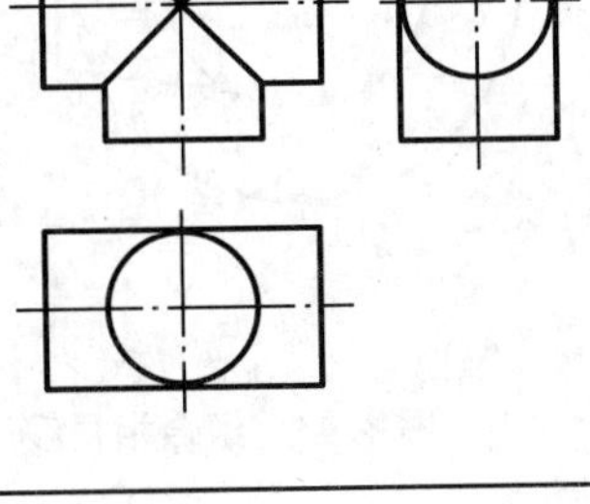	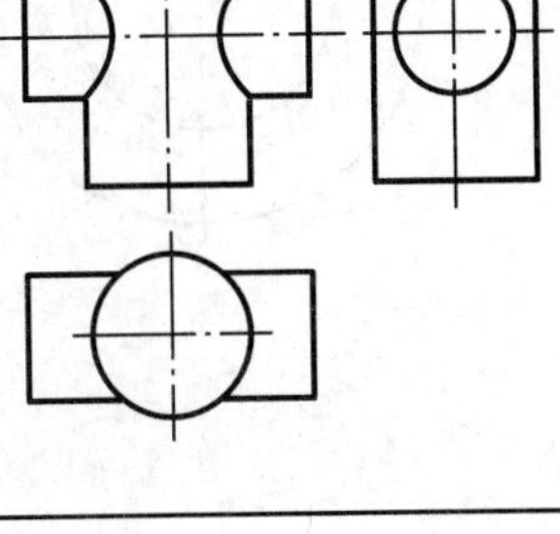

（续）

相对位置	形状	两立体尺寸变化		
		圆柱穿过圆锥	圆柱与圆锥内切于一圆球	圆锥穿过圆柱
轴线正交	圆柱与圆锥相贯	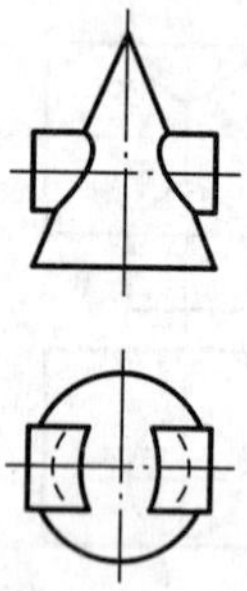	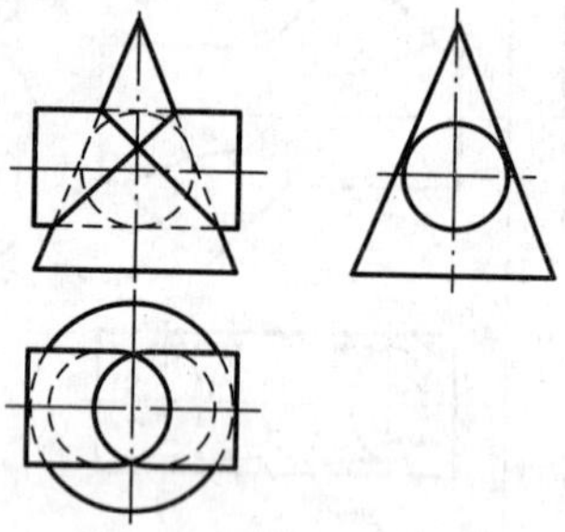	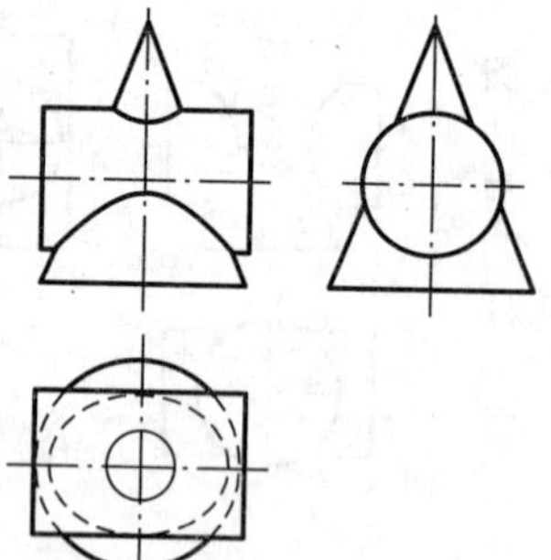

4.3.4 组合相贯线

前面学习了两个立体相贯时，相贯线的各种情况及作图方法，而工程上有时会遇到3个或3个以上的立体相交的情况，此时其表面形成的交线，称为组合相贯线，具有组合相贯线的零件，这些相交的立体仍然是一个整体，组成一个相贯体。组合相贯线的各段相贯线，分别是相邻两立体表面的交线，而两段相贯线的连接点，则必定是相贯体上的三个表面的共有点。虽然比较复杂，但只要在作图前分析清楚各相贯体的形状及相对位置，逐个求出彼此相交部分的相贯线的投影，再一综合即可获得组合相贯线的投影。

【例4.18】 求图4.43中直立圆柱、半圆球及轴线为侧垂线的圆锥三体相交的相贯线。

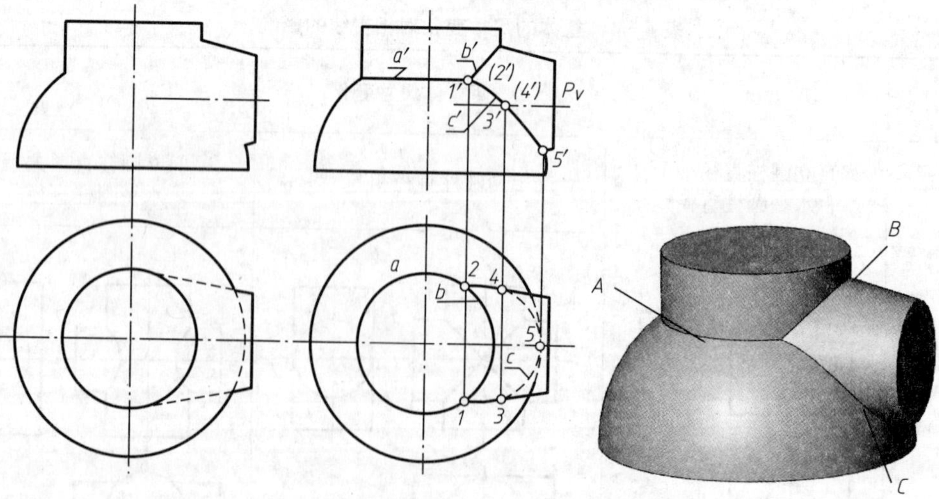

(a) (b)

图4.43 组合相贯线

分析：

图 4.43(b)所示为直立圆柱、半圆球及轴线为侧垂线的圆锥三体相交的组合体。其组合相贯线是圆柱与圆球的相贯线 A、圆柱与圆锥的相贯线 B、圆锥与圆球的相贯线 C 组合而成的。欲求出组合相贯线，应分别求出相贯线 A、B、C 以及它们的分界点。

作图：

(1) 求圆柱与圆球的相贯线 A。由于圆柱的轴线通过球心(共轴的两回转体)，因此相贯线为一圆，且 V 面投影重影为水平直线 a'，H 面投影与圆柱面的投影重合为圆。

(2) 求圆柱与圆锥的相贯线 B。由于两回转体轴线正交，又同时平行于 V 面，且在水平投影中，圆柱与圆锥的轮廓线相切，即圆柱与圆锥同时内切于一个球面。因此相贯线为一椭圆。其正面投影为直线 b'，水平投影与圆柱面投影重合，相贯线 A 与 B 的分界点为Ⅰ、Ⅱ($1'$与 $2'$重合)。

(3) 求圆锥与圆球的相贯线 C。由于圆锥与圆球轴线正交，且同时平行于 V 面，相贯线为一封闭的空间曲线，且前后对称，可选用水平辅助面求解。求圆锥最前、最后素线上的点Ⅲ、Ⅳ。过圆锥轴线作水平辅助面 $P(P_V)$，P 面与圆球的交线为圆(H 面投影反映圆的实形)，P 面与圆锥的交线为圆锥的最前、最后素线，由此先可求得Ⅲ、Ⅳ的水平投影 3、4，再求出正面投影 $3'$、$4'$。求最低点 V，点 V 为圆球圆锥对面 V 的最大轮廓线的交点，因此按投影关系可直接求出 $5'$、5。选用侧平面作辅助面，可求出适量的一般点，读者可自己可考虑。

(4) 判别可见性并光滑连接各点。V 面投影中，相贯线均可见，画为粗实线。H 面投影中，可见性的分界点为 3、4，2-4-1-3 画实线(曲线)，且圆锥的轮廓线分别画到 3、4 点处与相贯线相切，4-5-3 画细虚线。半圆球底面圆被圆锥挡住部分画细虚线，如图 4.43(a)所示。

第5章 组合体

教学提示

本章将介绍组合体的概念、组合方式，形体分析法、组合体画图、尺寸标注和看图的方法与步骤。

教学要求

通过学习本章内容，学生应能够熟练掌握组合体的形体分析法、线面分析法，结合练习熟练掌握组合体的画图、尺寸标注和看图的方法和技能。

由若干基本形体通过一定的组合方式组合而成的物体称为组合体。它是现实中的物体如零件、部件被抽象出来的几何模型，因此，在学习点、线、面、基本体等空间几何元素投影图的基础上，学习更复杂的空间几何元素——组合体的画图、尺寸标注和看图，并进行形体分析、线面分析。加强思维和技能的训练，从而为零、部件的画图、尺寸标注、看图打好基础。因此，组合体一章承前启后，至关重要。

5.1 组合体的组合方式及形体分析法

5.1.1 组合体的组合方式

组合体的组合方式分为堆叠、挖切和综合 3 种，如图 5.1 所示。其中，综合形式最为常见。

(1) 堆叠——各基本形体相互堆积、叠加，如图 5.1(a)所示。

(2) 挖切——从较大的基本形体中挖出或切去较小基本形体，如图 5.1(b)所示。

(3) 综合——既有堆叠，又有挖切，如图 5.1(c)所示。

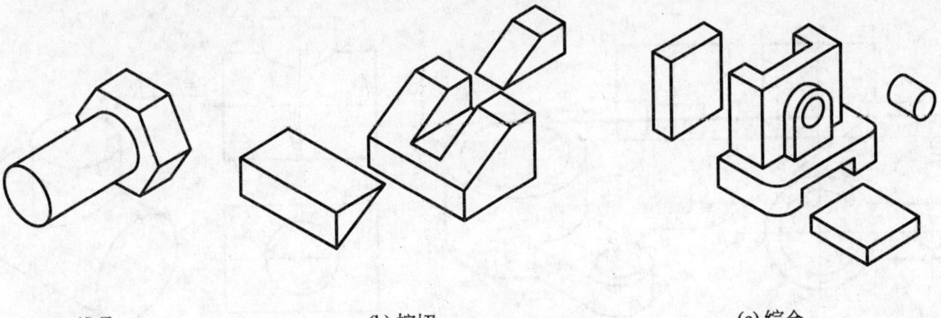

图 5.1　组合体的组合方式

5.1.2　组合体各形体表面的连接关系

基本形体经堆叠、挖切组合后，形体的邻接表面间会出现下列几种连接关系。

(1) 平齐或不平齐。两表面间平齐的连接处不应有线隔开，如图 5.2 所示组合体的前表面；两表面间不平齐的连接处应有线隔开，如图 5.3 所示组合体的前表面和左表面。

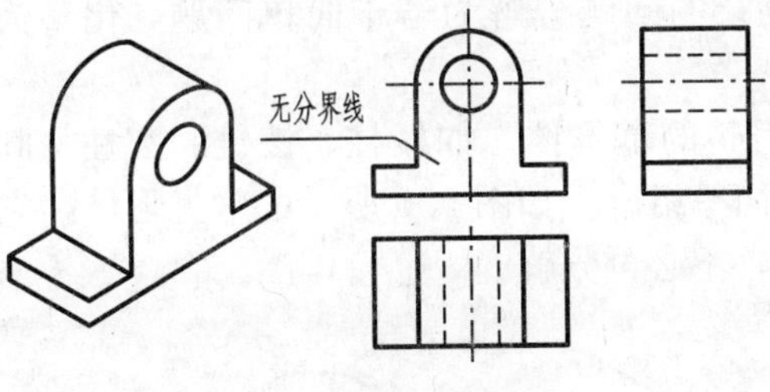

图 5.2　表面平齐叠加

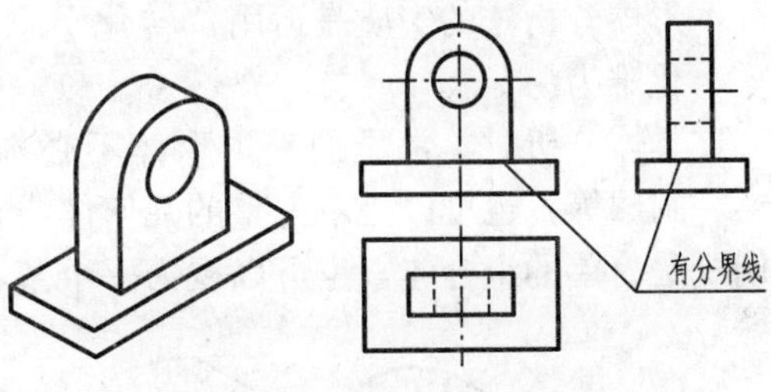

图 5.3　表面不平齐叠加

(2) 相切。如图 5.4 所示，当组合体上两基本形体表面相切时，其相切处是圆滑过渡，无明显界限，相切处不画分界线；相关表面的轮廓线应画至切点为止，切点位置由投影关系确定。图 5.4(a)中，底板前表面与圆柱面相切，底板上表面的积聚性投影画到切点为止。

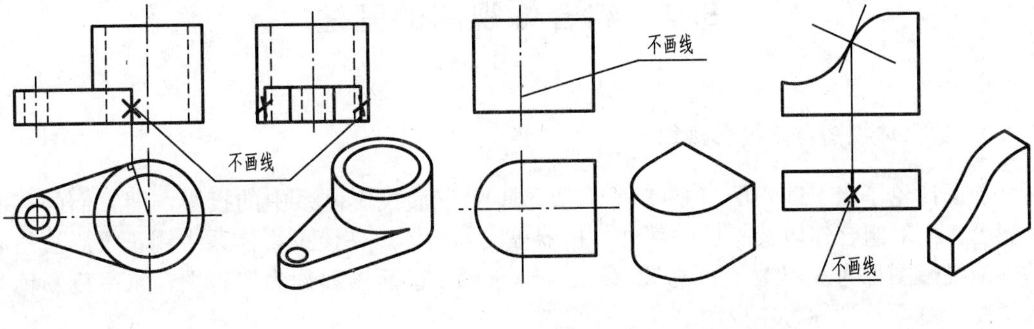

图 5.4　表面相切

(3) 相交。两立体表面相交应画出交线的投影，如图 5.5 所示。

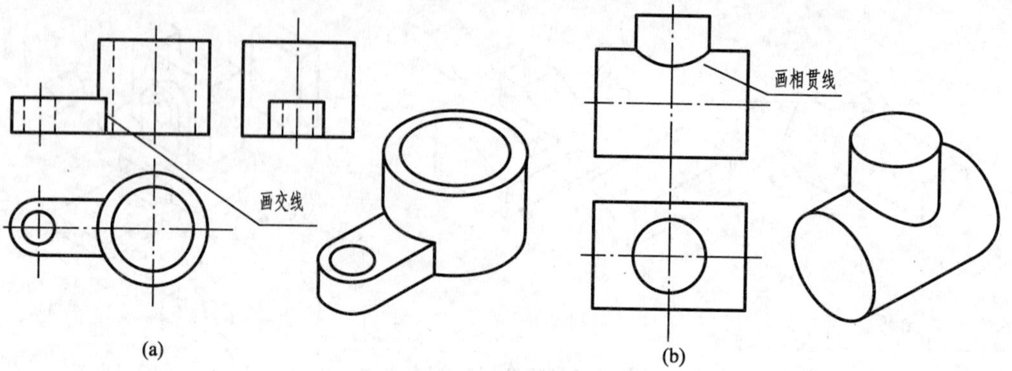

图 5.5 表面相交

5.1.3 组合体的形体分析法

对组合体进行画图、读图、尺寸标注时，通常假想把组合体分解为若干个基本形体，分别分析它们的形状、组合方式、相对位置以及表面间的连接关系，从而达到了解整体的目的。这种分析方法称为形体分析法。

形体分析法的实质是运用“转化”思想将复杂的问题分解为若干简单问题，化整为零，化难为易。

具体分析时，常见的基本形体不必拘泥于完整的基本体，如棱柱、棱锥、圆柱、圆锥、圆球等，也可以是不完整的几何体或它们的简单组合。如图 5.6 所示的常见形体，它们既是简单的组合体，也可以视为一个基本形体，不必再分解。

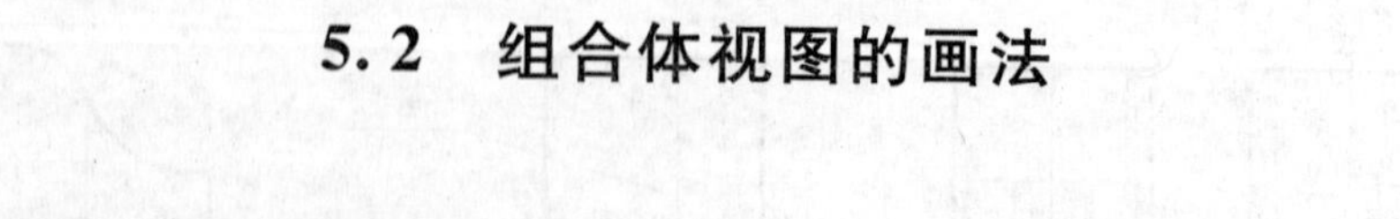

图 5.6 常见形体

5.2 组合体视图的画法

5.2.1 组合体视图及其投影规律

前面讨论了点、线、面、立体在 V、H 和 W 三面投影体系中的投影，即它们的三面投影图；而对组合体以及零件、部件、机器等实际物体，在该投影体系中用正投影法绘制的三面投影图称为三视图。如图 5.7(a)、(b)所示，正面投影称为主视图，水平投影称为俯视图，侧面投影称为左视图。

如图 5.7(c)所示，物体的各面投影与物体距离该投影面的远近没有关系，因此，画组合体的三视图时，与第 4.1 节基本体的投影画法相同，投影图中的投影轴和投影连线都可省去不画；由于投影面无限大，所以可去掉边界线框。

对于组合体无论其整体或局部，如图 5.7(d)、(e)所示，都符合 3 个投影规律：主、俯视图长对正；主、左视图高平齐；俯、左视图宽相等。可简单地归结为 9 个字：长对正、高平齐、宽相等，这就是物体三视图的基本规律。特别指出，在组合体画图和看图的过程中，无论其整体或局部，都遵循这个规律。

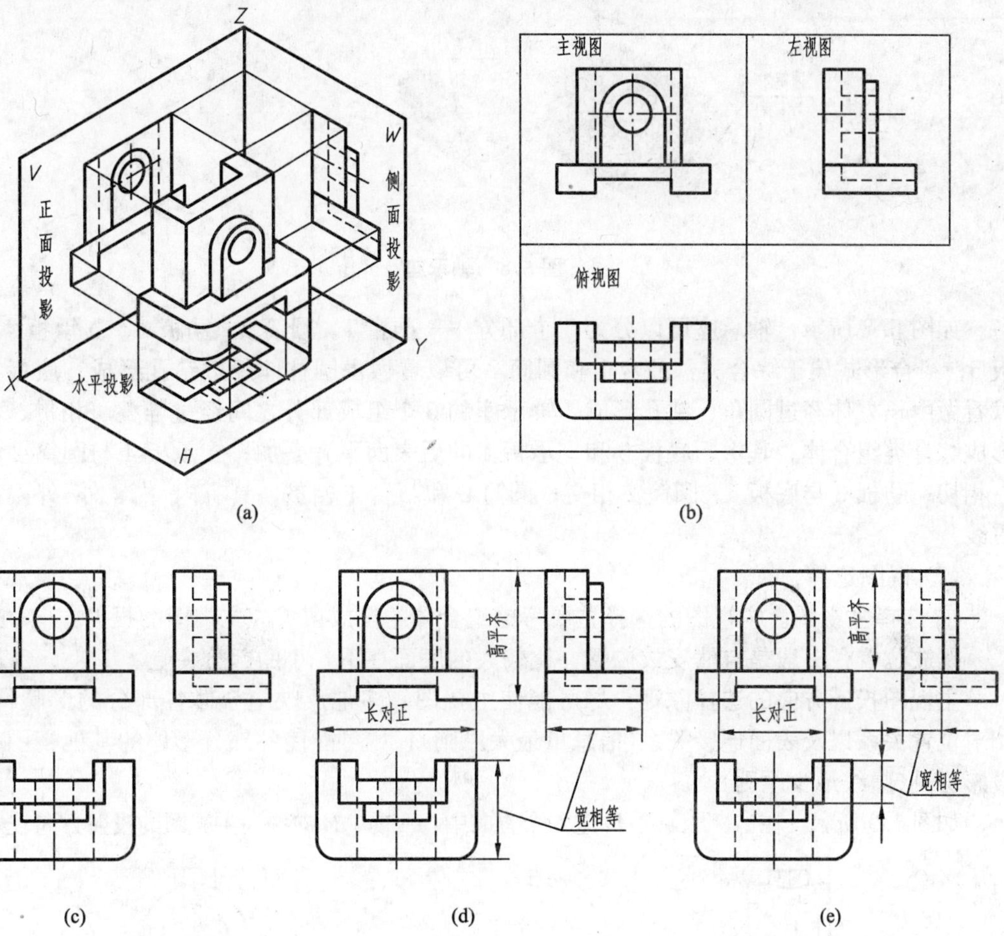

图 5.7　三视图的形成及投影规律

5.2.2　画组合体视图的方法和步骤

画组合体视图时，可见的轮廓线用粗实线表示，不可见的轮廓线用虚线表示，回转轴线及对称中心线用点画线表示。下面通过例题说明画组合体三视图的方法与步骤。

【例 5.1】　画出图 5.8 所示轴承座的三视图。

画图方法和步骤如下。

(1) 形体分析

在画组合体之前，首先对其进行形体分析，即把组合体分解为若干个基本形体，分析其形状、组合形式、各部分之间的相对位置关系及表面连接关系，为下一步画图做好准

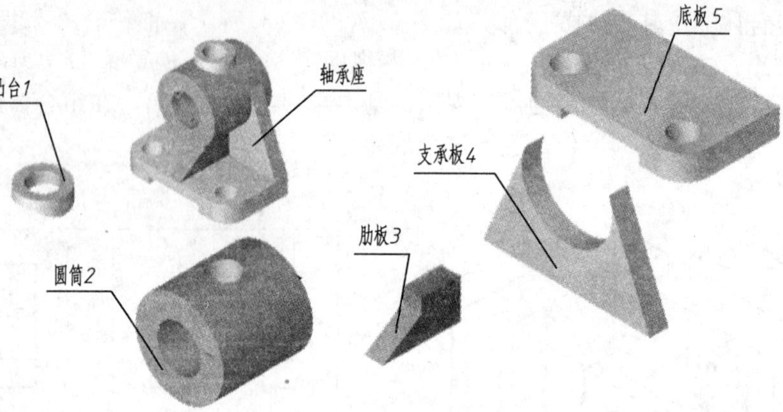

图 5.8　轴承座

备。如图 5.8 所示，轴承座可以分为 5 个部分——凸台 1、圆筒 2、肋板 3、支承板 4、底板 5；组合形式属于综合类：凸台 1 和圆筒 2 可以看做由圆柱体经过钻孔形成；底板 5 可以看做由长方体经过圆角、钻孔形成。轴承座的 5 个组成部分之间经过堆叠、相贯、相切形成综合类组合体。其中，底板 5 和支承板 4 的后表面平齐叠加；支承板 4 与圆筒 2 的左右相切；肋板 3 与底板 5、圆筒 2 相交；圆筒 2 和凸台 1 相贯，具有内-内、外-外两条相贯线。

(2) 视图选择

① 选择主视图。主视图的选择主要考虑组合体的摆放位置与主视图的投射方向。

摆放位置：一般是自然安放位置，比较大的底面在下，小的部分在上。

主视图投影方向的选择原则：尽可能使主视图较多地反映组合体各部分的形状特征、相对位置关系以及表面连接关系(信息量最大原则)；尽可能使各部分形体的其他视图上的投影可见(虚线最少原则)。

如图 5.9 所示，在 *A*、*B*、*C*、*D* 这 4 个方向中，*A* 向、*B* 向作为主视图的投射方向较好。

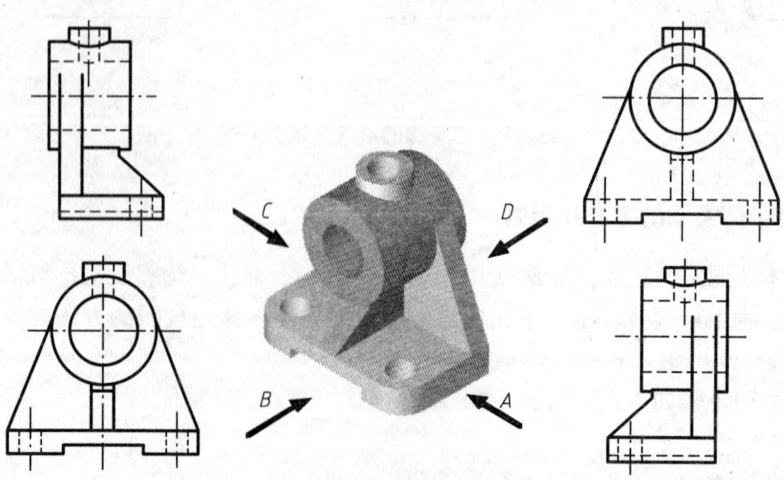

图 5.9　选择主视图的投射方向

② 确定其他视图。为了完整地表达各个组成部分的形状结构及其之间的相对位置关系，对主视图没有表达清楚的，还需要借助俯视图和左视图进行表达。

(3) 定比例、选图幅。

视图确定后，要根据实物大小，按相关国家标准规定选择适当的比例和图幅。

(4) 布图、打底稿。

布图时，首先算好各视图的总体尺寸，并预留各视图间标注尺寸的适当间距，画出基准线，如组合体的对称中心线、回转结构的轴线、较大平面的积聚性投影线及主要的定位线，如图 5.10(a)所示。

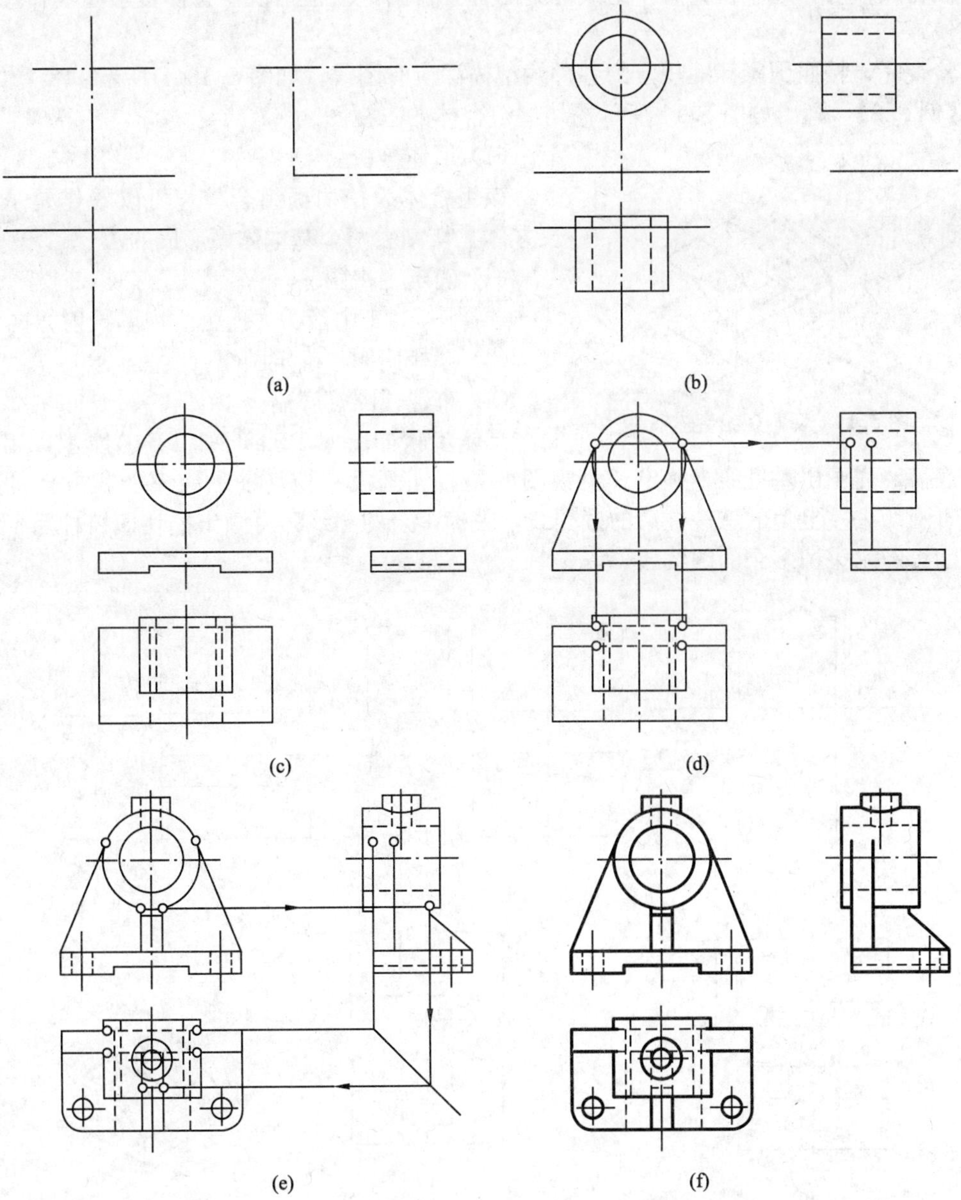

图 5.10　轴承座的画图步骤

基准线画好后，将各个组成部分逐个画出。画图顺序一般为：先画大的形体，后画小的形体；先画主要轮廓，后画细节部分；先画实线，后画虚线；先画定位尺寸全的部分，后画连接部分。通常从主视图着手，各基本体的3个视图联系起来画，以保证投影关系的正确性和图形的完整性。

如图5.10(b)～5.10(e)所示，先画出圆筒2的3个视图；根据圆筒2与底板5的位置关系，画出底板5的3个视图；根据支承板4与底板5后表面平齐、与圆筒2相切的关系，画支承板4的3个视图；画凸台1、肋板3等其他结构及圆角、相贯线、截交线等细节。

(5) 检查、描深。

画完底稿后，逐个检查每个组成部分的各个视图，改正错误，去掉多余图线，添加遗漏图线。

检查完，按照国家标准规定的各种线型描深所有图线，如图5.10(f)所示。

【例5.2】 画出如图5.11所示挖切型组合体的三视图。

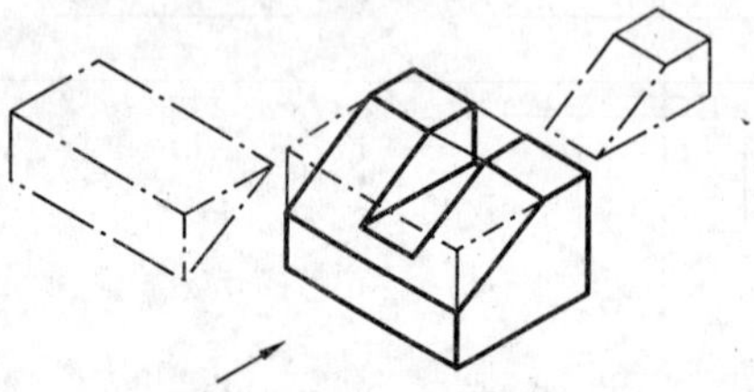

图5.11 切割型组合体

(1) 形体分析。

该组合体为挖切类组合体，可以看作是从一个长方体上切割去两个基本体而形成的。

(2) 确定主视图。

选择图5.11中箭头方向为主视图投射方向。

(3) 选择比例、确定图幅。

(4) 布置视图打底稿。

具体步骤如图5.12(a)～5.12(d)所示，用细实线打底稿，先画出基准线，确定3个视图的位置；画没有挖切前的完整的长方体的三视图；再画切去左上角的三棱柱后的截交线，去掉多余的图线；再画出挖切四棱柱后形成的通槽的投影，去掉多余的图线。

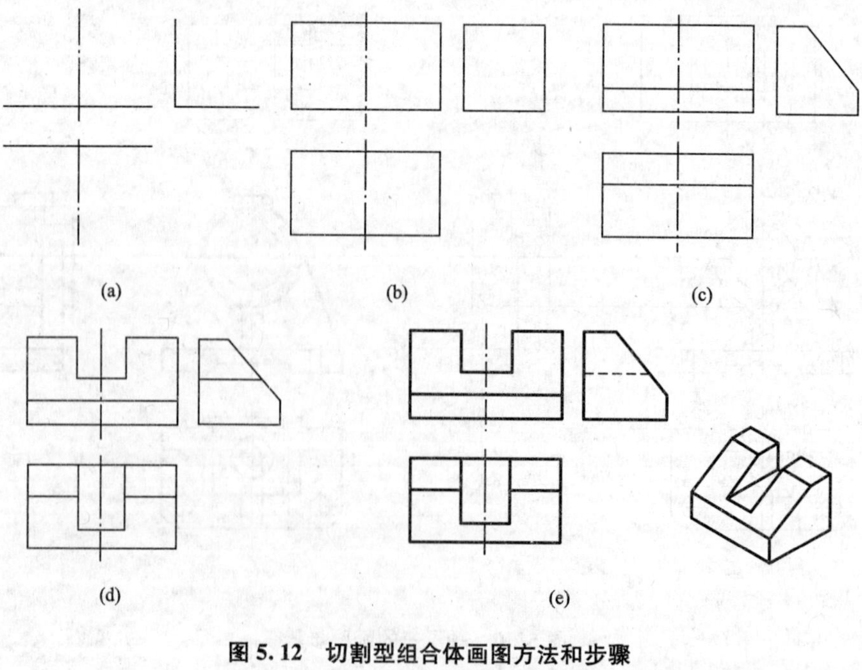

图5.12 切割型组合体画图方法和步骤

(5) 检查后描深。

全面检查投影，根据各个表面相对于投影面的位置，利用积聚性、实形性、类似性等确定各个表面投影的正确性；检查各表面间交线投影是否正确、是否遗漏；检查无误后描深，如图 5.12(e)所示。

5.2.3 画组合体视图需要注意的事项

(1) 底稿线一定要用细实线轻轻地画，自己能看清就可以，以便检查时易于修改。

(2) 严格保证各视图之间“长对正、高平齐、宽相等”的投影对应关系，为提高画图速度，应将每个基本体的三面视图联系起来同时画图，不应完成一个视图再画其他视图。

(3) 逐个画各基本体的三视图时，一般先画反映实形的视图，而对于切口、槽等被挖切部分的表面，应从有积聚性的投影画起。

(4) 立体表面的连接关系必须准确表达，尤其要注意平齐、相交、相切、截切部位等细节的画法和处理。

(5) 描深顺序一般是先描深细线，再描深粗线；描深粗线时先描深曲线，再描深直线。当几种线型重合时，一般按“粗实线、细虚线、细点画线、细实线”的顺序取舍。

5.3 组合体的尺寸标注

本节在前面介绍的国家标准有关尺寸的注法及平面图形尺寸标注的基础上，介绍常见基本形体的尺寸标注和组合体尺寸标注的要求及方法。

5.3.1 组合体尺寸标注的基本要求

组合体的形状和结构用三视图来表达，其大小则必须由视图上所标注的尺寸来确定。因此，标注组合体尺寸时，必须达到以下基本要求。

(1) 正确。所注尺寸数值要正确无误，注法要严格遵守机械制图国家标准中关于尺寸注法的基本规定。

(2) 完整。所注尺寸必须能完全确定组合体的形状、大小及其相对位置，不遗漏，不重复。

(3) 清晰。每个尺寸的布局要合理，排列整齐、清晰，方便看图。

5.3.2 标注尺寸要完整

要使组合体尺寸标注完整，通常采用形体分析法，将组合体分解成若干组成部分(基本形体或简单形体)；选定尺寸基准注出定位尺寸确定它们之间的相对位置；逐个注出各个组成部分的定形尺寸；再经过调整注出组合体的总体尺寸。

1. 尺寸基准

标注尺寸时的起点或参照称为尺寸基准。组合体中各基本形体在长、宽、高 3 个方向上都需用定位尺寸确定其位置，并使所注尺寸与基准有所联系，这就需要组合体在长、宽、高3个方向上都有尺寸基准。

如图5.13(a)所示，要确定4个孔的位置，需选定底板长、宽方向的对称平面为长、宽方向的尺寸基准，来标注两个定位尺寸；要标注底板的高度尺寸，需选定下底面为高度方向的基准；如图5.13(b)所示，要确定圆柱在组合体上的相对位置，首先需选定长、宽、高3个方向的基准，再标注其定位尺寸。

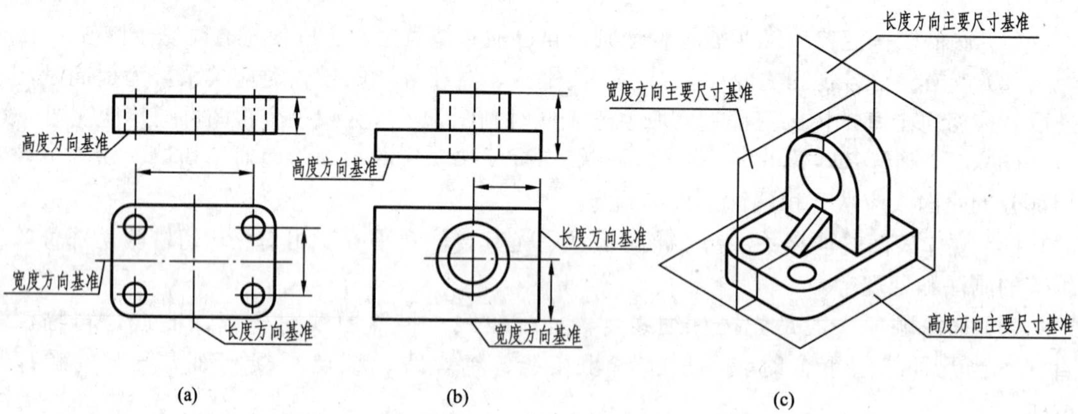

图5.13　组合体的尺寸基准

在标注组合体尺寸之前，首先必须在长、宽、高3个方向(或径向、轴向两个方向)至少选定一个尺寸基准。同方向也可以选多个，但其中一个为主要基准，其他为辅助基准，主要基准与辅助基准之间必须标注相互联系的尺寸。

对于组合体，选作基准的元素可以是点、线或面。通常选择：球心、回转轴线、对称面或主要形体的底面、端面等作为尺寸基准。如图5.13(c)所示，该组合体长、宽、高方向的尺寸基准分别选定为底板右端面、宽度方向对称面、底板下底面。

2. 尺寸分类

(1) 定形尺寸：确定组合体中各组成部分的形状和大小的尺寸，如图5.14(a)中的底板的长52、宽40、高11。

(2) 定位尺寸：确定组合体中各组成部分之间相对位置的尺寸，如图5.14(b)中的$R16$和$\phi18$中心的高度尺寸32；确定$\Phi8$孔的位置的尺寸24和44。

定位尺寸也是各个组成部分与组合体尺寸基准之间的联系尺寸，因此，标注定位尺寸之前，组合体长、宽、高3个方向中，每个方向必须先至少选定一个尺寸基准。

(3) 总体尺寸：确定组合体外形和所占空间大小的总长、总宽、总高尺寸，如图5.14(c)中的52、40、32。

3. 标注时注意的问题

(1) 若某形体在某一方向处于平齐、对称居中，或与组合体在该方向的基准或对称面重合时，则可省略该方向的定位尺寸。例如图5.14(b)中竖板和肋板在宽度方向相对基准的定位尺寸数值为0，故省略。

(2) 当标注总体尺寸时，可能与定形、定位尺寸相重复或冲突，则要对已注尺寸作调整：如果某个总体尺寸与已有的定形尺寸或定位尺寸重合，则不再重复标注；如果组合体的某一方向端部出现回转结构时，则该方向的总体尺寸由回转结构中心轴线的定位尺寸和回转结构的定形尺寸(半径或直径)确定，不必直接注出。如图 5.14(d)中总高尺寸由半径 R16(定形尺寸)和中心距 32(定位尺寸)决定，则不再注该方向的总体尺寸。是否标注总体尺寸的示例如图 5.14 所示。

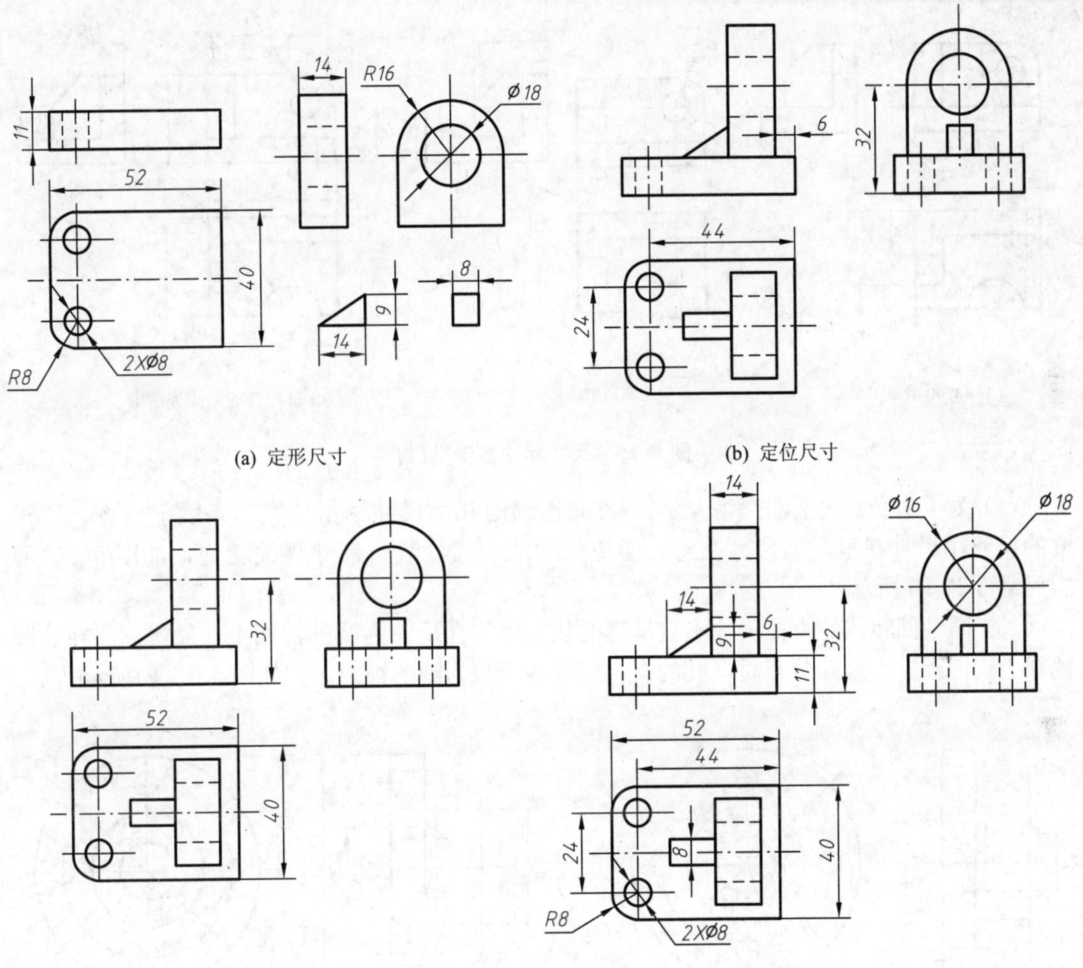

(a) 定形尺寸　(b) 定位尺寸　(c) 总体尺寸　(d) 全部尺寸

图 5.14　组合体的尺寸分类

(3) 组合体各基本形体的定形尺寸数量一定，形体间的定位尺寸数量一定；虽然尺寸基准和标注形式可能不同，但组合体的全部尺寸数量一定，即定形尺寸与定位尺寸的数量之和；故调整尺寸时，若增加一个尺寸，则必须在同一方向上减少一个尺寸。

5.3.3　标注尺寸要清晰

尺寸不仅要注得完整，还要注意恰当布局，注得清晰，方便看图。应注意以下几个方面。

(1) 尺寸应尽量标注在表示形体特征最明显的视图上，半圆弧以及小于半圆弧的半径尺寸一定注在投影为圆弧的视图上，如图 5.15(b)所示。

(2) 同一形体的尺寸应尽量集中标注在同一个视图上。如图 5.15(b)所示，尺寸 9、7、15 集中标注在左视图上更方便看图。

(3) 尺寸应尽量标注在视图的外部，与两视图有关的尺寸最好标注在两视图之间。如图 5.15(c)所示，尺寸 18 标注在主、左视图之间；尺寸 27 标注在主、俯视图之间较合理。

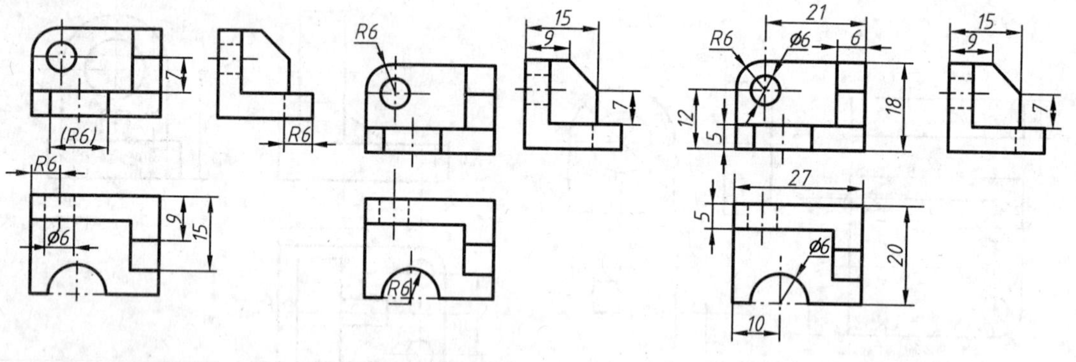

(a) 不清晰　　(b) 清晰　　(c) 布局合理、排列清晰

图 5.15　尺寸标注要清晰(1)

(4) 为了避免尺寸标注零乱，同一方向连续的几个尺寸尽量放在一条线上对齐；不连续的尺寸小尺寸在里，大尺寸在外，避免尺寸线与尺寸线、尺寸界线相交，如图 5.16(a)中尺寸 6 和 16 所示。

(5) 同轴回转体的直径尺寸不宜呈辐射状集中注在反映为圆的视图上，最好标注在非圆视图上；但板件上多孔分布时，孔的直径应注在反映为圆的视图上，如图 5.16(b)所示。

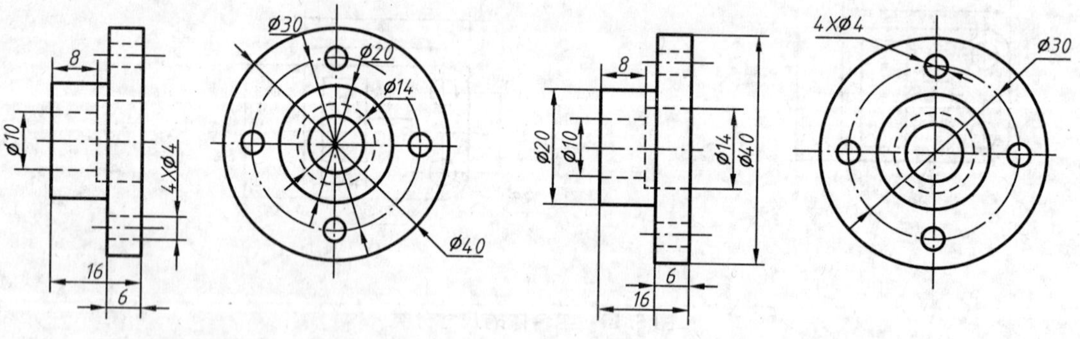

(a) 不清晰　　(b) 清晰

图 5.16　尺寸标注要清晰(2)

(6) 要尽量避免从虚线引出尺寸。在标注尺寸时，有时会出现不能兼顾的情况，则在保证尺寸完整、清晰的前提下根据具体情况，统筹安排，合理布局。

5.3.4　基本体及常见形体的尺寸注法

要掌握好组合体的尺寸注法，还应当熟悉和掌握一些基本体及常见形体的尺寸注法，以便形成正确标注尺寸的习惯。

1. 基本体尺寸注法

棱柱、棱锥、棱台、圆柱、圆锥、圆台、环、球等常见基本体的尺寸注法如图 5.17 所示，平面立体一般要标注长、宽、高 3 个方向的尺寸；回转体一般要标注径向和轴向两个方向的尺寸，例如圆柱、圆锥，在其投影为圆的视图上注出直径尺寸“Φ”后，可以省略一个视图。

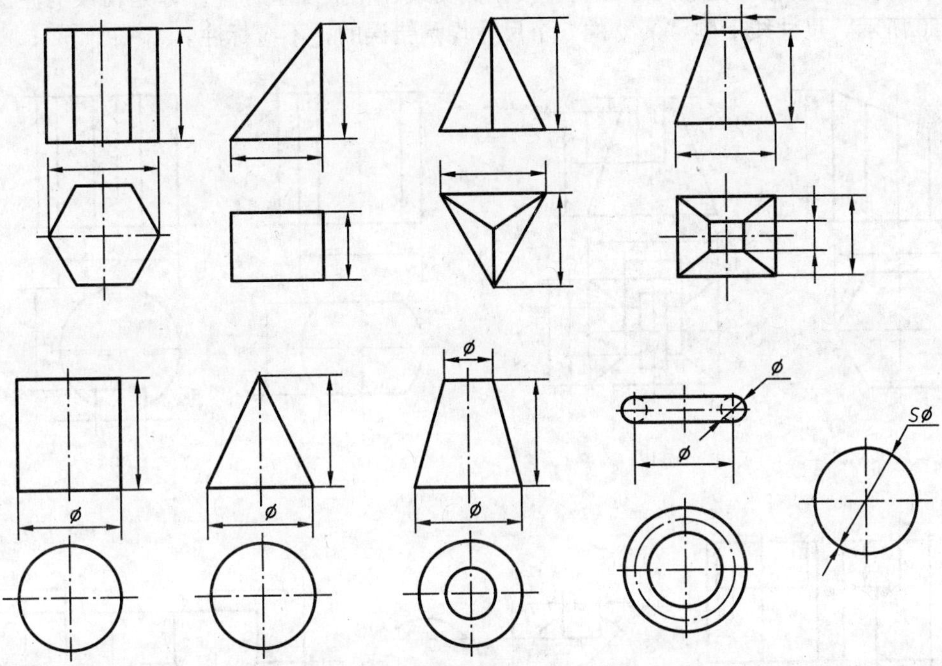

图 5.17　常见基本体的尺寸注法

2. 常见底板的尺寸注法

一些常见底板的尺寸注法如图 5.18 所示。

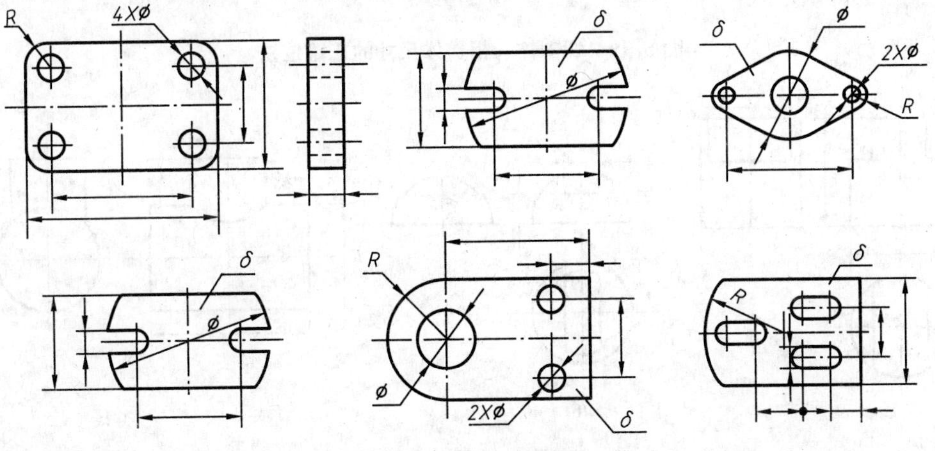

图 5.18　常见底板的尺寸注法

3. 切割体、相贯体的尺寸注法

基本体被截切后的尺寸注法和两基本体相贯后的尺寸注法要特别注意：截交线和相贯线由相交的表面间自然形成，其形状和大小取决于形体本身的形状大小及两形体之间的相对位置，因此，正确的注法如图 5.19 所示，对于切割体，先注出基本体的定形尺寸，再注出截平面的定位尺寸；对于相贯的两回转体，先注出基本体的定形尺寸，再以其轴线为基准标注两形体的相对位置尺寸；而直接在截交线、相贯线上标注尺寸是错误的注法，如图 5.20 所示，尺寸线上画“×”的 5 个尺寸均是错误的，不应标注。

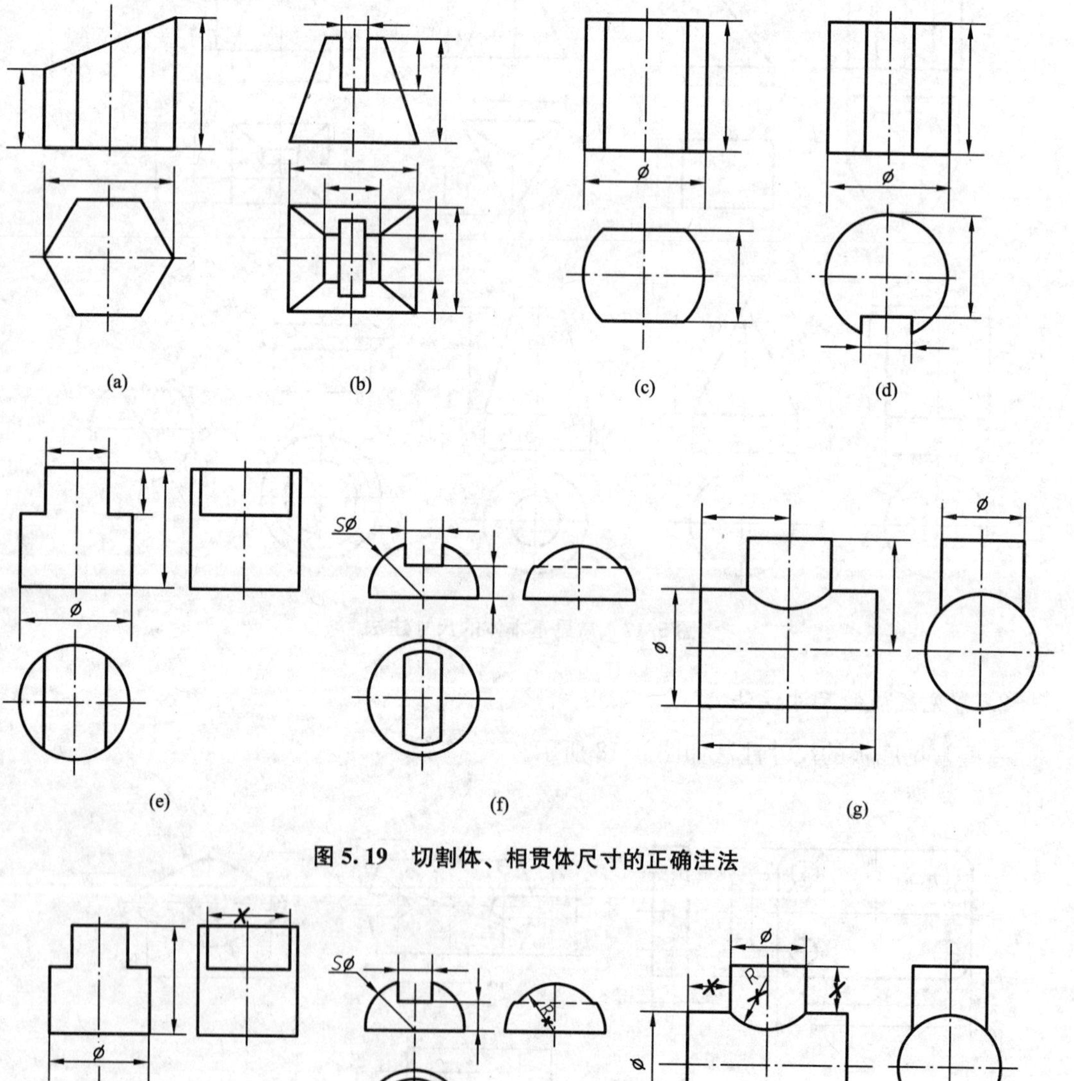

图 5.19　切割体、相贯体尺寸的正确注法

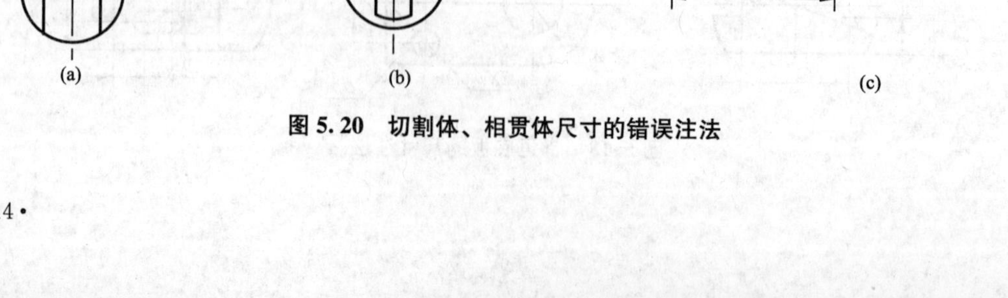

图 5.20　切割体、相贯体尺寸的错误注法

5.3.5　组合体尺寸标注的方法和步骤

以图 5.10(f)所示轴承座三视图为例说明组合体视图标注尺寸的方法和步骤。

1）形体分析

分析组合体的组合形式、各组成部分的形状及其之间的相对位置关系。根据轴承座的三视图，分清凸台、圆筒、肋板、支承板、底板等 5 部分的形状和位置。

2）选择尺寸基准

如图 5.21(a)所示，选轴承座底板的下底面作为高度方向的主要尺寸基准，圆筒的后表面为宽度方向的主要尺寸基准，轴承座的左右对称面为长度方向的主要尺寸基准。

3）标注定位尺寸

注出各个形体之间的定位尺寸 3、11、18、32，如图 5.21(a)所示，共 4 个。

4）标注定形尺寸

按形体分析法，逐个标注各个形体的定形尺寸，如图 5.21(b)所示。标注的尺寸个数为圆筒 5 个，底板 9 个，支承板 4 个，肋板 6 个，凸台 2 个，共 26 个。

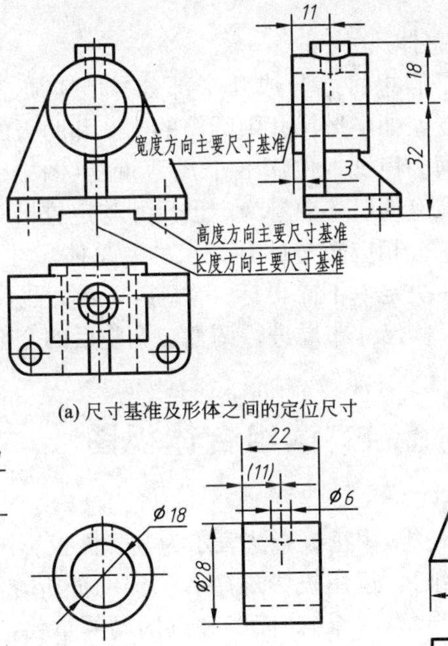

(a) 尺寸基准及形体之间的定位尺寸

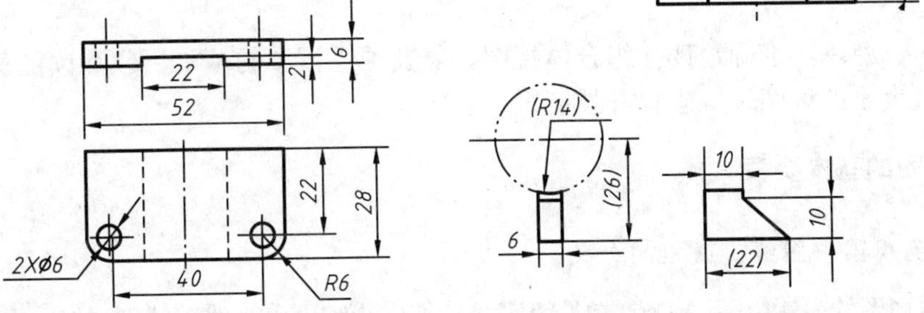

(b) 各个形体的定形尺寸

图 5.21　轴承座的尺寸标注

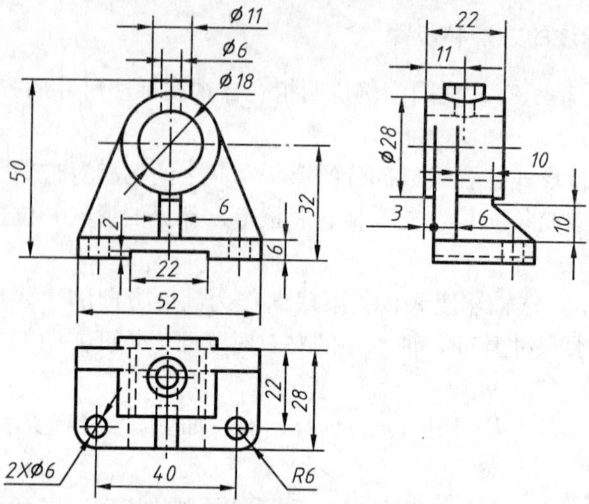

(c) 调整后的全部尺寸

图 5.21　轴承座的尺寸标注(续)

5）进行尺寸调整并标注总体尺寸

对组合体进行形体分析是假想将之分成几个部分，但实质它仍是一个整体，所以定位、定形和总体尺寸会有重复，如定形尺寸中圆筒的 ϕ28 和肋板的 R14、支承板的 R14 重复，因此标注时重复尺寸必须去掉。本例中 8 个尺寸重复(图中带括号的尺寸)，应从 26 个尺寸中去掉；因此，该轴承座的尺寸数量为定形尺寸与定位尺寸的数量和 26－8＋4＝22 个，若加注总体尺寸，必须减去相应数量的其他尺寸。总体尺寸总长 52 与已有的尺寸重合，不再标注；总宽由 28＋3 决定，不需再标；总高 50 要标注，故将定位尺寸 18 去掉。另外，为保证清晰性还要对一些尺寸布局进行调整，调整后的全部尺寸如图 5.21(c)所示。

5.4　读组合体视图

画图是把空间的组合体(三维)用正投影法表示为其各面投影图(二维)；读图是画图的逆过程，是根据已有视图(二维)，运用投影规律和一定的分析方法(形体分析法和线面分析法)，想象出组合体的立体形状(三维)。读图和画图同等重要，是工程技术人员必备的基本能力。

要快速、熟练、准确地读懂组合体视图，需要熟悉读图的基本要领和读图的方法与步骤，并通过大量的读图训练来提升技能。

5.4.1　读图的基本要领

1. 明确视图中图线、线框的含义

组合体视图的表达由图线组成(常见粗实线、细虚线和细点画线等线型)的。图线围成的封闭区域称为线框，读图就是根据投影规律，运用逆向思维分析判断线框和图线的含义，再综合想象出整体的过程。因此，应首先明确图线、线框的基本含义，如图 5.22 和图 5.23 所示。

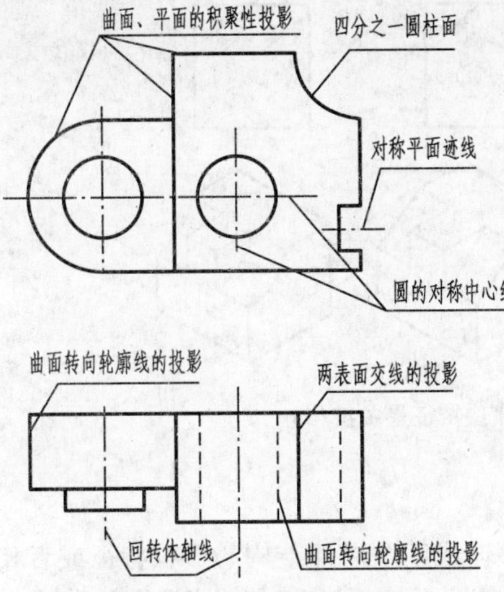

图 5.22 视图中图线的含义

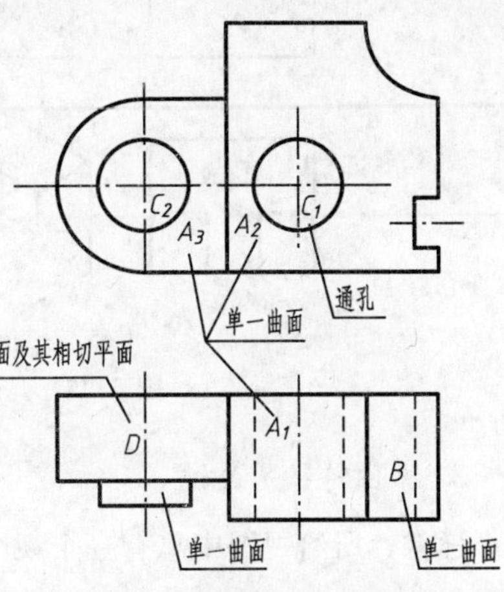

图 5.23 视图中线框的含义

(1) 视图中的粗实线、细虚线(包括直线和曲线)，通常表示：两表面交线的投影；曲面转向线的投影；平面或曲面的积聚性投影，如图 5.22 所示。

(2) 视图中的细点画线，通常表示：对称平面迹线的投影；回转体轴线的投影；圆的对称中心线，如图 5.22 所示。

(3) 视图中的封闭线框，通常表示：单一平面或曲面的投影；平面及其相切曲面的投影；一个通孔的投影，如图 5.23 所示。

相邻的两个封闭线框表示两个不同的表面相错(不平齐)，或者两个表面相交，线框间的交线为相交平面的交线或过渡面的积聚性投影。如图 5.23 中的 A_1 和 B，A_1 和 D，A_2 和 A_3；两个相嵌套的封闭线框表示大小不同、一凹一凸的两个表面或带通孔的表面，如图 5.23 中的 A_3 和 C_2，A_2 和 C_1。

读图时，先从大的元素即线框入手，分析其对应的各个表面，再通过图线分析进一步明确，会提高读图效率。

2. 所给视图联系看

如图 5.24 所示，5 个形体的主视图完全相同，其形状因俯视图不同出现差异；如图 5.25 所示，3 个形体的主、俯视图完全相同，但形状因左视图不同而不同。由此可见，以组合体的一个或两个视图不能完全确定其形状，所以读图时必须把给出的几个视图联系起来，综合想象、确定组合体的形状。

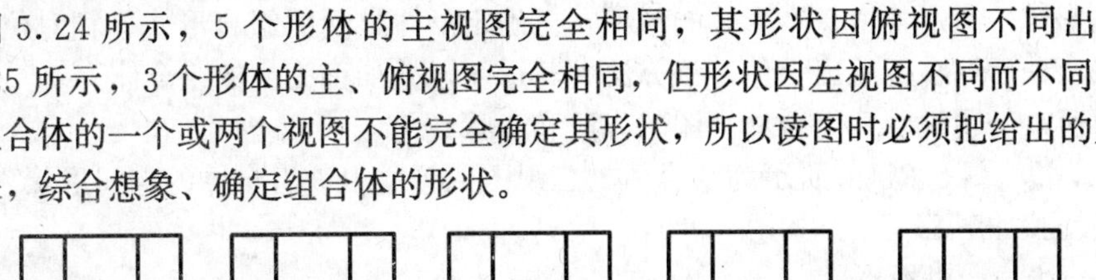

图 5.24 几个视图联系看，抓住特征是关键(1)

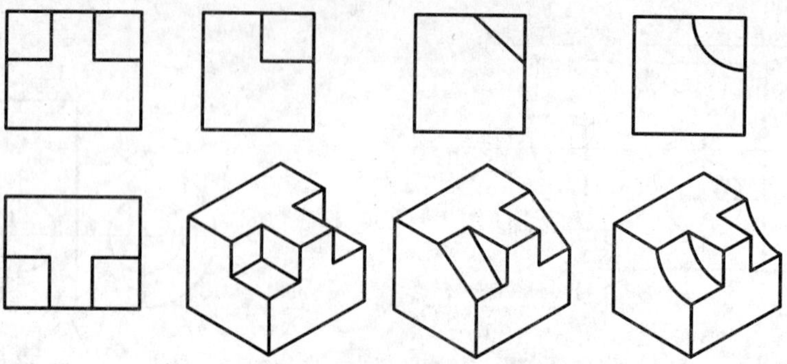

图 5.25 几个视图联系看，抓住特征是关键(2)

3. 抓住特征是关键

通常，所给视图中总有一个视图能够将物体整体或某个局部结构的形状特征或者相对位置特征较明显地反映出来，该视图被称为它们的特征视图。善于寻找、抓住物体整体及其局部结构的特征视图是看图的突破口。

图 5.24 中，俯视图是这些形体的形状特征视图；图 5.25 中，左视图是它们的形状特征视图；图 5.26 中，左视图是它们的位置特征视图。

看图时，首先从这些特征视图入手，会快速捕捉到物体的关键信息，有助于确定组合体各部分的形状及其相对位置关系，再借助投影关系与其他视图联系起来，有助于准确、迅速地读懂视图。

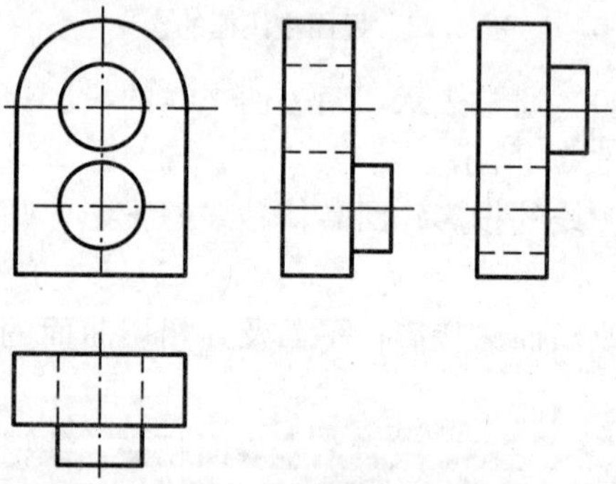

图 5.26 几个视图联系看，抓住特征是关键(3)

5.4.2 读组合体视图的方法和步骤

1. 形体分析法

形体分析法是组合体读图的基本方法，即根据三视图的投影规律，从图中逐个分离出多个基本形体，确定各个基本形体的形状，再确定形体之间的组合形式、相对位置和表面连接关系，最后综合想象出整体。该方法尤其适合以叠加型为主的组合体。

下面通过例题说明读组合体视图的方法和步骤。

【例 5.4】 图 5.27(a)所示为组合体的三视图，想象出该组合体的空间形状。

读图步骤如下。

(1) 分线框，对投影。

如图 5.27(a)所示，从主视图入手，将其分解为 4 个封闭的线框，每个线框作为一个形体标记一个序号；根据三视图的投影规律找到每个线框在俯、左视图上的对应投影(其中前后两个对称的同样线框编一个序号)，如图 5.27(b)所示。

(2) 想形状，定细节。

对于每一个形体，确定它们的大体形状，并结合另外两个视图分析其细节结构。分析

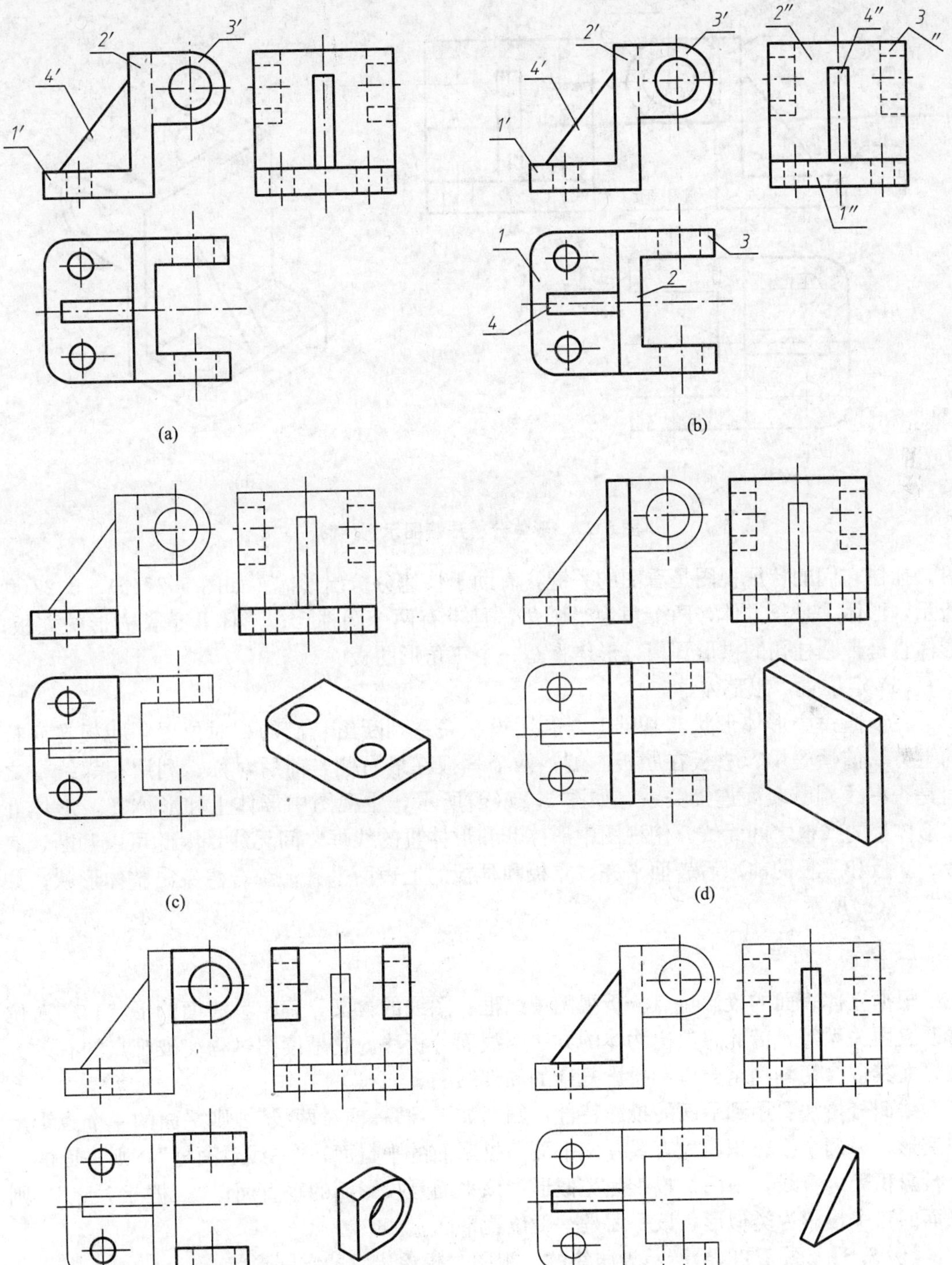

图 5.27 形体分析法读图示例

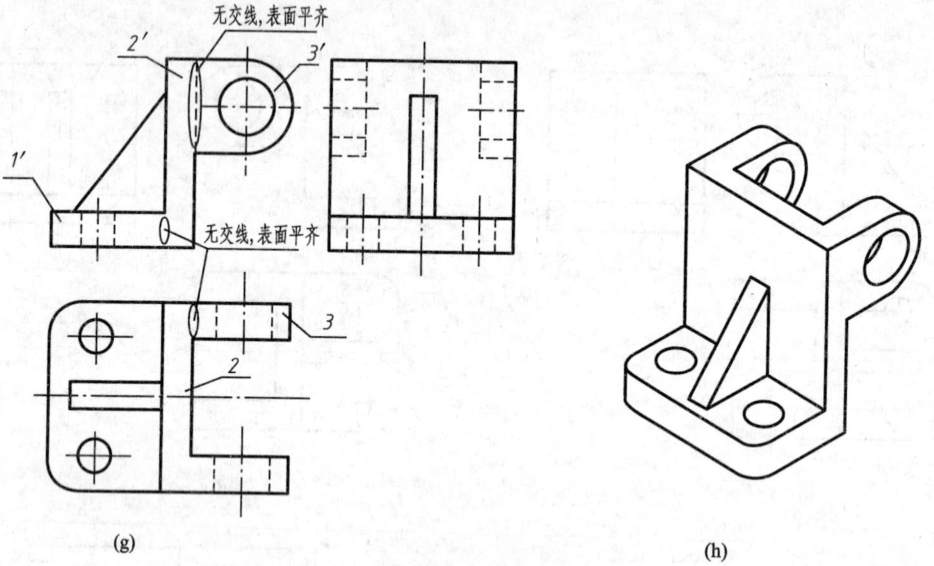

图 5.27 形体分析法读图示例(续)

时，抓住它们的特征视图是看图的关键，有助于快速分析出形体。如图 5.27(c)～5.27(f)所示，形体Ⅰ是长方体，两个角为半圆角，且带有两个圆柱孔；形体Ⅱ是长方形的立板；形体Ⅲ是带圆柱孔的拱形耳板；形体Ⅳ是一个三角形肋板。

(3) 定位置，想整体。

在读懂每个形体形状的基础上，利用投影关系判断出它们的相对位置：肋板在底板的上方，前后置中；立板在肋板右侧；两个耳板在最右侧，前后对称；利用相邻线框之间是否有线判断表面连接关系，如图 5.27(g)所示，主视图中形体Ⅰ和形体Ⅱ，形体Ⅱ和形体Ⅲ的线框之间无线，俯视图中形体Ⅱ和形体Ⅲ的线框之间无线，因此可以判断，底板、立板和耳板的前、后表面平齐，立板和耳板的上表面平齐；综合想象出整体形状，如图 5.27(h)所示。

2. 线面分析法

根据立体表面的投影特点分析视图中线框、图线的含义，确定各表面的形状、相对位置及表面关系等，借此想象出物体的方法叫线面分析法。它是读图过程突破难点的有效方法，尤其适合切割型组合体和投影复杂的局部结构。

线面分析法要用到平面的投影特性，归纳如下：“一框对两线”，则平面的一个投影反映实形，另两个投影积聚为直线，该平面是投影面的平行面；“一线对两框”，则平面的一个投影积聚为直线，另两个投影为类似形，该平面是投影面的垂直面；“三框相对应”，则平面的三个投影为类似形，该平面是一般位置平面。

【例 5.5】 图 5.28(a)所示为压块的三视图，想象出它的空间形状。

如图 5.28(a)所示，压块的三面投影都接近矩形，可以初步判断它是由长方体切割而成。由主视图联系其他视图，可以初步判断长方体被一个正垂面切去左上角；由俯视图联系其他视图，它又被两个铅垂面切去左侧前后对称的缺角；再由左视图联系其他视图，它又由水平面和铅垂面切去前后下方的缺角。下面再由线面分析进一步分析证实。

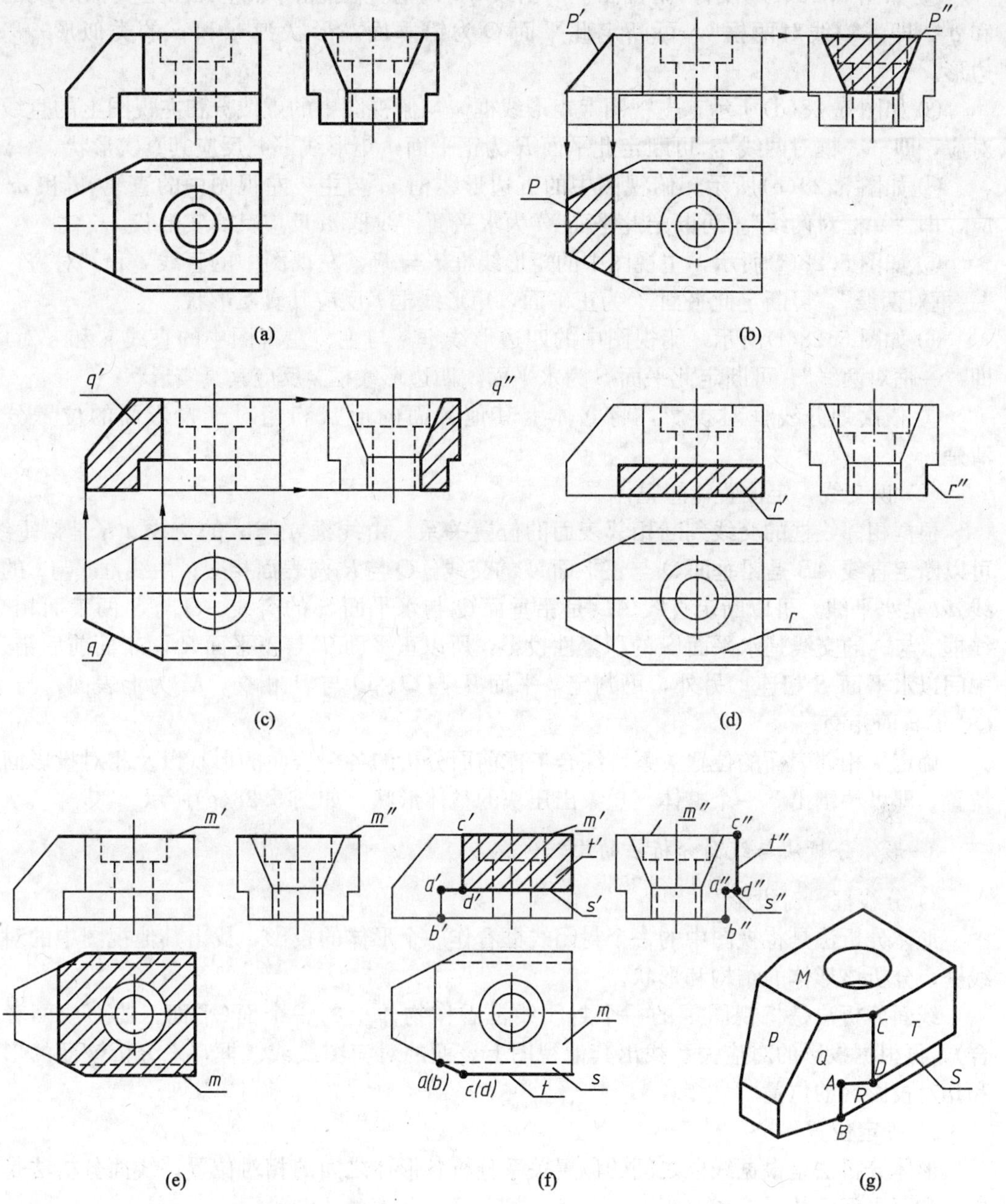

图 5.28　线面分析法读图示例

分析方法与步骤如下。

(1) 分线框，对投影，定面形。

从主视图开始，结合其他视图，根据投影规律，逐步分析各个线框 P、Q、R、S 的三个投影，从而确定它们所表示的面的形状和空间位置。

① 如图 5.28(b)所示，主视图上的斜线 p' 对应于俯视图和左视图上类似的线框 p 和 p''，即“一线对两框”，可断定此平面 P 为正垂面，形状为 p 和 p'' 的类似形—等腰梯形。

② 如图 5.28(c)所示，俯视图上的斜线 q，对应于主视图和左视图上类似的线框 q' 和 q''，即“一线对两框”，可断定此平面 Q 为铅垂面，形状为 q' 和 q'' 的类似形——七边形。

③ 如图 5.28(d)所示，主视图上矩形线框 r' 与俯视图中的虚线 r 和左视图上的直线 r'' 对应，即“一框对两线”，可断定此平面 R 为正平面，矩形线框 r' 反应其真实形状。

④ 如图 5.28(e)所示，俯视图中的五边形线框 m 与主、左视图中的直线 m' 和 m'' 对应，即“一框对两线”，可断定此平面 M 为水平面，线框 m 反应其真实形状。

⑤ 如图 5.28(f)所示，主视图中的矩形线框 t' 与俯、左视图中的直线 t 和 t'' 对应，即“一框对两线”，可断定此平面 T 为正平面，矩形线框 t' 反应其真实形状。

⑥ 如图 5.28(f)所示，俯视图中的四边形线框 s 与主、左视图中的直线 s′和 s″对应，即“一框对两线”，可断定此平面 S 为水平面，四边形线框 s 反应其真实形状。

⑦ 依次划分线框对投影，将立体上其他各面的形状和相对于投影面的位置分析清楚。

(2) 识交线，定位置，想整体。

根据相邻线框的交线判断相邻表面的位置关系。由线框 q' 与 r' 的交线 $a'b'$ 是铅垂线，可以断定直线 AB 是铅垂面 Q 与正平面 R 的交线，Q 与 R 两表面相交；由线框 q 与 s 的交线 ad 是水平线，可以断定直线 AD 是铅垂面 Q 与水平面 S 的交线，Q 与 S 两表面相交；线框 t′与 r' 的交线是水平面 S 的积聚性投影，所以正平面 T 与正平面 R 两表面前后错开，中间以水平面 S 相连；另外，可判定，平面 T 与 Q、Q 与 P 相交，M 为上表面，与 P、Q、T 各面相交。

确定了相邻表面的位置关系，综合考虑前面分析的各个表面的形状以及相对投影面的位置，即可“围出”一个整体，想象出压块的整体形状，如图 5.28(g)所示。

3. 形体分析法与线面分析法的比较

1) 分线框、对投影

形体分析法是将视图中的一个封闭线框看作一个形体的投影，找出其他视图中的对应线框，分析该形体的结构和形状。

线面分析法是将视图中的一个封闭线框看作物体上的一个面(平面、曲面或两者组合)，再根据投影的对应关系找出其他视图上该面的对应图线或线框，来分析该面的形状和相对投影面的位置。

2) 确定位置

形体分析法是根据线框之间的位置关系分析各形体之间的相对位置；线面分析法是分析面和面之间的相对位置。

综上所述，形体分析法是将复杂形体分解为简单形体，是从“体”的角度分析，主要适用于堆叠和综合类的组合体；线面分析法是把形体看作由多个表面围成，从“表面”的角度分析，根据这些表面的投影(线框和图线)和其投影特性确定它们的空间形状、相对于投影面的位置、表面间的关系等，再综合想象“围”出形体，更适用于切割型组合体和较复杂的局部结构。

4. 读图口诀归纳

所给视图联系看，抓住特征是关键。

形体分析最根本，线面分析攻难关。
位置判定不可少，想出整体才算完。

5.4.3　由组合体的两视图补画第三视图

如果不进行读图训练，即使读图方法、要领、口诀记忆得再好也无济于事。因此，必须借助于大量读图实践来提升读图技能。

补图或补线是很重要的读图训练方法和考查方法。它们是根据已给的完整两视图或缺线的几个视图，通过分析，想象出组合体的形状，再画出第三视图或所缺图线。

补图或补线时应注意认真、仔细地分析已知条件，利用形体分析法和线面分析法，对投影、想形状。对于初学者，可以利用三角板来对齐长度、高度投影线，也可以画出立体草图帮助想象。

下面通过例题说明解题方法与步骤。

【例 5.6】 图 5.29(a)所示为一支座的主、俯视图，想象出支座的整体形状，并补画它的左视图。

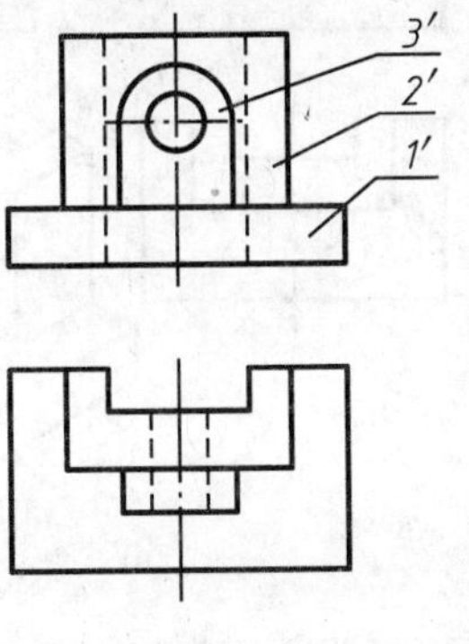

(a)

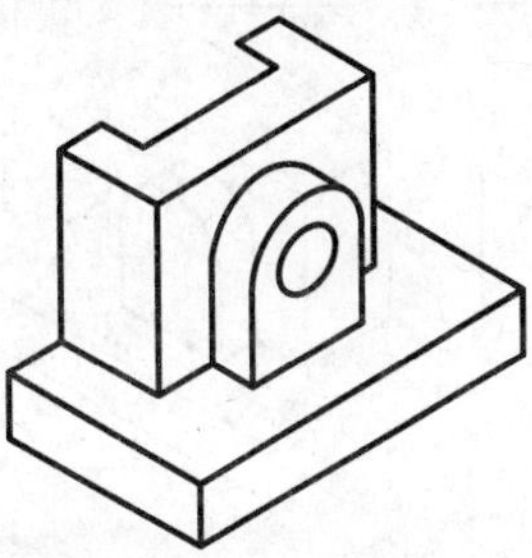

(b)

图 5.29　支座的形体分析

(1) 读懂支座的主、俯视图，想象出支座的整体形状。

如图 5.29(a)所示，运用形体分析法，由主视图入手，划分线框，将支座分为Ⅰ、Ⅱ、Ⅲ 3 个部分；从俯视图中找出各个线框的对应投影，分析每一部分的大概形状。由线框 1′、2′和它们的对应投影都为矩形，可断定形体Ⅰ和Ⅱ都是长方体；由线框 3′和其对应投影可以判断它是一块上部为半圆形、下部为长方形的搭板；由投影关系判断各部分之间的相对位置，形体Ⅱ在形体Ⅰ的上方，左右置中；形体Ⅱ与形体Ⅰ的后表面平齐；形体Ⅲ在形体Ⅰ的上方，且在形体Ⅱ的前方，左右置中；最后，根据各部分的特征视图再进一步分析细节，形体Ⅰ和Ⅱ叠加后，在后方正中位置开一通槽；形体Ⅱ和Ⅲ叠加后钻一通孔。综合想象，形成支架的整体形状，如图 5.29(b)所示。

(2) 在第一步分析的基础上，逐个补画出各个组成部分的左视图。

补图时，可以和看图一样，先画出各个部分的大概轮廓，再画细节部分的投影。具体步骤如图 5.30(a)～(d)所示，画出形体Ⅰ(长方体)；根据相对位置关系，画出形体Ⅱ(长方体)；画出形体Ⅲ；画出细节(槽和孔)并检查描深。

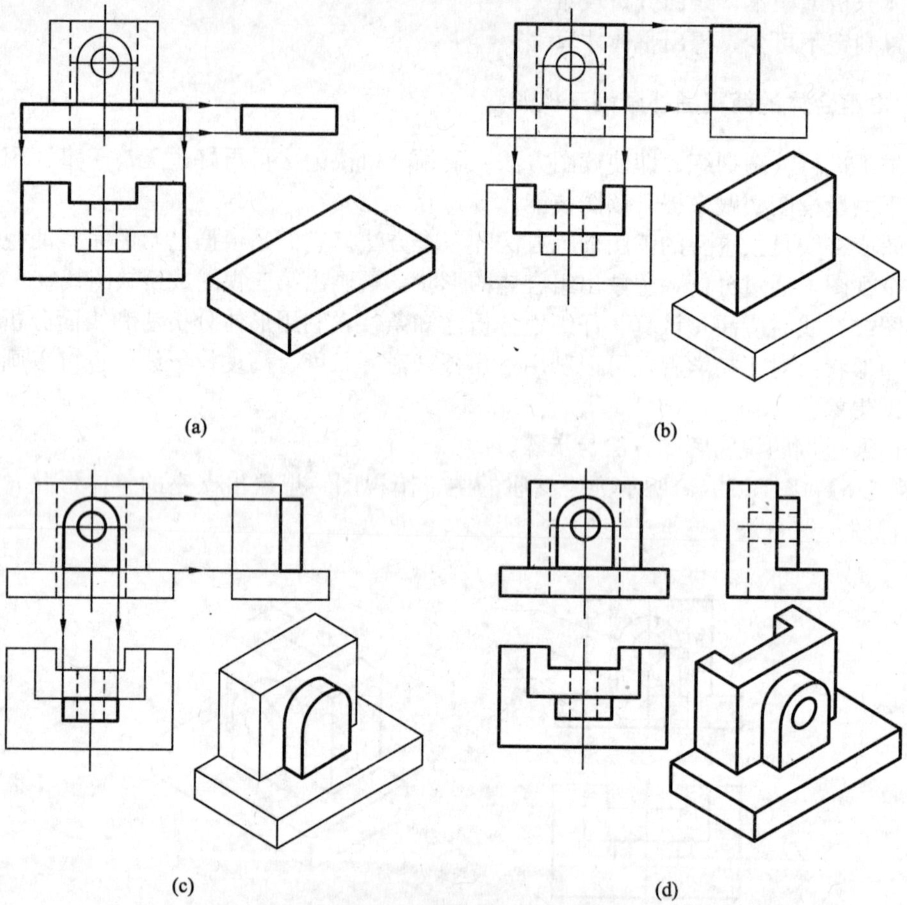

图 5.30　由两视图补画第三视图示例

第6章 轴 测 图

教学提示

轴测图是用平行投影法形成的一种单面投影图，能同时反映出物体长、宽、高3个方向的尺度，所以具有较好的直观性，能够进一步反映被表达物体的结构、设计思想、工作原理，帮助人们看懂多面正投影图。本章将介绍轴测图的形成，平面立体、曲面立体及组合体等常用轴测图的画法，轴测图的徒手绘制。

教学要求

学生通过本章内容的学习，了解轴测图的基本知识，在掌握平面立体、曲面立体的正等测及斜二测轴测图画法的基础上，掌握组合体的轴测图画法，并逐步训练徒手绘制组合体轴测图的技能。

6.1 轴测图的基本知识

工程上广泛采用的多面正投影图能够完全确定物体的形状和大小，度量性好，但缺乏立体感，需要经过专业训练才能够看懂。因此工程上有时采用富有立体感，但度量性较差的单面投影图即轴测图作为辅助图样。

6.1.1 轴测图的形成

如图6.1所示，将物体连同其参考直角坐标系，沿不平行于任一坐标平面的方向S，用平行投影法向单一投影面P进行投影得到的投影图称为轴测投影图，简称轴测图。它能够反映出物体多个面的形状，立体感较强。被选定的单一投影面P，称为轴测投影面；物体上被选定的直角坐标轴O_0X_0、O_0Y_0、O_0Z_0在P上的投影OX、OY、OZ称为轴测投影轴，简称轴测轴。

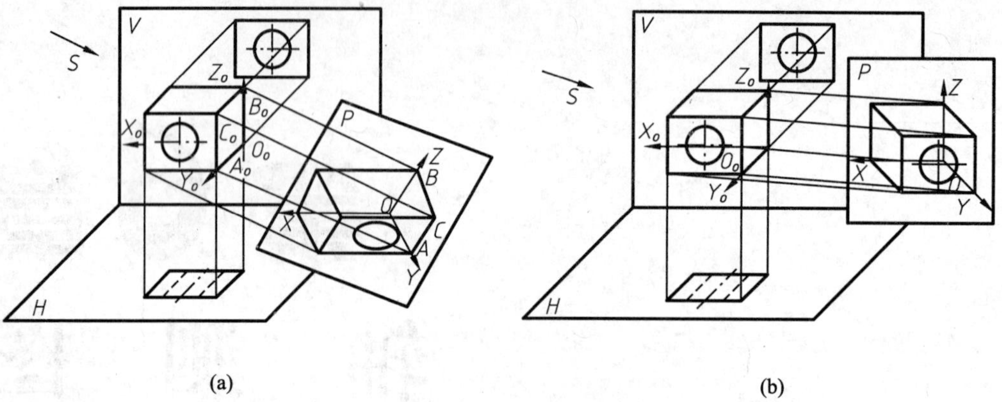

图 6.1　轴测图的形成

1. 轴间角和轴向伸缩系数

(1) 轴间角。两轴测轴之间的夹角$\angle XOY$、$\angle XOZ$、$\angle YOZ$称为轴间角。它可以控制物体轴测投影的形状变化。

(2) 轴向伸缩系数。轴测轴上的单位长度与空间直角坐标轴上的单位长度的比值，分别称为X轴、Y轴和Z轴的轴向伸缩系数，分别用p_1、q_1、r_1表示。它可以控制物体轴测投影的大小变化。设X轴、Y轴和Z轴三坐标轴上各取单位长度u，投影到相应轴测轴O_1X_1、O_1Y_1、O_1Z_1上的单位长度分别为i、j、k，那么$p_1=i/u$、$q_1=j/u$、$r_1=k/u$。

2. 轴测图的基本性质

由于轴测投影属于平行投影，因此，轴测图具有平行投影的全部特性。

(1) 物体上互相平行的线段，其轴测投影互相平行。如图6.1(a)所示，立体上$O_0A_0 /\!/ B_0C_0$，其轴测投影$OA /\!/ BC$。

(2) 物体上互相平行的两线段或同一直线上两线段的长度之比，在轴测图上保持不变。

(3) 物体上平行于轴测投影面的直线和平面，在轴测图上反映实长和实形。

由此可见，与坐标轴平行的线段，它们的轴测投影长度等于线段的空间实长与相应的轴向伸缩系数的乘积。因此，已知轴间角和轴向伸缩系数，就可以沿着轴向度量画出物体上的各点和线段，从而画出整个物体的轴测投影，轴测图中的“轴测”即由此而来。

6.1.2　轴测图的种类

根据轴测投影方向S相对轴测投影面P的相对关系，轴测图可分为两大类。

1. 正轴测图

如图6.1(a)所示，轴测图由正投影法形成，投影方向S垂直于投影面P。作图时一般使物体的X、Y、Z轴都倾斜于投影面。

2. 斜轴测图

如图 6.1(b)所示，轴测图由斜投影法形成，投影方向 S 倾斜于投影面 P。作图时一般使物体的 XOZ 平面平行于投影面 P。

由于确定空间物体位置的直角坐标轴对轴测投影面的倾角大小不同，则轴向伸缩系数也不同，故上述两大类轴测图又各分为下列 3 种。

(1) 当 $p_1=q_1=r_1$ 时，称为正等轴侧图或斜等轴测图，简称正等测或斜等测。

(2) 当 $p_1=q_1\neq r_1$ 或 $q_1=r_1\neq p_1$ 或 $p_1=r_1\neq q_1$ 时，称为正二等轴测图或斜二等轴测图，简称正二测或斜二测。

(3) 当 $p_1\neq q_1\neq r_1$ 时，称为正三测轴测图或斜三测轴测图，简称正三测或斜三测。

实际应用中，为了作图方便，通常根据物体的具体形状选择一种合适的轴测投影，正等测和斜二测应用较多。机械工程中，通常采用正等测；对于正二测和斜二测，一般采用的轴向伸缩系数为 $p_1=r_1$，$q_1=p_1/2$；其余各种轴测投影，作图很复杂，一般很少采用。本章只介绍正等测和斜二测的画法。

6.2　正等轴测图

6.2.1　正等轴测图的形成及参数

当物体上选定的 3 个直角坐标轴与轴测投影面的倾角相等时，用正投影法得到的轴测投影图称为正等轴测图，简称正等测。

由于 3 个坐标轴对投影面的倾角相等，因此正等测的 3 个轴间角相等，均为 120°，如图 6.2 所示，作图时一般将 OZ 轴画成铅垂方向；正等测的 3 个轴的轴向伸缩系数也相等，经过数学推证，$p_1=q_1=r_1\approx0.82$。为了作图简便，通常采用简化轴向伸缩系数 $p=q=r=1$，这样沿轴向的所有尺寸只需用实长度量。如图 6.3 所示，边长为 d 的正方体采用不同轴向伸缩系数所作的轴测图进行比较可知，其形状不变，但图形按一定比例放大，当取 $p=q=r=1$ 时，各轴向长度尺寸都分别放大了 $1/0.82\approx1.22$ 倍。

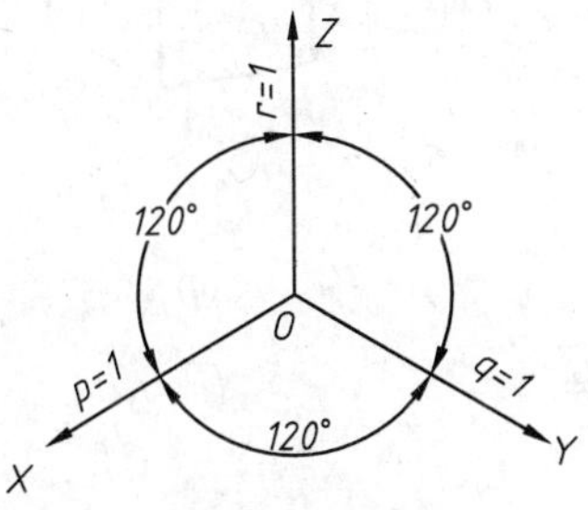

图 6.2　正等轴测图的轴间角与轴向伸缩系数

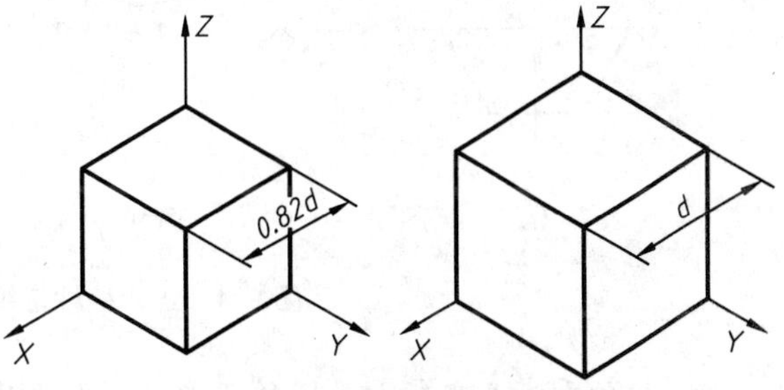

图 6.3　不同轴向伸缩系数所作轴测图的比较

6.2.2　平面立体及基本回转体的正等轴测图

1. 平面立体的正等轴测图的画法

绘制平面立体轴测图的基本方法是坐标法。选好坐标系，画出对应的轴测轴，根据立体表面上各个顶点的坐标，按照“轴测”原理，画出它们的轴测投影，然后连接成平面立体的方法。下面举例说明其画法。

【例 6.1】 根据图 6.4(a)正六棱柱的投影图，画出它的正等轴测图。

分析：

在轴测图中，为了使画出的图形更加明显，通常不画物体的不可见轮廓。本题作图的关键是选好坐标轴和坐标原点。将坐标原点放在正六棱柱顶面，先确定顶面各顶点的坐标，有利于沿 Z 轴方向从上向下量取棱柱高度 h，可避免画很多多余作图线，使作图简化。

作图：

(1) 如图 6.4(a)所示，进行形体分析，确定原点及坐标轴。将直角坐标系原点 O 放在顶面中心位置，并确定坐标轴 O_0X_0、O_0Y_0、O_0Z_0。

(2) 如图 6.4(b)所示，作出轴测轴 OX、OY、OZ，并在其上采用坐标量取的方法，在轴 OX 上量取 $OC=OF=o_0c=o_0f$；在轴 OY 上量取 $OA=OB=o_0a=o_0b$，过 A、B 分别作 $DE/\!/GH/\!/OX$，并使 DE、GH 等于六边形的边长，连接依次连接各点，可得正六棱柱的顶面。

(3) 如图 6.4(c)所示，过顶面 H、C、D、E 点沿 OZ 轴向下作 OZ 平行线并截取 h 高度，得到底面上的对应点 I、K、L、M，分别连接各对应点，可得六棱柱的底面。

(4) 如图 6.4(d)所示，擦去多余图线，用粗实线加深物体的可见轮廓线，得到六棱柱的正等轴测图。

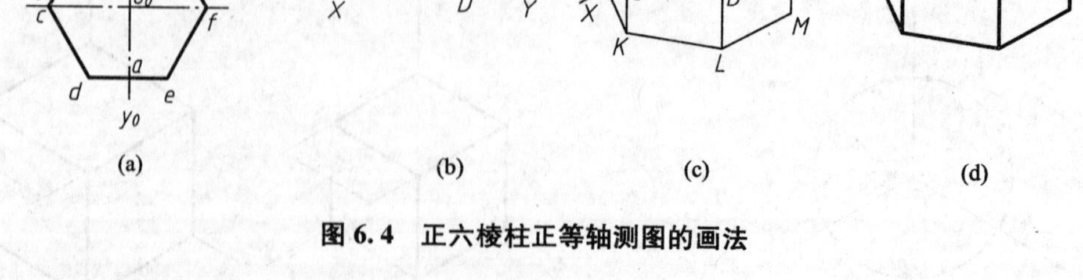

图 6.4　正六棱柱正等轴测图的画法

2. 坐标面或其平行面上圆的正等轴测图画法

在 3 个坐标面或平行于坐标面的平面上的圆，其正等测投影为椭圆。以长度为 d 立方体上的 3 个不可见的平面作为坐标面时，其余 3 个平面内的内切圆的正等测投影，如图 6.5 所示。从图中可知以下内容。

(1) 3 个椭圆的形状和大小一样，但方向各不相同。

(2) 各椭圆的短轴与相应菱形(圆的外切正方形的轴测投影)的短对角线重合，其方向与相应的轴测轴一致，该轴测轴就是垂直于圆所在平面的坐标轴的投影；各椭圆的长轴与相应菱形(圆的外切正方形的轴测投影)的长对角线重合，其方向与相应的轴测轴垂直，该轴测轴就是垂直于圆所在平面的坐标轴的投影。

(3) 若采用实际理论轴向伸缩系数，各椭圆的长轴为圆的直径 d，短轴为 $0.58d$；若采用简化轴向伸缩系数，其长、短轴长度均放大 1.22 倍，即长轴为 $1.22d$，短轴约为 $0.71d$。

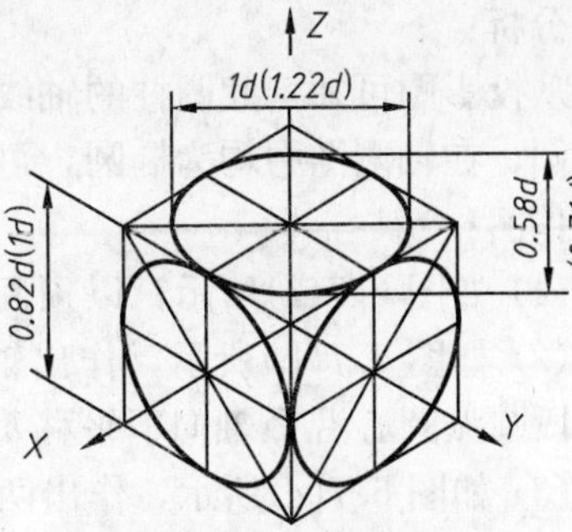

图 6.5　平行于坐标面的圆的正等轴测图

3. 圆的正等轴测图(椭圆)的画法

椭圆常用的简化画法是菱形四心法，即椭圆用四段圆弧代替，这四段圆弧根据椭圆的外切菱形确定四个圆心求得。作图方法和步骤如图 6.6 所示。

作图：

(1) 如图 6.6(a)所示，过圆心 O_0 作坐标轴 O_0X_0、O_0Y_0，再作圆的外切正方形，切点为 a、b、c、d。

(2) 如图 6.6(b)所示，作轴测轴 OX、OY，从点 O 沿轴向量得切点 A、B、C、D，过这四点作轴测轴的平行线，得到菱形，并作菱形的对角线。

(3) 如图 6.6(c)所示，过 A、B、C、D 各点作菱形各边的垂线，在菱形的对角线上得到四个交点 O_1、O_2、O_3、O_4，这四个点就是代替椭圆弧的四段圆弧的圆心。

(4) 如图 6.6(d)所示，分别以 O_1、O_2 为圆心，以 $O_1A(O_1B)$、$O_2C(O_2D)$ 为半径分别画圆弧 AB、DC，再以 O_3、O_4 为圆心，$O_3A(O_3D)$、$O_4B(O_4C)$ 为半径分别画圆弧 DA、BC，即得近似椭圆。

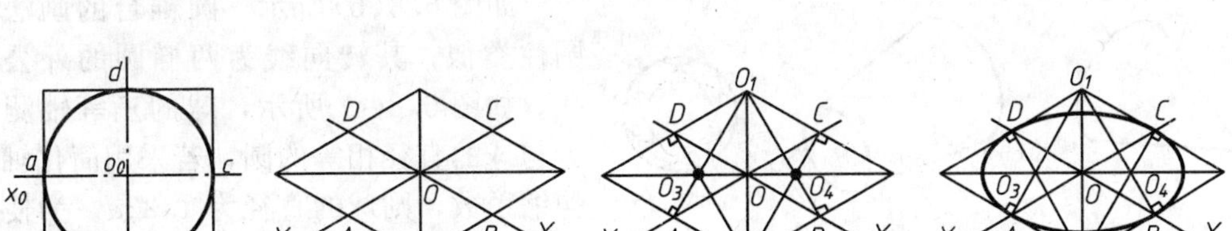

(a)　(b)　(c)　(d)

图 6.6　正等轴测椭圆的近似画法(菱形四心法)

4. 基本回转体的正等轴测图

1) 圆柱的正等轴测图

【例 6.2】 根据图 6.7(a)所示投影图，画出圆柱的正等轴测图。

分析：

从投影图可知，此圆柱的轴线垂直于水平面，上下底面为两个与水平面平行且大小相等的圆，在轴测图中均为椭圆，可以取上底圆的圆心为坐标原点。

作图：

(1) 如图 6.7(a)所示，以顶面圆的圆心为原点 O_0，确定坐标轴 O_0X_0、O_0Y_0、O_0Z_0。

(2) 如图 6.7(b)所示，作出轴测轴 OX、OY、OZ，用菱形四心法画出顶面圆，将顶面四段圆弧圆心沿 Z 轴向下平移 h，画出底圆。

(3) 如图 6.7(c)所示，作出两椭圆的公切线。

(4) 如图 6.7(d)所示，擦去作图线，描深，完成圆柱的正等轴测图。

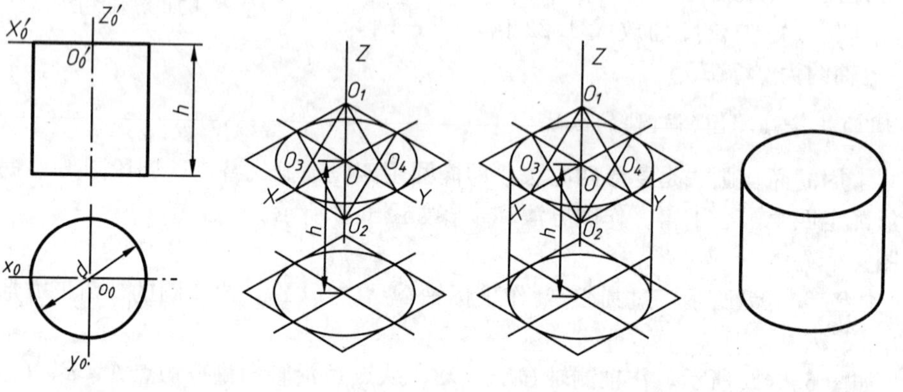

(a)　　(b)　　(c)　　(d)

图 6.7　圆柱的正等轴测图的画法

2) 其他基本回转体的正等轴测图

如图 6.8(a)所示，圆锥的画法为：作出底圆的轴测图，即底面椭圆，再画顶点到椭圆的切线，即圆锥转向线的轴测投影。

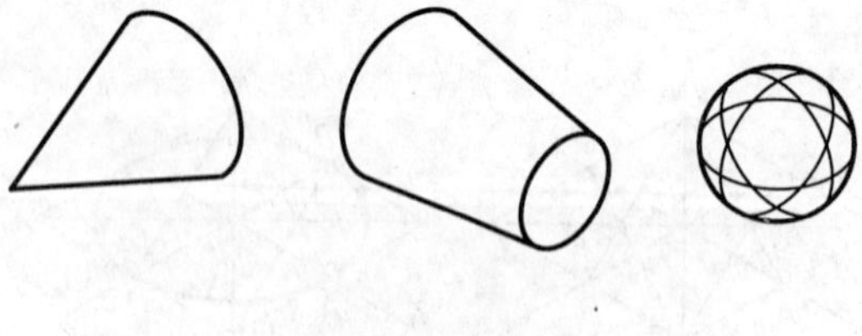

(a)　　(b)　　(c)

图 6.8　基本回转体的正等轴测图

如图 6.8(b)所示，圆锥台的画法与圆柱类似，其转向线为两椭圆的外公切线。如图 6.8(c) 所示，球的正等轴测图为与球的直径相等的圆，若采用简化轴向伸缩系数，则球的直径为 $1.22d$。为使图形有立体感，常画出过球心的平行于 3 个投影面的圆的轴测投影，即 3 个不同方向的椭圆。

3) 圆角的正等轴测图

【例 6.3】 如图 6.9(a)所示，根据圆角的投影图，画出它的正等轴测图。

分析：

形体经常具有部分圆角结构，绘制圆角时可先按方角画出，再根据圆角半径，参照圆的正等轴测椭圆的近似画法，定出近似轴测投影圆弧的圆心，作出圆角的正等轴测图。

作图：

(1) 如图 6.9(a)所示，选坐标轴 O_0X_0、O_0Y_0、O_0Z_0，据已知圆角半径 R，找出切点 a、b、c、d，过切点作切线的垂线，两垂线的交点即为圆心。

(2) 如图 6.9(b)所示，作出长方体，据圆角半径 R，找出切点 A、B、C、D，过切点作切线的垂线，两垂线的交点即为圆心，以 O_1 为圆心，作圆弧 AB，以 O_2 为圆心，作圆弧 CD。

(3) 如图 6.9(c)所示，采用移心法将 O_1、O_2 沿 OZ 向下移动 h，即得下底面两圆弧的圆心 O_3、O_4，以 O_3、O_4 为圆心作对应的圆弧。

(4) 如图 6.9(d)所示，擦除作图线，画弧描深即完成全图。

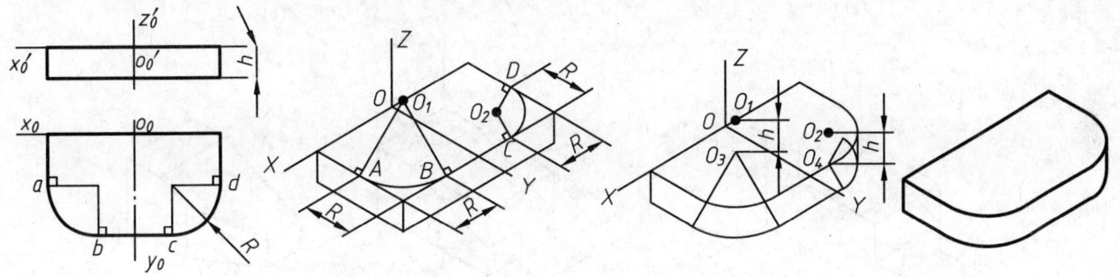

(a) (b) (c) (d)

图 6.9 圆角的正等轴测图画法

6.2.3 组合体的正等轴测图

画组合体的正等轴测图，首先要进行形体分析，弄清形体的基本组成情况，如由哪些基本体组成，组合方式怎样，相对位置关系如何等；然后由正投影图选定坐标轴，再按坐标关系将各个基本体的正等轴测图逐一作出；最后按组合方式完成组合体，擦去各形体间不该有的交线和被遮挡图线。

因此，画组合体的轴测图的基本方法是坐标法，根据组合体组合方式不同还有切割法、叠加法和综合法。

【例 6.4】 已知垫块的三视图如图 6.10(a)所示，画出它的正等轴测图。

分析：

从三视图可知，垫块可看作是长方体分别切去左上角、左前方的三棱柱而形成，此类完全由切割形成的切割体可采用切割法来绘制其正等轴测图。即先用坐标法画出完整平面立体的轴测图，然后用挖切方法逐步画出各个切口部分。

作图：

(1) 如图 6.10(a)所示，由三视图分析，确定坐标轴 O_0X_0、O_0Y_0、O_0Z_0。

(2) 如图 6.10(b)所示，作出轴测轴 OX、OY、OZ，按坐标法作出完整的长方体的正等轴测图。

(3) 如图 6.10(c)所示，切去左上角的三棱柱。为此，根据投影图上尺寸 c、d，沿相应轴测轴方向量取尺寸，应用两平行线的投影特性，作出左上角的三棱柱。

(4) 如图 6.10(d)所示，同理切去左前方的三棱柱。

(5) 如图 6.10(e)所示，擦去多余作图线，加深，即完成垫块的正等轴测图。

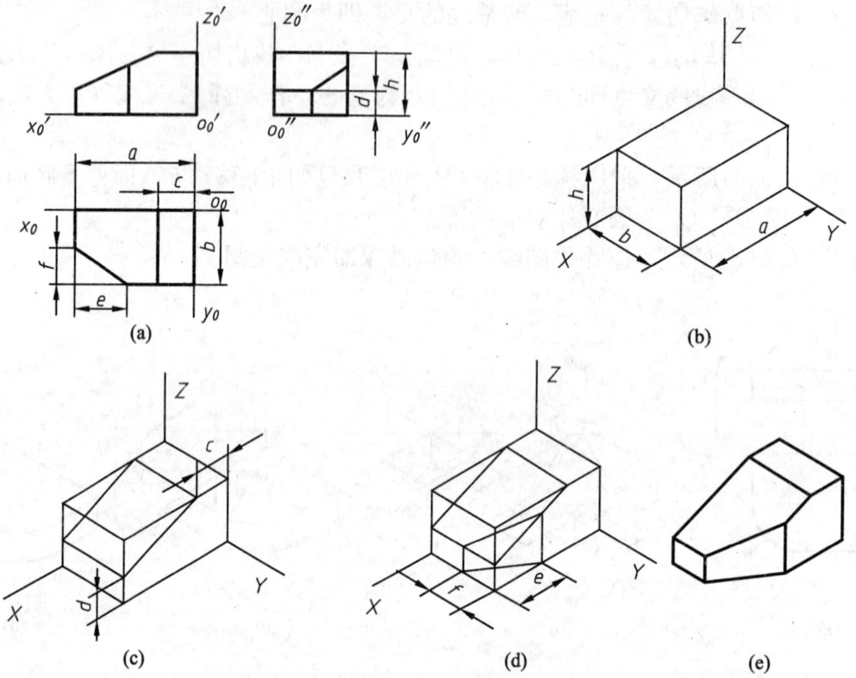

图 6.10 垫块的正等轴测图的画法

【例 6.5】 画出图 6.11(a)所示组合体的正等轴测图。

分析：

从三视图可知，该组合体可看作由底板、竖板、支撑板 3 部分叠加组成。此类完全由叠加而形成的组合体，可以采用叠加法作出其正等轴测图。叠加法仍以坐标法为基础，根据各基本体的坐标，分别作出其轴测图再按其相对位置进行叠加。

作图：

(1) 如图 6.11(a)所示，在三视图上确定坐标 O_0X_0、O_0Y_0、O_0Z_0，将组合体分解为 3 个基本形体。

(2) 如图 6.11(b)所示，作出轴测轴 OX、OY、OZ，按坐标法作出底板的正等轴测图。

(3) 如图 6.11(c)所示，根据相应坐标作出竖板，再根据各轴向坐标将竖板左上角三棱柱切掉。

(4) 如图 6.11(d)所示，根据相应坐标作出支撑板。

(5) 如图 6.11(e)所示，擦去作图线，描粗加深，即可得此组合体的正等轴测图。

【例 6.6】 画出图 6.12(a)所示组合体的正等轴测图。

分析：

此组合体可看作由矩形底板和竖板组成，且在底板挖长圆形槽，在竖板上切去半圆槽。对于这种既有切割又有叠加的组合体，可综合采用上述方法，即综合法。

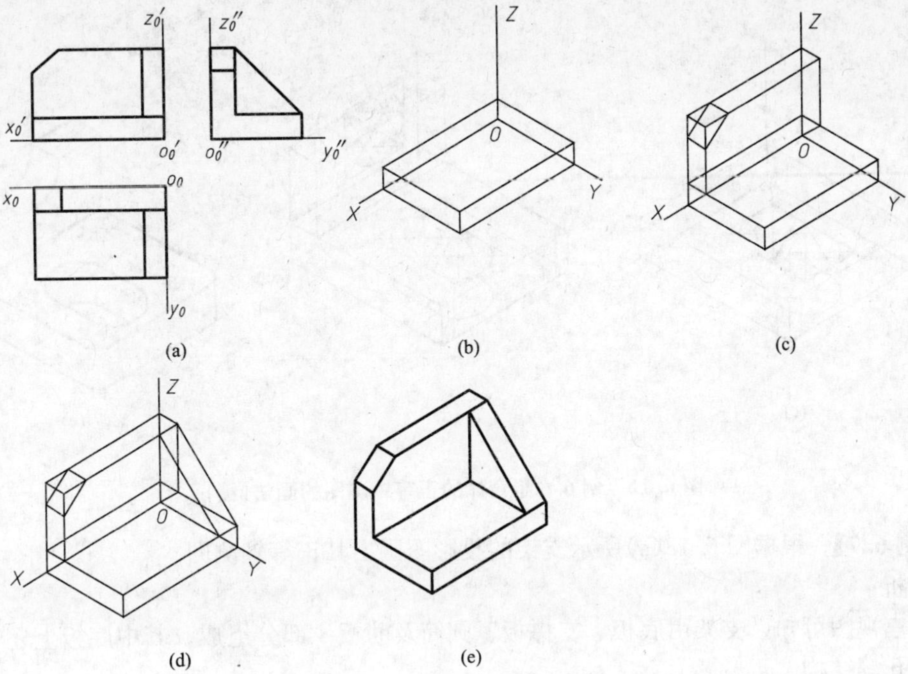

图 6.11 例 6.5 组合体的正等轴测图的画法

作图：

(1) 如图 6.12(a)所示，根据三视图分析确定坐标 O_0X_0、O_0Y_0、O_0Z_0。

(2) 如图 6.12(b)所示，作出轴测轴 OX、OY、OZ，沿轴向分别量取底板在 3 个轴向的尺寸，作出底板，并在底板左侧两方板处作圆角。

(3) 如图 6.12(c)所示，在底板顶面上作出长圆形孔的轮廓，然后将其沿 OZ 轴方向下移一个底板的厚度。

(4) 如图 6.12(d)所示，沿轴向分别量取竖板在 3 个轴向尺寸，作出竖板，然后在竖板的左侧面上作出半圆槽轮廓，并将其沿 OX 轴向向后移出一个竖板的宽度。

(5) 如图 6.12(e)所示，擦去多余的作图线，描粗加深，即得组合体的正等轴测图。

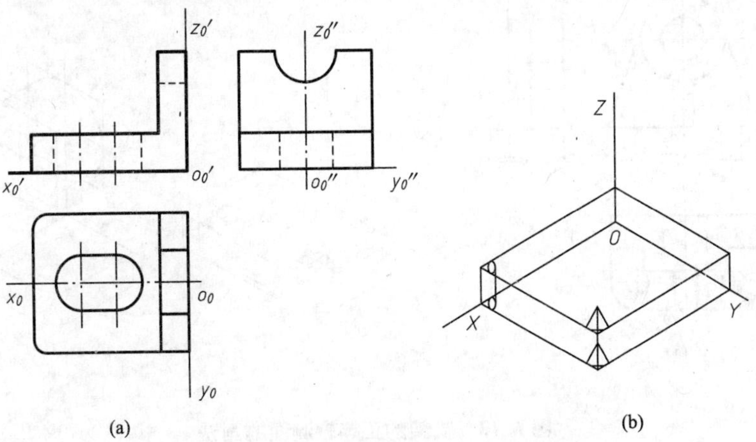

图 6.12 例 6.6 组合体的正等轴测图的画法

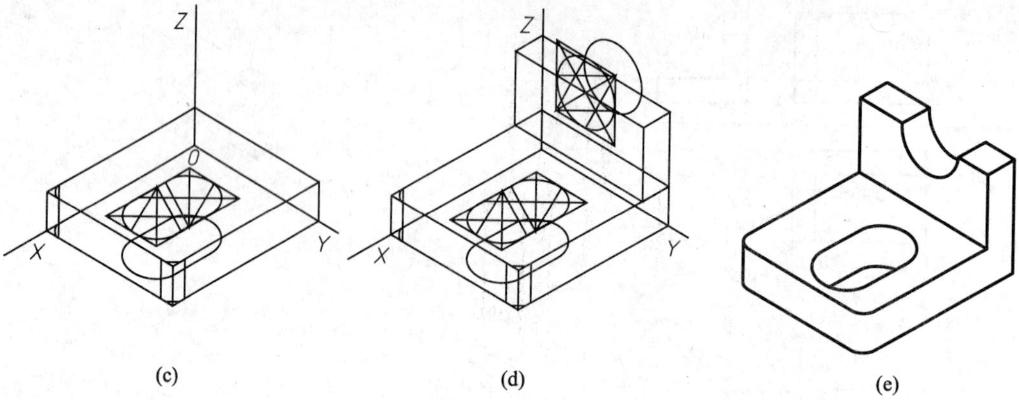

(c) (d) (e)

图 6.12 例 6.6 组合体的正等轴测图的画法(续)

【例 6.7】 根据图 6.13(a)所示支架的投影图画出其正等轴测图。

分析:

从三视图可知，支架由底板、支撑板、圆筒及肋板 4 部分组成。其中底板上还存在圆角、圆孔等结构。

作图:

(1) 如图 6.13(a)所示，在视图上确定坐标 O_0X_0、O_0Y_0、O_0Z_0，因支架为左右对称结构，所以原点位置选在对称轴上。

(2) 如图 6.13(b)所示，作出轴测轴 OX、OY、OZ，沿 3 个轴向方向量取底板 3 个方向尺寸，作出底板，并在底板左前、右前侧作出圆角。

(3) 如图 6.13(c)所示，沿 OZ 确定圆筒的轴线，并做出圆筒。

(4) 如图 6.13(d)所示，沿 OY 确定支撑板厚度，作出支撑板。

(5) 如图 6.13(e)所示，沿 OX 确定肋板厚度，作出肋板。

(6) 如图 6.13(f)所示，擦去多余的作图线，描粗加深，即得支架的正等轴测图。

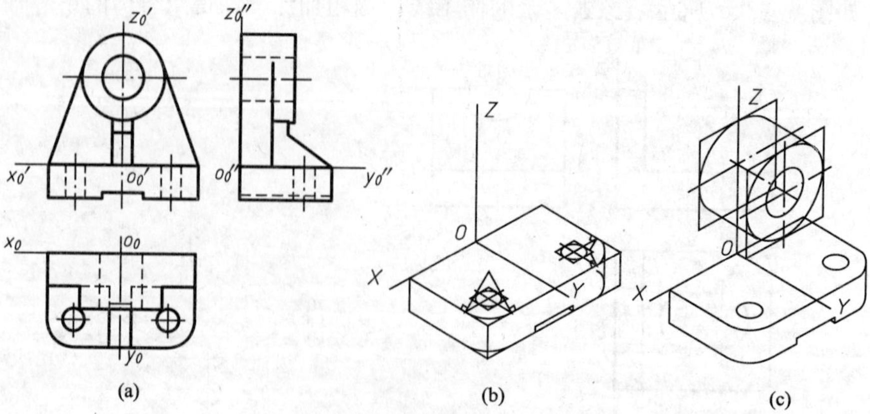

(a) (b) (c)

图 6.13 支架的正等轴测图的画法

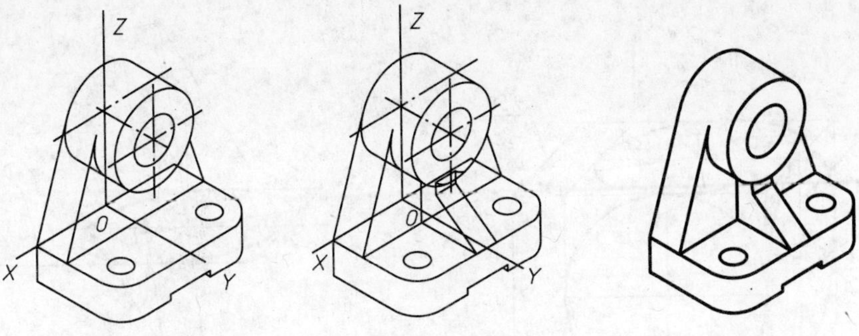

(d)　(e)　(f)

图 6.13　支架的正等轴测图的画法(续)

6.3　斜二等轴测图

6.3.1　斜二等轴测图的形成及参数

物体的 XOZ 坐标平面平行于轴测投影面 P，采用斜投影法使投影方向与三个坐标轴都倾斜，这样得到的轴测图称为斜轴测图。轴测轴 OX、OZ 为水平方向和铅垂方向，轴向伸缩系数 $p_1=r_1=1$，而轴测轴 OY 的轴向伸缩系数 q_1，可随投射方向的变化而变化，当 $q_1\neq1$ 时即为斜二等轴测图。

最常用的一种为正面斜二等轴测，简称斜二测。其轴向伸缩系数为 $p_1=r_1=1$，$q_1=0.5$，轴间角 $\angle XOZ=90°$，$\angle XOY=\angle YOZ=135°$。作图时规定 OZ 轴画成铅垂方向，OX 轴为水平线，OY 轴与水平线成 45°，如图 6.14 所示。

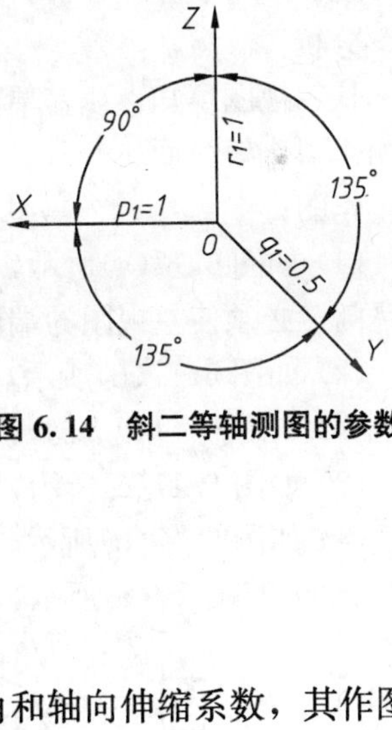

图 6.14　斜二等轴测图的参数

6.3.2　平面立体及基本回转体的斜二等轴测图

1. 平面立体的斜二等轴测图

作平面立体的斜二等轴测图时，只要采用其相应的轴间角和轴向伸缩系数，其作图步骤和正等轴测图完全相同。

2. 圆的斜二等轴测图

图 6.15 所示为平行于坐标面的圆的斜二等轴测图，由图可知其特点。

(1) 平行于坐标面 $X_1O_1Z_1$ 的圆的斜二等轴测图反映实形，仍为直径相同的圆。

(2) 平行于坐标面 $X_1O_1Y_1$、$Y_1O_1Z_1$ 的圆的斜二等轴测图是椭圆，两个椭圆的形状相同，但长、短轴的方向不同。它们的长轴都和圆所在坐标面内某一坐标轴所成角度约为 7°。长轴为 $1.06d$，短轴为 $0.33d$。

图 6.16 为平行于 XOY 面的圆的斜二等轴测图示意画法。

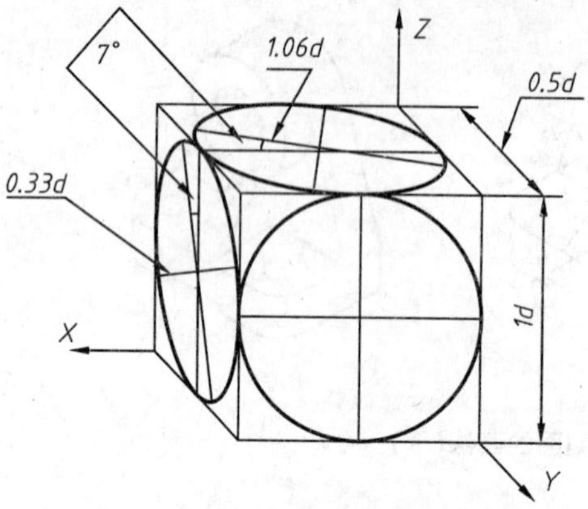

图 6.15 平行于坐标面的圆的斜二等轴测图

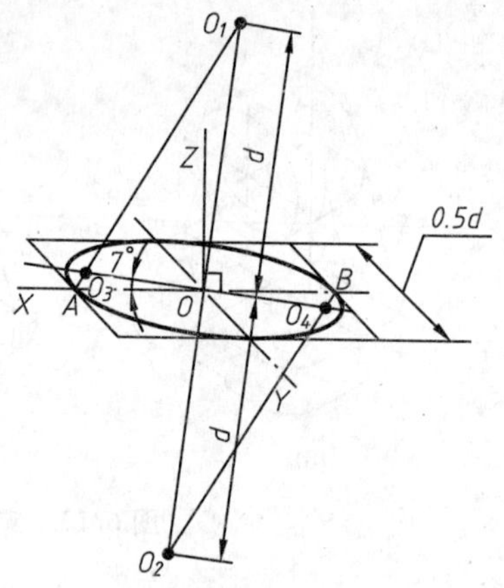

图 6.16 平行于 *XOY* 面的圆的斜二等轴测图画法

6.3.3 组合体的斜二等轴测图

在斜二等轴测图中，由于物体平行于 *XOZ* 坐标面的线段和图形都反映实长和实形，所以当物体的正面形状较复杂，具有较多圆或圆弧时，采用斜二等轴测作图比较方便。

【例 6.8】 画出图 6.17(a)所示压盖的斜二等轴测图。

分析：

从三视图可知，压盖单向形状复杂，在平行于侧面方向上有许多圆，所以选用斜二等轴测作图比较简便。

作图：

(1) 如图 6.17(a)所示，在视图上确定坐标 O_0X_0、O_0Y_0、O_0Z_0，为了使圆的轴测投影仍是圆，必须使左视图的端面平行于 $X_0O_0Z_0$ 面，并确定前端面圆心 O_{a0}、O_{b0}。

(2) 如图 6.17(b)所示，作出轴测轴 *OX*、*OY*、*OZ*，沿 *OY* 由后向前分别量取 $OO_a=O_0O_{a0}/2$、$OO_b=O_0O_{b0}/2$，确定圆心，作出各端面圆。

(3) 如图 6.17(c)所示，沿 *OZ*、*OY* 确定凸缘部分圆心，作出各圆。

(4) 如图 6.17(d)所示，作各圆切线及圆柱转向线。

(5) 如图 6.17(e)所示，擦去多余的作图线，描粗加深，即得压盖的斜二等轴测图。

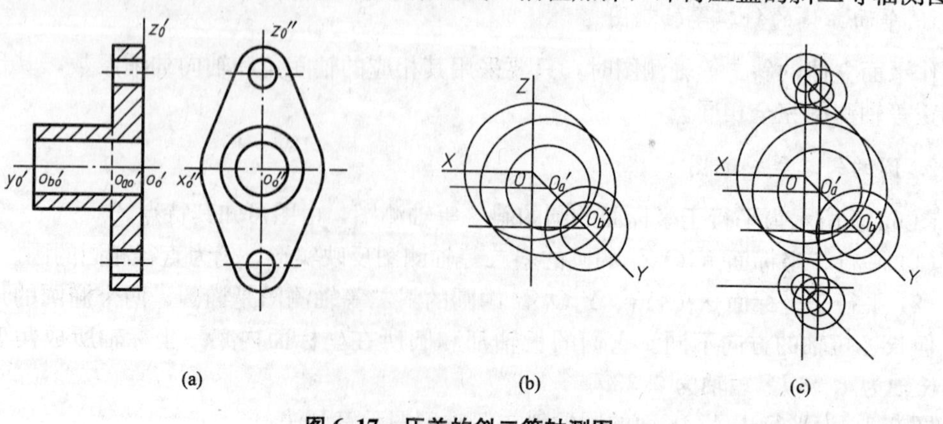

(a) (b) (c)

图 6.17 压盖的斜二等轴测图

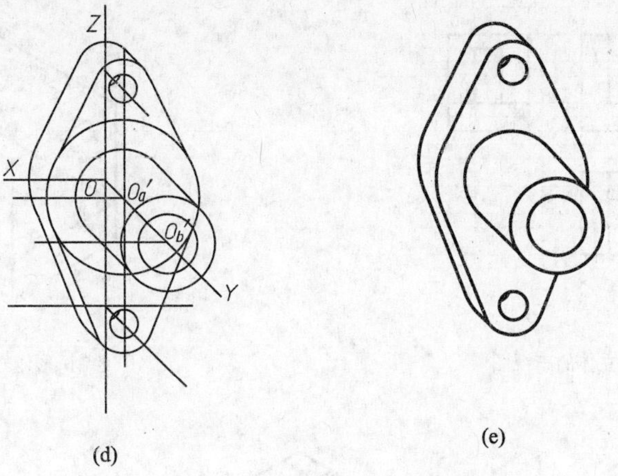

图 6.17　压盖的斜二等轴测图(续)

6.4　轴测图的徒手绘制

学习制图课过程中，尤其读图时可以借助轴测草图想象空间物体、建立模型；设计过程中，可以先借助轴测草图将机器、部件及结构的概貌初步表达出来，然后再进行设计计算、画正投影图；产品开发、技术交流和产品宣传等过程中，也常常用到轴测草图。因此，轴测草图是帮助空间想象、表达设计构思的有效工具。

徒手绘制轴测草图，其作图原理和过程与尺规绘轴测图是一样的。平面立体常用方箱法，即在长方体基础上进行切割和叠加，回转体还是用菱形四心法作椭圆再借助移心法。为使徒手绘制的轴测草图比较正确，尤其是初学者，应该在预先印有能确定相应轴测图方位和大小的格子纸上进行画图训练，最好在立体的三视图上绘出大小对应的方格。

画轴测草图的一般步骤如下。

(1) 分析物体的组成、形状及大小。

(2) 以更全面、更清楚表达出物体的形象为原则，根据物体的形状结构特点选择轴测图的种类，确定物体的轴测投影方向。

(3) 确定作图的大致比例关系，确定图纸。

(4) 作出物体的轴测图。

【例 6.9】　徒手绘制图 6.18(a)所示立体的正等轴测图。

由立体的三视图可知，该立体可看作是由一个长方体经过切割和叠加某些部分后所形成的，因此，在绘图时，先按方箱法绘出长方体，然后在左上部切割掉一个长方块而形成L形体，再在水平板上叠加一个三棱柱，最后在L形体水平板左端前后对称地切掉两个四棱柱，具体绘图步骤如图 6.18 所示。

当借助格子训练到一定程度，对轴测草图的方位和大小的准确程度能够较好地把握的时候，可以甩掉格子进行轴测草图的训练。绘制时应注意以下几点。

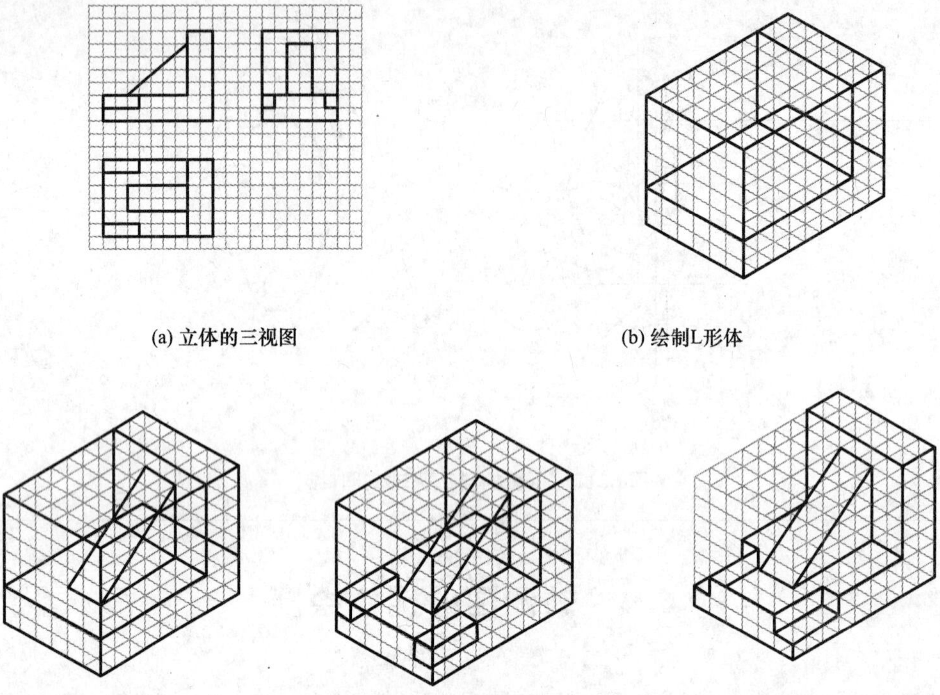

(a) 立体的三视图　　(b) 绘制L形体

(c) 叠加上三棱柱　　(d) 切除水平板左端前后两个四棱柱　　(e) 去除多余图线完成草图

图 6.18　立体轴测草图的绘图步骤

(1) 同方向的图线要保持平行。

(2) 不同方向的圆的轴测投影，长、短轴方向不同，椭圆方位不同。

(3) 把握好各个部分的大致比例关系。

第7章 机件图样的表达方法

教学提示

在生产实际中，机器零部件的结构形状是多种多样的，为了能够清楚、完整、合理地表达机件的结构形状。国家标准《技术制图》和《机械制图》规定了多种表达方法。本章主要介绍视图、剖视图、断面图、局部放大图和一些规定画法及简化画法。

教学要求

通过本章的学习，应熟练掌握视图、剖视图、断面图、局部放大图的画法及标注，掌握一些规定画法和简化画法，并能在绘制机械图样时灵活应用。

7.1 视　　图

在机械制图中，用正投影法将机件向多面投影体系中的各投影面投射所得到的图形称为视图。视图主要用来表达机件的外部结构形状，一般只画出物体可见部分，必要时才用细虚线表达其不可见部分。常用的视图有基本视图、向视图、局部视图和斜视图。

7.1.1 基本视图

机件向基本投影面投射所得到的视图称为基本视图。

在标准中规定以正六面体的六个面作为基本投影面，即在前面所学 3 个投影面的基础上，又增加了与它们平行的 3 个投影面，如图 7.1(a)所示。把机件置于正六面体中，按第一分角投影法分别向 6 个基本投影面投射得到 6 个基本视图，其名称和投射方向分别为主视图——由前向后投射所得的视图；俯视图——由上向下投射所得的视图；左视图——由左向右投射所得的视图；右视图——由右向左投射所得的视图；仰视图——由下向上投射所得的视图；后视图——由后向前投射所得的视图。

6个投影面的展开方式如图7.1(b)所示：保持V面不动，其他各投影面按图7.1(b)所示箭头方向旋转展开。展开后6个基本视图的配置关系如图7.1(c)所示。各视图之间仍保持“长对正、高平齐、宽相等”的投影规律，即主、俯、仰视图长对正(后视图同样反映零件的长度尺寸，但不与上述三视图对正)，主、左、右、后视图高平齐，左、右、仰、俯视图宽相等。另外，6个基本视图的方位对应关系是：左、右、俯、仰视图靠近主视图的一面代表物体的后面，而远离主视图的一面代表物体的前面。

当6个基本视图在同一张图纸内按图7.1(c)配置时，一律不标注视图名称。

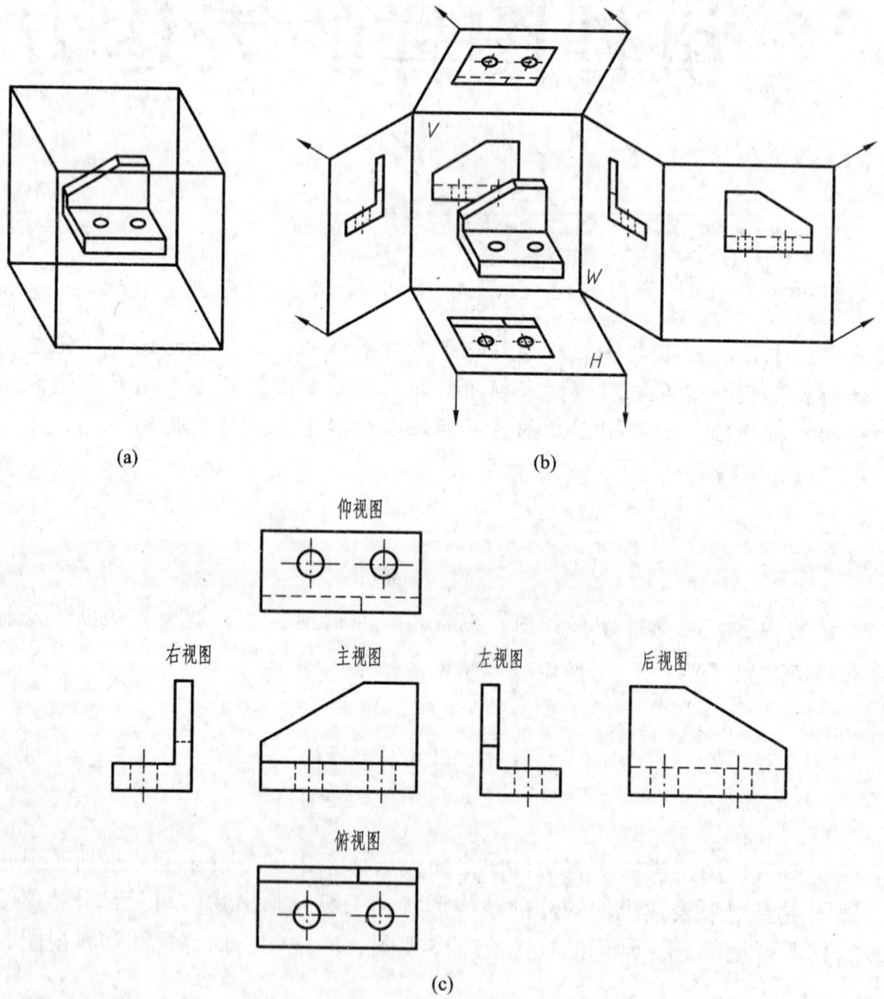

图7.1　6个基本视图

实际画图时，通常不需要将6个基本视图全部画出，应根据机件表达的需要，选用必要的基本视图。

7.1.2　向视图

向视图是可自由配置的基本视图。

实际绘图过程中，由于受其他条件的限制(如图纸空间有限等)，6 个基本视图有时不能按图 7.1(c)配置，则可以采用向视图的形式配置。

采用向视图时，应在视图上方标注视图名称“×”，并在相应的视图附近用箭头指明投射方向，注上相同的字母，如图 7.2 所示。

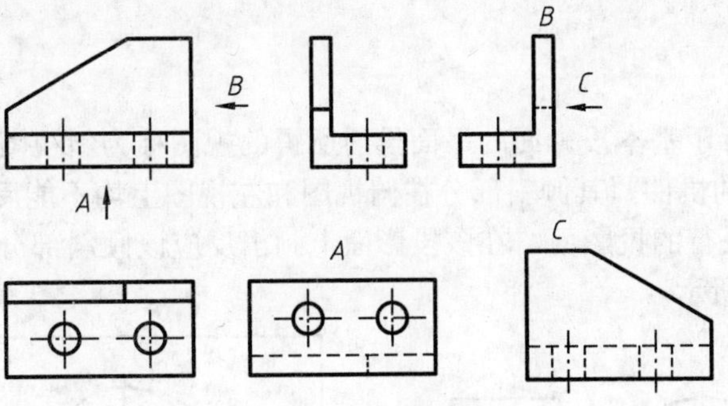

图 7.2　向视图

7.1.3　局部视图

将机件的某一部分向基本投影面投射所得到的视图称为局部视图。

局部视图是用来补充基本视图尚未表达清楚的部分，可以减少基本视图的数量。如图 7.3(a)所示机件，当采用主、俯两个视图表达后，仍有两侧的凸台没有表达清楚，但没有必要画出完整的左、右视图，因此，采用 *A*、*B* 两个局部视图表达两侧凸台的结构，既可以简化作图，又能表达清晰，方便看图。

采用局部视图时应注意以下几个问题。

(1) 局部视图可按基本视图配置，视图名称可省略标注，如图 7.3(b)中的局部视图 *A*；也可按向视图的形式配置并标注，如图 7.3(b)中的局部视图 *B*。

(a)

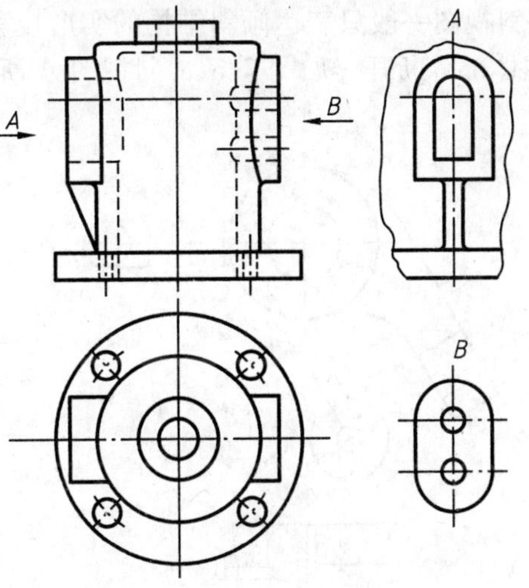

(b)

图 7.3　局部视图

(2) 局部视图断裂处的边界线用波浪线(或双折线)表示，如图 7.3(b)中局部视图 A；但当所表示的局部结构是完整的，且外轮廓线封闭时，则不必画出其断裂边界线，如图 7.3(b)中的局部视图 B。

(3) 波浪线表示机件的断裂边界，应画在实体部分，不能超出机件的轮廓线，如图 7.3(b)所示。

7.1.4　斜视图

将机件向不平行于基本投影面的平面投射所得的视图称为斜视图。

图 7.4(a)所示的机件，其倾斜部分在俯视图和左视图上均不能反映实形，因此，可设立一个与倾斜部分平行的投影面，在该投影面上画出反应该倾斜部分实形的投影，即为斜视图，如图 7.4(b)所示。

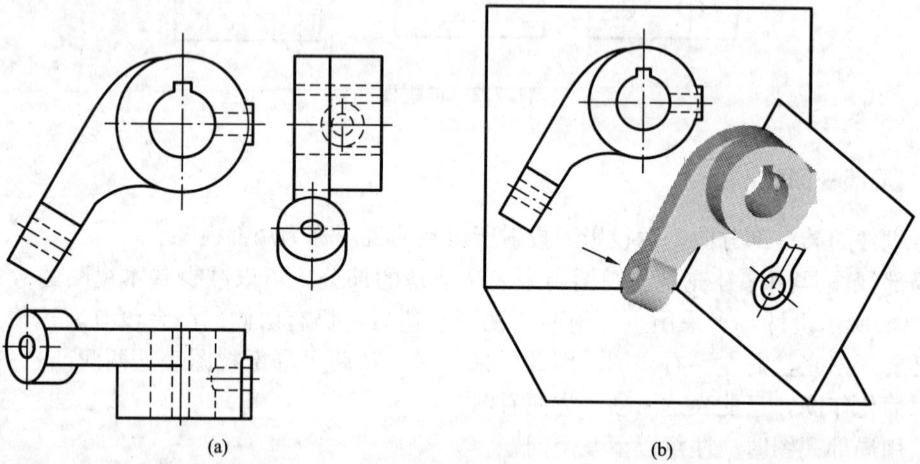

图 7.4　斜视图(1)

画斜视图应注意以下几个问题。

(1) 斜视图一般只表达倾斜结构的实形投影，其余部分的投影不必画出，而用波浪线将其与主体部分断开，如图 7.5(a)斜视图 A 所示。

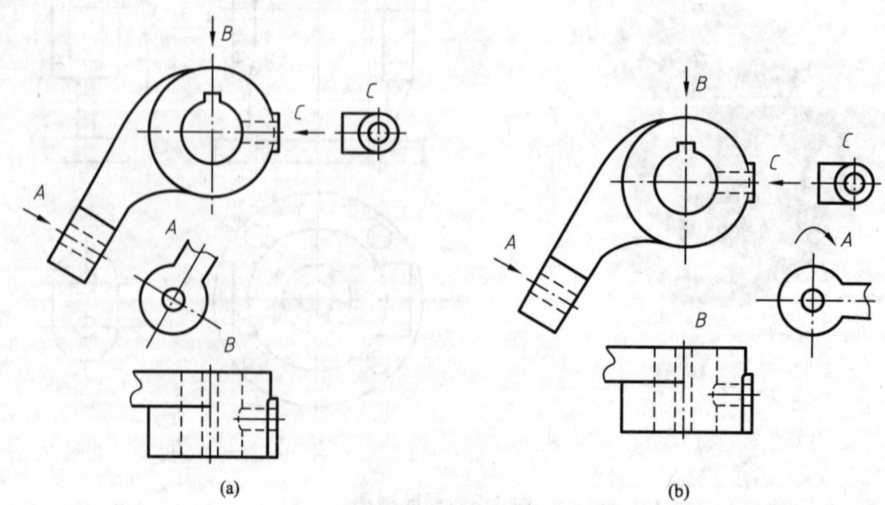

图 7.5　斜视图(2)

(2) 画斜视图时必须在视图上方标注视图名称“×”，并在相应的视图附近用箭头表明投射方向，并注上相同的拉丁字母“×”，如图 7.5(b)所示。字母一律水平注写。

(3) 斜视图一般按投影关系配置在有关视图附近，如图 7.5(a)所示。也可按向视图形式配置。有时为了绘图方便，允许将斜视图旋转配置，旋转角度不超过 90°。但标注时，须加注旋转符号“⌒”或“⌒”，旋转符号是半径为字高 h 的半圆弧，箭头的指向要与图形实际旋向一致，表示名称的字母应靠近旋转符号的箭头端，如图 7.5(b)所示。当需要标注图形旋转角度时，可将旋转角度注写在字母后，如图 7.6(b)所示。

(a)

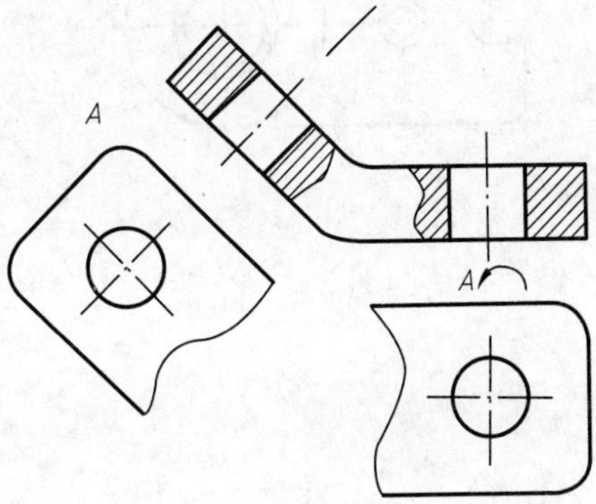

(b)

图 7.6　斜视图(3)

7.2　剖　视　图

用视图表达机件时，机件的内部结构形状是不可见的，都用虚线表示。如果虚线过多，会使图形表达不够清晰，不便于画图、看图及尺寸标注。为此，国家标准《机械制图》规定采用剖视图来表达机件的内部结构和形状。

7.2.1　剖视图的基本概念及画法

1. 剖视图的概念

假想用剖切面(平面或曲面)剖开机件，将处于观察者和剖切面之间的部分移去，而将其余部分向投影面投射，并在剖切区域画上剖面符号，这样得到的图形称为剖视图，简称剖视。

如图 7.7(b)所示的机件，假想沿机件的前后对称平面 M 剖开，如图 7.7(c)所示，移去前半部分，将剖切平面后面的部分向正投影面投射，就得到剖视的主视图，如图 7.7(d)所示。这时，内部的孔可见，要用粗实线表达。与 7.7(a)相比，这种表示法更便于读图和标注尺寸。

2. 剖面符号

剖切面与机件接触的部分称为剖面区域。为区分机件的实体部分与空心部分，国家标

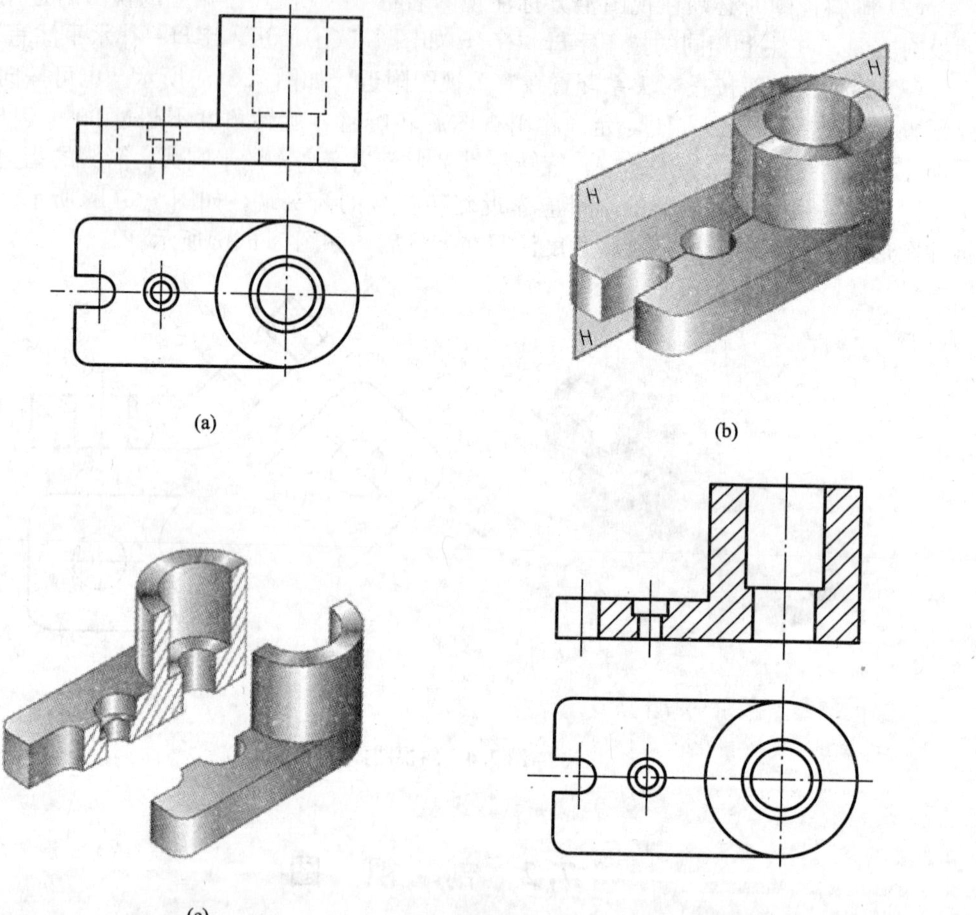

(a)　(b)　(c)　(d)

图 7.7　剖视图

准规定在剖面区域内要画剖面符号，而且不同材料要用不同的剖面符号。国家标准规定的各种材料的剖面符号见表 7-1。

表 7-1　剖面符号

材料名称	剖面符号①	材料名称		剖面符号①
金属材料(已有规定剖面符号者除外)	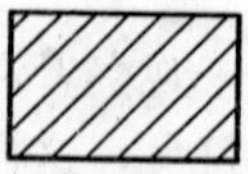	非金属材料(已有规定剖面符号除外)		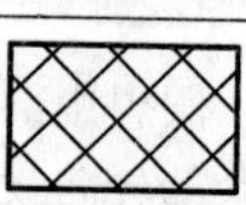
线绕组元件	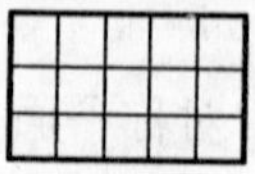	砖		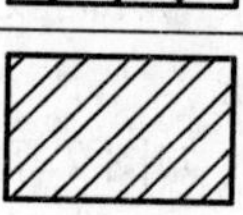
型砂、填砂、粉末冶金、砂轮、陶瓷刀片、硬质合金刀片等	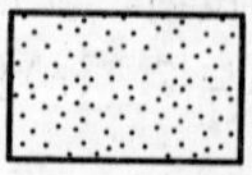	木材	纵剖面	
玻璃及供观察用的其他透明材料			横剖面	

（续）

材料名称	剖面符号[①]	材料名称	剖面符号[①]
混凝土	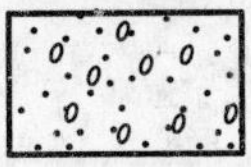	格网(筛网、过滤网)	
钢筋混凝土	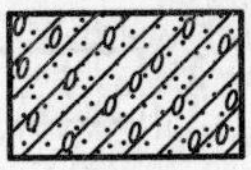	转子、电枢、变压器和电抗器等的叠钢片	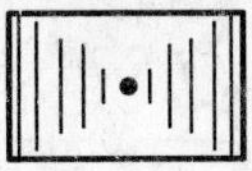
木制胶合板(不分层数)		液体[②]	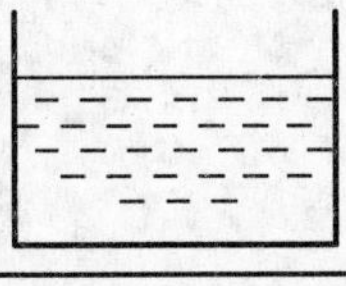
基础周围的泥土			

注：① 剖面符号仅表示材料的类别，材料的名称和代号必须另行注明。

② 液面用细实线绘制。

金属材料的剖面符号是与剖面区域的主要轮廓线或剖面区域的对称线成 45°(左右倾斜均可)且间隔相等、互相平行的细实线，这些细实线称为剖面线(也称通用剖面线)，如图 7.7(d)所示。应注意：同一机件在各视图中的剖面符号应保持一致，即方向相同、间距相等，如图 7.8(a)所示。

当图形中的主要轮廓线与水平线成 45°时，该图形的剖面线应画成与水平线成 30°或 60°的平行细实线，其倾斜方向仍然与其他视图中的剖面线保持一致，如图 7.8(b)所示。

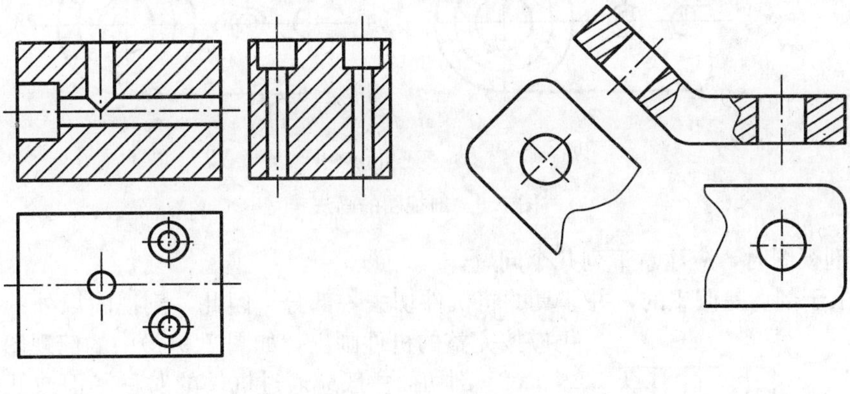

(a)　(b)

图 7.8　剖面线的画法

3. 剖视图的画法

下面以图 7.9(a)所示机件为例来说明画剖视图的方法和步骤。

(1) 分析机件，确定剖切面的位置。根据机件的结构特点，主视图采用剖视图表达，为使机件的内孔变成可见并反映其实形，剖切面应通过机件的前后对称面，并平行于正面。

(2) 画出被剖切面切到的实体部分——剖面区域，并在剖面区域画上剖面符号，如图 7.9(b)所示。

(3) 补画出剖切面后的所有可见部分的投影，注意不要漏线，不可见部分一般不画出，如图7.9(c)所示。

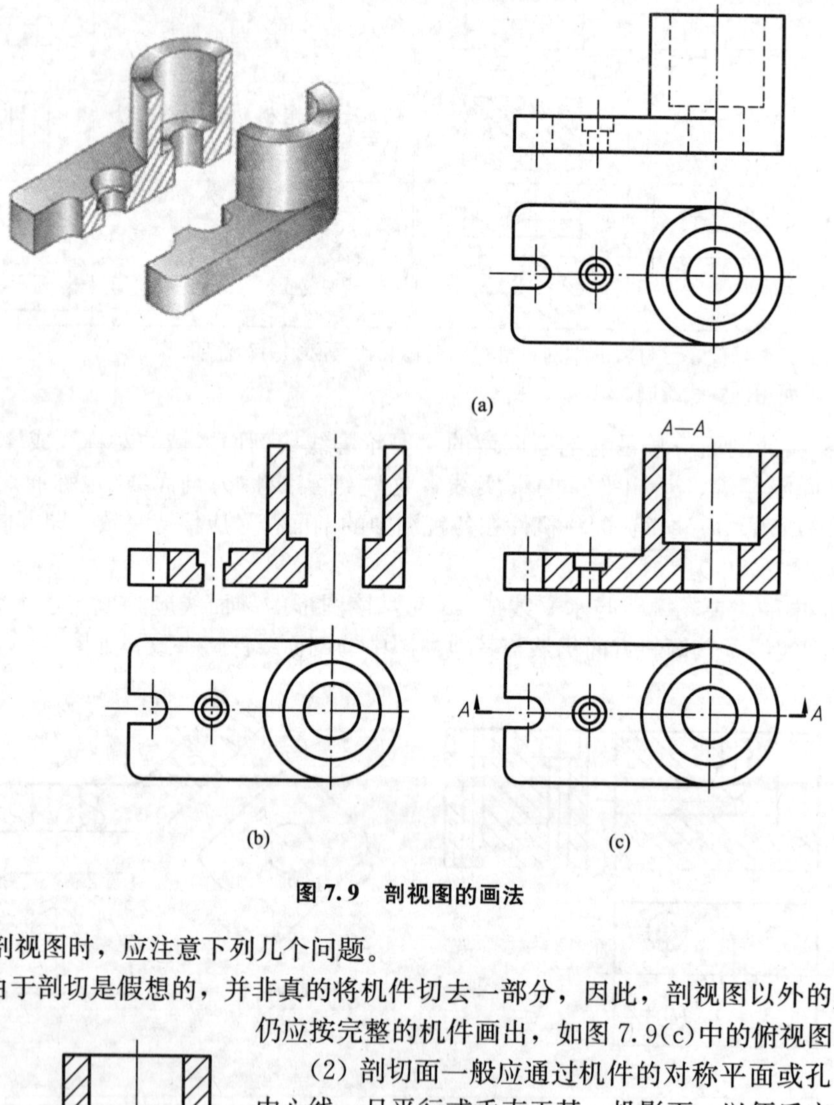

图7.9　剖视图的画法

绘制剖视图时，应注意下列几个问题。

(1) 由于剖切是假想的，并非真的将机件切去一部分，因此，剖视图以外的其他视图仍应按完整的机件画出，如图7.9(c)中的俯视图。

(2) 剖切面一般应通过机件的对称平面或孔、槽等的中心线，且平行或垂直于某一投影面，以便反应结构的实形，要避免剖出不完整的结构要素。

(3) 剖切面后面的所有可见部分的投影应全部画出，不得遗漏。如图7.9(a)中大小孔的过渡面投影不要遗漏。

(4) 在剖视图上已表达清楚的内部结构，在其他视图上对应的细虚线一般省略不画。

(5) 在剖视图中，表达不可见轮廓的虚线一般不画，但当只有局部结构没有表达清楚时，为了不增加视图数量，必要时也可以画出虚线，如图7.10所示。

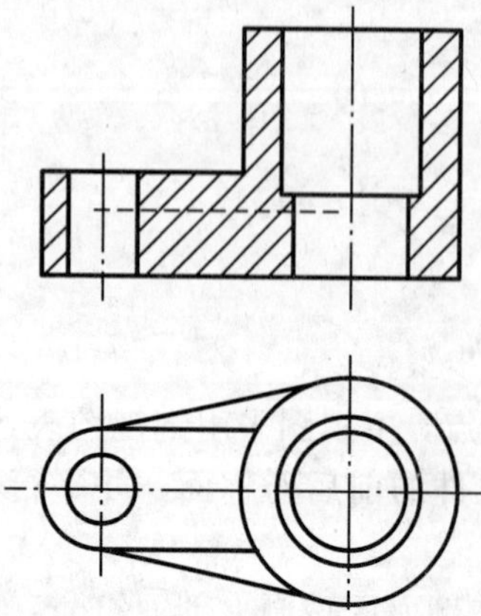

图7.10　画出必要的虚线

4. 剖视图的标注

为帮助看图者判断剖切面的位置和剖切后的投射方向，以便找到各相应视图之间的投影关系，需对剖视图进行相应的标注。根据国家标准规定，剖视图的标注包括剖切符号、投射方向和剖视图名称，如图 7.9(c)所示。

(1) 剖切符号。即剖切面与投影面的交线，也称剖切位置线，表示剖切面的位置。在剖切面的起讫和转折位置用宽约 1～1.5mm、长约 5～10mm 粗短线表示，不能与图形轮廓线相交。

(2) 投射方向。在剖切符号起讫点的外侧画出与之垂直的箭头，表示剖切后的投射方向。

(3) 剖视图名称。在剖切符号的附近用大写拉丁字母标注剖视图的名称“×”，并在剖视图的上方中间位置用相同的字母标注出剖视图的名称“×－×”。如在一张图上同时有几个剖视图，其名称应按拉丁字母顺序排列，不得重复。表示剖视图名称的字母必须水平注写。

在下列情况中，剖视图的标注内容可简化或省略。

(1) 当剖视图按投影关系配置，中间又没有其他图形隔开时，可省略箭头，如图 7.11 所示。

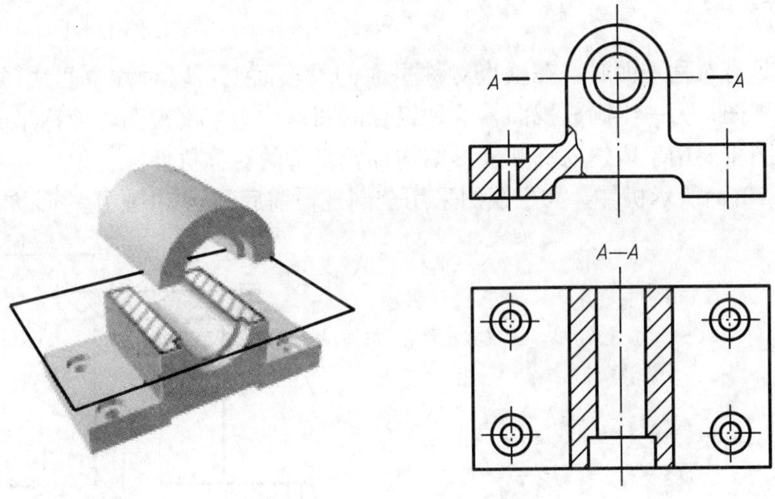

(a) (b)

图 7.11 剖视图标注

(2) 当单一剖切面通过机件的对称平面或基本对称平面，且剖视图按投影关系配置，中间又没有其他图形隔开时，可省略标注，如图 7.10 所示。

7.2.2 剖视图的种类

根据机件被剖开的范围大小，剖视图可分为全剖视图、半剖视图和局部剖视图。

1. 全剖视图

用剖切面完全剖开机件所得的剖视图称为全剖视图，如图 7.12 所示。

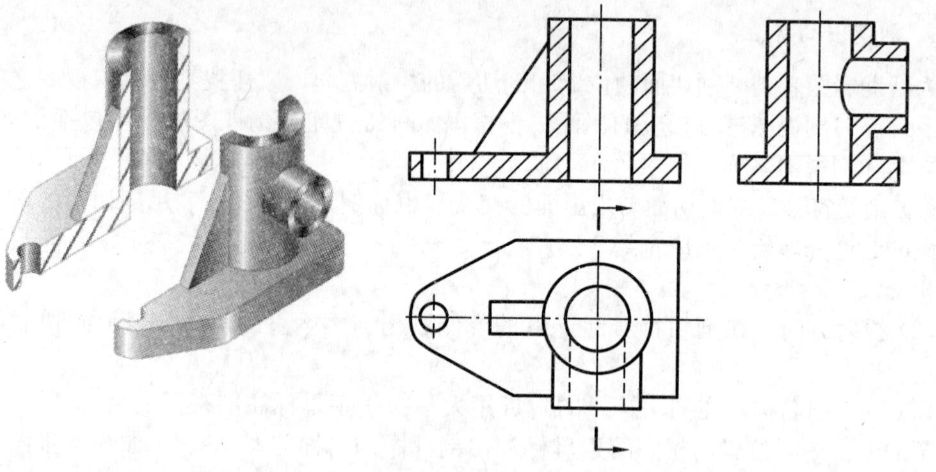

(a) (b)

图 7.12 全剖视图

全剖视图主要用于表达内部结构复杂、外形结构简单的机件。全剖视图的标注遵循前面讲述的剖视图标注的有关规定。

2. 半剖视图

当机件具有对称平面时，在垂直对称平面的投影面上，以对称中心线(点画线)为界，一半画成剖视图，另一半画成视图，这种组合的图形称为半剖视图，简称半剖视。

半剖视图主要用于表达内部和外形结构都较复杂的对称机件。

如图 7.13(a)所示机件，如主视图采用全剖视，前后凸台和圆孔的形状和位置都表达

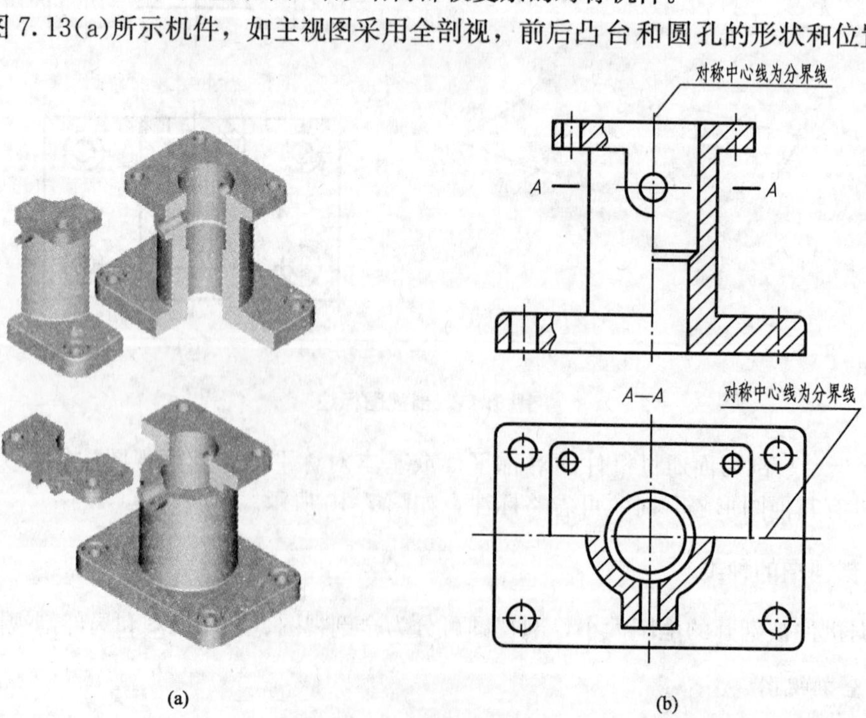

(a) (b)

图 7.13 半剖视图的形成

不出来，因而不适合采用全剖视。此时，可根据机件结构左右对称的特点，主视图采用半剖视，这样既可表达机件的内部结构，也可表达凸台、圆孔的外形结构及其位置。同理，俯视图也采用半剖视兼顾表达上下法兰盘的外部结构和凸台圆孔的内部结构，如图 7.13(b)所示。

画半剖视图时注意下列问题。

(1) 在半剖视图中，半个视图与半个剖视图之间的分界线应是细点画线，如图 7.13(b)所示。

(2) 半个剖视图中已表达清楚的内部结构，在半个视图中，其相应的虚线省略不画，如图 7.13(b)所示。

(3) 当机件的结构形状接近对称，且不对称的部分已在其他视图中表达清楚，也可采用半剖视图，如图 7.14 所示。

(4) 对于某些对称机件，当其对称平面的投影(细点画线)与外形或内形上轮廓线重合时，不宜作半剖视图，如图 7.15 所示。

(5) 半剖视图的标注与全剖视图的标注规定相同。

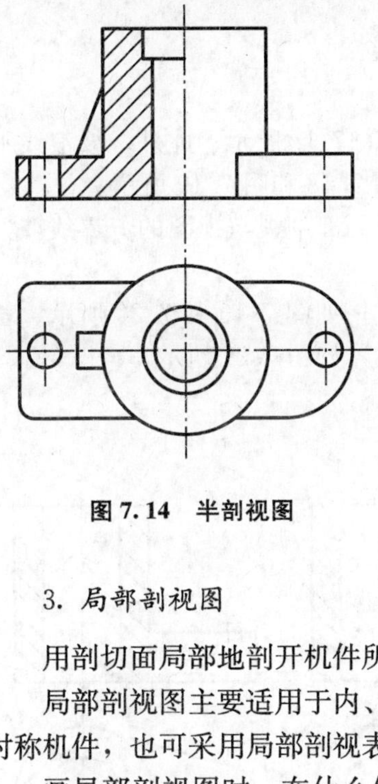

图 7.14　半剖视图

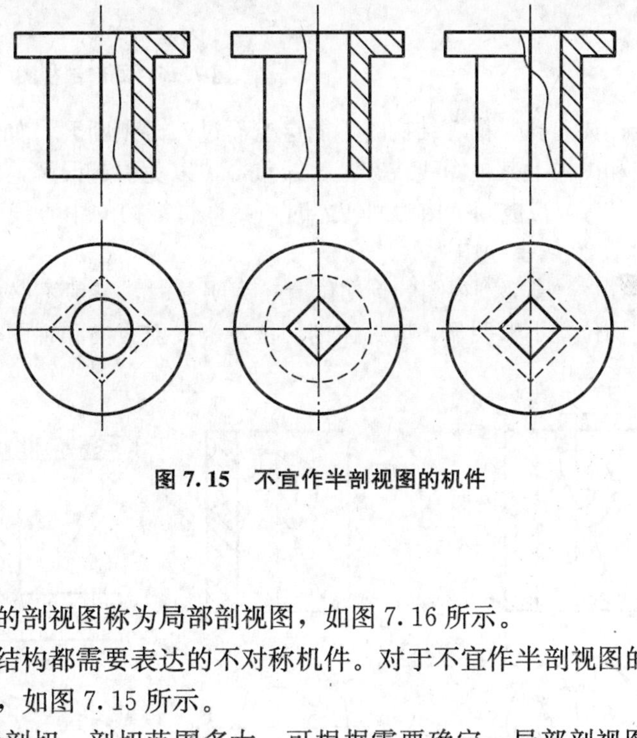

图 7.15　不宜作半剖视图的机件

3. *局部剖视图*

用剖切面局部地剖开机件所得的剖视图称为局部剖视图，如图 7.16 所示。

局部剖视图主要适用于内、外结构都需要表达的不对称机件。对于不宜作半剖视图的对称机件，也可采用局部剖视表达，如图 7.15 所示。

画局部剖视图时，在什么位置剖切，剖切范围多大，可根据需要确定；局部剖视图即可以单独使用，也可以应用在全剖视图或者半剖视图中，所以应用比较灵活、广泛。但同一机件的表达上局部剖视不宜采用过多，以免给视图造成支离破碎的感觉，影响读图。

画局部剖视图时应注意下列问题。

(1) 在局部剖视图中，机件的剖视图部分与视图部分一般应以波浪线分界，波浪线表示机件断裂处的边界轮廓线。因此，波浪线应画在机件的实体部分，不能超出视图的轮廓

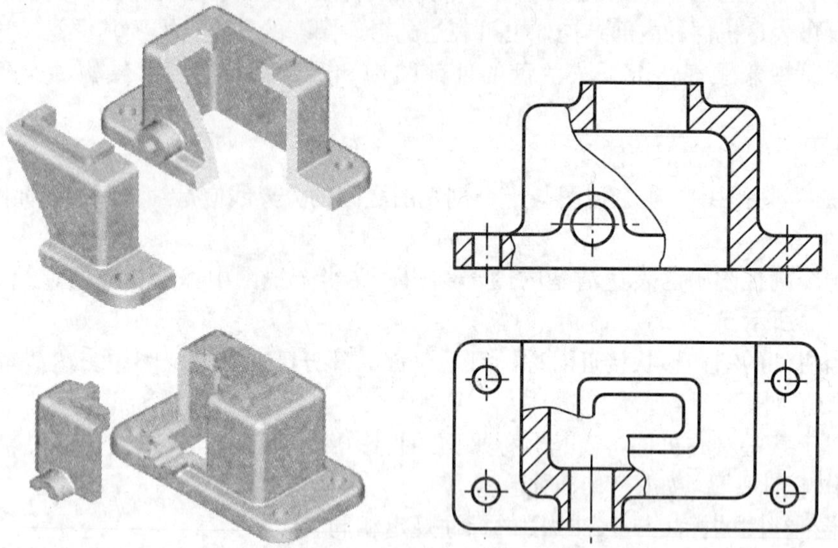

(a)　　(b)

图 7.16　局部剖视图

线；如遇孔、槽等结构时不能穿空而过，必须断开，如图 7.17(b)所示；此外，波浪线不应和图样上其他图线或其延长线重合，以免引起误解，如图 7.18 和图 7.19 所示。

(2) 当被剖结构为回转体时，允许将结构的中心线作为局部剖视与视图的分界线，如图 7.20 的主视图所示。

(3) 局部剖视图的剖切位置较为明显时，一般不必标注，如图 7.16 和 7.20 所示。若剖切位置不够明显，应标注剖切位置、投射方向和视图名称，如图 7.21 所示。

(a) 错误　　(b) 正确

图 7.17　局部剖视图波浪线的画法(1)

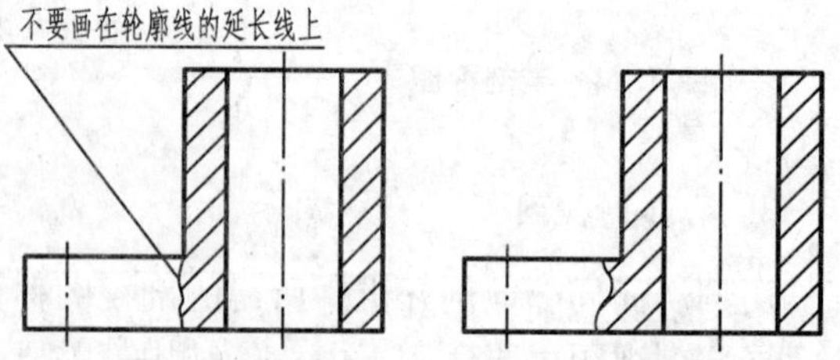

(a) 错误　　(b) 正确

图 7.18　局部剖视图波浪线的画法(2)

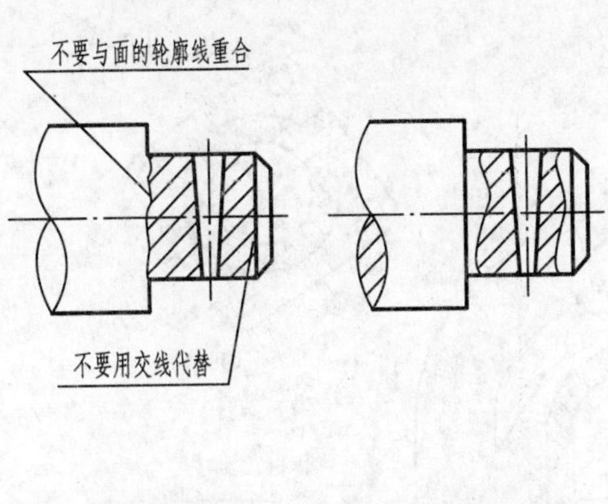

(a) 错误 (b) 正确

图 7.19 局部剖视图波浪线的画法(3)

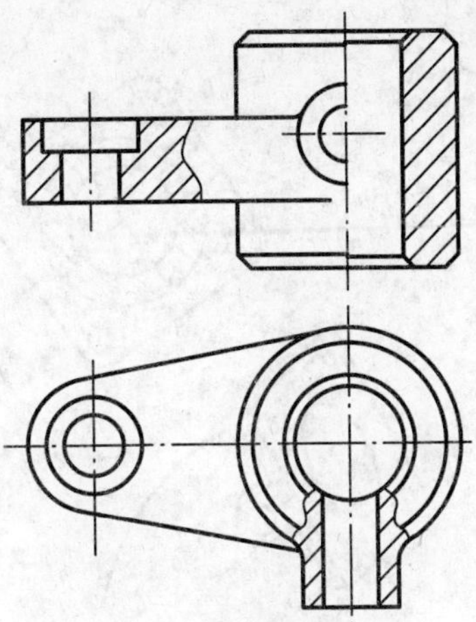

图 7.20 局部剖视图画法

7.2.3 剖切面的种类

剖视图的剖切面主要有 3 种：单一剖切面、几个平行的剖切面和几个相交的剖切面。

1. 单一剖切面

即用一个剖切面剖开机件。当剖切面是平面时，又有剖切面与投影面平行和不平行两种剖切方式。

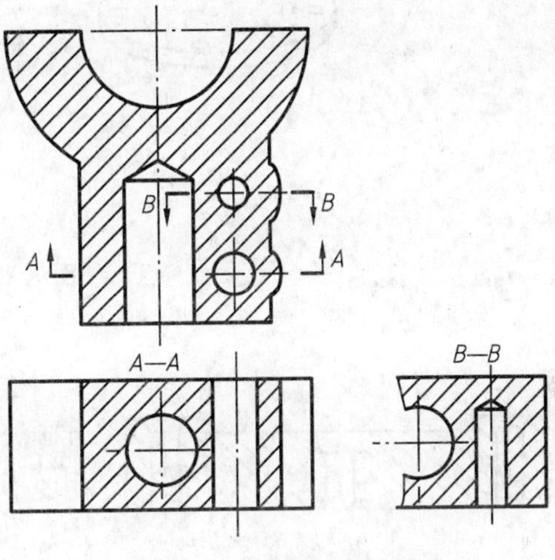

图 7.21 局部剖视图的标注

1) 用平行于某一基本投影面的平面剖切

前面讲的全剖(图 7.12)、半剖(图 7.13)、局部剖(图 7.16)都是采用与某一投影面平行的单一剖切面剖切而得到的剖视图，这是剖视图中最常用的剖切方法。

2) 用不平行任何基本投影面的剖切面剖切

当机件上有倾斜的内部结构形状需要表达时，可采用不平行于任何基本投影面的剖切面剖开机件，并移去观察者与剖切面之间的部分，将剩余部分向平行于剖切面的投影面(新增设的投影面)投射，这种剖切方法称为斜剖，得到的剖视图称为斜剖视图，如图 7.22 所示。

画斜剖视时应注意以下几点。

(1) 为看图方便，斜剖视图应尽量按投影关系配置在与剖切符号相对应的位置，如图 7.22(a)所示。

(2) 斜剖视图必须标注，其标注方法如图 7.22 所示。应注意：采用斜剖时，剖得的图形是斜置的，图名“×—×”必须水平注写，且标注在图形上方中间位置。

(3) 为使画图方便，在不引起误解的情况下，允许将图形旋转，此时必须在图形上方水平标注旋转符号“⌒”或“⌒”，字母在靠近箭头一侧水平注写，如图 7.22(b)所示。

(4) 斜剖视主要用来表达倾斜部分的内部结构，因而机件上凡在斜剖视图上不反映实形的结构一般应避免画出。

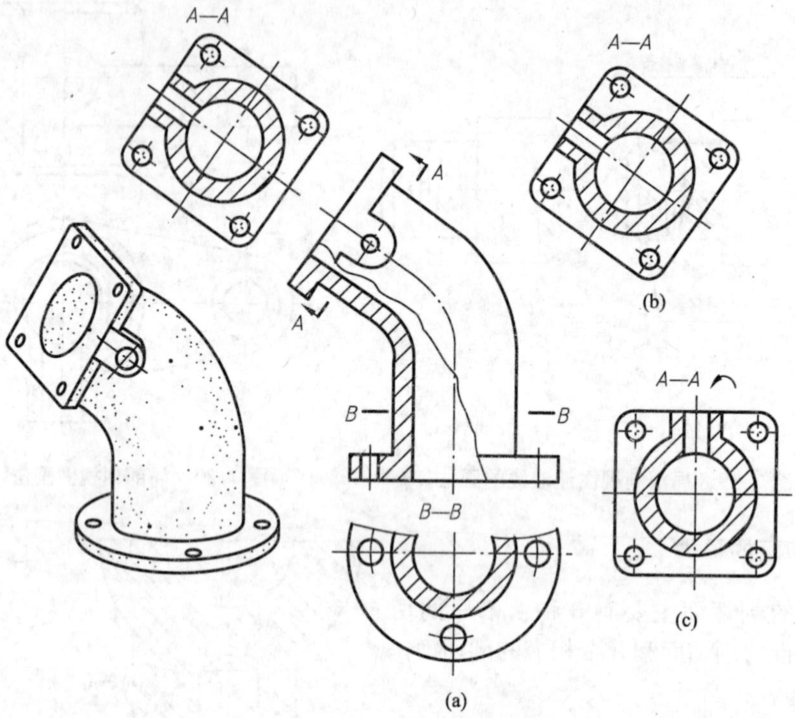

图 7.22　斜剖视图

3）用柱面剖切

剖切面也可采用柱面。采用柱面剖切时，通常用展开画法。在具体绘图时，可以只画出剖面展开图，或采用简化画法，将剖切面后面物体的有关结构形状省略不画。图 7.23 所示为采用单一柱面剖切获得的全剖视图。

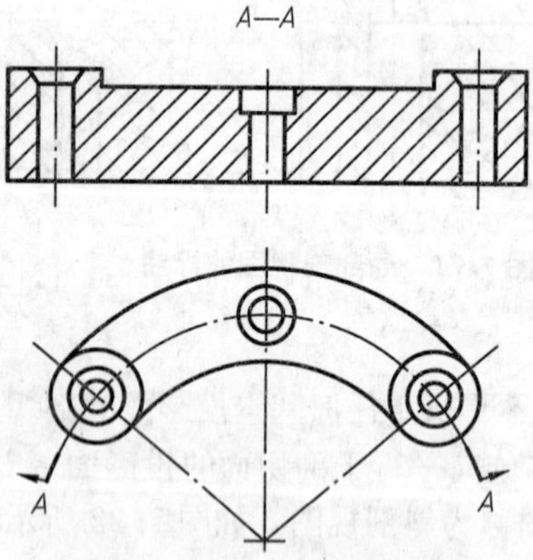

图 7.23　用柱面剖切机件

2. 几个平行的剖切面

有些机件的内部结构层次较多，用单一剖切平面不能将机件的内部机构都剖开，这时可采用几个相互平行的剖切平面去剖开机件，这种剖切方法称为阶梯剖，图 7.24 采用了两个相互平行的剖切平面。

这种剖切方法适用于外形简单、内形较复杂且难以用单一剖切面剖切表达的机件。

采用几个平行的剖切面剖切时，剖视图必须标注，在剖切面的起讫和转折处用带相同字母的剖切符号表示剖切面位置，用箭头表示投射方向，并在剖视图上方中间位置标注剖视图名称，如图 7.24 所示。

采用几个平行的剖切面剖切时应注意以下几点。

(1) 相邻两剖切平面转折处的转折平面不是剖切平面，因而在剖视图上，不应画出转折面的投影，如图 7.25(a)所示。

(2) 剖切面的转折处不应画在与图形轮廓线重合的位置，如图 7.25(b)所示。

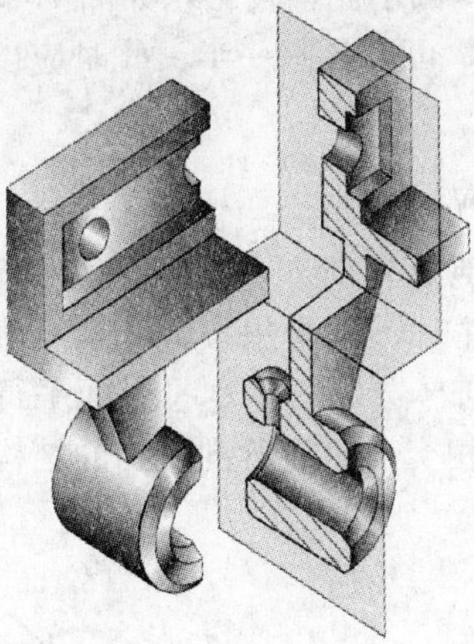

(a)

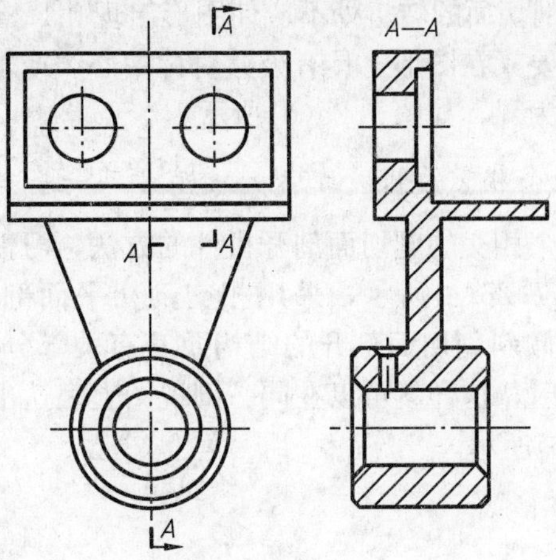

(b)

图 7.24　平行剖切面剖切

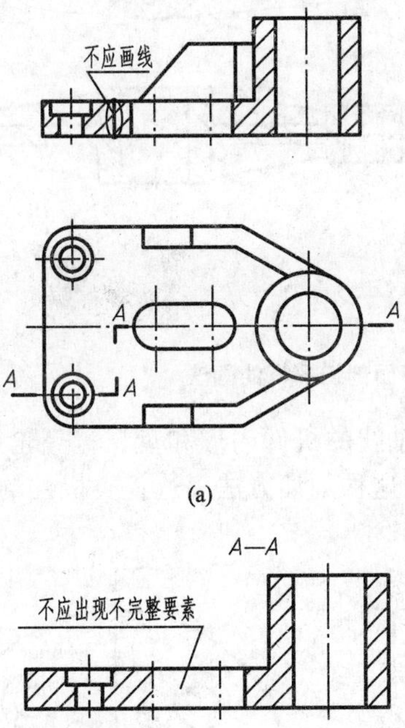

(a)

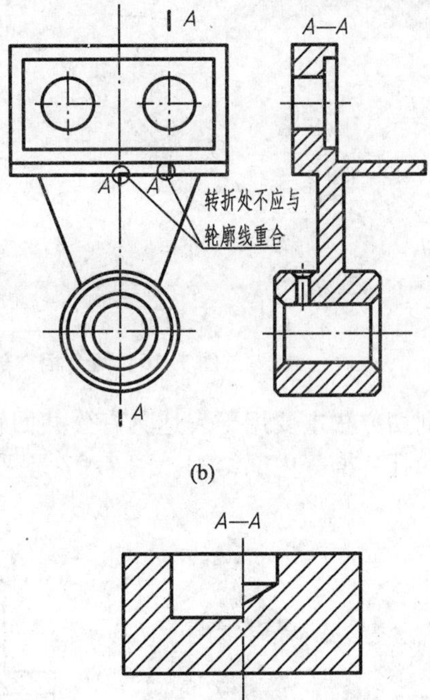

(b)

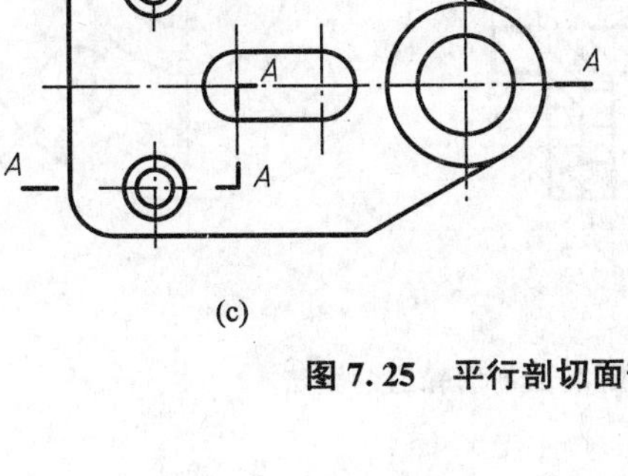

(c)

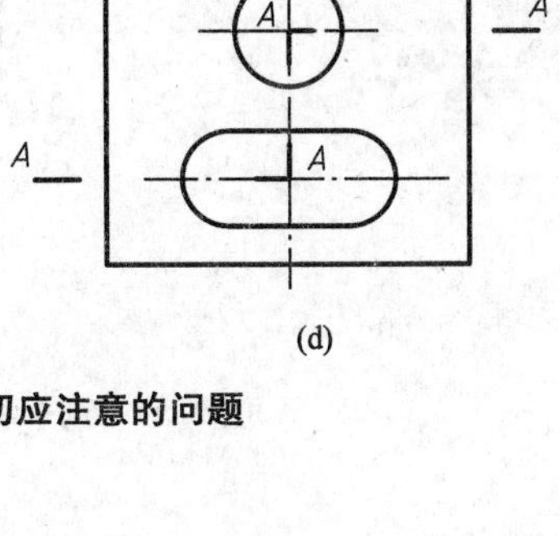

(d)

图 7.25　平行剖切面剖切应注意的问题

(3) 剖切面的转折处不应使图形出现孔、槽等结构的不完整投影，如图 7.25(c)所示。仅当两个要素在图形上具有公共对称中心线或轴线时，可以各画一半，此时应以对称中心线或轴线为界，如图 7.25(d)所示。

3. 几个相交的剖切面(交线垂直于某一基本投影面)

用几个相交的剖切面剖开机件的方法，习惯上称为旋转剖。

如图 7.26(a)所示，采用相交剖切平面剖开机件时，先假想按剖切位置剖开机件，然后将被倾斜剖切面剖开的结构及其有关部分旋转到与选定的基本投影面平行的位置后再进行投射，这样就可以在同一剖视图上表达出两个相交剖切面所剖切到的结构实形，如图 7.26(b)所示。

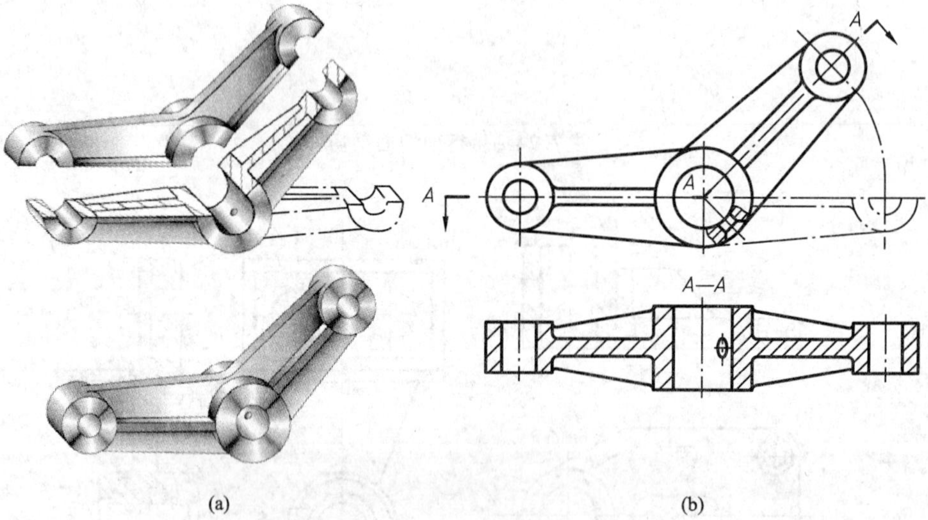

(a) (b)

图 7.26 两个相交剖切面剖切摇杆的画法

这种剖切方法主要用于表达具有公共回转轴线的机件内形和盘、盖、轮等机件的呈辐射状分布的孔、槽等内部结构。图 7.27 是采用这种剖切方法表达盘类机件的例子。

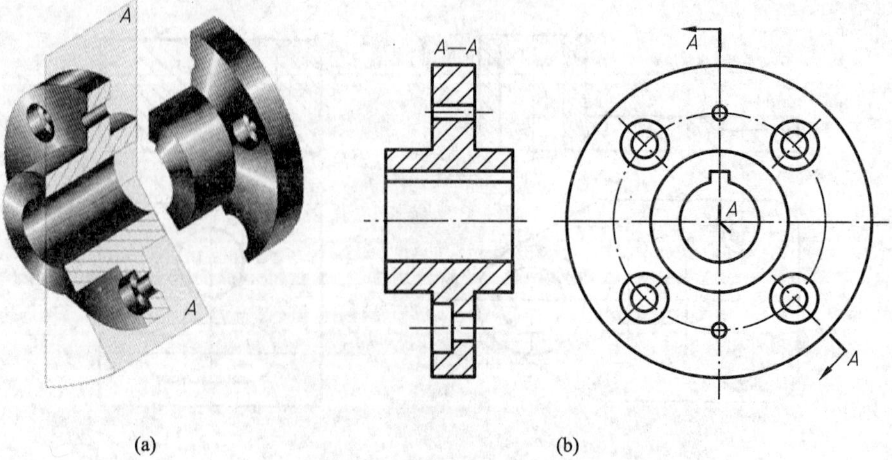

(a) (b)

图 7.27 两个相交剖切面剖切轮盘的画法

采用相交的剖切平面剖切时应注意以下几点。

(1) 几个相交的剖切面必须保证其交线与机件上回转轴线重合，并垂直于某一基本投影面，以反映被剖切结构的实形。如图 7.26 所示，A—A 是两个相交的剖切面，其中一个是水平面，另一个是正垂面，但其交线垂直于正面。

(2) 剖开的倾斜结构及其相关部分旋转到与选定的基本投影面平行的位置后再投影画出，但在剖切面后的其他结构仍按原来位置投影画出，如图 7.26 中的油孔。

(3) 当剖切后产生不完整要素时，应将此部分按不剖绘制，如图 7.28 所示。

(4) 采用相交的剖切平面剖切时必须标注。其标注方法是在剖切面的起讫和转折处用剖切符号表示剖切位置，并注上相同的字母“×”表示剖切名称，在起讫点两端用箭头表示投射方向，且在相应剖视图的上方标注表示剖视名称的字母“×—×”，如图 7.26、图 7.27 所示。

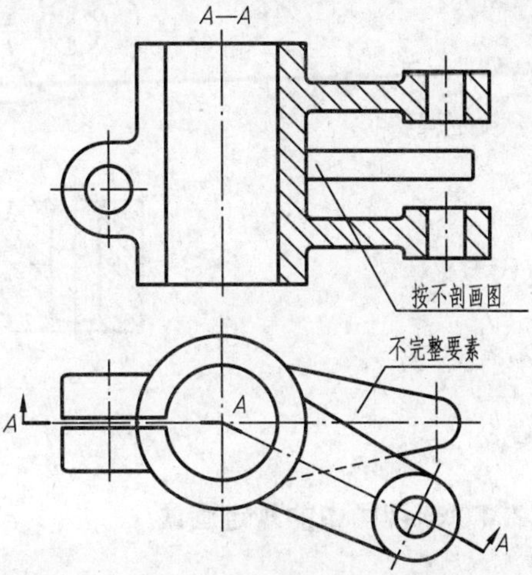

图 7.28　夹臂套筒剖出不完整要素的画法

(5) 如采用 3 个及以上相交剖切面剖开机件时，其剖视图应采用展开画法，即画图时各轴线间的距离不变，并在图形上方中间位置处注写“×—× 展开”，如图 7.29 所示。

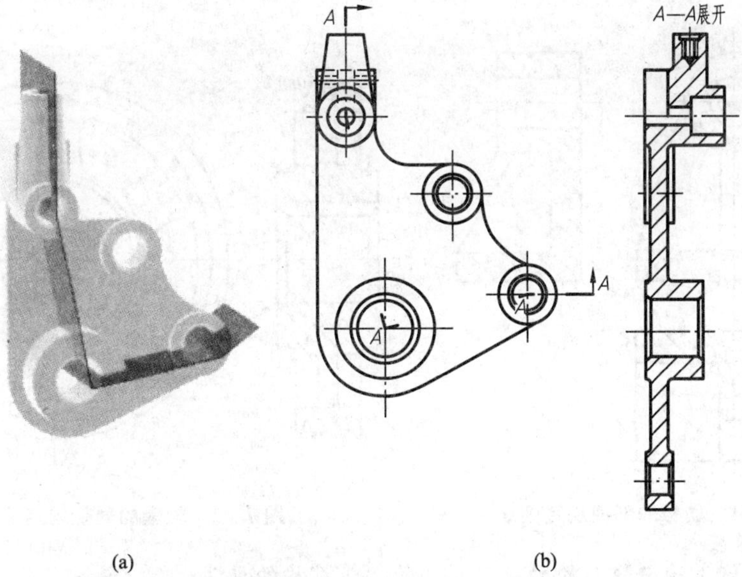

图 7.29　几个相交剖切面剖切机件的展开画法

当用上述剖切方法仍不能完全、清楚地表达机件的内部结构时，可由圆柱面和平面组合剖切机件。用组合的剖切面剖开机件的方法习惯上称为复合剖，如图 7.30 所示。

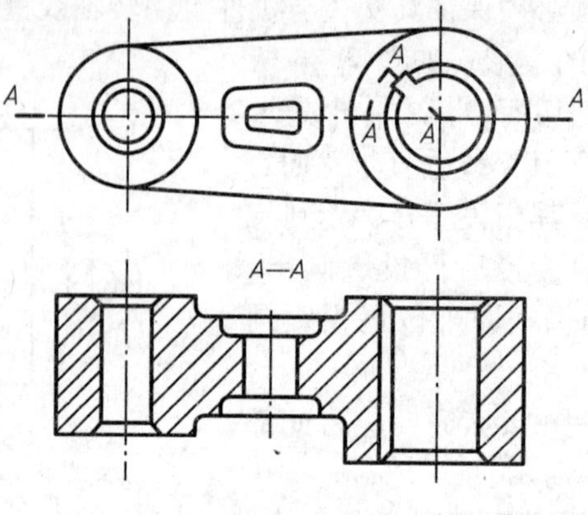

图7.30　用圆柱面和平面剖切机件

7.2.4　剖视图中的规定画法

1. 肋板和轮辐在剖视图中的规定画法

对于机件的肋板、轮辐及薄壁等结构，如剖切面将其纵向剖切时(即沿肋、轮辐等结构厚度方向的对称面剖切)，这些结构都不画剖面符号，而用粗实线将它与其邻接的部分分开，如图7.31左视图、图7.32主视图所示。

当剖切面将肋板和轮辐横向剖切时(即垂直于肋、轮辐等结构厚度方向的对称面剖切)，要在相应的剖视图的剖面区域上画上剖面符号，如图7.31的俯视图。

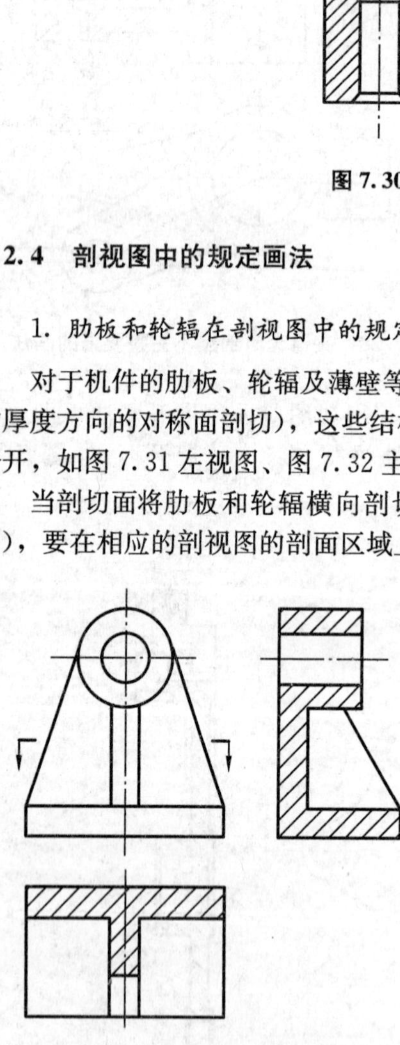

图7.31　肋板的剖视规定画法

图7.32　轮辐的剖视规定画法

2. 回转体上均匀分布的肋板、孔、轮辐等结构的画法

当需要用剖视图表达回转体机件上均匀分布的肋板、孔、轮辐等结构时，而这些结构又不处于剖切面上时，可将这些结构旋转到剖切面的位置上画出，不需加任何标注。

如图7.33(a)所示机件，均布的孔和肋板各剖切到一个，但剖视图中左边要对称地画出肋板，右边要对称地画出旋转后的小孔结构；在图7.33(b)中，虽然没剖切到四个均匀分布的孔，但要将小孔旋转到剖切面位置进行投射，小孔采用了简化画法，即画一个孔的投影，另一个只画中心线。

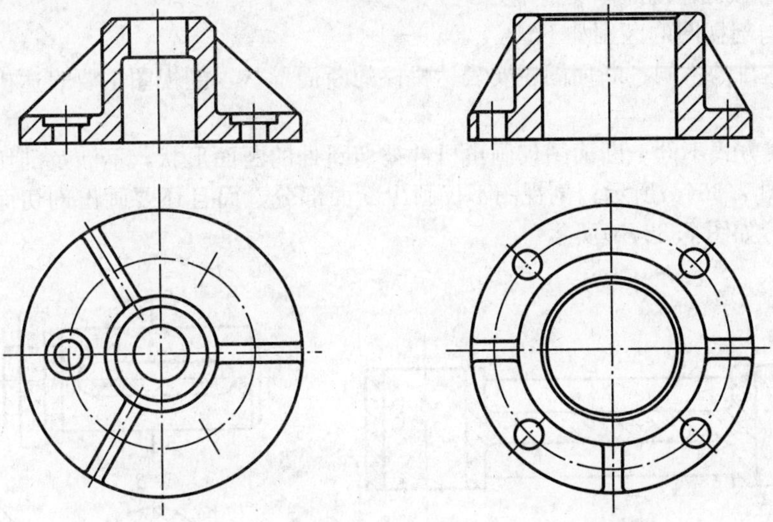

(a)　(b)

图 7.33　均匀分布的孔、肋板的剖视画法

7.3　断　面　图

7.3.1　断面图的概念及分类

1. 断面图的概念

假想用剖切面把机件的某处切断，如图 7.34(a)所示，仅画出剖切面与机件接触部分的图形称为断面图，简称断面，图 7.34(b)所示的 *A—A* 断面。画断面图时，剖切面应与被剖切处的中心线或主要轮廓线垂直。

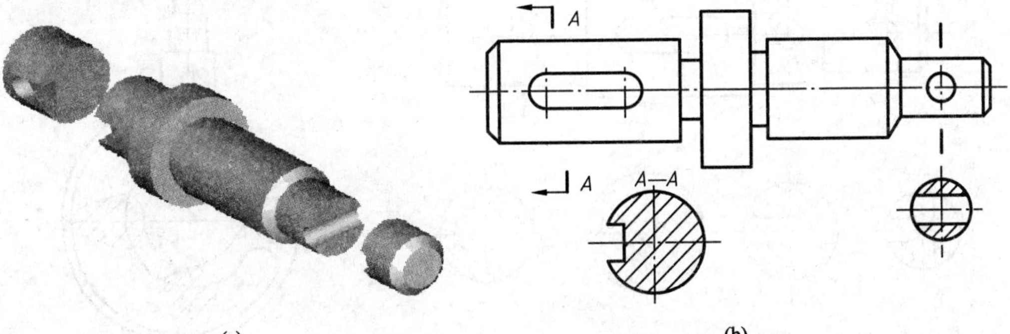

(a)　(b)

图 7.34　断面图(1)

断面图主要用来表达机件某部分截断面的形状。机件上的肋板、轮辐、连接板、型材及杆类零件上的槽、孔等结构常用断面图表达。如图 7.35 所示，俯视图中用断面图表达十字连接板的形状，既简单又清晰。

断面图与剖视图的区别如下。

(1) 表达目的不同。断面图主要表达机件的断面形状，剖视图主要表达机件的内部结构和形状。

(2) 形成方式不同。断面图仅画出机件被切断处的断面形状，不涉及剖切面后面部分的投影，如图 7.36(a)所示；剖视图不仅画出断面部分，而且还要画出剖切面后所有可见部分的投影，如图 7.36(b)所示。

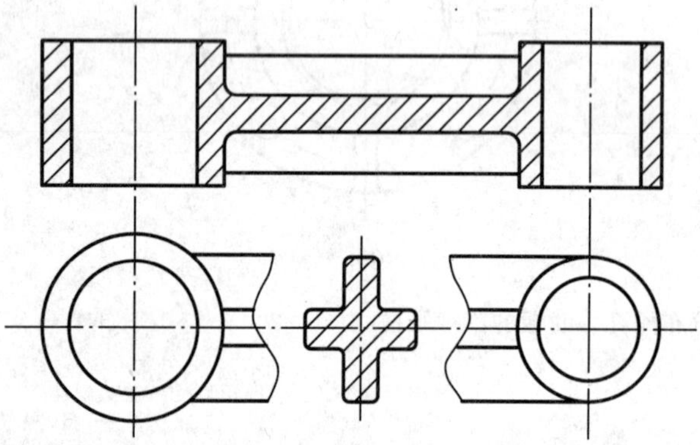

图 7.35　断面图(2)

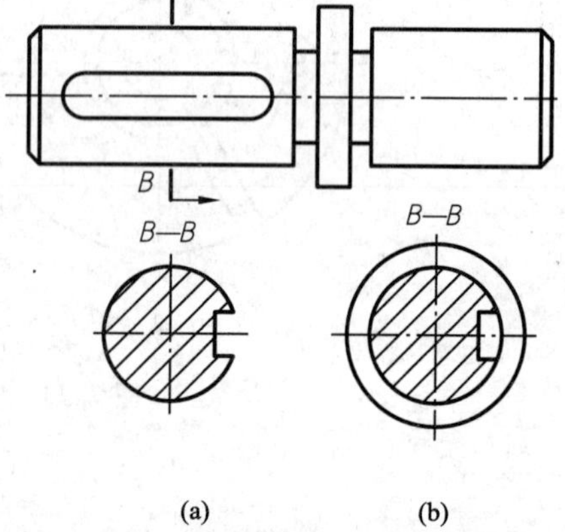

图 7.36　断面图与剖视图的区别

2. 断面图的分类

根据断面图在绘制时所配置的位置不同，断面图可分为移出断面图和重合断面图两种。

(1) 移出断面图。画在视图轮廓线之外的断面图称为移出断面图，如图 7.37 所示。

(2) 重合断面图。画在视图轮廓线之内的断面图称为重合断面图，如图 7.38 所示。

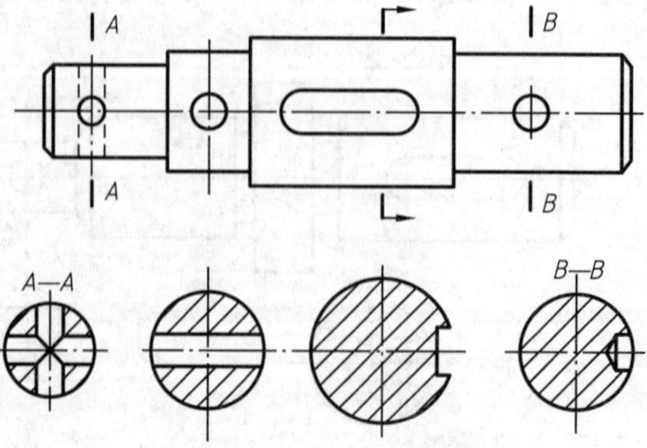

图 7.37　移出断面图

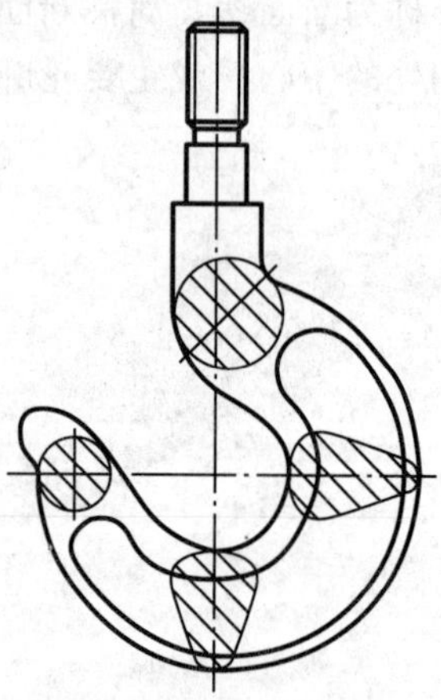

图 7.38　重合断面图

7.3.2　断面图的画法及标注

1. 移出断面图

1) 画移出断面图的注意问题

(1) 移出断面图配置在机件的视图外，其轮廓用粗实线绘制，并在断面上画出规定的剖面符号，如图 7.37 所示。在不致引起误解的情况下，移出断面的剖面线也允许省略不画。

(2) 移出断面图应尽量配置在剖切符号或剖切面迹线(细点画线)的延长线上，如图 7.37(b)、(c)所示。必要时，移出断面图可配置在其他适当位置，如图 7.37(a)、(d)中的 *A*—*A* 截断面和 *B*—*B* 断面图；在不致引起误解时，允许将图形旋转，如图 7.41(c)断面图。

(3) 当移出断面是对称断面(向相两个方向投射得到的断面图相同)时，可画在视图中断处，如图 7.39 所示。

(4) 由两个或多个相交的剖切面剖切机件而得到的移出断面图，图形的中间应断开，断裂线用波浪线表示，如图 7.40 所示。

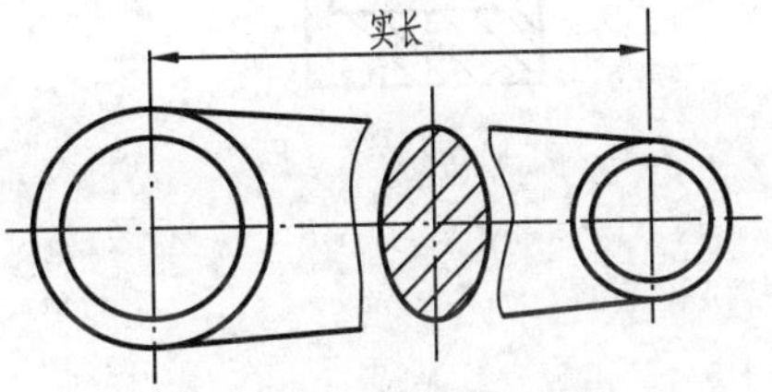

图 7.39　移出断面图(1)

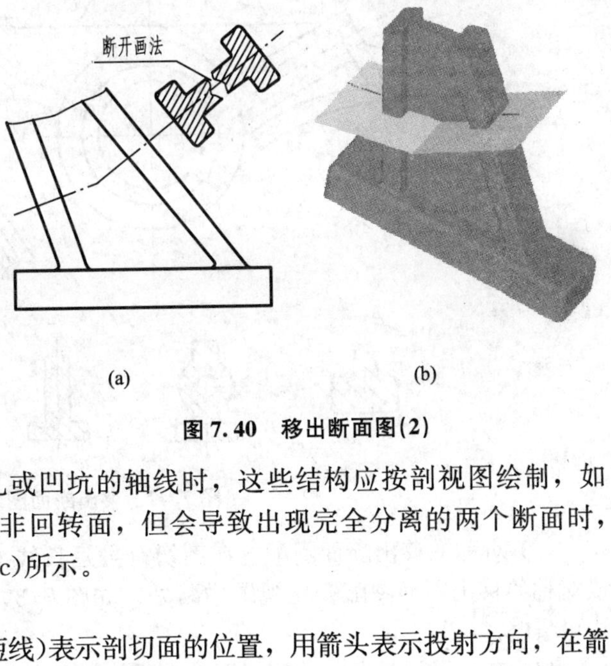

图 7.40　移出断面图(2)

(5) 当剖切面通过回转面形成的孔或凹坑的轴线时，这些结构应按剖视图绘制，如图 7.41(a)、(b)所示；当剖切面通过非回转面，但会导致出现完全分离的两个断面时，这些结构应按剖视图绘制，如图 7.41(c)所示。

2) 移出断面图的标注

移出断面图一般要用剖切符号(粗短线)表示剖切面的位置，用箭头表示投射方向，在箭头附近注写字母表示名称，并在断面图的上方用相同的字母标注“×—×”，如图 7.34(b)所示。

图中的剖切符号和字母在下述情况下可以省略。

(1) 配置在剖切符号或剖切面迹线延长线的移出断面图，可省略表示名称的字母，如图 7.37(b)、(c)所示。

(2) 当不对称移出断面按投影关系配置，如图 7.41(a)断面；或移出断面对称时，如图 7.37(a)、(b)及图 7.42 所示 *A*—*A* 断面，可省略表示投射方向的箭头。

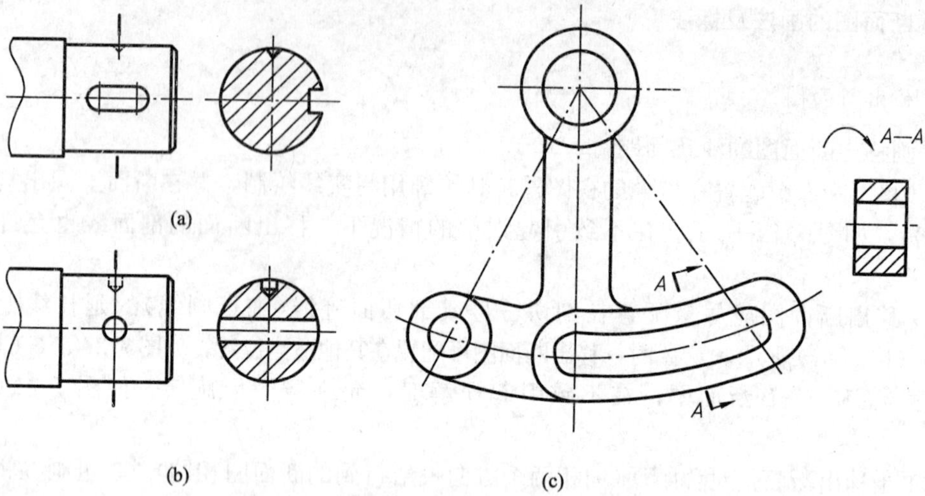

图 7.41 移出断面图(3)

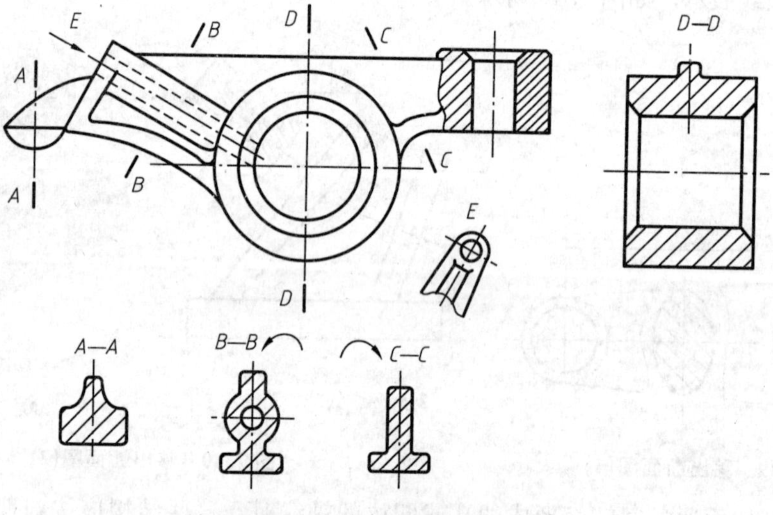

图 7.42 移出断面图的标注

(3) 对称的移出断面图配置在剖切符号延长线上，如图 7.37(b)、图 7.40 所示断面；或对称的移出断面图配置在视图中断处，如图 7.39 所示断面，其剖切符号、箭头、字母均可省略。

(4) 在不致引起误解的情况下，允许将倾斜的断面图摆正，标注时加旋转符号“⌒”或“⌒”，如图 7.42 所示 $B—B$ 和 $C—C$ 断面。

2. 重合断面图

在不影响图形清晰的条件下，断面图可以画在视图内。这种画在视图内的断面图称为重合断面图，如图 7.43 所示。

重合断面图的轮廓线用细实线绘制。当视图中的图线与重合断面的图线重叠时，仍用粗实线将视图中的图线连续画出，不可间断，如图 7.43(a)、(b)所示。

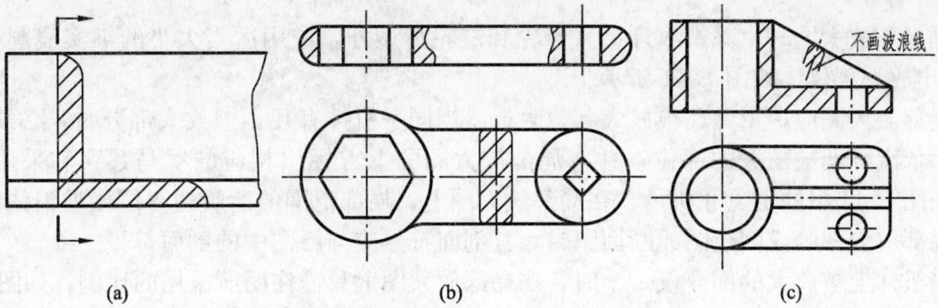

图 7.43　重合断面图

重合断面图的标注应注意以下几个问题。

(1) 由于重合断面是直接画在视图内的剖切位置处，因此标注时可一律省略字母。

(2) 对称的重合断面可不必标注，只需画出剖切线(细点画线)表示剖切位置，如图 7.43(b)、(c)所示。

(3) 不对称的重合断面要标注剖切符号(粗短线)与投射方向(箭头)，如图 7.43(a)所示。

7.4　局部放大图及简化画法

为了方便看图和简化绘图，除用视图、剖视图和断面图表达机件外，国家标准规定的其他表示法还很多，本节仅介绍机件的局部放大图及几种简化画法。

7.4.1　局部放大图

当机件的部分结构在原图中表达不够清晰或不便于标注尺寸时，可将这些细小结构用大于原图形所采用的比例单独画出。这种用大于原图比例画出机件上的局部结构的图形称为局部放大图，如图 7.44 所示。

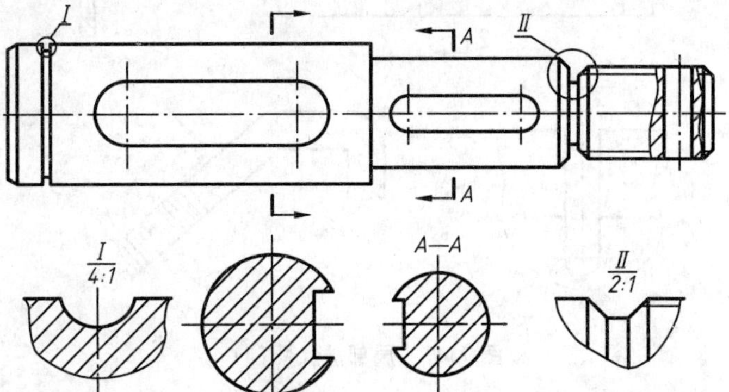

图 7.44　局部放大图(1)

局部放大图可画成视图、剖视图、断面图，它与被放大部分在原图中采用的表达方式无关。

画局部放大图时，除螺纹牙型、齿轮和链轮齿型外，应用适当大小的细实线圆(或椭圆)圈出放大部位，如图 7.44 所示。

局部放大图应尽量画在被放大部位附近。当同一机件有几个被放大部分时，必须用罗马数字依次标明被放大的部位，并在局部放大图的上方标出相应的罗马数字和采用的比例，如图 7.44 中的Ⅰ、Ⅱ所示。在局部放大图上，局部范围的断裂边界线用波浪线画出。如果局部放大图画成剖视图或断面图时，其剖面符号应与原图中的剖面符号一致。

当机件上被放大的部分仅一个时，在局部放大图上只需注明所采用的比例，如图 7.45 所示。在局部放大图表达完整的前提下，允许在原视图中简化被放大部位的图形。

同一机件上不同部位的局部放大图，当图形相同或对称时，只需画出一个，并在几个被放大的部位标注同一罗马数字，如图 7.46 所示。

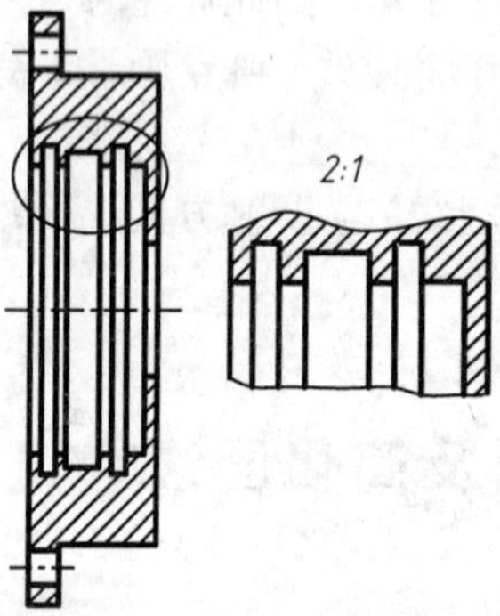

图 7.45　局部放大图(2)

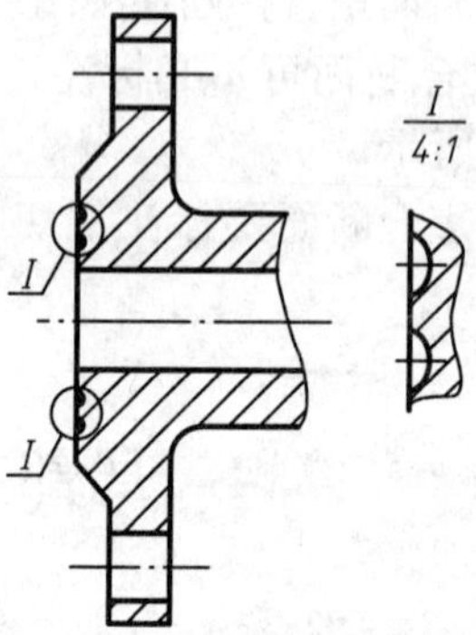

图 7.46　局部放大图(3)

必要时，可用几个视图表达同一个被放大部位的结构，如图 7.47 所示。

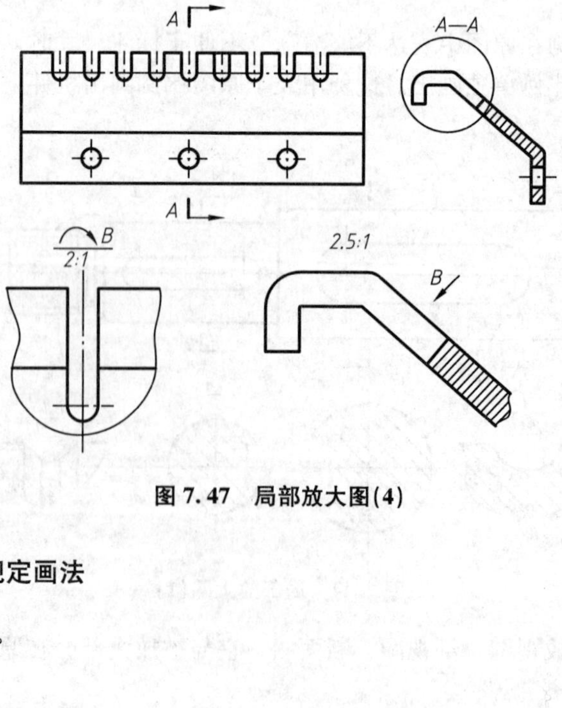

图 7.47　局部放大图(4)

7.4.2　简化画法和规定画法

简化的原则如下。

(1) 简化必须保证不致引起误解和不会产生理解的多义性。

(2) 便于识读和绘制，注重简化的综合效果。

(3) 在考虑便于手工制图和计算机制图的同时，还要考虑缩微制图的要求。

1. 相同要素的简化画法

(1) 当机件具有若干相同结构(如齿、槽等)，并按一定规律分布时，只需画出几个完整的结构，其余用细实线连接，并在零件图中注明结构的总数，如图 7.48 所示。

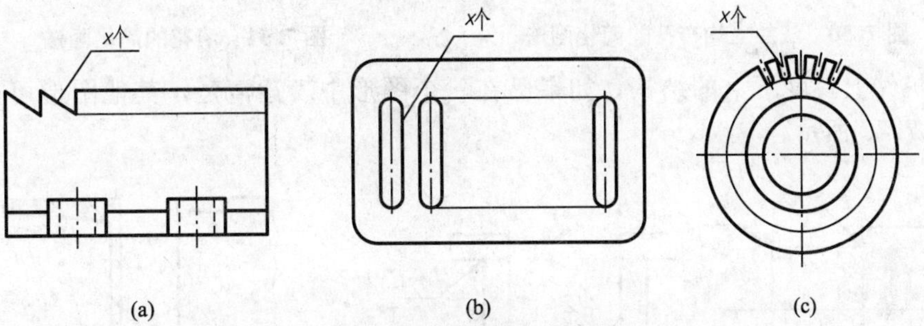

图 7.48　有规律分布的相同结构

(2) 当机件具有若干直径相同且成规律分布的孔(圆孔、螺纹孔、沉孔等)，可以仅画出一个或少量几个，其余只需要用细点画线或“—•—”表示其中心位置，但在零件图中应注明孔的总数，如图 7.49 所示。

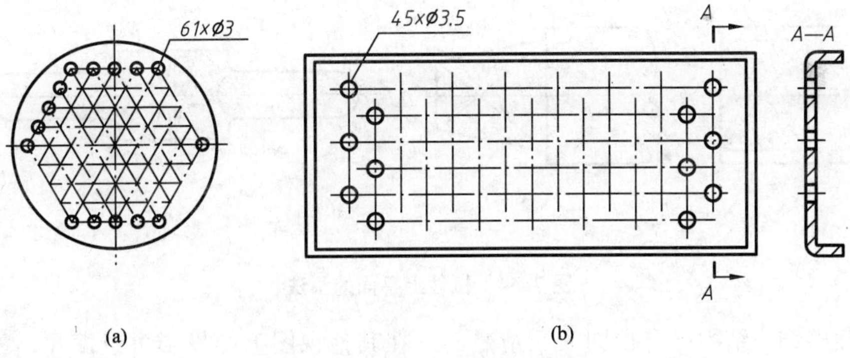

图 7.49　有规律分布的等直径的孔

2. 按圆周分布的孔的画法

圆盘形法兰和类似结构上按圆周均匀分布的孔，可按图 7.50 表示。

3. 网状物及滚花表面的画法

网状物、编织物或机件上的滚花部分，可在轮廓线之内示意地画出一部分细实线，并加旁注或在技术要求中注明这些结构的具体要求，如图 7.51 所示。

4. 机件上细小结构的各种简化画法

(1) 在不致引起误解时，机件上的小圆角、小倒角或 45°小倒角，在图上允许省略不画，但必须注明其尺寸或在技术要求中加以说明，如图 7.52 所示。

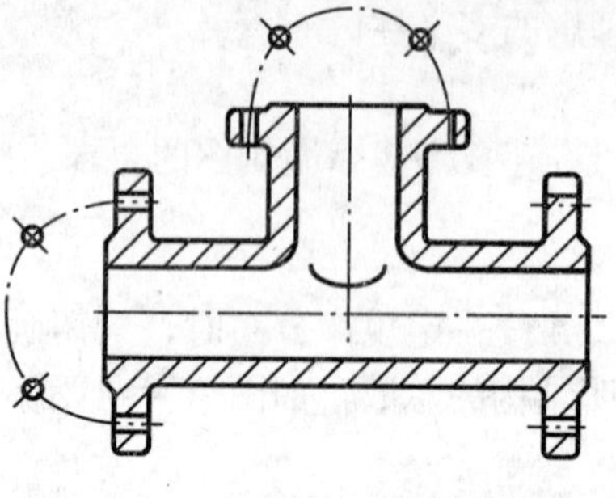

图 7.50　法兰上均布孔的简化画法

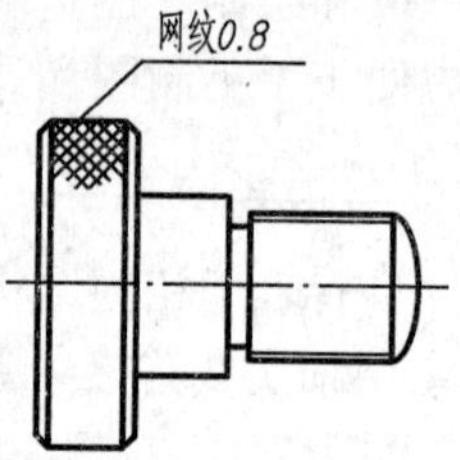

图 7.51　滚花的简化画法

(2) 机件上斜度不大的结构，如果已在一个图形中表达清楚，其他图形可按小端画出，如图 7.53 所示。

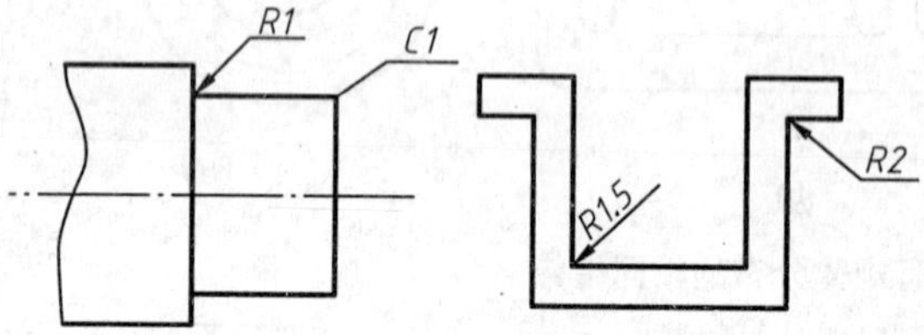

图 7.52　机件上小圆角、小倒角的简化画法

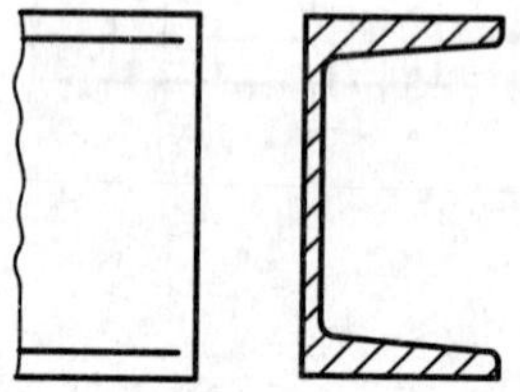

图 7.53　斜度不大结构的简化画法

(3) 机件上的小平面在图形中不能充分表达时，可用平面符号(相交的两条细实线)表示，如图 7.54 所示。

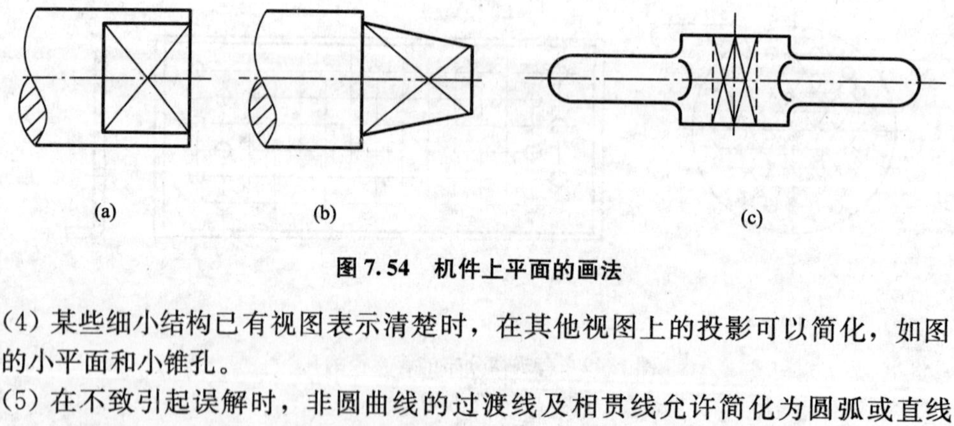

(a)　　(b)　　(c)

图 7.54　机件上平面的画法

(4) 某些细小结构已有视图表示清楚时，在其他视图上的投影可以简化，如图 7.55 所示的小平面和小锥孔。

(5) 在不致引起误解时，非圆曲线的过渡线及相贯线允许简化为圆弧或直线，如图 7.56 所示。

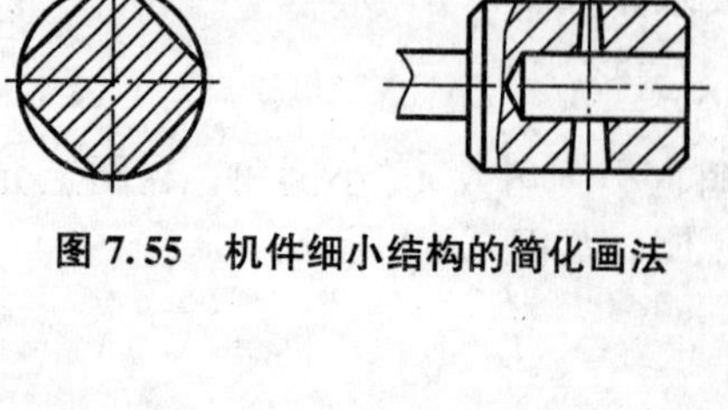

图 7.55　机件细小结构的简化画法

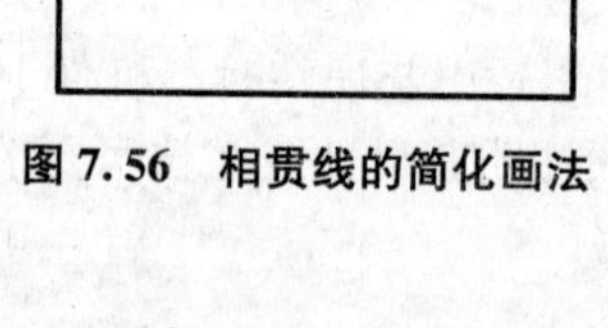

图 7.56　相贯线的简化画法

(6) 机件上对称结构的局部视图，如键槽、方孔等，在不致引起误解时，可按图 7.57 所示方法表示。

(7) 对投影面倾斜角度等于或小于 30°的圆或圆弧，在该投影面上的投影可用圆或圆弧代替，如图 7.58 所示。

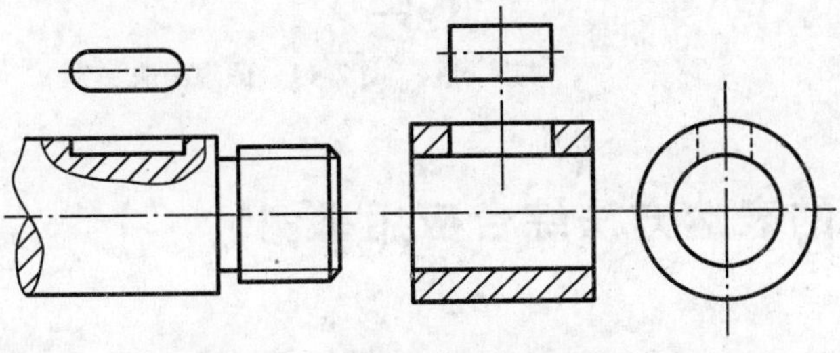

(a)　(b)

图 7.57　机件对称结构的局部视图简化画法

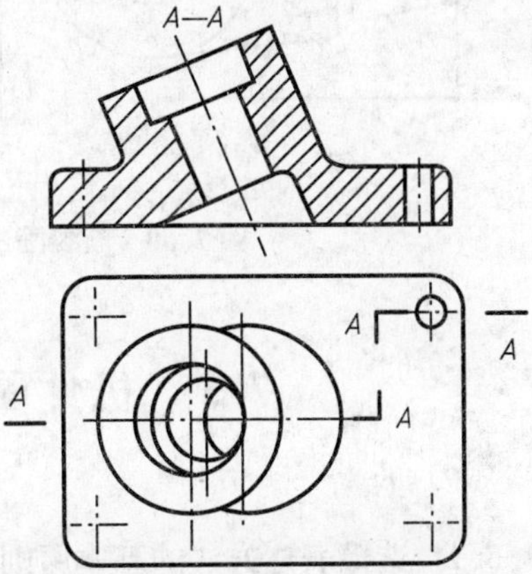

图 7.58　倾角≤30°圆或圆弧的简化画法

5. 对称机件的画法

在不致引起误解时，对称机件的视图可只画出一半或四分之一，并在对称中心线的两端画出两条与其垂直的平行细实线，如图 7.59(a)所示。有时还可用略大于一半画出，如图 7.59(b)所示。

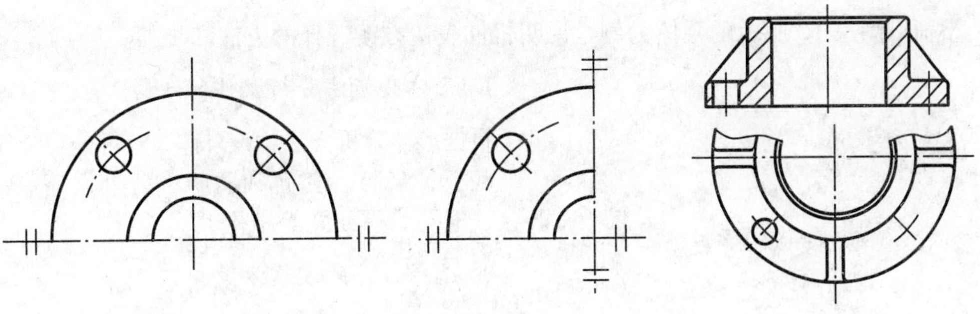

(a)　(b)

图 7.59　对称机件的简化画法

6. 断裂的画法

较长的机件(如轴、杆件、型材、连杆等)沿长度方向的形状一致，或按一定规律变化时，可断开后缩短绘制，但必须按照原来的实际长度标注尺寸，如图 7.60 所示。断裂线用波浪线表示，如图 7.60(a)所示；也可用两条平行的细双点画线表示，如图 7.60(b)所示；断裂线较长时，可用细折线表示。

7. 假想画法

当需要表示位于剖切面之前的结构时，这些结构按假想投影的轮廓线(细双点画线)画出，如图 7.61 所示。

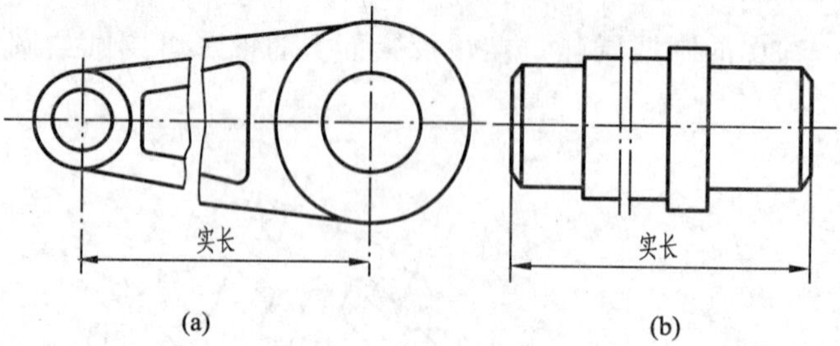

图 7.60 断裂画法图

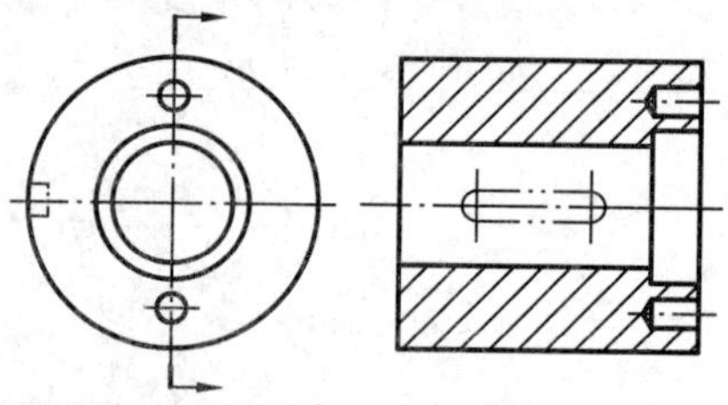

图 7.61 假想画法

7.5 机件图样的表达方法综合应用举例

7.5.1 选择表达方法的基本原则

实际机件的形状是复杂多变的，在绘制机械图样时，应根据机件的具体结构形状选用适当的表达方法，而一个机件往往可以选用几种不同的表达方案。选择表达方案的原则是：在完整、清晰地把机件的结构形状表达清楚的前提下，要力求绘图简便、读图方便，并便于标注尺寸。

7.5.2 表达方案选择的方法与步骤

下面以图 7.62 所示的泵体为例，说明机件表达方案选择的方法和步骤。

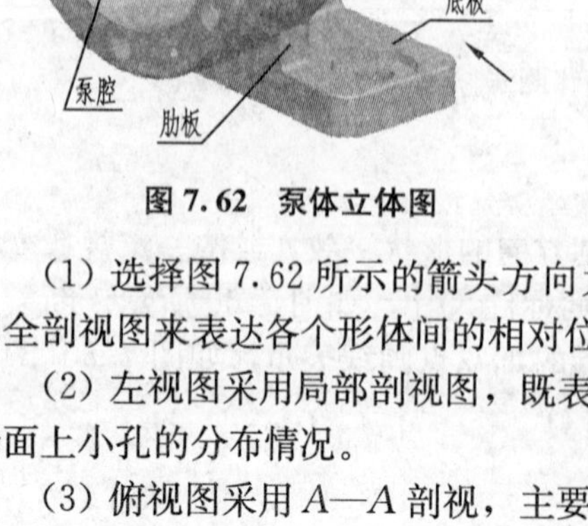

图 7.62 泵体立体图

1. 形体分析法分析机件的结构

根据形体分析方法，该泵体大致可分 4 个部分：底板、泵腔、套筒和肋板。此外，还有一些凸台、通孔、螺纹孔等结构。

2. 选择机件的表达方案

首先选择主视图，通常选择最能表达机件内外结构的形状特征和位置特征方向作为主视图的投射方向；其次选择其他视图，选择其他视图时要围绕主视图，将其没有表达完整的结构表达清楚。图 7.62 所示泵体的表达方案确定如下。

(1) 选择图 7.62 所示的箭头方向为主视图投射方向，由于机件左、右不对称，故采用全剖视图来表达各个形体间的相对位置及它们的内部形状。

(2) 左视图采用局部剖视图，既表达前、后两凸台的内部结构，又可清楚表达泵腔左端面上小孔的分布情况。

(3) 俯视图采用 $A—A$ 剖视，主要表达底板的形状及连接肋板的形状和位置。

采用以上 3 个剖视图，已将泵体的主要结构基本表达清楚，对泵体上的一些细小结构，另外还选择 K 向视图表达套筒右端面小孔的分布情况。泵体的表达方案如图 7.63 所示。

3. 标注尺寸

尺寸标注时应按形体分析法标注定形尺寸，并考虑按长、宽、高 3 个方向选择尺寸基准标注定位尺寸。一般选择重要孔的轴线、中心线、对称平面或较大的加工面等作为它们的长、宽、高方向的主要基准。如图 7.63 所示，长度方向以左端面为主要基准，由尺寸 16 确定 Φ82 结构的长度，尺寸 30 确定 Φ60 孔的深度，尺寸 28 确定底板长度方向的位置；泵体底面为其安装面，高度方向以泵体底面为主要基准，以尺寸 50 确定各回转体轴线位置，然后以该轴线为辅助基准标注各回转体的直径；宽度方向以泵体对称面为主要基准，标注底板定形尺寸 96、底板安装孔的定位尺寸 74 及左右凸台的定位尺寸 86 等。

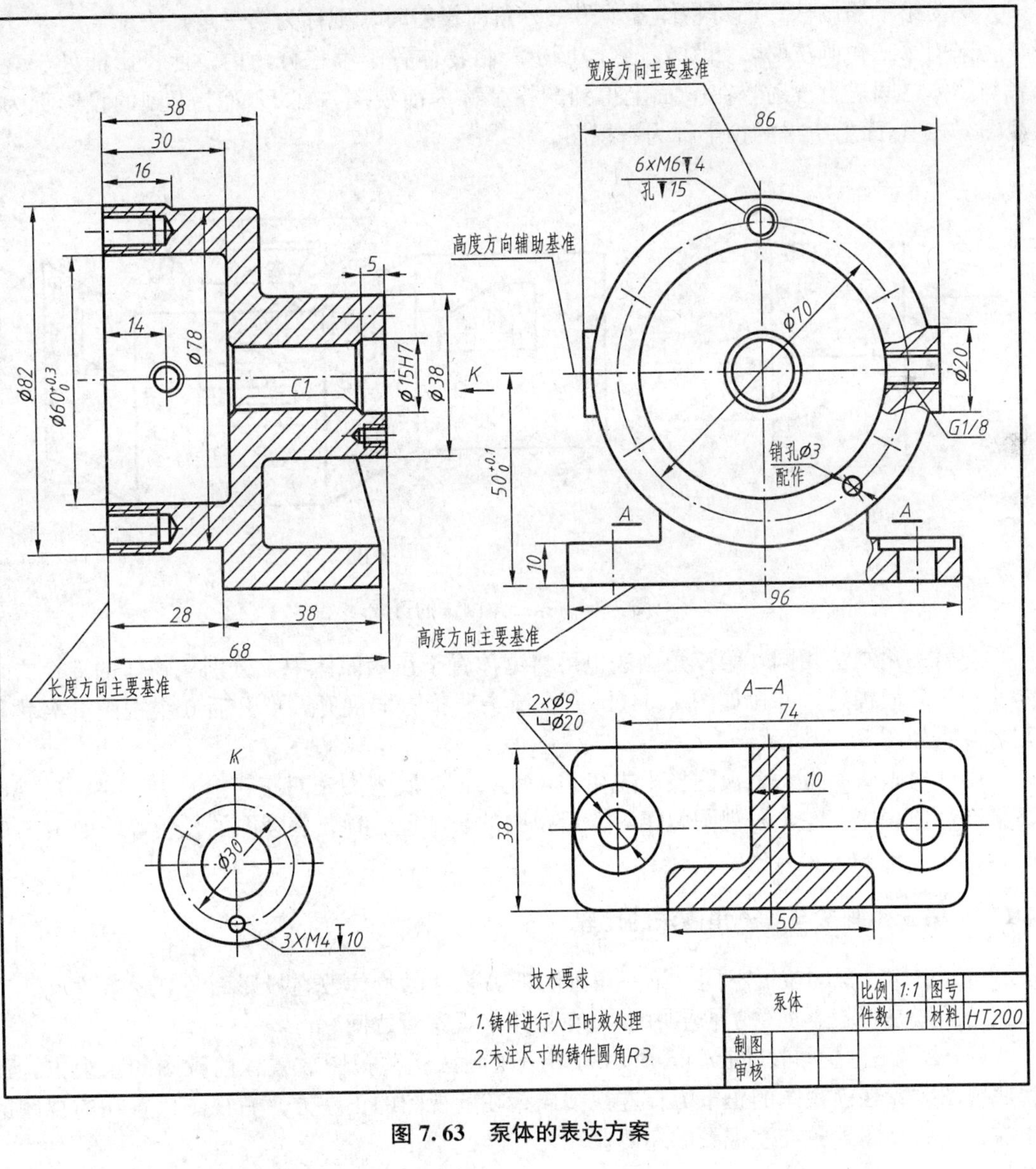

图 7.63　泵体的表达方案

7.6　第三角画法简介

在绘制机械图样时，虽然世界各国大都采用正投影法表达机件的结构形状，但有些国家采用第一角画法，如中国、英国、德国及俄罗斯等；也有一些国家采用第三角画法，如美国、日本等。为了便于进行国际的技术交流，本节对第三角画法作简单的介绍。

7.6.1　第三角画法的形成

绘制机械图样时应采用投射线与投影面垂直的正投影法。如图 7.64(a)所示，空间两个互相垂直的投影面，把空间分成 4 个分角Ⅰ、Ⅱ、Ⅲ、Ⅳ。将物体置于第一分角内投射，称为第一角画法；而将物体置于第三分角内投射时，则称为第三角画法。

采用第三角画法时，如图 7.64(b)所示，将物体置于第三分角内，使投影面处于观察者与物体之间进行投射，在 V 面上得到的投影称为前视图，在 H 面上得到的投影称为顶视图，在 W 面上所得的投影称为右视图。

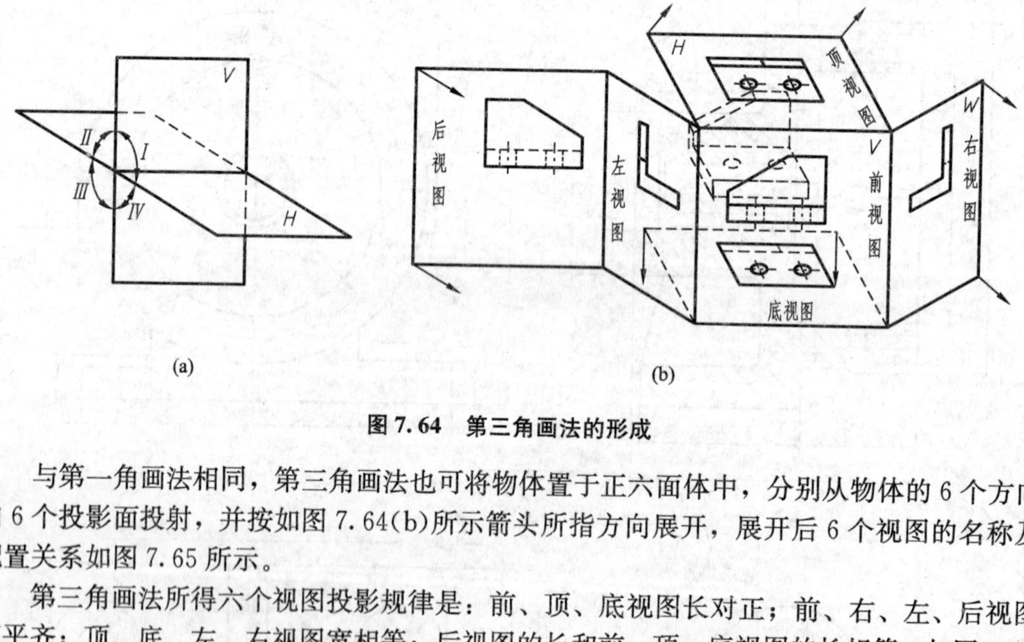

图 7.64　第三角画法的形成

与第一角画法相同，第三角画法也可将物体置于正六面体中，分别从物体的 6 个方向向 6 个投影面投射，并按如图 7.64(b)所示箭头所指方向展开，展开后 6 个视图的名称及配置关系如图 7.65 所示。

第三角画法所得六个视图投影规律是：前、顶、底视图长对正；前、右、左、后视图高平齐；顶、底、左、右视图宽相等；后视图的长和前、顶、底视图的长相等，如图 7.65 所示。

7.6.2　第三角画法与第一角画法的比较

(1) 物体放置的位置不同。第一角画法把被表达的物体放在投影面与观察者之间，而第三角画法是将投影面(视为透明的)放在物体与观察者之间。

(2) 视图配置不同。图 7.65 所示为第三角画法将顶视图放置在前视图的正上方，而将底视图放置在前视图的正下方；左视图放置在前视图的正左方；右视图放置在前视图的正右方；后视图置放在左视图的左侧。

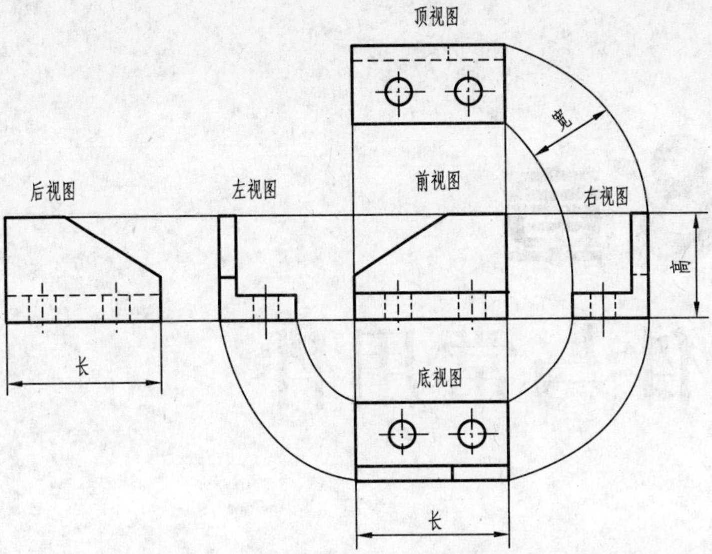

图 7.65　第三角画法 6 个视图的配置

7.6.3　两种投影法的识别符号

国际标准 ISO 128—1982 规定，第一角画法和第三角画法等效使用。为便于识别这两种画法，特规定在图纸的标题栏内填写规定的识别符号。图 7.66 所示是 GB/T 14692—1993 中规定的识别符号。

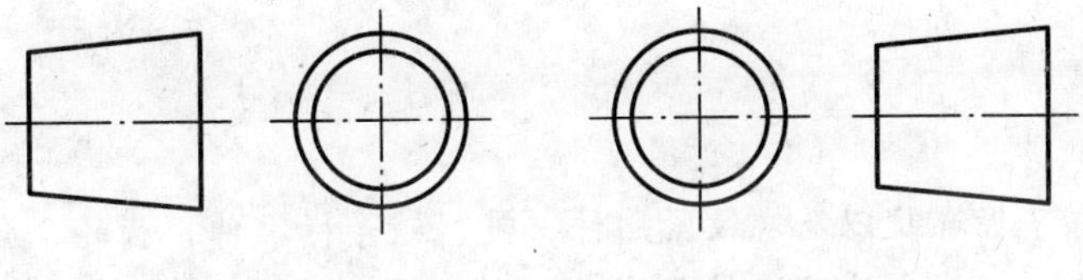

(a) 第一角画法　　(b) 第三角画法

图 7.66　第一角、第三角画法的标识符号

第 8 章

标准件与常用件

教学提示

在机器或仪器中，有些大量使用的零件，如螺栓、螺钉、螺母、键、销、滚动轴承等用于紧固和连接，它们的结构、尺寸、规格、标记和技术要求等均已标准化，此类零件统称为标准件；另外大量使用的齿轮、弹簧等零件用于机械的传动、支承和减振，它们的部分参数实行标准化、系列化，被称为常用件。本章主要介绍这些零件的结构、规定画法和标注方法。

教学要求

本章要求熟练掌握螺纹以及螺纹紧固件、键、销等标准件，齿轮、弹簧等常用件的基本知识、规定画法、标注方法及连接画法。

如图 8.1 所示，任何机器或设备都由若干零件按一定方式组合而成。其中，螺纹紧固

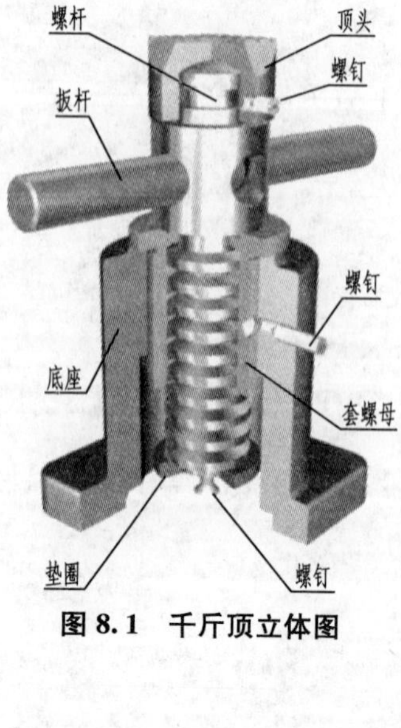

图 8.1　千斤顶立体图

件及其它连接件在装配和安装中广泛使用，还有齿轮、滚动轴承、弹簧等零件经常用于机械传动和支撑。由于这些零件应用广泛，需求量大，为了便于制造和使用，提高生产效率，国家标准将它们的结构、形式、画法、尺寸精度等全部或部分地进行了标准化。本章主要介绍这些标准件和常用件的结构、规定画法和标注方法。

8.1　螺　　纹

螺纹是指在圆柱(圆锥)等回转体的内外表面上，沿着螺旋线所形成的、具有相同断面形状(如三角形、矩形、锯齿形等)的连续凸起和凹槽结构。其中，在外表面上形成的螺纹，称为外螺纹(如螺钉)；在内表面上形成的螺纹，称为内螺纹(如螺母)，内外螺纹需成对使用。

螺纹的加工方法较多，如在车床上车削，也可用成形刀具(如丝锥、板牙)加工，如图 8.2 所示。

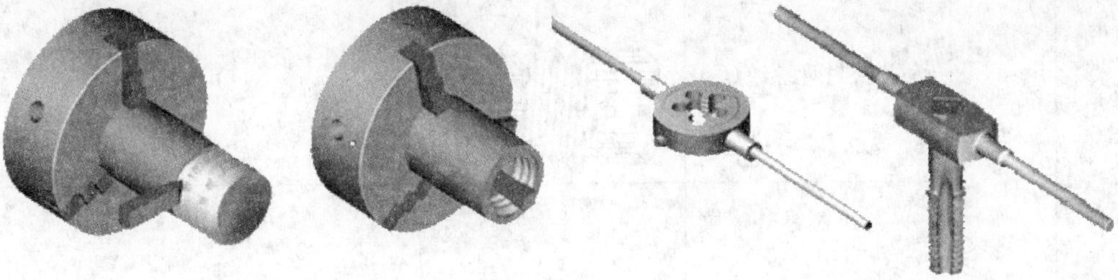

(a) 车床加工外螺纹　(b) 车床加工内螺纹　(c) 板牙(左)和丝锥(右)

图 8.2　螺纹加工方法

加工直径比较小的内螺纹，先用钻头钻出光孔，再用丝锥攻丝，因钻头的钻尖顶角为 118°，所以为画图方便起见，不通孔的锥顶角应画成 120°，如图 8.3 所示。

8.1.1　螺纹的要素

螺纹由牙型、直径、线数、螺距和导程、旋向 5 个要素确定。内、外螺纹要成对使用，使用时，内、外螺纹的 5 个要素必须完全相同，否则不能旋合。

1. 牙型

在加工螺纹的过程中，由于刀具的切入(或压入)构成了凸起和沟槽两部分，凸起的顶端称为螺纹的牙顶，沟槽的底部称为螺纹的牙底，在通过螺纹轴线的断面上，螺纹的轮廓形状称为牙型，常见的螺纹牙型有三角形、梯形、锯齿形等，如图 8.4 所示。螺纹的牙型标志着螺纹的特征，不同的牙型有不同的用途，见表 8-1。

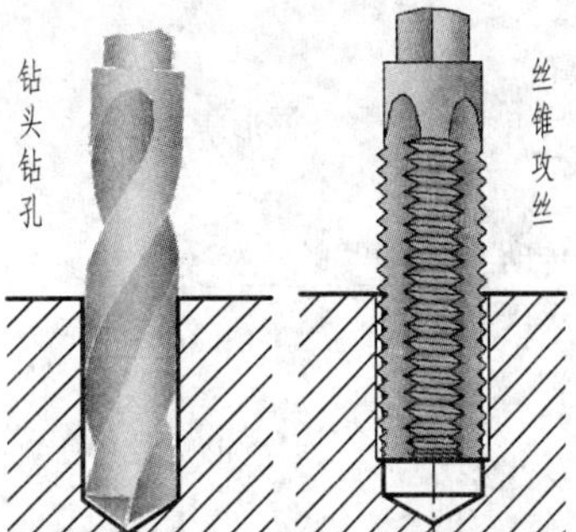

图 8.3　丝锥加工内螺纹

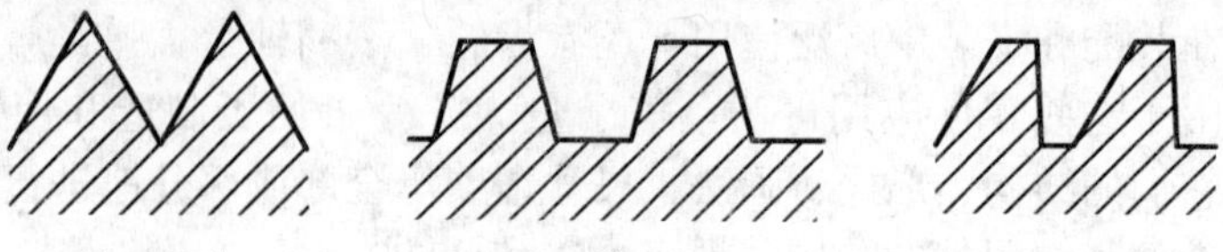

(a) 三角形　　(b) 梯形　　(c) 锯齿形

图 8.4　螺纹的牙型

表 8-1　常用螺纹的种类、代号和用途

螺纹种类及牙型代号				牙型及牙型角	说明
连接螺纹	普通螺纹	粗牙普通螺纹(M)		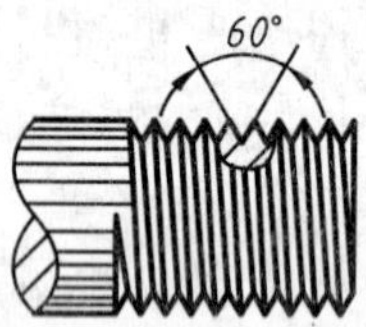	用于一般零件的连接，是应用最广泛的连接螺纹
		细牙普通螺纹(M)			对同样的公称直径，细牙比粗牙的螺距小，多用于精密零件、薄壁零件的连接。
	管螺纹	55°非密封管螺纹(G)		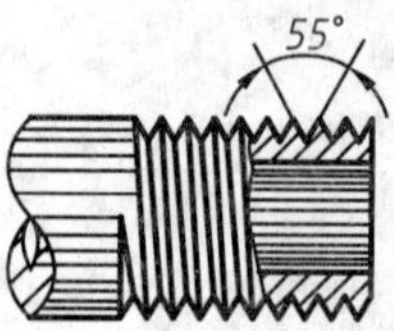	常用于低压管路系统连接的旋塞等管件附件中
		55°密封管螺纹	圆锥外螺纹(R)	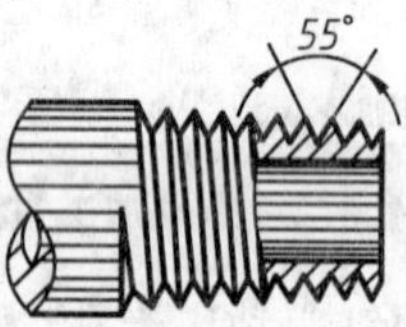	适用于密封性要求较高的水管、油管、煤气管等中、高压的管路系统中
			圆锥内螺纹(R_c)		
			圆柱内螺纹(R_p)		
传动螺纹	梯形螺纹(Tr)			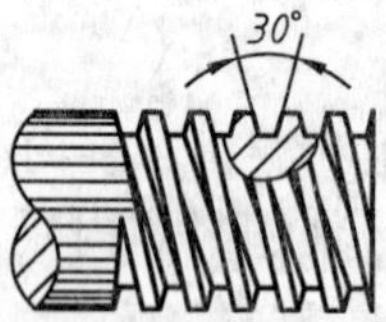	用于须承受两个方向轴向力的场合，如各种机床的传动丝杆等
	锯齿形螺纹(B)			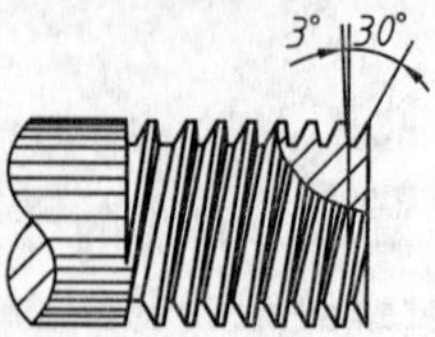	用于只承受单向轴向力的场合，如虎钳、千斤顶的丝杠等

2. 螺纹的直径

代表螺纹基本尺寸的直径称公称直径，又称螺纹大径，是与外螺纹牙顶或内螺纹牙底相切的假想圆柱面的直径；与外螺纹牙底或内螺纹牙顶相切的假想圆柱面的直径称为螺纹小径；在大径和小径之间，通过牙型上沟槽和凸起轴向宽度和厚度相等处的假想圆柱面的直径，称为螺纹中径。

如图 8.5 所示，外螺纹大径、小径、中径分别用 d、d_1、d_2 表示；内螺纹大径、小径、中径分别用 D、D_1、D_2 表示。

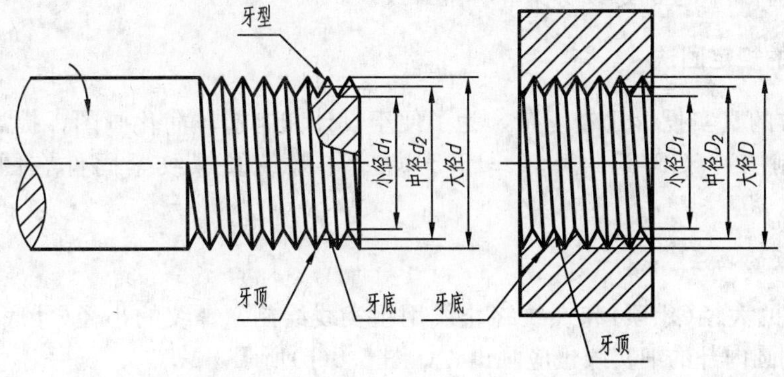

(a) 外螺纹　　(b) 内螺纹

图 8.5　螺纹的直径

3. 线数

在同一圆柱(锥)面上切削螺纹的条数即线数，有单线和多线之分，用 n 表示。沿一条螺旋线形成的螺纹称为单线螺纹，沿两条或两条以上螺旋线形成的且在轴向等距分布的螺纹称为多线螺纹。图 8.6(a)所示为单线螺纹，$n=1$；图 8.6(b)所示为多线螺纹，$n=2$。

4. 螺距和导程

如图 8.6 所示，相邻两牙在螺纹中径线上对应两点间的轴向距离称为螺距，用 P 表示；同一条螺旋线上相邻两牙在中径线上对应两点间的轴向距离称为导程，用 S 表示。对于单线螺纹，$S=P$；对于多线螺纹，$S=nP$。

5. 旋向

旋向是指螺纹旋进的方向。如图 8.7 所示，顺时针旋转时旋入的螺纹，称右旋螺纹；

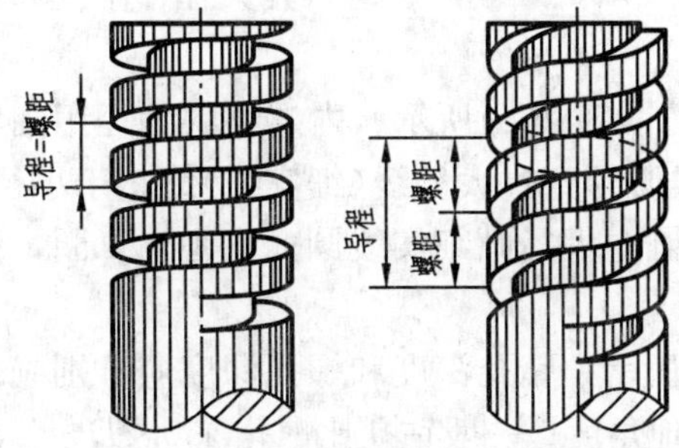

(a) 单线　　(b) 双线

图 8.6　螺纹的线数、螺距和导程

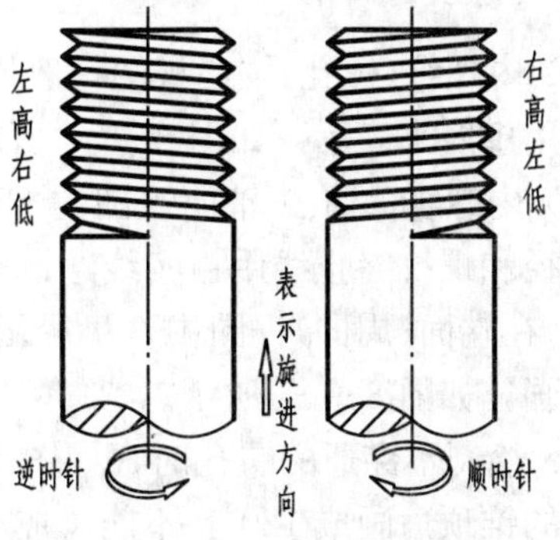

(a) 左旋　　(b) 右旋

图 8.7　螺纹的旋向

逆时针旋转时旋入的螺纹称为左旋螺纹，工程中采用右旋螺纹居多。判断旋向时还可以将外螺纹轴线垂直放置，螺纹可见部分左低右高为右旋，反之为左旋。

在螺纹五要素中，牙型、公称直径和螺距是决定螺纹的最基本要素，该三要素都符合国家标准的称为标准螺纹；若牙型符合标准，而公称直径、螺距不符合标准的称为特殊螺纹；而牙型不符合标准的螺纹称为非标准螺纹。

8.1.2　螺纹的规定画法

由于螺纹的真实投影比较复杂，为了便于设计和制造，简化画图，提高效率，国家标准《机械制图》(GB/T 4459.1—1995)规定了螺纹及螺纹紧固件在图样中的表示方法。

1. 外螺纹的画法

(1) 螺纹的大径(牙顶)和螺纹终止线用粗实线绘制，螺纹的小径(牙底)用细实线绘制，倒角或倒圆内部的细实线也应画出，如图8.8(b)所示。

(2) 在投影为圆的视图中，大径(牙顶)画粗实线圆，小径(牙底)画细实线圆，只画3/4圈，直径通常画成0.85d，倒角圆省略不画。如图8.8(b)、(c)所示。

(3) 在剖视图中，螺纹终止线只画出大径和小径之间的一段粗实线；剖面线穿过小径线(细实线)终止于大径线(粗实线)，如图8.8(c)所示。

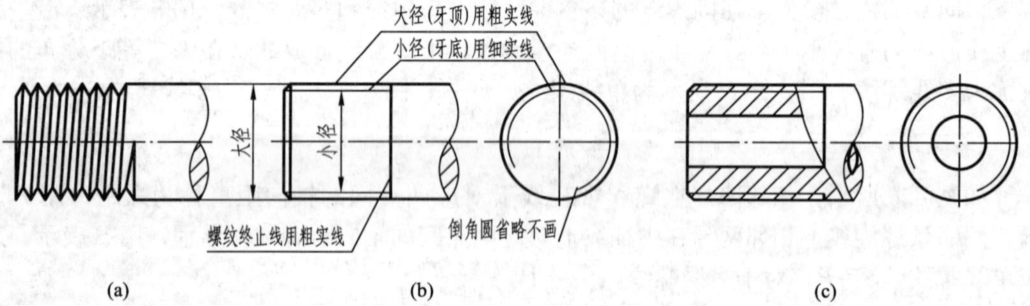

图8.8　外螺纹的画法

2. 内螺纹的画法

(1) 内螺纹(螺孔)轴向视图一般用剖视图表示，未被剖切时，其大径、小径和螺纹终止线均用虚线来表示，如图8.9(a)所示。

(2) 内螺纹(螺孔) 轴向视图的剖视图，如图8.9(b)所示。内螺纹的大径用细实线绘制，小径和螺纹终止线用粗实线绘制，剖面线必须穿过大径线(细实线)终止于小径线(粗实线)。在端面(周向)视图中，小径画粗实线圆，大径画细实线圆，只画3/4圈，倒角圆省略不画，如图8.9(c)所示。

(3) 绘制不穿通的螺孔时，如图8.10(a)所示，钻孔深度和螺孔深度应分别画出，钻孔底部的锥顶角画成120°，不能画成90°或其他角度；一般钻孔比螺孔深0.2D～0.5D。

(4) 两螺纹孔相贯或螺纹孔与光孔相贯时，其相贯线按螺纹的小径画出，如图8.10(b)、(c)所示。

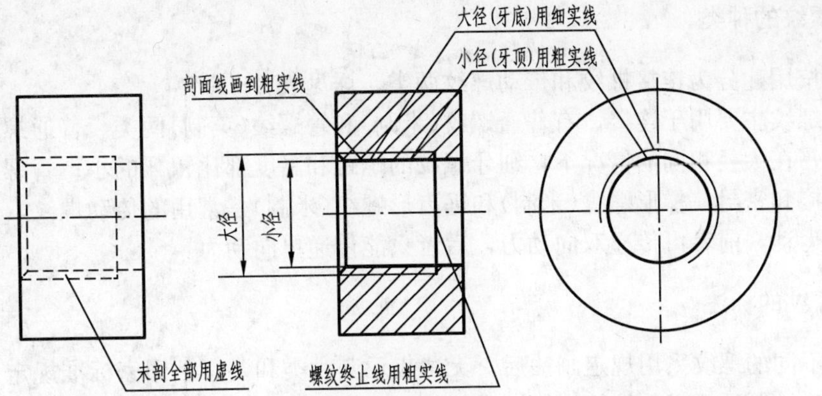

(a) 轴向视图未剖画法　(b) 轴向视图剖开画法　(c) 端面(周向)视图画法

图 8.9　内螺纹的画法

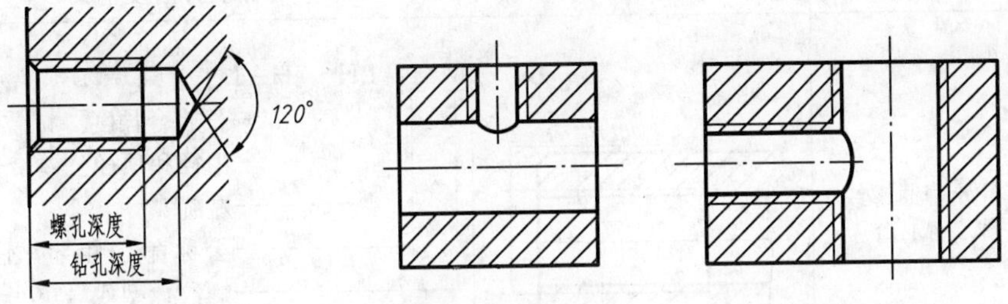

(a) 不通螺孔剖开画法　(b) 螺孔与光孔内相贯　(c) 螺孔与螺孔内相贯

图 8.10　不通螺孔及螺孔相贯的画法

3. 内、外螺纹连接画法

当内、外螺纹连接构成螺纹副时，常采用剖视画出。在剖视图中，其旋合部分应按外螺纹的画法绘制，其余非旋合部分按各自的画法表示，如图 8.11 所示。应该注意：内螺纹的大径与外螺纹的大径，内螺纹的小径与外螺纹的小径(相应的粗、细实线)应分别对齐，剖面线终止于粗实线处。

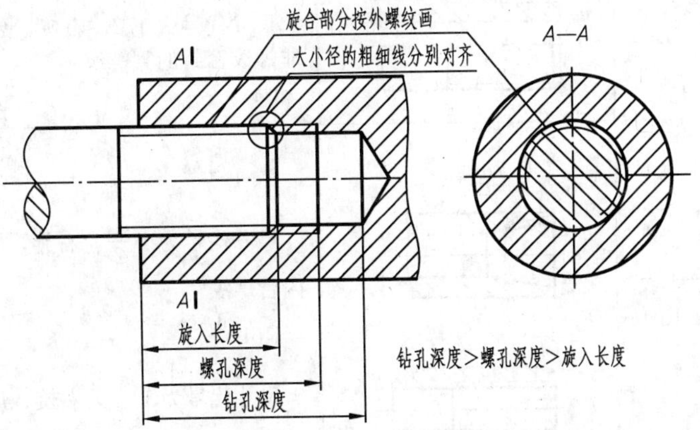

图 8.11　螺纹副的画法

8.1.3　螺纹的种类

螺纹按用途分为连接螺纹和传动螺纹两类，详见表 8－1。

连接螺纹主要用于连接，有普通螺纹(米制)和管螺纹(英制)两类。普通螺纹分细牙和粗牙两种，在大径相同的情况下，细牙螺纹的螺距和高度都比粗牙的小；管螺纹主要用于管子的连接和密封；梯形螺纹(米制)和锯齿形螺纹(米制)是常用的传动螺纹，主要用于传递动力和运动，前者可传递双向动力，后者只能传递单向动力。

8.1.4　螺纹的标注

由于不同的螺纹采用规定画法后，无法表示其种类和要素，国家标准规定，螺纹在按照规定画法绘制后，必须按规定格式进行标注。标注图例、标注方法及其含义见表 8－2。

表 8－2　常用螺纹的标注及图例

螺纹种类		标注图例	标注方法及含义
普通螺纹	粗牙普通螺纹(M)	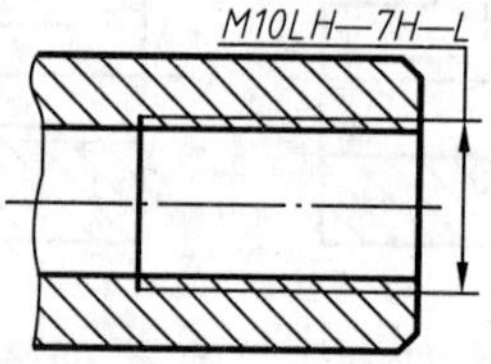	M 10 LH—7H—L 长旋合长度 中径和顶径公差带代号 左旋 公称直径(粗牙，不标注螺距) 螺纹牙型代号 公称直径为 10，左旋，中径和顶径公差带代号为 7*H*，长旋合长度的普通粗牙内螺纹
	细牙普通螺纹(M)	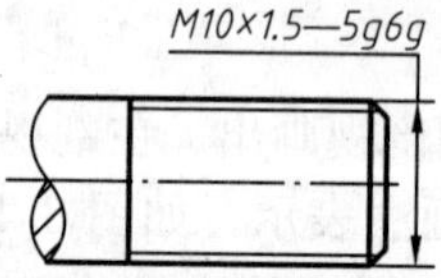	M10×1.5—5g6g 公称直径为 10，螺距为 1.5，右旋，中径和顶径公差带代号为 5*g*、6*g*，中等旋合长度的普通细牙外螺纹
管螺纹	55°非密封管螺纹(G)	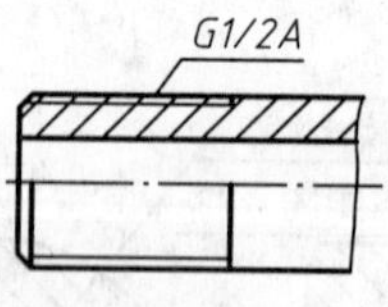	G1/2A 尺寸代号为 1/2，右旋，公差等级为 *A* 级的非螺纹密封的管螺纹
	55°密封管螺纹(R、Rc、Rp)	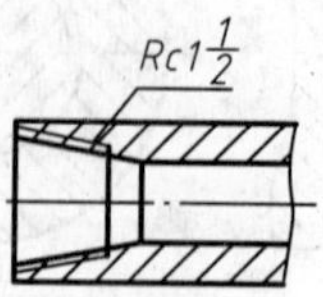 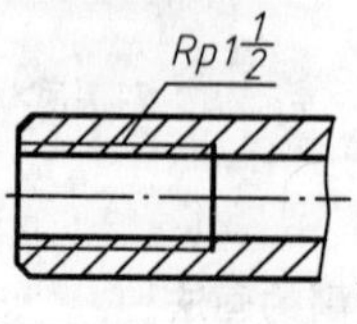	Rc $1\frac{1}{2}$ 尺寸代号为 $1\frac{1}{2}$，右旋，用螺纹密封的圆锥内管螺纹 Rp1 $\frac{1}{2}$ 尺寸代号为 $1\frac{1}{2}$，右旋，用螺纹密封的圆柱内管螺纹

（续）

螺纹种类	标注图例	标注方法及含义
梯形螺纹(Tr)	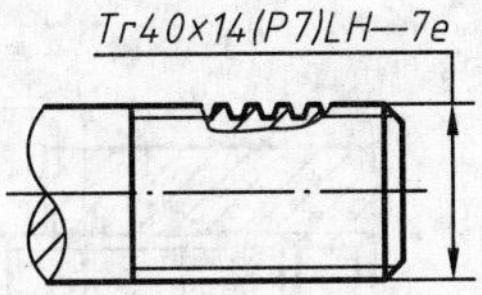	Tr40×14(P7)LH—7e 左旋 螺距 导程 公称直径 公称直径为40，导程为14，螺距为7，左旋，中径公差带代号为7e，中等旋合长度，双线梯形外螺纹
锯齿形螺纹(B)	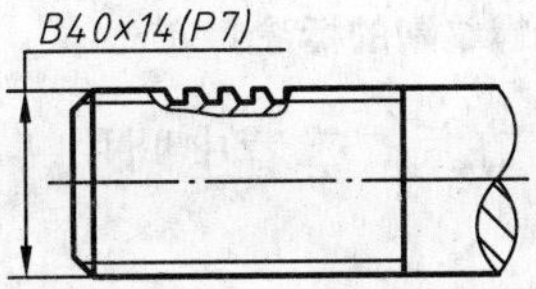	B40×14(P7) 螺距 导程 公称直径 公称直径为40，导程为14，螺距为7，右旋，中等旋合长度，双线锯齿形外螺纹

说明：普通螺纹各部分尺寸可参阅附录D1。管螺纹各部分尺寸可参阅附录D2。梯形螺纹各部分尺寸可参阅附录D3。

1. 普通螺纹、梯形螺纹和锯齿形螺纹的标注

这三种螺纹的标注都应直接注在螺纹大径的尺寸线或其引出线上。对螺纹精度要求较高时，除标注螺纹代号外，还应标注螺纹公差带代号和螺纹旋合长度。国家标准规定螺纹标记的顺序和格式为：螺纹代号—螺纹公差带代号—旋合长度代号。

1）螺纹代号的内容及格式

单线：牙型代号　公称直径×螺距　旋向

多线：牙型代号　公称直径×导程(螺距)旋向

各项说明如下。

(1) 牙型代号：见表8-1，普通螺纹、梯形螺纹和锯齿形螺纹分别为M、Tr、B。

(2) 公称直径：指螺纹大径。

(3) 螺距：普通粗牙螺纹不标，细牙必须标注；单线螺纹标螺距，多线螺纹标导程。

(4) 旋向：左旋旋向标LH，右旋省略旋向标注。

2）公差带代号

表示尺寸的允许误差范围，由表示其大小的公差等级数字和基本偏差代号组成，如6H、6g等。基本偏差代号，内螺纹用大写字母，外螺纹用小写字母；普通螺纹有中径和顶径公差带代号两项，当中径和顶径公差带相同时只标注一个代号，如M20—6g；代号不相同则要分别标注，如M20—5g6g；梯形螺纹和锯齿形螺纹只标注中径公差带代号(有关螺纹公差带的详细情况可查阅相关手册)。

3）旋合长度代号

螺纹旋合长度是指两个相互旋合的螺纹，沿螺纹轴线方向相互旋合部分的长度，分短

(*S*)、中(*N*)、长(*L*)三种。当旋合长度为 *N* 时，省略标注。必要时，也可用数值注明旋合长度。

注：内、外螺纹旋合构成螺纹副时，其标记一般不需标出。如需标注，如图 8.12 所示，可注写为如下形式

M16×1.5－6H/6g

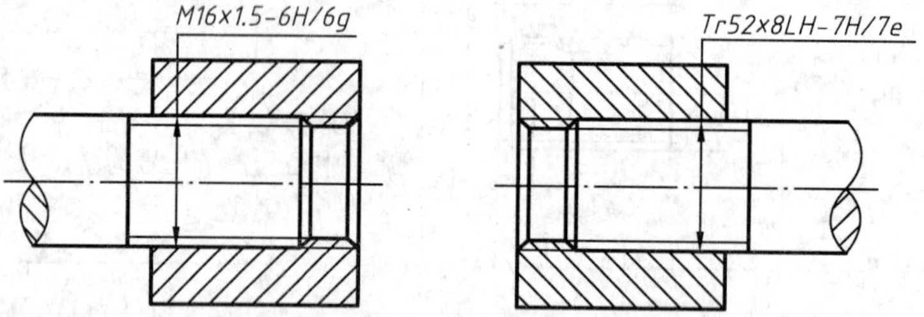

图 8.12 螺纹副的标注

内螺纹的公差带在前，外螺纹的公差带在后，二者中间用“/”分开。梯形螺纹和锯齿形螺纹的螺纹副标记示例如下

Tr52×8LH－7H/7e；　B40×7－7H/7e

2. 管螺纹的标注

管螺纹标注时，要用指引线的形式进行标注，且指引线应从大径线上引出，不得与剖面线平行，见表 8－2。国家标准规定管螺纹代号标注的顺序和格式为：

牙型代号　尺寸代号　公差等级　旋向

(1) 特征代号：管螺纹分非螺纹密封的内、外管螺纹和用螺纹密封的各类圆锥、圆柱管螺纹，其代号见表 8－2；

(2) 尺寸代号：不是螺纹大径，是指管子通径的数值(英制，单位为时，但不标注单位)。

(3) 公差等级：牙型代号为 G 的非螺纹密封的管螺纹要标注中径公差等级，公差等级有 *A*、*B* 两种，其他管螺纹的公差等级只有一种，可省略标注；

(4) 旋向：右旋螺纹省略不标，左旋螺纹标 LH。

8.2 螺纹紧固件及其连接的画法

8.2.1 常用螺纹紧固件的种类及标记

螺纹紧固是利用一对内、外螺纹来连接或紧固一些零部件。螺纹紧固件种类很多，常用的有螺栓、双头螺柱、螺钉、螺母、垫圈等，如图 8.13 所示。它们的结构形式及尺寸均已标准化，一般由标准件厂专业生产，使用单位按需要根据有关标准选用。故一般不需要画它们的零件图，而在装配图中需要表达它们时可采用简化的比例画法，即按照与螺纹大径成一定的比例关系来表达各部分结构。常用的一些螺纹紧固件图例和近似比例关系见表 8－3，它们的详细结构及尺寸见附录 B。

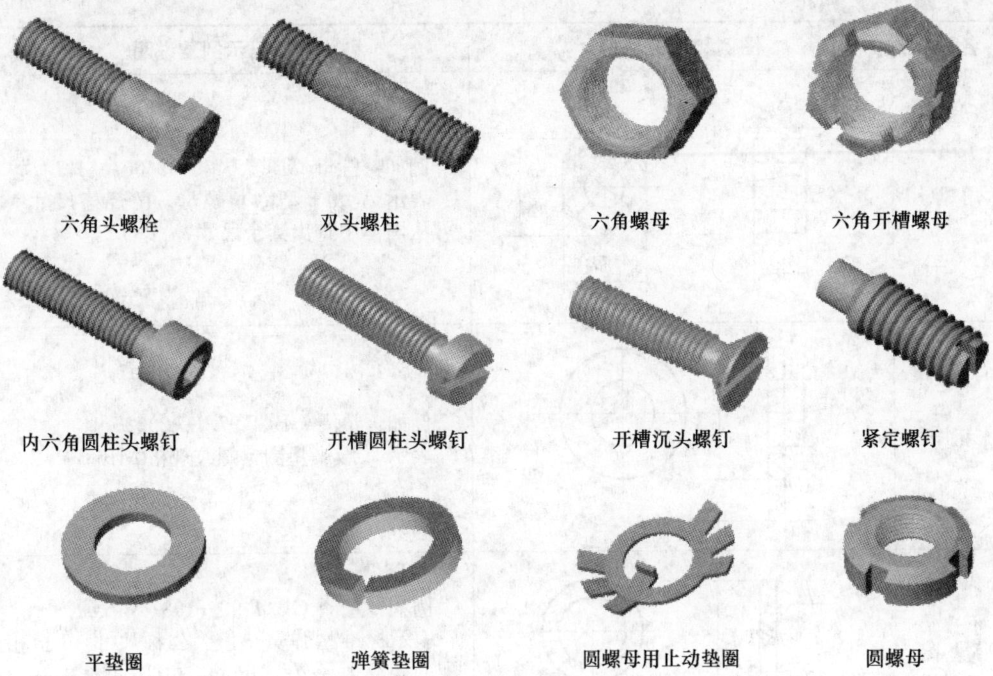

图 8.13 常用的螺纹紧固件

表 8-3 常用螺纹紧固件近似画法及其标记示例

名称	图例和近似比例	标记示例及说明
六角头螺栓	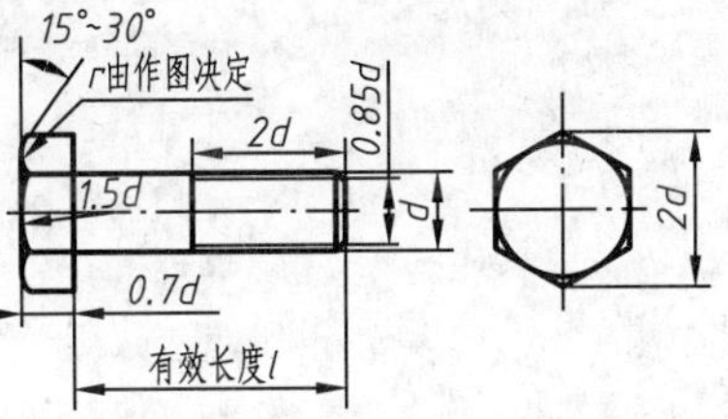	例如：螺栓 GB/T 5782—2000 M12×40 表示 A 级六角头螺栓。由公称直径 M12 和公称长度 40 两个重要尺寸可从国标中查出其余尺寸，其中公称长度可根据设计要求查标准选定
双头螺柱	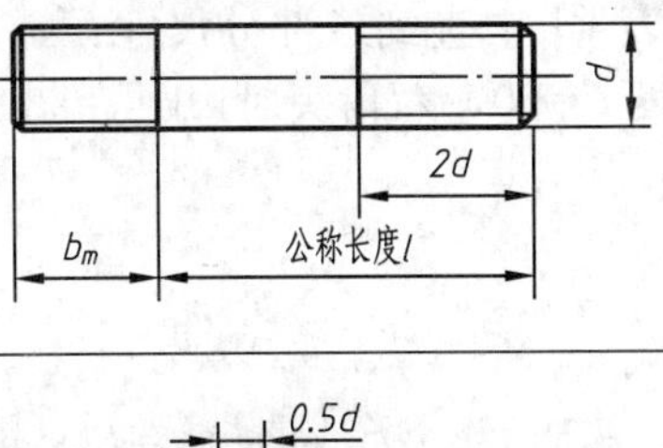	例如：螺柱 GB/T 898—1988 M12×50 表示两端均为粗牙普通螺纹的 B 型双头螺柱。由螺纹规格 M12 和公称长度 50 可从国标中查出其余尺寸。其中旋入端长度 b_m 根据机件材料来确定
开槽沉头螺钉	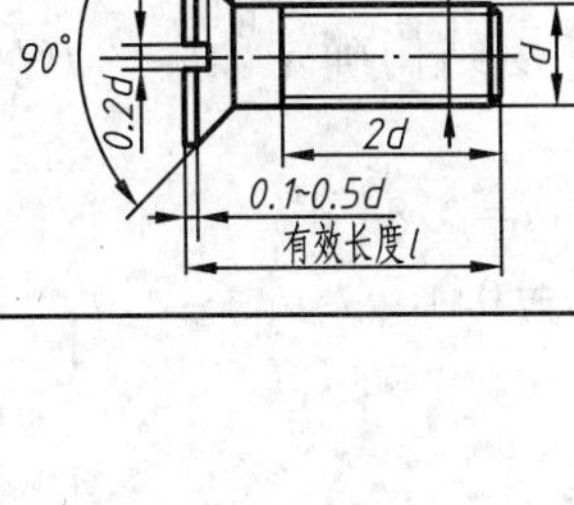	例如：螺钉 GB/T 68—2000 M10×45 表示开槽沉头螺钉。由螺纹规格 M10 和公称长度 45 可从国标中查出其余尺寸

(续)

名称	图例和近似比例	标记示例及说明
六角螺母	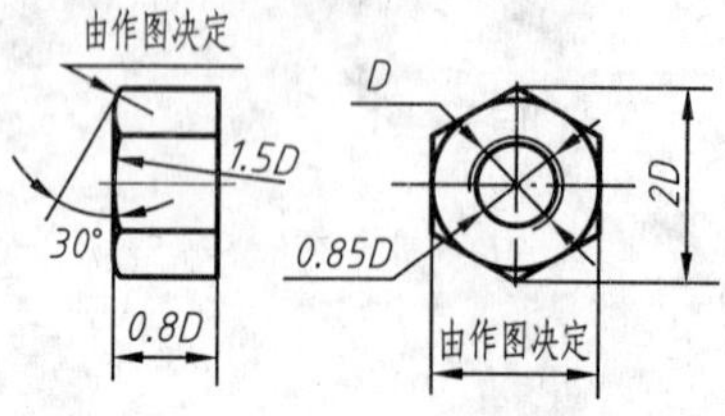	例如：螺母 GB/T 6170—2000　M12 表示 A 级 Ⅰ 型六角螺母。由规格尺寸 M12 可从国标中查出其余尺寸
平垫圈	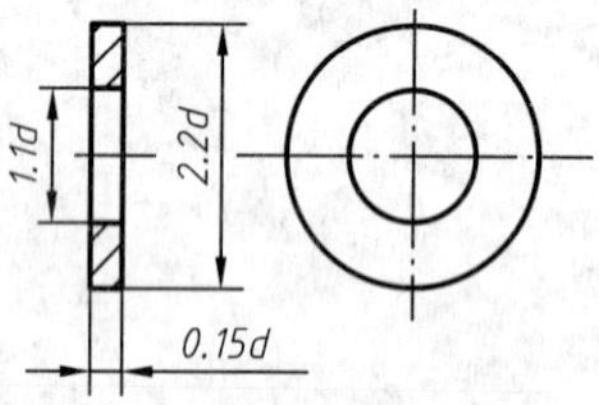	例如：垫圈 GB/T 97.1—2002　16 表示 A 级平垫圈，螺纹规格 M16
弹簧垫圈	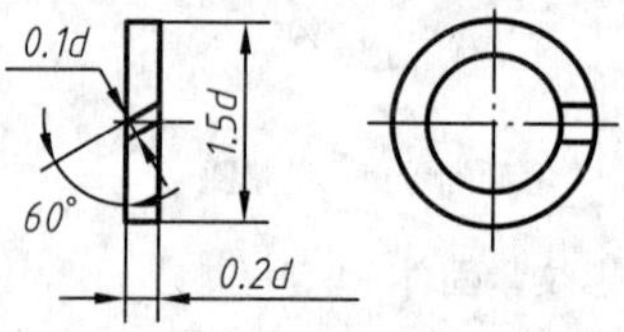	例如：垫圈 GB/T 93—1987　16 表示标准型弹簧垫圈。公称尺寸 16 指相匹配的螺纹大径 d=16mm，由 16 可从国标中查出其余尺寸

在国家标准中，螺纹紧固件均有相应规定的标记，其完整的标记由名称、标准编号、螺纹规格、性能等级或材料等级、热处理、表面处理组成，一般主要标记前 3 项，标记示例及说明见表 8-3。

8.2.2　常用螺纹紧固件的画法

绘制螺纹紧固件，一般有两种画法。

1. 查表画法

根据已知螺纹紧固件的规格尺寸，从相应的附表中查出各部分的具体尺寸。如绘制螺栓 GB 5782　M20×60 的图形，可从附录表 B1 中查到各部分尺寸：螺栓直径 $d=20$，螺栓头厚 $k=12.5$，螺纹长度 $b=46$，公称长度 $l=60$，六角头对边距 $s=30$ ，六角头对角距 $e=33.53$。

根据以上尺寸即可绘制螺栓零件图。

2. 近似(比例)画法

在实际画图中，常常根据螺纹公称直径 d(内直径)、D(外直径)按比例关系计算出各部分的尺寸，近似画出螺纹紧固件。

(1) 六角头螺栓的近似画法见表 8-3，d、l 由结构确定，$b=2d$($l<=2d$ 时 $b=l$)，$e=2d$，$k=0.7d$，$c=0.15d$。

(2) 六角螺母的近似画法见表 8-3，$e=2d$，$m=0.8d$。

(3) 垫圈的近似画法见表 8-3，$d_2=2.2d$，$h=0.15d$，$d_1=1.1d$。

用比例关系计算各部分尺寸作图比较方便，但如需在图中标注尺寸时，其数值仍需从相应的标准中查得。

螺栓及螺母头部有 30°倒角，因而六角螺母和六角头螺栓头部的外表面曲线为双曲线，为绘制图形方便，一般用圆弧代替，如图 8.14(a)所示。但绘制螺栓头部时，应注意六棱柱高度应取 0.7d；为绘制图形方便，还可以进一步简化，即省略头部曲线，按照图 8.14(b)简化绘制。

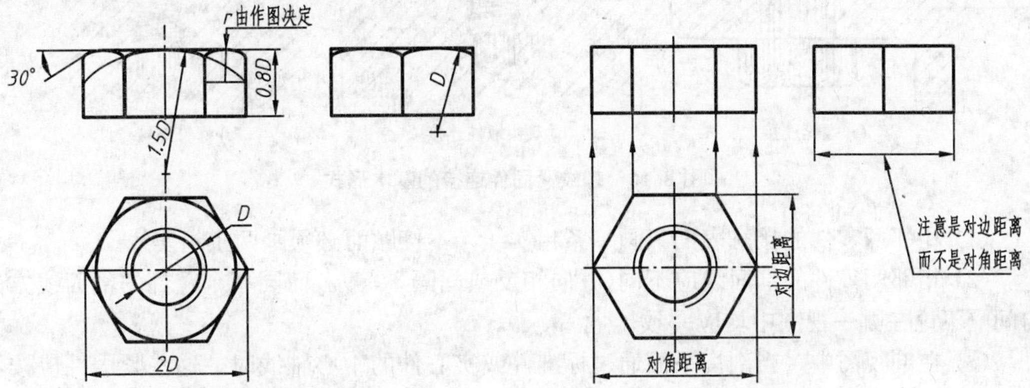

(a) 近似画法　　(b) 简化画法

图 8.14　螺母及螺栓头部的近似画法和简化画法

两种画法都要注意：左视图画图时，左右两条轮廓线之间的距离应量取六角螺栓头和六角螺母的投影—正六边形的对边距离，而不是它的对角距离，如图 8.14(b)所示。螺钉头部与螺纹直径成比例的近似画法如图 8.15 所示。

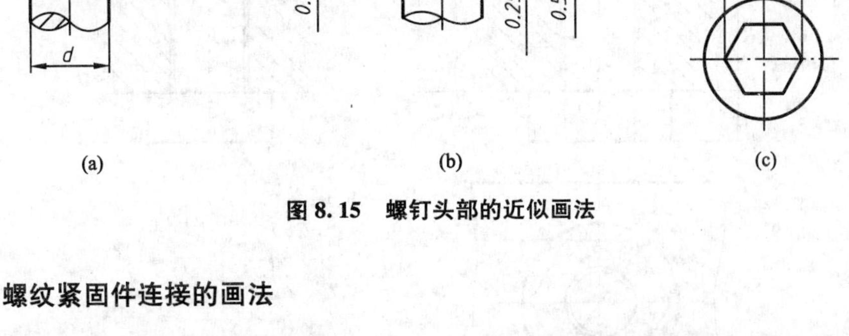

(a)　　(b)　　(c)

图 8.15　螺钉头部的近似画法

8.2.3　螺纹紧固件连接的画法

螺纹紧固件连接属于可拆卸连接，是工程上应用最多的连接方式。常见的连接形式有螺栓连接、螺柱连接和螺钉连接，如图 8.16 所示。具体采用哪种连接按实际需要选定。无论哪种连接方式，绘制其连接图时，都必须遵守下列规定。

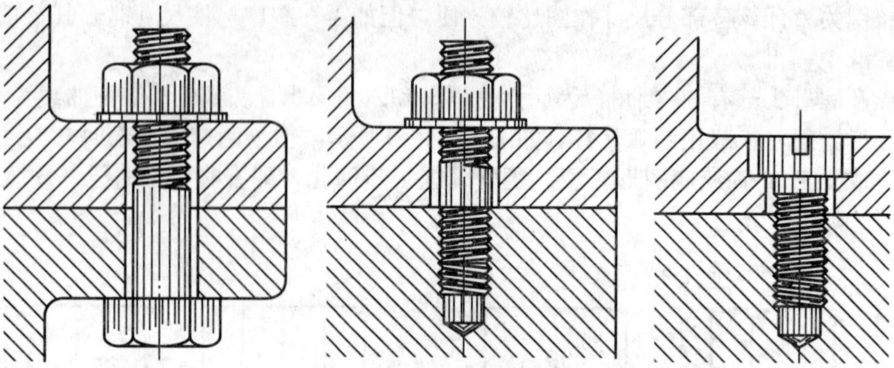

(a) 螺栓连接　(b) 双头螺柱连接　(c) 螺钉连接

图 8.16　螺纹紧固件连接的基本形式

(1) 相邻两零件的接触表面只画一条粗实线，不接触面必须画两条粗实线。

(2) 相邻两零件的剖面线应不同(方向相反或间隔不等)。而同一个零件的剖面线方向与间隔不论在哪一视图中均应一致。

(3) 在剖视图中，当剖切平面通过标准件或实心件的中心轴线时，这些紧固件应按不剖绘制。

1. 螺栓连接装配画法

螺栓连接适用于两被连接件的厚度都不大，允许钻成通孔且要求连接力较大的情况。常用的紧固件有螺栓、螺母、垫圈。装配时，在被连接零件上预先加工出螺栓孔，孔径 d_0 应大于螺栓直径；再将螺栓插入螺栓孔中，垫上垫圈，拧上螺母，完成螺栓连接。

如图 8.17 所示，螺栓连接装配画法按照以下步骤绘制。

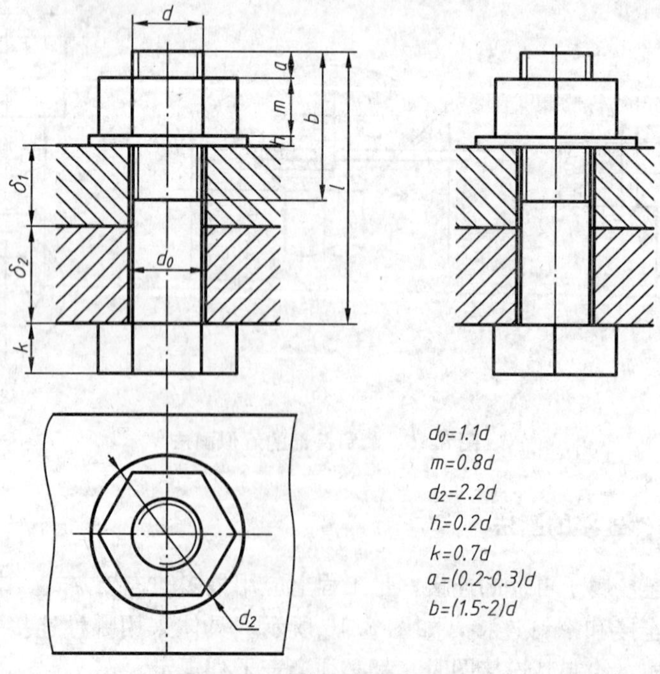

图 8.17　螺栓连接的装配画法

(1) 根据螺纹紧固件螺栓、螺母、垫圈的标记，由附录查表绘制。或参照表 8-3 中的比例按照近似画法确定它们的全部尺寸，按照一定比例关系画出。这里，除了被连接件厚度、螺栓公称直径 d 外，其他所有尺寸都以 d 为依据。

(2) 确定螺栓的公称长度 l。如图 8.17 所示，螺栓的公称长度 l 可按下式估算

$$l \geqslant \delta_1 + \delta_2 + h + m + a$$

式中，δ_1、δ_2 为被连接两零件的厚度；h、m 分别为垫圈、螺母的厚度，若采用比例画法，$h=0.15d$，$m=0.8d$；a 为螺栓伸出螺母的长度，一般取 $0.2d \sim 0.3d$ 或 3～5mm。

由 l 的初算值，参阅附录表 B1，在螺栓标准的公称系列值中，选取一个与之接近的值。如，由计算得出 l 值为 76，查表得出与其相近的标准公称长度为 80。

应注意，按比例关系计算的画图尺寸不能作为螺纹紧固件的尺寸进行标注。

画螺栓连接装配图时，应注意以下问题。

(1) 被连接件的孔径必须大于螺栓的大径，一般取 $d_0=1.1d$。

(2) 在螺栓连接剖视图中，被连接零件的接触面画到螺栓大径处。

(3) 螺母及螺栓的六角头的 3 个视图应符合投影关系。

(4) 螺栓的螺纹终止线必须画到垫圈之下、被连接两零件接触面之上。

2. 双头螺柱连接装配画法

双头螺柱连接适用于被连接零件之一较厚、不宜加工成通孔或由于结构上的限制不宜用螺栓连接且要求连接力较大的场合，通常在较厚的零件上加工出螺孔，较薄的零件加工成光通孔。

常用的紧固件有双头螺柱、螺母和垫圈。双头螺柱两端带有螺纹，连接时一端必须全部旋入到被连接件的螺孔中，称旋入端；另一端穿入另一被连接件的光孔，套上垫圈，用螺母旋紧，故称紧固端。旋入端的长度跟旋入的被连接件的材料有关，国家标准规定有 4 种，列于表 8-4 中。

表 8-4　双头螺柱旋入深度参考值

被旋入零件的材料	旋入端长度 b_m	国标代号
钢、青铜	$b_m=d$	GB/T 897—1988
铸铁	$b_m=(1.25\sim1.5)d$	GB/T 898—198 或 GB/T 899—1988
铝等轻金属	$b_m=2d$	GB/T 900—1988

双头螺柱连接的装配画法，常采用近似画法，除了被连接厚度、旋入端长度及螺柱公称直径 d 外，其他尺寸都可取与 d 成一定比例的数值来画，画法如图 8.18 所示。

标记中双头螺柱的公称长度是指没有螺纹部分的长度与紧固端螺纹长度之和，不是整个螺柱的长度。各部分画图注意以下几点。

(1) 双头螺柱的有效长度可参考螺栓连接，先按下式估算

$$l \geqslant \delta + h + m + a$$

式中，a 取 $(0.2\sim0.4)d$ 或 3～5mm，然后查附录表 B3，选取相近的标准长度。

(2) 机件上螺孔的螺纹深度应大于旋入端螺纹长度 b_m，钻孔深度应大于机件的螺孔深度；画图时，螺孔的螺纹深度和钻孔深度可按图中右下方的关系式画出。

(3) 双头螺柱下部螺纹终止线应与螺孔顶面重合。

3. 螺钉连接装配画法

螺钉连接多用于受力不大又不经常拆装的地方。与双头螺柱连接类似，其中的一个零件被连接件加工成不通的螺孔，另一个零件加工成光通孔。连接时不用螺母，螺钉杆部穿过一个零件的通孔而旋入另一个零件的螺孔，将两个零件固定在一起。

螺钉种类较多，按照用途可分为连接螺钉和紧定螺钉。各种连接螺钉的区别主要在头部结构，有内六角、开槽圆柱头、开槽沉头、一字槽盘头等许多形式，可参考附录 B2。圆柱头螺钉连接画法如图 8.19 所示，其他常见的螺钉连接如图 8.20 所示。

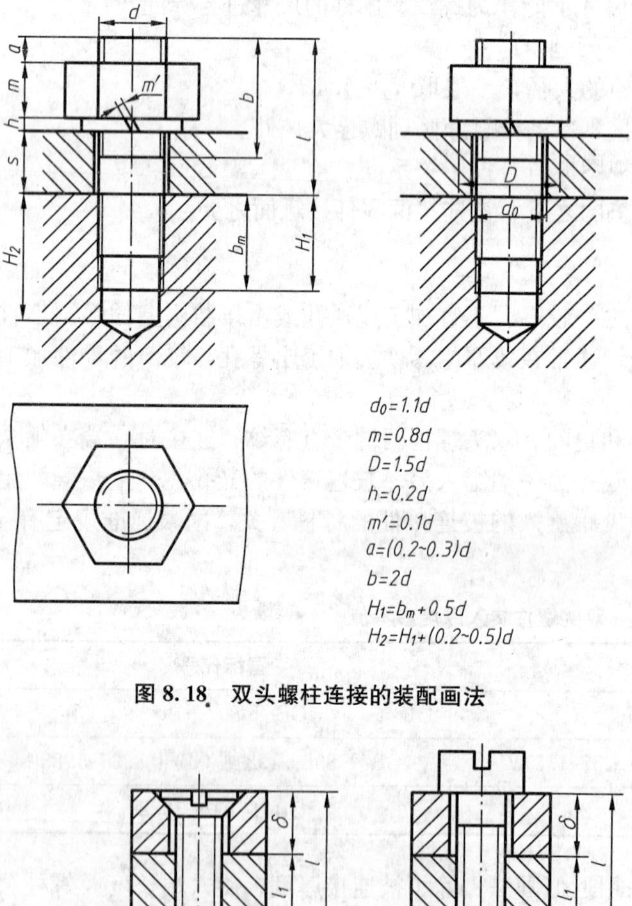

图 8.18　双头螺柱连接的装配画法

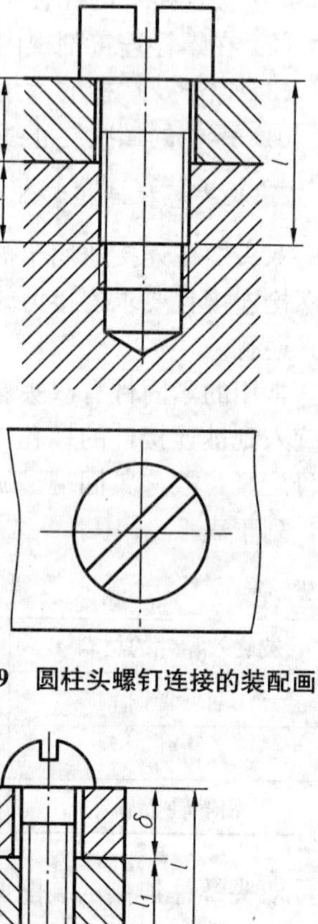

图 8.19　圆柱头螺钉连接的装配画法

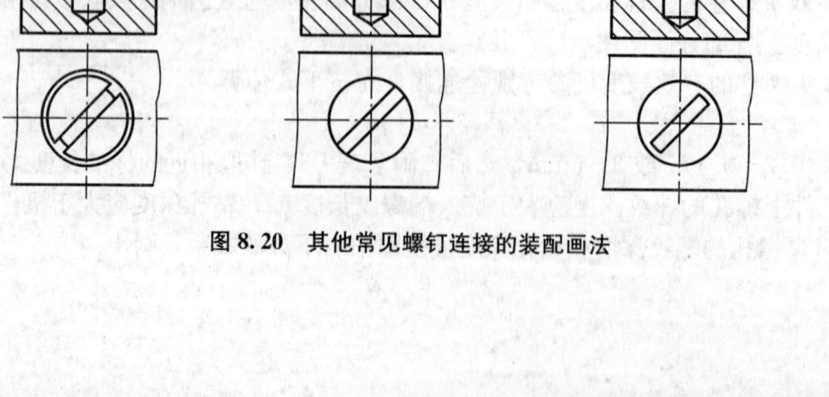

图 8.20　其他常见螺钉连接的装配画法

螺钉连接的装配画法与双头螺柱旋入端画法基本相似，还应注意以下几点。

(1) 螺钉的有效长度 l 可按下式估算

$$l=\delta+l_1$$

根据初步算出的 l 值，参考附录表 B2，选取与其相近的螺钉长度的标准值。

(2) 螺钉的旋入端长度 l_1 与带螺孔的被连接件的材料有关，可参照双头螺柱连接的旋入端长度 b_m 值，近似选取 $l_1=b_m$。

(3) 为使螺钉连接牢靠，螺钉的螺纹长度和螺孔的螺纹长度都应大于旋入深度 l_1，螺孔的螺纹长度可取 $l_1+0.5d$。即螺钉的螺纹终止线应高出螺孔的端面，或在螺杆的全长上都有螺纹；被连接件的光孔直径可近似地画成 $1.1d$，如图 8.20 所示。

(4) 螺钉头部的一字槽，在俯视图上画成与中心线成 45°。若图形中的槽宽小于或等于 2mm 时，可涂黑表示。

(5) 当采用紧定螺钉连接时，其画法如图 8.21 所示。

紧定螺钉一般用于受力较小的场合，起定位、防松作用。其端部形状有平端、锥端、凹端和圆柱端等。如图 8.21 所示，用一个开槽锥端紧定螺钉旋入齿轮轮毂的螺孔，使螺钉锥端与轴上 90°的锥孔压紧，从而固定了轴和齿轮的相对位置。

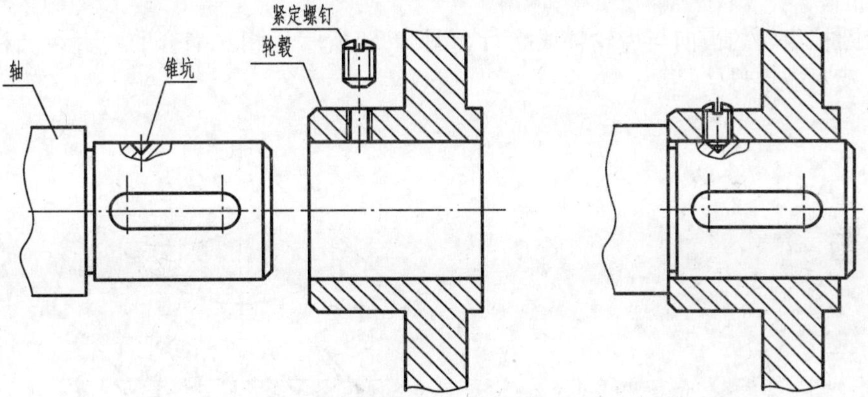

(a) 轴上加工锥坑　(b) 齿轮轮毂上加工出螺孔　(c) 紧定螺钉连接画法

图 8.21　紧定螺钉连接及画法

8.3 齿　　轮

齿轮是机器中应用非常广泛的零件，其作用是将主动轴的转动传送到从动轴上，用以传递动力和运动，并可以改变转速和转向。依据传动轴线的相对位置不同，常见的几种齿轮传动如图 8.22 所示。

按照轮齿是否符合标准规定，齿轮分为标准齿轮和非标准齿轮，凡轮齿符合标准中规定的为标准齿轮。在传动中为了运动平稳、啮合正确，齿轮轮齿的齿廓曲线可以制成渐开线、摆线或圆弧。按照轮齿方向的不同，齿轮可分为直齿、斜齿、人字齿或弧形齿，以直齿应用最多。下面主要介绍齿廓曲线为渐开线的标准直齿圆柱齿轮的基本知识和规定画法。

(a) 圆柱齿轮　(b) 圆锥齿轮　(c) 蜗轮蜗杆　(d) 齿轮齿条

图 8.22　常见的齿轮传动形式

8.3.1　圆柱齿轮

圆柱齿轮的基本形体为圆柱，如图 8.23 所示，其基本结构由轮齿、轮辐、轮毂等组成。

1. 直齿圆柱齿轮各部分名称及有关参数

直齿圆柱齿轮的齿向与齿轮轴线平行，图 8.24 所示为相互啮合的两直齿圆柱齿轮各部分名称及对应字母。

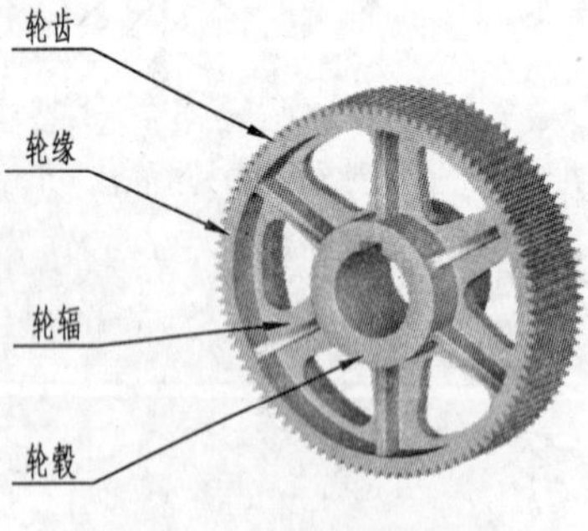

图 8.23　圆柱齿轮的基本结构

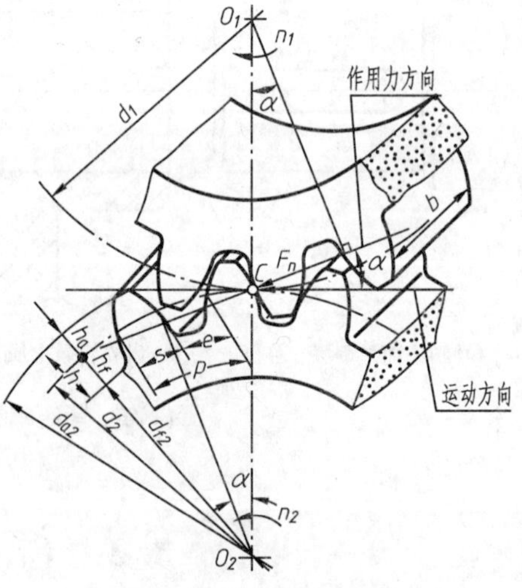

图 8.24　相互啮合的两直齿圆柱齿轮各部分名称及参数

(1) 齿顶圆直径 d_a：过轮齿齿顶的圆柱面与端平面的交线称为齿顶圆，其直径用 d_a 表示。

(2) 齿根圆直径 d_f：过轮齿齿根的圆柱面与端平面的交线称为齿根圆，其直径用 d_f 表示。

(3) 分度圆直径 d：对于渐开线齿轮，过齿厚弧长 s 与齿间弧长 e 相等处的圆柱面称为分度圆柱面。分度圆柱面与端平面的交线称为分度圆，其直径用 d 表示。对单个齿轮而言，它是设计、制造齿轮时进行计算的基准圆，也是分齿的圆。

当一对标准齿轮啮合安装后，在理想状态下，两个分度圆是相切的，此时的分度圆也称为节圆。分度圆和节圆重合，故节圆直径 d' 和分度圆直径 d 相等。图 8.24 中，O_1、O_2 表示两啮合齿轮的中心，连心线 O_1O_2 上相切的两圆即节圆，齿轮的传动可假想这两个圆作无滑动的纯滚动。

(4) 齿高 h：齿顶圆与齿根圆之间的径向距离称为齿高，用 h 表示；齿顶高 h_a 是齿顶圆与分度圆之间的径向距离；齿根高 h_f 是齿根圆与分度圆之间的径向距离，它们的尺寸关系为：$h=h_a+h_f$。

(5) 齿距 p：分度圆上相邻两齿廓对应点之间的弧长称为齿距，用 p 表示；每个轮齿齿廓在分度圆周上的弧长为齿厚 s，每个齿槽在分度圆周上的弧长为槽宽 e；对于标准齿轮，齿厚 s 与槽宽 e 相等，故 $p=s+e$。

(6) 压力角 α：相啮合两轮齿在节圆上的接触点的受力方向(即渐开线齿廓曲线的法线方向)与该点的瞬时速度方向(两节圆公切线方向)所夹的锐角，称为压力角，也叫啮合角。对单个齿轮即为齿形角。我国规定标准齿轮的压力角 $\alpha=20°$。

(7) 模数 m：当用分度圆分齿时，若齿轮的齿数用 z 表示，则分度圆周长为 $\pi d=pz$，所以 $d=pz/\pi$，为了计算和测量方便，令 $m=p/\pi$，则 $d=mz$。式中 m 称为模数，是设计和制造齿轮的重要参数，单位为毫米。模数越大，轮齿的高度、厚度也越大，承载能力也越大；齿数一定，模数越大，齿轮直径也越大。为了便于设计和加工，模数的数值已经标准化，见表 8-5。

表 8-5　圆柱齿轮的标准模数(GB/T 1357—1987)　mm

第一系列	0.1，0.2，0.25，0.3，0.4，0.5，0.6，0.8，1，1.25，1.5，2，2.5，3，4，5，6，8，10，12，16，20，25，32，40，50
第二系列	0.35，0.7，0.9，1.75，2.25，2.75，(3.25)，3.5，(3.75)，4.5，5.5，(6.5)，7，9，(11)，14，18，22，28，36，45

说明：应优先选用第一系列；其次选用第二系列；括号内的模数尽量不用；对斜齿轮是指法向模数。

一对啮合齿轮模数 m 和压力角 α 必须都相等。

(8) 传动比 i：主动齿轮转速 n_1(r/min)与从动齿轮转速 n_2(r/min)之比称为传动比，即 $i=n_1/n_2$。由于主动齿轮和从动齿轮单位时间里转过的齿数相等，即 $n_1z_1=n_2z_2$，因此，传动比 i 也等于从动齿轮齿数 z_2 与主动齿轮齿数 z_1 之比，即

$$i=\frac{n_1}{n_2}=\frac{z_2}{z_1}$$

(9) 中心距 a：两啮合圆柱齿轮轴线之间的径向距离，$a=(d_1+d_2)/2=m(z_1+z_2)/2$。

标准直齿圆柱齿轮各部分的尺寸都与模数有关，设计齿轮时，先确定模数 m 和齿数 z，然后根据表 8-6 的计算公式计算出各部分尺寸。

表 8-6　直齿圆柱齿轮各基本尺寸的计算公式

名称	代号	计算公式
分度圆直径	d	$d_1=mz_1$；$d_2=mz_2$
齿顶圆直径	d_a	$d_{a1}=m(z_1+2)$；$d_{a2}=m(z_2+2)$
齿根圆直径	d_f	$d_{f1}=m(z_1-2.5)$；$d_{f2}=m(z_2-2.5)$

(续)

名称	代号	计算公式
齿顶高	h_a	$h_a=m$
齿根高	h_f	$h_f=1.25m$
齿高	h	$h=h_a+h_f=2.25m$
齿距	p	$p=\pi m$
中心距	a	$a=\frac{1}{2}(d_1+d_2)=\frac{m}{2}(z_1+z_2)$
传动比	i	$i=\frac{n_1}{n_2}=\frac{d_2}{d_1}=\frac{z_2}{z_1}$

说明：表中 d_a、d_f、d 的计算公式适用于外啮合直齿圆柱齿轮传动。

2. 斜齿圆柱齿轮各部分名称和尺寸关系

斜齿圆柱齿轮的轮齿做成螺旋形状，这种齿轮传动平稳，适用于较高转速的传动。

斜齿轮的轮齿倾斜以后，它在端面上的齿形和垂直轮齿方向法面上的齿形不同。斜齿轮的分度圆柱面的展开图如图 8.25 所示，图中 πd 为分度圆周长；β 为螺旋角，表示轮齿倾斜程度。

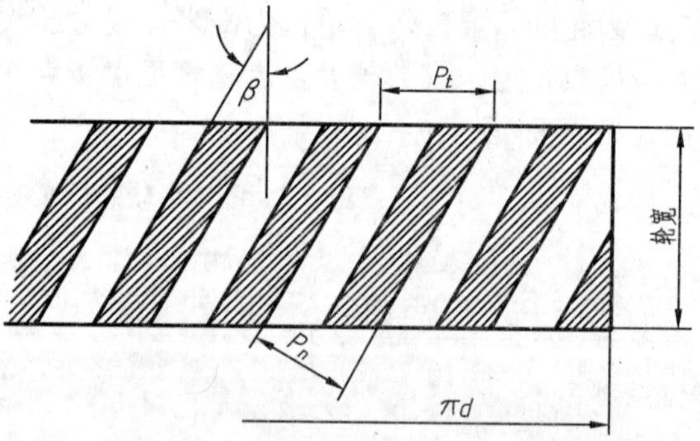

图 8.25 斜齿轮在分度圆上的展开图

斜齿轮在端面方向(垂直于轴线)上有端面齿距 p_t 和端面模数 m_t，而在法面方向(垂直于螺旋线)上有法向齿距 p_n 和法向模数 m_n，由图 8.25 可知：

$$p_n=p_t\cos\beta$$

$$m_n=m_t\cos\beta$$

加工斜齿轮的刀具，其轴线与轮齿的法线方向一致，为了和加工直齿圆柱齿轮的刀具通用，将斜齿轮的法向模数 m_n 取为标准模数，根据表 8-5 取标准值。齿高也由法向模数确定。

标准斜齿圆柱齿轮法向压力角 $\alpha=20°$，其各部分尺寸的计算公式见表 8-7。

表 8-7 斜齿圆柱齿轮的尺寸计算公式

名称	代号	计算公式
分度圆直径	d	$d_1=\frac{m_n z_1}{\cos\beta}$； $d_2=\frac{m_n z_2}{\cos\beta}$
齿顶圆直径	d_a	$d_{a1}=d_1+2m_n$； $d_{a2}=d_2+2m_n$
齿根圆直径	d_f	$d_{f1}=d_1-2.5m_n$； $d_{f2}=d_2-2.5m_n$
齿高	h	$h=h_a+h_f=2.25m_n$
齿顶高	h_a	$h_a=m_n$

（续）

名称	代号	计算公式
齿根高	h_f	$h_f=1.25m_n$
法面齿距	p_n	$p_n=\pi m_n$
端面齿距	p_t	$p_t=\dfrac{\pi m_n}{\cos\beta}$
中心距	a	$a=\dfrac{1}{2}(d_1+d_2)=\dfrac{m_n}{2\cos\beta}(z_1+z_2)$

3. 圆柱齿轮的规定画法

齿轮除轮齿以外，其余轮体的结构和尺寸，都由设计要求确定，均应按真实投影绘制。而轮齿部分已经标准化，必须采用规定画法。

1）单个直齿圆柱齿轮画法

单个齿轮的零件图一般用周向视图和轴向视图两个视图表示，或者用一个视图和一个局部视图(即左视图中只画孔和键槽)，如图 8.26 所示。

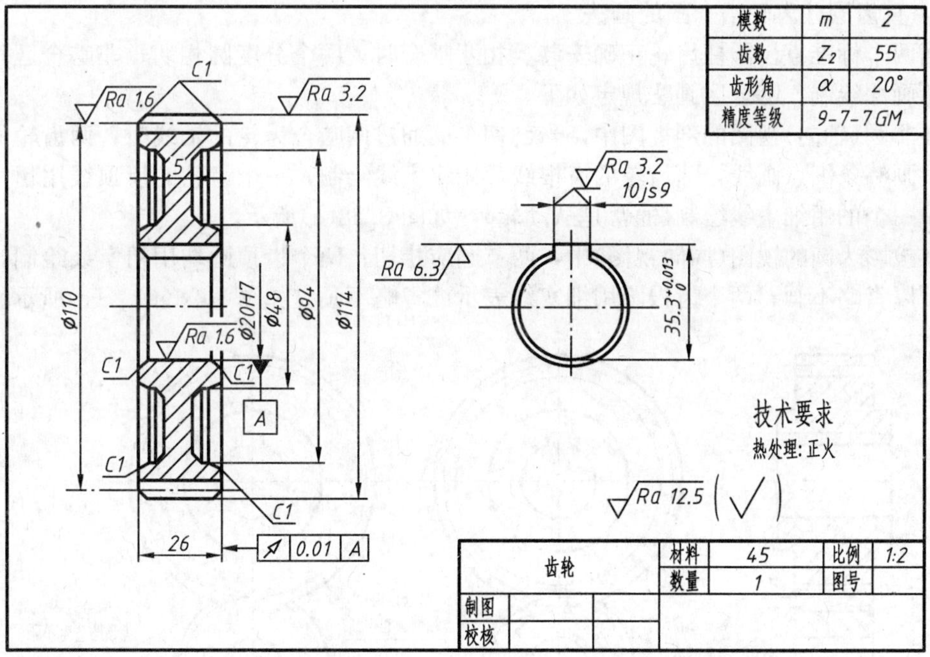

图 8.26　圆柱齿轮零件图示例

轮齿画法规定如下：如图 8.27 所示，齿顶圆和齿顶线用粗实线绘制；分度圆和分度线用细点画线绘制(分度线应超出轮齿两端面 2～3mm)；齿根圆和齿根线用细实线绘制，一般可省略不画；在剖视图中，齿根线用粗实线绘制；在剖视图中，当剖切平面通过齿轮的轴线时，轮齿均按不剖处理。

当需要表示轮齿齿向(斜齿、人字齿)时，可用三条与齿向一致的平行细实线表示，如图 8.27(c)、(d)所示。

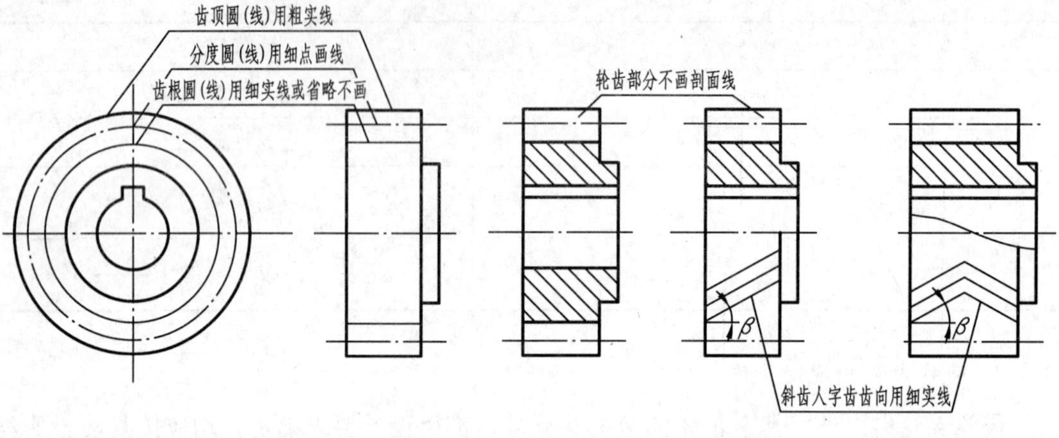

(a) 直齿(外形视图)　(b) 直齿(全剖)　(c) 斜齿(半剖)　(d) 人字齿(局部剖)

图 8.27　单个圆柱齿轮的画法

为了方便齿轮的制造和检验，齿轮的模数、齿数、压力角、精度等级等重要参数均要求列表标注在零件图的右上角，如图 8.26 所示。

2) 直齿圆柱齿轮啮合图的画法

当两个标准直齿圆柱齿轮正确安装、相互啮合时，两个分度圆相切。非啮合区均按单个齿轮画法绘制，啮合区画法规定如下。

在非圆(轴向)视图的剖视图中，当剖切平面通过两啮合齿轮的轴线时，两齿轮的节线重合只画一条细点画线，两齿轮的齿根线都用粗实线绘制，一个齿轮的齿顶线用粗实线绘制，另一个的用细虚线绘制(通常是从动轮)，如图 8.28(a)所示。

在投影为圆的视图(周向视图)中，两节圆应相切；两个齿顶圆均用粗实线绘制，啮合区域可以省略不画；两个齿根圆用细实线表示或省略不画，如图 8.28(b)、(c)所示。

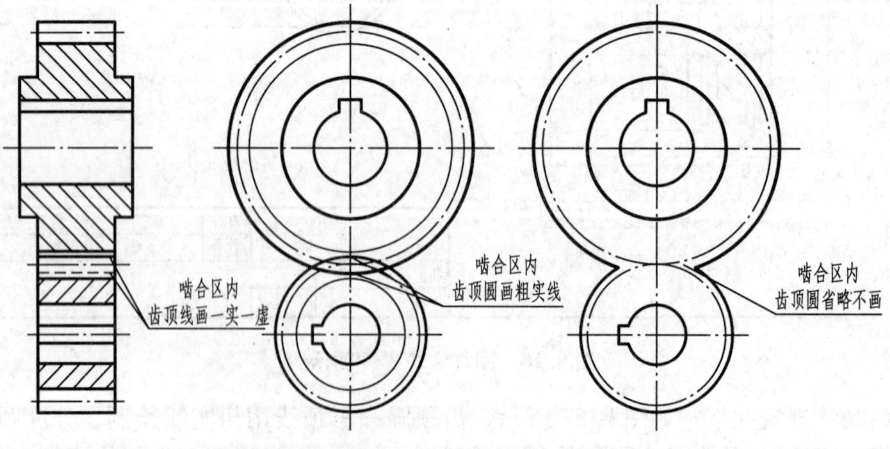

(a)　(b)　(c)

图 8.28　直齿圆柱齿轮啮合图的画法

在非圆(轴向)的外形视图中，两齿轮啮合区内的齿顶线、齿根线都不画，分度线改画成粗实线，如图 8.29(a)所示。需要表示轮齿的方向时，用三条与轮齿方向一致的细实线表示，画法与单个齿轮相同，如图 8.29(b)、(c)所示。

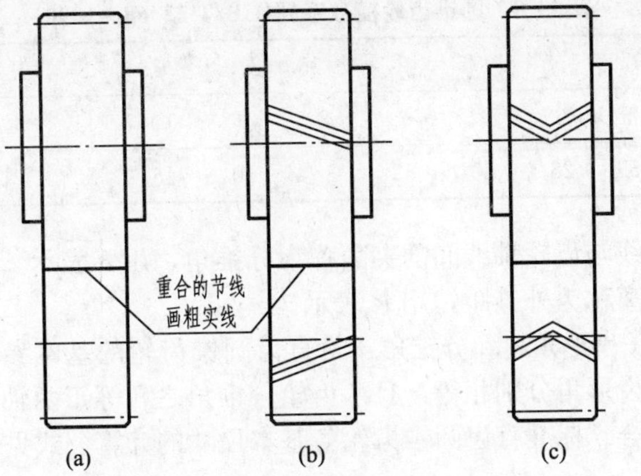

图 8.29 圆柱齿轮啮合的外形画法

8.3.2 锥齿轮

圆锥齿轮俗称伞齿轮，用于传递两相交轴间的回转运动，以两轴相交成直角的圆锥齿轮传动应用最广泛。

1. 直齿圆锥齿轮的各部分名称和尺寸关系

直齿圆锥齿轮的结构要素如图 8.30 所示，由于圆锥齿轮的轮齿位于圆锥面上，因此，其轮齿一端大，另一端小，其齿厚和齿槽宽等也随之由大到小逐渐变化，其各处的齿顶圆、齿根圆和分度圆也不相等，而是分别处于共顶的齿顶圆锥面、齿根圆锥面和分度圆锥面上。

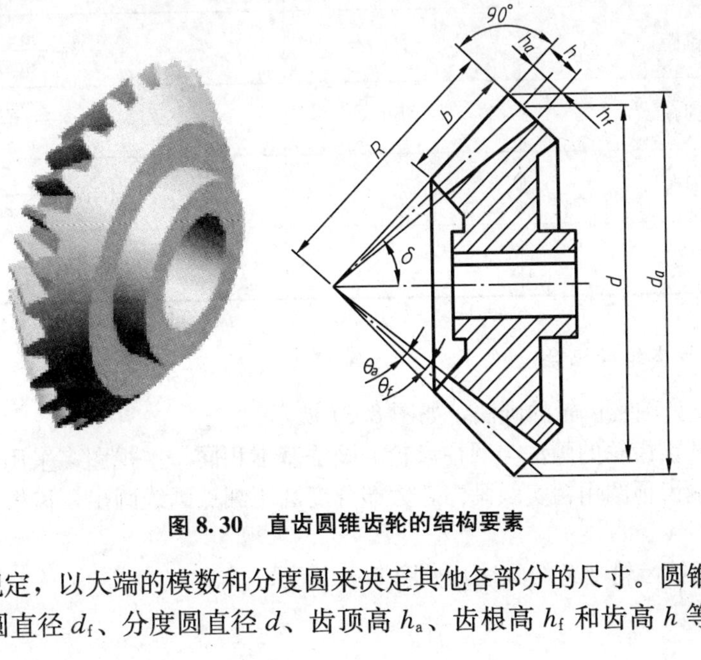

图 8.30 直齿圆锥齿轮的结构要素

国家标准规定，以大端的模数和分度圆来决定其他各部分的尺寸。圆锥齿轮的齿顶圆直径 d_a、齿根圆直径 d_f、分度圆直径 d、齿顶高 h_a、齿根高 h_f 和齿高 h 等都是对大端而言。圆锥齿轮的大端模数系列 m 国家标准数值见表 8-8。

表 8-8　圆锥齿轮模数系列(GB/T 12368—1990)　　mm

1	1.125	1.25	1.375	1.5	1.75	2	2.25	2.5	2.75	3	3.25	3.5	3.75
4	4.5	5	5.5	6	6.5	7	8	9	10	11	12	14	16
18	20	22	25	28	30	32	36	40	45	50			

分度圆锥面的素线与齿轮轴线间的夹角称为分锥角，用 δ 表示。从顶点沿分度圆锥面的素线至背锥面的距离称为外锥距，用 R 表示。

模数 m、齿数 z、齿形角 α 和分锥角 δ 是直齿圆锥齿轮的基本参数，是决定其他尺寸的依据。只有模数和齿形角分别相等，且两齿轮分锥角之和等于两轴线间夹角的一对直齿圆锥齿轮才能正确啮合。标准直齿圆锥齿轮各基本尺寸的计算公式见表 8-9。

表 8-9　标准直齿圆锥齿轮的计算公式

名称	代号	计算公式
分度圆锥角	δ_1(小齿轮) δ_2(大齿轮)	$\tan\delta_1=\frac{z}{z_2}$；　$\tan\delta_2=\frac{z_2}{z_1}$ $(\delta_1+\delta_2=90°)$
分度圆直径	d	$d=mz$
齿顶圆直径	d_a	$d_a=m(z+2\cos\delta)$
齿根圆直径	d_f	$d_f=m(z-2.4\cos\delta)$
齿高	h	$H=h_a+h_f=2.2m$
齿顶高	h_a	$h_a=m$
齿根高	h_f	$h_f=1.2m$
外锥距	R	$R=\frac{mz}{2\sin\delta}$
齿顶角	θ_a	$\tan\theta_a=\frac{2\sin\delta}{z}$
齿根角	θ_f	$\tan\theta_f=\frac{2.4\sin\delta}{z}$
齿宽	b	$b\leqslant\frac{R}{3}$

2. 直齿圆锥齿轮的画法

(1) 单个直齿圆锥齿轮的画法，如图 8.31 所示。

单个直齿圆锥齿轮的画法与圆柱齿轮的画法基本相同。主视图多采用全剖视图，左视图中大端、小端齿顶圆用粗实线画出，大端分度圆用细点画线画出，齿根圆和小端分度圆规定不画。

(2) 直齿圆锥齿轮啮合的画法，如图 8.32 所示。

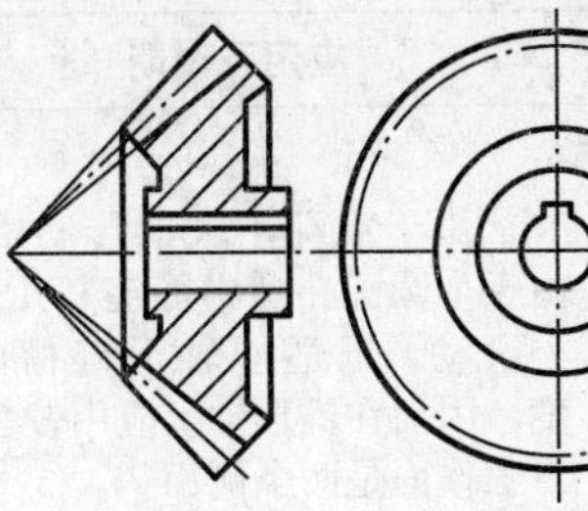

图 8.31　单个直齿圆锥齿轮画法

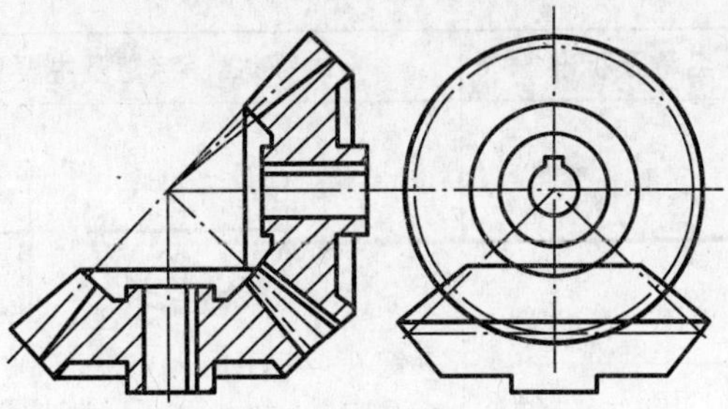

图 8.32　直齿圆锥齿轮啮合的画法

8.4　键　与　销

8.4.1　键及其连接

键是机器上常用的标准件，其结构、类型、画法和标记均已标准化。

1. 键的作用和种类

键主要用来连接轴和装在轴上的零件(如齿轮、皮带轮等)，使轴与传动件之间不发生相对转动，以起到传递扭矩的作用。

键的种类很多，常用的有普通平键、半圆键和钩头楔键等，见表 8-10。普通平键分 A 型(双圆头)、B 型(方头)、C 型(单圆头)三种，如图 8.33 所示。

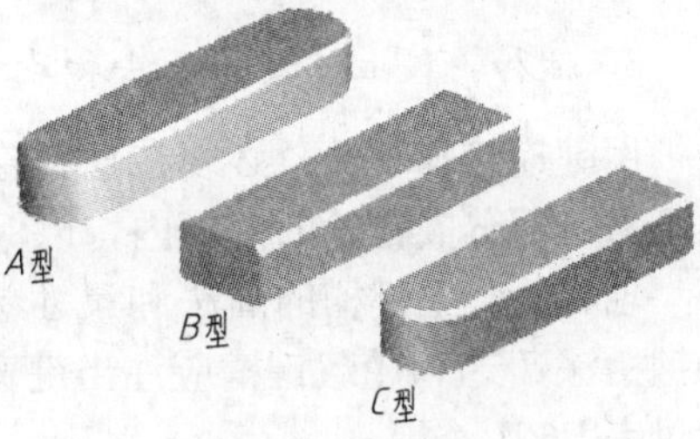

图 8.33　普通平键

2. 键的标记和键的选用

常用键的种类、形式、标记等见表 8-10。根据键的规定标记可在标准中查出相关尺寸。

表 8-10　常用键的种类、形式、标记及应用

名称及标准	形式、标记及主要尺寸	应用及说明
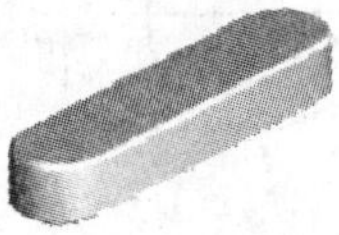 普通平键 A 型 GB/T 1096—2003 分 A、B 和 C 型	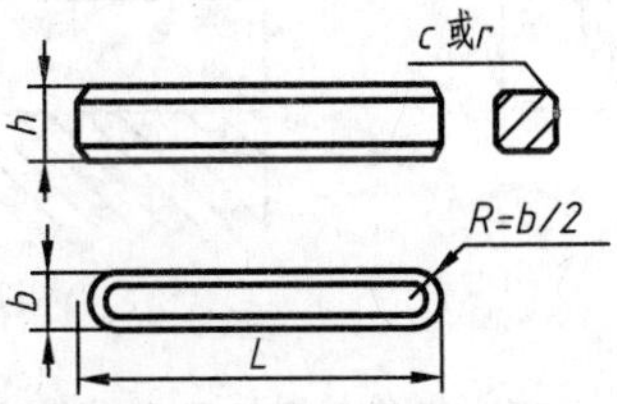 键 $b \times L$ GB/T 1096—2003 其中：b 为键宽，L 为键的长度。A 型不标“A”	应用最为广泛 工作面是两个侧面

（续）

名称及标准	形式、标记及主要尺寸	应用及说明
 半圆键 GB/T 1099.1—2003	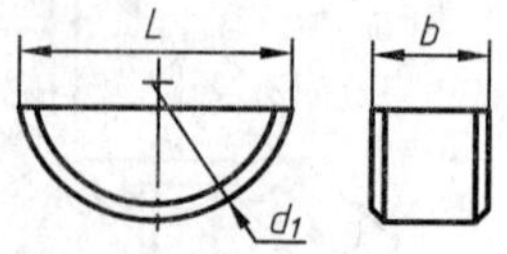 键 $b\times d_1$ GB/T 1099—2003 其中：b 为键宽，d_1 为半圆键的半径	常用于载荷不大的传动轴上，由于半圆键在槽中能绕其几何中心摆动，以适应轴上键槽的斜度，因而在锥形轴上应用较多 工作面是两个侧面
钩头楔键 GB/T 1565—2003 	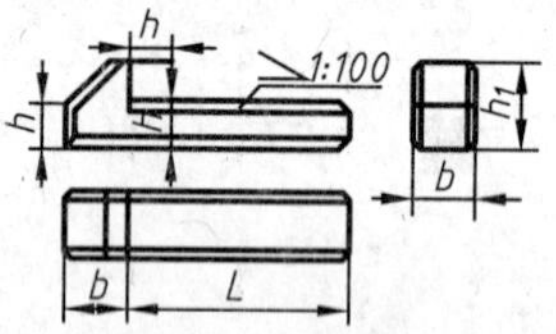 键 $b\times L$　GB/T 1565—2003 其中：b 为键宽，L 为键的长度	键的上顶面有 1∶100 的斜度，装配时将键沿轴向嵌入键槽内；靠上下面接触的摩擦力将轴和轮连接 工作面是键的底面和顶面

键的基本尺寸如宽和高均为标准值，是根据轴的直径查标准(见附录 B6)确定；键的长度取决于所传递的扭矩大小，一般应比相应的轮毂长度短 5～10mm，并选取相近的标准长度(见附录 B6)。

3. 轴和轮毂上键槽的画法和尺寸标注

用键连接轴和轮，必须在轴和轮上加工出键槽。装配时，键有一部分嵌在轴上的键槽内，另一部分嵌在轮的键槽内，以保证轴和轮一起转动。

轴和轮毂上键槽的画法和尺寸标注如图 8.34 所示，标注时，轴上键槽应标注键宽 b 和键槽深 $d-t$，轮毂键槽应注出键宽 b 和键槽深 $d+t_1$。键和键槽尺寸可根据轴的直径在附录表 B6 中查得。

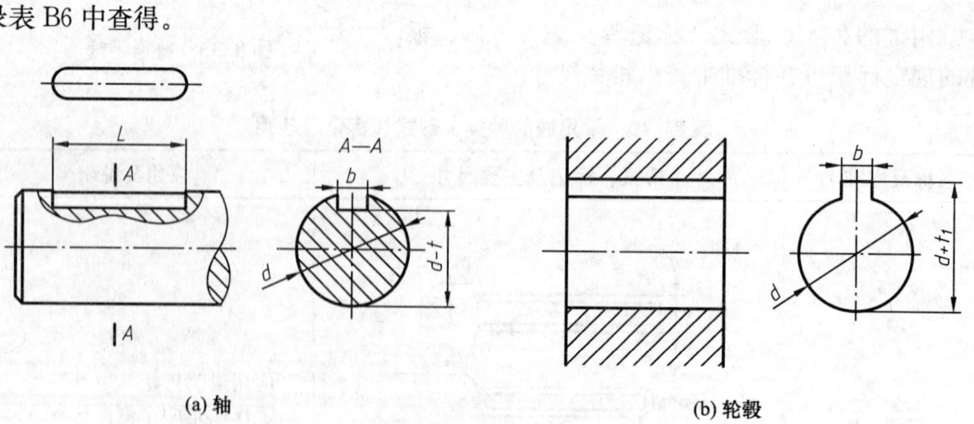

(a) 轴　　(b) 轮毂

图 8.34　轴和轮毂上键槽的画法及尺寸标注

4. 键连接的画法

键连接图一般采用剖视表达，在轴向视图中，轴通常采用局部剖，键属于纵向剖切，按不剖绘制；端面(周向)视图中，轴、轮、键都被横向剖切，都应画出剖面线。

普通平键和半圆键的两侧面为键的工作表面，所以键与键槽侧面之间不留间隙，应在接触面上画一条轮廓线；而键的上表面是非工作面，它与轮毂键槽底面之间应留间隙，画两条轮廓线，如图8.35(a)、(b)所示。

钩头楔键的顶面有1∶100的斜度，连接时将键打入键槽，是靠键的上下表面与轮毂键槽和轴键槽之间的摩擦力将二者连接，因此，画图时，上、下表面与键槽接触，没有间隙；而两个侧面与键槽侧面间应有间隙，如图8.35(c)所示。

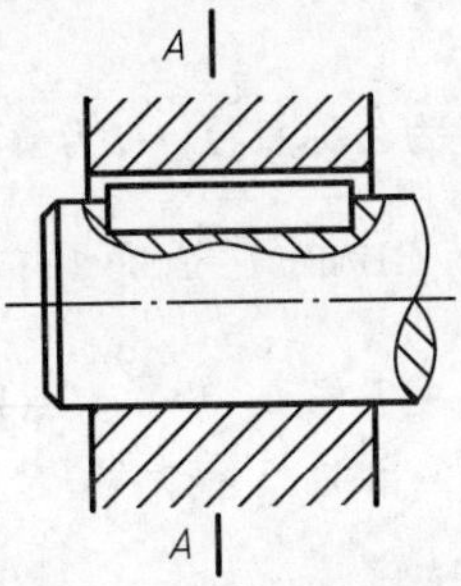

(a) 普通平键

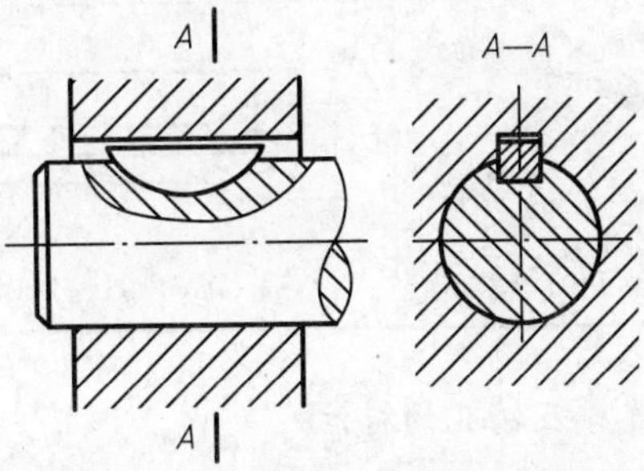

(b) 半圆键

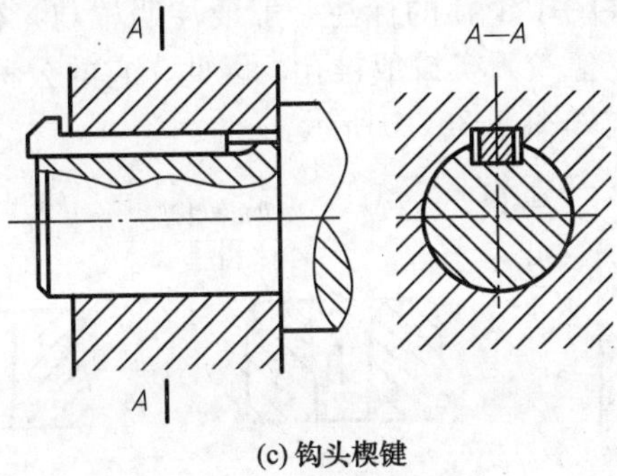

(c) 钩头楔键

图8.35　键连接的画法

8.4.2　销连接

销主要用于零件间的连接或定位。常用的销有圆柱销、圆锥销和开口销等，圆柱销和圆锥销用作零件间的连接或定位；开口销通常和开槽螺母配合使用，用来锁紧螺母，防止松动或固定其他零件。

1. 销的形式和规定标记

销是标准件，其规格、尺寸可从标准中查得，它们的形式和规定标记见表8-11。

表8-11　销的形式和规定标记

类型及标准代号	图例及标记	说明
 圆柱销 GB/T 119—2000	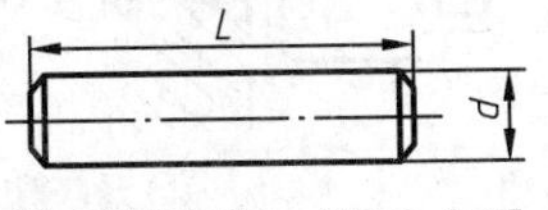 销 GB/T 119—2000 $d \times L$	d为公称直径，L为公称长度。按d公差不同有A、B、C、D 4种类型。 标记示例： 销 GB/T 119—2000 8×30

(续)

类型及标准代号	图例及标记	说明
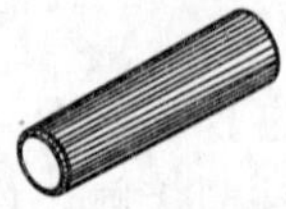 圆锥销 GB/T 117—2000	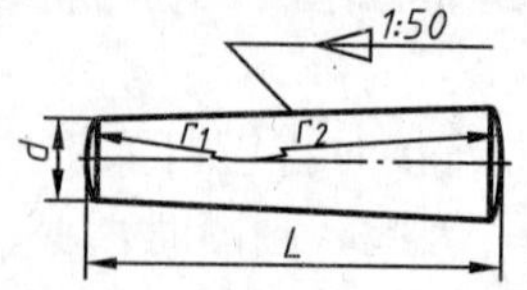 销 GB/T 117—2000 $d\times L$	d 为公称直径，指小端直径，L 为公称长度。按磨削、车削分 A、B 两种类型。标记示例： 销 GB/T 117—2000 10×60
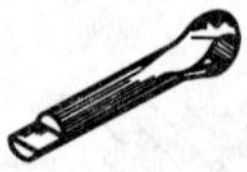 开口销 GB/T 91—2000	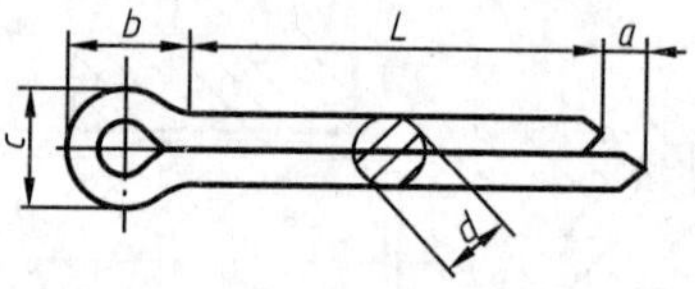 销 GB/T 91—2000 $d\times L$	d 为公称直径，L 为公称长度。标记示例： 销 GB/T 91—2000 5×50

2. 销连接及销孔的标注

圆柱销或圆锥销的装配要求较高，用销连接的两个零件上的销孔通常要在装配时同时加工，因此，在相应的零件图中销孔的标注一般要注明“与×件配作”；锥销孔加工时按公称直径先钻孔，再选用定值铰刀扩铰成锥孔，因此，它的公称直径指小端直径，标注时通常用引出标注，标注形式如图 8.36(b)所示。

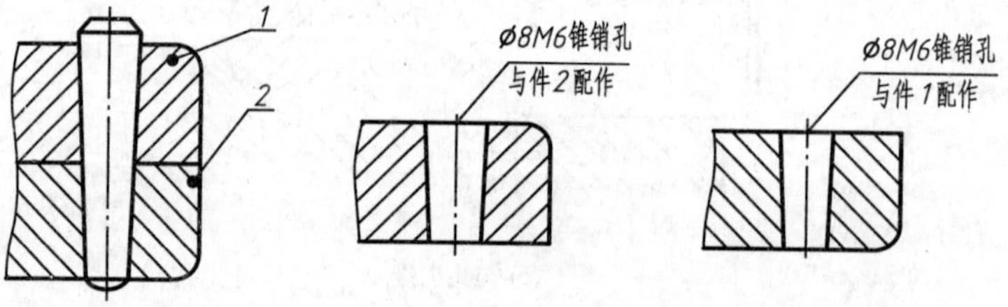

(a) 圆锥销连接画法　　(b) 零件图中锥销孔的尺寸注法

图 8.36　圆锥销连接及锥销孔的尺寸注法

3. 销连接的画法

当剖切平面通过销的轴线时，销按不剖绘制，轴采用局部剖。图 8.36(a)所示为圆锥销的连接画法，图 8.37(a)所示为圆柱销的连接画法；图 8.37(b)所示为带销孔的螺杆和槽形螺母用开口销锁紧防松的连接图。

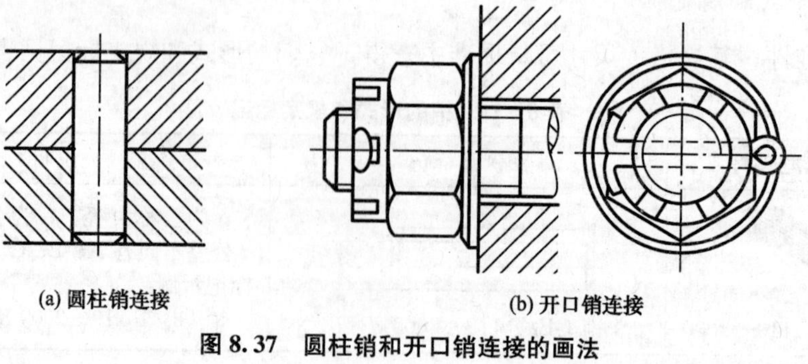

(a) 圆柱销连接　　(b) 开口销连接

图 8.37　圆柱销和开口销连接的画法

8.5 滚动轴承

8.5.1 滚动轴承的结构、分类和代号

滚动轴承是支承旋转轴的一种标准(组)件，具有结构紧凑、摩擦阻力小等特点，能在较大的载荷、转速及较高精度范围内工作，被广泛应用在机器、仪表等产品中。

1. 滚动轴承的结构

滚动轴承的种类很多，但结构大致相同，一般由外圈、内圈(或上圈、下圈)、滚动体和保持架(隔离圈)等组成，如图 8.38 所示。一般情况下，外圈装在机座的孔中，固定不动或偶作少许转动；内圈套在轴上，随轴一起转动；滚动体可做成滚珠(球)或滚子(圆柱、圆锥或针状)形状，装在内、外圈之间的滚道中；保持架用以均匀隔开滚动体，故又称隔离圈。

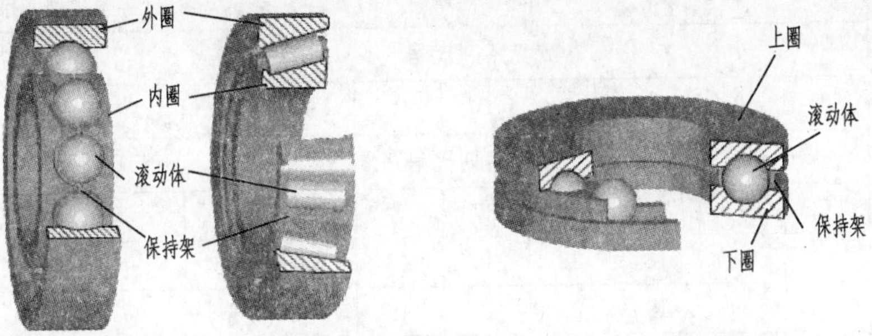

图 8.38 滚动轴承

2. 滚动轴承的类型

滚动轴承的分类方法很多，其中常见的分类如下。

(1) 深沟球轴承：主要用于承受径向载荷，如图 8.38(a)所示。

(2) 圆锥滚子轴承：主要用于同时承受径向载荷和轴向载荷，如图 8.38(b)所示。

(3) 推力球轴承：主要用于承受轴向载荷，如图 8.38(c)所示。

3. 滚动轴承的代号(GB/T 272—1993)

滚动轴承是一种标准件，它的结构特点、类型和内径尺寸等，均采用代号来表示，代号是用字母加数字表示滚动轴承的结构、尺寸、公差等级、技术性能等特征的产品符号。它由前置代号、基本代号和后置代号构成，其排列顺序为：前置代号、基本代号、后置代号。

1) 基本代号

基本代号是轴承代号的基础，表示轴承的基本类型、结构和尺寸。它由轴承类型代号、尺寸系列代号、内径代号构成，其中，尺寸系列代号由轴承的宽(高)度系列代号和直径系列代号组成。其排列顺序：类型代号、尺寸系列代号、内径代号。

(1) 类型代号用数字或字母表示，见表 8-12。

表 8-12　轴承类型代号(GB/T 272—1993)

代号	轴承类型	代号	轴承类型
0	双列角接触球轴承	6	深沟球轴承
1	调心球轴承	7	角接触球轴承
2	调心滚子轴承和推力调心滚子轴承	8	推力圆柱滚子轴承
3	圆锥滚子轴承	N	圆柱滚子轴承双列或多列用 NN
4	双列深沟球轴承	U	外球面球轴承
5	推力球轴承	QJ	四点接触球轴承

(2) 尺寸系列由滚动轴承的宽(高)度系列代号组合而成，是指同一内径的轴承具有不同的外径和宽度，因而有不同的承载能力，见表 8-13。

表 8-13　尺寸系列代号(GB/T 272—1993)

直径系列代号	向心轴承									推力轴承		
	宽度系列代号									宽度系列代号		
	8	0	1	2	3	4	5	6	7	9	1	2
	尺寸系列代号											
7	—	—	17	—	37	—	—	—	—	—	—	—
8	—	08	18	28	38	48	58	68	—	—	—	—
9	—	09	19	29	39	49	59	69	—	—	—	—
0	—	00	10	20	30	40	50	60	70	90	10	—
1	—	01	11	21	31	41	51	61	71	91	11	—
2	82	02	12	22	32	42	52	62	72	92	12	22
3	83	03	13	23	33	43	53	63	73	93	13	23
4	—	04	—	24	—	—	—	—	74	94	14	24
5	—	—	—	—	—	—	—	—	—	95	—	—

(3) 内径代号表示轴承的公称内径，用数字表示，见表 8-14。

表 8-14　内径代号(GB/T 272—1993)

轴承公称内径 *d*/mm		内径代号
0.6～10(非整数)		用公称内径毫米数直接表示，在其与尺寸系列代号之间用“/”分开
1～9(整数)		用公称内径毫米数直接表示，对深沟球轴承及角接触轴承 7、8、9 直径系列，内径与尺寸系列代号之间用“/”分开
10～17	10　12 15　17	10 用“00”，12 用“01”，15 用“02”，17 用“03”表示

（续）

轴承公称内径 d/mm	内径代号
20～480(22、28、32 除外)	公称内径除以 5 的商数，商数若为个位数，需在其左边加“0”，如 08
≥500 以及 22、28、32	用尺寸内径毫米数直接表示，但在与尺寸系列代号之间用“/”分开

现举例说明轴承基本代号的含义。

例如：滚动轴承 6204，从左往右依次为。

第一位：数字“6”是轴承类型代号，表示深沟球轴承(见表 8－12)。

第二位：数字“2”是尺寸系列代号，表示 02 系列(0 省略)。

最右边的两位：数字“04”是内径代号，$d=4\times5\text{mm}=20\text{mm}$。

例如：滚动轴承 N2210，从左往右依次为：

第一位：“N”是轴承类型代号，表示圆柱滚子轴承。

第二、三位：数字“22”是尺寸系列代号。

最右边的两位：数字“10”是内径代号，$d=10\times5\text{mm}=50\text{mm}$。

2) 前置、后置代号

前置、后置代号是轴承在结构形状、尺寸、公差、技术要求等有改变时，在其基本代号左右添加的补充代号。前置代号用字母表示，后置代号用字母或字母加数字表示，其内容含义和标注见 GB/T 272—1993。

8.5.2　滚动轴承的画法

滚动轴承是标准件，由专门的标准件厂生产，用户可根据轴承的型号选购。因此，不需要画其零件图。在装配图中需要表示时，通常按照国家标准规定的画法(比例画法)或特征画法(示意画法)绘制。常见的深沟球轴承、圆锥滚子轴承和推力球轴承的规定画法和特征画法见表 8－15。

表 8－15　常用滚动轴承的规定画法和特征画法

	主要尺寸	规定画法		特征画法
深沟球轴承 (GB/T 276—1994) 6000 型	D d B	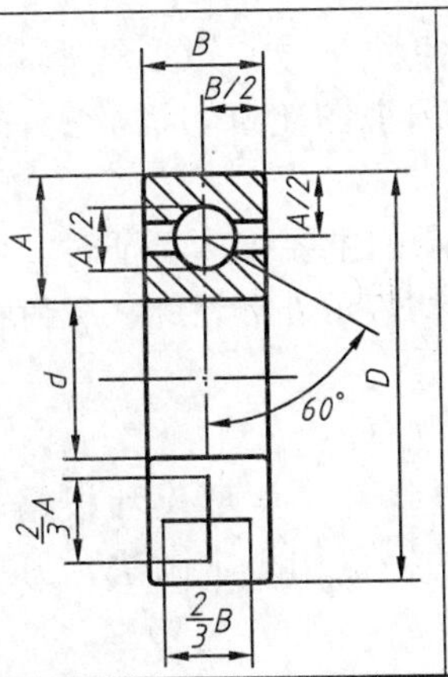	(1) 由 D、B 画出轴承外轮廓 (2) 由 $(D-d)/2=A$ 画出内外圈断面 (3) 由 $A/2$、$B/2$ 定出滚球球心，以 $A/2$ 为直径画滚球 (4) 由球心作 60°斜线，求出斜线与滚球外形的两个交点 (5) 自所求的两交点作出外(内)圈的内(外)轮廓线	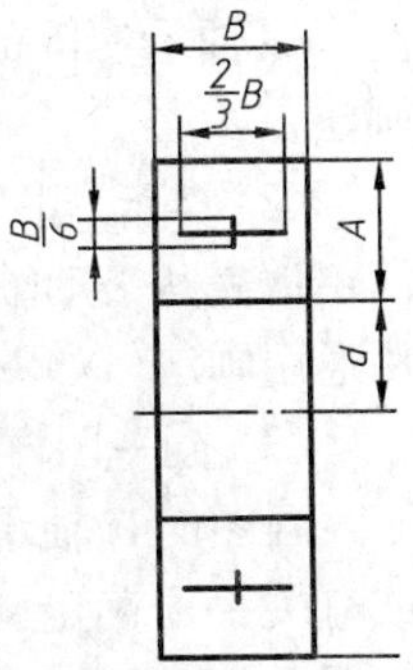

(续)

	主要尺寸	规定画法		特征画法
圆锥滚子轴承 (GB/T 297—1994) 3000 型	D d T B C	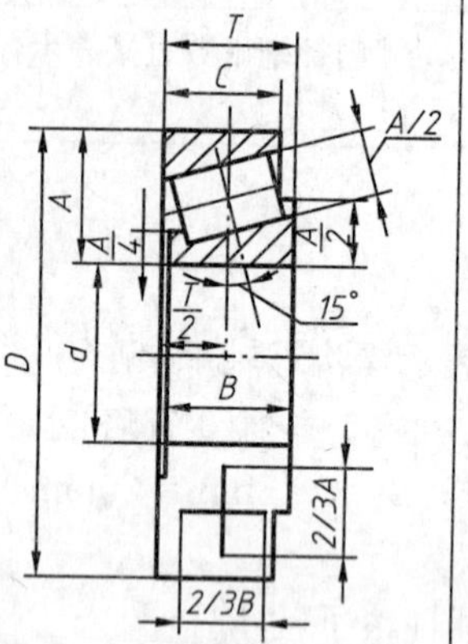	(1) 由 D、d、T、B、C 画出轴承外轮廓 (2) 由 $(D-d)/2=A$ 画出内外圈断面 (3) 由 $A/2$、$T/2$ 定出滚锥的中心；作 15°斜线，再画出与斜线垂直的滚锥轴线 (4) 由 $A/2$、$A/4$、C 作滚锥的外形线 (5) 最后作出内外圈的轮廓	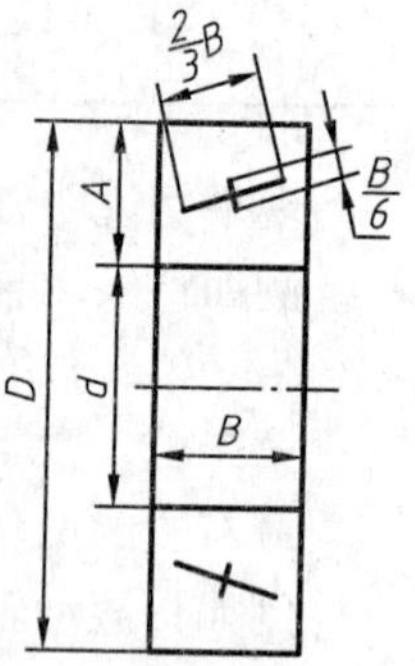
推力球轴承 (GB/T 301—1995) 5100 型	D d T	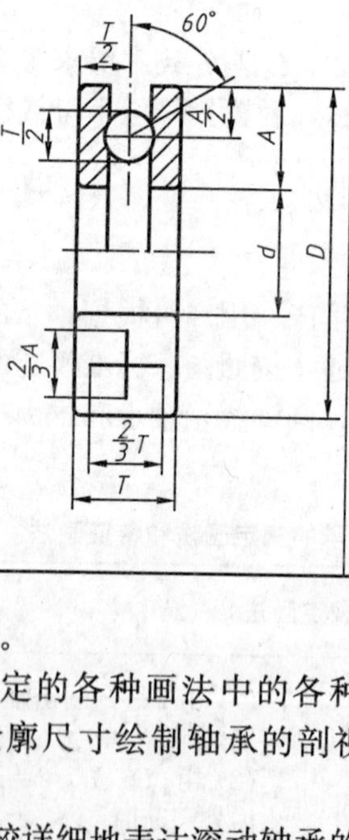	(1) 由 D、T 画出轴承外轮廓 (2) 由 $(D-d)/2=A$ 画出内外圈断面 (3) 由 $A/2$、$T/2$ 定出滚球的中心；以 $T/2$ 画为直径画滚球 (4) 由球心作 60°斜线，求出斜线与滚球外形的两个交点 (5) 自所求的两个交点作出左、右圈的轮廓线	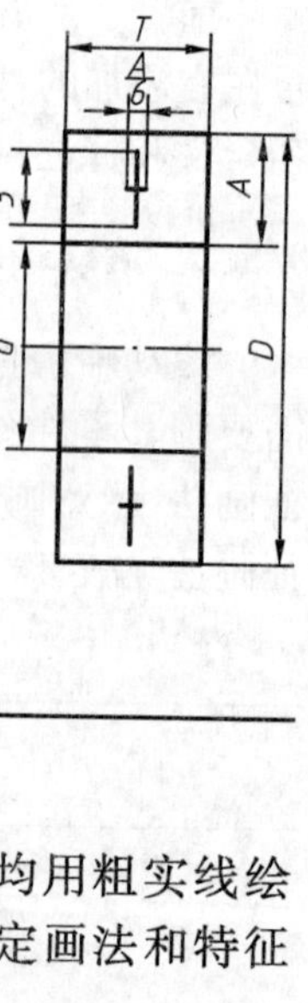

画图基本规定如下。

(1) 国家标准中规定的各种画法中的各种符号、矩形线框和轮廓线均用粗实线绘制。以轴承实际的外轮廓尺寸绘制轴承的剖视图轮廓，而轮廓内可用规定画法和特征画法。

(2) 当装配图中需较详细地表达滚动轴承的主要结构特征时，可采用规定画法；只需简单地表达滚动轴承的主要结构，不需要确切表示外形轮廓、载荷特征、结构特征时可采用通用画法，如图 8.39 所示。

(3) 同一图样中应采用同一种画法。

画图时，轴承内径 d、外径 D、宽度 B 等几个主要尺寸根据轴承代号查附录表 B8 或有关手册确定。画装配图时，还可以轴的一侧用规定画法，另一侧简化为通用画法，如图 8.40 所示。

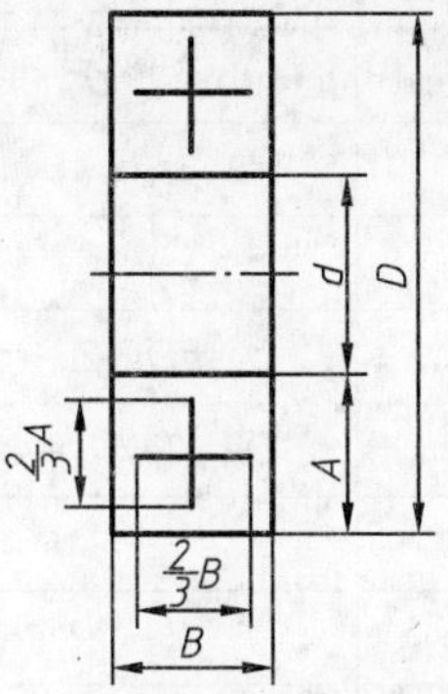

图 8.39　滚动轴承的通用画法

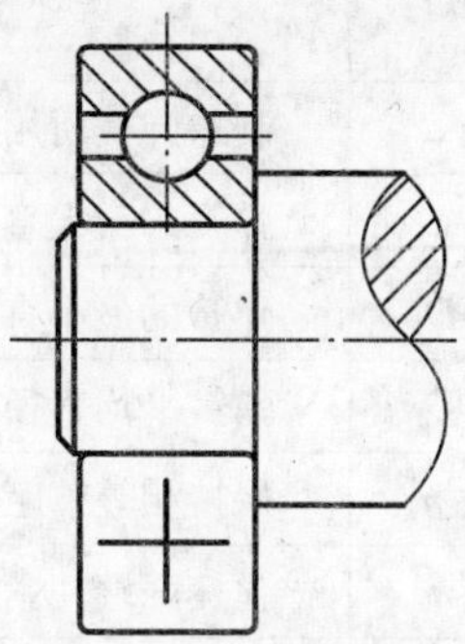

图 8.40　装配图中滚动轴承的简化画法

8.6　弹　　簧

8.6.1　弹簧的用途和类型

弹簧是一种常用件，是一种能储存能量的零件，在机器、仪表和电器等产品中起到减震、储能和测量等作用。弹簧的种类很多，常见的有螺旋弹簧、板弹簧和蜗卷弹簧等，如图 8.41 所示。螺旋弹簧按用途又分为压缩弹簧、拉伸弹簧和扭力弹簧。本节主要介绍圆柱螺旋压缩弹簧的有关参数名称和画法，其他种类弹簧的画法，可参阅有关标准规定。

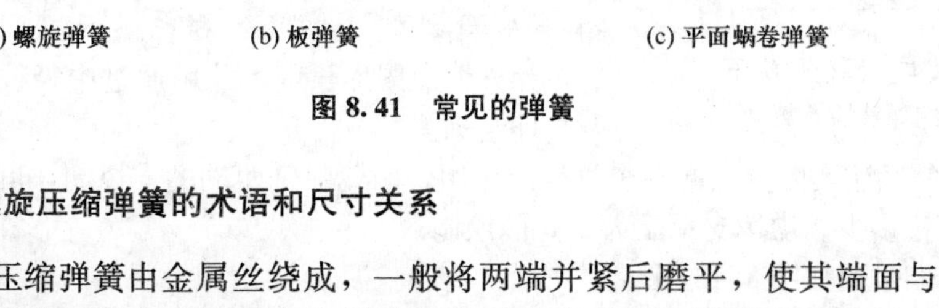

(a) 螺旋弹簧　(b) 板弹簧　(c) 平面蜗卷弹簧

图 8.41　常见的弹簧

8.6.2　圆柱螺旋压缩弹簧的术语和尺寸关系

圆柱螺旋压缩弹簧由金属丝绕成，一般将两端并紧后磨平，使其端面与轴线垂直，便于支承。并紧磨平的若干圈不产生弹性变形称为支承圈，通常有 1.5、2、2.5 三种；参加弹性变形进行有效工作的圈数，称为有效圈数；并紧磨平后在不受外力情况下的全部高度，称为自由高度。其各部分名称、含义及尺寸关系见表 8－16，各参数如图 8.42 所示。

表 8-16 圆柱螺旋压缩弹簧各部分名称、含义及尺寸关系

分类	名称	含义	尺寸关系
直径	簧丝直径 d	制造弹簧所用金属丝的直径	
	弹簧外径 D	弹簧的最大直径	
	弹簧内径 D_1	弹簧的最小直径	$D_1=D-2d$
	弹簧中径 D_2	弹簧平均直径	$D_2=D-d=D_1+d$
圈数	有效圈数 n	保持相等节距参与工作的圈数	
	支承圈数 n_0	弹簧两端并紧及磨平的圈数	
	总圈数 n_1	有效圈数和支承圈数之和	$n_1=n+n_0$
其他	节距 t	相邻两有效圈数上对应点间的轴向距离	
	自由高度 H_0	未受载荷作用时弹簧的高度	$H_0=nt+(n_0-0.5)d$
	展开长度 L	弹簧的金属丝长度	$L=n_1\sqrt{(\pi D_2)^2+t^2}\approx n_1\pi D_2$
	旋向	分为左旋和右旋两种	

圆柱螺旋压缩弹簧的尺寸系列参阅附录表 B9。

8.6.3 弹簧的规定画法

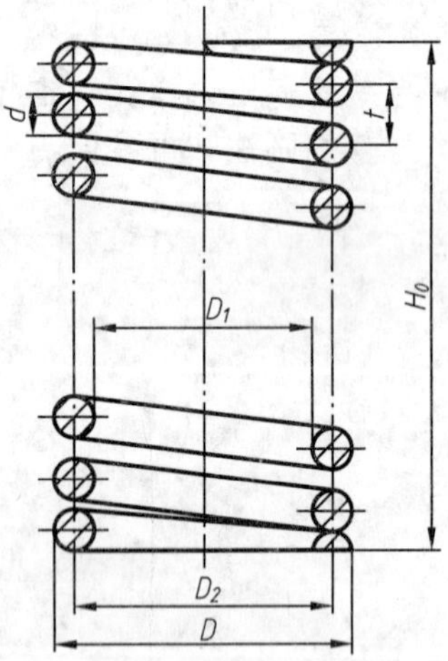

图 8.42 圆柱螺旋压缩弹簧的参数

弹簧的真实投影比较复杂，所以通常采用简化画法，国家标准对其简化画法作了具体的规定。

1. 单个弹簧的画法

(1) 螺旋弹簧在平行于轴线的投影面上所得的图形，可用视图表达，也可用剖视图表达。其各圈的螺旋线应简化画成直线。

(2) 螺旋弹簧均可画成右旋。但对左旋的螺旋弹簧，不论画成左旋或右旋，一律要加注出旋向“左”字。

(3) 有效圈数在 4 圈以上时，可只画出两端的 1～2 圈(支承圈除外)，中间各圈省略不画。省略中间各圈后，允许缩短图形长度，并用通过中径线的细点画线将两端连起来。

(4) 弹簧画法实际上只起一个符号的作用，因此弹簧两端的支撑圈，可按实际结构绘制，也可不论多少，均按支承圈为 2.5 圈绘制。

具体绘制过程如图 8.43 所示。

2. 在装配图中弹簧的画法

(1) 在装配图中弹簧被视为实心结构，因而被弹簧挡住的结构一般不必画出。可见部分应从弹簧的外轮廓线或从弹簧钢丝剖面的中心线画起，如图 8.44(a)所示。

(2) 弹簧被剖切时，若簧丝直径 $d\leqslant 2$mm，其断面可用涂黑表示，如图 8.44(b)所示。

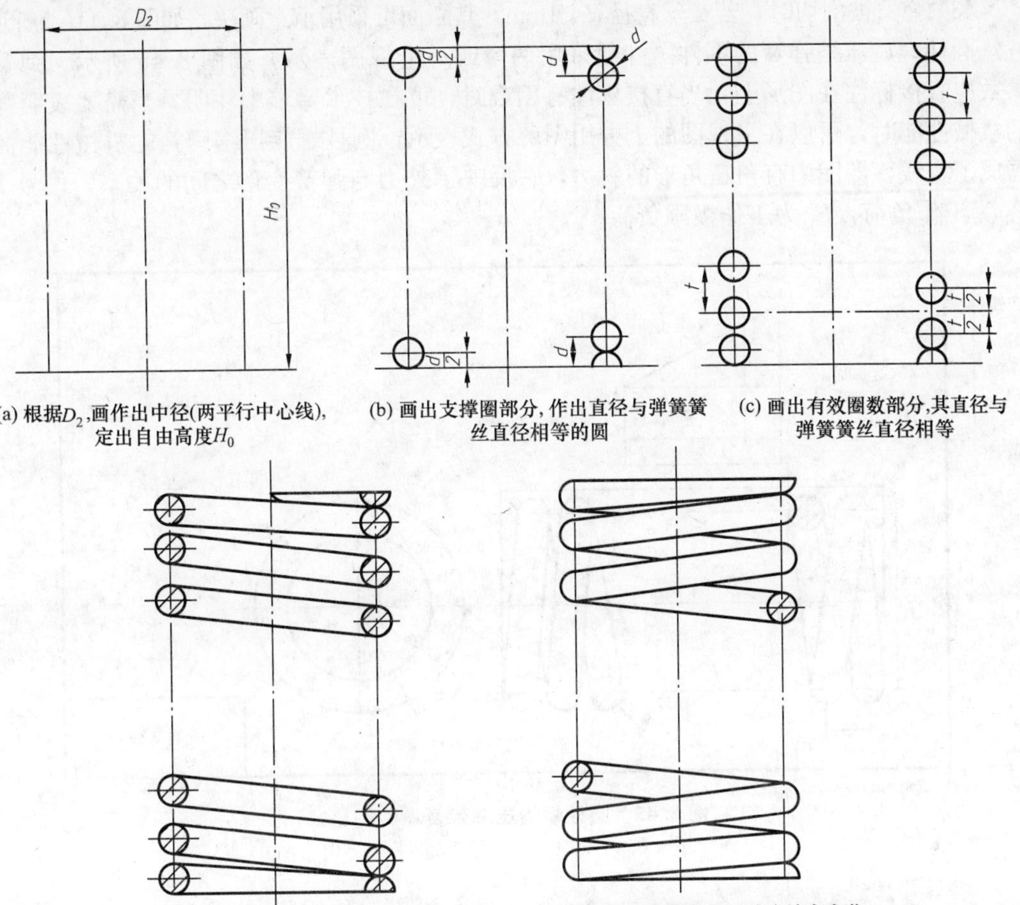

(a) 根据D_2,画作出中径(两平行中心线),定出自由高度H_0

(b) 画出支撑圈部分,作出直径与弹簧簧丝直径相等的圆

(c) 画出有效圈数部分,其直径与弹簧簧丝直径相等

(d) 按右旋方向作相应圆的公切线,再画上剖面符号,完成作图

(e) 若不画成剖视图,可按右旋方向作相应圆的公切线,完成外形图

图 8.43　圆柱螺旋压缩弹簧的画图步骤

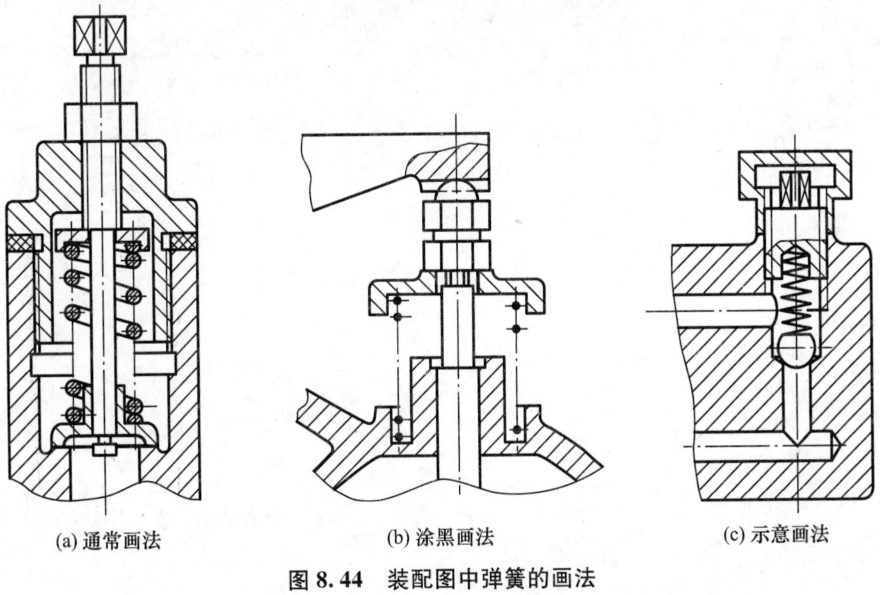

(a) 通常画法　(b) 涂黑画法　(c) 示意画法

图 8.44　装配图中弹簧的画法

(3) 弹簧被剖切时，若簧丝直径 $d<1$mm，其断面可采用示意画法，如图 8.44(c)所示。

圆柱螺旋压缩弹簧的零件图一般采用两个或一个视图表示，如图 8.45 所示。弹簧的参数应直接标注在图形上，当直接标注有困难时，可在技术要求中注明。当需要表明弹簧的机械性能时，可以在主视图的上方用图解方式表示，圆柱螺旋压缩弹簧的机械性能曲线画成了直线，即图中直角三角形的斜边，它反映了外力与弹簧变形之间的关系，代号 P_1、P_2 为工作负荷，P_j 为工作极限负荷。

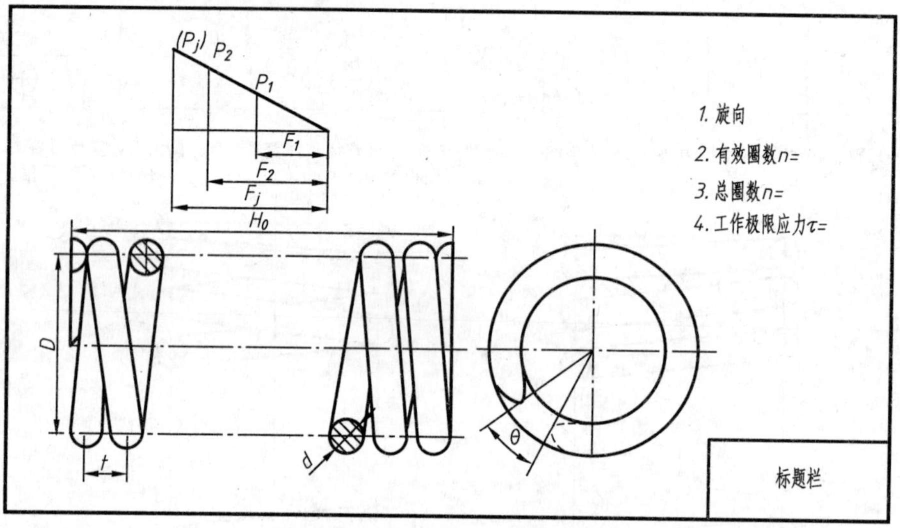

图 8.45　圆柱螺旋压缩弹簧零件图格式

第9章 零件图

教学提示

绘制和阅读机械图样是本课程的最终学习目标，因此，零件图是本课程重点内容之一。设计机器时要落实到每个零件的设计，制作机器时以零件为基本制造单元，总是先制造出零件再装配成部件和整机。零件图是表达设计信息的主要媒体，是制造和检验零件的依据。培养绘制和阅读零件图的基本能力是本课程的主要任务之一。

教学要求

学习本章之后应重点掌握以下内容：掌握零件的结构分析方法；了解零件图的基本内容；掌握零件图的视图选择和尺寸标注方法；了解零件图的技术要求；掌握阅读零件图的步骤和方法；掌握典型零件图样的画法。

9.1 零件图的作用和内容

9.1.1 零件图的作用

机械工程设计制造领域中用到的工程图样一般分为零件图和装配图两大类。零件是组成机器(或工具、用具)和部件的不可拆分的最小单元。零件图是表达单个零件结构、大小、加工方法及技术要求的图样，零件图是设计部门提交给生产部门的重要技术文件，它反映了设计者的意图，表达了对零件的要求(包括对零件的结构要求和制造工艺的可能性、合理性要求等)，是制造和检验零件的重要依据。

例如要生产图9.1所示的蝴蝶阀阀体零件，就必须根据图9.2所示阀体零件图上所标明的材料、尺寸和数量等要求进行材料准备，然后根据图样提供的形状、大小和技术要求进行生产、加工、产品检验。

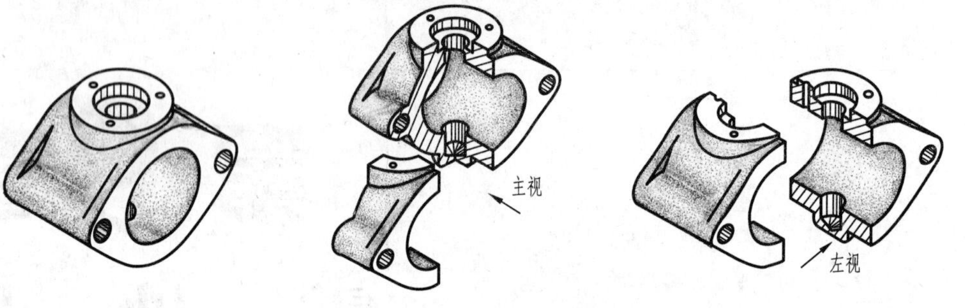

图 9.1　蝴蝶阀阀体零件

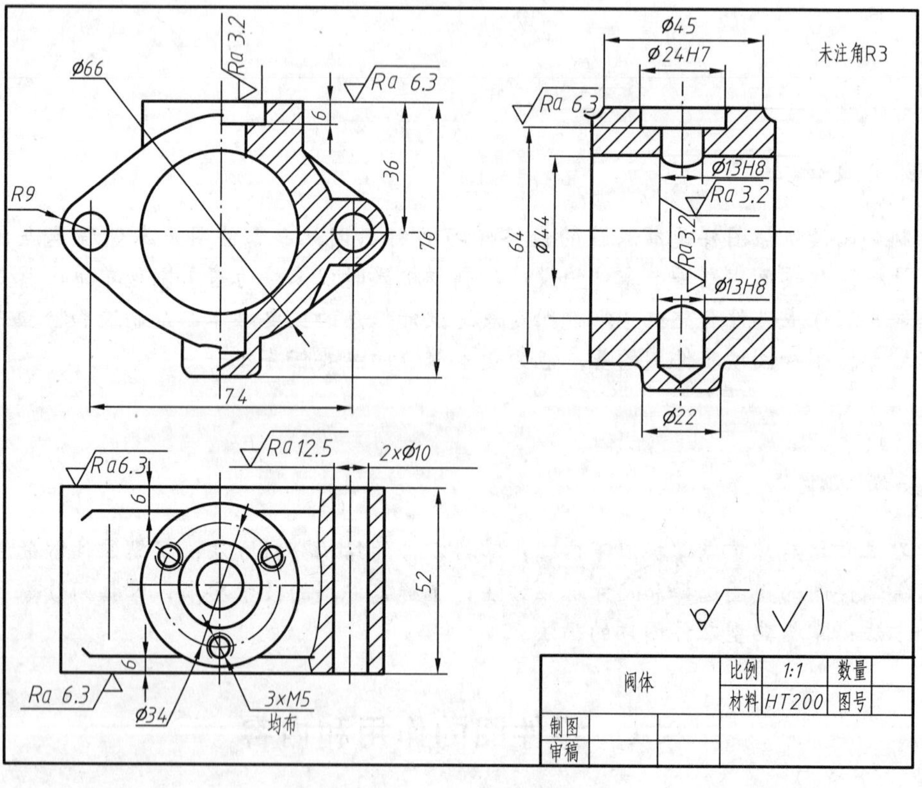

图 9.2　蝴蝶阀阀体零件图

9.1.2　零件图的内容

由图 9.2 所示蝴蝶阀零件图，可知零件图一般应包括以下 4 个方面内容。

1. 一组视图

用一组视图(包括各种机件图样的表达方法)按照有关标准和规定准确、清楚和简便地表达出零件的结构形状。图 9.2 所示的蝴蝶阀，采用了 3 个基本视图，主视图采用半剖，左视图采用全剖，俯视图采用局部剖表达了该零件的结构形状。

2. 完整的尺寸

按照正确、齐全、清晰、合理的原则标注出零件各部分的大小及其相对位置尺寸，即提供制造和检验零件所需的全部尺寸，如图 9.2 中所标注的尺寸。

3. 技术要求

用国家标准中规定的符号、数字、字母和文字等，简明、准确地给出零件在使用、制造、检验和安装时应达到的质量要求，如表面粗糙度、尺寸公差、形位公差、热处理及表面处理(如镀涂)以及其他要求。

4. 标题栏

标题栏在图样的右下角，应按标准格式画出，用以填写零件的名称、材料、图样的编号、比例及设计、审核、批准人员的签名、日期等内容。

9.2　零件图的视图选择

零件图的视图选择，是在考虑便于作图和读图的前提下，确定一组视图把零件的结构形状完整、清晰地表达出来，并力求绘图简便。同一个零件的视图表达方案可以有若干种，视图选择的目的是要选取其中的最佳表达方案。最佳表达方案的确定，首先是主视图的选择，再配以必要的其他视图补充表达，达到完整、清晰、正确地表达出零件各部分的结构形状的目的。本节将综合运用前面所学的知识，通过形体分析，并结合零件的结构分析，来讨论零件图的视图选择原则。

9.2.1　主视图的选择

主视图是零件图中最重要的视图，画图也是从主视图开始的，主视图选择得恰当与否，将直接影响其他视图的数量和表达方法是否恰当，也关系到画图和读图是否方便。

主视图的选择原则主要从安放位置和投射方向两方面来考虑。

1. 零件的安放位置

所谓零件的安放位置，是指零件在加工过程中的主要加工位置或工作位置。为此有以下两个选择原则。

1）工作位置原则

工作位置是指零件在机器或部件中的安装或工作时的位置，按照工作位置或零件的安装位置选择主视图，读图比较直观(如箱体类零件)，最好能与零件安装在机器(或部件)中的工作位置一致，便于想象零件在机器中的工作状况和阅读零件图，如图 9.3 所示的吊钩。

2）加工位置原则

加工位置是指零件加工时在机床上的装卡位置。主视图摆放位置与零件主要加工工序中的加工位置相一致，便于工人加工时对照图样进行加工和检测尺寸。如轴、套、轮盘状类零件主要是在车床上加工，装卡时它们的轴线都是水平放置的，因此对于这一类零件就选择轴线水平为其主视图的安放位置，如图 9.4 所示的阶梯轴。

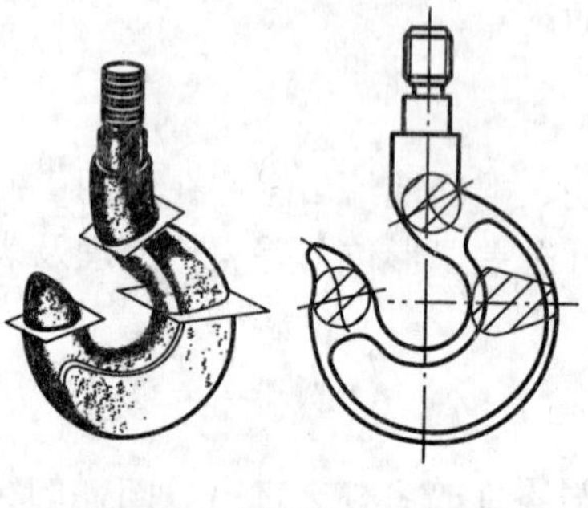

图 9.3　吊钩的工作位置

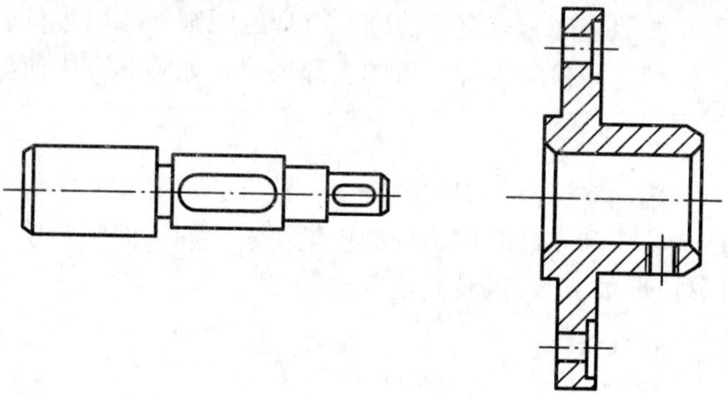

图 9.4　阶梯轴及端盖的加工位置

2. 主视图的投射方向

确定了零件的安放位置后，还应选定主视图的投射方向，又称形状特征原则。将最能反映零件形体特征的方向作为主视图的投射方向，即在主视图上尽可能多地展现零件内外结构形状及各组成形体之间的相对位置关系。

在考虑和选择零件的主视图时，往往首先确定零件的安放位置。这时首先考虑加工位置原则，若不符合这一原则，则考虑零件的工作位置原则，以此确定零件的安放位置，在零件的安放位置确定后，根据零件的形状特征原则确定主视图的投射方向。

如图 9.5 所示的柱塞泵箱体，按工作位置选择其安放位置，安装基面为 C 向侧立面。按形状特征原则分析其投射方向，可知按箭头 A 方向进行投射并取剖视所得到的视图，与按箭头 B、C、D 向进行投射所得到的视图相比较，前者反映其形状特征及各部分相对位置关系更为清晰和完整，因此，应以 A 向作为主视图的投射方向。

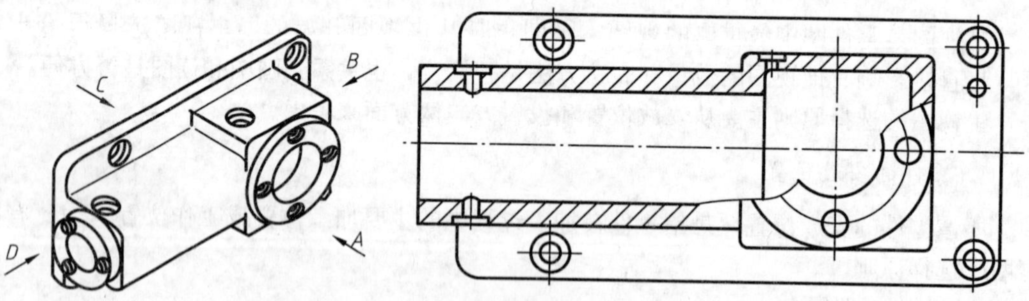

图 9.5　柱塞泵的主视图选择

9.2.2　其他视图的选择

主视图确定后，根据零件结构形状的复杂程度，其他视图的选择应考虑以下几点。

(1) 根据零件的复杂程度及内外结构形状，全面考虑所需要的其他视图，使每个视图至少有一个表达重点。在明确表达零件的前提下，使视图(包括剖视图和断面图)的数量最少，力求表达简练，不出现多余视图，便于画图和看图。

(2) 优先考虑采用基本视图以及在基本视图上作剖视图。采用局部视图、局部剖视图、斜视图或斜剖视图时应尽可能按投影关系配置在相关视图的附近。

(3) 要考虑合理地布置视图位置，使图样清晰匀称，便于标注尺寸及技术要求，既能充分利用图幅，又能减轻视觉疲劳。

图 9.7 所示为泵体的最终表达方案。

(1) 分析零件的结构形状。参照图 9.6，分析零件的结构形状可知该泵体为箱体类零件。

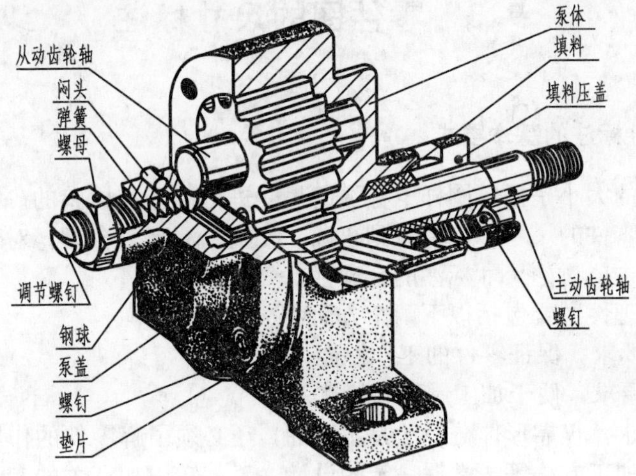

图 9.6　齿轮泵轴立体图

(2) 选择主视图。根据工作位置原则选择主视图，如图 9.7 所示。其中，主视图采用了 3 处局部剖视，因剖切位置明显，未加标注。

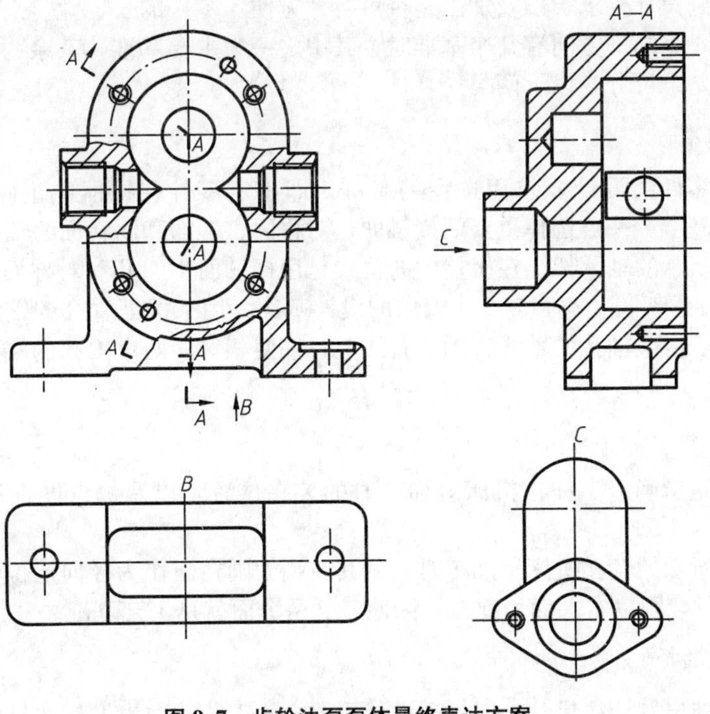

图 9.7　齿轮油泵泵体最终表达方案

(3) 选择其他视图，初定表达方案。左视图采用了用几个相交的剖切面剖切的剖视图 $A—A$；B 视图为仰视投射方向的局部视图；C 视图为后视方向的局部视图。

(4) 经分析形成图 9.7 的表达方案。此方案视图数量较少，避免了细虚线，没出现多余的视图，所以是表达该泵体的较好方案。

9.3　零件图的尺寸标注

9.3.1　零件图尺寸标注的基本要求

零件上各部分的大小是按照图样上标注的尺寸进行制造和检验的。零件图中尺寸是零件图的主要内容。零件的尺寸标注要做到正确、完整、清晰、合理。对于前 3 项要求，前面已有介绍，这里主要讨论尺寸标注的合理性。

尺寸标注的合理性主要包括以下两个方面：

(1) 满足设计要求，保证零件的工作性能。

(2) 满足工艺要求，便于加工制造和检测。

要达到这些要求，仅靠形体分析法是不够的，还必须了解零件的作用及其在机器中的装配位置及采用的加工方法等，掌握一定的设计、工艺知识和有关的专业知识。因此，本章只作初步介绍，使初学者明确努力方向。

9.3.2　正确选择尺寸基准

基准是指零件在设计、制造和测量时，确定尺寸位置的几何要素。基准的选择直接影响零件能否达到设计要求，以及加工是否可行、方便。零件的长、宽、高 3 个方向至少有一个尺寸基准，当同一方向有几个基准时，其中之一为主要基准，其余为辅助基准。根据基准的作用，基准可分为以下两类。

1. 设计基准

用以保证零件的设计要求而选择的基准，即确定零件在机器中正确位置的点、线、面，称为设计基准。一般选择重要的接触面、对称面、端面和回转面的轴线等。

如图 9.8 所示的轴承架，在机器中的位置是用接触面Ⅰ、Ⅱ和对称面Ⅲ来定位的，这 3 个面分别是轴承架长、宽和高 3 个方向的设计基准，用来保证轴孔的轴线与对面另一个轴承架(或其他零件)轴孔的轴线在同一直线上，并使相对的两个轴孔的端面间距离达到必要精确度。

2. 工艺基准

工艺基准是指确定零件在机床上加工时的装夹位置，以及测量零件尺寸时所利用的点、线、面。

如图 9.9 所示的套在机床上加工时，用其左端大圆柱面作为径向定位面，而测量轴向尺寸 a、b、c 时，则以右端面为起点，因此，这两个面就是工艺基准。

3. 基准的选择

从设计基准出发标注尺寸，能保证设计要求；从工艺基准出发标注尺寸，则便于加工

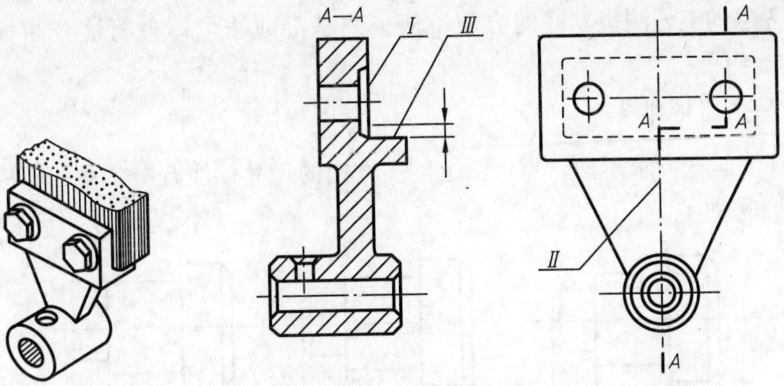

(a) 轴承架安装方法　　(b) 轴承架的设计基准

图 9.8　轴承架的设计基准

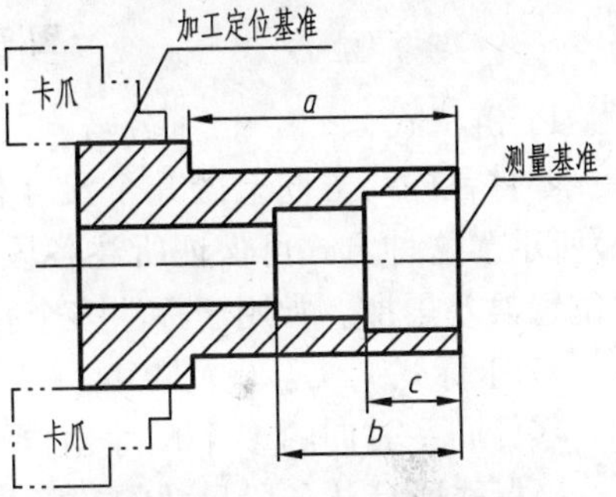

图 9.9　套的工艺基准

和检测。在选择基准时，最好使设计基准与工艺基准重合，如不能重合时，所标注的尺寸应在保证设计要求的前提下，满足工艺要求。

一般在长、宽、高 3 个方向各选一个设计基准为主要基准，用以确定影响零件在机器中的工作性能、装配精度和主要的定位尺寸的功能尺寸，必须直接从设计基准直接注出。如图 9.10 中轴承孔的中心高度 a 是一功能尺寸，应直接以底面为基准标注出来，而不应将其代之为 b 和 e，避免因加工制造时产生的积累误差累积到功能尺寸上来，超出设计要求。同样，为了保证安装时底板上两个安装孔与机座的两个螺孔能准确定位，也应该如图 9.10(a)所示直接注出两个安装孔的中心距 c，而图 9.10(b)所示的注法是不合理的。

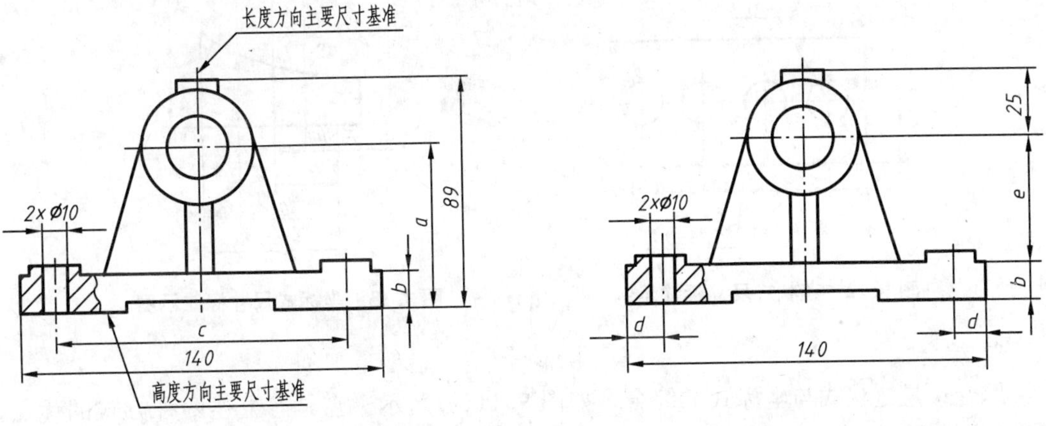

(a) 正确　　(b) 错误

图 9.10　功能尺寸直接标注

除主要基准之外的其余工艺基准则为辅助基准。用以保证零件加工及装卸方便的非功能尺寸，应考虑加工、测量零件的方便，从工艺基准或按形体分析法开始标注，如退刀槽、肋板等。

4. 尺寸标注的几种形式

由于设计、工艺要求不同，零件图上同一方向的尺寸标注有链状式、坐标式、综合式3种，如图9.11所示。

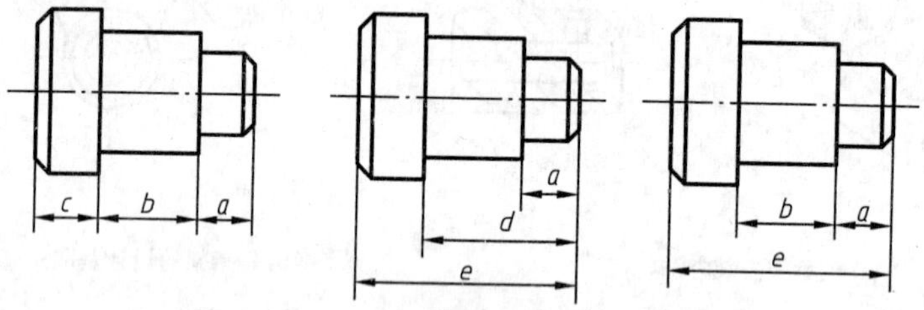

(a) 链状式 (b) 坐标式 (c) 综合式

图9.11 零件尺寸标注的形式

1）链状式

零件在同一方向上的几个尺寸依次首尾相接，注写成链状，称为链状式，如图9.11(a)所示。这种方式可保证所注各段尺寸的精度要求，但由于基准依次推移，使各段尺寸的位置误差累加。常用于标注多个孔的间距尺寸，如图9.12所示。

2）坐标式

零件同一方向的多个尺寸由同一基准出发进行标注，称为坐标式，如图9.11(b)所示。坐标式所标注各段尺寸的精度只取决于本段尺寸加工误差，这样既可保证所标注各段尺寸的精度要求，又因各段尺寸精度互不影响，故不产生位置误差累加。

坐标式常用于标注凸轮轮廓线的坐标尺寸，如图9.13所示。

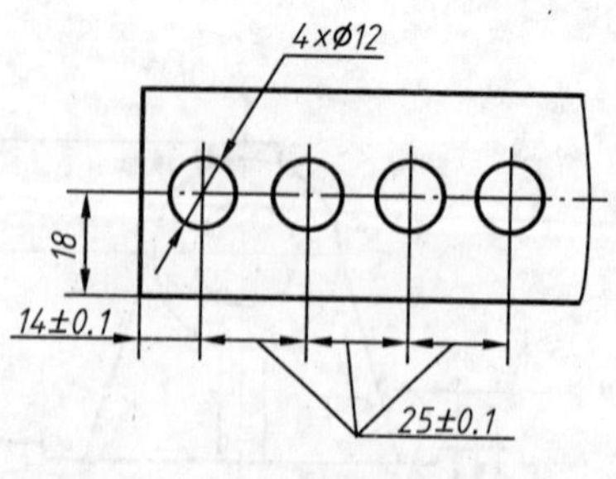

图9.12 链状式尺寸标注示例

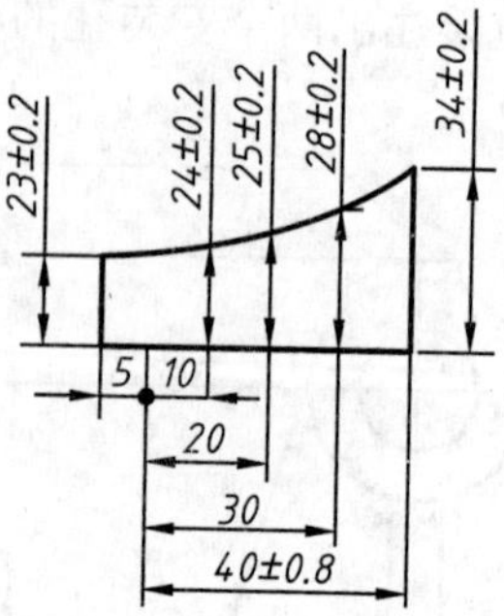

图9.13 坐标式尺寸标注示例

3）综合式

综合式是链状式与坐标式的综合，如图9.11(c)所示。它具有上述两种方式的优点，既能保证一些精确尺寸，又能减少阶梯状零件中尺寸误差积累，最能适应零件的设计和工艺要求，故被广泛采用。

9.3.3 合理标注尺寸应注意的问题

1. 主要尺寸直接标注

零件的主要尺寸是指功能尺寸，例如零件间的配合尺寸、重要的安装定位尺寸。为了满足设计要求，主要尺寸应该直接标注，如图 9.14 所示。

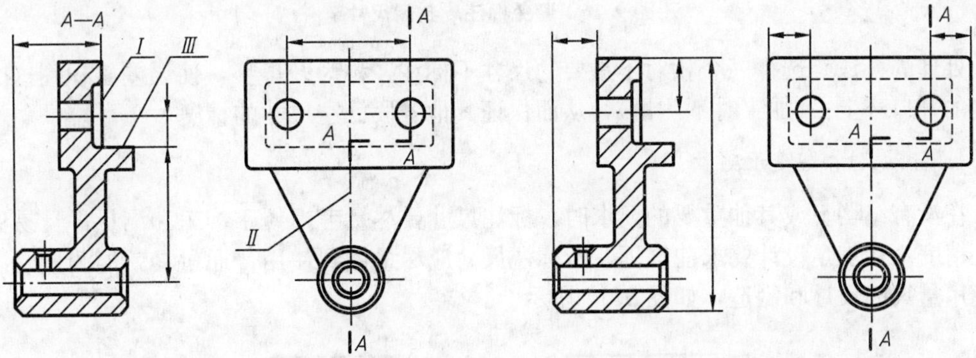

(a) 正确 (b) 错误

图 9.14 轴承架的主要尺寸

2. 相关零件的尺寸要协调一致

对部件中有相互配合、连接、传动等关系的相关零件的相关尺寸应尽可能做到尺寸基准、尺寸标注形式及其内容等协调一致(孔和轴配合、内外螺纹连接、键和键槽)，如图 9.15 所示的尾座与导板。

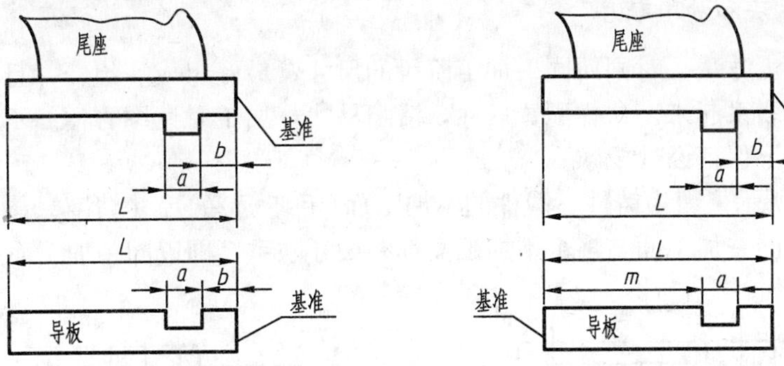

(a) 正确 (b) 错误

图 9.15 相关零件的尺寸协调一致

3. 避免标注成封闭尺寸链

封闭的尺寸链是首尾相接，形成一个封闭圈的一组尺寸。图 9.16(b)所示是错误的标注，使每个尺寸的精度都将受到其他尺寸的影响，尺寸链中任一环的尺寸误差，都等于其他各环的尺寸误差之和。因此，注成封闭尺寸链，同时满足各环的尺寸精度是办不到的。

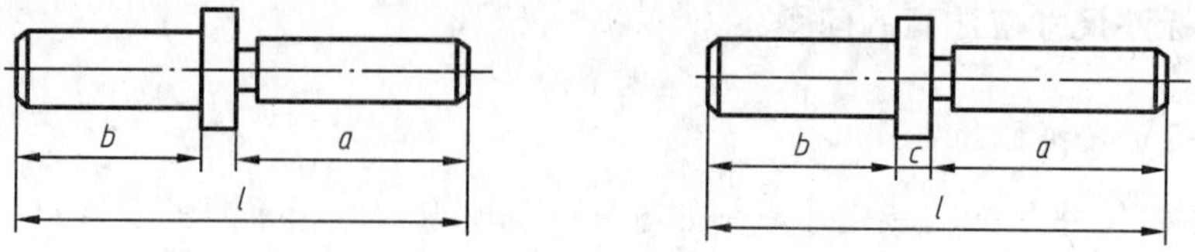

(a) 正确　　(b) 错误

图 9.16　避免标注成封闭尺寸链

处理的办法是选择一个相对不重要的尺寸不标注，称为开口环，使误差累积到这个不重要的开口环上去(加工时不测量)，从而保证其他各段已注尺寸的精度。

4. 标注尺寸要便于测量

在没有结构上或其他重要的要求时，标注尺寸要尽量考虑便于加工和测量，且易保证加工精度。在满足设计要求前提下，所标注尺寸应尽量做到使用普通量具就能测量，以减少专用量具的设计和制造，如图 9.17 所示。

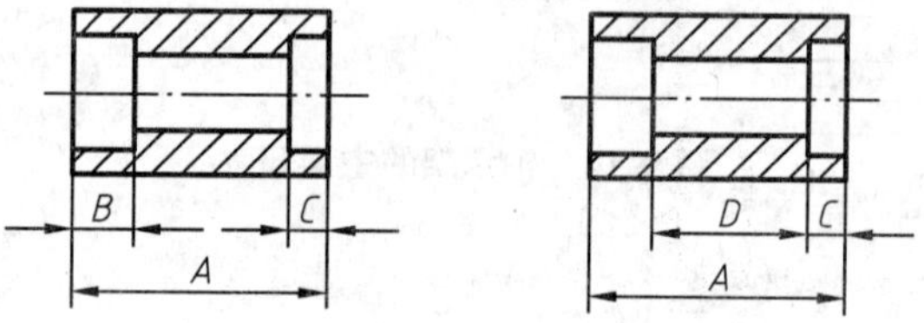

(a) 便于测量　　(b) 不便于测量

图 9.17　标注尺寸便于测量

5. 考虑加工方法和加工顺序

区分不同的加工方法，对同属同一加工阶段的尺寸，最好组成一组，并且使其中一个尺寸与其他的尺寸联系起来。这样配置尺寸，清晰易找，加工时读图方便。不加工面的尺寸精度也能从工艺上保证设计要求。

如图 9.18(a)所示，因为铸件、锻件的不加工面(毛坯面)的尺寸精度只能由铸造、锻造时来保证，如果同一加工面与多个不加工面都有尺寸联系，即以同一加工面为基准来同

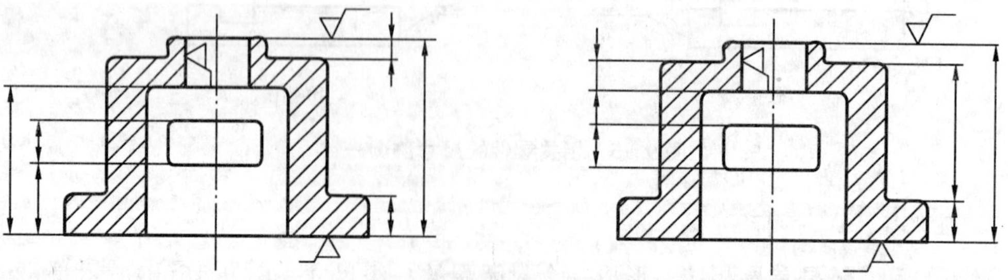

(a) 不合理　　(b) 合理

图 9.18　毛坯面的尺寸标注

时保证这些不加工面尺寸的精度要求，将使加工制造不方便，实际上也是不可能的。所以标注零件毛坯面的尺寸时，在同一方向上的加工面与毛坯面之间，一般只能有一个尺寸联系，其余则为毛坯面与毛坯面之间或加工面与加工面之间联系。这样，不仅加工表面的尺寸精度要求容易保证，未加工表面的尺寸精度也能从工艺上保证设计要求。

标注尺寸要符合加工顺序，如图 9.19 所示按加工顺序标注尺寸，符合加工过程，方便加工和测量，从而易于保证工艺要求，便于读图。图 9.19 所示为一阶梯轴，车削加工后即铣键槽，从图上加工顺序可知，为了便于看图加工，当车制轴上某一结构时，应让车工从图上直接看到结构的定形和定位尺寸，不需做任何计算。因此标注退刀槽的尺寸要从左侧起点标注。

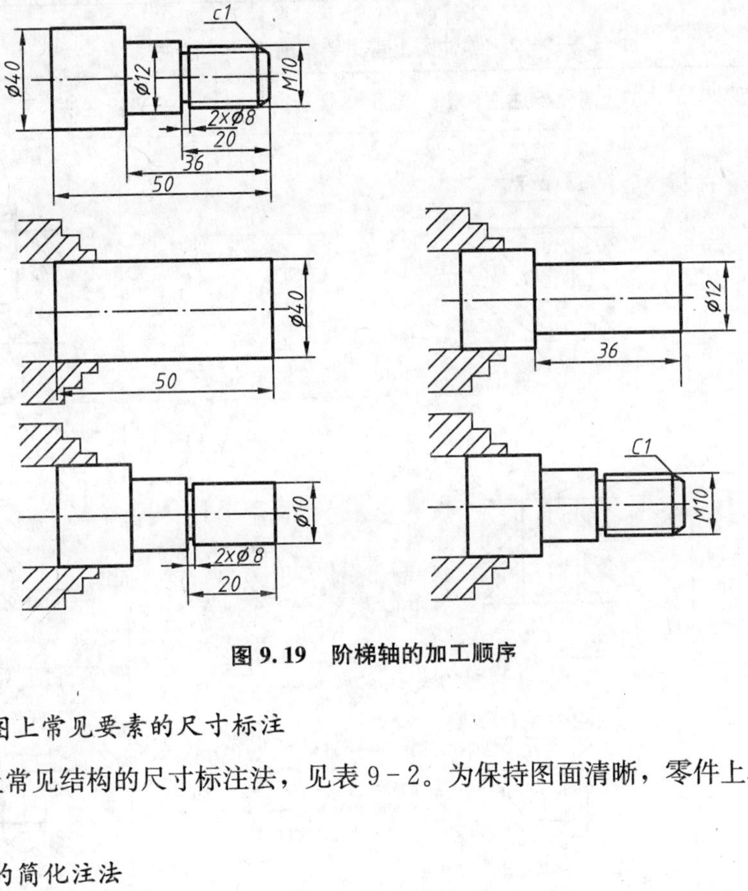

图 9.19　阶梯轴的加工顺序

6. 零件图上常见要素的尺寸标注

零件图上常见结构的尺寸标注法，见表 9－2。为保持图面清晰，零件上小孔尺寸应贯彻简化画法。

7. 尺寸的简化注法

国家标准指出，简化注法的主要简化原则是：在保证不至于引起误解的前提下，便于阅读和绘制，注重简化的综合效果。基本要求如下。

(1) 若图样中的尺寸和公差全部相同或某尺寸和公差占多数时，可在图样空白处作总的说明，如“全部倒角 C2”、“其余圆角 R4”等。

(2) 标注尺寸时，应尽可能使用符号和缩写词。常用的符号和缩写词除第一章介绍过的 ϕ、R、$S\phi$、SR 表示圆的直径、圆弧半径、球直径、球半径和表示弧长、斜度、锥度的符号以外，常用的还有表 9－1 中所列的 8 个。

表 9-1　简化注法常用的符号和缩写词

含义	符号或缩写词	含 义	符号或缩写词
厚度	*t*	沉孔或锪平	⌴
正方形	□	埋头孔	⌵
45°倒角	*C*	均布	*EQS*
深度	↧	展开长	○→

表 9-2　零件图上常见结构的尺寸标注法

序号	类型	简化标注法	一般标注法	
1	光孔	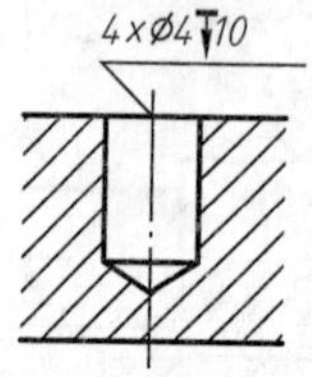	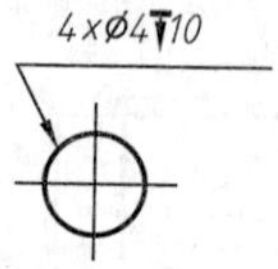	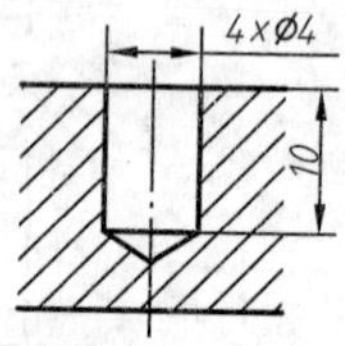
2	螺孔	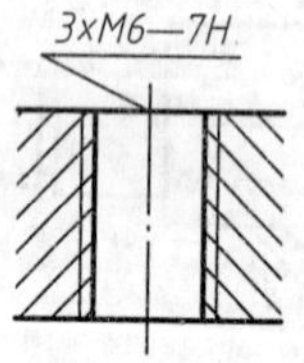		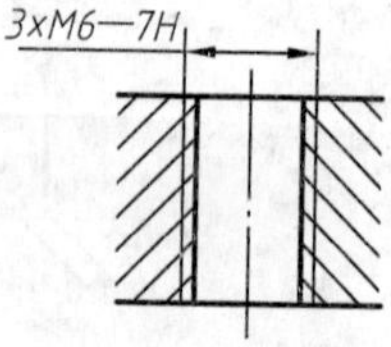
3		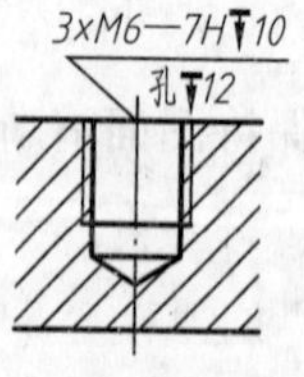	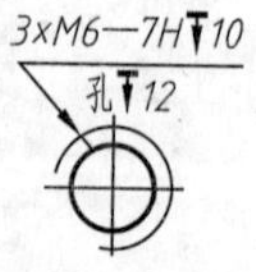	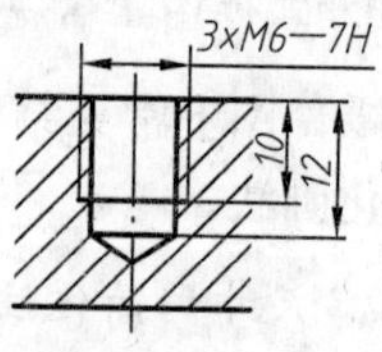
4	沉孔	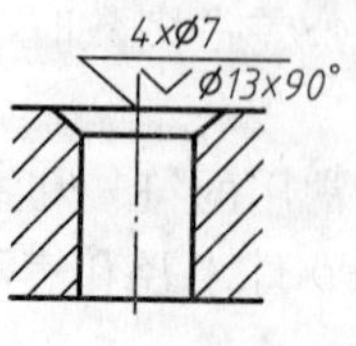	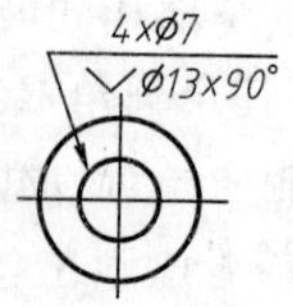	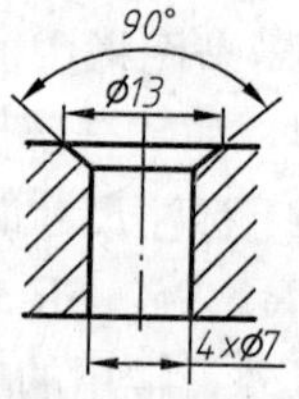

（续）

序号	类型	简化标注法	一般标注法
5	沉孔	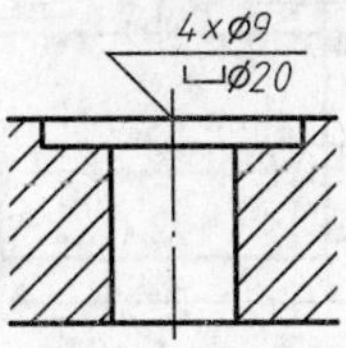	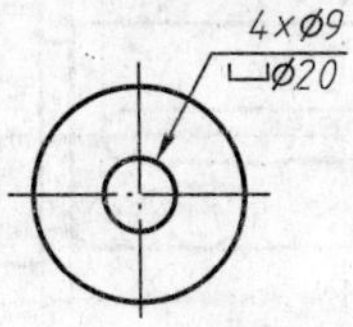 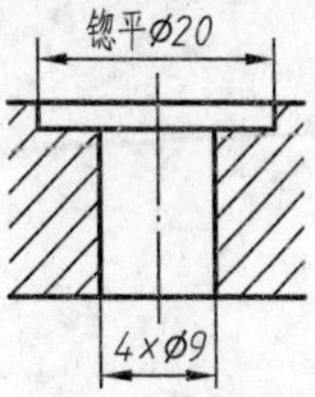
6	沉孔	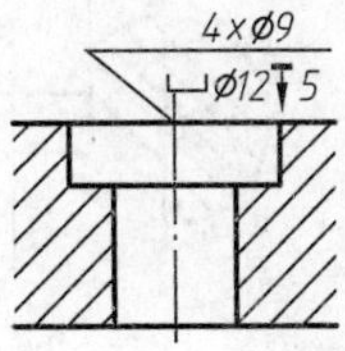	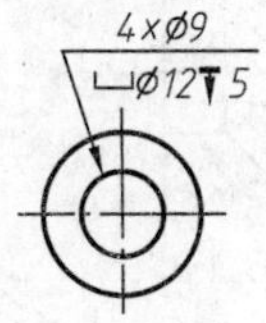 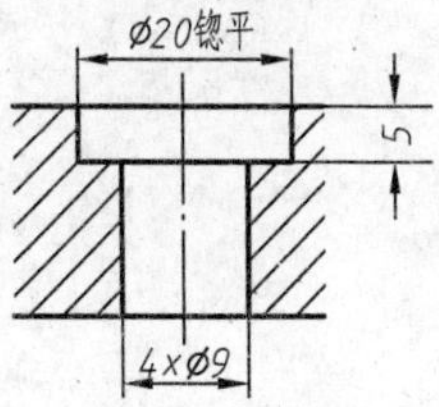
7	45°倒角标注法	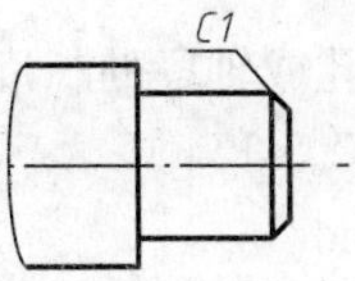 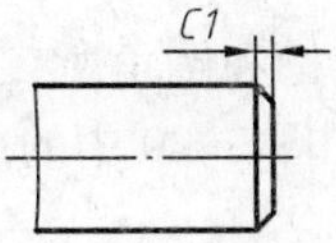	
8	30°倒角标注法	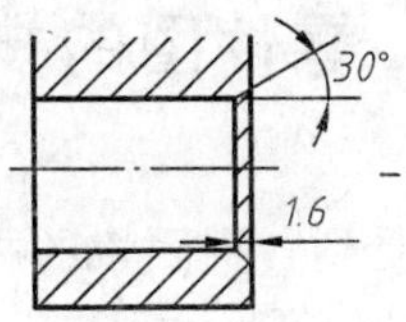 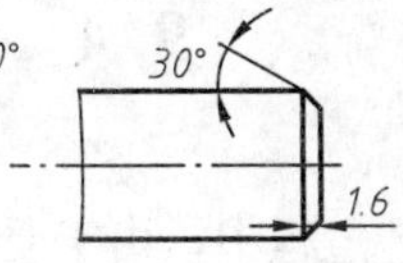	
9	退刀槽、越程槽标注法	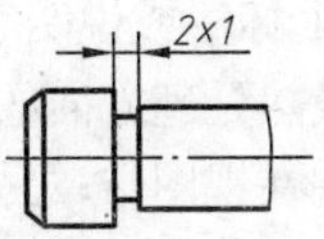 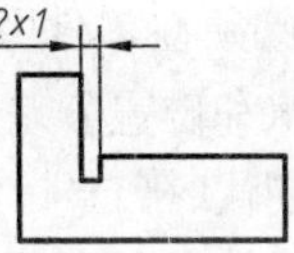 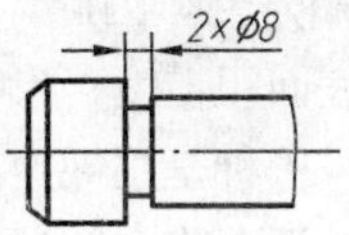	

8．零件尺寸标注的方法步骤

(1) 对零件进行结构分析，从装配图或装配体上了解零件的作用，弄清该零件与其他零件的装配关系。

(2) 选择尺寸基准和标注功能尺寸。

(3) 考虑工艺要求，结合形体分析法标全其余尺寸。

(4) 检查。认真检查尺寸的配合与协调，是否满足设计与工艺要求，是否遗漏了尺寸，是否有多余和重复尺寸。

【例 9.1】 减速器轴的尺寸标注如图 9.20 所示，按轴的工作情况和加工特点，轴线为高度和宽度的主要基准，端面 A 为长度方向主要基准，设计基准与工艺基准是统一的，端面 C、D、B 为长度方向辅助基准。如图 9.20 所示，根据阶梯轴的车削加工顺序可知，为了便于看图加工，当车制轴上某一结构时，应让车工从图上直接看到结构的定形尺寸和定位尺寸，不需作任何计算。因此标注退刀槽和倒角有关的尺寸时，应注意以下两点。

(1) 退刀槽和倒角的定形尺寸必须直接注出，退刀槽的尺寸简化注法为“槽宽×直径”或“槽宽×槽深”，见表 9－2。

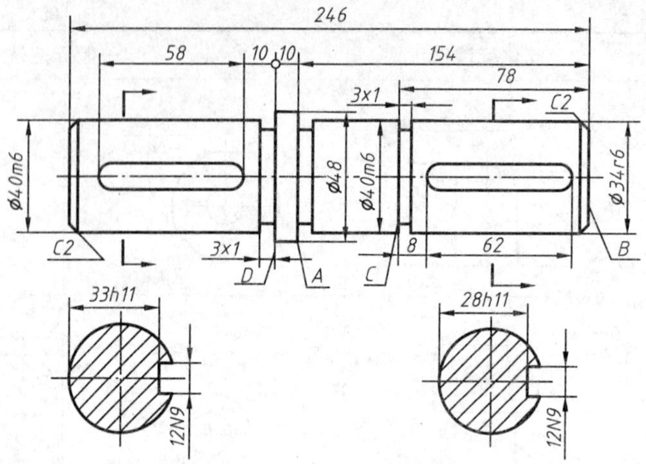

图 9.20　轴的尺寸标注

(2) 在标注退刀槽和倒角所在孔或轴段的长度尺寸时，必须把这些工艺结构包括在内才符合工艺要求，如图 9.20 中的 78、154。

9.4　零件图的技术要求

零件在加工制造过程中，由于受到各种因素的影响，其表面具有各种类型的不规则状态，形成工件的几何特性。几何特性包括尺寸误差、形状误差、粗糙度等。它们严重影响产品的质量和使用寿命，因此，必须在零件图上标注或说明零件在加工制造过程中的技术要求，如尺寸公差、表面粗糙度、形状和位置公差及热处理方面的要求等。技术要求在零件图中的表示方法有两种：一种是用规定的代(符)号标注在视图中；另一种是在“技术要求”标题下用简明文字来说明。下面将介绍这些技术要求的内容、选用原则和在图样上的标注方法。

9.4.1　表面粗糙度

1. 基本概念

零件表面不论加工得多么精细，在放大镜或显微镜下观察，总会看到高低不平的状况，如图 9.21 所示，凸起部分称为峰，低凹部分称为谷。零件表面的这种具有较小间距和微小峰谷所组成的微观几何形状特征，称为表面粗糙度。它与零件的加工方法、材料性质以及其他因素有关。

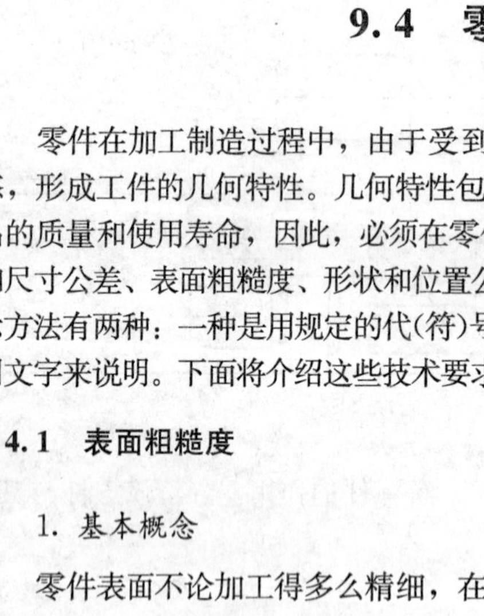

图 9.21　零件表面高低不平的状况

表面粗糙度是衡量零件表面质量的标准之一，它对零件的配合性质、耐磨性、抗疲劳强度、抗腐蚀性能、密封性、表面涂层的质量、产品外观等都有较大的影响。表面粗糙度数值越小，则表面越光滑，其加工成本也越高。因此，图样上要根据零件的功能要求，对零件的表面粗糙度作出相应规定，在满足零件的使用要求的前提下，应尽量降低对粗糙度的要求。

国家标准 GB/T 3505—2000 和 GB/T 1031—1995 规定了表面粗糙度术语、评定参数及其数值系列等。评定表面粗糙度参数的指标，有轮廓算术平均偏差 Ra，轮廓微观不平度十点高度 Ry 和轮廓最大高度 Rz。在常用的参数值范围内，推荐优先选用轮廓算术平均偏差 Ra，它是指在取样长度 l 内，被测轮廓线上(Z 方向)的各点至基准线距离绝对值的算术平均值，用公式表示为

$$Ra = \frac{1}{l}\int_0^l |Z(x)|\,\mathrm{d}x$$

其近似值为

$$Ra = \frac{1}{n}\sum_{i=1}^{n} |Z_i|$$

式中，Z 为轮廓线上的点到基准线(中线)之间的距离；l 为取样长度；X 轴为基准线，如图 9.22 所示。轮廓算术平均偏差可用电动轮廓仪测量，运算过程由仪器自动完成，其数值见表 9-3。国家标准规定 Ra 的值有两个系列，选用时优先采用第一系列。显然，数值大的表面粗糙，数值小的表面光滑。

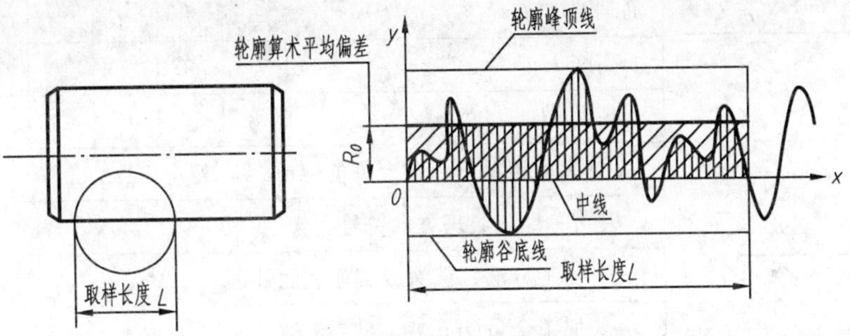

注：取样长度L—— 用于判别具有表面粗糙特征的一段基准长度；
轮廓偏距 y—— 在被测量方向上，表面轮廓上各点到基准线距离。

图 9.22　轮廓算术平均偏差

表 9-3　轮廓算术平均偏差 *Ra* 的数值

***Ra*/μm**		***Ra*/μm**		***Ra*/μm**		***Ra*/μm**	
第一系列	第二系列	第一系列	第二系列	第一系列	第二系列	第一系列	第二系列
	0.008						
	0.010						
			0.125		1.25	1.25	
	0.160		0.160	1.60			16.0
	0.020	0.20			2.0		20
			0.25		2.5	25	
	0.032		0.32	3.2			32
	0.040	1.40			4.0		40
			0.50		5.0	50	
	0.063		0.63	6.3			63
	0.080	0.80			8.0		80
			1.00		10.0	100	

说明：优先选用第一系列。

2. 表面粗糙度符号

国标 GB/T 131—1993《机械制图 表面粗糙度符号、代号及其注法》规定了零件表面粗糙度符号、代号及其在图样上的标注方法。图样上所标注的表面粗糙度符号、代号是该表面完工后的要求。有关表面粗糙度的各项规定应按功能要求给定。若仅需要加工(采用去除材料的方法或不去除材料的方法)但对表面粗糙度的其他规定没有要求时，可以只标注表面粗糙度符号。

图样中表示零件表面粗糙度的符号画法、符号、代号、含义及其有关的规定在符号中注写位置见表 9-4。

表 9-4　表面粗糙度符号画法、符号、代号(GB/T 131—1993)

符号画法	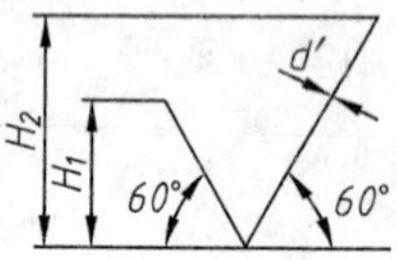	轮廓线的线宽 b	0.35	0.5	0.7	1	1.4	2	2.8
		数字与大写字母(或/小写字母)的高度 h	2.5	3.5	5	7	10	14	20
		符号的线宽 d' 数字和字母的笔画宽度 d	0.25	0.35	0.5	0.7	1	1.4	2
		高度 H_1	3.5	5	7	10	14	20	28
		高度 H_2	8	11	15	21	30	42	60
表面粗糙度参数及注写位置	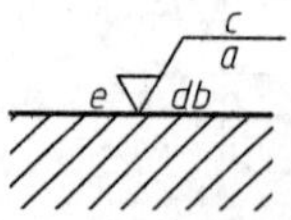	a—表面粗糙度参数允许值(μm)							
		b、d—加工纹理方向符号							
		c—加工方法、镀涂或其他表面处理							
		e—加工余量(mm)							
符号		基本符号，未指定工艺方法的表面，表示表面可用任何方法获得。当不加注表面粗糙度参数值或有关说明(如表面处理、局部热处理状况等)时，仅适用于简化代号标注							
		基本符号加一短划，表示表面是用去除材料的方法获得。如车、铣、钻、磨、剪切、抛光、腐蚀、电火花加工、气割等							
		基本符号加一小圆，表示表面是用不去除材料的方法获得。如铸、锻、冲压变形、热轧、冷轧、粉末冶金等，或者是用于保持原供应状况的表面(包括保持上道工序的状况)							
代号	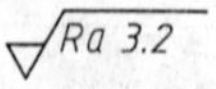	表示表面是用去除材料的方法获得，Ra 的上限值 3.2μm							
	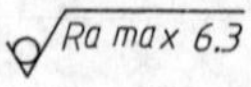	表示不允许去除材料，表面粗糙度最大高度极限值 6.3μm							
	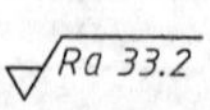	表示表面是用去除材料的方法获得，评定长度为 3 个取样长度，Ra 的上限值 3.2μm							
		表示去除材料方法获得的表面粗糙度，Rz 的上限值 0.8μm，Ra 的下限值 0.2μm							

3. 表面粗糙度符号在图样上的标注

(1) 表面粗糙度要求对每一表面一般只标注一次，并尽可能注在相应的尺寸及其公差的同一视图上。除非另有说明，所标注的表面粗糙度要求是对完工零件表面的要求。

(2) 标注总的原则是根据 GB/T 4458.4 尺寸注法的规定，使表面粗糙度的注写和读取方向与尺寸的注写和读取方向一致。

(3) 表面粗糙度可标注在轮廓线或指引线上。符号应从材料外指向接触表面。必要时，符号可用带箭头或黑点的指引线引出标注(如图 9.23、图 9.24 所示)。

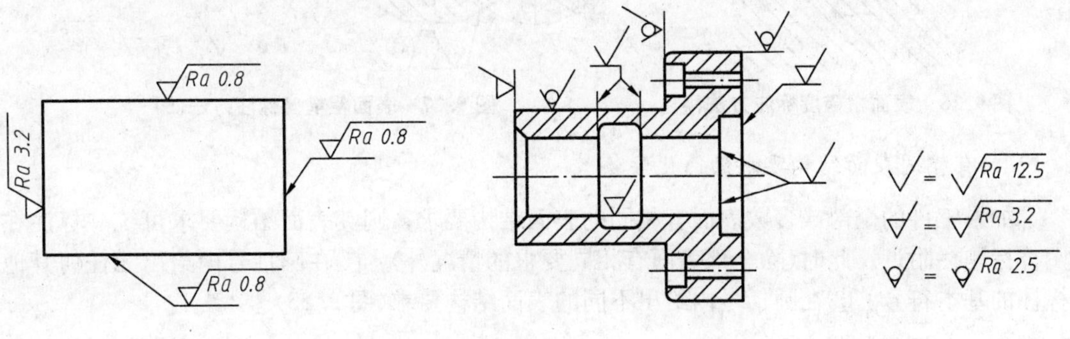

(a)　　(b)

图 9.23　表面粗糙度标注方法(1)

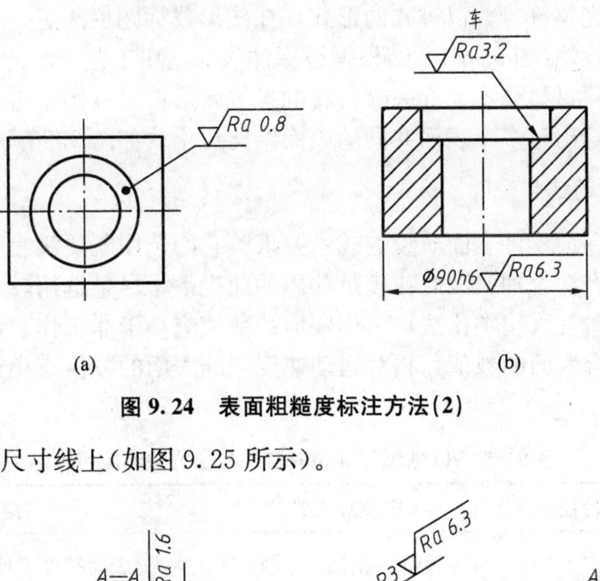

(a)　　(b)

图 9.24　表面粗糙度标注方法(2)

(4) 标注在特征尺寸线上(如图 9.25 所示)。

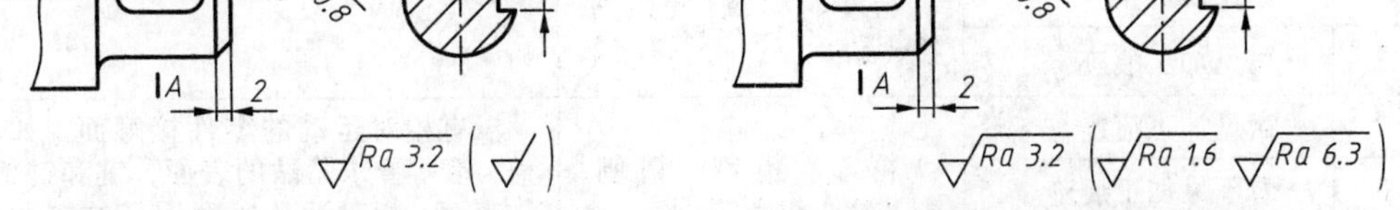

大多数表面有相同表面结构要求的简化注法（一）　　大多数表面有相同表面结构要求的简化注法（二）

图 9.25　表面粗糙度标注方法(3)

(5) 标注在形位公差框格的上方(如图 9.26 所示)。

(6) 当多个表面具有相同的表面粗糙度要求时，可以采用简化画法(如图 9.27 所示)。

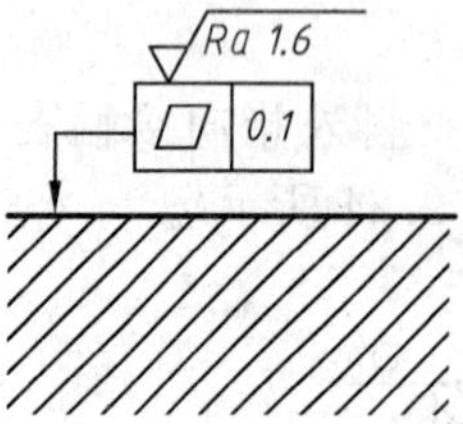

图 9.26　表面粗糙度标注方法(4)

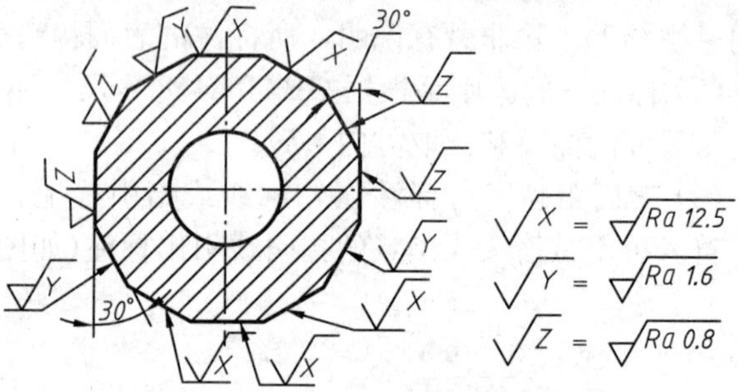

图 9.27　表面粗糙度标注方法(5)

4. 有相同表面结构要求的简化注法

如果工件的全部或多数表面有相同的表面结构要求，则其表面结构要求可统一标注在图样标题栏附近。此时(除全部表面有相同要求的情况外)：①在圆括号内给出无任何其他标注的基本符号。②在圆括号内给出不同的表面结构要求(图 9.25)。

5. 多个表面有共同要求的简化注法

当多个表面具有相同的表面结构要求或图纸空间有限时，可以采用简化注法。

①用带字母的完整符号，以等式的形式，在图形或标题栏附近，对有相同表面结构要求的表面进行简化标注(图 9.27)。②根据被标注表面所用工艺方法的不同，相应地使用基本图形符号、应去除材料或不允许去除材料的扩展图形符号在图中进行标注，再在标题栏附近以等式的形式给出对多个表面共同的表面结构要求，如图 9.23(b)所示。

6. 表面粗糙度的选用

表面粗糙度是保证零件表面质量的技术要求。它的选用既要满足零件表面的功用，又要考虑零件加工的经济合理。因此在满足功用的前提下，尽量选用较大的数值，以减小生产成本。具体选用时常采用类比法，工作表面的数值应小于非工作表面的数值，配合表面的数值应小于非配合表面的数值，相对运动速度高的表面的数值应小于运动速度低的表面的数值，见表 9-5。

表 9-5　*Ra* 数值与其相对应的加工方法和应用举例

Ra/μm	表面特征	主要加工方法	应用举例
50	明显可见刀痕	粗车、粗铣、粗刨、钻、粗纹锉刀和粗砂轮加工	为表面精度最低的加工面，一般很少应用
25	可见刀痕		
12.5	微见刀痕	粗车、刨、立铣、平铣、钻	
6.3	可见加工痕迹		
3.2	微见加工痕迹	精车、精铣、精刨、铰、镗、粗磨等	没有相对运动的零件接触面，如箱、盖、套等要求紧贴的表面、键和键槽工作表面；相对运动速度不高的接触面，如支架孔、衬套、带轮轴孔的工作表面
1.6	看不见加工痕迹		
0.80	可辨加工痕迹方向		

（续）

Ra/μm	表面特征	主要加工方法	应用举例
0.40	微辨加工痕迹方向	粗车、精铰、精拉、精镗、精磨等	要求配合很好的接触面，如与滚动轴承配合的表面、锥销孔等；相对运动速度较高的接触面，如滚动轴承的配合表面、齿轮轮齿的工作表面等
0.20	不可辨加工痕迹方向		
0.10	暗光泽面		
0.05	亮光泽面	研磨、抛光、超级精细研磨等	精密量具的表面、极重要零件的摩擦面，如汽缸的内表面、精密机床的主轴颈、坐标镗床的主轴颈等
0.025	镜状光泽面		
0.012	雾状镜面		

9.4.2 极限与配合

对零件功能尺寸的精度控制是重要的技术要求，控制的办法是限制功能尺寸不超过设定的最大极限值和最小极限值。

极限与配合(GB/T 1800、GB/T 1801)是检验产品质量的技术指标，是保证使用性能和实现互换性生产的前提，是零件图和装配图中一项重要的技术要求。相互配合的零件(如轴和孔)各自达到技术要求后，装配在一起就能满足所设计的松、紧程度和工作精度要求，保证实现功能并保证互换性。

1. 互换性概念

同一规格的一批零件，只需按照零件图的要求加工，任取一件，不需要经过附加的选择、修配或调整，装配到机器上，就能满足使用性能要求，零件的这种性质称为互换性。零件的互换性包括几何参数互换和功能互换两方面。国家标准中尺寸公差与配合、形位公差及表面粗糙度等技术要求的规定，都是保证零件几何参数互换性的基础。零件具有互换性，为机器装配、修理带来方便，也为现代化的机器大生产提供了可能性。

2. 极限与配合的有关术语和定义

零件在加工工程中，由于机床精度、刀具磨损、测量误差等多种因素的影响，误差是不可避免的，不可能把零件的尺寸加工得绝对准确。为了保证互换性，必须将零件尺寸的加工误差限制在允许的范围内，即规定出尺寸的允许变动量，这个变动范围的大小称为尺寸公差(简称公差)。下面先以图9.28为例说明公差的有关术语。

(1) 基本尺寸。设计者根据零件结构、工艺、力学性质和加工等方面要求而确定，并按照标准尺寸系列调整后的尺寸。

(2) 实际尺寸。实际测量获得的尺寸。

(3) 极限尺寸。允许尺寸变动的两个界限值。它是以基本尺寸为基数来确定的。两个界限值中较大的一个称为最大极限尺寸；较小的一个称为最小极限尺寸。

加工后零件尺寸的合格条件为

$$最小极限尺寸<实际尺寸<最大极限尺寸$$

(4) 尺寸偏差。极限尺寸减去基本尺寸所得的代数差。尺寸偏差有

$$上偏差=最大极限尺寸-基本尺寸$$

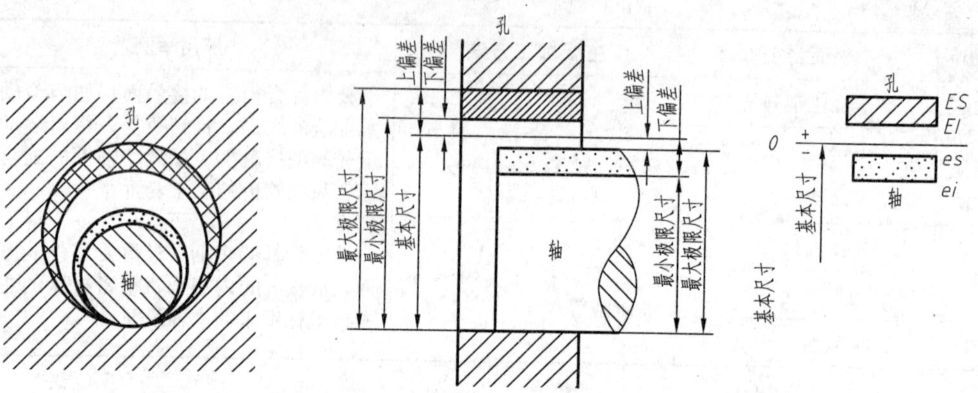

(a) 孔轴装配示意图　　(b) 极限与配合示意图　　(c) 公差带图

图 9.28　极限与配合示意图和公差带图

下偏差＝最小极限尺寸－基本尺寸

上偏差和下偏差统称为极限偏差。它们可以为正值、负值或零。实际尺寸减去基本尺寸所得的代数差称为实际偏差。

国家标准规定：孔的上、下偏差代号用大写拉丁字母 ES、EI 表示；轴的上、下偏差代号用相应的小写字母 es、ei 表示。孔和轴的极限偏差见附表 C。

(5) 尺寸公差(简称公差)。尺寸公差就是允许尺寸的变动量。可用下式表示

尺寸公差＝最大极限尺寸－最小极限尺寸

或

尺寸公差＝上偏差－下偏差

公差总是正数。

(6) 零线。在极限与配合图中，表示基本尺寸的一条直线，以其为基准确定偏差和公差。通常，零线表示基本尺寸，沿水平方向绘制，正偏差位于其上，负偏差位于其下，如图 9.28(c)所示。

(7) 公差带和公差带图。为便于分析尺寸公差，以基本尺寸为基准(零线)，用放大间距的两条直线表示上、下偏差，由上下偏差组成的区域称为公差带，它反映了公差的大小和距零线的位置。公差带与基本尺寸的关系按放大比例画成简图，称为公差带图。公差带方框的左右长度根据需要任意确定，如图 9.28 所示。

(8) 标准公差。标准公差是在国家标准表中所列出的，用以确定公差带大小的任一公差。附录表 C7 给出了部分标准公差数值。

公差等级是确定尺寸精确程度的等级制度。国家标准对 3～500mm 的基本尺寸规定了 20 个公差等级，即 IT01、IT0、IT1 至 IT18，其中 IT 为标准公差代号，数字表示公差等级代号。IT01 级最高，IT18 级最低。对一定的基本尺寸而言，公差等级越高，公差数值越小，尺寸精度应越高。属于同一公差等级时，基本尺寸越大，对应的公差数值就越大，基本尺寸虽然不同，但仍属于同等精度。

因此，选用公差等级时，应在保证使用要求的前提下，尽可能选用较低的公差等级，以便降低零部件的加工成本。一般机器的配合尺寸中，孔选用 IT6～IT12，轴选用 IT5～IT12。当公差等级高于 8 级时，由于孔较轴难于加工，孔应选用比轴低一级的公差等级。

(9) 基本偏差。用来确定公差带相对零线位置的那个极限偏差，可以是上偏差或下偏差，一般指靠近零线的那个偏差。当公差带位于零线上方时，基本偏差为下偏差；位于零线下方时，基本偏差为上偏差，如图 9.29 所示。

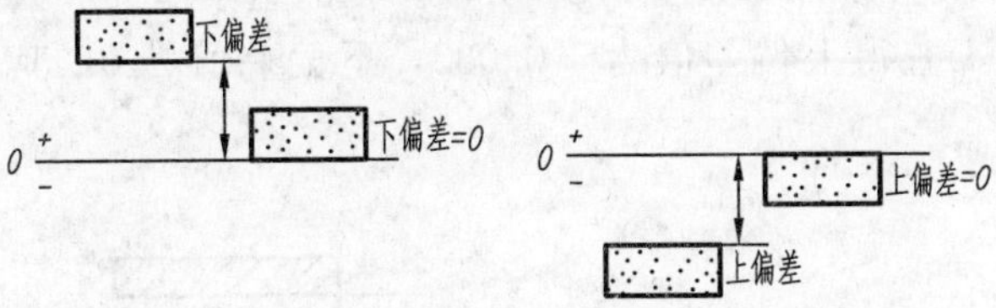

(a) 基本偏差为下偏差　　(b) 基本偏差为上偏差

图 9.29　基本偏差示意图

为了满足各种配合要求，国家标准对孔和轴分别规定了 28 个不同的基本偏差，每一种基本偏差用一个基本偏差代号表示。基本偏差代号用拉丁字母表示，对孔用大写字母 A，B…，ZC 表示；对轴用小写字母 a，b…，zc 表示。这 28 种基本偏差按顺序排成了基本偏差系列，如图 9.30 所示。由于图中基本偏差只表示公差带的位置而不表示公差带的大小，故公差带一端画成开口。

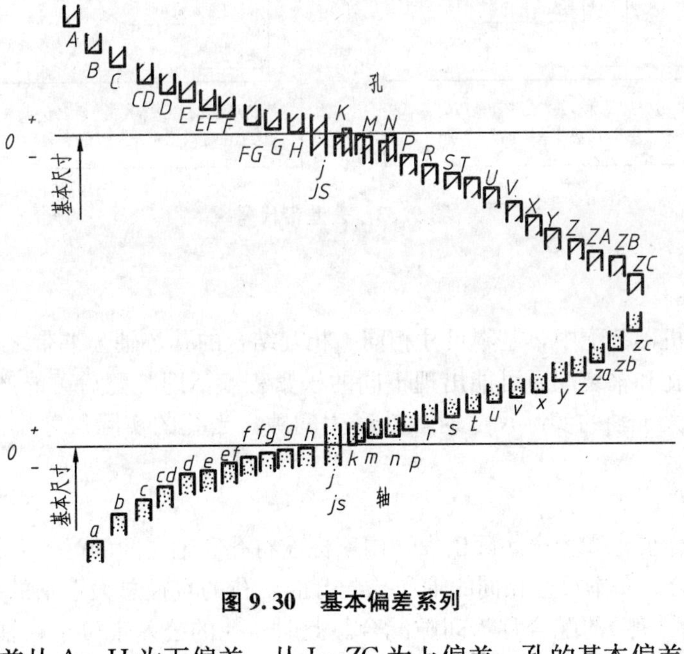

图 9.30　基本偏差系列

孔的基本偏差从 A～H 为下偏差，从 J～ZC 为上偏差。孔的基本偏差数值规定见附录表 C1。

轴的基本偏差从 a 至 h 为上偏差，从 j 至 zc 为下偏差。轴的基本偏差数值规定见附录表 C6。

孔 JS 和轴 js 的公差带对称分布于零线两边，其基本偏差为上偏差(＋IT/2)或下偏差(－IT/2)。

(10) 公差带代号。轴和孔的尺寸公差可用公差带代号表示，公差带代号由基本偏差代号和公差等级代号组成。如 H8、G7 为孔的公差带代号，h7、f8 为轴的公差带代号。当基本尺寸和公差代号确定时，可根据附表 C1、附表 C6 查得极限偏差值。

轴的基本尺寸和公差带代号为 ϕ20f7，由轴的极限偏差表查 C6 得上偏差为－0.020，下偏差值为－0.041，其公差带图如图 9.31 所示。孔的基本尺寸和公差带代号为 ϕ20H8，由孔的极限偏差表 C1 查得上偏差值为＋0.033，下偏差值为 0，其公差带图如图 9.32 所示。

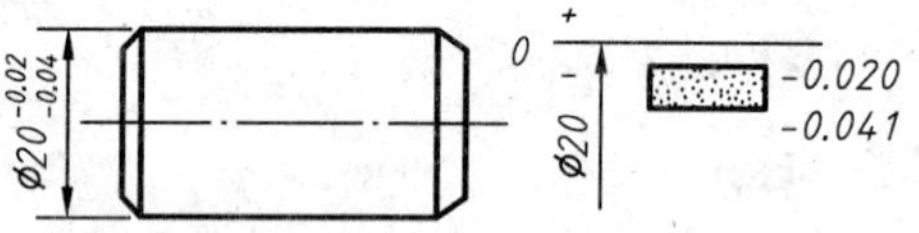

图 9.31　公差带图

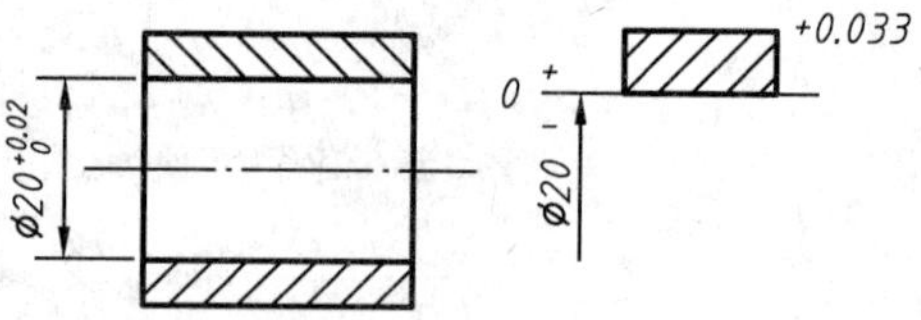

图 9.32　公差带图

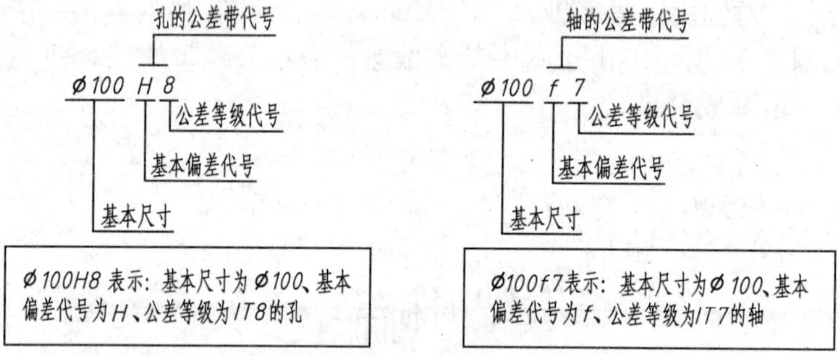

图 9.33　公差带代号

3. 配合

配合是指在机器装配中，基本尺寸相同，相互结合的孔、轴公差带之间的关系。根据使用要求不同，孔和轴装配后可能出现不同的松紧程度，即装配后可能产生间隙或过盈。当孔的实际尺寸大于轴的实际尺寸时，就产生间隙；当孔的实际尺寸小于轴的实际尺寸时，就会产生过盈。

1) 配合种类

从零件的工作要求和生产实际出发，国家标准将孔和轴之间的配合分为 3 大类。

(1) 间隙配合。基本尺寸相同的轴和孔配合时，孔的直径总大于轴的直径，具有间隙(包括最小间隙等于零)的配合称为间隙配合。此时，孔的公差带位于在轴的公差带之上，如图 9.34 所示。

在间隙配合中，孔的最小极限尺寸减去轴的最大极限尺寸之差称为最小间隙，孔的最大极限尺寸减去轴的最小极限尺寸之差称为最大间隙。显然，最大间隙也是孔的上偏差减去轴的下偏差之差；最小间隙也是孔的下偏差减去轴的上偏差之差。

(2) 过盈配合。基本尺寸相同的轴和孔配合时，孔的直径总小于轴的直径，具有过盈(包括最小过盈等于零)的配合称为过盈配合。此时，孔的公差带位于在轴的公差带之下，如图 9.35 所示。

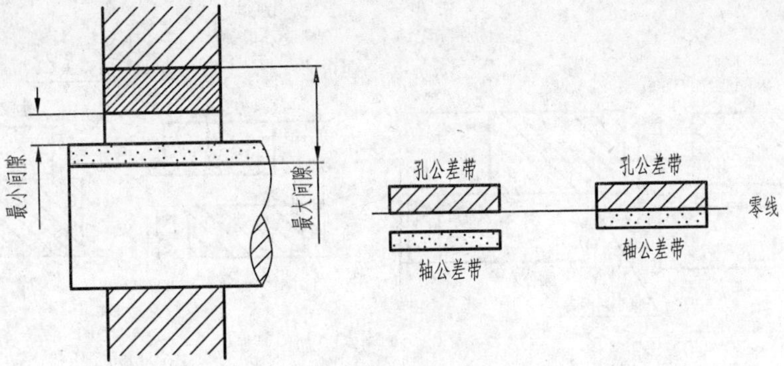

图 9.34 间隙配合

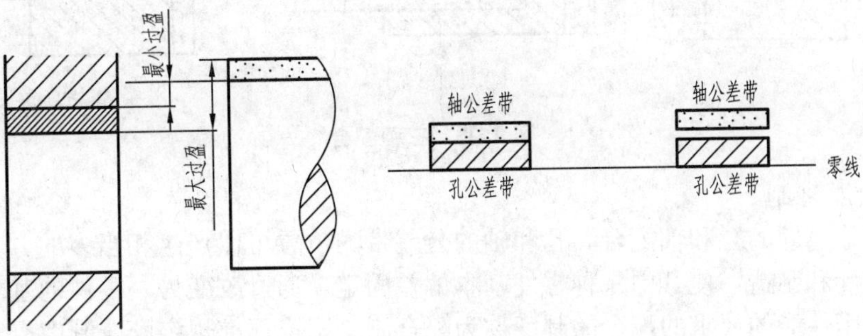

图 9.35 过盈配合

在过盈配合中，孔的最大极限尺寸减去轴的最小极限尺寸之差为最小过盈。显然，最小过盈也是孔的上偏差减去轴的下偏差之差；孔的最小极限尺寸减去轴的最大极限尺寸之差为最大过盈。显然，最大过盈也是孔的下偏差减去轴的上偏差之差。

(3) 过渡配合。基本尺寸相同的轴和孔配合时，可能具有间隙或过盈的配合，但过渡配合间隙或过盈值都不大。此时，孔的公差带和轴的公差带相互交叠，如图 9.36 所示。

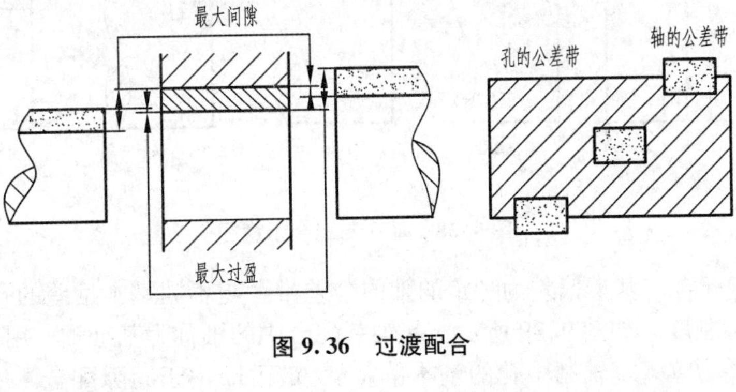

图 9.36 过渡配合

在过渡配合中孔的最大尺寸减去轴的最小极限尺寸之差为最大间隙，孔的最小极限尺寸减去轴的最大极限尺寸之差为最大过盈。过渡配合常用于不允许有相对运动，轴孔对中要求高，但又需拆卸的两零件间的配合。三种配合孔、轴公差带相互位置关系如图 9.37

所示。

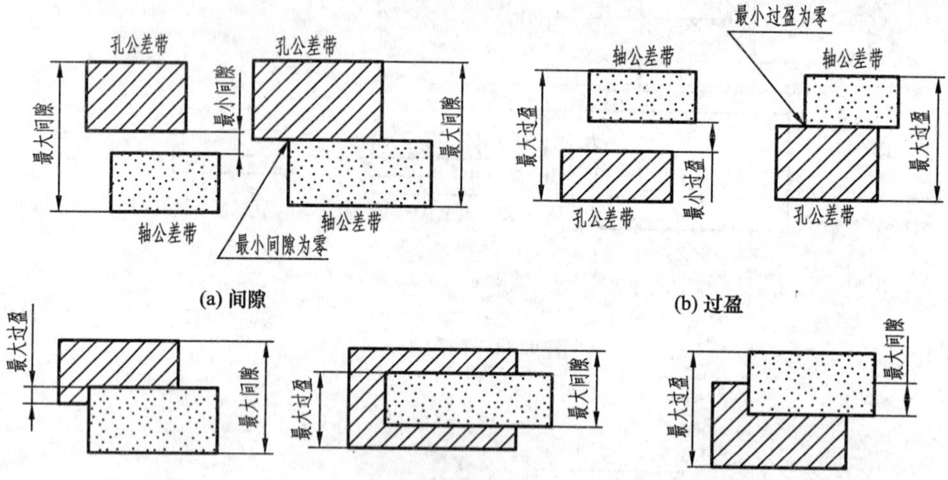

(a) 间隙　(b) 过盈　(c) 过渡

图 9.37　三种配合

2）配合基准制

基本尺寸相同的孔和轴配合，孔和轴的公差带的位置可以产生相当多的方案，为了便于零件的设计和制造，使其中一种零件基本偏差固定，通过改变另一零件的基本偏差即可满足不同使用性能的要求的配合的制度称为配合制。国家标准规定配合制度有基孔制配合和基轴制配合两种。

(1) 基孔制配合。基本偏差为一定的孔的公差带，与不同基本偏差的轴的公差带形成各种配合的一种制度，如图 9.38 所示。基孔制配合中的孔称为基准孔，用基本偏差代号 H 表示，其下偏差为零。基孔制中，轴的基本偏差从 a 至 h 用于间隙配合，从 js 至 m 用于过渡配合，从 n 至 z 用于过盈配合。

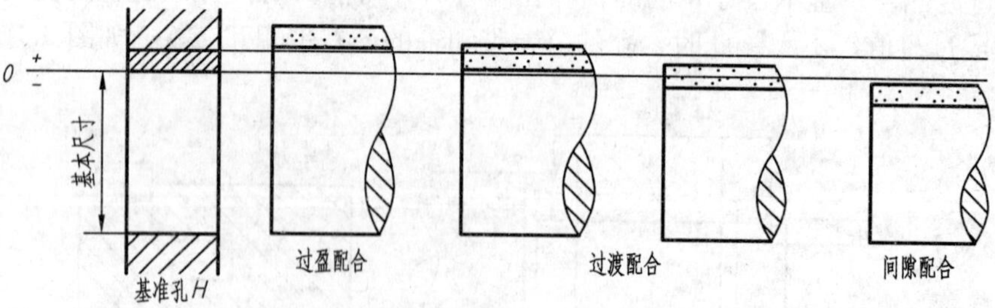

图 9.38　基孔制配合示意图

(2) 基轴制配合。基本偏差为一定的轴的公差带，与不同基本偏差的孔的公差带形成各种配合的一种制度，如图 9.39 所示。基轴制配合中的轴称为基准轴，用基本偏差代号 h 表示，其上偏差为零。基轴制中孔的基本偏差从 A 至 H 用于间隙配合，从 JS 至 M 用于过渡配合，N 至 Z 用于过盈配合。

3）配合代号

装配图中，在零件间有配合要求的地方，必须标出配合代号。配合代号由两个相互配

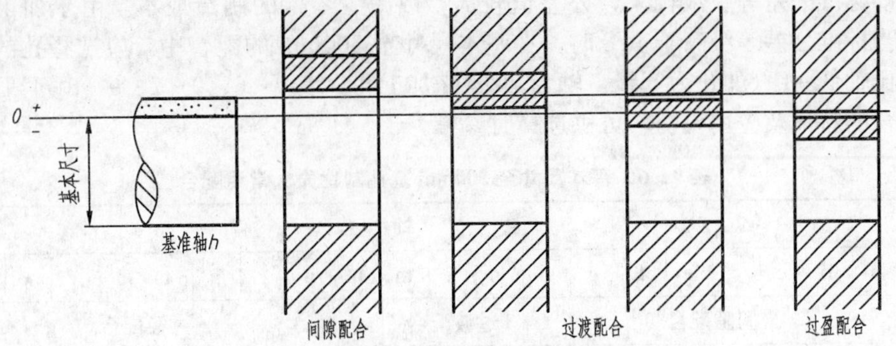

图 9.39 基轴制配合示意图

合的孔、轴公差带代号组成，用分数形式表示，分子为孔的公差带代号(用大写字母)，分母为轴的公差带代号(用小写字母)。标注形式为

$$基本尺寸\frac{孔公差带代号}{轴公差带代号}$$

例如，$\frac{H9}{d9}$为基孔制的配合代号，$\frac{R7}{h6}$、$\frac{S7}{h6}$等为基轴制的配合代号。在配合代号中有“H”者为基孔制配合；有“h”者为基轴制配合。

4. 公差与配合的选用

公差配合的选用包括基准制、配合类别和公差等级 3 项内容。

1）基准制的选择

基孔制和基轴制是两种并列的配合制度，按照孔、轴公差带相互位置的不同，两种基准制都可以形成间隙、过渡和过盈 3 种不同的配合类别。一般优先采用基孔制配合，以便减少生产中限制加工孔所需的定值(基本尺寸和公差带)、刀具(钻头、绞刀、拉刀等)、量具的规格、种类，减少加工工作量(加工轴比加工孔容易)，降低成本，从而获得较好的经济、技术效果。

基轴制通常仅用于结构设计要求不适宜采用基孔制，或者采用基轴制具有明显经济效果的场合。例如，同一轴与几个具有不同公差带的孔配合采用基轴制。

在零件与标准件配合时，应按标准件所用的基准制来确定(如图 9.40 所示)，如滚动轴承的轴圈与轴的配合则为基孔制；而座圈与机体孔的配合则为基轴制。

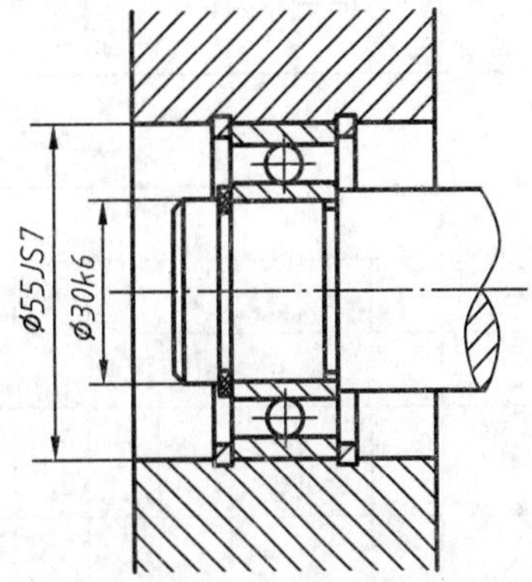

图 9.40 基轴制应用示例

2）配合与公差等级的选择

国家标准规定了优先选用、常用和一般用途的孔、轴公差带。应根据配合特性和使用功能，尽量选用优先和常用配合。当零件之间具有相对转动或移动时，必须选择间隙配合；当零件之间无键、销等紧固件，只依靠结合面之间的过盈来实现传动时，必须选择过盈配合；当零件之间不要求有相对运动，同轴度要求较高，且不是依靠该配合传递动力时，通常选择过渡配合。在保证零件使用要求的条件下，应尽量选择比较低的标准公差

等级，即标准公差等级数较大，公差值较大，以减少零件的制造成本。由于加工孔比较难，故当标准公差等级高于IT8时，在基本尺寸至500mm的配合中，应选择孔的标准公差等级比轴低一级(如孔为8级，轴为7级)来加工孔。表9-6、9-7、9-8列举了优先、常用配合的特性及应用说明，可供选择时参考。

表9-6　基本尺寸至500mm基孔制优先、常用配合

基准孔	轴																				
	a	b	c	d	e	f	g	h	js	k	m	n	p	r	s	t	u	v	x	y	z
	间隙配合								过渡配合				过盈配合								
H6						H6/f5	H6/g5	H6/h5	H6/js5	H6/k5	H6/m5	H6/n5	H6/p5	H6/r5	H6/s5	H6/t5					
H7						H7/f6	◤H7/g6	◤H7/h6	H7/js6	◤H7/k6	H7/m6	◤H7/n6	◤H7/p6	H7/r6	◤H7/s6	H7/t6	◤H7/u6	H7/v6	H7/x6	H7/y6	H7/z6
H8					H8/e7	◤H8/f7	H8/g7	◤H8/h7	H8/js7	H8/k7	H8/m7	H8/n7	H8/p7	H8/r7	H8/s7	H8/t7	H8/u7				
					H8/d8	H8/e8	H8/f8		H8/h8												
H9			H9/c9	◤H9/d9	H9/e9	H9/f9		◤H9/h9													
H10			H10/c10	H10/d10				H10/h10													
H11	H11/a11	H11/b11	◤H11/c11	H11/d11				◤H11/h11													
H12		H12/b12						H12/h12													

(1) 标注◤的配合为优先配合

(2) H6/n5，H7/p6在基本尺寸小于或等于3mm和H8/r7在小于或等于100mm时为过渡配合

表9-7　基本尺寸至500mm基轴制优先、常用配合

基准轴	孔																				
	A	B	C	D	E	F	G	H	Js	K	M	N	P	R	S	T	U	V	X	Y	Z
	间隙配合								过渡配合				过盈配合								
h5						F6/h5	G6/h5	H6/h5	Js6/h5	K6/h5	M6/h5	N6/h5	P6/h5	R6/h5	S6/h5	T6/h5					
h6						F7/h6	◤G7/h6	◤H7/h6	Js7/h6	◤K7/h6	M7/h6	◤N7/h6	◤P7/h6	R7/h6	◤S7/h6	T7/h6	◤U7/h6				

（续）

基准轴	孔																				
	A	B	C	D	E	F	G	H	Js	K	M	N	P	R	S	T	U	V	X	Y	Z
	间隙配合								过渡配合				过盈配合								
h7					$\frac{E8}{h7}$	◤ $\frac{F8}{h7}$		◤ $\frac{H8}{h7}$	$\frac{Js8}{h7}$	$\frac{k8}{h7}$	$\frac{M8}{h7}$	$\frac{N8}{h7}$									
h8				$\frac{D8}{h8}$	$\frac{E8}{h8}$	$\frac{F8}{h8}$		$\frac{H8}{h8}$													
h9				◤ $\frac{D9}{h9}$	$\frac{E9}{h9}$	$\frac{F9}{h9}$		◤ $\frac{H9}{h9}$													
h10				$\frac{D10}{h10}$				$\frac{H10}{h10}$													
h11	$\frac{H11}{h11}$	$\frac{H11}{h11}$	◤ $\frac{C11}{h11}$	$\frac{D11}{h11}$				◤ $\frac{H11}{h11}$													
h12		$\frac{B12}{h12}$						$\frac{H12}{h12}$	标注◤的配合为优先配合												

表 9-8　优先配合的特性及应用说明

基孔制	基轴制	配合特性及应用
$\frac{H11}{c11}$	$\frac{C11}{h11}$	间隙非常大，用于很松的、转动很慢的间隙配合；要求大公差与大间隙的外露组件；要求装配方便的很松的配合
$\frac{H9}{d9}$	$\frac{D9}{h9}$	间隙很大的自由转动配合。用于精度非主要要求时；适用于有大的温度变动、高转速或大的轴颈压力时的配合
$\frac{H8}{f7}$	$\frac{F8}{h7}$	间隙不大的转动配合。用于中等转速与中等轴颈压力的精确转动；也用于装配较易的中等精度定位配合
$\frac{H7}{g6}$	$\frac{G7}{h6}$	间隙很小的滑动配合。用于不希望的自由旋转，但可自由移动和转动并精确定位时；也可用于要求明确的定位配合
$\frac{H7}{h6}$ $\frac{H8}{h7}$ $\frac{H9}{h9}$ $\frac{H11}{h11}$	$\frac{H7}{h6}$ $\frac{H8}{h8}$ $\frac{H9}{h9}$ $\frac{H11}{h11}$	均为间隙定位配合，零件可自由装卸，而工作时一般相对静止不动。最小间隙为零
$\frac{H7}{k6}$	$\frac{K7}{h6}$	过渡配合，用于精密定位

(续)

基孔制	基轴制	配合特性及应用
$\frac{H7}{n6}$	$\frac{N7}{h6}$	过渡配合，要求有较大过盈的更精确的定位配合之用
$\frac{H7}{p6}$	$\frac{P7}{h6}$	过盈定位配合，属于小过盈配合。用于定位精度特别重要时，能以最好的定位精度达到部件的刚性及对中性要求，而对内孔承受压力无特殊要求，不依靠配合的紧固性来传递摩擦负荷
$\frac{H7}{s6}$	$\frac{S7}{h6}$	中等压入配合，适用于一般钢件或薄壁件的冷缩配合；用于铸铁件可获得最紧的配合
$\frac{H7}{u6}$	$\frac{U7}{h6}$	压入配合，适用于承受大压入力的零件或不宜承受大压入力的冷缩配合

5. 公差与配合的注法及查表

1) 配合在装配图中的注法

配合代号由相配的孔和轴的公差带代号组成，用分数形式表示，分子为孔的公差带代号，分母为轴的公差带代号(用斜分数线时，其斜分数线应与分子、分母中的代号高度平齐)。

例如，ϕ40H8/r7 其含义解释如下：ϕ40 表示轴孔基本尺寸；H8 为孔的公差带代号；H 为孔的基本偏差代号；8 为公差等级(8 级)；r7 为轴的公差带代号；r 为轴的基本偏差代号；7 为公差等级(7 级)。

配合在装配图中的注法，有以下两种形式。

(1) 标注孔、轴的配合代号，如图 9.41 所示。

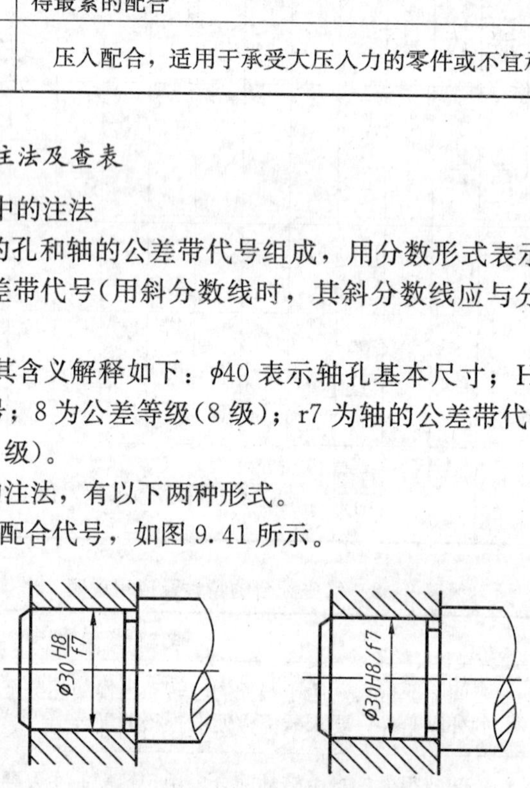

图 9.41 装配图中配合的标注法(1)

(2) 标注孔、轴的极限偏差，如图 9.42 所示。这种标注法主要用于非标准配合。

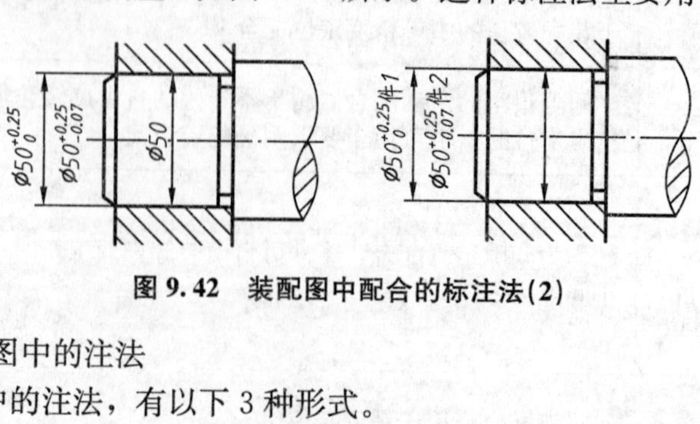

图 9.42 装配图中配合的标注法(2)

2) 公差在零件图中的注法

公差在零件图中的注法，有以下 3 种形式。

(1) 标注公差带代号。如图 9.43(a)所示，这种注法常用于大批量生产中，由于与采用专用量具检验零件统一起来，因此不需要标注出偏差值。

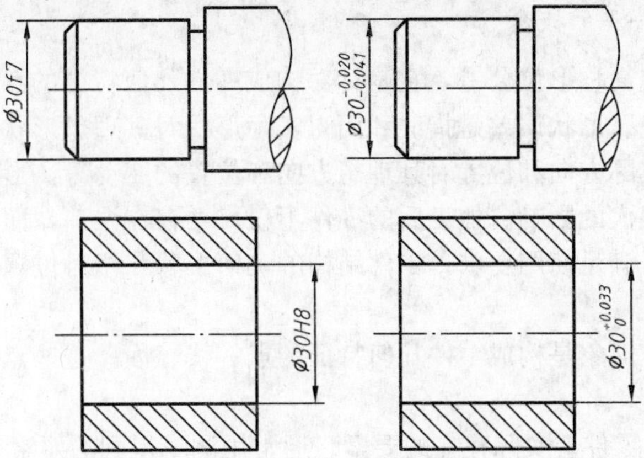

(a) 标注公差带代号　　(b) 标注极限偏差数值

图 9.43　零件图中公差的注法

(2) 标注偏差数值。如图 9.43(b)所示，这种注法常用于小批量或单件生产中，以便加工检验时对照。

标注偏差数值时应注意以下几点。

① 上、下偏差数值不相同时，上偏差标注在基本尺寸的右上方，下偏差标注在右下方并与基本尺寸标注在同一底线上。偏差数字应比基本尺寸数字小一号，小数点前的整数位对齐，后边的小数位数应相同，如图 9.43 所示。

② 如果上偏差或下偏差为零时，应简写为“0”，前面不标注“+”、“-”号，后边不注小数点；另一偏差按原来的位置注写，其个位与“0”对齐，如图 9.43(b)所示。

③ 如果上、下偏差数值绝对值相同，则在基本尺寸后标注“±”号，只填写一个偏差数值，其数字大小与基本尺寸数字大小相同，如 $\phi80\pm0.017$。

国家标准规定，同一张零件图上其公差只能选用一种标注形式。

(3) 极限偏差数值的查表。当孔或轴的基本尺寸、基本偏差代号和标准公差等级确定后，可由极限偏差表中直接查得孔或轴的上、下偏差(见附录 C 中表 C1、C6)；对于基准件(基准孔和基准轴)也可直接从标准公差附表 C7 中查得。

【例 9.2】 查表写出 ϕ30H7/f6 的轴、孔偏差数值。

从该配合代号中可以看出：孔、轴基本尺寸为 ϕ30，孔为基准孔，公差等级 7 级；相配的轴基本偏差代号为 f，公差等级 6 级，属基孔制间隙配合。

(1) 查 ϕ30H7 基准孔。在附表 C1 中由基本尺寸 24～30 的横行与 H7 的纵列相交处，查得上偏差为+0.021，下偏差为 0。因此，0.021 就是该基准孔的公差。也可在标准公差附表 C8 中查得，在基本尺寸大于 18～30 的横行与 IT7 的纵列相交处找到 21μm(即 0.021mm)，可知该基准孔的上偏差为+0.021，其下偏差为 0。

(2) 查 ϕ30f6 轴。在附表 C6 中，由基本尺寸大于 24～30 的横行与 f6 的纵列相交处，查得上、下偏差为$^{-20}_{-33}\mu m$，所以 ϕ30f6 可写成 $\phi30^{-0.020}_{-0.033}$。

9.4.3 形状和位置公差及其注法

评定零件质量的指标是多方面的，除前述的表面粗糙度和尺寸公差要求外，对精度要求较高的零件，还必须有形状和位置公差要求。

1. 形状和位置公差的概念

形状和位置公差简称形位公差，它是针对构成零件几何特征的点、线、面的形状和位置误差所规定的公差。形状误差是指线和面得实际形状对其理想形状的变动量。位置误差是指点、线、面的实际方向和位置对其理想方向和位置的变动量。形位误差对机器零件的安装和使用性能有很大的影响。加工后的零件不仅尺寸存在误差，而且几何形状和相对位置也存在误差。为了满足使用要求，零件结构的几何形状和相对位置则由形状公差和位置公差来保证。

形位公差的研究对象是构成零件几何特征的点、线、面。这些点、线、面统称为几何要素(简称要素)。

(1) 实际要素：零件上实际存在的要素。通常用测量得到的要素来代替。

(2) 被测要素：在图样上给出了形状或位置公差要求的要素，是检测的对象。

(3) 基准要素：用来确定被测要素方向或位置的要素，即具有几何学意义的要素。它是按照设计要求，由设计图样给定的点、线、面得到理想状态。

1) 形位公差的项目及其符号

形位公差各项目的符号见表9-9。

表9-9　形位公差各项目的符号

公差	特征项目	符号	公差		特征项目	符号
形状	直线度	—	位置	定向	平行度	//
	平面度	▱			垂直度	⊥
	圆度	○			倾斜度	∠
	圆柱度	⌭		定位	同轴度	◎
					对称度	≡
					位置度	⌖

2. 几何公差带定义及标注示例

几何公差带：由一个或几个理想的几何线或面所限定的，由线性公差值表示其大小的区域。

公差带的形状有：一个圆内的区域、两同心圆之间的区域、两等距线或平行直线之间的区域。

公差带的宽度方向为被测要素的法向。除非另有说明，方向公差带的宽度方向为指引箭头方向，与基准成0°或90°。

表9-10和表9-11分别举了形状公差带和方向公差带的定义并按独立原则标注的方法。在表内公差带示意图中，粗短线和细短线(不可见)表示提取要素；公差带界限、公差平面用细实线和细虚线(不可见)表示；基准用粗长划双短画线和细长划双短画线(不可见)表示。

表 9-10 形位公差各项目的符号含义

项目	符号	公差带的定义	标注及解释
直线度	—	由于公差值前加了符号 ϕ，公差带为直径 ϕt 的圆柱面所限定的区域 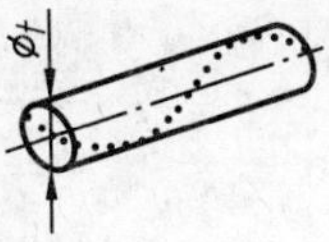	外圆柱面的提取(实际)中心线应限定在直径等于 ϕ0.04 的圆柱面内 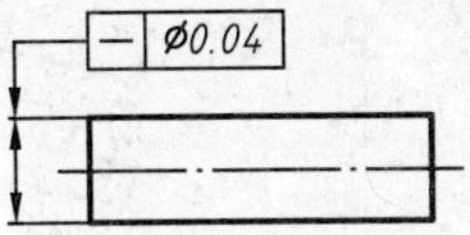
		公差为间距等于公差值 t 的两平行平面所限定的区域 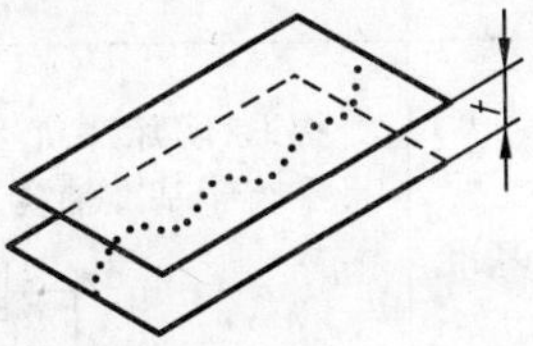	提取(实际)的棱边，应限定在间距等于 0.1 的两平行平面之间 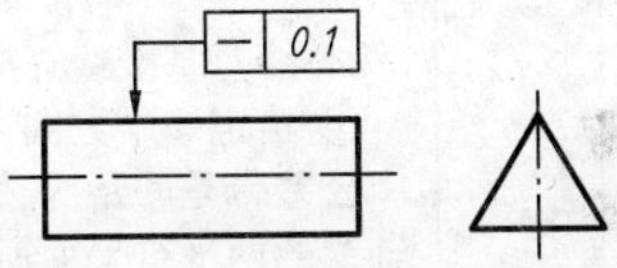
		公差带为在给定平面内和给定方向上，间距等于公称值 t 的两平行直线所限定的区域 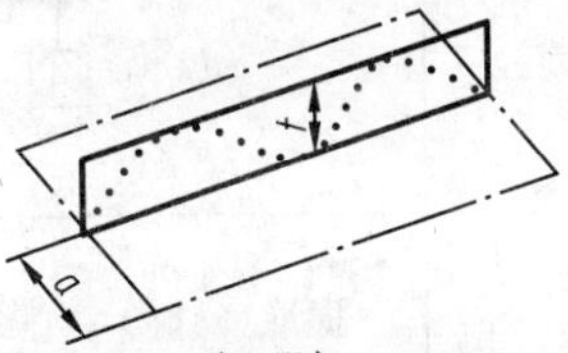 a—任一距离	在任一平行于图示投影面的平面内，上平面的提取(实际)线应限定在间距等于 0.02 的两平行直线之间 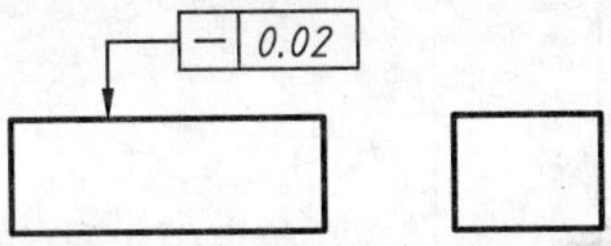
平面度	▱	公差带为间距等于公差值 t 的两平行平面所限定的区域 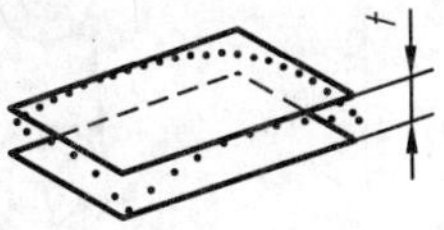	提取(实际)表面应限定在间距等于 0.08 的两平行平面之间 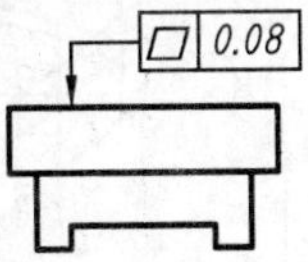
圆度	○	公差带为在任意横截面内半径差等于公差值 t 的两同心圆所限定的区域 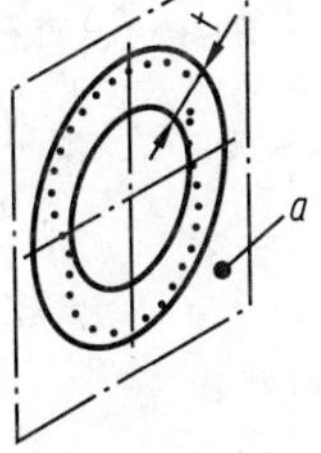 a—任一横截面	在圆柱面的任意横截面内，提取(实际)圆周应限定在半径差为 0.03 的两同心圆之间 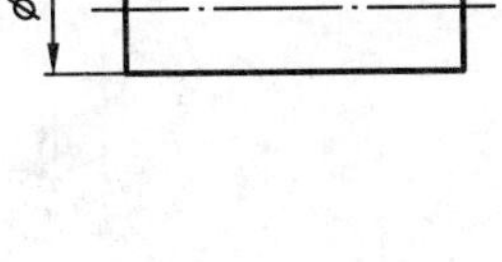

(续)

项目	符号	公差带的定义	标注及解释
圆柱度	⌭	公差带为半径差等于公差值 t 的两同轴圆柱面所限定的区域 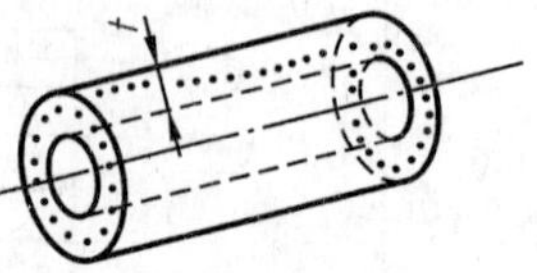	提取(实际)圆柱面应限定在半径差等于0.01的两同轴圆柱面之间 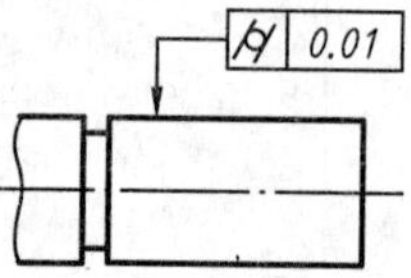

表 9-11　几何公差带定义及标注示例

项目	符号	公差带的定义	标注及解释
平行度	//	1) 线对基准线 ① 给定一个方向 公差带是间距为公差值 t，平行于基准轴线的两平行平面所限定的区域 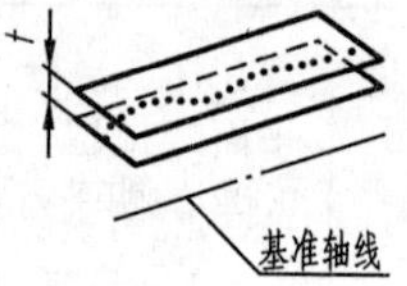	提取(实际)中心线应限定在间距等于0.1且平行于基准轴线 A 的两平行平面之间 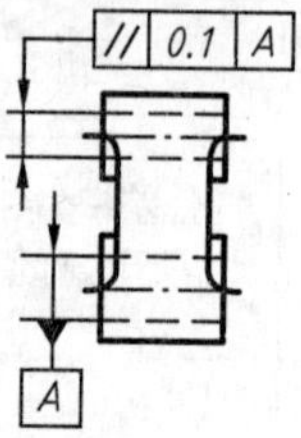
		② 给定相互垂直的两个方向 公差带为平行于基准轴线，间距分别等于 t_1 和 t_2 且互相垂直的两组平行平面所限定的区域 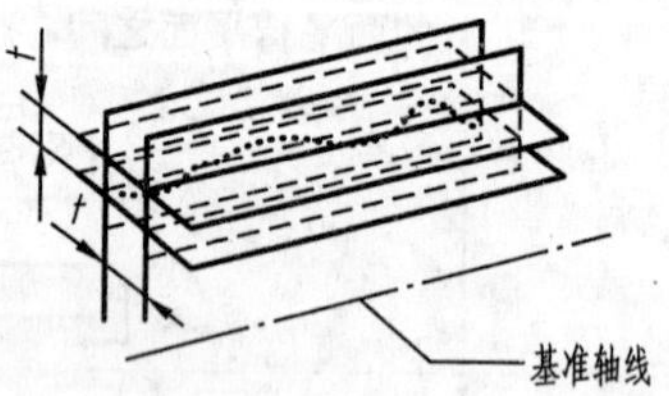	提取(实际)中心线应限定在平行于基准轴线A、间距分别等于0.2和0.1，且到互相垂直的两组平行平面之间 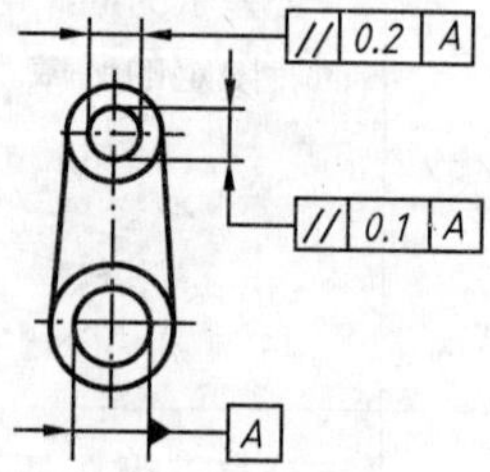
		③ 任意方向 若在公差值前加注 ϕ，公差带为直径等于公差值 ϕt，且平行于基准轴线的圆柱面内 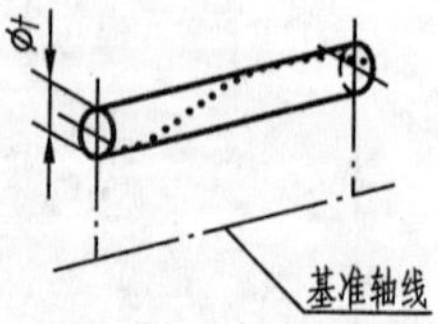	提取(实际)中心线应限定在平行于基准轴线A、直径等于 $\phi0.1$ 的圆柱面内 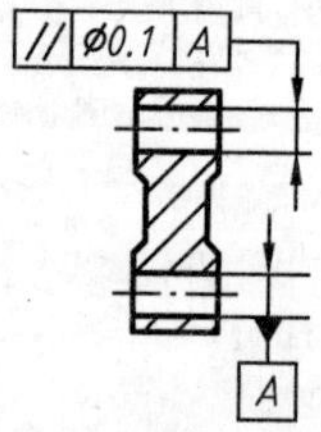

（续）

项目	符号	公差带的定义	标注及解释
平行度	//	2）线对基准面 公差带为间距等于公差值 t，且平行于基准平面的两平行平面所限定的区域 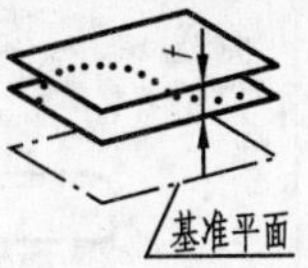	提取（实际）中心线限定在间距为 0.03，且平行于基准平面 A 的两平行平面之间 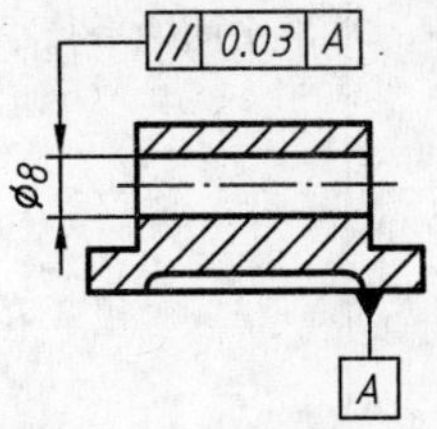
		3）面对基准线 公差带是间距为公差值 t，且平行于基准轴线的两行平面所限定的区域 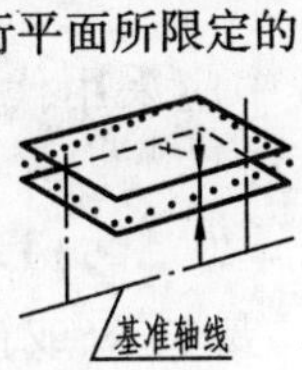	提取（实际）表面应限定在间距等于 0.04，且平行于基准轴线 A 的两平行平面之间 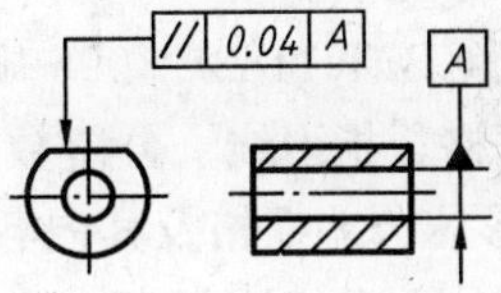
		4）面对基准面 公差带是间距为公差值 t，且平行于基准平面的两平行平面所限定的区域 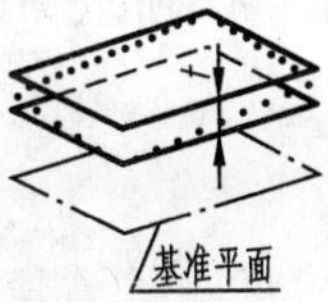	提取（实际）表面应限定在间距等于 0.1，平行于基准平面 A 的两平行平面之间 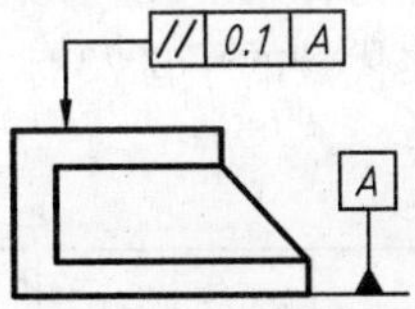
垂直度	⊥	1）线对基准面 若公差值前加注 ϕ，公差带是直径为公差值 ϕt，且垂直于基准平面的圆柱面内 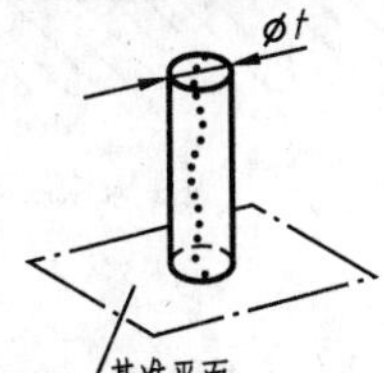	提取（实际）中心线应限定在直径等于 ϕ0.1 且垂直于基准平面 A 的圆柱面内 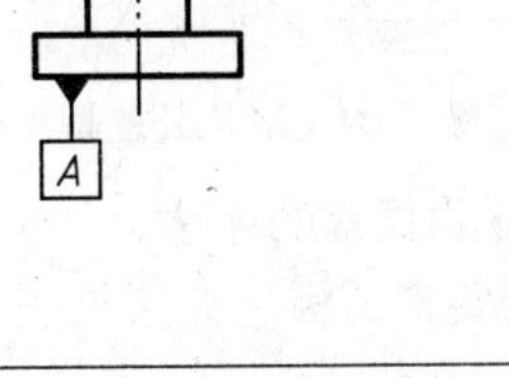
		2）面对基准线 公差带是间距为公差值 t，且垂直于基准轴线的两平行平面所限定的区域 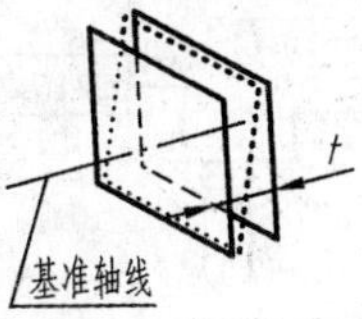	提取（实际）平面应限定在间距等于 0.2，且垂直于基准轴线 A 的两平行平面之间 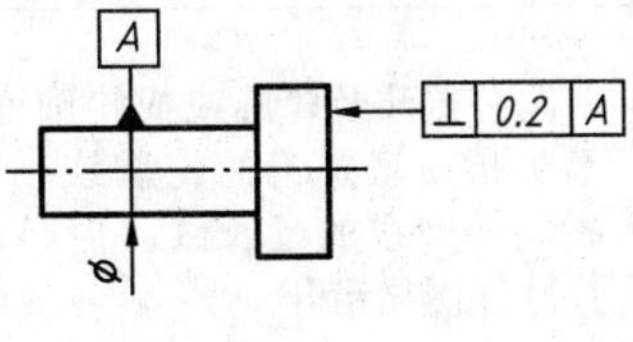

(续)

项目	符号	公差带的定义	标注及解释
垂直度	⊥	3) 面对基准面 公差带是间距为公差值 t，且垂直于基准平面的平行平面所限定的区域 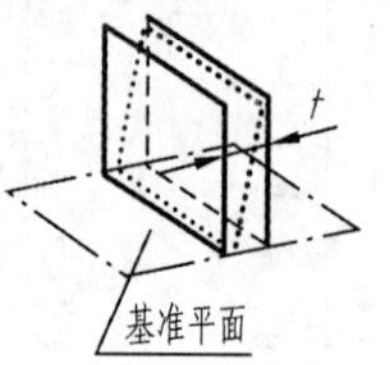	提取(实际)平面应限定在间距等于0.03，且垂直于基准平面 A 的平行平面之间 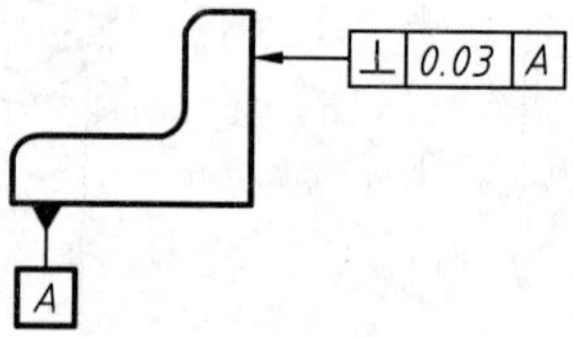

3. 形状和位置公差的注法

国标 GB/T 1182—1996 规定，形位公差在图样中应采用代号标注。代号由公差项目符号、框格、指引线、公差数值和其他有关符号组成。

1) 形位公差框格及其内容

形位公差框格用细实线绘制，可画两格或多格，要水平(或铅垂)放置，框格的高(宽)度是图样中尺寸数字高度的二倍，形位公差第一框格为正方形，第二、三框格长度根据需要而定。框格中的数字、字母和符号与图样中的数字同高，框格内由左至右(或由下至上)填写的内容为：第一格为形位公差项目符号，第二格为形位公差数值及其有关符号，以后各格为基准代号的字母及有关符号，如图 9.44、图 9.45 所示。

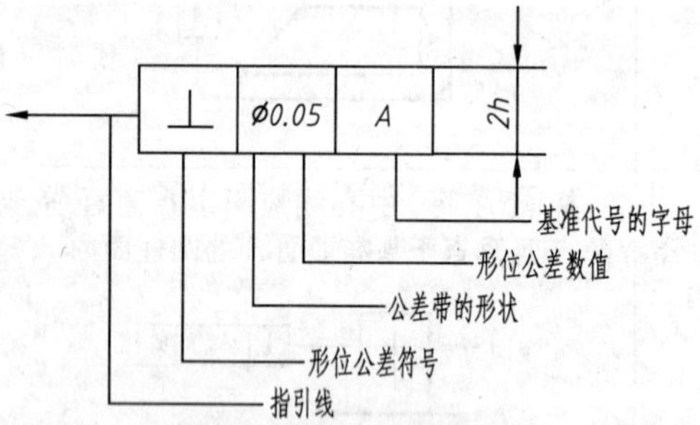

图 9.44　形位公差框格代号

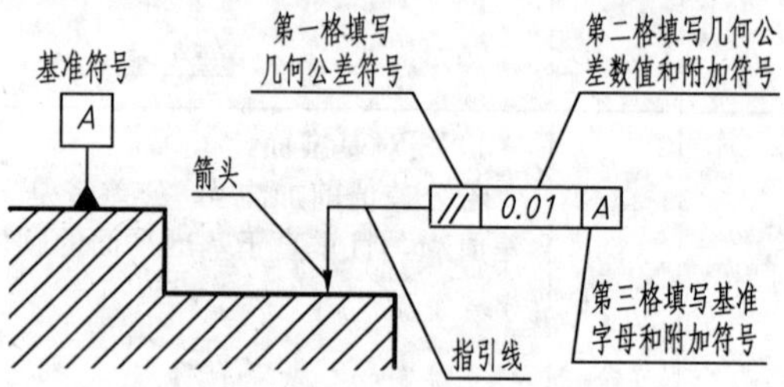

图 9.45　形位公差注法

2) 被测要素的注法

被测要素的标注方法见表 9-12，示例如图 9.46 所示。

表 9-12　被测要素的标注方法

序号	解　　释	图　　例
1	当公差涉及轮廓线或轮廓面时，箭头指向该要素的轮廓线，也可指向轮廓线的延长线，但必须与尺寸线明显错开	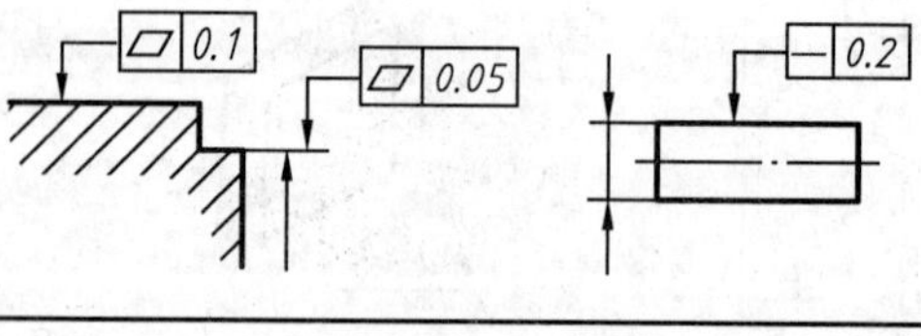

（续）

序号	解　　释	图　　例
2	当公差涉及要素的中心线、中心面或中心点时，箭头应位于相应尺寸线的延长线上 被测要素指引线的箭头可代替一个尺寸箭头	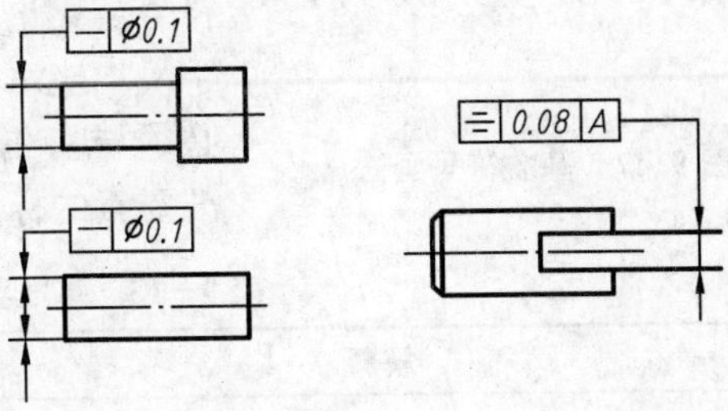
3	公差框格的箭头也可指向引出线的水平线，带黑点的指引线引自被测面	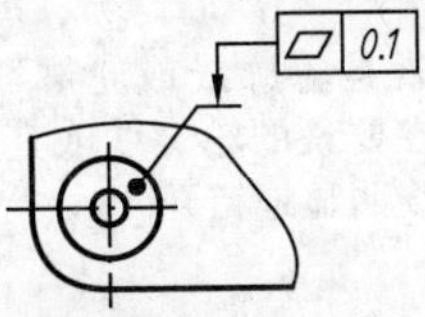
4	当公差涉及圆锥体的中心线时，指引线应对准圆锥体的大端或小端的尺寸线。也可在图上任意处添加一空白尺寸，将框格标注的箭头画在尺寸线的延长线上	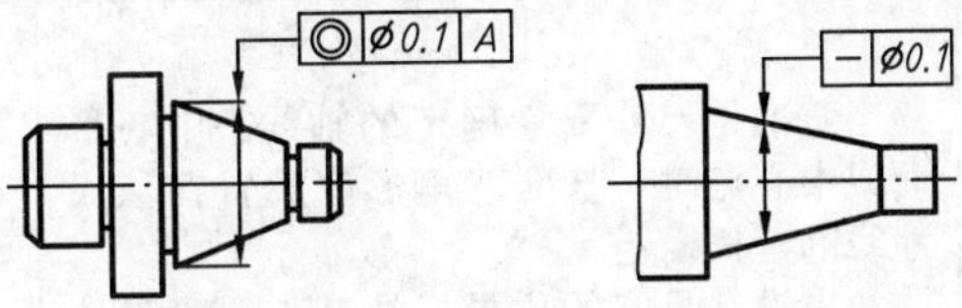
5	仅对被测要素的局部提出几何公差要求，可用粗点画线画出其范围，并标注尺寸	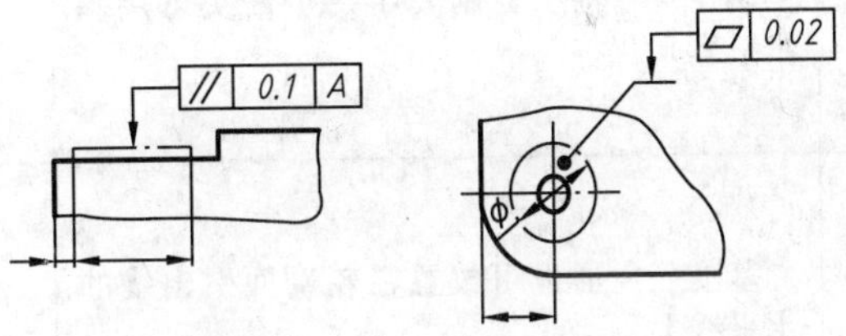
6	对同一要素有一个以上的几何特征公差要求时，可将多个框格上下相连，整齐排列	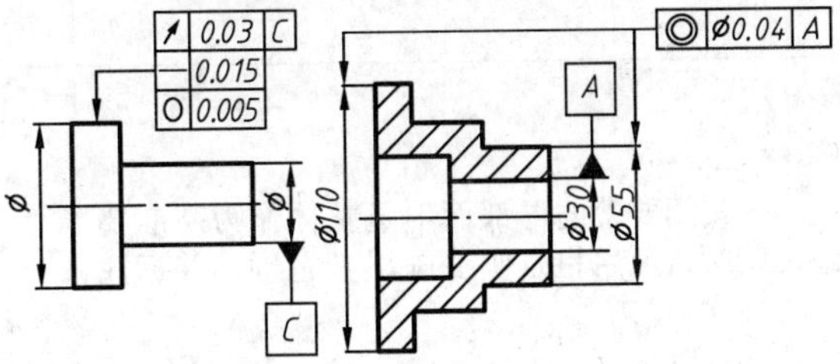
7	若干个分离要素有相同几何公差要求时，可用同一公差框格多条指引线标注	

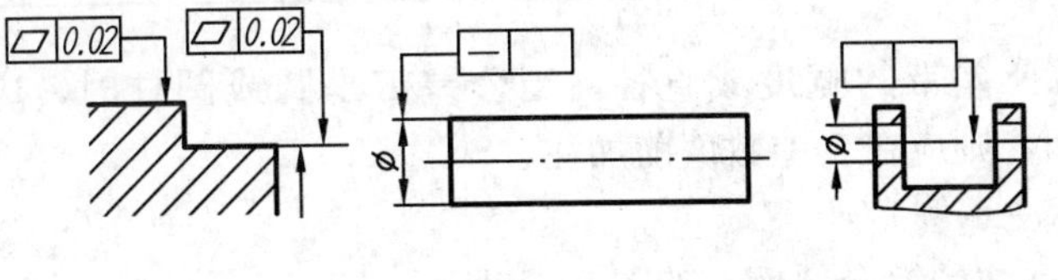

(a)　　(b)　　(c)

图 9.46　被测要素的标注方法示例

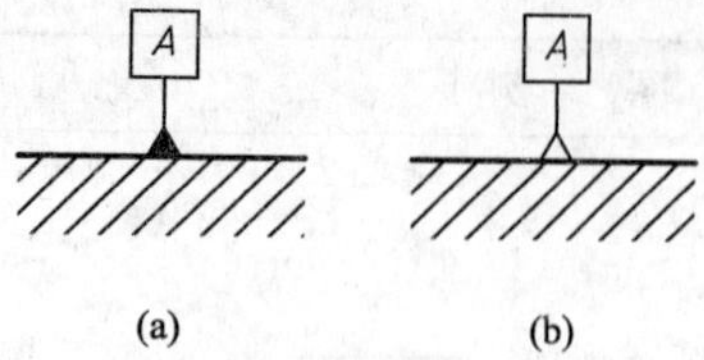

图 9.47　基准符号画法

3）基准要素的注法

基准代号由三角形(实心或空心)、连线和字母组成。正方形高度与连线长度相同，正方形内填写基准的字母符号。无论基准代号在图样上的方向如何，正方形内的字母均应水平书写。正方形和连线用细实线绘制，连线必须与基准要素垂直。基准代号注法如图 9.47 所示，基准要素的标注方法见表 9－13。

表 9－13　基准要素的标注方法

序号	解释	图例
1	当基准要素是轮廓线或轮廓面时，基准三角形放置在要素的轮廓线或其延长线上，必须与尺寸线明显地错开	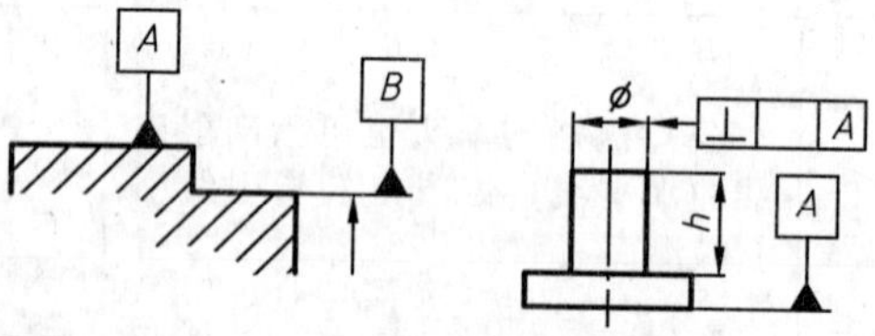
2	当基准是尺寸要素确定的轴线、中心平面或中心点时，基准三角形应放置在该尺寸线的延长线上 如果没有足够的位置标注基准要素尺寸的两个尺寸箭头，则其中一个箭头可用基准三角形代替	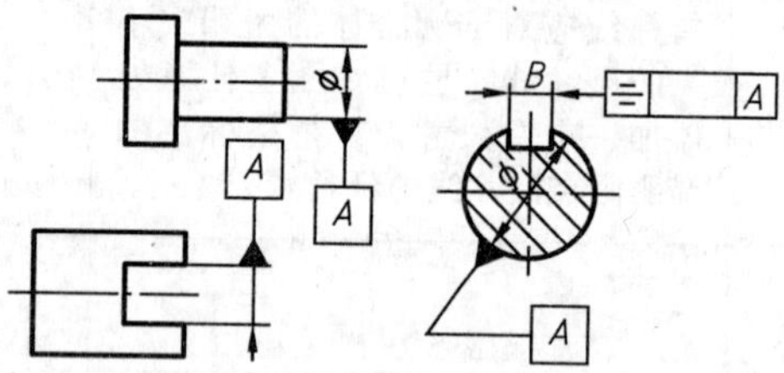
3	基准三角形也可放置在轮廓面引出线的水平线上	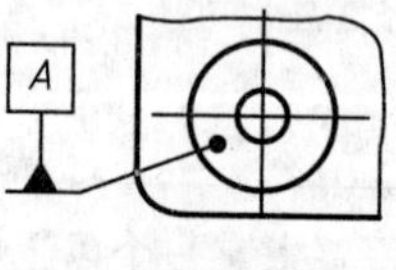
4	仅用要素的局部而不是整体作为基准要素时，可用粗点画线画出其范围，并标注尺寸	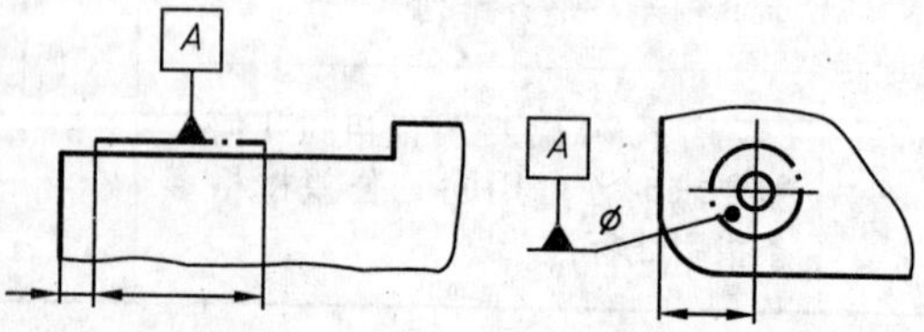

公差数值表示公差带的宽度或直径，当公差带是圆或圆柱时，应在公差数值前加“ϕ”；若公差带为球，则应在公差数值前加注“Sϕ”。

4）形位公差标注示例

阀杆形位公差标注的综合举例，如图 9.48 所示。

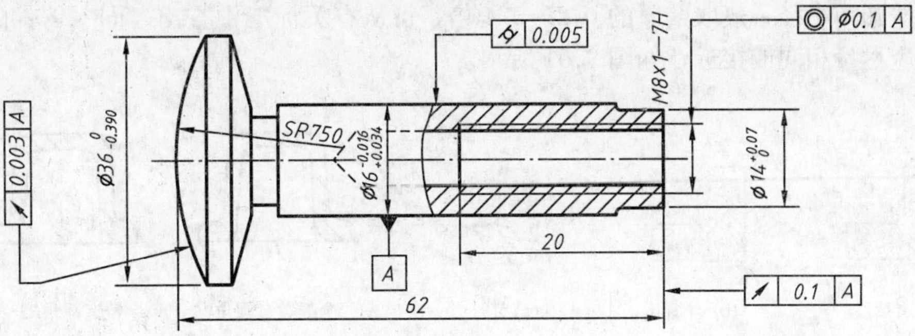

图中：

[⌭ 0.005] 表示该阀杆杆身Ø16的圆柱度公差为0.005mm。

[◎ Ø0.1 A] 表示M8×1—7H螺孔的轴线对$Ø16^{-0.016}_{-0.034}$轴线的同轴度公差为0.1mm。

[↗ 0.1 A] 表示阀杆右端面对$Ø16^{-0.016}_{-0.034}$轴线的圆跳动公差为0.1mm。

图 9.48 阀杆形位公差标注综合举例

9.5 零件的常见工艺结构

零件的结构形状应满足设计要求和工艺要求。零件的结构设计既要考虑工艺美学、造型学，更要考虑工艺可能性、方便性。零件上的常见结构，多数是通过铸造(或锻造)和机械加工获得的，故称为工艺结构。了解零件上常见的工艺结构是学习零件图的基础。

9.5.1 零件的铸造工艺结构

1. 铸造圆角

为便于铸件造型，避免从砂型中起模时砂型转角处落砂及浇注时铁水将砂型转角处冲毁，同时金属冷却时要收缩，为了防止铸件转角处产生裂纹、组织疏松和缩孔等铸造缺陷，故铸件上相邻表面的相交处应做成圆角，如图 9.49、图 9.50 所示。对于压塑件，其圆角能保证原料充满压模，并便于将零件从压模中取出。

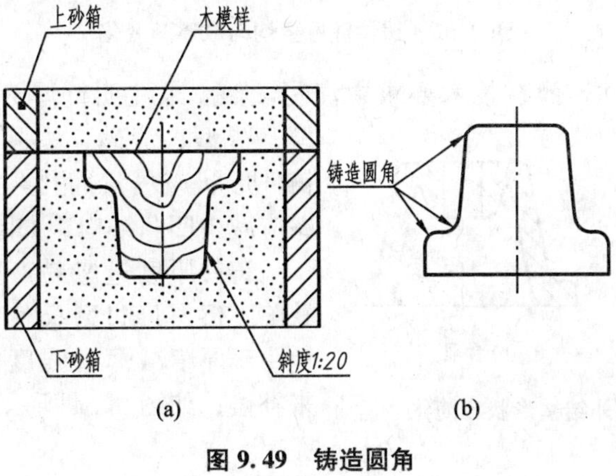

(a) (b)

图 9.49 铸造圆角

铸造圆角半径一般取壁厚的0.2～0.4倍，可从有关标准中查出。同一铸件的圆角半径大小应尽量相同或接近，如图9.51所示。

(a) 有裂纹　　(b) 有缩孔　　(c) 好

图 9.50　铸造圆角

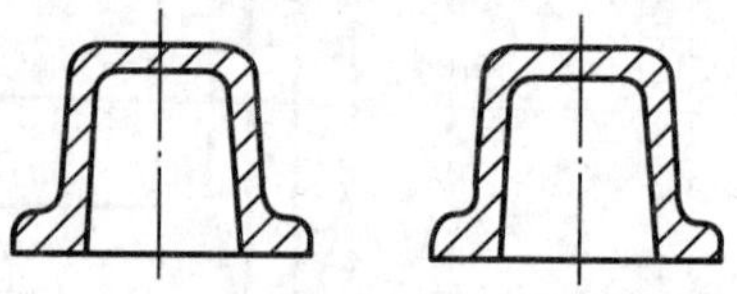

全部铸造圆角R5　　铸造圆角R3-R5

图 9.51　铸造圆角半径尽量相同或接近

按图样的简化原则，GB/T 16675.1—1996 中指出，除确属需要表示的某些圆角外，其他圆角在零件图中均可不画出，但必须注明尺寸，或在技术要求中加以注明。

2. 起模斜度

造型时，为了便于将木模从砂型中取出，在铸件的内、外壁上沿起模方向常设计出一定的斜度，称为起模斜度，如图9.49和图9.51所示。起模斜度的大小通常为1∶100～1∶20。如果起模斜度不大于3°时，图中可以不画出也不标注，但应在技术要求中加以注明。

3. 铸件壁厚

在浇铸零件时，为了避免铸件冷却时产生内应力而造成裂纹或缩孔(在肥厚处产生组织疏松以致缩孔，薄厚相间处产生裂纹)，铸件壁厚应均匀或逐渐过渡，内部的壁厚应适当减小，使整个铸件能均匀冷却，如图9.52所示。

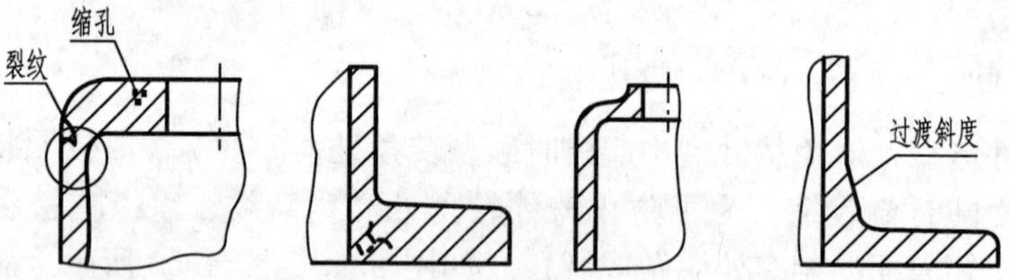

(a) 不合理　　(b) 合理

图 9.52　铸件壁厚要均匀或逐渐变化

壁厚图中可不标注，而在技术要求中注写，如“未注明壁厚为5mm”。为了便于制模、造型、清砂、去除浇冒口和机械加工，铸件形状应尽量简化，外形尽可能平直，内壁应减少凹凸结构，如图9.53所示。

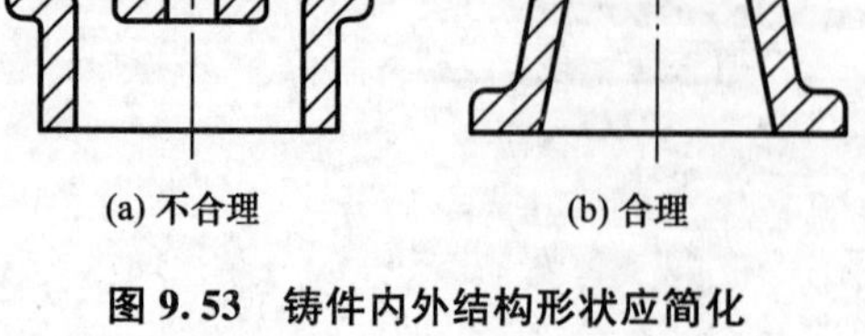

(a) 不合理　　(b) 合理

图 9.53　铸件内外结构形状应简化

铸件厚度过厚易产生裂纹、缩孔等铸件缺陷，但厚度过薄又使铸件强度不够，为避免由于厚度减薄对强度的影响，可用加强肋来补偿。如图9.54所示。

(a) 不合理　　(b) 合理

图 9.54　铸件壁厚减薄时的补偿

4. 过渡线

由于铸件表面相交处有铸造圆角存在，使得铸件表面的交线变得不太明显，为了使看图时能区分不同表面，图中交线仍要画出，这种交线通常称为过渡线。过渡线的画法与没有圆角情况下的截交线和相贯线画法基本相同。

几种常见过渡线的画法如下。

(1) 两曲面相交的过渡线，不应与圆角轮廓线接触，要画到理论交点处为止，如图 9.55 所示。

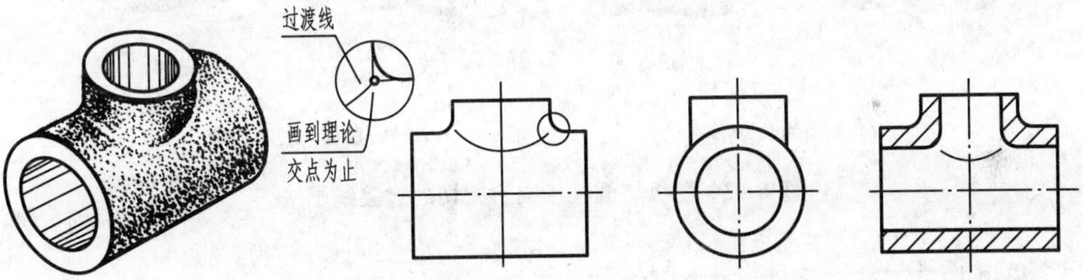

(a)

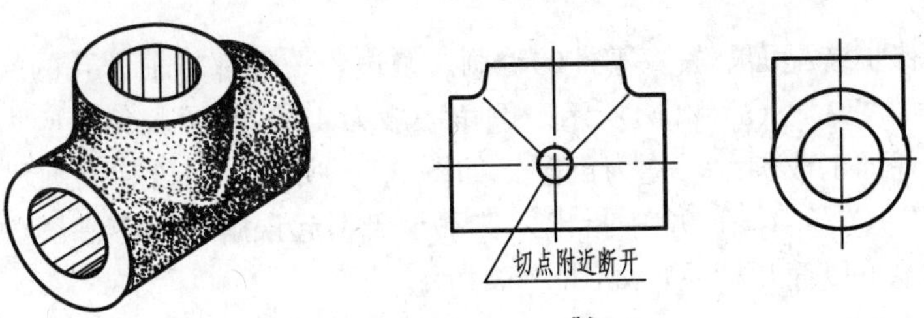

(b)

图 9.55　两曲面相交的过渡线画法

(2) 平面与平面或平面与曲面相交的过渡线，应在转角处断开，并加画小圆弧，其弯向应与铸造圆角的弯向一致，如图 9.56 所示。

(3) 肋板与圆柱面相交的过渡线，其形状取决于肋板的断面形状及相切或相交的关系，如图 9.57 所示。

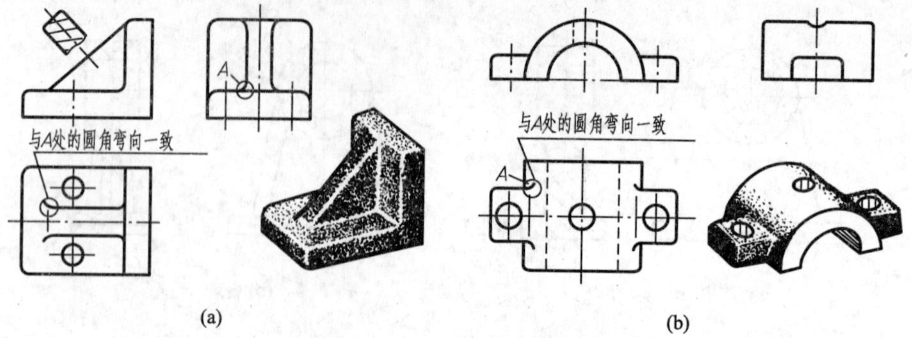

图 9.56　平面与平面、平面与曲面相交的过渡线画法

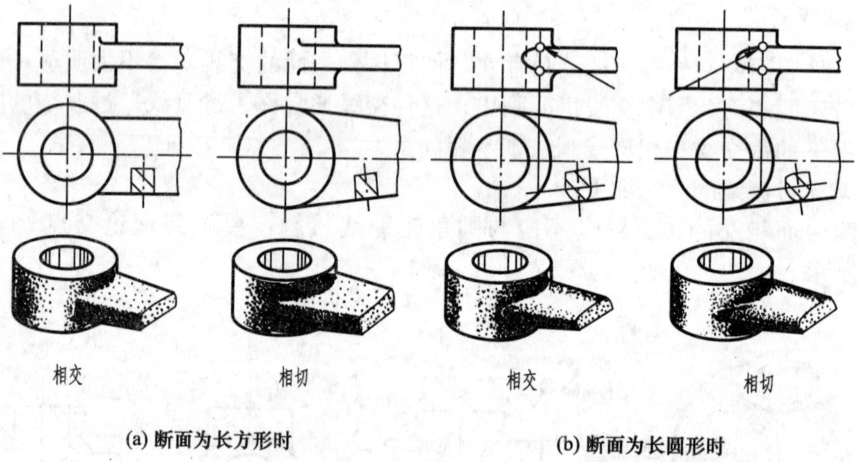

图 9.57　肋板与圆柱相交、相切的过渡线画法

9.5.2　机械加工工艺对零件结构的要求

1. 倒角和圆角

为了便于装配和保护装配面，去除零件的毛刺、锐边，一般都将轴、孔的端部加工成圆台面，称为倒角，如图 9.58(a)和(b)所示。倒角一般为 45°。为了避免因应力集中而产生裂纹，在轴肩处往往加工成圆角，称为倒圆，如图 9.58 所示。倒角和倒圆尺寸 C 值可查阅有关标准。GB/T 16675.2—1996 中指出，在不至于引起误解时，零件图中的倒角可以省略不画，其尺寸也可以简化标注，如图 9.59 所示。

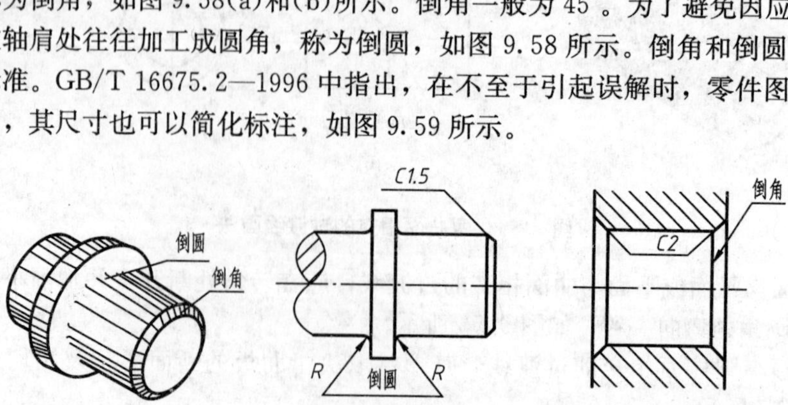

图 9.58　倒角与倒圆

上述倒角、圆角，如图中不画也不在图中标注尺寸时，可在技术要求中注明，如“未注倒角 C2”、“锐边倒钝”、“全部倒角 C3”、“未注圆角 R2”等。

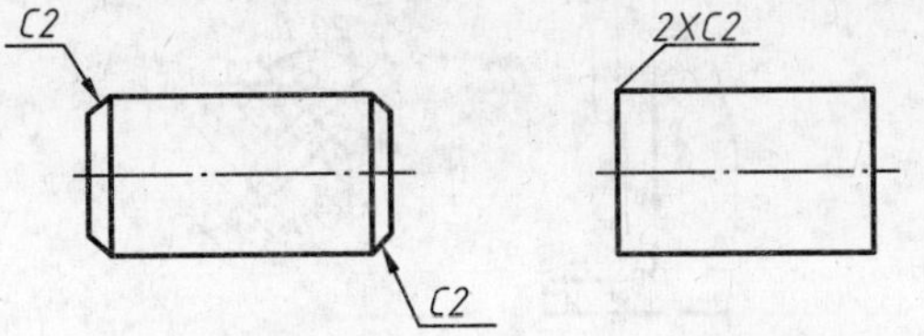

(a) 简化前　　(b) 简化后

图 9.59　倒角画法和尺寸注法

2. 退刀槽和越程槽

为了在切削或磨削零件时容易退出刀具，保证加工质量及装配时保证与相邻零件靠紧，常在零件加工表面的台肩处预先加工出退刀槽或越程槽。常见的有螺纹退刀槽、插齿空刀槽、砂轮越程槽、刨削越程槽等。图 9.60 中所示的该结构尺寸 a、b、c 等数值，可从标准中查取。

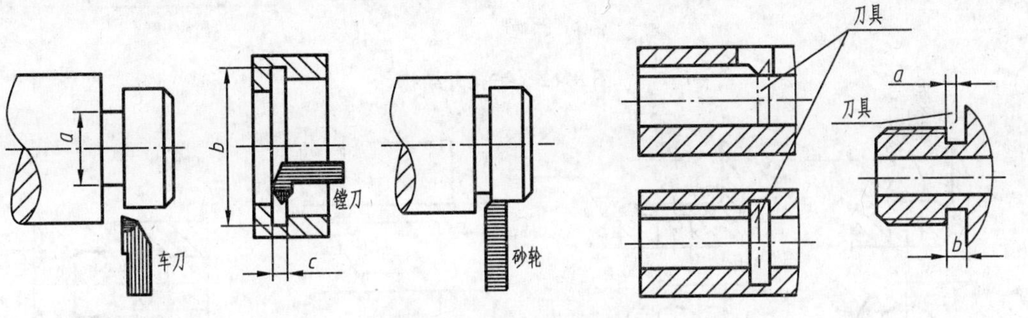

图 9.60　退刀槽与越程槽

一般的退刀槽(或越程槽)，其尺寸可按“槽宽×直径”或“槽宽×槽深”的形式标注(GB/T 16675.2—1996)，如图 9.61 所示。

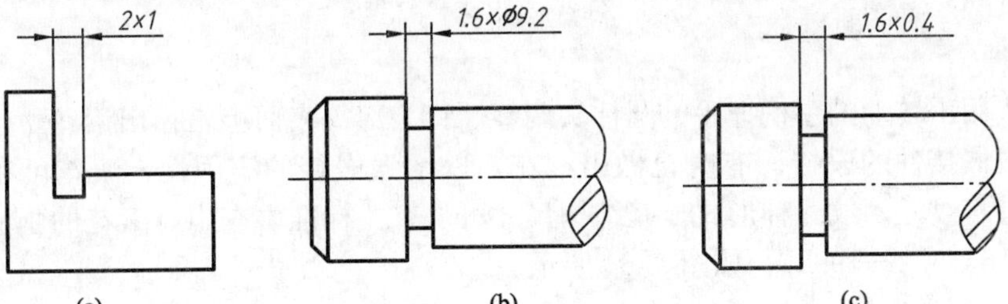

(a)　　(b)　　(c)

图 9.61　退刀槽的尺寸注法

3. 钻孔处结构

零件上钻孔处的合理结构如图 9.62(a)所示。用钻头钻孔时，要求钻头尽量与钻孔端面垂直，避免钻头单边受力产生偏斜或折断。如果孔端面是曲面或斜面，则应预先在钻孔端部制成平台或铣出平坑，然后再钻孔，如图 9.62 所示。

4. 凸台或凹坑

零件上凡是要求与其他零件接触的表面，一般都要经过机械加工。为了保证其接触性能良好，减少加工面积，通常应在铸件上设计出凸台或凹坑等结构，如图 9.63 所示。

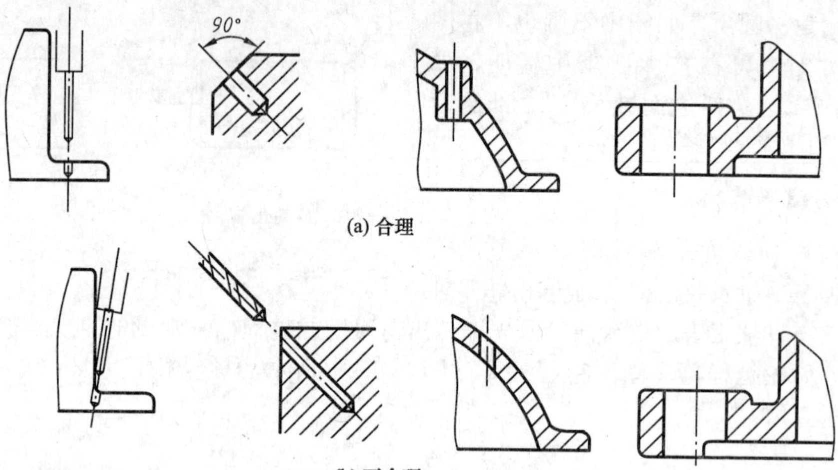

(a) 合理

(b) 不合理

图 9.62 钻孔处结构

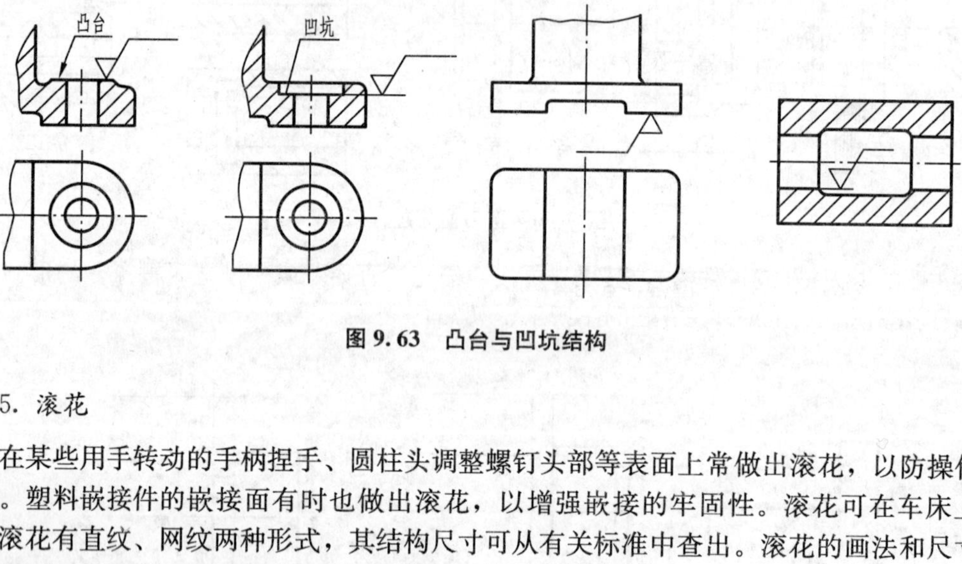

图 9.63 凸台与凹坑结构

5. 滚花

在某些用手转动的手柄捏手、圆柱头调整螺钉头部等表面上常做出滚花，以防操作时打滑。塑料嵌接件的嵌接面有时也做出滚花，以增强嵌接的牢固性。滚花可在车床上加工。滚花有直纹、网纹两种形式，其结构尺寸可从有关标准中查出。滚花的画法和尺寸注法(GB/T 16675.2—1996)，如图 9.64 所示。

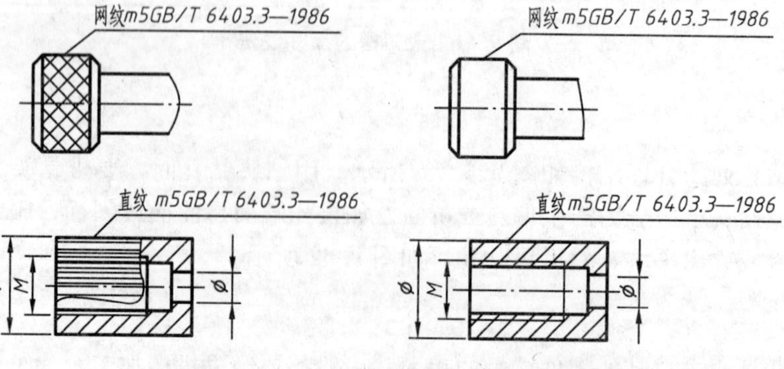

(a) 简化前　　(b) 简化后

图 9.64 滚花的画法和尺寸注法

6. 方形结构(铣方)

轴、杆或孔上的方形结构(铣方)，通常用于两传动件间的配合接触面。铣方的画法和尺寸注法如图 9.65 所示(GB/T 16675.2—1996)，铣方平面可用两条对角线(细实线)表示，其结构尺寸可在边长尺寸前注“□”符号。

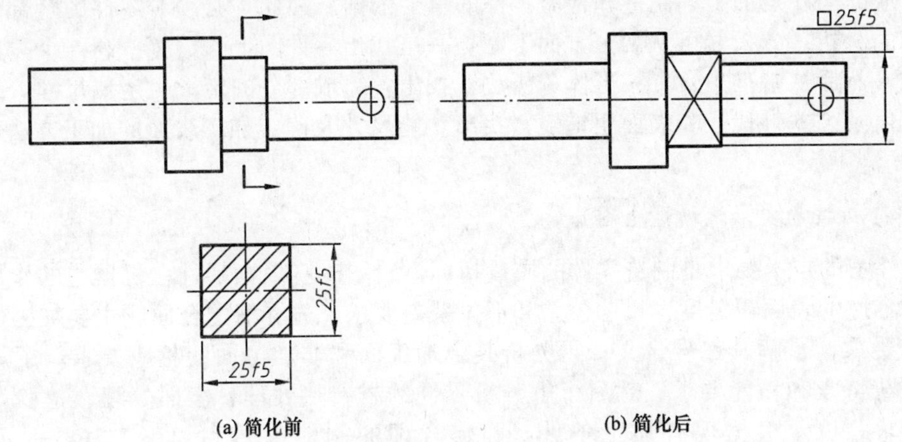

图 9.65 方形结构(铣方)的画法和尺寸注法

7. 中心孔

加工较长的轴类零件时，为了便于定位和装夹，常在轴的一端或两端加工出中心孔。中心孔的结构形式、尺寸数值可查有关标准。标准中心孔在零件图中可不画出，只需用规定符号标注其代号以表达设计要求(GB/T 16675.1—1996)。

9.6 读零件图

在设计、制造和检测零件时，常需要读零件图，以便研究分析零件的结构特点和设计的合理性。读零件图时，根据装配图了解该零件在机器或部件中的作用、工作运动情况以及与相邻零件的装配连接关系，想象出该零件的结构形状。

9.6.1 读零件图的方法和步骤

1. 了解概况

首先从标题栏了解零件名称、材料、比例等，并对全图做大体观览，对零件的大致形状、复杂程度、零件制造时的工艺要求以及在机器中的作用等有大概认识。从图的比例和图形的大小估计出零件的实际大小。对不熟悉的零件，需要进一步参考有关技术资料，如装配图和技术说明书等文字资料，了解零件在机器或部件中的功用，以及与相关零件的配合、装配关系，从而初步判断零件的主要形状和结构。

2. 读懂零件的结构形状

分析结构形状。弄清各个视图的投影关系，根据零件的功用和视图特征，运用形体分析和结构分析的方法，对零件进行形体分析，结合零件上常见结构知识，逐一看懂零件各部分的结构形状，综合起来想象出零件的整体形状。要注意零件结构形状的设计是否合理。

3. 分析尺寸

图上的尺寸是加工、制造和检验零件的重要依据。因此，必须对零件的全部尺寸进行仔细的分析。分析时可从两个方面考虑，一是找出零件图上长、宽、高3个方向的尺寸基准，然后从基准出发，按形体分析法，找出各组成部分的定形、定位尺寸，结合极限偏差值及公差带代号和表面粗糙度，找出功能尺寸及确定加工表面的加工方法和技术要求。

4. 分析技术要求，读懂全图

零件图的技术要求是制造零件的质量指标。看图时应根据零件在机器中的作用，主要分析零件的表面粗糙度、尺寸公差和形位公差要求，先弄清配合面或主要加工面的加工精度要求，了解其代号含义；再分析其余加工面和非加工面的相应要求，了解零件加工工艺特点和功能要求；然后了解分析零件的材料热处理、表面处理、检验等其他技术要求，以便根据现有加工条件，确定合理的制造工艺和加工方法，保证产品质量。

5. 综合归纳

通过以上看图过程，对零件已有了较全面的了解，将所获得的各方面认识、资料进行归纳分析，就可了解这一零件的完整形象，真正读懂这张零件图。

以上说明了读零件图的一般方法和步骤。必须指出，各个步骤在读图过程中可以灵活、交叉进行。

下面以图9.66为例，说明读零件图的方法。

(1) 从标题栏中可知，该零件为蜗轮蜗杆减速箱体，材料为灰铸铁，牌号为HT200，图形比例为1∶1。箱体是减速器的主要零件，主要用来容纳和支撑蜗杆轴、蜗轮轴和蜗轮。

(2) 该零件图应用了3个基本视图：主视图、俯视图、左视图；*C*—*C*剖视图和两个局部视图。其中主视图采用*A*—*A*全剖，左视图采用*B*—*B*全剖。

分析该零件的作用和视图上表示的形状特征，可以看出箱体主要由4部分组成。

① 箱体上部为长方腔体；

② 涡轮轴线呈铅垂轴线，并带阶梯孔的空心圆柱(安装蜗轮轴)；

③ 丁字形肋板；

④ 箱体两侧的空心圆柱和凸缘、凸台等结构。

(3) 箱体的底面是高度方向的主要尺寸基准，蜗轮轴线是长度方向和宽度方向的主要尺寸基准。箱体上轴承孔直径及轴线与安装面的距离均属箱体功能尺寸，如ϕ47J7，60±0.3、41±0.035、20±0.2等。

(4) 技术要求：箱体的重要表面有粗糙度要求，如低面、顶面、左端面、右端面Ra=6.3μm；箱体的重要孔，如左右两个端孔由于与轴接触，Ra=3.2μm；重要的中心距、孔和重要的表面应有尺寸公差和形位公差要求。

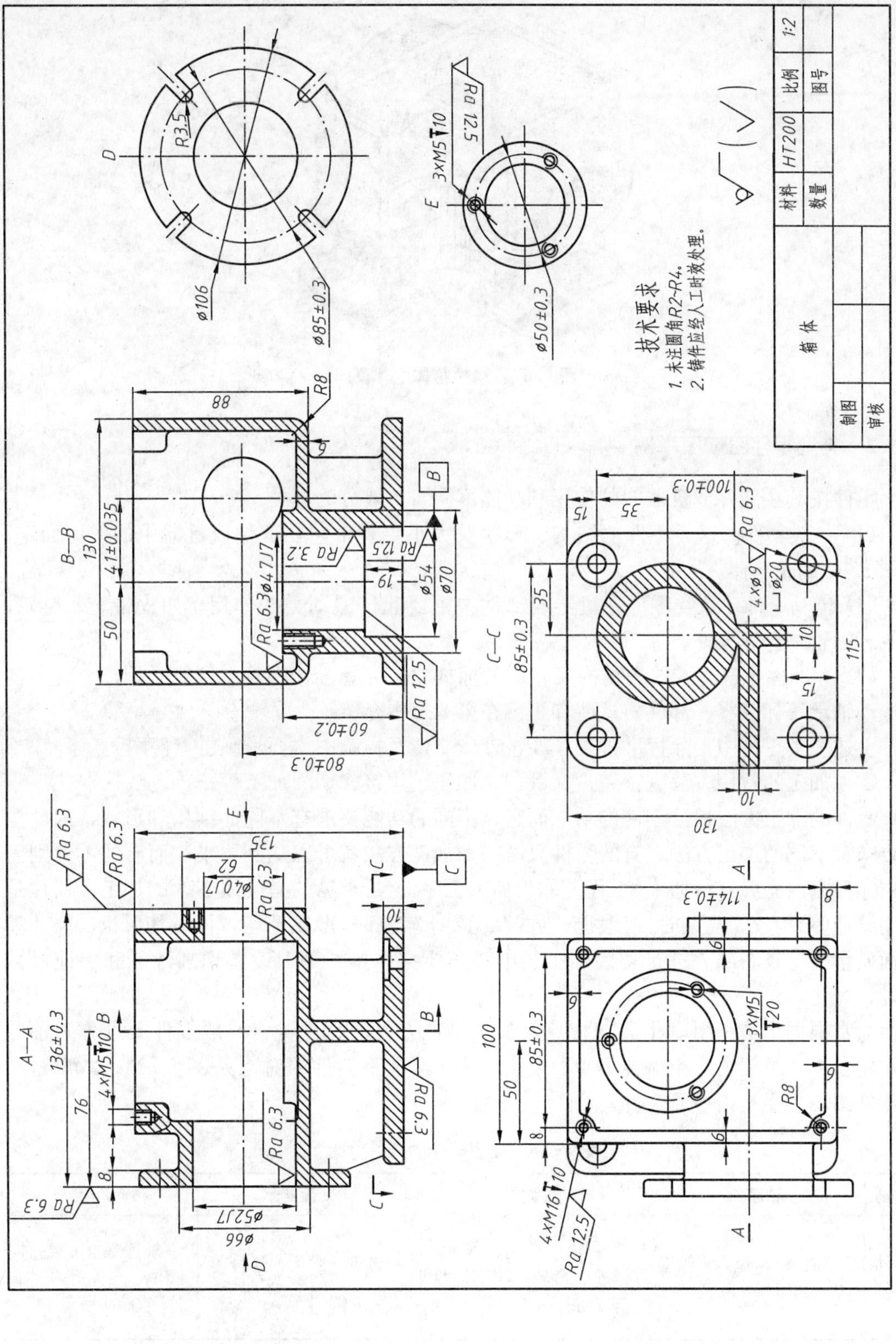

图 9.66 蜗轮箱体零件图

综合各部分的分析结果，即可得到蜗轮箱体的完整结构形状，如图 9.67 所示。

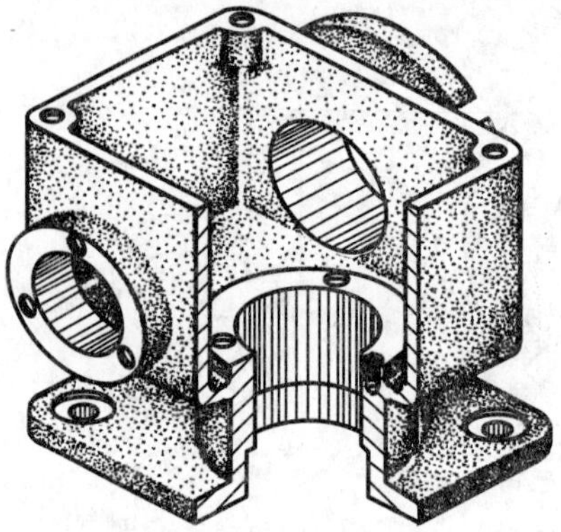

图 9.67　蜗轮箱体立体图

9.6.2　典型零件图读图举例

零件按其在部件或机器中的作用和功能不同，一般分为 3 类。

(1) 一般零件。这类零件的结构、形状及大小主要由它在部件或机器中的作用而定，如图 9.67 涡轮箱体。

(2) 传动零件。这类零件在机器或部件中主要起传递动力的作用，如皮带轮、链轮、齿轮、蜗轮蜗杆等零件。

(3) 标准件。这类零件的结构尺寸均已标准化，如螺栓、螺柱、螺钉、螺母、键、销和滚动轴承等标准零、部件。这些知识已在第 8 章中介绍。

上述 3 类零件中，除标准件外，在设计、制造及检验中均要求画出零件图。

零件加工的常用方法有：铸造、锻造、冲压、焊接、切削加工等。

零件的加工方法根据零件的功能而定，不同的功能要求有不同的结构和形状，因此也就要求有不同的加工方法。有的零件只需一种加工方法就可以达到要求，而有的零件则需要用几种方法先后进行加工(工程上称为加工工序)。最常见的是金属零件的加工，往往是先用铸造(结构较为复杂时)或锻造(机械性能要求较高时)形成毛坯，再对其形状、尺寸和表面质量要求较高部分进行切削加工，中间还要穿插热处理以改善切削性能和保证机械性能。

通常根据结构和用途相似的特点及加工制造方面的特点，将一般零件又可分为轴套类、轮盘类、叉架类、箱体类等 4 种类型，这 4 类典型零件的对比见表 9－14。本章讨论的零件图，主要是指一般零件。

表 9－14　典型零件的分析对比

类别	轴套类	轮盘类	叉架类	箱壳类
零件示例	轴、杆、套筒、轴套等，如图 9.69 所示	手轮、带轮、棘轮、链轮、齿轮、端盖、盘等，如图 9.70 所示	支架、拨叉、连杆等零件，如图 9.71 所示	减速箱体、各种阀体、泵体等零件，如图 9.67 所示

(续)

类别	轴套类	轮盘类	叉架类	箱壳类
结构特征	轴套类零件主要由不同直径的回转体组成。轴类零件一般用来支承传动零件以传递动力；而套类零件一般装在轴上，起支承、轴向定位等作用。它们的主要加工方法有车削、铣削和磨削等	轮一般用来传递动力和扭矩；盘、盖零件主要起支承、轴向定位和密封作用。轮盘类零件的基本形体也大都是回转体，周围均布有轮辐、肋、小孔等结构	拨叉、连杆等一般用于机器的变速系统和操作系统等各种机构中，通过它们来完成一定的动作；支架主要起支承和连接作用，这类零件大都由圆筒、底板、支承板、肋板、叉口等部分组成	该类零件是部件的主体零件，一般起容纳、支承、定位和密封等作用。这类零件结构复杂，加工位置多，且多为铸件
视图表达	由于轴套类零件主要在车床上加工，所以主视图的安放位置按主要加工位置和形状特征来确定，即轴线水平放置，主视图的投影方向垂直于轴线。视图数量的确定，一般只取一个主视图，而其他结构形状，如键槽、退刀槽、砂轮越程槽等结构和形状，一般采用断面图、局部视图、局部放大图等来补充表示	轮盘类零件大部分工序是在车床上进行的，故一般以轴线水平放置的视图作为主视图，且常画成通过轴线的全剖视图。此类零件一般需要两个基本视图表达，另外辅以断面图及其他表达方法	叉架类零件结构比较复杂，加工方法及加工工序较多，因此，主视图往往按工作位置或其形状特征来选择。要完整、清晰地表达这类零件，一般需要两个或两个以上的基本视图。另外，还需采用斜视图、向视图、局部视图和断面图等方法表达	箱体类零件的主视图常按其形状特征和工作位置来确定。一般需要3个或3个以上的基本视图来表达。内部结构形状采用各种剖视图和断面图的方法，外部结构形状则采用斜视图、局部视图及其他规定画法和简化画法来表示
尺寸标注	轴套类零件一般选取零件轴线为径向基准，即高度和宽度方向的主要尺寸基准。其中轴类零件以台阶端面为轴向(长度方向)的主要基准；套类零件的轴向尺寸则应首先保证主要设计尺寸，其他尺寸按加工要求和顺序进行标注	轮盘类零件一般选取轴线为径向(高度和宽度)主要基准，以重要端面为轴向(长度)主要基准。此类零件端面往往均匀分布有若干小孔或螺孔，其孔心所在的分布圆周的直径是较为重要的定位尺寸	叉架类零件一般以安装基面、对称平面、主要孔、轴中心线为长、宽、高3个方向的主要尺寸基准，且每个方向上除主要基准外，往往有若干辅助基准。各方向上的定位尺寸也较多，一般体现在均布结构的中心距、主要支承部分的轴线到安装面或主要端面的距离等	箱体类零件常以轴孔中心线、对称平面、结合面及安装基面作为各方向的主要尺寸基准。定位尺寸很多，其中有些定位尺寸常有公差要求

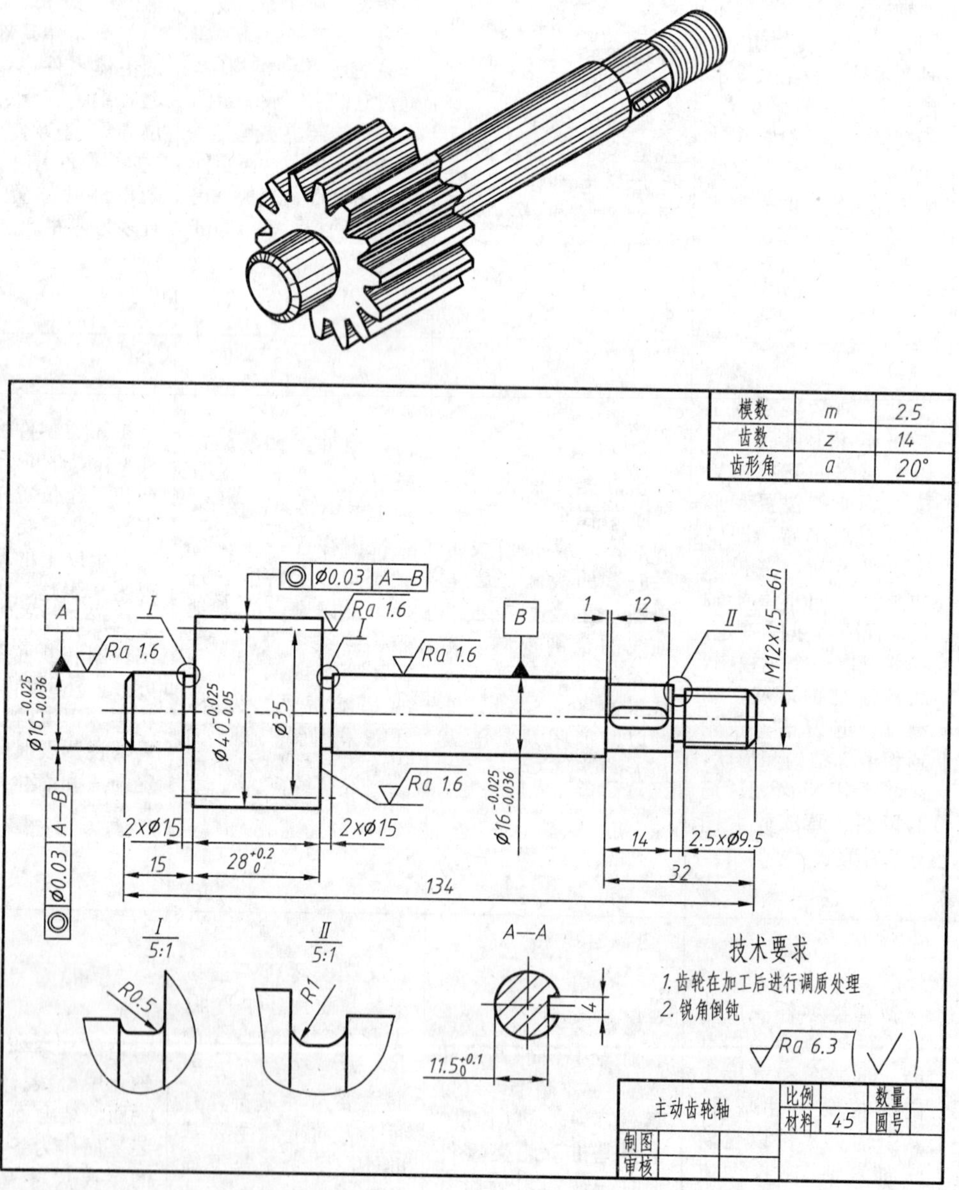
模数 m 2.5
齿数 z 14
齿形角 α 20°
Ø0.03 A—B
Ra 1.6
A
B
I
II
Ø16-0.025 -0.036
Ø40-0.025 -0.05
Ø35
2xØ15
15
28+0.2 0
134
1
12
M12x1.5—6h
14
2.5xØ9.5
32
Ø0.03 A—B
I 5:1
II 5:1
R0.5
R1
A—A
4
11.5+0.1 0
技术要求
1. 齿轮在加工后进行调质处理
2. 锐角倒钝
Ra 6.3 (√)
主动齿轮轴
比例
数量
材料 45
圆号
制图
审核

图 9.68 齿轮轴零件图

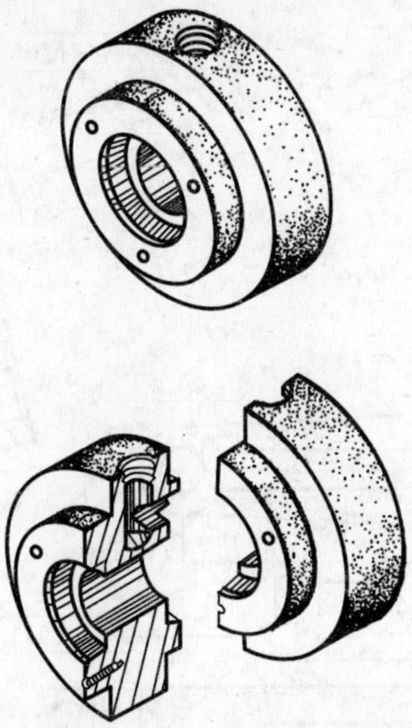

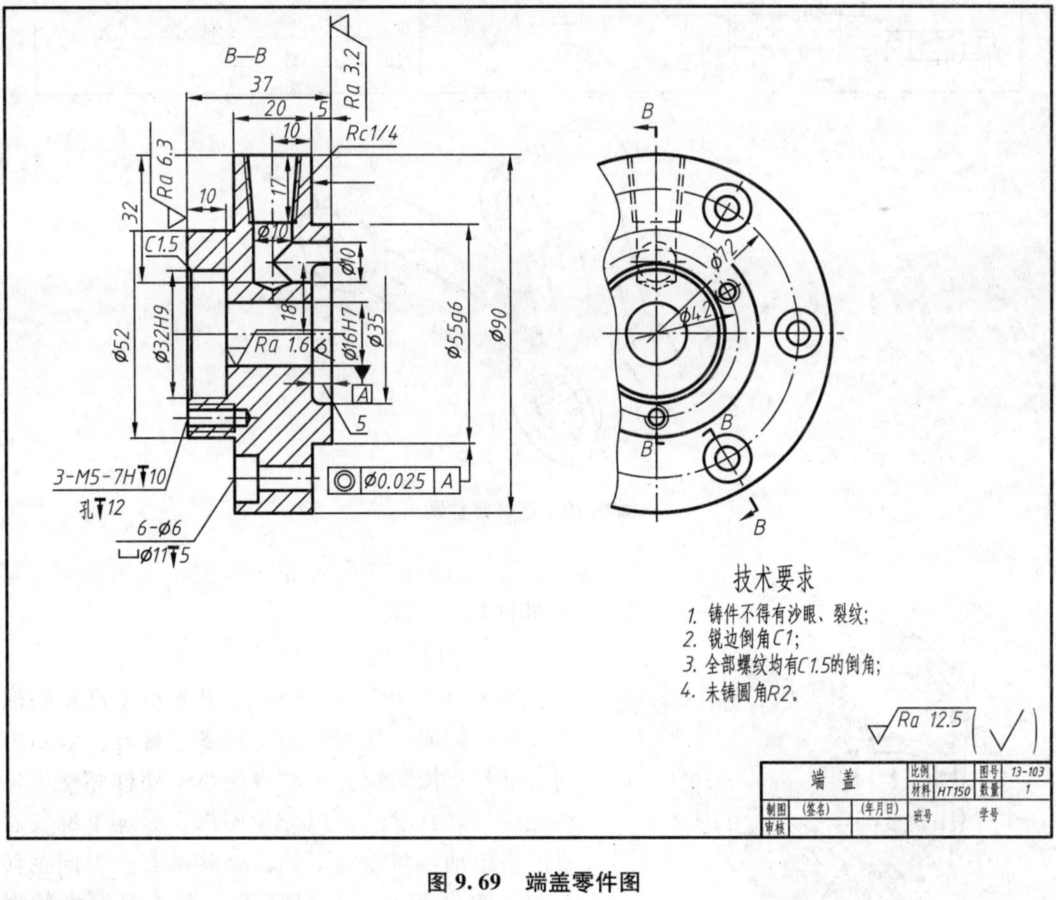
B—B
37
20
5
10
Ra 3.2
Rc1/4
Ra 6.3
32
10
17
C1.5
Ø10
Ø10
18
Ø52
Ø32H9
Ra 1.6
Ø16H7
Ø35
Ø55g6
Ø90
A
5
3-M5-7H▼10
孔▼12
Ø0.025 A
6-Ø6
⌴Ø11▼5
B
Ø72
Ø42
B
B
B
技术要求
1. 铸件不得有沙眼、裂纹；
2. 锐边倒角C1；
3. 全部螺纹均有C1.5的倒角；
4. 未铸圆角R2。
Ra 12.5 (√)
端 盖
比例
图号 13-103
材料 HT150
数量 1
制图 (签名) (年月日)
审核
班号
学号

图9.69 端盖零件图

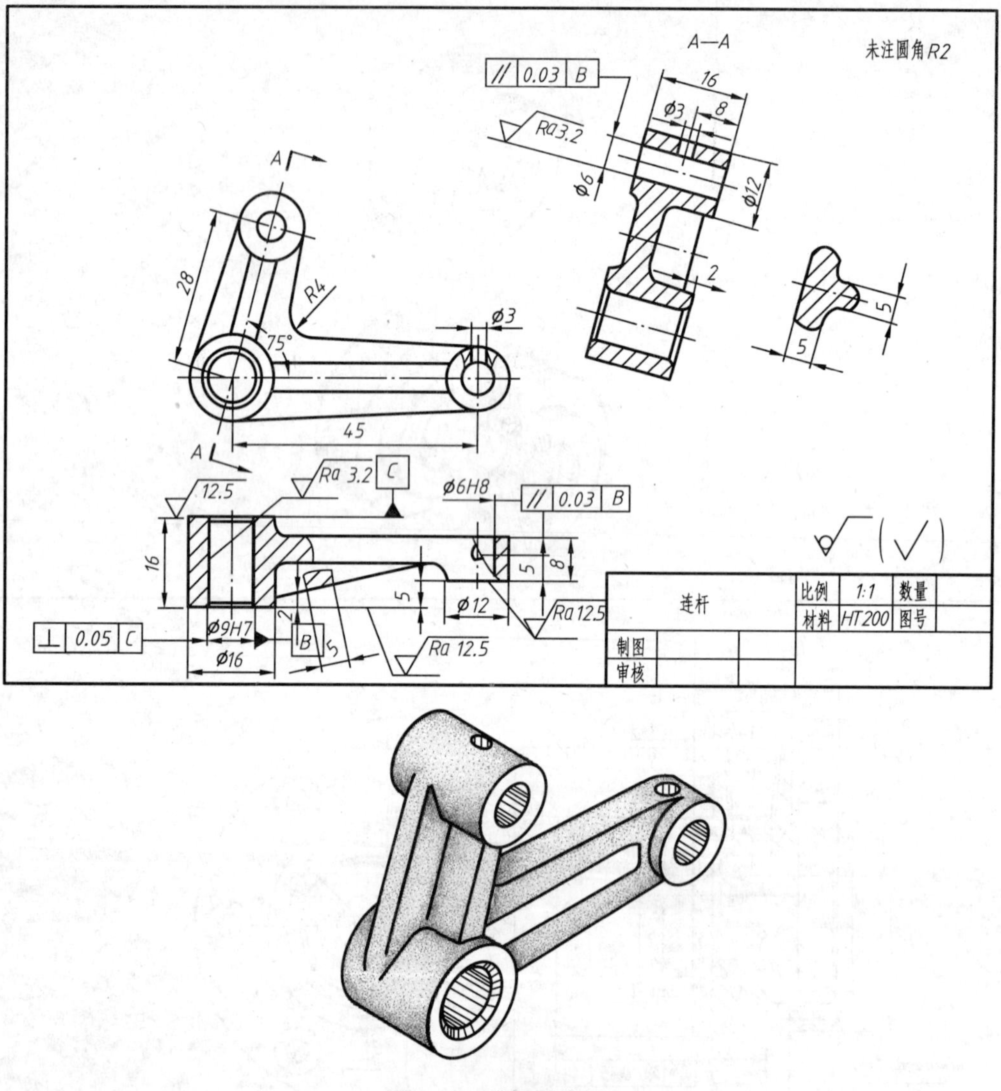

图 9.70　连杆零件图

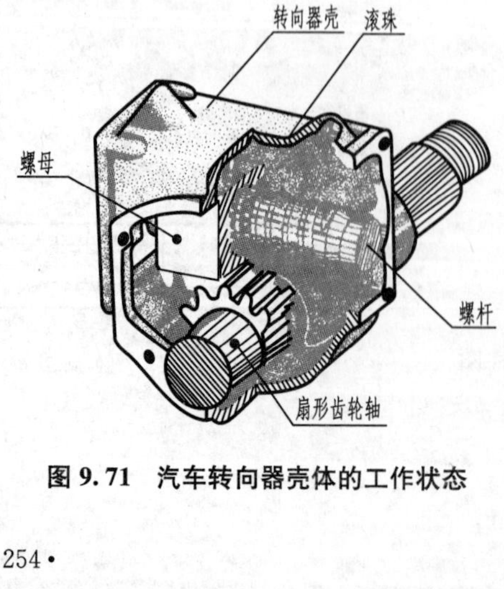

图 9.71　汽车转向器壳体的工作状态

下面以汽车转向器壳体为例，说明读典型零件图的方法步骤。

(1) 分析零件。

① 功能分析。图 9.71 简单表示了汽车转向器的部件构成。在壳体的上部装有螺杆，它与方向盘轴相连接。螺杆上套有螺母，螺杆和螺母的螺旋槽中嵌有滚珠，以减少摩擦。壳体下部装有扇形齿轮轴，与螺母下的齿条相啮合。方向盘转动时，螺杆转动，螺母移动，带动扇形齿轮摆动，通过扇形齿轮轴再拉动其他零件，使汽车前轮摆动、转向。可以看出，壳体的功能是包容、

安装螺杆、螺母、扇形齿轮轴等其他零件。其工作状态为：装扇形齿轮轴的孔轴线水平，在下方；安装螺杆部分在上方；箱体正放。

② 结构分析。图 9.71 所示为转向器壳体的轴测图，整个零件可分解为 6 部分。

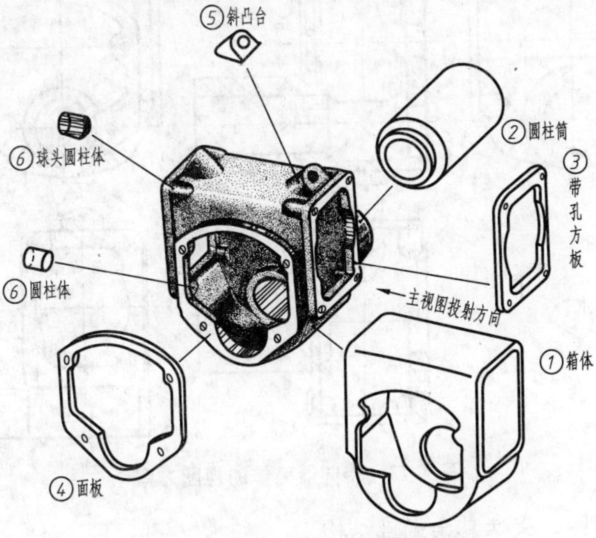

图 9.72 转向器壳体的形体构成

a. 箱体。用来包容螺母和扇形齿轮，其上半部是长方形柱体，下半部是轮廓为直线与圆弧的柱体。

b. 圆柱筒。用来通过扇形齿轮轴。箱体和圆柱筒为主体结构。

c. 带孔方板。位于箱体两侧，使螺杆轴穿过并安装其他零件，上有螺孔。

d. 面板。轮廓由圆弧及直线组成，凸出在箱体的左面，以便安装其他零件，上有螺孔。

e. 斜凸台。在箱体上方，由半个圆柱与方柱组合而成，上有螺孔以便加油。

f. 突起部分。有两种形状，一种是圆柱体，另一种是球头圆柱体，主要是为了使钻螺孔处有足够的壁厚。后面 4 部分为局部功能结构。

③ 加工分析。先铸造形成毛坯再切削加工。加工面多，加工状态多变。局部工艺结构主要是铸造圆角。

(2) 选择主视图。

① 壳体类零件按工作状态选择主视图。转向器壳体形成主视图时按图 9.72 摆放，与其工作位置一致。取图中箭头方向为主视图投射方向，表示主体结构形状特征信息量多(能明显、充分地反映圆筒的形状特征、箱体的部分形状特征以及此二者的连接关系)，平衡、稳定尚可。

② 壳体功能为以内腔包容其他零件，故主视图应以反映内腔形状为主，取全剖视画法(如图 9.73 所示)。

(3) 选择其他基本视图，完成主体结构表达。

考虑到箱体的左、顶外表面上有面板、球头圆柱体和斜凸台等诸多局部功能结构，壳体又前后对称，若画半剖视图，则可内、外兼顾，附带表达更多内容又不影响图形清晰，故选 *A—A* 半剖视图为左视图，*B—B* 半剖视图为俯视图，如图 9.73 所示。

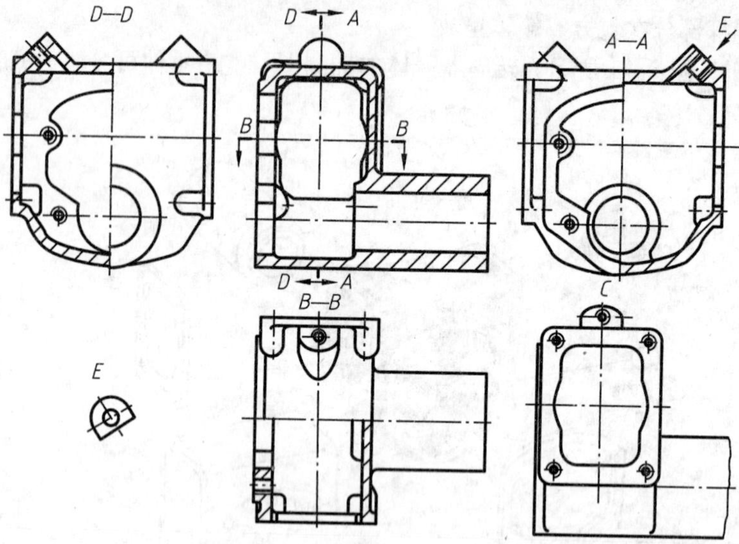

图 9.73　转向器壳体的视图方案

(4) 选择辅助视图，表达其余局部结构。

逐个检查各部分结构，发现带孔方板未表达，用 C 局部视图表达。箱体右壁外表面的球头圆柱体未清晰表达，左壁内凸起未表达，取 $D—D$ 半剖视图(实为右视图)表达。斜凸台端面实形未表达，用 E 斜视图表达。至此，形成图 9.73 的方案。

(5) 检查、比较、调整、修改。

检查有无不完全，不正确之处。

9.7　零件测绘

零件测绘，就是根据已有的零件实物，绘制出零件草图，测量并标注尺寸，最后完成零件工作图，为机器维修或为机器设计提供技术资料。零件测绘是一项十分重要的技术工作，对培养实际工作能力具有重要意义。

9.7.1　测绘方法步骤

现以测绘齿轮泵中的泵盖为例，说明零件测绘的方法和步骤。图 9.74 是泵盖的轴测图，零件草图的绘制方法步骤如下。

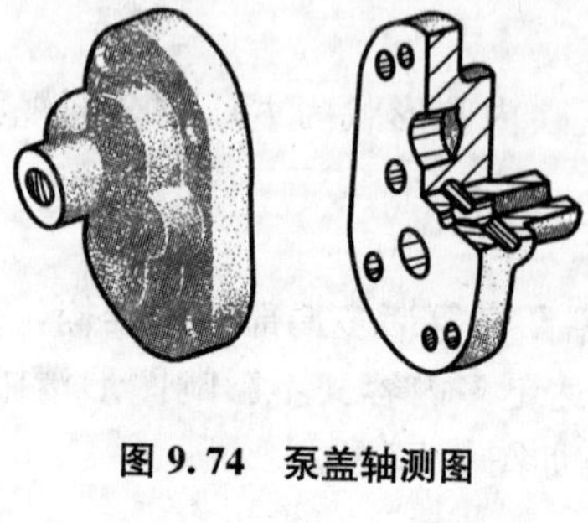

图 9.74　泵盖轴测图

1. 零件分析和视图表达方案的确定

(1) 对要测绘的零件首先要了解零件的名称、功用以及它在部件或机器中的位置和装配连接关系。泵盖在齿轮泵中起密封和支承主、从动齿轮轴轴端的作用，它位于齿轮泵泵体一侧，加垫片后用 4 个圆柱头内六角沉头螺钉与泵体相连接，并用两个圆柱销定位。

(2) 鉴别零件的材料。可参照类似的图样和有关资料判别。铸件较容易直观鉴别；钢件可直接或取样用火花鉴别，但须注意不要损伤零件。泵盖材料为灰铸铁 HT200。常用金属材料牌号及用途见附录 D。不通孔，以支承两轴；还有四个带沉孔的螺钉孔和两个销孔；有油孔与泵体油腔相通，与油孔相通的螺孔是供安装调节螺钉用的。

(3) 对零件进行工艺分析，了解其制造方法。泵盖(与泵体)的结合面、两个支承孔需车削加工；两支承孔有配合的公差要求，其两轴线与端面(结合面)应有垂直度要求。螺钉孔及油孔需钻削加工，为钻制油孔后使端部密封，应加闷头。螺孔需钻后攻螺纹。销孔需装配时配钻。除结合面、螺孔端面之外，泵盖的其余外表面不需机械加工。铸件需经时效处理。

2. 零件表达方案的确定

(1) 选择主视图。泵盖的主视图，考虑形状特征，其投射方向应选与齿轮轴孔轴线平行的方向，并按工作位置安放，这样可使主视图所反映的外形和各部分相对位置清楚。

(2) 选择其他视图。主视图外形表达完之后，可再选俯、左视图，并用剖视表达内形，其中俯视图可用全剖视图，左视图可用多个剖切面剖切，画成全剖视图。为表达安装闷头处的凸缘端面形状，可用局部视图。

3. 零件草图绘制

(1) 根据零件的总体尺寸和大致比例，确定图幅(画草图应使用淡色方格纸)；画边框线和标题栏；布置图形，定出各视图的位置，画主要轴线、中心线或作图基准线，如图 9.75 所示。

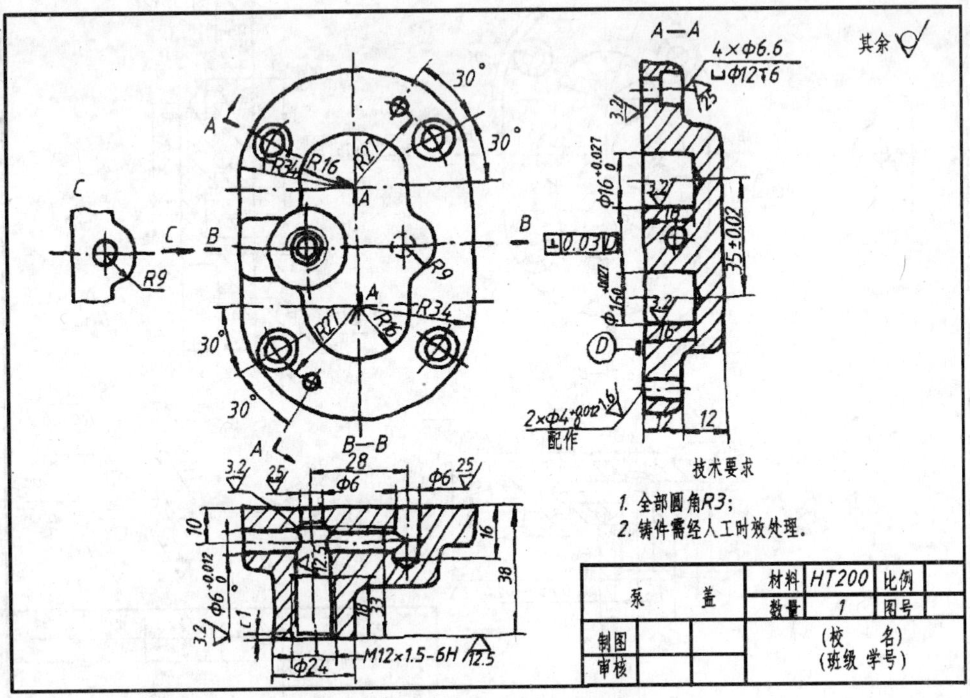

图 9.75　泵盖零件草图的绘制步骤

(2) 目测徒手画图形。根据确定的视图表达方案，详细画出零件的外部和内部的结构形状。一般先画主体结构，再画局部结构。各视图间要符合投影规律。零件工艺结构，如倒角、铸造圆角、退刀槽等应全部画出，不得遗漏。在不至于引起误解时，零件图中的倒角、圆角可以省略不画，但必须注明尺寸，或在技术要求中加以说明。

(3) 仔细检查，擦去多余线；再按规定线型加深；画剖面线；确定尺寸基准，依次画出所有尺寸界线、尺寸线和箭头。泵盖长度方向基准为过两支承孔轴线的平面；宽度方向基准为后端面(结合面)；高度方向基准为两支承孔的任一轴线。

(4) 测量尺寸并逐个填写尺寸数字。零件上的标准结构要素(如螺纹、键槽等)的尺寸经测量后，应查阅有关标准手册，调整使尺寸符合标准系列。填写标题栏，完成零件草图全部工作。

4. 测绘中零件技术要求的确定

(1) 形位公差的确定。在测绘时，如果有原始资料，则可照搬。在没有原始资料时，可以通过精确测量实物来确定形位公差。选取形位公差应根据零件功能而定，不可采取只要能通过测量获得实测值的项目，都标注在图纸上，应根据零件要求，结合我国国家标准合理确定。

(2) 表面粗糙度的确定。①根据实测数值确定，测绘中可用相关仪器测出其有关的参数，再将测出的实际数据按我国现行新标准数列值予以圆整确定。②根据类比法，确定原则进行确定。③参照零件表面的尺寸的精度及表面形状公差值确定。

5. 零件工作图的绘制

根据泵盖零件草图绘制泵盖零件工作图，如图 9.76 所示。

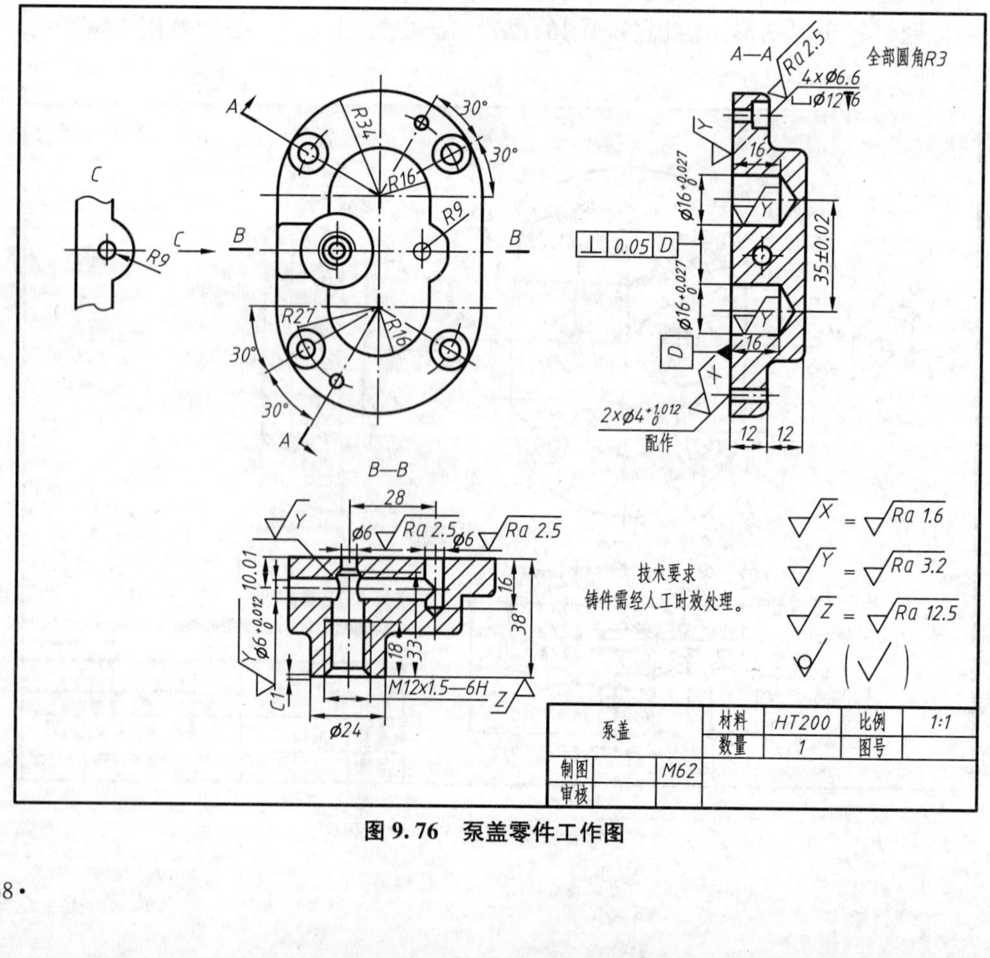

图 9.76　泵盖零件工作图

零件测绘对象主要指一般零件。凡属标准件，不必画零件草图和零件工作图，只需测量主要尺寸，查有关标准定出规定标记，并注明材料、数量。

9.7.2　零件测绘工具及测绘时注意事项

1. 常用的测量工具

常用的测量工具有钢直尺、内外卡钳、游标卡尺和千分尺等，如图 9.77 所示。

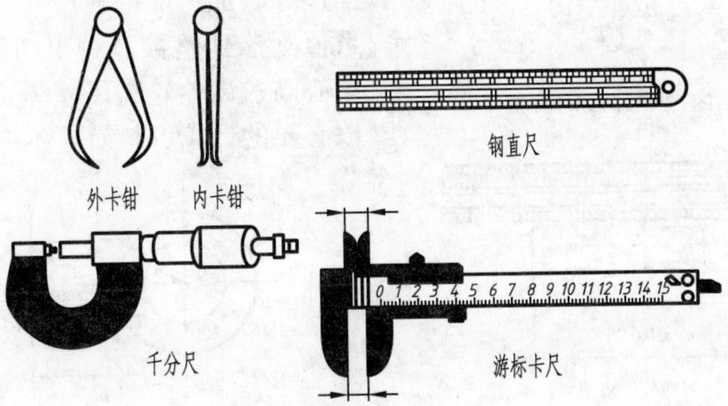

图 9.77　常用的测量工具

(1) 内外卡钳、钢直尺：内外卡钳与钢直尺一般配合使用，常用于精度不高或毛面的尺寸测量，如图 9.78 所示。内卡钳用于测量孔、槽等结构的尺寸，外卡钳用于测量外径、孔距等，如图 9.79 所示。钢直尺可用于测量深度、高度、长度等，如图 9.80 所示。

(2) 游标卡尺：游标卡尺兼有内外卡钳、钢直尺的功能，可测量孔、槽、外径、长度、高度等尺寸，一般用于较高精度尺寸的测量，如图 9.81 所示。

除了如图 9.81 所示的普通游标卡尺外，还有深度游标尺、高度游标尺和齿轮游标卡尺等。其刻线原理和读数方法与普通游标卡尺相同，分别如图 9.82(a)、图 9.82(b)、图 9.82(c)所示。如图 9.83 所示则为常见的数显游标卡尺和带表游标卡尺。

(3) 千分尺：千分尺的测量精度比游标卡尺高，且比较灵敏。它是机械制造业中广泛应用的量具。常见的千分尺有外径千分尺(如图 9.84 所示，用于测量圆柱外径)、内径千分尺(如图 9.85 所示，用来测量内径及槽宽等尺寸)、内径千分尺、深度千分尺、螺纹千分尺(用于测量螺纹中径)和公法线千分尺(用于测量齿轮公法线长度)等。

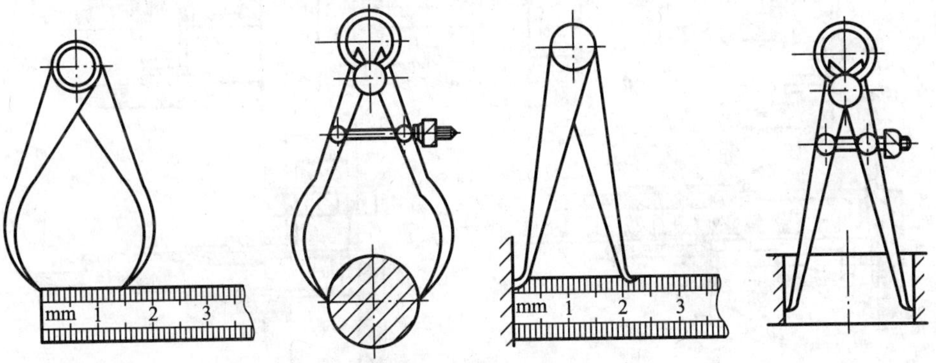

图 9.78　钢直尺和卡钳的配合使用

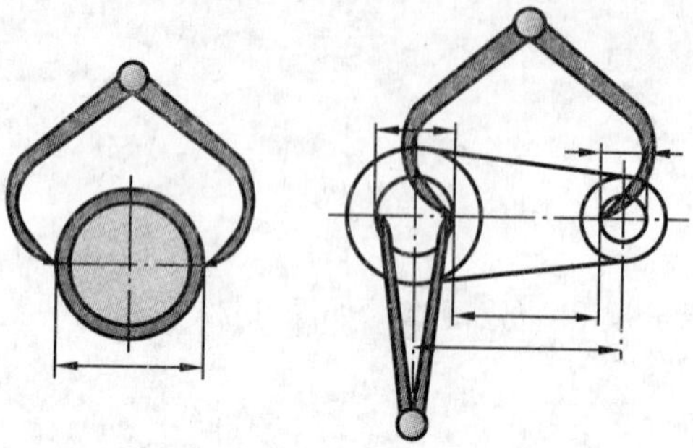

图 9.79　内径和外径的测量

2. 测量尺寸时的注意事项

(1) 要正确使用测量工具和选择测量基准，以减少测量误差；不要用较精密的量具测量粗糙表面，以免磨损，影响量具的精确度。尺寸一定要集中测量，逐个填写尺寸数值。

(2) 对于零件上不太重要的尺寸(不加工面尺寸、加工面一般尺寸)，可将所测的尺寸数值圆整到整数。对于功能尺寸(如中心距、中心高、齿轮轮齿尺寸等)要精确测量，并予以必要的计算、核对，不应随意调整。

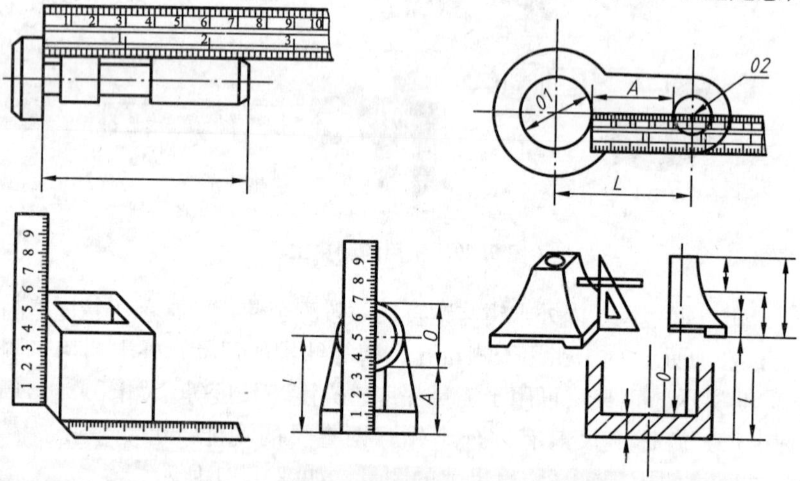

图 9.80　钢直尺测量深度、高度、长度

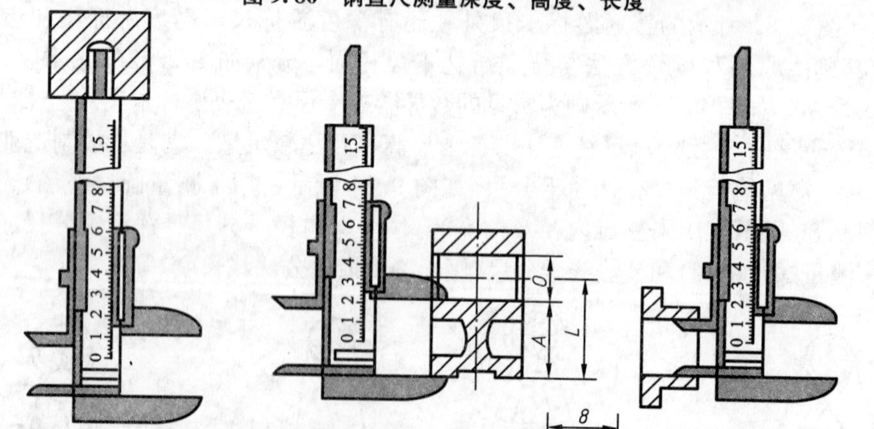

图 9.81　游标卡尺测量深度、高度、长度、内外径及中心距

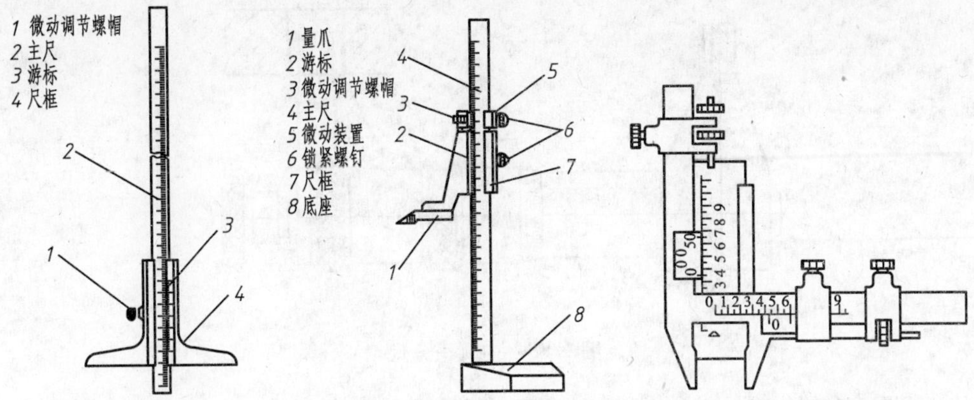

(a) 深度游标卡尺　(b) 高度游标卡尺　(c) 齿轮游标卡尺

图 9.82　几种常见的游标卡尺

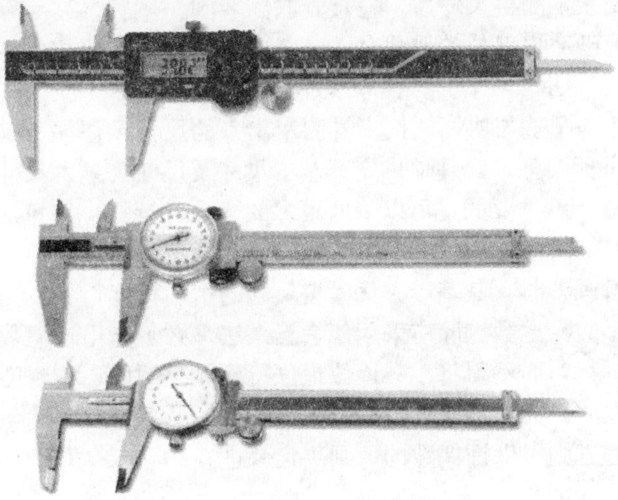

图 9.83　数显卡尺、带表卡尺

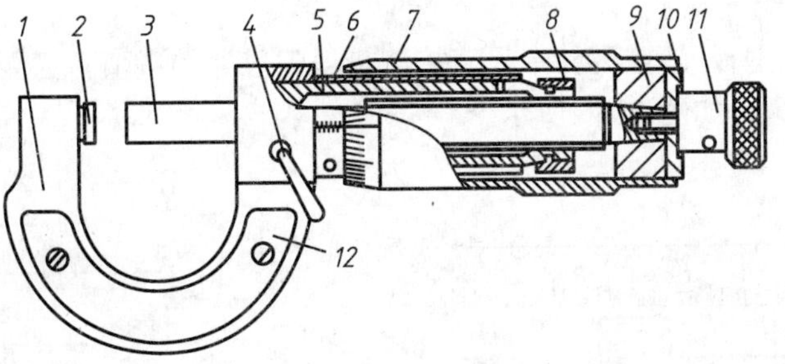

图 9.84　外径千分尺

1—尺架；2—测砧；3—测微螺杆；4—锁紧装置；5—螺纹轴套；6—固定套管；7—微分筒；8—调整螺母；9—接头；10—垫片；11—测力装置；12—隔热装置

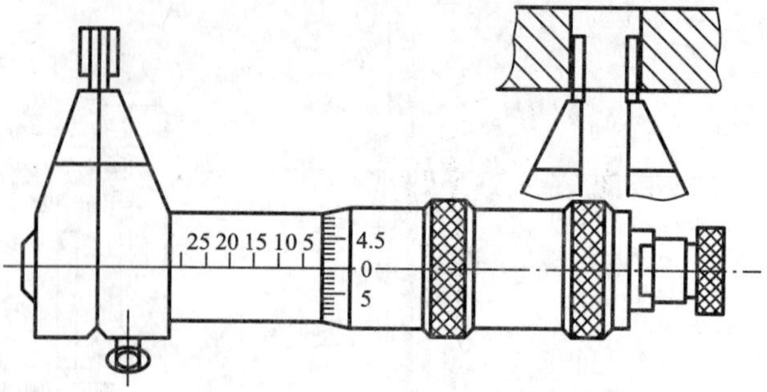

图 9.85　内测千分尺

(3) 相配合的孔、轴的基本尺寸应一致。零件上的配合尺寸，测后应圆整到基本尺寸(标准直径或标准长度)，然后根据使用要求，正确定出配合基准制、配合类别和公差等级，再从公差配合表中查出偏差值。长度和直径尺寸，测后一般应按标准长度和标准直径系列核对后取值。

(4) 标准结构要素，测得尺寸后，应查表取标准值。

(5) 测量零件上已磨损部位的尺寸时，应考虑磨损值，参照相关零件或有关资料，经分析确定。

(6) 测绘中尺寸的圆整与协调。按实样测量出来的尺寸，往往不是整数，所以，必须对测量得出的数值进行圆整，合理地确定其基本尺寸及尺寸公差。尺寸圆整后，可简化计算，保证图形的清晰。更重要的是可以采取更多的标准刀量具，缩短加工周期，提高测量效率和劳动生产率。

所有尺寸在进行圆整时，其基本方法是按尺寸的精确程度，将实测尺寸的小数简略为整数或带一、二位小数。尾数删除应采用四舍五入法。必须指出，尾数的删除，应以需删除的整个一组数来进行，而不得将小数逐位地进行删除。例如，实测尺寸为41.456，当圆整后需保留一位小数时，而只能圆整成为41.4。这里可以看出，四舍五入的原则是：逢四则舍，逢六则进，遇五则以保证偶数的原则决定舍进。

9.7.3　常用的测量方法

1. 直线尺寸的测量

一般可用直尺(钢板尺)或游标卡尺直接测量得到尺寸的数值；必要时可借助直角尺或三角板配合进行测量，如图 9.86 所示。

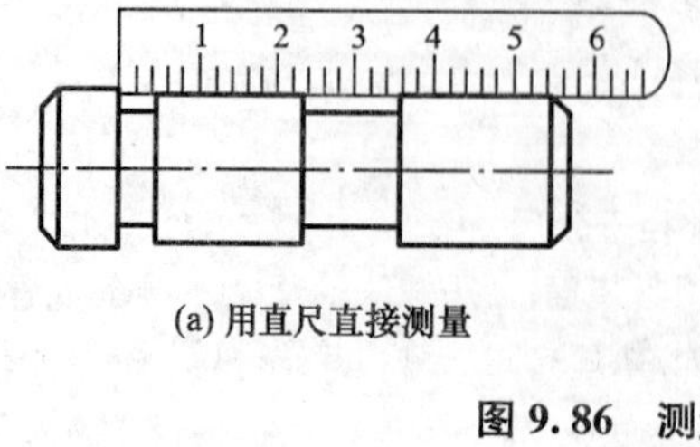

(a) 用直尺直接测量

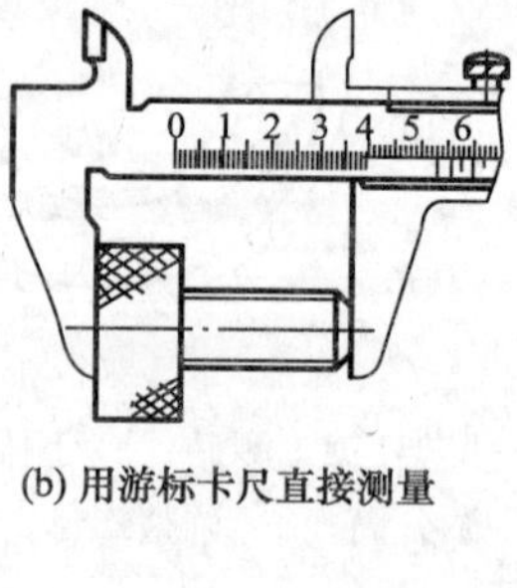

(b) 用游标卡尺直接测量

图 9.86　测量直线尺寸

2. 回转面内、外直径尺寸的测量

通常用内外卡钳或游标卡尺直接测量，测量时应使两测量点的连线与回转面的轴线垂直相交，以保证测量精确度，如图 9.87 所示。

在测量阶梯孔的直径时，由于外孔小里孔大，用游标卡尺无法测量里面大孔直径。这时可用内卡钳测量，如图 9.88(a)所示；也可用特殊量具(内外同值卡)测量，如图 9.88(b)所示。

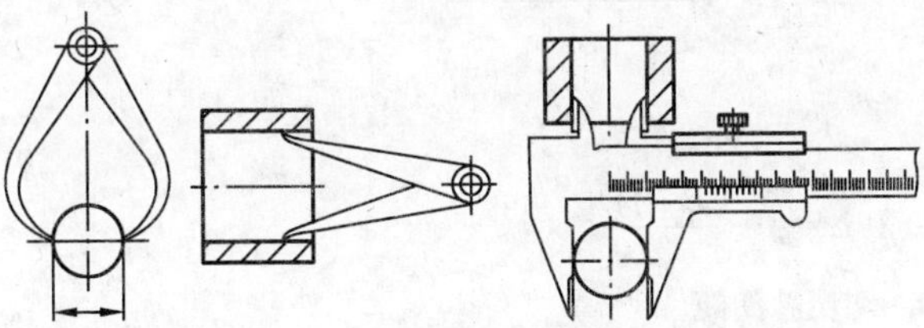

图 9.87 测量回转面外径、内径

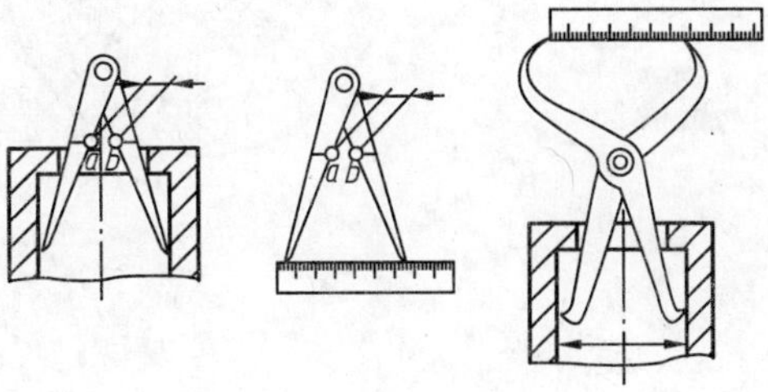

(a) (b)

图 9.88 测量阶梯孔的直径

3. 壁厚的测量

一般可用直尺测量，如图 9.89(a)所示。若孔口较小时，可用带测量深度的游标卡尺测量，如图 9.89(b)所示。当用直尺或游标卡尺都无法测量壁厚时，则可用内、外卡钳或外卡钳与直尺结合起来测量，如图 9.89(c)所示。

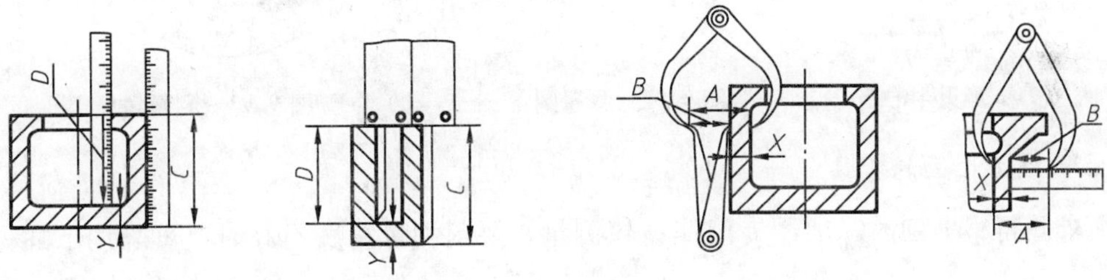

(a) (b) (c)

$Y=C-D$；$X=A-B$

图 9.89 测量壁厚

4. 孔间距的测量

根据孔间距的情况不同，可用卡钳、直尺或游标卡尺测量，如图 9.90 所示。

5. 中心高的测量

一般可用直尺和卡钳或游标卡尺测量，如图 9.91 所示。

6. 圆角的测量

可用圆角规测量。每套圆角规有两组多片，其中一组用于测量外圆角，另一组用于测量内圆角，每片都刻有圆角半径的数值。测量时，只要从中找到与被测部位完全吻合的一片，读出该片上的 R 数值即为所测圆角半径，如图 9.92 所示。

7. 角度的测量

可用游标量角器测量，如图 9.93 所示。

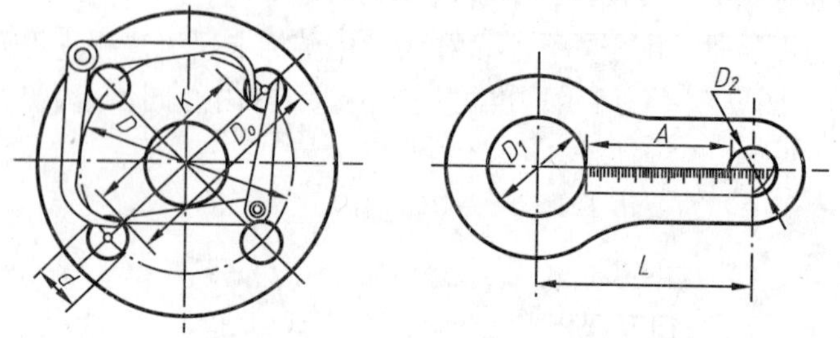

(a)　　(b)

$$D=K+d=D_0;\ L=A+\frac{D_1+D_2}{2}$$

图 9.90　测量孔间距

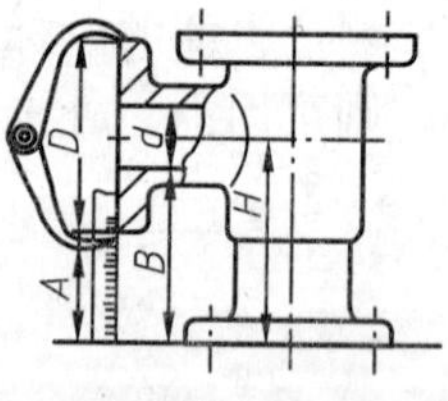

图 9.91　测量中心高

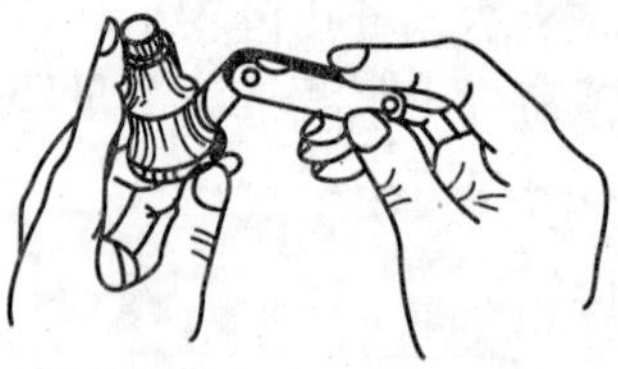

图 9.92　测量圆角

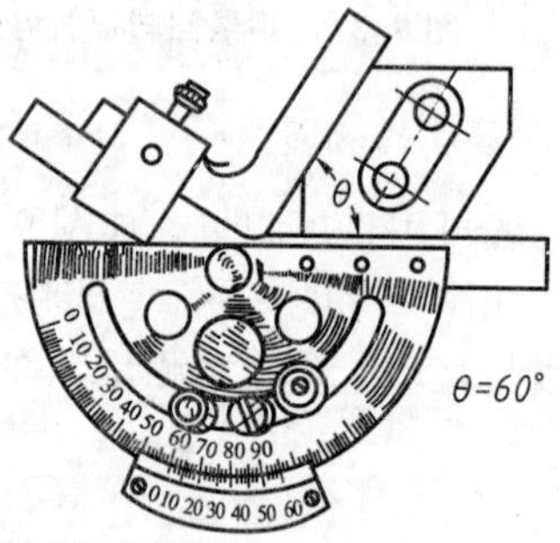

图 9.93　测量角度

8. 曲线或曲面的测量

要求测得很准确时，须用专门测量仪测量。要求测量精度不高时，可采用下述方法测量。

(1) 拓印法。对于平面与曲面相交的曲线轮廓，可用纸拓印其轮廓，得到真实的曲线形状后用铅笔加深，然后判定出该曲线的圆弧连接情况，定出切点，找到各段圆弧中心(中垂线法：任取相邻两弦，分别作其垂直平分线，得交点，即为圆弧的中心)，测其半径，如图 9.94(a)所示。

(2) 铅丝法。对于回转面零件的母线曲率半径的测量，可用铅丝贴合其曲面弯成母线实形，描绘在纸上，得到母线真实曲线形状后，判定其曲线的圆弧连接情况，定出切点，再用中垂线法求出各段圆弧的中心，测其半径，如图 9.94(b)所示。也可用橡皮泥贴合拓印。

(3) 坐标法。一般的曲线和曲面都可用直尺和三角板配合定出面上各点的坐标，在纸上画出曲线，求出曲率半径，如图 9.94(c)所示。

9.7.4　零件工作图的绘制

零件草图完成后，应经校核、整理，再依此绘制零件工作图。

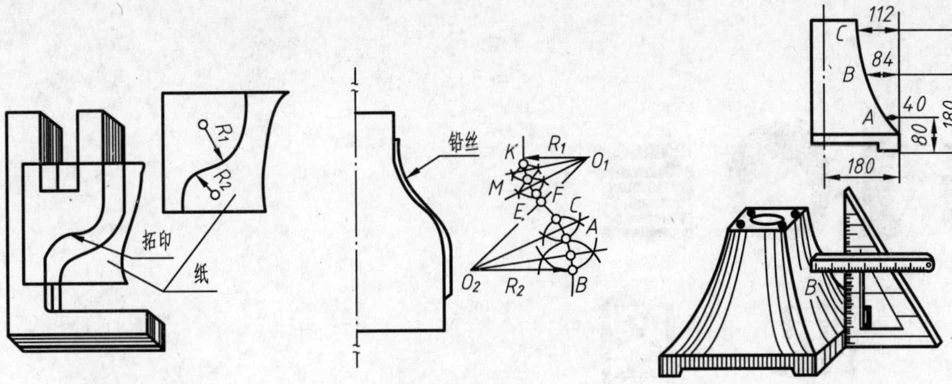

(a) 拓印法　　(b) 铅丝法　　(c) 坐标法

图 9.94　测量曲线和曲面

1. 校核零件草图

零件测绘一般是在现场进行，受时间、条件限制，有些问题不一定考虑得很周全，因此，要对所画的零件草图进行仔细校核。校核的主要内容有以下几点

(1) 表达方案是否正确、完整、清晰、简练。

(2) 尺寸标注是否正确、齐全、清晰、合理。

(3) 技术要求的确定是否既满足零件的性能和使用要求，又比较经济合理。

校核后进行必要的修改补充，就可根据零件草图绘制零件工作图。

2. 绘制零件工作图

绘制零件工作图的具体步骤与绘制零件草图基本相同，这里不再详细叙述。

第10章 装配图

教学提示

装配图是表达机器及其组成部分的连接、装配关系的图样。本章主要介绍装配图的内容、特殊表达方法、常见装配结构，装配图的画法以及识读装配图和由装配图拆画零件图的步骤和方法。由于本章内容与生产实际联系紧密，教学过程中应尽可能让学生接触实际的机器结构，加强感性认识。再有装配图的绘制和识读，是对前面已学过的制图知识的综合运用，要充分做好复习。

教学要求

(1) 了解装配图的作用和内容，熟悉装配图的规定画法、特殊画法和简化画法。

(2) 掌握绘制装配图的方法和步骤，能绘制简单装配体的装配图。

(3) 掌握阅读装配图和拆画零件图的方法，能读懂一般装配图并能拆画出主要零件的工作图。

10.1 装配图的作用和内容

表示机器或部件的图样称为装配图。表示一台完整机器的装配图称为总装配图，表示机器中部件的装配图称为部件装配图。

10.1.1 装配图的作用

在进行设计、装配、调整、检验、使用和维修时都需要装配图。它是生产中的重要技术文件。在设计(或测绘)机器时，首先要画出装配图，然后根据装配图拆画零件图。装配图要能反映设计者的意图，并表达机器或部件的工作原理、性能要求、零件间的装配关系和零件的主要结构形状，以及在装配、检验、安装时所需要的尺寸数据和技术要求。

10.1.2 装配图的内容

图 10.1 所示为滑动轴承的装配图，其立体图如图 10.2 所示。由此可以看出，一张完整的装配图必须包括以下 4 个方面内容。

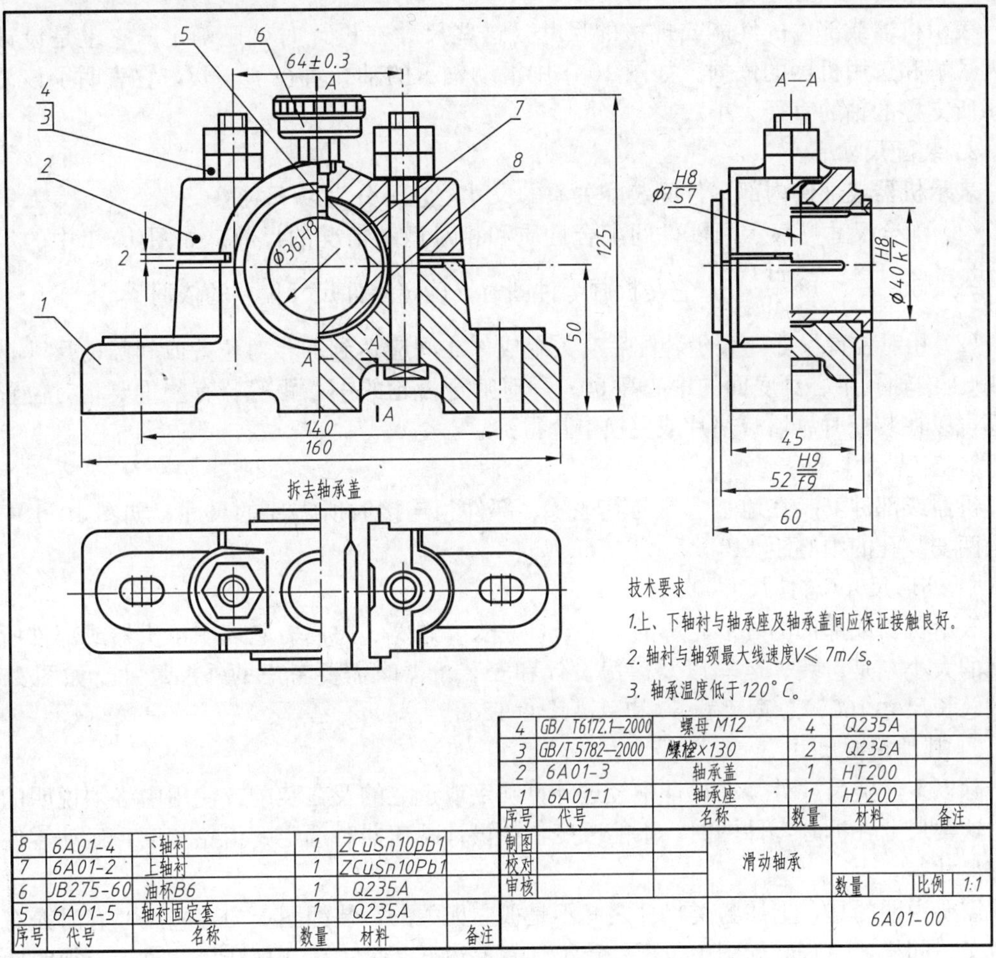

图 10.1 滑动轴承装配图

1. 一组视图

用一般表达方法和特殊表达方法，正确、完整、清晰和简便地表达机器或部件的工作原理、装配关系和主要零件的结构形状等。图 10.1 中主视图采用了半剖，表达了该滑动轴承的工作原理和主要的装配关系和主要零件的结构形状，俯视图采用拆去画法和沿结合面剖切画法，表达了部分装配关系及结构形状，左视图采用局部剖视，表达了部分装配关系。

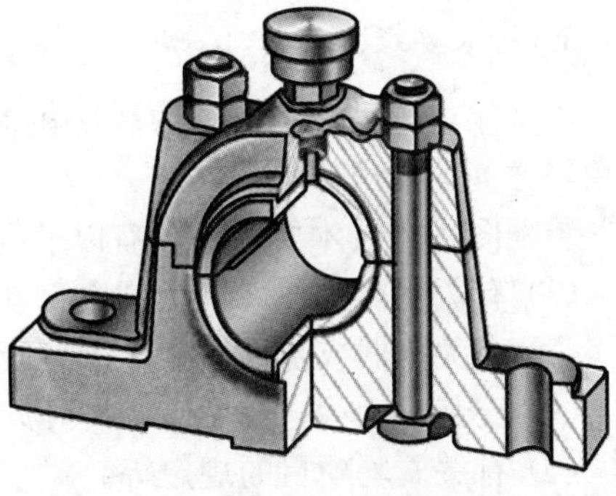

图 10.2 滑动轴承立体图

2. 必要的尺寸

根据由装配图拆画零件图以及装配、安装、检验和使用机器的需要，在装配图中必须标注表示机器或部件性能、规格、配合要求、安装情况、部件和零件间的相对位置等尺寸。这些尺寸按其作用不同，大致可分为以下5类。

1) 性能尺寸(规格尺寸)

表示机器或部件的性能或规格的尺寸，这些尺寸在设计时就已确定。它也是设计机器、了解和选用机器的依据。如图10.1中滑动轴承的轴孔直径ϕ36H8，它表明了该滑动轴承所支撑的轴的直径大小。

2) 装配尺寸

表示机器或部件内部零件间装配关系的尺寸，它可分为以下两种。

(1) 配合尺寸。表示两零件间配合性质和相对运动情况的尺寸。如图10.1中的尺寸$\phi 7\dfrac{H8}{s7}$、$\phi 60\dfrac{H8}{k7}$、$48\dfrac{H9}{f9}$等，它是拆画零件图时，确定零件尺寸偏差的依据。

(2) 相对位置尺寸。表示装配后有关组成件之间应达到的相对位置或间隙的尺寸，如图10.1中轴孔中心到底面的中心高50；一对啮合齿轮的中心距等。有些重要相对位置尺寸还可以在装配时靠增减垫片或更换垫片得到。

3) 安装尺寸

机器或部件安装在地基上或与其他零、部件相连接时所需要的尺寸，如图10.1中底板上两安装孔的中心距140。

4) 外形尺寸(总体尺寸)

表示机器或部件的外形轮廓的尺寸，即总长、总宽、总高。它表明了机器或部件所占空间的大小，是包装、运输以及厂房设计和安装机器时需要考虑的外形尺寸。如图10.1中的总长尺寸160、总宽尺寸60和总高尺寸125。

5) 其他重要尺寸

除以上4类尺寸外，在设计中经过计算确定或选定的及在装配或使用中必须说明的尺寸。这类尺寸在拆画零件图时，不能改变，如设计减速器时选定的齿轮宽度、运动零件的位移尺寸等。

需要说明的是，上述各类尺寸之间不是孤立无关的，装配图上的某些尺寸有时兼有几种意义；同样，一张装配图中也不一定都具有上述五类尺寸。在标注尺寸时，必须明确每个尺寸的作用，对装配图没有意义的结构尺寸不需标注。

3. 技术要求

用文字或符号在装配图中说明机器或部件的质量、装配、调试、安装、检验及维修、使用等方面的要求。

装配图中的技术要求一般有以下内容。

(1) 有关机器或部件装配、检验方面的要求。

(2) 有关机器或部件性能指标方面的要求。

(3) 安装、运输、使用、维护等方面的要求。

(4) 有关试验项目的规定等。

图10.1所示的技术要求即是关于滑动轴承安装时的注意事项及使用环境方面的要求。

4. 零部件的编号、明细栏和标题栏

为了便于生产管理，装配图中所有零件都要进行编号，并按一定的格式排列，且要与明细栏中的序号一一对应；明细栏是用于填写零件的序号、代号、名称、数量、材料、标准件的规格尺寸、重量、备注等。标题栏一般包括机器或部件名称、设计者姓名以及设计单位、图号、比例、绘图及审核人员的签名等；图 10.1 中 8 个序号表示了 8 个零件。

10.2 装配图的表达方法

机件表达方法中的各种表达方法都适用于装配图。但由于装配图所表达的是由若干各零件所组成机器或部件，它的内容主要以表达机器或部件的工作原理和主要装配关系为中心，同时表示清楚内部构造，外部形状和零件的主要结构形状。因此，除了前面述及的各种表达方法之外，还有一些表达机器或部件的特殊表达方法和装配图规定画法。

10.2.1 装配图的规定画法

1. 两零件的接触面和配合面

两零件的接触面和配合面只画一条线，非接触面画两条线。只要两相邻零件的基本尺寸不相同，即使间隙很小，也必须画成两条线，如图 10.3 所示。

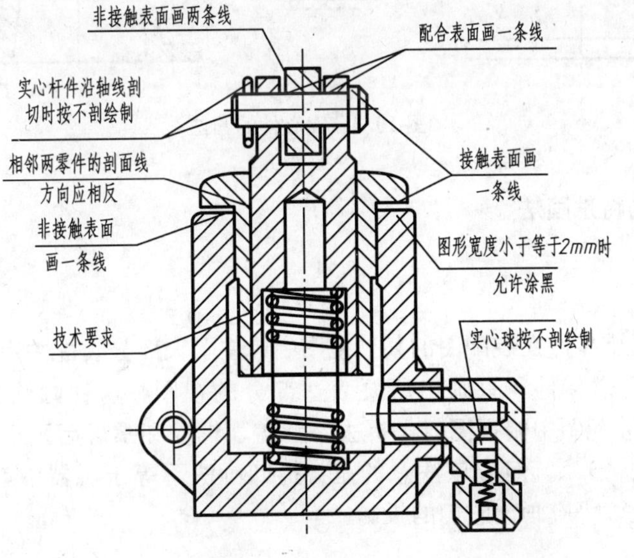

图 10.3 接触面和非接触面画法、剖面线的画法

2. 相邻零件的剖面线

相邻两个零件的剖面线方向应相反。3 个或 3 个以上零件相接触时，除其中两个零件

的剖面线倾斜方向不一致外，第 3 个零件应采用不同的剖面线间隔，或者与同方向的剖面线错开，如图 10.3 所示。在同一张装配图中，各个视图中，同一零件的剖面线的方向、间隔和倾斜角度必须一致。

3. 对于标准件以及轴、键等实心零件

对于螺栓等紧固件以及实心的轴、连杆、手柄、销、球及键等零件，当剖切面通过其对称平面或基本轴线时，则这些零件均按不剖绘制即不画剖面线。在表明零件的凹槽、键槽、销孔等构造时，可用局部剖视表示，如图 10.4 所示。

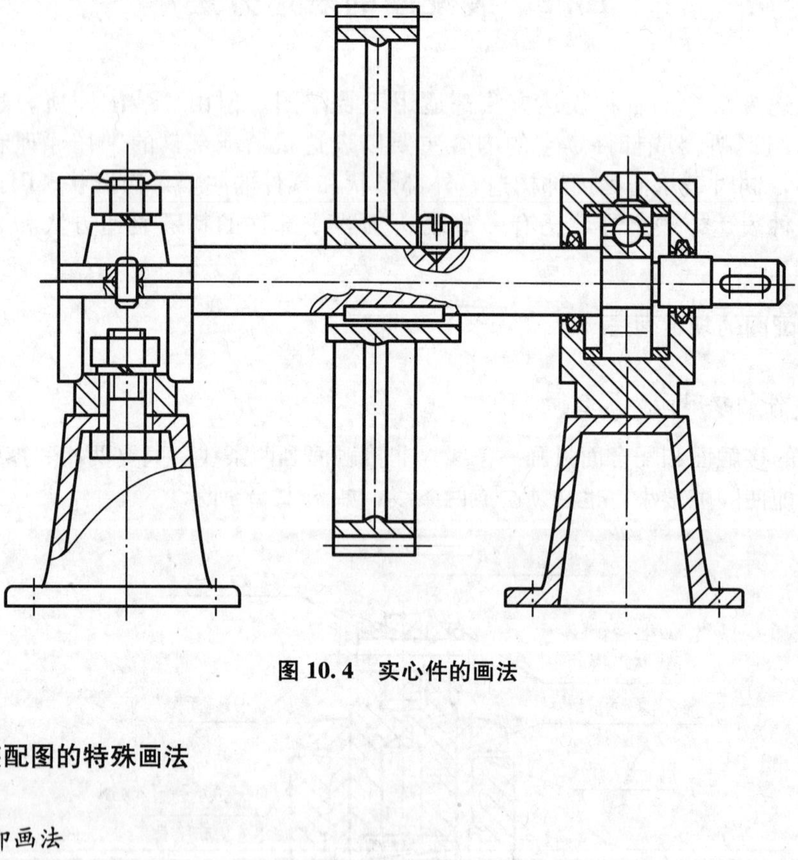

图 10.4　实心件的画法

10.2.2　装配图的特殊画法

1. 拆卸画法

当某一个或几个零件在装配图的某一视图中遮住了大部分装配关系或其他零件时，可假想拆去一个或几个零件，只画出所要表达部分的视图。这种画法称为拆卸画法。如图 10.1 滑动轴承装配图中俯视图就是拆去轴承盖、螺栓和螺母后画出的。使用拆卸画法需要加标注“拆去××”。但应该注意的是：拆卸画法不等于机器中就没有这些零件了，所以在其他视图上，仍应画出它们的投影。

2. 假想画法

1) 运动零(部)件极限位置表示法

在装配图中，当需要表达某些零件的运动范围或极限位置时，可用双点画线表示该运动件极限位置的轮廓线，如图 10.5 中的手轮极限位置的表示方法。

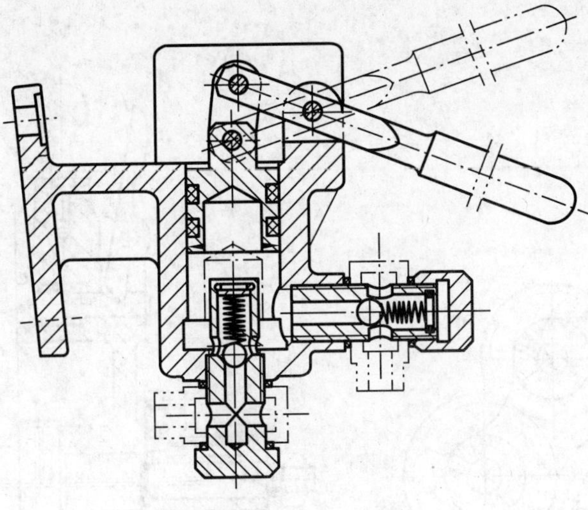

图 10.5　假想画法

在装配图中，当需要部件与相邻部件的装配情况时，也可采用假想画法画出相邻部件的轮廓线(如图 10.6 中的主视图)。

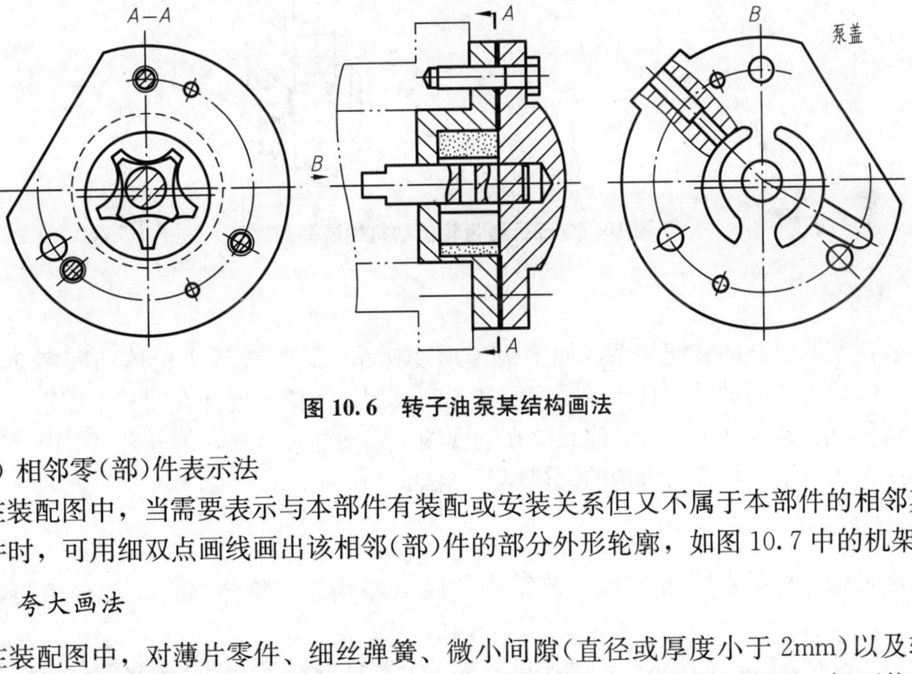

图 10.6　转子油泵某结构画法

2）相邻零(部)件表示法

在装配图中，当需要表示与本部件有装配或安装关系但又不属于本部件的相邻其他零(部)件时，可用细双点画线画出该相邻(部)件的部分外形轮廓，如图 10.7 中的机架。

3. 夸大画法

在装配图中，对薄片零件、细丝弹簧、微小间隙(直径或厚度小于 2mm)以及较小的斜度和锥度等，若按它们的实际尺寸在装配图中无法画出，或者如能画出，但不能明表达其结构时，均可按比例采用夸大画法。如图 10.1 中轴承盖与轴承座之间、图 10.8 平键上顶面与齿轮上键槽之间的间隙画法。

4. 沿结合面剖切画法

在装配图中，为了清楚表达内部结构和装配关系，可假想沿某些零件的结合面剖切，画出其剖视图，此时在结合面上不要画出剖面线(如图 10.6 中的 A—A 剖视图)。

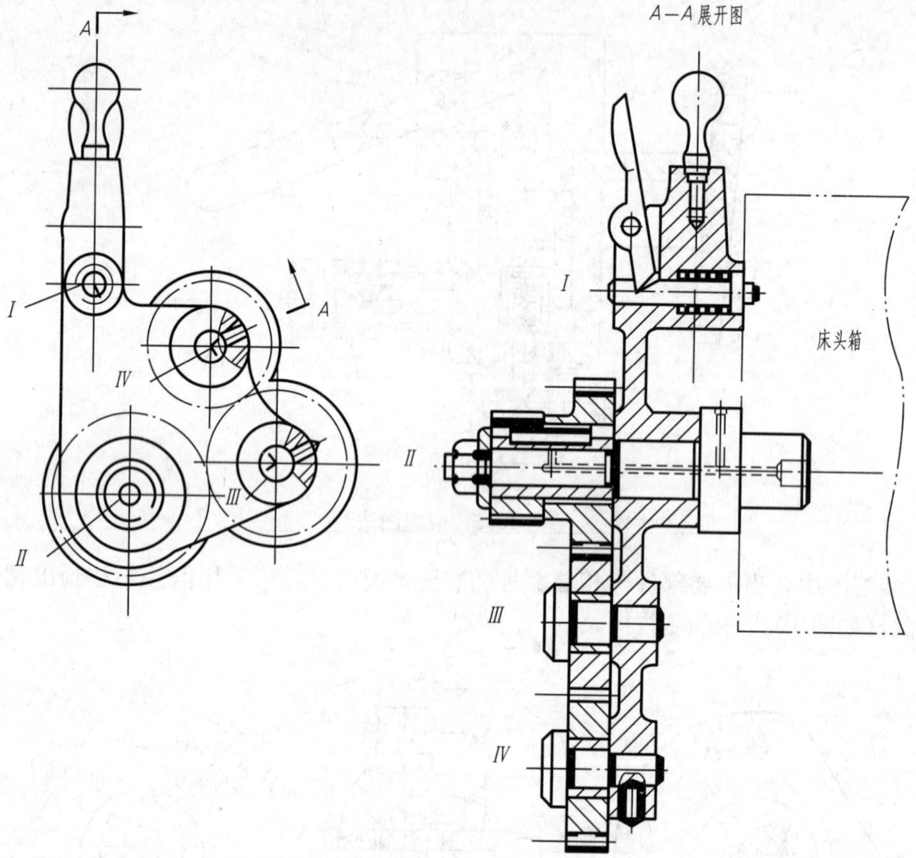

图 10.7　三行星齿轮传动机构展开画法

5. 展开画法

为表达某些重叠的装配关系，如多级传动变速箱，为了表示齿轮传动顺序和装配关系，可以假想将空间轴系按其传动顺序沿其各轴线剖切后依次展开在同一平面上，画出剖视图，这种画法称为展开画法。注意要在剖视图上方加注“×—×展开”。图 10.7 左视图即为车床上三行星齿轮传动机构的剖视展开画法。

6. 简化画法

简化画法是对某些标准件或工艺结构的固定形式的省略画出，以及对相同部分的简化。

(1) 单独表达法。如所选择的视图已将大部分零件的形状、结构表达清楚，但仍有少数零件的某些方面还未表达清楚时，可单独画出这些零件的视图或剖视图，如图 10.6 所示的转子油泵中的泵盖 B 向视图。

(2) 在装配图中，零件的局部工艺结构，如倒角、圆角、退刀槽等允许省略(如图 10.8 中轮齿部分及转轴右端的螺纹头部等)。

(3) 在装配图中，螺母和螺栓头部的截交线(双曲线)的投影允许省略，简化为六棱柱(如图 10.8 中的螺母)；对于螺纹连接等相同的零件组，在不影响看图的情况下，允许只详细地画出其中一组，而其余用细点画线表示出其中心位置即可(如图 10.8 中的螺钉连接组)。

(4) 在部件的剖视图中，对称于轴线的同一轴承或油封的两部分，若其图形完全一样，可只画出一部分，另一部分用相交细实线画出(如图 10.8 中的轴承和油封)。

(5) 在视图或剖视图中，若零件在图中的厚度在 2mm 以下时，允许用涂黑代替剖面符号，如图 10.6 和图 10.8 中的垫圈。如果是在图形中有玻璃或其他材料不宜涂黑时，可不画剖面符号。

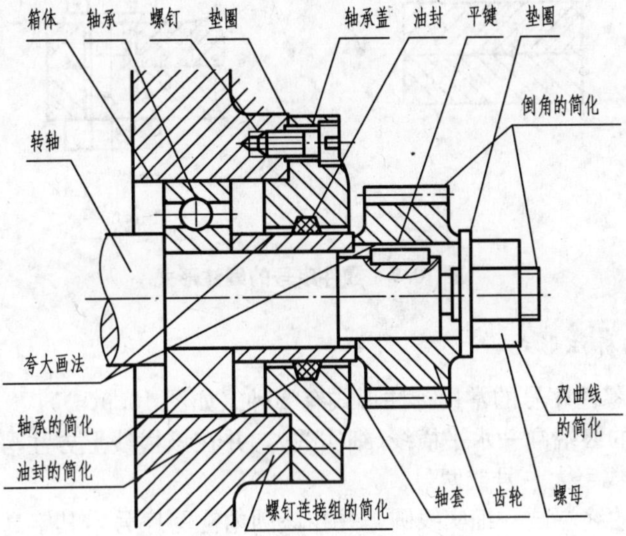

图 10.8　简化画法和夸大画法

10.3　装配图中的零、部件序号、明细栏和标题栏

装配图上各零、部件都必须编写序号，并填写明细栏，以便于统计零件数量，进行生产准备工作。同时，在看装配图时，也是根据序号查阅明细栏，以了解零件名称、材料和数量等信息，这又有利于读图。

10.3.1　零件序号的注写

为了便于阅读装配图，图中所有零件都必须编号。编号的原则：形状、尺寸完全相同的零件只编一个序号，一般也只标一次；图中零件的序号应与明细栏中的该零件的序号一致；序号应尽可能标注在反映装配关系最清楚的视图上，而且应沿水平或垂直方向排列整齐，并按顺时针或逆时针方向依次排列。零件序号是用指引线和数字来标注的。序号应注在图形轮廓线外。

1. 指引线的画法

指引线应从所指零件的可见轮廓内用细实线向图外引出，并在指引线的引出端画出一个小圆点，如图 10.9(a)所示。当所指部分很薄或剖面涂黑不宜画小圆点时，可在指引线的引出端用箭头代替，箭头指到该部分的轮廓线上，如图 10.9(b)所示。指引线应尽可能分布均匀，不允许彼此相交。当通过有剖面线的区域时，不应与剖面线平行。必要时，指引线可以画成折线，但只可曲折一次，如图 10.9(b)所示。同一连接件组成的装配关系清楚的紧零件组，可以采用公共指引线，如图 10.9(c)、(d)所示。

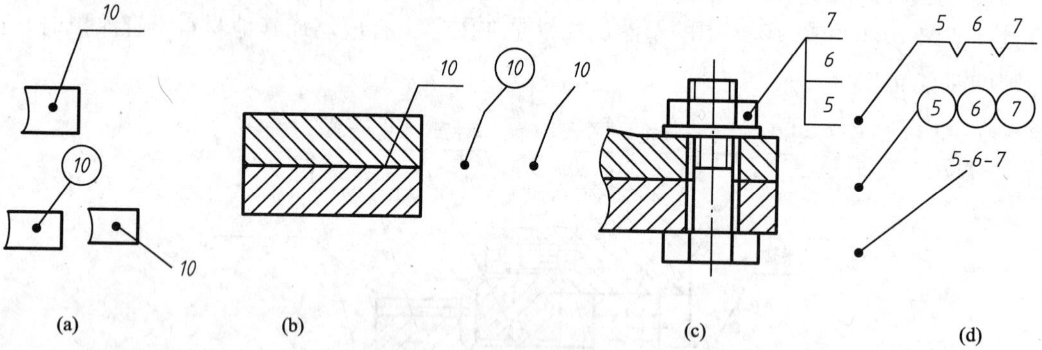

图 10.9　零件序号的编注形式

2. 零件序号的标注形式

在装配图中，零件序号的常用标注形式有 3 种（如图 10.9(a)）。

(1) 在指引线的终端画一水平横线(细实线)，并在该横线上方注写序号，其字高比该装配图中所注尺寸数字大一号或两号。

(2) 在指引线的终端画一细实线圆，并在该圆内注写序号，其字高比该装配图中所注尺寸数字大一号或两号。

(3) 在指引线终端附近注写序号，其字高比该装配图中所注尺寸数字大两号。

注意：

(1)为了使全图布置美观整齐，在同一装配图中所采用的序号标注形式要一致，在画零件序号时，应先按一定位置画好横线或圆，然后再与零件一一对应，画出指引线。

(2)常用的序号编排方法有两种：一种是一般件和标准件混合一起编排，如滑动轴承装配图(图 10.1)；另一种是将一般件编号填入明细栏中，而标准件直接在图上标注规格、数量和国标号，或另列专门表格。

10.3.2　标题栏和明细栏填写的一些规定

1. 标题栏

每张装配图都必须填写标题栏。标题栏的格式和尺寸在国家标准中都有规定。在制图作业中，建议采用书中第一章提供的标题栏。

2. 明细栏

明细栏是机器或部件中全部零件、部件的详细目录。明细栏画在标题栏正上方，其底边线与标题栏的顶边线重合，其内容和格式在国家标准(GB/T 10609.2—1989)中已有规定。本书推荐作业中采用的明细栏格式，如图 10.10 所示。

绘制和填写明细栏时应注意以下几点。

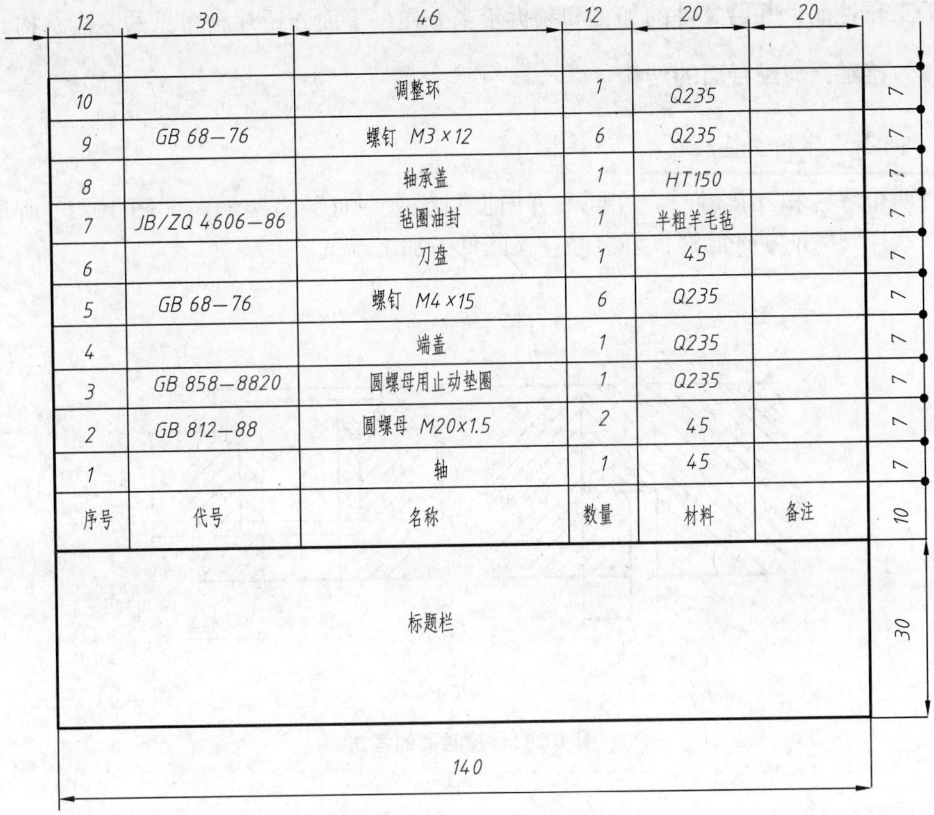

图 10.10　作业中采用的明细栏格式

(1) 明细栏和标题栏的分界线是粗实线，明细栏的外框竖线是粗实线，明细栏的横线和内部竖线均为细实线(包括最上一条横线)。

(2) 序号应自下而上顺序填写，如向上延伸位置不够，可以在标题栏紧靠左边的位置自下而上延续，如图 10.1 所示。

(3) 标准件的国家标准编号可写入备注栏。

填写明细栏中各项内容。

(1) 序号：填写图样中相应组成部分的序号。

(2) 代号：填写图样中相应组成部分的图样代号或标准号。

(3) 名称：填写图样中相应组成部分的名称。必要时可写出其形式与尺寸。

(4) 数量：填写图样中相应组成部分的在装配中所需要的数量。

(5) 材料：填写图样中相应组成部分的材料标记。

(6) 备注：填写该项的附加说明(如该零件的热处理和表面处理等)或其他相关内容。

10.4　装配结构的合理性

为使零件装配成机器或部件后能达到性能要求，考虑到装、拆方便，对装配结构要求有一定的合理性在设计和绘制装配图时，应考虑采用合理的装配工艺结构，以保证机器和部件的工作性能，并给零件的加工和装拆带来方便。下面介绍几种常见的装配结构。

10.4.1 接触面与配合面的结构

1. 两个零件相互接触

当两个零件相互接触时，在同一方向上只能有一对平面接触，如图 10.11 所示，即 $b>a$。这样既保证零件能够良好接触，又降低了加工难度。

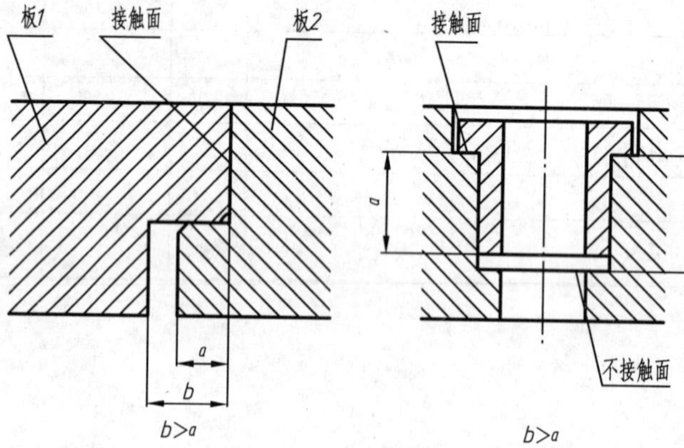

图 10.11 接触面的画法

2. 轴和孔配合

当轴和孔配合时，如图 10.12 所示，由于在 ϕA 处已经形成配合，ϕB 和 ϕC 出就不能再形成配合关系了，即保证 $\phi B<\phi C$。

3. 锥面配合

在锥面配合时，锥体顶部与锥孔底部之间必须留有空隙，即 $L_1<L_2$，如图 10.13 所示。

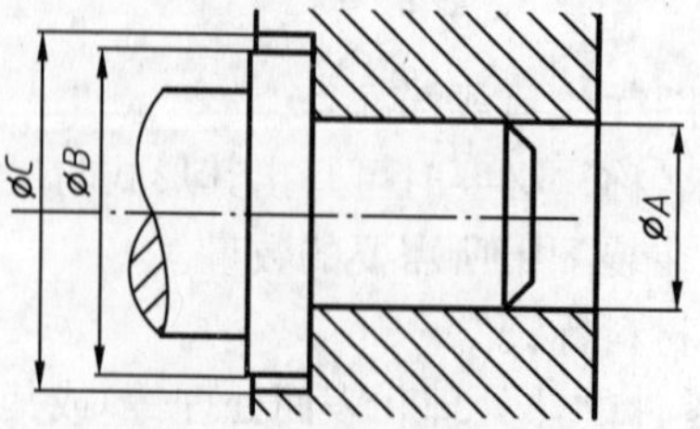

图 10.12 圆柱面配合

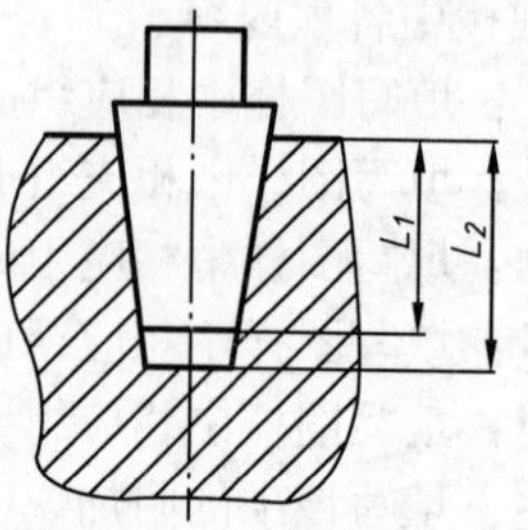

图 10.13 锥面配合

4. 轴肩和端面相互接触

当轴和孔配合，且轴肩和端面相互接触时，应在接触端面制成倒角或在轴肩部切槽，以保证两零件的接触良好，如图 10.14(a)所示。

图 10.14　直角接触面处的结构

5. 合理减小接触面积

零件加工时的面积越大，其不平度和不直度的可能性就越大，故其接触面的不平稳性也越大，同时加工成本也会越高。因此，应合理地减小接触面积，如图 10.15 所示。

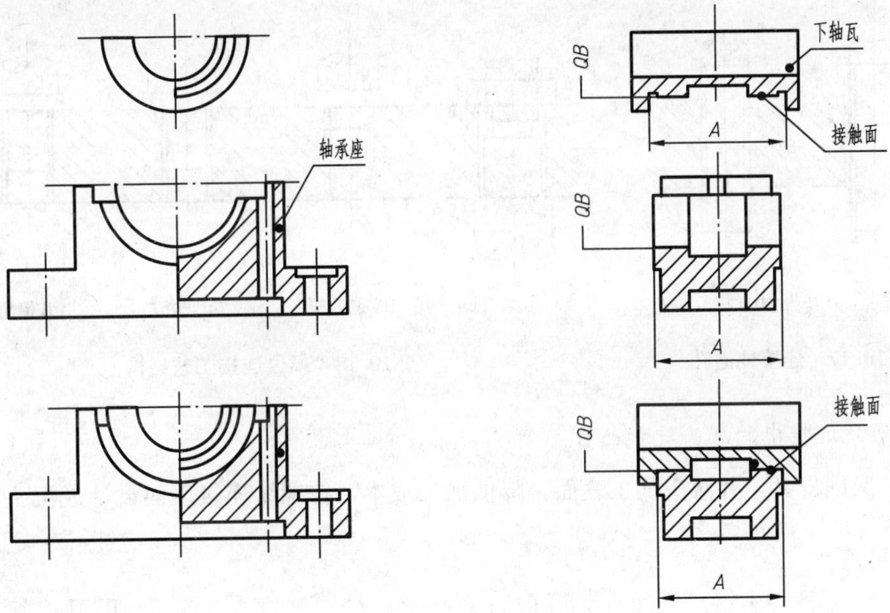

图 10.15　合理减小接触面积

10.4.2　螺纹连接的合理结构

1. 螺纹连接的装拆空间

在采用螺纹连接之处要留有足够的装拆空间，如图 10.16(a)所示，否则会给部件的装配和拆卸带来不便，甚至无法进行部件的装配和拆卸(如图 10.16(b))。

2. 被连接件通孔直径

被连接件通孔的直径应比螺杆直径稍大，以便于装配，如图 10.17 所示。

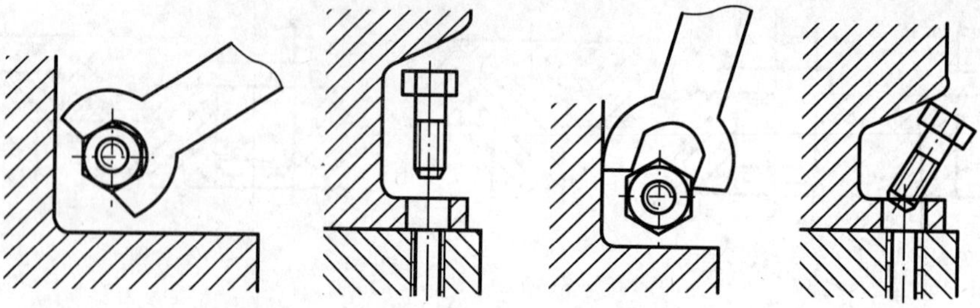

(a) 合理　　(b) 不合理

图 10.16　螺纹连接装拆空间

3. 螺纹连接工艺结构

为了保证拧紧，要适当加长螺纹尾部，在螺杆上加工出退刀槽，在连接孔端做出凹坑或倒角，如图 10.18 所示。

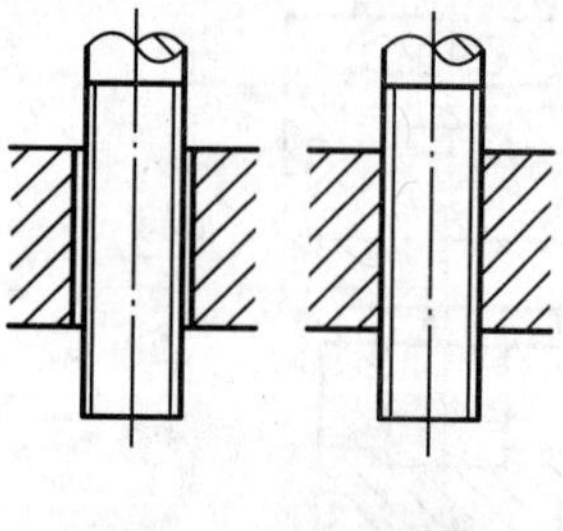

(a) 合理　(b) 不合理

图 10.17　连接件通孔

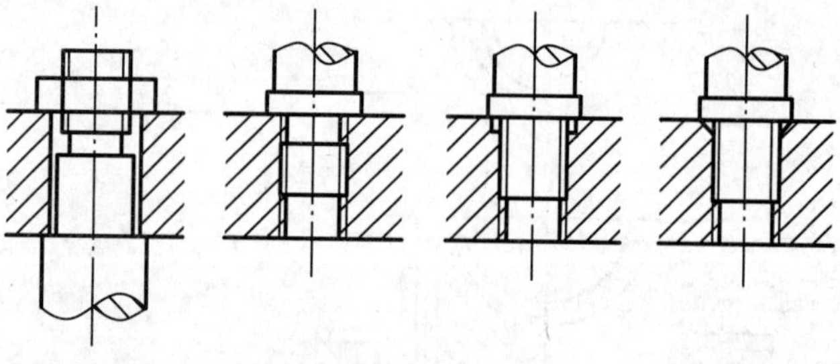

(a) 尾部加长　(b) 退刀槽　(c) 凹坑　(d) 倒角

图 10.18　螺纹连接工艺结构

4. 螺纹连接中的沉头坑和凸台

为了保证拧紧，并减少加工表面，降低加工成本，在螺纹连接表面设计成沉头坑或凸台，如图 10.19 所示。

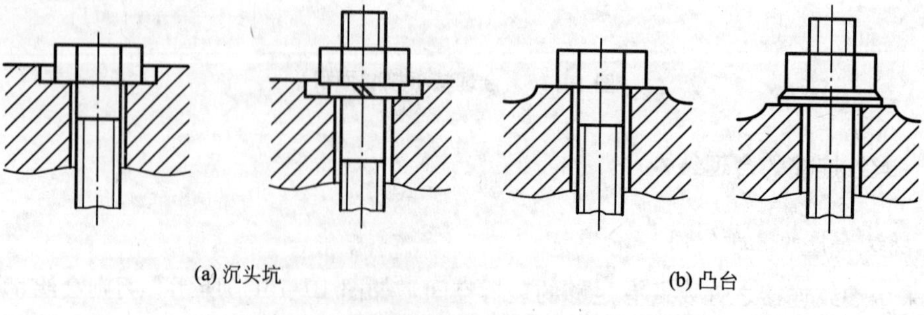

(a) 沉头坑　(b) 凸台

图 10.19　螺纹连接中的沉头坑和凸台

5. 螺纹连接的合理装拆

如图 10.20 所示，螺栓无法拧紧，须增加手孔或改用双头螺柱。

(a) 不合理　　(b) 合理

图 10.20　螺纹连接合理装拆

10.4.3　定位销的合理结构

为了保证安装后两零件间相对位置的精度，常采用圆柱销或圆锥销定位。为了加工销孔和拆卸销方便，在可能的情况下，一般将销孔做成通孔，如图 10.21(a)所示。如不能打通孔，销头部应加工内螺纹孔，如图 10.21(b)所示。

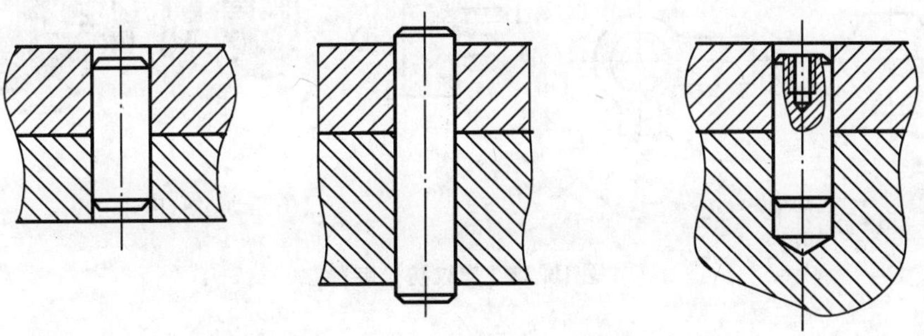

(a) 通孔　　(b) 不通孔

图 10.21　定位销装配结构

10.4.4　防松结构

1. 用双螺母锁紧

如图 10.22(a)所示，两螺母拧紧后，螺母之间产生轴向力，使螺母牙与螺栓牙之间的摩擦力增大而防止螺母自动松脱。

2. 用弹簧垫圈锁紧

如图 10.22(b)所示，当螺母拧紧后，垫圈受压变平，依靠这个变形力，使螺母牙与螺栓牙之间的摩擦力增大，且垫圈开口的刀刃阻止螺母转动，从而防止螺母自动松脱。

3. 用开口销防松

如图 10.22(c)所示，开口销直接锁住六角槽形螺母，使之不能松脱。

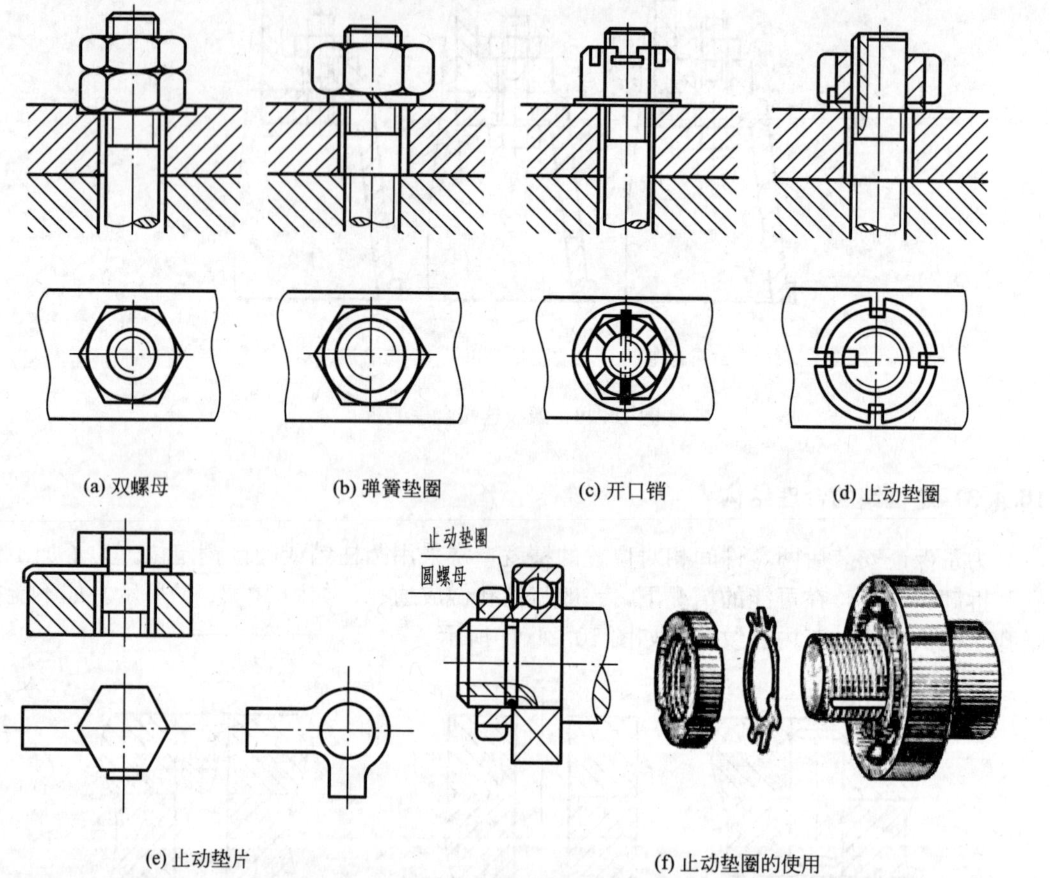

图 10.22 螺纹防松装置

4. 用止动垫圈锁紧

如图 10.22(d)所示，止动垫圈与圆螺母配合使用，直接锁住螺母。这种装置常用来固定安装在轴端部的零件，如图 10.22(f)所示。

5. 用止动垫片锁紧

如图 10.22(e)所示，螺母拧紧后，弯倒止动垫片的止动边即可锁紧螺母。

10.4.5 防漏的结构

在机器或部件中，为了防止外界的灰尘、铁屑、水汽和其他不洁净的物质进入机体内部，以及防止内部液体的外溢，常需要采用密封装置。如图 10.23 所示的密封装置，就是用于泵和阀类部件中的密封结构，它依靠螺母、填料压盖将填料压紧，从而起到防漏作用。须注意的是，填料压盖与阀体端面之间应留有一定的间隙，以便当填料磨损后，还可拧紧填料压盖将填料压紧，使之继续起到密封防漏作用。图 10.24 所示为两种常见的滚动轴承的密封装置，其中，图 10.24(a)为毡圈式，图 10.24(b)为圆形油沟式。这些密封件的结构都已标准化。

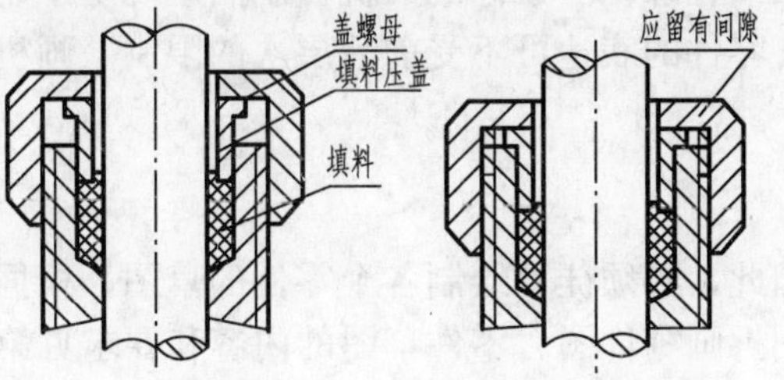

(a) 合理　　(b) 不合理

图 10.23 常见的密封装置

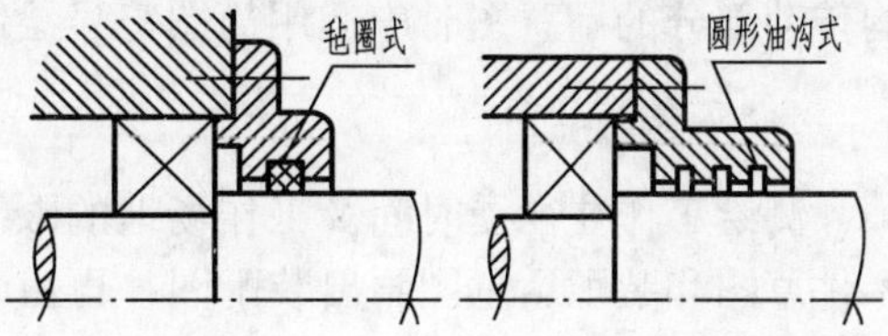

(a)　　(b)

图 10.24 滚动轴承的两种密封装置

10.5 部件测绘和装配图画法

10.5.1 部件测绘

部件测绘，就是对机器或部件以及它们所属零件，进行测量、绘制草图和整理，绘制出全套图纸的过程。

测绘工作是技术交流、产品仿制和旧设备革新改造等工作中一项常见的技术工作，它是工程技术人员必须掌握的基本技能。

1. 了解测绘对象

首先对测绘对象进行认真细致的观察、分析，了解其用途、性能、工作原理、结构特点，各零件间的装配关系，以及主要零件的作用、加工方法等。

了解测绘对象的方法，一是参阅有关资料、说明书或同类产品的图纸；二是通过拆卸，对部件及其零件进行全面了解、分析，并为画零件草图做准备。

2. 拆卸部件

首先，要周密制定拆卸顺序，根据部件的组成情况及装配工作的特点，把部件分为几个组成部分，依次拆卸，并用打钢印、扎标签或写件号等方法对每一个零件进行编号、分组并放到指定的位置，避免损坏、丢失、生锈或放乱，以便测绘后重新装配时，能够保证部件的性能和要求。

其次，拆卸工作要具有相应的工具和应用正确的方法，以保证拆卸顺利进行。对不可拆卸连接和过盈配合连接的零件尽量不拆开，以免损坏零件。拆卸要求保证部件原有的完整性、精确性和密封性。

3. 画装配示意图

在对测绘对象全面了解后，可以绘制简单的示意图。因为只有在拆卸之后才能显示出零件之间的装配关系。所以，拆卸的同时，必须同步补充、修改前面绘制的示意图，并记录各零件之间的装配关系，对各个零件进行编号，作为绘制装配图和重新装配的依据。

装配示意图一般用简单的图线画出零件的大致轮廓，国家标准《机械制图》规定了一些零件的简图符号。画装配示意图时，通常对各零件的表达可不受前后层次的限制。画机构传动部分的示意图时应运用简图符号绘制。

4. 画零件草图

测绘工作往往受时间及工作场地的限制，因此，必须徒手绘制各个零件的草图，根据零件草图和装配示意图画出装配图，再由装配图拆画零件图。零件草图的内容和要求见第7章。

10.5.2 装配图的画法

下面通过实例，介绍绘制装配图的方法与步骤。

【例10.1】 绘制如图10.25所示的球阀装配图。

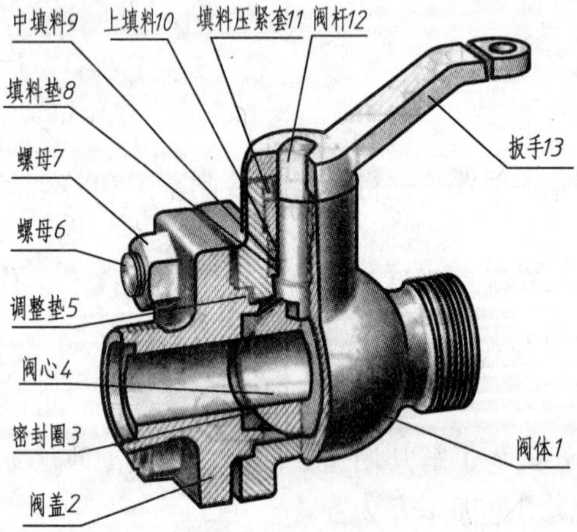

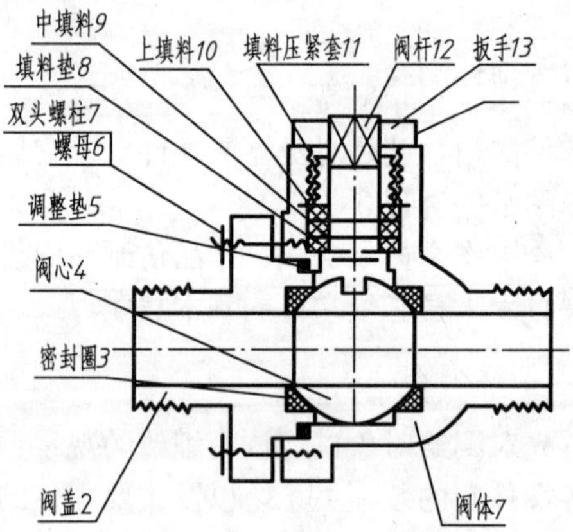

图10.25　球阀装配体立体图及装配示意图

在绘制装配图之前，应充分了解球阀的用途、性能、工作原理、结构特点、装配图所有的零件草图或零件图(标准件除外)，以及各零件间的装配关系等有关内容，并画出装配示意图。

1. 了解分析测绘对象

分析部件的功能及组成，部件中主要零件的形状、结构与作用、各个零件间的相互位置和连接装配关系以及各条装配干线，弄清各零件间相互配合的要求，以及零件间的定位、连接方式、密封关系等问题，认清运动零件与非运动零件的相对位置关系等，进一步了解部件的工作原理和装配关系。

在管道系统中，阀是用于开启、关闭和调节流体流量的部件。球阀是其中的一种，因其阀芯是球形的而得名。

下面根据图10.25给出的球阀装配体的立体图和装配示意图，分析其运动关系、密封关系、连接关系及工作原理。

(1) 运动关系。转动扳手13，可通过阀杆12带动阀芯4的转动，从而使阀芯中的水平圆柱形空腔与阀体1及阀盖2的水平圆柱形空腔连通或封闭。

(2) 密封关系。两个密封圈3为第一道密封防线，调整垫5为阀体阀盖之间的密封装置，并可调节阀芯4与密封圈3之间的松紧程度。填料垫8、填料9和10以及填料压紧套11，为第二道密封防线，防止球阀从转动零件阀杆12处漏油。

(3) 连接关系。阀体1和阀盖2是球阀的主体零件，均带有方形的凸缘，它们之间以四组双头螺柱6、7连接，在阀体上部有阀杆12，阀杆下部有凸块，榫接阀芯4上的凹槽。阀芯4通过两个密封圈3定位于阀体中，通过填料压紧套11与阀体的螺纹旋合将填料垫8、中填料9和上填料10固定于阀体中。

(4) 球阀的工作原理。扳手13中的方孔套进阀杆12上部的四棱柱中，当扳手处于如图10.25所示的位置时，阀门全部开启，管道畅通；当扳手按顺时针方向旋转90°时(扳手处于图10.27的俯视图中双点画线所示的位置)，则阀门全部关闭，管道断流。

2. 拟定表达方案

装配图同零件图一样，也是要以主视图的选择为中心来确定最终的表达方案。由于其主视图主要反映零件的主要装配干线，一般多采用剖视图。

1) 主视图的选择

选择主视图时，通常考虑以下几方面。

(1) 主视图应能反映部件的工作状态或安装状态。

(2) 主视图应能反映部件的整体形状特征。

(3) 主视图应能表示主装配干线零件的装配关系。

(4) 主视图应能表示部件的工作原理。

(5) 主视图应尽量多地反映零件间的相对位置关系。

球阀的工作位置情况不唯一，但一般是将其通路放成水平位置。从对球阀各零件间装配关系的分析看出，阀芯、阀杆、压紧套等部分和阀体、密封圈、阀盖等部分为球阀的两条主要装配轴线，它们互相垂直相交。因而将其通道放成水平位置，以剖切面通过该两装配轴线的全剖视图作为主视图，这样不仅将球阀的工作原理表达完全，同时可清晰地表达各个主要零件间的主要装配关系以及零件间的工作位置。

2) 其他视图的选择

在主视图确定后，针对装配体在主视图中尚未表达清楚的内容，再选取一些能反映其他装配关系、外形及局部结构的视图。一般情况下，部件中的每一种零件至少应在视图中出现一次。

在本例中，球阀沿前后对称面剖开的主视图，虽清楚地反映了各零件间的主要装配关系和球阀工作原理，但用以连接阀盖及阀体的螺柱分布情况和阀盖、阀体等零件的主要结构形状未能表达清楚，于是选取左视图。

根据球阀前后对称的特点，它的左视图可采用半剖视图。在左视图中，左半边为视图，主要表达阀盖的基本形状和4组螺柱的连接方位；右半边为剖视图，用以补充表达阀体、阀芯和阀杆的结构。

选取俯视图，并作 B—B 局部剖视，反映扳手与定位凸块的关系。

从以上对球阀视图选择过程中可以看出，应使每个视图表达内容有明确的目的和重点。对装配体主要装配关系应在基本视图上表达；对次要的装配、连接关系可采用局部剖视图或断面等来表达。

3. 画图步骤

确定了部件的视图表达方案后，根据视图表达方案以及部件大小及复杂程度，选取适当的比例安排各视图的位置，从而选定图幅，便可着手画图。在安排各视图的位置时，要注意留有供编写零、部件序号、明细栏以及注写尺寸和技术要求的位置。

画图时，应先画出各视图的主要轴线(装配干线)、对称中心线和作图基线(某些零件的基面和端面)。由主视图开始，几个视图配合进行。画剖视图时以装配干线为准，由内向外逐个画出各个零件，也可由外向里画，视作图方便而定。

绘制球阀装配图底稿的具体作图步骤如下。

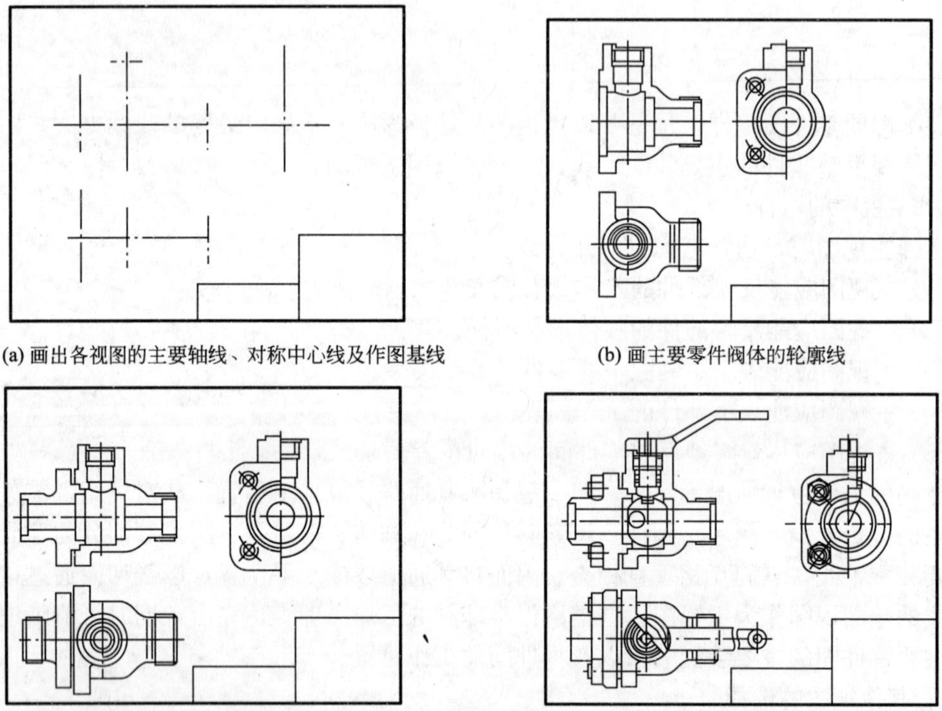

(a) 画出各视图的主要轴线、对称中心线及作图基线　(b) 画主要零件阀体的轮廓线

(c) 根据阀盖和阀体的位置画出三视图　(d) 逐一画出其他零件的三视图

图 10.26　画装配图视图底稿的步骤

(1) 画出各视图的主要轴线，对称中心线及作图基准线，留出标题栏、明细栏位置如图 10.26(a)所示。

(2) 画出主要零件阀体的轮廓线，几个基本视图要保证三等关系，关联作图如图 10.26(b)、(c)所示。

(3) 逐一画出其他零件的三视图如图 10.26(d)所示。

(4) 检查校核、画出剖面符号、标注尺寸及公差配合、加深各类图线等。最后给零件编号、填写标题栏、明细栏、技术要求，完成全图如图 10.27 所示。

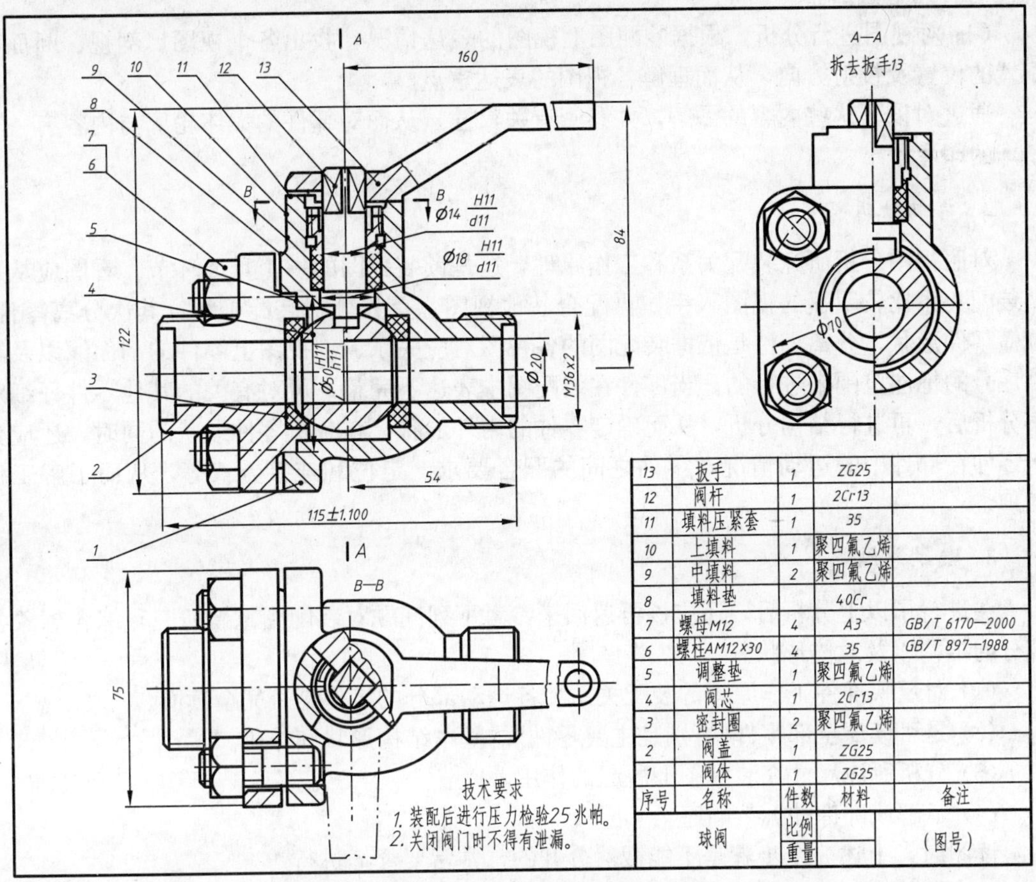

图 10.27 球阀装配图

10.6 读装配图的方法和步骤

在设计、制造、装配、使用、维修和技术交流等过程中，都会遇到装配图的阅读问题；而在设计中常常要在读懂装配图的基础上，根据装配图拆画零件图。因此，工程技术人员必须具备阅读装配图的能力。

10.6.1 读装配图的方法和步骤

阅读装配图的目的是了解产品名称、性能、功用和工作原理；弄清各零件的主要结构、作用、零件之间的相互位置、装配连接关系以及装拆顺序等。它是装配图绘制工作图的一个逆过程。

1. 概括了解

(1) 通过调查和查阅明细栏以及说明书获知零件的名称和用途。

(2) 对照零、部件序号在装配图上查找这些零、部件的位置，了解标准和非标准零、部件的名称与数量。

(3) 对视图进行分析，根据装配图上视图的表达情况，找出各个视图、剖视、断面等配置的位置及投射方向，从而理解各视图的表达重点。

通过对以上这些内容的了解，并参阅有关尺寸，从而对部件的大体轮廓与内容有一个基本的印象。

2. 详细分析

对照视图分析研究装配关系和工作原理，这是读装配图的一个重要环节。看图应从反映装配关系比较明显的视图入手，再配合其他视图。首先分析装配干线，其次分离零件，读懂零件形状。分离零件是依据装配图的各视图对应关系、剖视图上零件的剖面线以及零件序号的标注范围来进行的。当零件在装配图中表达不完整，可对有关的其他零件仔细观察分析后，再进行结构分析，从而确定零件的内外形状。在分析零件形状的同时，还应分析零件在部件中的运动情况，零件之间的配合要求、定位和连接方式等，从而了解工作原理。

3. 归纳总结

在进行了以上分析后，还应该再返回来参考下列问题对装配图重新研究，综合想象各部分的结构以及总体形状。

(1) 对反映部件工作原理的装配关系和各运动部分的工作是否完全读懂。

(2) 是否读懂全部零件(特别是主要零件)的基本结构形状和作用。

(3) 分析所注尺寸在装配图上所起的作用。

(4) 了解该部件的拆装顺序。

读图时，上述3个步骤是不能截然分开的，常常要穿插进行。

10.6.2 读装配图举例

【例10.2】 阅读齿轮泵装配图(如图10.28所示)。

1. 概括了解

齿轮油泵有多种，本例中的齿轮油泵是机器中用来输送润滑油的一个部件。一般由泵体、左右端盖、运动零件(传动齿轮、齿轮轴等)、密封零件以及标准件等组成。

(1) 对照如图10.28所示的零件序号及明细栏可以看出：齿轮油泵共由17种零件装配而成，其中标准件及常用件8种，非标准件9种。

(2) 该装配图采用两个基本视图。

主视图作全剖视，反映了组成齿轮油泵各个零件间的装配关系；

左视图为半剖视图 B—B，清楚地反映了油泵的外部形状、齿轮的啮合情况以及吸、压油的工作原理。

(3) 外形尺寸是118、85、95。

2. 看懂装配关系，了解工作原理

工作原理分析：从主视图可知，外部动力传递给传动齿轮11，再通过键14传动给传动齿轮轴3，从而带动从动齿轮轴2转动。从左视图看，两齿轮的啮合区将进、出油孔对

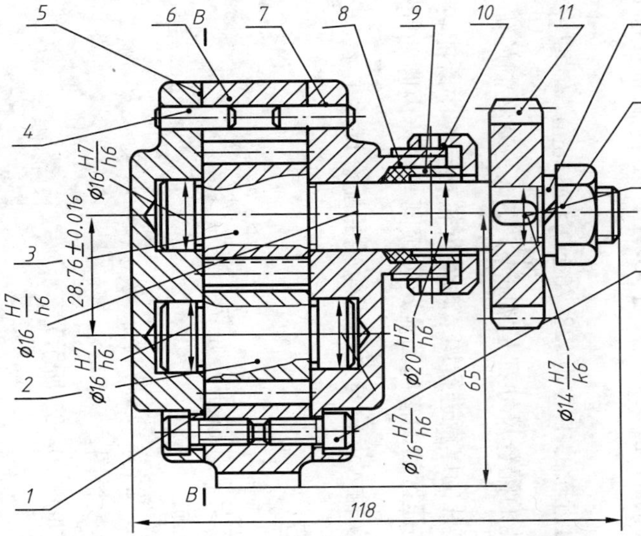

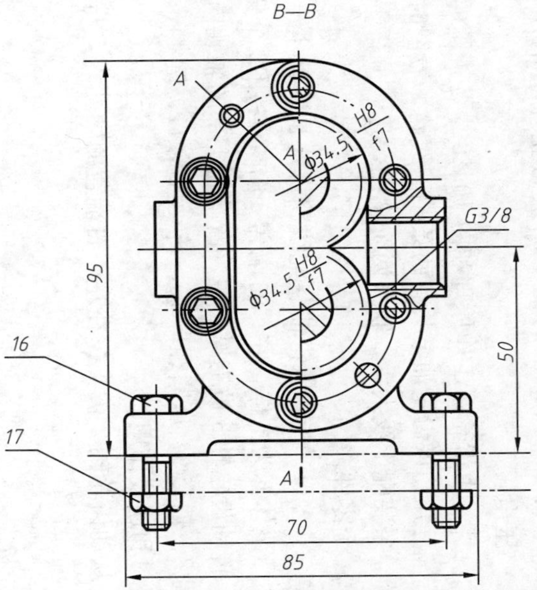

技术要求

1.齿轮安装后，用手转动传动齿轮时，应灵活旋转。

2.两齿轮轮齿的啮合面占齿长的3/4以上。

序号	名称	数量	材料	备注
17	螺母M6	2	Q235	CB/T 6170—2000
16	螺栓M6x30	2	Q235	GB/T 5782—2000
15	螺钉M6x16	12	35	GB/T 65—2000
14	键5x12	1	45	GB/T 1096—2003
13	螺母M12x1.5	1	35	GB/T 6170—2000
12	垫圈12	1	65Mn	GB/T 93—1987
11	传动齿轮	1	45	m=2.5,z=20
10	压紧螺母	1	35	
9	轴套	1	ZCuSnSPbZn5	
8	密封圈	1	橡胶	
7	右端盖	1	HT200	
6	泵体	1	HT200	
5	垫片	1	纸	S=1
4	销A5x18	4	45	GB/T 11.91—2000
3	传动齿轮轴	1	45	m=3 z=9
2	齿轮轴	1	45	m=3 z=9
1	左端盖	1	HT200	

制图		齿轮油泵	
校对			
审核		数量	比例
		C4—00	

图 10.28　齿轮油泵装配图

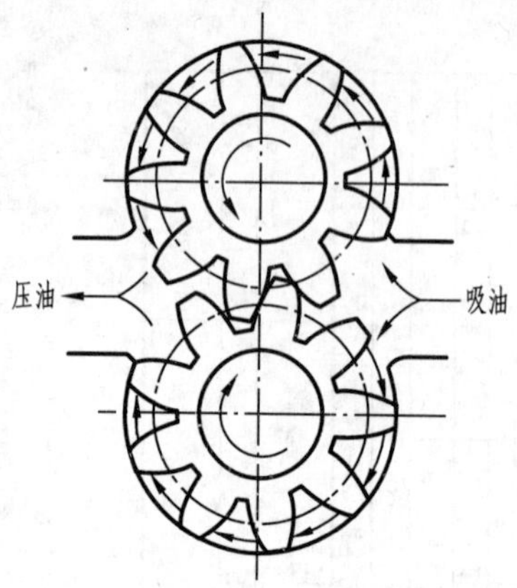

图 10.29 齿轮油泵工作原理示意图

应的区域隔开，由此形成液体的高压区和低压区，从而可得出如图 10.29 所示的齿轮油泵工作原理示意图。当齿轮按图中箭头所示的方向转动时，齿轮啮合区右边的轮齿从啮合到脱开，形成真空，油池内的油在大气压力作用下进入油泵低压区内的吸油口，随着齿轮的转动，齿槽中的油不断被带至左边的压油口把油压出。

由齿轮泵工作原理和图 10.28 中各视图的表达情况可知：该齿轮油泵共有两条装配线路，看图时就从这两条装配干线入手，联系两个视图，逐一分析干线上的每个零件。

(1) 传动齿轮轴装配线路：这是装配主干线路，以泵体 6 为主体，左、右端盖 1 和 7 各用 2 个销定位后，再各用 6 个螺钉安装在泵体上。传动齿轮轴 3 被支撑在左、右端盖上部的轴孔内，在传动齿轮轴右边的伸出端装有密封圈 8、轴套 9、压紧螺母 10、传动齿轮 11、键 14、弹簧垫圈 12 及螺母 13 等零件，分别起密封和连接作用。

(2) 从动齿轮轴装配线路：从动齿轮轴 2 被支撑在左、右端盖的轴孔内，与传动齿轮轴 3 上的齿轮相啮合。

3. 对装配图中的尺寸进行分析

(1) 性能规格尺寸。反映泵流量的油孔管螺纹尺寸 G3/8，表明输油管的内径为 $\phi 9.525$mm(1in=25.4mm)。

(2) 装配尺寸。装配位置尺寸有两齿轮的中心距(28.76±0.016)mm。其配合尺寸有以下几处：两齿轮轴与左右端盖上轴孔的配合尺寸都是 $\phi 16\ \frac{H7}{h6}$，这是基孔制的优先间隙配合。齿轮端面与空腔的间隙可通过垫片的厚度进行调节，使齿轮在空腔中既能转动，但又不会因齿轮端面的间隙过大而产生高压区油的渗漏回流；齿顶圆与泵体内腔的配合尺寸是 $\phi 34.5\ \frac{H8}{f7}$，为基孔制间隙配合；运动输入齿轮与主动齿轮轴的配合尺寸是 $\phi 14\ \frac{H7}{k6}$，压紧螺母外圆与泵体的配合尺寸为 $\phi 20\ \frac{H7}{h6}$。

(3) 安装尺寸。部件的安装尺寸有安装孔的中心距 70、传动齿轮轴的中心高 65 及油孔中心高 50。

(4) 外形尺寸。部件的总长 118，总宽 85，总高 95。

图 10.30 所示为该齿轮油泵的立体效果图。

【例 10.3】 阅读机用虎钳装配图(如图 10.31 所示)。

1. 概括了解

(1) 从标题栏、明细栏中可以看出，该部件是机械加工中用来夹持工件的通用夹具。机用虎钳共有 10 种零件，其中标准件有 3 种，其余为非标准件。

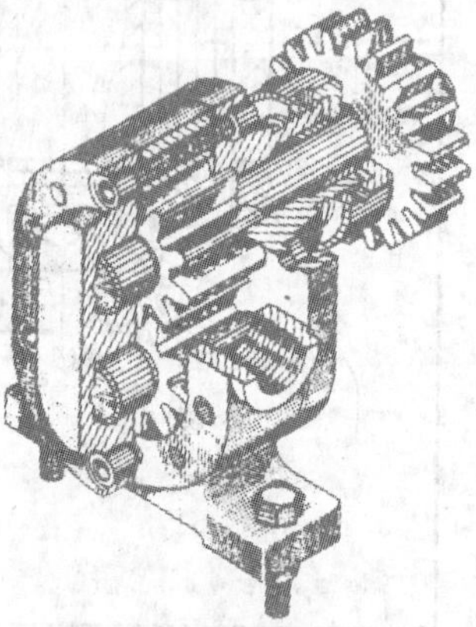
图 10.30 齿轮油泵立体图

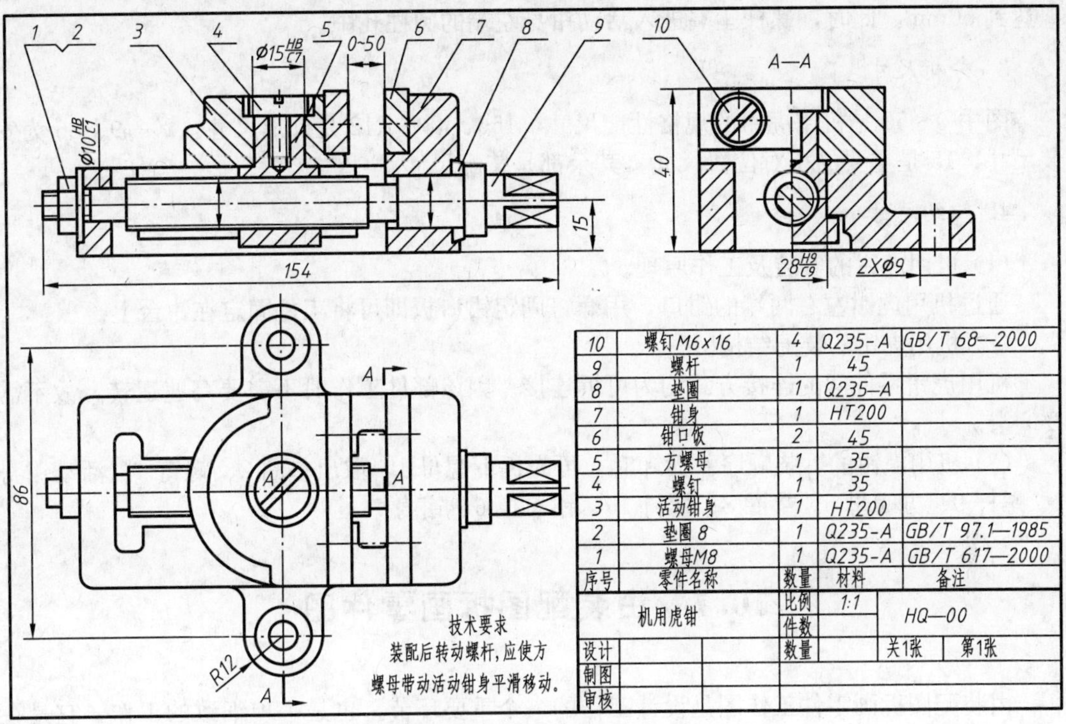

图 10.31　机用虎钳装配图

(2) 该装配体共用了 3 个基本视图来表示。

主视图为通过螺杆轴线的全剖视图，表达了钳身 7、螺杆 9、方螺母 5、活动钳身 3 和钳口扳 6 等零件的装配关系，并较好地反映了机用虎钳的形状特征。

左视图采用了 *A*—*A* 阶梯剖视，左半部分表示钳身断面形状及钳口板与钳身连接部分的外形；右半部分表示活动钳身的断面形状及螺钉 4 与方螺母、螺杆的装配情况；还可表示出固定钳身与螺杆连接孔的位置。

俯视图表示出了整个机用虎钳俯视情况，主要表达安装位置关系。

2. 详细分析

工作原理分析：将扳手(图上未表示)套在螺杆 9 右端的方头处，转动螺杆时，方螺母 5 带动活动钳身 3 左右移动，以夹紧或松开装在虎钳的两钳口之间的工件。

根据部件工作原理和各视图表达情况可知：机用虎钳中螺杆 9 的轴线是一条主要的装配干线，看图时就从这条装配干线的主视图入手，联系其他视图，注意把干线上的每个零件看懂。

从主视图可以看出，螺杆左端装在螺母 1 中(螺母与活动钳身采用过盈配合装配在一起)，其右端装配在钳身的孔中，并采用间隙配合，保证螺杆转动灵活。孔的上部装有垫圈 8，防止磨损。

从左视图的 *A*—*A* 半剖视图中可以看出，钳身与方螺母之间采用间隙配合，并用螺钉与方螺母装配在一起，使活动钳身能沿着钳身上的导轨移动灵活、平稳，保证被夹紧的工件定位准确、牢靠。

从俯视图中可以看出，活动钳身的右端有一个长方形的槽，用来保证两钳口的最大距离达到50mm。此时，螺杆座端进入活动钳身左端的圆柱孔中。

3. 分析尺寸

图中0～50是机用虎钳的规格性能尺寸，156、48、R12是外形尺寸，2×ϕ9、86为安装尺寸，15是重要的相对位置尺寸，其余都是装配尺寸。

4. 归纳总结

(1) 机用虎钳的安装及工作原理。

通过机用虎钳左右两端的钳口，用螺钉固定钳口扳即可将工件固定在钳台上。

(2) 机用虎钳的装配结构。

机用虎钳零件间的连接方式均为可拆连接。因该部件工作时不需要高速运转，故不需要润滑。

(3) 机用虎钳的拆装顺序。拆卸时，可先拆下螺母1，取出垫圈2、螺钉4、活动钳身3、螺杆9、方螺母5、垫圈8、螺钉10、钳口扳6、钳身7。

10.7 由装配图拆画零件图

由装配图拆画零件工作图是设计工作的一个重要环节，也是一项细致的工作，它是在全面读懂装配图的基础上进行的。

10.7.1 拆画零件图的要求

(1) 画图前，必须认真阅读装配图，全面深入了解设计意图，弄清装配关系，技术要求和每个零件的结构。

(2) 画图时，不但要从设计方面考虑零件的作用和要求，而且还要从工艺方面考虑零件的制造和装配，应使所画的零件图符合设计和工艺要求。

10.7.2 拆画零件图的一般方法和步骤

1. 读懂装配图

拆图前必须认真阅读装配图，全面深入了解设计意图，分析清楚装配关系、技术要求和各个零件的主要结构。

2. 确定视图表达方案

读懂零件的结构形状后，要根据零件在装配图中的工作位置或零件的加工位置，重新选择视图，确定表达方案。此时可以参考装配图的表达方案，但要注意不应受原装配图的限制。

3. 补全工艺结构

在装配图上，零件的细小工艺结构，如倒角、倒圆、退刀槽等等往往被省略。拆图时，这些结构必须补全，并加以标准化。

4. 标注尺寸

由于装配图上给出的只是必要的尺寸，而在零件图上则要求完整、正确、清晰、合理地注出零件各组成部分的全部尺寸，所以很多尺寸是在拆画零件图时才确定的。因此在拆画出的零件图上进行尺寸标注时，一般按以下步骤进行。

(1) 抄：凡装配图上已注出的有关该零件的尺寸，应直接照抄，不能随意改变。

(2) 查：零件上某些尺寸数值(如与螺纹紧固件连接的零件通孔直径和螺纹尺寸；与键、销连接的尺寸；标准结构要素的倒角、倒圆、退刀槽等)，应从明细栏或有关标准中查得。

(3) 算：如所拆零件是齿轮、弹簧等传动零件或常用件，则其设计时所需参数，如齿轮的分度圆和齿顶圆、弹簧的自由高度和展开长度等，应根据装配图中所提供的参数，通过计算来确定。

(4) 量：在对所拆画的零件进行整体尺寸分析后，对照“正确、完全、清晰、合理”的基本要求，对装配图中没有标注出的该零件的其他尺寸，可在装配图中直接测量，并按装配图的绘图比例换算、圆整后标出。

拆画零件图是一种综合能力训练。它不仅需要具有读懂装配图的能力，而且还应具备有关的专业知识。随着计算机绘图技术的普及，拆画零件图的方法将会变得更容易。如果是由计算机绘出的机器或部件的装配图，可对被拆画的零件进行复制，然后加以整理，并标注尺寸，即可画出零件图。

10.7.3　拆画零件图举例

【例 10.4】　从图 10.28 所示齿轮油泵装配图中拆画泵体(6 号零件)的零件图。

(1) 分离零件，想象零件的结构、形状。根据装配图中各视图的投影轮廓，找出该零件的范围，再根据图中的剖面线及零件序号的标注范围，将泵体零件从装配图中分离出来，如图 10.32 所示。结合以上分析，该零件属箱体类零件，由包容轴孔、空腔的壳体及底座组成。

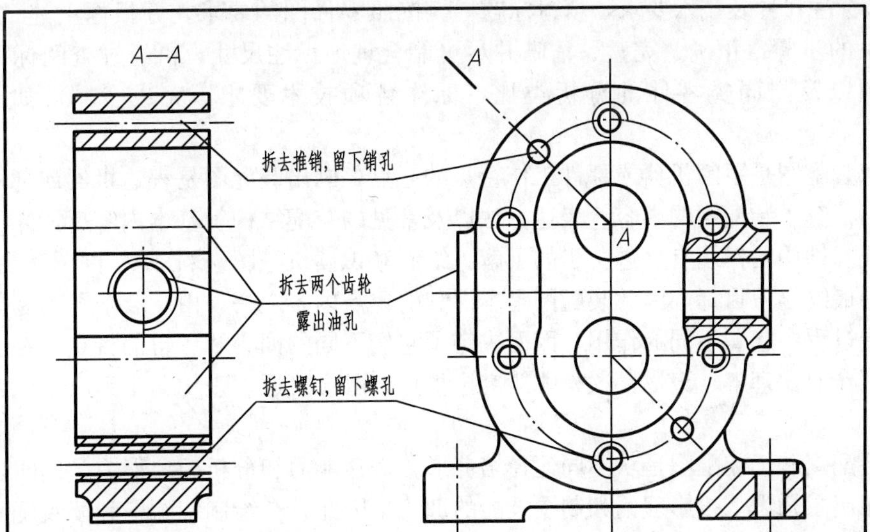

图 10.32　分离零件

(2) 确定零件的表达方案。根据零件的工作位置确定主视图的安放位置，并按形状特征原则决定其投射方向，该零件的主视图确定为图 10.33 所示位置；左视图即为原装配图中的主视方向；为表达底板形状及底板上安装孔的位置，通过其功能分析及想象补充完整，作出 B 向局部视图进行表达，如图 10.33 所示。

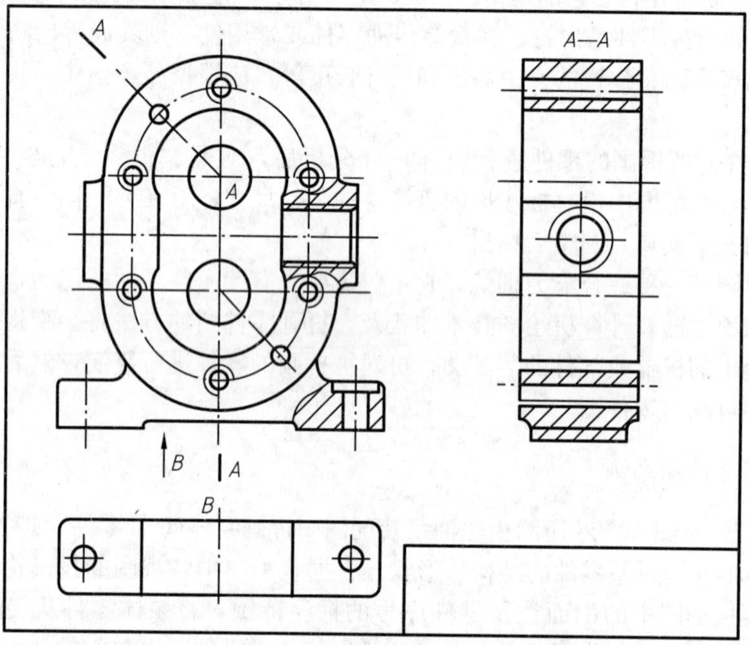

图 10.33　重新确定泵体的表达方案

(3) 标注尺寸及技术要求，填写标题栏。按照零件图的要求，并根据上述“抄、查、算、量”的步骤，正确、完整、清晰并尽可能合理地标注尺寸；再经过查阅标准和各种技术资料以及与同类零件的分析类比，标注各项技术要求，完成全图，如图 10.34 所示。

读懂装配图是了解机器或部件工作特点的起点，画出装配图是表达机器或部件的最终目的。当了解了装配图的内容、表达方法以及常见的装配结构等基本内容后，才能对零件在机器或部件中的作用有更进一步的了解。绘制和识读机械图(核心是零件图和装配图)是本课程的最终学习目标，因此装配图是本课程的重点内容之一。由于装配图和零件图在设计、制造过程中起着不同的作用，因而决定了它们不同的内容和各自的特点。在学习时要与零件图作对比理解、记忆，这样才能突出重点，融会贯通，表 10 - 1 列出了二者的异同之处。

画装配图和读装配图是从不同途径培养形体表达能力和分析想象能力，同时也是一种综合运用制图知识、投影理论和制图技能的训练。因此，在绘制装配图和读装配图时应掌握以下要领。

(1) 画装配图首先在于选择装配图的视图表达方案，而选择表达方案的关键则在于对部件的装配关系和工作情况进行分析，弄清它的装配干线。然后才能考虑选用哪些视图，在各视图上应作什么剖视图，才能将各装配干线上的装配关系表示清楚。

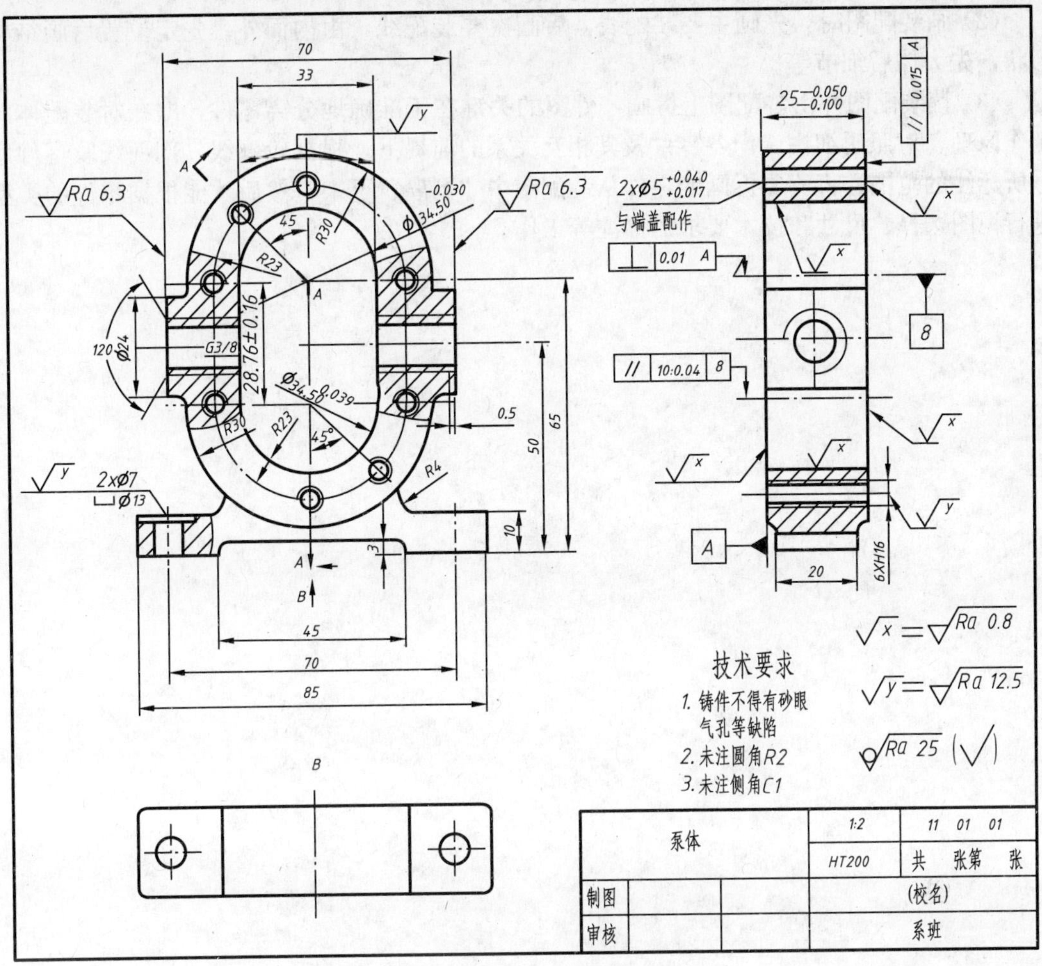

图 10.34　泵体零件图

表 10－1　装配图和零件图的内容比较

项目内容 \ 图的种类	零件图	装配图
视图方案选择	把零件的结构、形状和各部分相对位置完全表达和确定下来	表达工作原理、装配关系为主，各个零件结构形状不要求完全表达清楚
尺寸标注	标注全部尺寸	标注与装配、安装等有关的尺寸
尺寸公差	注偏差值或公差带代号	只注配合代号
形位公差	需注出	不需注出
表面粗糙度	需注出	不需注出
技术要求	为保证加工制造质量而设，多以代(符)号标注为主，文字说明为辅	标注性能、装配、调试等要求，多以文字表述为主
标题栏、序号和明细栏	有标题栏	除有标题栏外，还有零件编号、明细栏，以助读图和管理

(2) 画装配图时，先画主要装配线，后画次要装配线，由内而外，先定位置后画结构形状，先大体后细节等。

(3) 读装配图并由装配图上拆画零件图的关键在于准确地分离零件，即在对装配体的工作原理、对照明细栏认识各零件及其相互关系的前提下，根据轮廓线、剖面线及零件序号所标注的范围，将所要拆画的零件从装配图中“剥离”下来，然后才能根据零件的类型进行视图选择、尺寸和技术要求的标注等工作。

附录A 常用零件的结构要素

表 A1 零件倒角与圆角(GB/T 6403.4—1986)

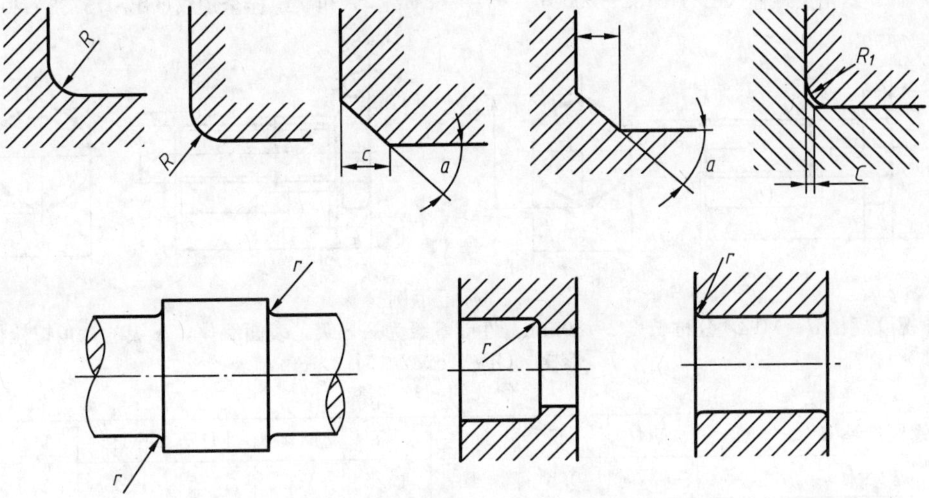

与直径 ϕ 相对应的倒角 C、倒圆 R 的推荐值 mm

ϕ	<3	>3~6	>6~10	>10~18	>18~30	>30~50	>50~80	>80~120	>120~180
C 或 R	0.2	0.4	0.6	0.8	1.0	1.6	2.0	2.5	3.0

内角倒角、外角倒圆时 C 的最大值 C_{max} 与 R_1 的关系 mm

R_1	0.3	0.4	0.5	0.6	0.8	1.0	1.2	1.6	2.0	2.5	3.0	4.0
C_{max}	0.1	0.2	0.2	0.3	0.4	0.5	0.6	0.8	1.0	1.2	1.6	2.0

表 A2 砂轮越程槽(GB/T 6403.5—1986)

磨外圆

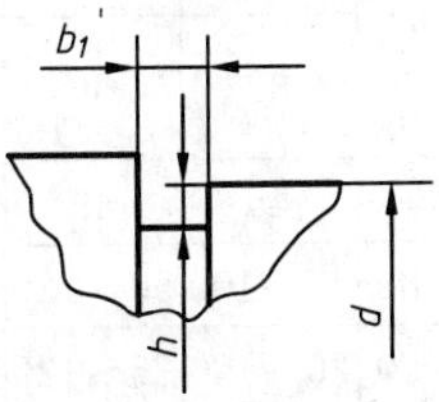

磨内圆

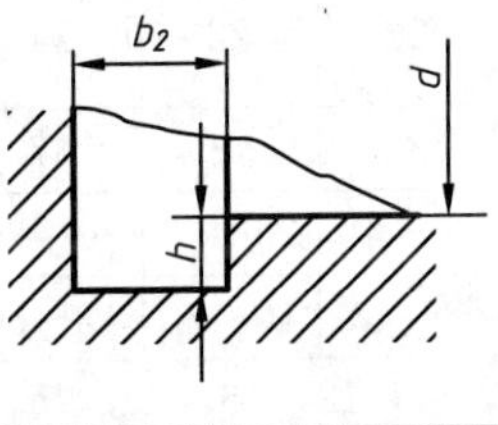

d	~10			>10~50		>50~100		>100	
b_1	0.6	1.0	1.6	2.0	3.0	4.0	5.0	8.0	10
b_2	2.0	3.0		4.0		5.0		8.0	10
h	0.1	0.2		0.3	0.4		0.6	0.8	1.2

附录B 标 准 件

表 B1 六角头螺栓(摘录 GB/T 5782—2000、GB 5783—2000)

六角头螺栓(GB/T 5782—2000)

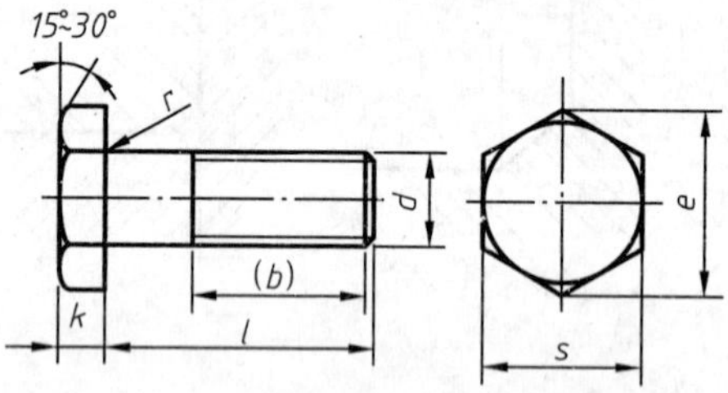

六角头螺栓全螺纹(GB/T 5783—2000)

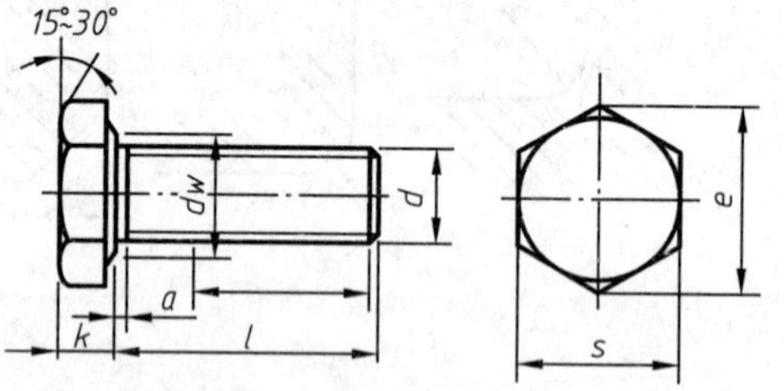

标记示例

螺纹规格 d=M12，公称长度 l=80mm，性能等级为 8.8 级，表面氧化，A 级的六角螺栓标记：

螺栓 GB/T 5782 M12×80

优选的螺纹规格

mm

螺纹规格 d			M3	M4	M5	M6	M8	M10	M12	M16	M20	M24
螺距 P			0.5	0.7	0.8	1	1.25	1.5	1.75	2	2.5	3
$s_{公称}$=max			5.5	7	8	10	13	16	18	24	30	36
$k_{公称}$			2	2.8	3.5	4	5.3	6.4	7.5	10	12.5	15
r_{min}			0.1	0.2	0.2	0.25	0.4	0.4	0.6	0.6	0.8	0.8
e_{min}	产品等级	A	6.1	7.65	8.79	11.5	14.38	17.77	20.03	26.75	33.53	39.98
		B	5.88	7.5	8.63	10.83	14.2	17.59	19.85	26.17	32.95	39.55
d_{wmin}	产品等级	A	4.57	5.88	6.88	8.88	11.63	14.63	16.63	22.49	28.19	33.61
		B	4.45	5.74	6.74	8.74	11.47	14.47	16.47	22	27.7	33.25
a	max		0.4	0.4	0.5	0.5	0.6	0.6	0.6	0.8	0.8	0.8
	Min		0.15	0.15	0.15	0.15	0.15	0.15	0.15	0.2	0.2	0.2
$b_{参考}$ GB/T 5782	l≤125		12	14	16	18	22	26	30	38	46	54
	125<l≤200		18	20	22	24	28	32	36	44	52	60
	l>200		31	33	35	37	41	45	49	57	65	73
l	GB/T 5782		20~30	25~45	25~50	30~60	40~80	45~100	50~120	60~160	80~200	90~240
	GB/T 5783		6~30	8~40	10~50	12~60	16~80	20~100	25~120	30~200	40~200	50~200
l 系列			6，8，10，12，16，20，25，30，35，40，45，50，(55)，60，(65)，70，80，90，100，110，120，130，140，150，160，180，200，220，240，260，280，300，340，360，380，400，420，440，460，480，500									

注：① A 级用于 d≤24 和 l≤10d 或≤150mm 的螺栓，B 级用于 d>24 和 l>10d 或>150mm 的螺栓(按较小值)

② 本表两标准均代替 GB/T 5782—1986 和 GB/T 5783—1986

③ 不带括号的为优先系列。

表 B2.1　开槽螺钉（摘录 GB/T 65—2000、GB/T 68—2000、GB/T 67—2000）

开槽圆柱头螺钉（GB/T 65—2000）　开槽盘头螺钉（GB/T 67—2000）　开槽沉头螺钉（GB/T 68—2000）

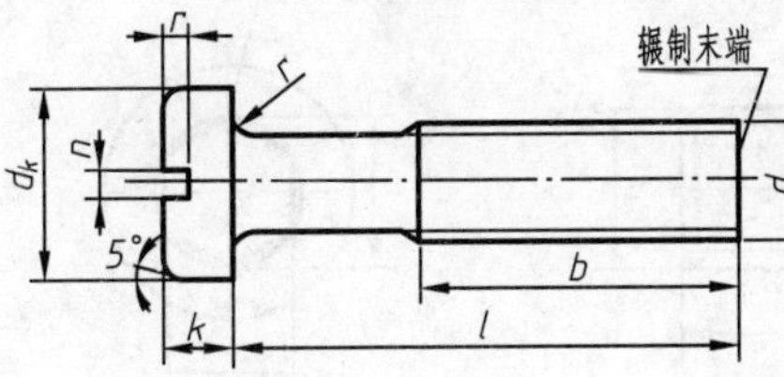

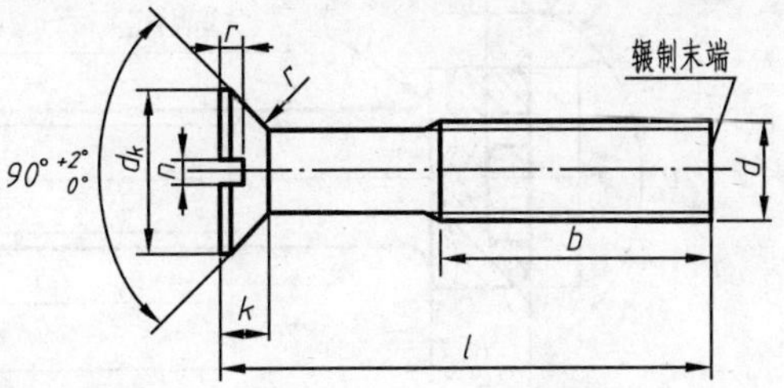

标记示例

螺纹规格 d=M5，公称长度 l=20mm，性能等级为 4.8 级，不经表面处理的 A 级开槽圆柱头螺钉标记：

螺钉　GB/T 65　M5×20

mm

螺纹规格 d		M1.6	M2	M2.5	M3	M4	M5	M6	M8	M10
GB/T 65	d_{kmax}	3	3.8	4.5	5.5	7	8.5	10	13	16
	k_{max}	1.1	1.4	1.8	2.0	2.6	3.3	3.9	5	6
	t_{min}	0.45	0.6	0.7	0.85	1.1	1.3	1.6	2	2.4
	r_{min}	0.1				0.2		0.25	0.4	
	l	2～16	3～20	3～25	4～30	5～40	6～50	8～60	10～80	12～80
GB/T 67	d_{kmax}	3.2	4	5	5.6	8	9.5	12	16	20
	k_{max}	1	1.3	1.5	1.8	2.4	3	3.6	4.8	6
	t_{min}	0.35	0.5	0.6	0.7	1	1.2	1.4	1.9	2.4
	r_{min}	0.1				0.2		0.25	0.4	
	l	2～16	2.5～20	3～25	4～30	5～40	6～50	8～60	10～80	12～80
GB/T 68	d_{kmax}	3	3.8	4.7	5.5	8.4	9.3	11.3	15.8	18.3
	k_{max}	1	1.2	1.5	1.65	2.7	2.7	3.3	4.65	5
	t_{min}	0.32	0.4	0.5	0.6	1	1.1	1.2	1.8	2
	r_{max}	0.4	0.5	0.6	0.8	1	1.3	1.5	2	2.5
	l	2.5～16	3～20	4～25	5～30	6～40	8～50	8～60	10～80	12～80
螺距 P		0.35	0.4	0.45	0.5	0.7	0.8	1	1.25	1.5
n		0.4	0.5	0.6	0.8	1.2	1.2	1.6	2	2.5
b		25				38				
l（系列）		2，2.5，3，4，5，6，8，10，12，(14)，16，20，25，30，35，40，45，50，(55)，60，(65)，70，(75)，80（GB/T 65 无 l=2.5；GB/T 68 无 l=2）								

注：① 括号内规格尽可能不采用。

② M1.6～M3 的螺钉，l<30 时，制出全螺纹；对于开槽圆柱头螺钉和开槽盘头螺钉，M4～M10 的螺钉，l<40 时，制出全螺纹；对于开槽沉头螺钉，M4～M10 的螺钉，l<45 时，制出全螺纹。

表 B2.2 内六角圆柱头螺钉(摘录 GB/T 70.1—2000)

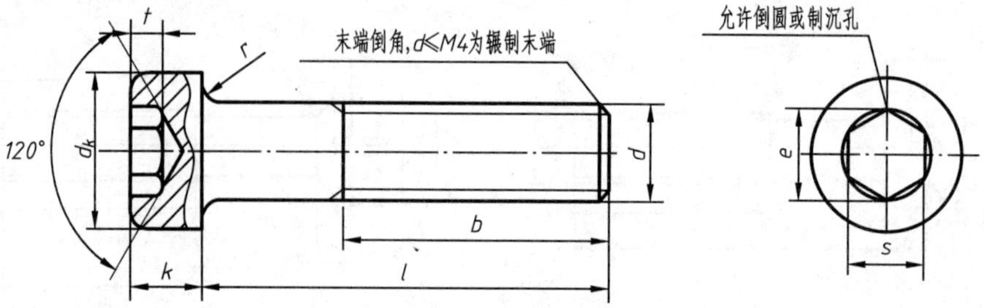

标记示例

螺纹规格 d=M5，公称长度 l=20mm，性能等级为 8.8 级，表面氧化的 A 级内六角圆柱头螺钉标记：

螺钉 GB/T 70.1 M5×20

mm

螺纹规格 d	M2.5	M3	M4	M5	M6	M8	M10	M12	M16	M20	M24	M30
螺距 P	0.45	0.5	0.7	0.8	1	1.25	1.5	1.75	2	2.5	3	3.5
d_{kmax} (光滑头部)	4.5	5.5	7	8.5	10	13	24	18	24	30	36	45
d_{kmax} (滚花头部)	4.68	5.68	7.22	8.72	10.22	13.27	24.33	18.27	24.33	30.33	36.39	45.39
d_{kmin}	4.32	5.32	6.78	8.28	9.78	12.73	15.73	23.67	23.67	29.67	35.61	44.61
k_{max}	2.5	3	4	5	6	8	10	16	16	20	24	30
k_{min}	2.36	2.86	3.82	4.82	5.7	7.64	9.64	15.57	15.57	19.48	23.48	29.48
t_{min}	1.1	1.3	2	2.5	3	4	5	6	8	10	12	15.5
r_{min}	0.1	0.1	0.2	0.2	0.25	0.4	0.4	0.6	0.6	0.8	0.8	1
$s_{公称}$	2	2.5	3	4	5	6	8	10	14	17	19	22
e_{min}	2.3	2.9	3.4	4.6	5.7	6.9	9.2	11.4	16	19	21.7	25.2
$b_{参考}$	17	18	20	22	24	28	32	36	44	52	60	72
公称长度 l	4～25	5～30	6～40	8～50	10～60	12～80	16～100	20～120	25～160	30～200	40～200	45～200
L 系列	2.5，3，4，5，6，8，10，12，16，20，25，30，35，40，45，50，55，60，65，70，80，90，100，110，120，130，140，150，160，180，200											

注：① 括号内规格尽可能不采用。

② M2.5～M3 的螺钉，l<20 时，制出全螺纹；M4～M5 的螺钉，l<25 时，制出全螺纹；M6 的螺钉，l<30 时，制出全螺纹；M8 的螺钉，l<35 时，制出全螺纹；M10 的螺钉，l<40 时，制出全螺纹；M12 的螺钉，l<50 时，制出全螺纹；M16 的螺钉，l<60 时，制出全螺纹。

表 B2.3 开槽紧定螺钉(摘录 GB/T 71—1985、GB/T 73—1985、GB/T 74—1985、GB/T 75—1985)

开槽锥端紧定螺钉(GB/T71—1985)

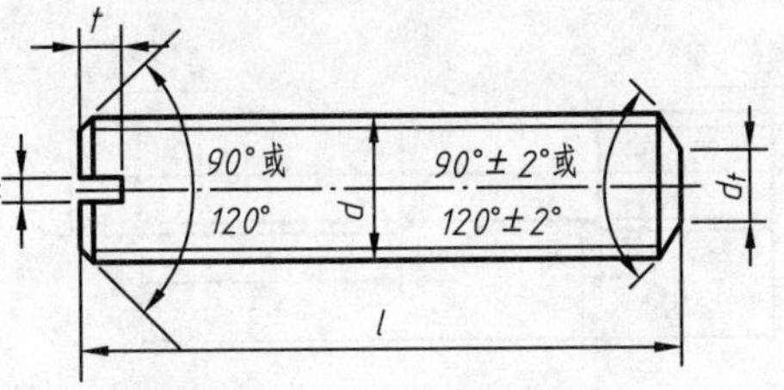

开槽平端紧定螺钉(GB/T73—1985)

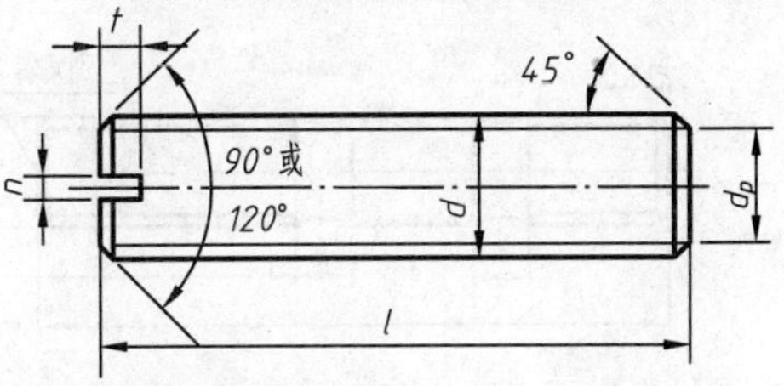

开槽凹端紧定螺钉(GB/T74—1985)

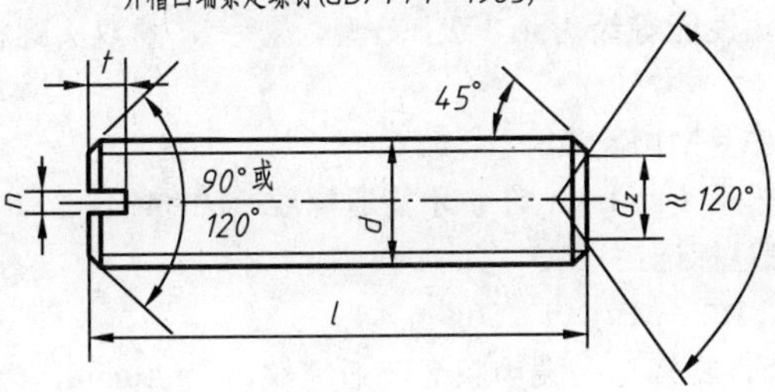

开槽长圆柱端紧定螺钉(GB/T75—1985)

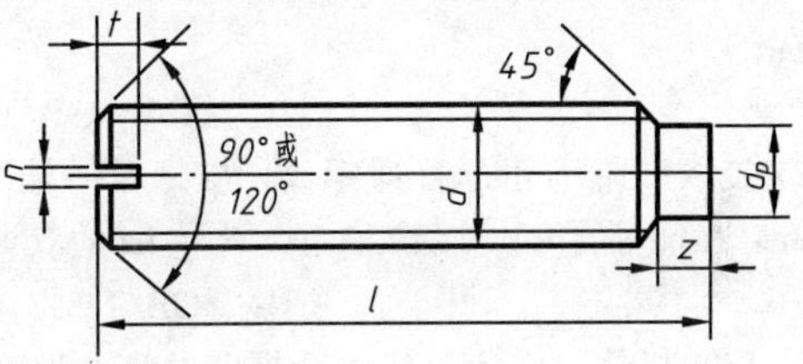

标记示例

螺纹规格 d=M5，公称长度 l=12mm，性能等级为 14H 级，表面氧化的 A 级开槽锥端紧定螺钉标记：

螺钉 GB/T 71 M5×20

mm

螺纹规格 *d*		M1.6	M2	M2.5	M3	M4	M5	M6	M8	M10	M12
螺距 *P*		0.35	0.4	0.45	0.5	0.7	0.8	1	1.25	1.5	1.75
n		0.25	0.25	0.4	0.4	0.6	0.8	1	1.2	1.6	2
t		0.7	0.8	1	1.1	1.4	1.6	2	2.5	3	3.6
d_z		0.8	1	1.2	1.4	2	2.5	3	5	6	8
d_t		0.2	0.2	0.3	0.3	0.4	0.5	1.5	2	2.5	3
d_p		0.8	1	1.5	2	2.5	3.5	4	5.5	7	8.5
z		1.1	1.3	1.5	1.8	2.3	2.8	3.3	4.3	5.3	6.3
公称长度 *l*	GB/T 71	2～8	3～10	3～12	4～16	6～20	8～25	8～30	10～40	12～50	14～60
	GB/T 73	2～8	2～10	2.5～12	3～16	4～20	5～25	6～30	8～40	10～50	12～60
	GB/T 74	2～8	2.5～10	3～12	3～16	4～20	5～25	6～30	8～40	10～50	12～60
	GB/T 75	2.5～8	3～10	4～12	5～16	6～20	8～25	8～30	10～40	12～50	14～60
l 系列		2，2.5，3，4，5，6，8，10，12，16，20，25，30，35，40，45，50，60									

表 B3　双头螺柱(摘录 GB/T 897—1988、GB/T 898—1988、GB/T 899—1988、GB/T 900—1988)

双头螺柱 $b_m=d$(GB/T 897—1988)，双头螺柱 $b_m=1.25d$(GB/T 898—1988)，

双头螺柱 $b_m=1.5d$(GB/T 899—1988)，双头螺柱 $b_m=2d$(GB/T 900—1988)

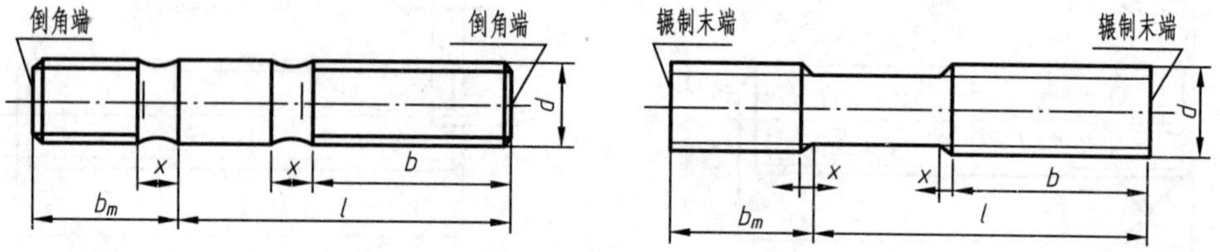

标记示例

(1) 两端为粗牙普通螺纹，d=10mm，l=50mm，性能等级为 4.8 级，B 型，b_m=1d 的双头螺柱标记：

螺柱　GB/T 897　M10×50

(2) 旋入一端为粗牙普通螺纹，旋螺母一端为螺距 P=1mm 的细牙普通螺纹，d=10mm，l=50mm，性能等级为 4.8 级，A 型，b_m=1d 的双头螺柱标记：

螺柱　GB/T 897　AM10—M10×1×50

(3) 旋入机体一端为过渡配合螺纹的第一种配合，旋螺母一端为粗牙普通螺纹，d=10mm，l=50mm，性能等级为 8.8 级，镀锌钝化，B 型，b_m=1d 的双头螺柱标记：

螺柱　GB/T 897　GM 10—M10×50—8.8—Zn · D

螺纹规格 d	b_m				l/b
	GB/T 897	GB/T 898	GB/T 899	GB/T 900	
M3			4.5	6	(16～20)/6、(22～40)/12
M4			6	8	(16～22)/8、(25～40)/14
M5	5	6	8	10	(16～22)/10、(25～50)/16
M6	6	8	10	12	(18～22)/10、(25～30)/14、(32～75)/18
M8	3	10	12	16	(18～22)/12、(25～30)/16、(32～90)/22
M10	10	12	15	20	(25～28)/14、(30～38)/16、(40～120)/30、130/32
M12	12	15	18	24	(25～30)/16、(32～40)/20、(45～120)/30、(130～180)/36
M16	16	20	24	32	(30～38)/20、(40～55)/30、(60～120)/38、(130～200)/44
M20	20	25	30	40	(35～40)/25、(45～65)/38、(70～120)/46、(130～200)/52
M24	24	30	36	48	(45～50)/30、(55～75)/45、(80～120)/54、(130～200)/60
M30	30	48	45	60	(60～65)/40、(70～90)/50、(95～120)/66、(130～200)/72、(210～250)/85
M36	36	45	54	72	(65～75)/45、(80～110)/60、120/78、(130～200)/84、(210～300)/91
M42	42	52	63	84	(70～80)/50、(85～110)/70、120/90、(130～200)/96、(210～300)/109
M48	48	60	72	96	(80～90)/60、(95～110)/80、120/102、(130～200)/108、(210～300)/121
l (系列)	12，(14)，16，(18)，20，(22)，25，(28)，30，(32)，35，(38)，40，45，50，55，60，65，70，75，80，85，90，95，100，110，120，130，140，150，160，170，180，190，200，210，220，230，240，250，260，280，300				

表 B4.1　六角螺母(摘录 GB/T 41—2000、GB/T 6170—2000、GB/T 6172.1—2000)

六角螺母(GB/T 41—2000)　　1 型六角螺母(GB/T 6170—2000)　　六角薄螺母(GB/T 6172.1—2000)

C 级　　　　A 级和 B 级　　　　A 级和 B 级

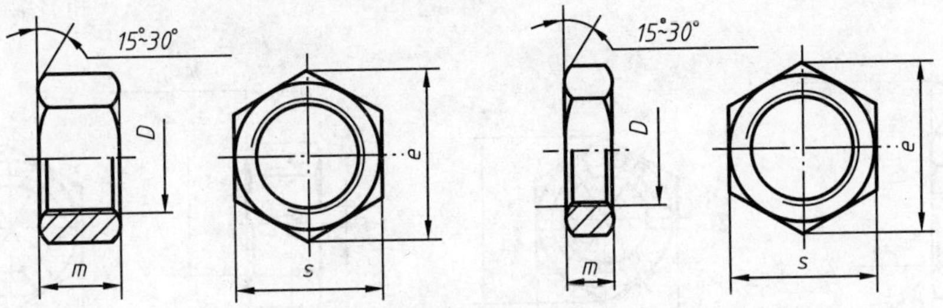

标记示例

螺纹规格 D=M12，性能等级为 5 级，不经表面处理、产品等级为 C 级的六角螺母的标记：

螺母　GB/T 41　M12

螺纹规格 D=M12，性能等级为 10 级，不经表面处理、产品等级为 A 级的 Ⅰ 型六角螺母的标记：

螺母　GB/T 6170　M12

螺纹规格 D=M12，性能等级为 04 级，不经表面处理、产品等级为 A 级的六角薄螺母的标记：

螺母　GB/T 6172.1　M12

优选的螺纹规格

mm

螺纹规格 D			M3	M4	M5	M6	M8	M10	M12	M16	M20	M24	M30
螺距 p			0.5	0.7	0.8	1	1.25	1.5	1.75	2	2.5	3	3.5
e_{min}	GB/T 41		—	—	8.63	10.89	14.20	17.59	19.85	26.17	32.95	39.55	50.85
	GB/T 6170		6.01	7.66	8.79	11.05	14.38	17.77	20.03	26.75			
	GB/T 6172.1												
s			5.5	7	8	10	13	16	18	24	30	36	46
m	GB/T 41	max	—	—	5.6	6.4	7.9	9.5	12.2	15.9	19	22.3	26.4
		min	—	—	4.4	4.9	6.4	8	10.4	14.1	16.9	20.2	24.3
	GB/T 6170	max	2.4	3.2	4.7	5.2	6.8	8.4	10.8	14.8	18	21.5	25.6
		min	2.15	2.9	4.4	4.99	6.44	8.04	10.37	14.1	16.9	20.2	24.3
	GB/T 6172.1	max	1.8	2.2	2.7	3.2	4	5	6	8	10	12	15
		min	1.55	1.95	2.45	2.9	3.7	4.7	5.7	7.42	9.1	10.9	13.9

注：① A 级用于 $D\leqslant16$；B 级用于 $D>16$。

② 对 GB/T 41 允许内倒角。

表 B4.2　六角开槽螺母(摘录 GB/T 6178—1986、GB/T 6179—1986、GB/T 6181—1986)

Ⅰ型六角开槽螺母 (GB/T 6178—1986) A和B级

Ⅰ型六角开槽螺母 (GB/T 6179—1986) C级

六角开槽薄螺母 (GB/T 6181—1986) A和B级

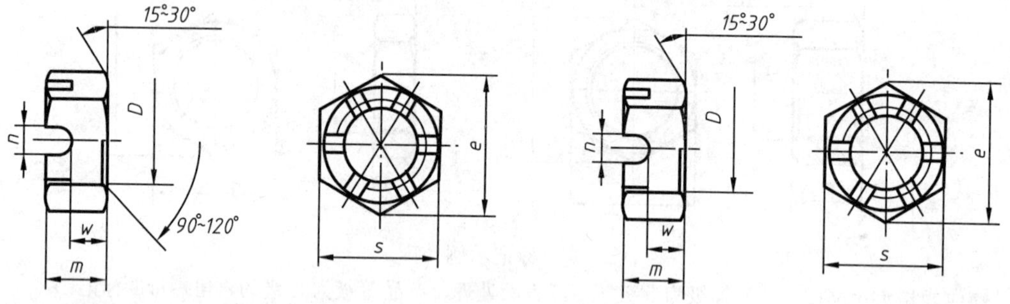

标记示例

螺纹规格 D=M5，性能等级为8级，不经表面处理、A级Ⅰ型六角开槽螺母标记：

螺母　GB/T 6178　M5

螺纹规格 D=M5，性能等级为04级，不经表面处理、A级的六角开槽薄螺母标记：

螺母　GB/T 6181　M5

mm

螺纹规格 D		M4	M5	M6	M8	M10	M12	M16	M20	M24	M30	M36
n_{min}		1.2	1.4	2	2.5	2.8	3.5	4.5	4.5	5.5	7	7
e_{min}		7.7	8.8	11	14.4	17.8	20	26.8	33	39.6	50.9	60.8
s_{max}		7	8	10	13	16	18	24	30	36	46	55
m_{max}	GB/T 6178	5	6.7	7.7	9.8	12.4	15.8	20.8	24	29.5	34.6	40
	GB/T 6179	—	7.6	8.9	10.9	13.5	17.2	21.9	25	3.03	35.4	40.9
	GB/T 6181	—	5.1	5.7	7.5	9.3	12	16.4	20.3	23.9	28.6	34.7
w_{max}	GB/T 6178	3.2	4.7	5.2	6.8	8.4	10.8	14.8	18	21.5	25.6	31
	GB/T 6179	—	5.6	6.4	7.9	9.5	12.17	15.9	19	22.3	26.4	31.9
	GB/T 6181	—	3.1	3.5	4.5	5.3	7.0	10.4	14.3	15.9	19.6	25.7
开口销		1×10	1.2×12	1.6×14	2×16	2.5×20	3.2×22	4×28	4×36	5×40	6.3×50	6.3×6

注：A级用于 $D \leqslant 16$ 的螺母；B级用于 $D > 16$ 的螺母。

表 B4.3　圆螺母(GB/T 812—1988)

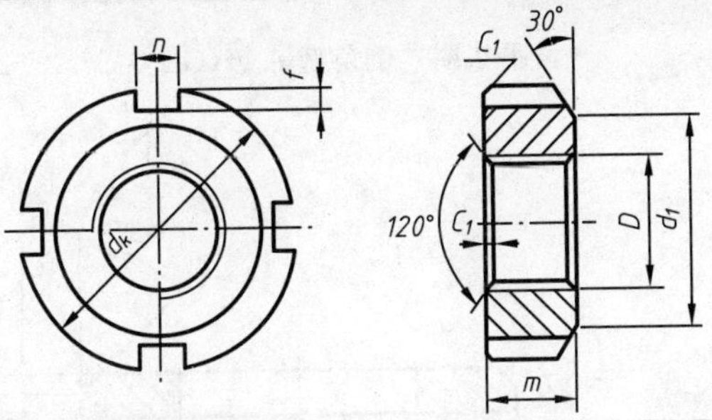

标记示例

螺纹规格 D=M16×1.5，材料为 45 钢，槽或全部热处理后硬度 35～45HRC，表面氧化的圆螺母标记：

螺母　GB/T 812　M16×1.5

mm

D	d_k	d_1	m	n	t	C	C_1
M10×1	22	16	8	4	2	0.5	0.5
M12×1.25	25	19					
M14×1.5	28	20					
M16×1.5	30	22		5	2.5		
M18×1.5	32	24					
M20×1.5	35	27					
M22×1.5	38	30	10				
M24×1.5	42	34				1	
M 25×1.5	42	34					
M27×1.5	45	37					
M30×1.5	48	40					
M33×1.5	52	43		6	3		
M35×1.5*	52	43					
M36×1.5	55	46					
M39×1.5	58	49				1.5	
M40×1.5*	58	49					
M42×1.5	62	53					
M45×1.5	68	59					
M48×1.5	72	61	12	8	3.5		
M50×1.5*	72	61					
M52×1.5	78	67					
M55×2*	78	67					
M56×2	85	74					1
M60×2	90	79					

D	d_k	d_1	m	n	t	C	C_1
M64×2	95	84	12	8	3.5	1.5	1
M65×2*	95	84					
M68×2	100	88		10	4		
M72×2	105	93	15				
M75×2*	105	93					
M76×2	110	98					
M80×2	115	103					
M85×2	120	108					
M90×2	125	112	18	12	5		
M95×2	130	117					
M100×2	135	122					
M105×2	140	127					
M110×2	150	135		14	6		
M115×2	155	140	22				
M125×1	160	145					
M125×2	165	150					
M130×2	170	155					
M140×2	180	165	26				
M150×2	200	180		16	7		
M160×3	210	190				2	1.5
M170×3	220	200					
M180×3	230	210	30				
M190×3	240	220					
M200×3	250	230					

注：① 当 $D \leqslant$ M100×2 时，槽数为 4；$D \geqslant$ M105×2 时，槽数为 6。

② 带 * 的螺纹规格仅用于滚动轴承锁紧装置。

表 B5.1　平垫圈(摘录 GB/T 97.1—2002、GB/T 97.2—2002、GB/T 848—2002、GB/T 96—2002)

平垫圈 A 级(GB/T 97.1—2002)
大垫圈 A 级和 C 级(GB/T 96—2002)
小垫圈 A 级(GB/T 848—2002)

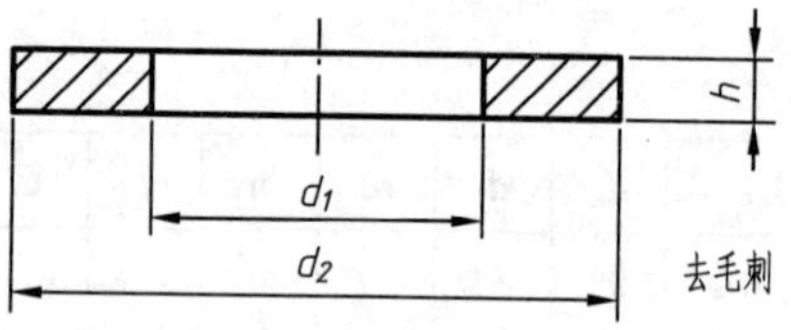

平垫圈　倒角型 A 级(GB/T 97.2—2002)

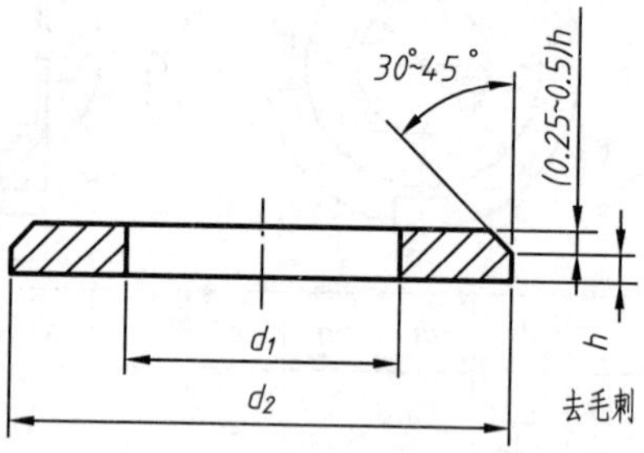

标记示例

标准系列，螺纹规格 d=8mm，性能等级为 140HV 级，倒角型，不经表面处理的平垫圈标记：

垫圈　GB/T 97.2　8—140HV

mm

螺纹规格 d	标准系列 GB/T 97.1，GB/T 97.2			大系列 GB/T 96			小系列 GB/T 848		
	d_1	d_2	h	d_1	d_2	h	d_1	d_2	h
1.6	1.7	4	0.3	—	—	—	1.7	3.5	0.3
2	2.2	5		—	—	—	2.2	4.5	
2.5	2.7	6	0.5	—	—	—	2.7	5	0.5
3	3.2	7		3.2	9	0.8	3.2	6	
4	4.3	9	0.8	4.3	12	1	4.3	8	
5	5.3	10	1	5.3	15	1.2	5.3	9	1
6	6.4	12	1.6	6.4	18	1.6	6.4	11	1.6
8	8.4	16		8.4	24	2	8.4	15	
10	10.5	20	2	10.5	30	2.5	10.5	18	2
12	13	24	2.5	13	37	3	13	20	2.5
14	15	28		15	44		15	24	
16	17	30	3	17	50		17	28	3
20	21	37		2	60	4	21	34	
24	25	44	4	26	72	5	25	39	4
30	31	56		33	92	6	31	50	
36	37	66	5	39	110	8	37	60	5

注：① GB/T 96 垫圈两端无粗糙度符号；

② GB/T 848 垫圈主要用于带圆柱头的螺钉，其他用于标准的六角螺栓、螺钉和螺母。

③ 对于 GB/T 97.2 垫圈，d 的范围为 5～36mm。

表 B5.2 弹簧垫圈(摘录 GB/T 93—1987、GB/T 859—1987)

标准型弹簧垫圈(GB/T 93—1987)　　　　轻型弹簧垫圈(GB/T 859—1987)

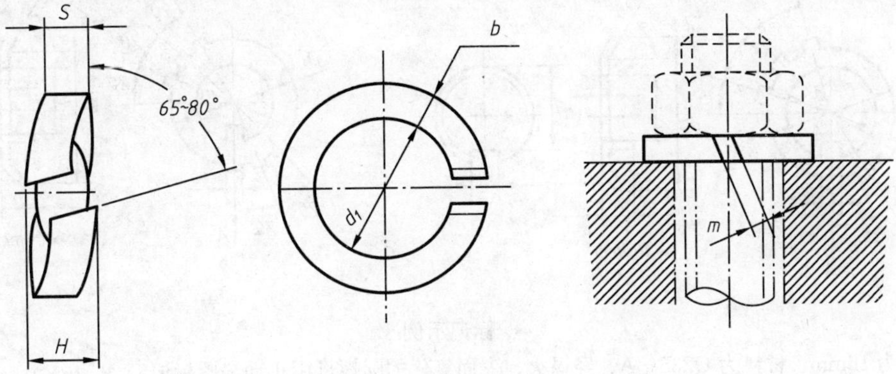

标记示例

规格为 16mm，材料为 65Mn，表面氧化的标准型弹簧垫圈标记：

垫圈　GB/T 93　16

mm

螺纹规格 d	d_1	S		H		b		$m \leqslant$	
		GB/T 93	GB/T 859	GB/T 93	GB/T 859	GB/T 93	GB/T 859	GB/T 93	GB/T 859
3	3.1	0.8	0.6	2	1.5	0.8	1	0.4	0.3
4	4.1	1.1	0.8	2.75	2	1.1	1.2	0.55	0.4
5	5.1	1.3	1.1	3.25	2.75	1.3	1.5	0.65	0.55
6	6.1	1.6	1.3	4	3.25	1.6	2	0.8	0.65
8	8.1	2.1	1.6	5.25	4	2.1	2.5	1.05	0.8
10	10.2	2.6	2	6.5	5	2.6	3	1.3	1
12	12.2	3.1	2.5	7.25	6.25	3.1	3.5	1.55	1.25
(14)	14.2	3.6	3	9	7.5	3.6	4	1.8	1.5
16	16.2	4.1	3.2	10.25	8	4.1	4.5	2.05	1.6
(18)	18.2	4.5	3.6	11.25	9	4.5	5	2.25	1.8
20	20.2	5	4	12.25	10	5	5.5	2.5	2
(22)	22.5	5.5	4.5	13.75	11.25	5.5	6	2.75	2.25
24	24.5	6	5	15	12.5	6	7	3	2.5
(27)	27.5	6.8	5.5	17	13.75	6.8	8	3.4	2.75
30	30.5	7.5	6	18	15	7.5	9	3.75	3

注：① 括号内规格尽可能不采用。

② m 应大于 0。

表 B5.3　圆螺母用止动垫圈(摘录 GB/T 858—1988)

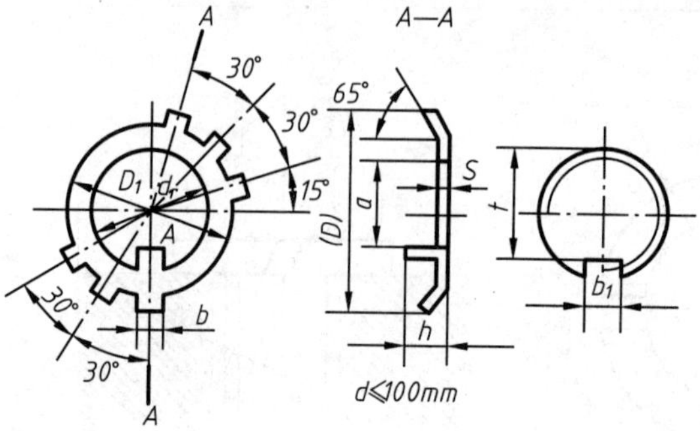

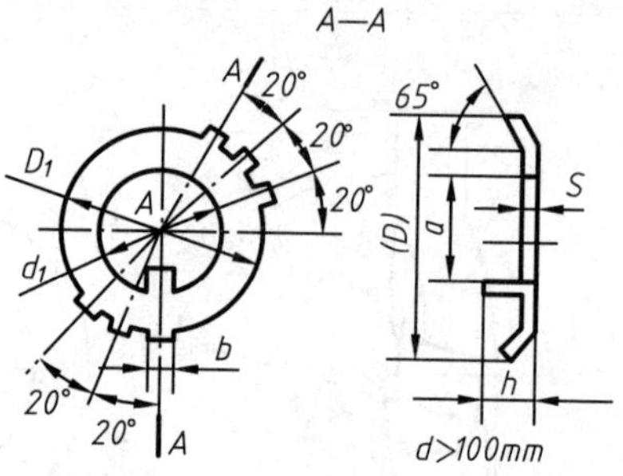

标记示例

规格为 16mm、材料为 Q235－A、经退火、表面氧化的圆螺母用止动垫圈标记：

垫圈　GB/T 858　16

mm

螺纹规格 d	d_1	(D)	D_1	S	b	a	h	轴端 b_1	轴端 t	螺纹规格 d	d_1	(D)	D_1	S	b	a	h	轴端 b_1	轴端 t
14	14.5	32	20	1	3.8	11	3	4	10	55*	56	82	67	2	7.7	52	6	8	—
16	16.5	34	22		4.8	13		5	12	56	57	90	74			53			52
18	18.5	35	24			15	4		14	60	61	94	79			57			56
20	20.5	38	27			17			16	64	65	100	84			61			60
22	22.5	42	30			19			18	65*	66	100	84			62			—
24	24.5	45	34			21			20	68	69	105	88		9.6	65		10	64
25*	25.5	45	34			22			—	72	73	110	93			69	7		68
27	27.5	48	37			24	5		23	75*	76	110	93			71			—
30	30.5	52	40			27			26	76	77	115	98			72			70
33	33.5	56	43	1.5	5.7	30		6	29	80	81	120	103			76			74
35*	35.5	56	43			32			—	85	86	125	108			81			79
36	36.5	60	46			33			32	90	91	130	112	2	12	86		12	84
39	39.5	62	49			36			35	95	96	135	117			91			89
40*	40.5	62	49			37			—	100	101	140	122			96			94
42	42.5	66	53			39			38	105	106	145	127			101			99
45	45.5	72	59			42			41	110	111	156	135		14	106		14	104
48	48.5	76	61		7.7	45		8	44	115	116	160	140			111			109
50*	50.5	76	61			47			—	120	121	166	145			116			114
52	52.5	82	67			49	6		48	125	126	170	150			121			119

注：标有 * 者仅用于滚动轴承锁紧装置。

表 B6.1　平键(摘录 GB/T1095—2003，GB/T1096—2003)

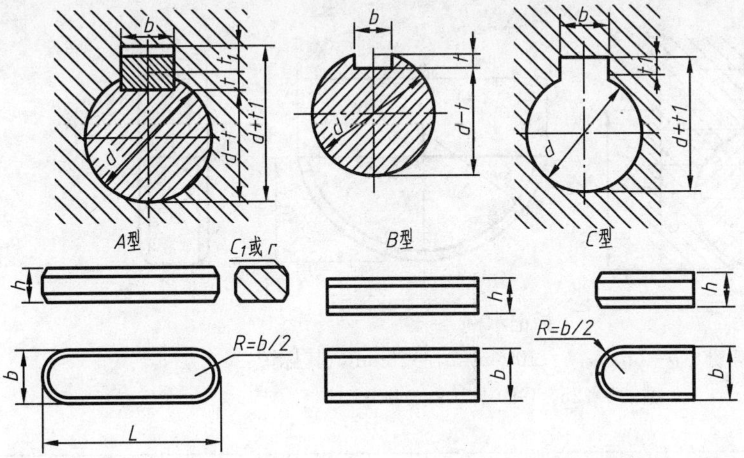

标记示例

圆头普通平键(A 型)，b=10mm，h=8mm，l=25mm，其标记：

GB/T 1096　键 10×8×25

对于同一尺寸的圆头普通平键(B 型)或单圆头普通平键(C 型)，其标记：

GB/T 1096　键 B10×25

GB/T 1096　键 C10×25

轴	键	键槽										
		宽度 b						深度				
			偏差					轴 t		毂 t_1		半径 r
			较松键联结		一般键联结		较紧键联结					
公称直径 d	公称尺寸 $b \times h$	公称	轴 $H9$	毂 $D10$	轴 $N9$	毂 $Js9$	轴和毂 $P9$	公称	偏差	公称	偏差	
>6～8	2×2	2	+0.025 0	+0.060 +0.020	−0.004 −0.029	±0.0125	−0.006 −0.031	1.2	+0.1 0	1	+0.1 0	0.08～0.16
>8～10	3×3	3						1.8		1.4		
>10～12	4×4	4	+0.030 0	+0.078 +0.030	0 −0.030	±0.015	−0.012 −0.042	2.5		1.8		
>12～17	5×5	5						3.0		2.3		
>17～22	6×6	6						3.5		2.8		
>22～30	8×7	8	+0.036 0	+0.098 +0.040	0 −0.036	±0.018	−0.015 −0.051	4.0	+0.2 0	3.3	+0.2 0	0.16～0.25
>30～38	10×8	10						5.0		3.3		
>38～44	12×8	12	+0.043 0	+0.120 +0.050	0 −0.043	±0.0215	−0.018 −0.061	5.0		3.3		
>44～50	14×9	14						5.5		3.8		0.25～0.40
>50～58	16×10	16						6.0		4.3		
>58～65	18×11	18						7.0		4.4		
>65～75	20×12	20	+0.052 0	+0.149 +0.065	0 −0.052	±0.026	−0.022 −0.074	7.5		4.9		
>75～85	22×14	22						9.0		5.4		0.40～0.60
>85～95	25×14	25						9.0		5.4		
>95～110	28×16	28						10.0		6.4		

注：① 在工作图中，轴槽深用 $d-t$ 或 t 标注，轮毂槽深用 $d+t_1$ 标注。$(d-t)$和$(d+t_1)$尺寸偏差按相应的 t 和 t_1 的极限偏差选取，但$(d-t)$ 极限偏差取负号(—)。

② L 系列：6，8，10，12，14，16，18，20，22，25，28，32，36，40，45，50，56，63，70，80，90，100，110，125，140，160，180，200，220，250，280，320，330，400，450。

表 B6.2 半圆键(摘录 GB/T 1098—2003、GB/T 1099—2003)

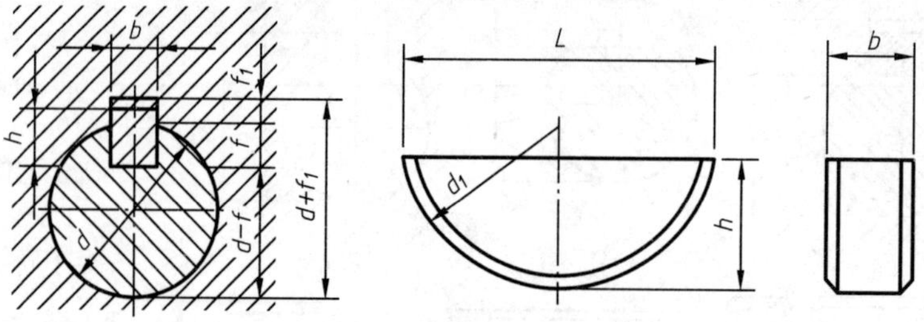

标记示例

半圆键 b=6mm，h=10mm，d_1=25mm，其标记：

键 6×25 GB/T 1099—2003

mm

轴径 d		键		键槽							
				宽度 b 极限偏差			深度				半径 r
				一般键联结		较紧键联结	轴 t		毂 t		
传递扭矩用	定位用	公称尺寸 $b \times h \times d_1$	长度 $L \approx$	轴 $N9$	毂 $Js9$	轴和毂 $P9$	公称尺寸	极限偏差	公称尺寸	极限偏差	
自 3～4	自 3～4	1.0×1.4×4	3.9	−0.004 −0.029	±0.012	−0.006 −0.031	1.0	+0.1 0	0.6	+0.1 0	0.08～0.16
>4～5	>4～6	1.5×2.6×7	6.8				2.0		0.8		
>5～6	>6～8	2.0×2.6×7	6.8				1.8		1.0		
>6～7	>8～10	2.0×3.7×10	9.7				2.9		1.0		
>7～8	>10～12	2.5×3.7×10	9.7				2.7		1.2		
>8～10	>12～15	3.0×5.0×13	12.7				3.8	+0.2 0	1.4		
>10～12	>15～18	3.0×6.5×16	15.7				5.3		1.4		0.16～0.25
>12～14	>18～20	4.0×6.5×16	15.7	0 −0.030	±0.015	−0.012 −0.042	5.0		1.8		
>14～16	>20～22	4.0×7.5×19	18.6				6.0		1.8		
>16～18	>22～25	5.0×6.5×16	15.7				4.5		2.3		
>18～20	>25～28	5.0×7.5×19	18.6				5.5		2.3		
>20～22	>28～32	5.0×9.0×22	21.6				7.0		2.3		
>22～25	>32～36	6.0×9.0×22	21.6				6.5	+0.3 0	2.8		
>25～28	>36～40	6.0×10.0×25	24.5				7.5		2.8	+0.2 0	0.25～0.40
>28～32	40	8.0×11.0×28	27.4	0 −0.036	±0.018	−0.015 −0.051	8.5		3.3		
>32～38	—	10.0×13.0×32	31.4				10.0		3.3		

注：在工作图中，轴槽深用 $d-t$ 或 t 标注，轮毂槽深用 $d+t_1$ 标注。$(d-t)$和$(d+t_1)$尺寸偏差按相应的 t 和 t_1 的极限偏差选取，但$(d-t)$ 极限偏差取负号(−)。

B7.1 圆柱销(摘录 GB/T 119.1—2000)

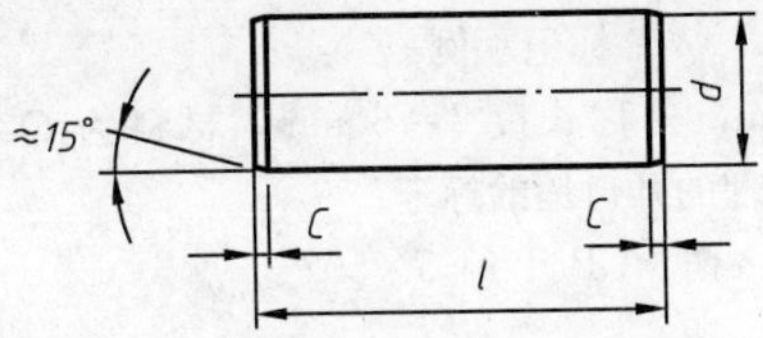

标记示例

公称直径 d=6mm，公差为 m6，公称长度 l=30mm，材料为钢，不经淬火，不经表面处理的圆柱销标记：

销 GB/T 119.1 6 m6×30

mm

d	0.6	0.8	1	1.2	1.5	2	2.5	3	4	5
C≈	0.12	0.16	0.20	0.25	0.30	0.35	0.40	0.50	0.63	0.80
l	2～6	2～8	4～10	4～12	4～16	5～20	5～24	6～30	6～40	10～50
d	6	8	10	12	16	20	25	30	40	50
c≈	1.2	1.6	2.0	2.5	3.0	3.5	4.0	5.0	6.3	8.0
l	12～60	14～80	18～95	22～140	26～180	35～200	50～200	60～200	80～200	95～200
l 系列	2，3，4，5，6，8，10，12，14，16，18，20，22，24，26，28，30，32，35，40，45，50，55，60，65，70，75，80，85，90，95，100，120，140，160，180，200									

注：① 销的材料为不淬硬钢和奥氏体不锈钢。

② 公称长度大于 200mm，按 20mm 递增。

③ 表面粗糙度：公差为 m6 时，$Ra\leqslant 0.8\mu m$；公差为 h8 时，$Ra\leqslant 1.6\mu m$。

B7.2 圆锥销(GB/T 117—2000)

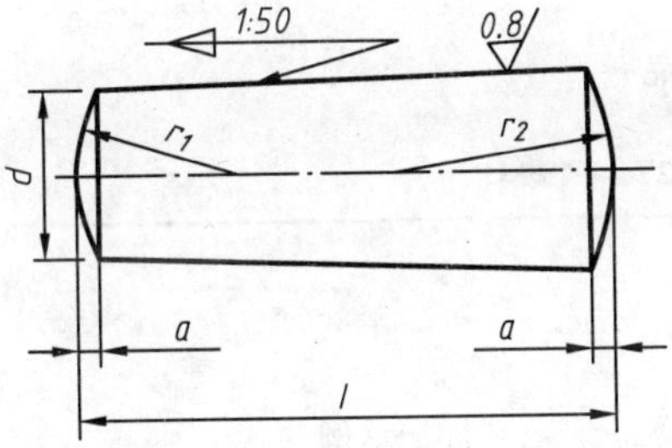

$r_1=d$；$r_2\approx\frac{a}{2}+d+\frac{(0.021)^2}{8a}$

标记示例

公称直径 d=6mm，公称长度 l=30mm，材料为 35 钢，热处理硬度 28～38HRC，表面氧化处理的 A 型圆锥销的标记：

销 GB/T 117 6×30

mm

d	0.6	0.8	1	1.2	1.5	2	2.5	3	4	5
a≈	0.08	0.1	0.12	0.16	0.2	0.25	0.3	0.4	0.5	0.63
l	4～8	5～12	6～16	6～20	8～24	10～35	10～35	12～45	14～60	22～90
d	6	8	10	12	16	20	25	30	40	50
a≈	0.8	1	1.2	1.6	2	2.5	3	4	5	6.3
l	22～90	22～120	26～160	32～180	40～200	45～200	50～200	55～200	60～200	65～200
l 系列	2，3，4，5，6，8，10，12，14，16，18，20，22，24，26，28，30，32，35，40，45，50，55，60，65，70，75，80，85，90，95，100，120，140，160，180，200									

注：① 销的材料为 35、45、Y12、Y15、30 CrMnSiA1 以及 1Cr13、2Cr13 等。

② 公称长度大于 200mm，按 20mm 递增。

B7.3 开口销(GB/T 91—2000)

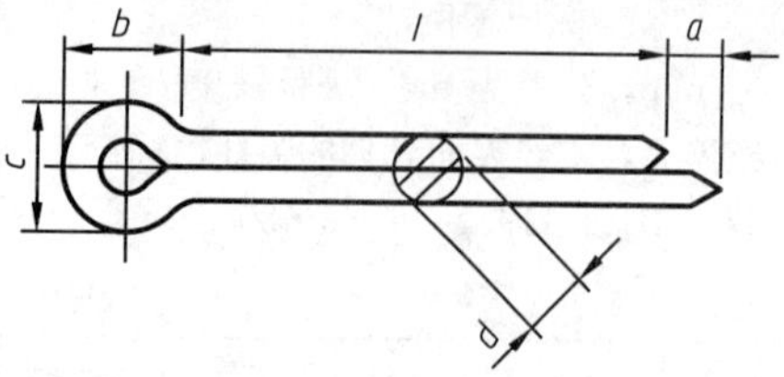

标记示例

公称直径 5mm，公称长度 l＝50mm，材料为 Q215 钢，不经表面处理的开口销的标记：

销 GB/T 91 5×50

mm

公称规格		0.6	0.8	1	1.2	1.6	2	2.5	3.2	4	5	6.3	8	10	13
d	min	0.4	0.6	0.8	0.9	1.3	1.7	2.1	2.7	3.5	4.4	5.7	7.3	9.3	12.1
	max	0.5	0.7	0.9	1	1.4	1.8	2.3	2.9	3.7	4.6	5.9	7.5	9.5	12.4
c	max	1	1.4	1.8	2	2.8	3.6	4.6	5.8	7.4	9.2	11.8	15	19	24.8
	min	0.9	1.2	1.6	1.7	2.4	3.2	4	5.1	6.5	8	10.3	13.1	16.6	21.7
$b\approx$		2	2.4	3	3	3.2	4	5	6.4	8	10	12.6	16	20	26
a_{max}		1.6			2.5				3.2	4				6.3	
l		4～12	5～16	6～20	8～25	8～32	10～40	12～50	14～63	18～80	22～100	32～125	40～160	45～200	71～250
l系列		4，5，6，8，10，12，14，16，18，20，22，25，28，32，36，40，45，50，56，63，71，80，90，100，112，125，140，160，180，200，224，250，280													

注：① 公称规格等于开口销孔的直径。

② 开销的材料用 Q215、Q235H63、Cr17Ni7、Cr18Ni9Ti。

B8.1 深沟球轴承(摘录 GB/T 276—1994)

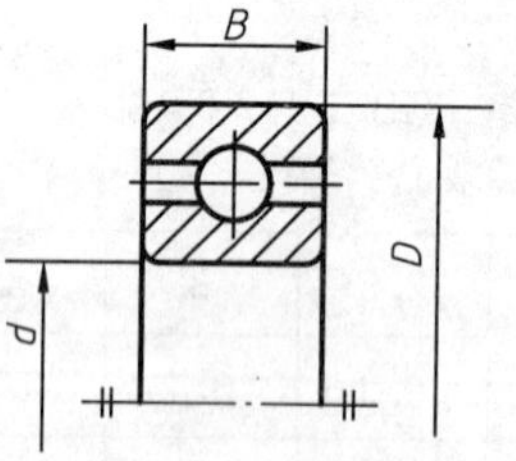

标记示例

滚动轴承 6210 GB/T 276—1994

轴承代号	尺寸/mm			轴承代号	尺寸/mm		
	d	D	B		d	D	B
10 系列				10 系列			
6000	10	26	8	6004	20	42	12
6001	12	28	8	6005	25	47	12
6002	15	32	9	6006	30	55	13
6003	17	35	10	6007	35	62	14

（续）

轴承代号	尺寸/mm		
	d	*D*	*B*
10 系列			
6008	40	68	15
6009	45	75	16
6010	50	80	16
6011	55	90	18
6012	60	95	18
02 系列			
6200	10	30	9
6201	12	32	10
6202	15	35	11
6203	17	40	12
6204	20	47	14
6205	25	52	15
6206	30	62	16
6207	35	72	17
6208	40	80	18
6209	45	85	19
6210	50	90	20
6211	55	100	21
6212	60	110	22
03 系列			
6300	10	35	11
6301	12	37	12
6302	15	42	13
6303	17	47	14
6304	20	52	15
6305	25	62	17
6306	30	72	19
6307	35	80	21
6308	40	90	23
6309	45	100	25
6310	50	110	27
6311	55	120	29
6312	60	130	31
04 系列			
6403	17	62	17
6404	20	72	19
6405	25	80	21
6406	30	90	23
6407	35	100	25
6408	40	110	27
6409	45	120	29
6410	50	130	31
6411	55	140	33
6412	60	150	35
6413	65	160	37
6414	70	180	42
6415	75	190	45

B8.2　圆锥滚子轴承(摘录 GB/T 297—1994)

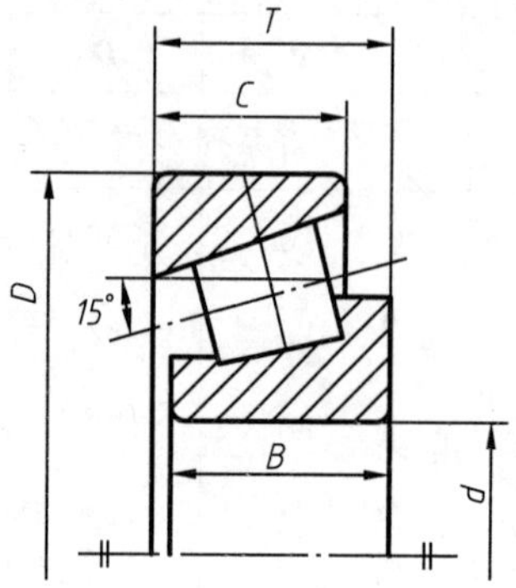

标记示例

滚动轴承　30312　GB/T 297—1994

轴承代号	尺寸/mm					轴承代号	尺寸/mm				
	d	*D*	*T*	*B*	*C*		*d*	*D*	*T*	*B*	*C*
02 系列						13 系列					
30202	15	35	11.75	T11	10	31305	25	62	18.25	17	13
30203	17	40	13.25	12	11	31306	30	72	20.75	19	14
30204	20	47	15.25	14	12	31307	35	80	22.75	21	15
30205	25	52	16.25	15	13	31308	40	90	25.25	23	17
30206	30	62	17.25	16	14	31309	45	100	27.25	25	18
30207	35	72	18.25	17	15	31310	50	110	29.25	27	19
30208	40	80	19.75	18	16	31311	55	120	31.5	29	21
30209	45	85	20.75	19	16	31312	60	130	33.5	31	22
30210	50	90	21.75	30	17	31313	65	140	36	33	23
30211	55	100	22.75	21	18	31314	70	150	38	35	25
30212	60	110	23.75	22	19	31315	75	160	40	37	26
30213	65	120	24.75	23	20	31316	80	170	42.5	39	27
03 系列						20 系列					
30302	15	42	14.25	13	11	32004	20	42	15	15	12
30303	17	47	15.25	14	12	32005	25	47	15	15	11.5
30304	20	52	16.25	15	13	32006	30	55	17	17	13
30305	25	62	18.25	17	15	32007	35	62	18	18	14
30306	30	72	20.75	19	16	32008	40	68	19	19	14.5
30307	35	80	22.75	21	18	32009	45	75	20	20	15.5
30308	40	90	25.75	23	20	32010	50	80	20	20	15.5
30309	45	100	27.25	25	22	32011	55	90	23	23	17.5
30310	50	110	29.25	27	23	32012	60	95	23	23	17.5
30311	55	120	31.5	29	25	32013	65	100	23	23	17.5
30312	60	130	33.5	31	26	32014	70	110	25	25	19
30313	65	140	36	33	28	32015	75	115	25	25	19

B8.3　推力球轴承(GB/T 301—1995)

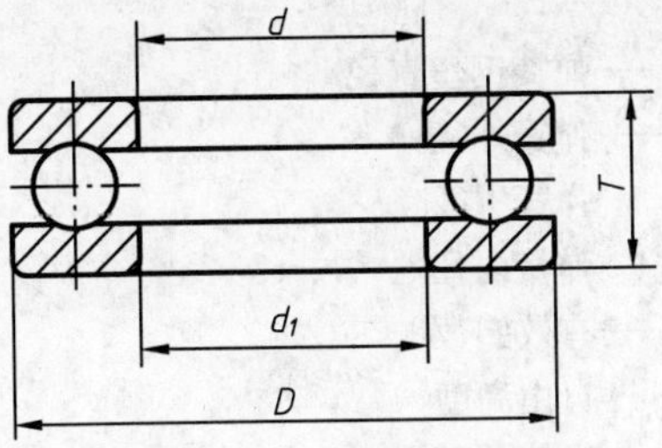

标记示例

滚动轴承　51214　GB/T 301—1995

轴承代号	尺寸/mm				轴承代号	尺寸/mm			
	d	d_{1min}	***D***	***T***		***d***	d_{1min}	***D***	***T***
11 系列					13 系列				
51100	10	11	24	9	51304	20	22	47	18
51101	12	13	26	9	51305	25	27	52	18
51102	15	16	28	9	51306	30	32	60	21
51103	17	18	30	9	51307	35	37	68	24
51104	20	21	35	10	51308	40	42	78	26
51105	25	26	42	11	51309	45	47	85	28
51106	30	32	47	11	51310	50	52	95	31
51107	35	37	52	12	51311	55	57	105	35
51108	40	42	60	13	51312	60	62	110	35
51109	45	47	65	14	51313	65	67	115	36
51110	50	52	70	14	51314	70	72	125	40
51111	55	57	78	16	51315	75	77	135	44
51112	60	62	85	17	51316	80	82	140	44
12 系列					14 系列				
51200	10	12	26	11	51405	25	27	60	24
51201	12	14	28	11	51406	30	32	70	28
51202	15	17	32	12	51407	35	37	80	32
51203	17	19	35	12	51408	40	42	90	36
51204	20	22	40	14	51409	45	47	100	39
51205	25	27	47	15	51410	50	52	110	43
51206	30	32	52	16	51411	55	57	120	48
51207	35	37	62	18	51412	60	62	130	51
51208	40	42	68	19	51413	65	67	140	56
51209	45	47	73	20	51414	70	72	150	60
51210	50	52	78	22	51415	75	77	160	65
51211	55	57	90	25	51416	80	82	170	68
51212	60	62	95	26	51417	85	88	180	72

表 B9 普通圆柱螺旋压缩弹簧尺寸系列(摘自 GB/T 1358—1993)

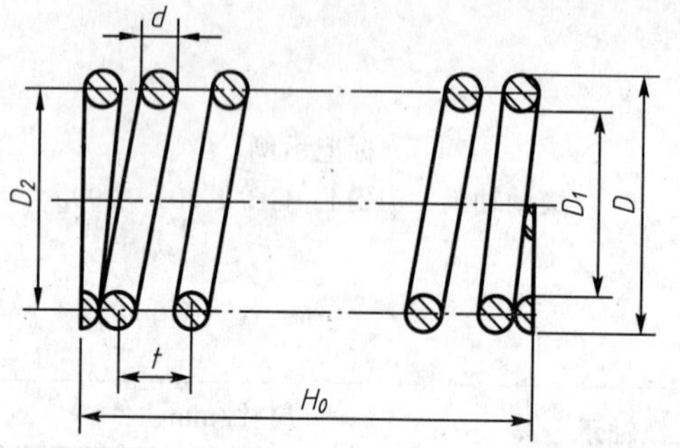

d——弹簧钢丝直径
D——弹簧外径
D_2——弹簧中径
D_1——弹簧内径
n——有效圈数
H_0——自由高度
t——弹簧节距

弹簧丝直径 d 系列	
第一系列	第二系列
0.1，0.12，0.14，0.16，0.2，0.25，0.3，0.35，0.4，0.45，0.5，0.6，0.7，0.8，0.9，1，1.2，1.6，2，2.5，3，3.5，4，4.5，5，6，8，10，12，16，20，25，30，35，40，45，50，60，70，80	0.08，0.09，0.18，0.22，0.28，0.32，0.55，0.65，1.4，1.8，2.2，2.8，3.2，5.5，6.5，7，9，11，14，18，22，28，32，38，42，55，65

弹簧中径 D_2 系列
0.4，0.5，0.6，0.7，0.8，0.9，1，1.2，1.6，1.8，2，2.2，2.5，2.8，3，3.2，3.5，3.8，4，4.2，4.5，4.8，5，5.5，6，6.5，7，7.5，8，8.5，9，10，12，14，16，18，20，22，25，28，30，32，38，42，45，48，50，52，55，58，60，65，70，75，80，85，90，95，100 105，110，115，120，125，130，135，140，145，150，160，170，180，190，200，210，220，230，240，250，260，270，280，290，300，320，340，360，380，400，450，500，550，60 0，650，700

压缩弹簧的有效圈数 n 系列
2，2.25，2.5，2.75，3，3.25，3.5，3.75，4，4.25，4.5，4.75，5，5.5，6，6.5，7，7.5，8，8.5，9，9.5，10，10.5，11.5，12.5，13.5，14.5，15，16，18，20，22，25，28，30

压缩弹簧自由高度 H_0 系列
5，6，7，8，9，10，12，14，16，18，22，25，28，30，32，35，38，40，42，45，48，50，52，55，58，60，65，70，75，80，85，90，95，100，105，110，115，120，130，140，150，160，170，180，190，200，220，240，260，280，300，320，340，360，380，400，420，450，480，500，520，550，580，600，620，650，680，700，720，750，780，800，850，900，950，1000

注：优先采用第一系列。

附录C　极限与配合

表C1　孔公差带的极限偏差(摘自GB/T 1800.4—1999)　μm

基本尺寸/mm		常用及优先公差带													
		A	*B*		*C*	*D*				*E*		*F*			
大于	至	11	11	12	11	8	⑨	10	11	8	9	6	7	⑧	9
—	3	+330 +270	+200 +140	+240 +140	+120 +60	+34 +20	+45 +20	+60 +20	+80 +20	+28 +14	+39 +14	+12 +6	+16 +6	+20 +6	+31 +6
3	6	+345 +270	+215 +140	+260 +140	+145 +70	+48 +30	+60 +30	+78 +30	+105 +30	+38 +20	+50 +20	+18 +10	+22 +10	+28 +10	+40 +10
6	10	+370 +280	+240 +150	+300 +150	+170 +80	+62 +40	+76 +40	+98 +40	+130 +40	+47 +25	+61 +25	+22 +13	+28 +13	+35 +13	+49 +13
10	14	+400 +290	+260 +150	+330 +150	+205 +95	+77 +50	+93 +50	+120 +50	+160 +50	+59 +32	+75 +32	+27 +16	+34 +16	+43 +16	+59 +16
14	18														
18	24	+430 +300	+290 +160	+370 +160	+240 +110	+98 +65	+117 +65	+149 +65	+195 +65	+73 +40	+92 +40	+33 +20	+41 +20	+53 +20	+72 +20
24	30														
30	40	+470 +310	+330 +170	+420 +170	+280 +1	+119 +80	+142 +80	+180 +80	+240 +80	+89 +50	+112 +50	+41 +25	+50 +25	+64 +25	+87 +25
40	50	+480 +320	+340 +180	+430 +180	+290 4—130										
50	65	+530 +340	+380 +190	+490 +190	+330 +140	+146 +100	+170 +100	+220 +100	+290 +100	+106 +60	+134 +60	+49 +30	+60 +30	+76 +30	+104 +30
65	80	+550 +360	+390 +200	+500 +200	+340 +150										
80	100	+600 +380	+440 +220	+570 +220	+390 +170	+174 +120	+207 +120	+260 +120	+340 +120	+126 +72	+159 +72	+58 +36	+71 +36	+90 +36	+123 +36
100	120	+630 +410	+460 +240	+590 +240	+400 +180										
120	140	+710 +460	+510 +260	+660 +260	+450 +200	+208 +145	+245 +145	+305 +145	+395 +145	+148 +85	+185 +85	+68 +43	+83 +43	+106 +43	+143 +43
140	160	+770 +520	+530 +280	+680 +280	+460 +210										
160	180	+830 +580	+560 +310	+710 +310	+480 +230										

（续）

基本尺寸/mm		常用及优先公差带													
		A	**B**		**C**	**D**				**E**		**F**			
大于	至	11	11	12	11	8	⑨	10	11	8	9	6	7	⑧	9
180	200	+950 +660	+630 +340	+800 +340	+530 +240										
200	225	+1030 +740	+670 +380	+840 +380	+550 +260	+242 +170	+285 +170	+355 +170	+460 +170	+172 +100	+215 +100	+79 +50	+96 +50	+122 +50	+165 +50
225	250	+1110 +820	+710 +420	+880 +420	+570 +280										
250	280	+1240 +920	+800 +480	+1000 +480	+620 +300	+271 +190	+320 +190	+400 +190	+510 +190	+191 +110	+240 +110	+88 +56	+108 +56	+137 +56	+186 +56
280	315	+1370 +1050	+860 +540	+1060 +540	+650 +330										
315	355	+1560 +1200	+960 +600	+1170 +600	+720 +360	+299 +210	+350 +210	+440 +210	+570 +210	4−214 +125	+265 +125	98 +62	+119 +62	+151 +62	+202 +62
355	400	+1710 +1350	+1040 +680	+1250 +680	+760 +400										
400	450	+1900 +1500	+1160 +760	+1390 +760	+840 +440	+327 +230	+385 +230	+480 +230	+630 +230	+232 +135	+290 +135	+108 +68	+131 +68	+165 +68	+223 +68
450	500	+2050 +1650	+1240 +840	+1470 +840	+880 +480										

G		**H**							**Js**			**K**			**M**		
6	⑦	6	⑦	⑧	⑨	10	11	12	6	7	8	6	⑦	8	6	7	8
+8 +2	+12 +2	+6 0	+10 0	+14 0	+25 0	+40 0	+60 0	+100 0	±3	±5	±7	0 6	0 −10	0 −14	−2 −8	−2 −12	−2 −16
+12 +4	+16 +4	+8 0	+12 0	+18 0	+30 0	+48 0	+75 0	+120 0	±4	±6	±9	+2 −6	+3 −9	+5 −13	−1 −9	0 −12	+2 −16
+14 +5	+20 +5	+9 0	+15 0	+22 0	+36 0	+58 0	+90 0	+150 0	±4.5	±7	±11	+2 −7	+5 −10	+6 −16	−3 −12	0 −15	+1 −21
+17 +6	+24 +6	+11 0	+18 0	+27 0	+43 0	+70 0	+110 0	+180 0	±55	±9	±13	+2 −9	+6 −12	+8 −19	−4 −15	0 −18	+2 −25
+20 +7	+28 +7	+13 0	+21 0	+33 0	+52 0	+84 0	+130 0	+210 0	±6.5	±10	±16	+2 −11	+6 −15	+10 −23	−4 −17	0 −21	+4 −29
+25 +9	+34 +9	+16 0	+25 0	+39 0	+62 0	+100 0	+160 0	+250 0	±8	±12	±19	+3 −13	+7 −18	+12 −27	−4 −20	0 −25	+5 −34

(续)

G		***H***							***Js***			***K***			***M***		
6	⑦	6	⑦	⑧	⑨	10	11	12	6	7	8	6	⑦	8	6	7	8
+29 +10	+40 +10	+19 0	+30 0	+46 0	+74 0	+120 0	+190 0	+300 0	±9.5	±15	±23	+4 −15	+9 −21	+14 −32	−5 −24	0 −30	+5 −41
+34 +12	+47 +12	+22 0	+35 0	+54 0	+87 0	+140 0	+220 0	+350 0	±11	±17	±27	+4 −18	+10 −25	+16 −38	−6 −28	0 −35	+6 −48
+39 +14	+54 +14	+25 0	+40 0	+63 0	+100 0	+160 0	+250 0	+400 0	±12.5	±20	±31	+4 −21	+12 −28	+20 −43	−8 −33	0 −40	+8 −55
+44 +15	+61 +15	+29 0	+46 0	+72 0	+115 0	+185 0	+290 0	+460 0	±14.5	±23	±36	+5 −24	+13 −33	+22 −50	−8 −37	0 −46	+9 −63
+49 +17	+69 +17	+32 0	+52 0	+81 0	+130 0	+210 0	+320 0	+520 0	±16	±26	±40	+5 −27	+16 −36	+25 −56	−9 −41	0 −52	+9 −72
+54 +18	+75 +18	+36 0	+57 0	+89 0	+140 0	+230 0	+360 0	+570 0	±18	±28	±44	+7 −29	+17 −40	+28 −61	−10 −46	0 −57	+11 −78
+60 +20	+83 +20	+40 0	+63 0	+97 0	+155 0	+250 0	+400 0	+630 0	±20	±31	±48	+8 −32	+18 −45	+29 −68	−10 −50	0 −63	+11 −86

基本尺寸/mm		常用及优先公差带(带圈者为优先公差带)											
		N			***P***		***R*** ***l***		***S***		***T***		***U***
大于	至	6	⑦	8	6	⑦	6	7	6	⑦	6	7	⑦
—	3	−4 −10	−4 −14	−4 −18	−6 −12	−6 −16	−10 −16	−10 −20	−14 −20	−14 −24	—	—	−18 −28
3	6	−5 −13	−4 −16	−2 −20	−9 −17	−8 −20	−12 −20	−11 −23	−16 −24	−15 −27	—	—	−19 −31
6	10	−7 −16	−4 −19	−3 −25	−12 −21	−9 −24	−16 −25	13 −28	−20 −29	−17 −32	—	—	−22 −37
10	14	−9 −20	−5 −23	−3 −30	−15 −26	−11 −29	−20 −31	−16 −34	−25 −36	−21 −39	—	—	−26 −44
14	18												
18	24	−11 −24 −24	−7 −28	−3 −36	−18 −31	−14 −35	−24 −37	−20 −41	−31 −44	−27 −48	—	—	−33 −54
24	30										−37 −50	−33 −54	−40 −61
30	40	−12 −28	−8 −33	−3 −42	−21 −37	−17 −42	−29 −45	−25 −50	−38 −54	−34 −59	−43 −59	−39 −64	−51 −76
40	50										−49 −65	−45 −70	−61 −86

(续)

基本尺寸/mm		常用及优先公差带(带圈者为优先公差带)											
		N			P		R l		S		T		U
大于	至	6	⑦	8	6	⑦	6	7	6	⑦	6	7	⑦
50	65	-14 -33	-9 -39	-4 -50	-26 -45	-21 -51	-35 -54	-30 -60	-47 -66	-42 -72	-60 -79	-55 -85	-76 -106
65	80						-37 -56	-32 -62	-53 -72	-48 -78	-69 -88	-64 -94	-91 -121
80	100	-16 -38	-10 -45	-4 -58	-30 -52	-24 -59	-44 -66	-38 -73	-64 -86	-58 -93	-84 -106	-78 -113	-111 -146
100	120						-47 -69	-41 -76	-72 -94	-66 -101	-97 -119	-91 -126	-131 -166
120	140	-20 -45	-12 -52	-4 -67	-36 -61	-28 -68	-56 -81	-48 -88	-85 -110	-77 -117	-115 -140	-107 -147	-155 -195
140	160						-58 -83	-50 -90	-93 -118	-85 -125	-127 -152	-119 -159	-175 -215
160	180						-61 -86	-53 -93	-101 -126	-93 -133	-139 -164	-131 -171	-195 -235
180	200	-22 -51	-14 -60	-5 -77	-41 -70	-33 -79	-68 -97	-60 -106	-113 -142	-105 -151	-157 -186	-149 -195	-219 -265
200	225						-71 -100	-63 -109	-121 -150	-113 -159	-171 -200	-163 -209	-241 -287
225	250						-75 -104	-67 -113	-131 -160	-123 -169	-187 -216	-179 -225	-267 -313
250	280	-25 -57	-14 -66	-5 -86	-47 -79	-36 -88	-85 -117	-74 -126	-149 -181	-138 -190	-209 -241	-198 -250	-295 -347
280	315						-89 -121	-78 -130	-161 -193	-150 -202	-231 -263	-220 -272	-330 -382
315	355	-26 -62	-16 -73	-5 -94	-51 -87	-41 -98	-97 -133	-87 -144	-179 -215	-169 -226	-257 -293	-247 -304	-369 -426
355	400						-103 -139	-93 -150	-197 -233	-187 -244	-283 -319	-273 -330	-414 -471
400	450	-27 -67	-17 -80	-6 -103	-55 -95	-45 -108	-113 -153	-103 -166	-219 -259	-209 -272	-317 -357	-307 -370	-467 -530
450	500						-119 -159	-109 -172	-239 -279	-229 -292	-347 -387	-337 -400	-517 -580

注：带圈者为优先公差带。

表 C2 基本尺寸至 500mm 的基孔制优先和常用配合(摘自 GB/T 1801—1999)

基准孔	轴																				
	a	b	c	d	e	f	g	h	js	k	m	n	p	r	s	t	u	v	x	y	z
	间隙配合								过渡配合				过盈配合								
H6						$\frac{H6}{f5}$	$\frac{H6}{g5}$	$\frac{H6}{h5}$	$\frac{H6}{js5}$	$\frac{H6}{k5}$	$\frac{H6}{m5}$	$\frac{H6}{n5}$	$\frac{H6}{p5}$	$\frac{H6}{r5}$	$\frac{H6}{s5}$	$\frac{H6}{t5}$					
H7						$\frac{H7}{f6}$	◤ $\frac{H7}{g6}$	◤ $\frac{H7}{k6}$	$\frac{H7}{js6}$	◤ $\frac{H7}{k6}$	$\frac{H7}{m6}$	◤ $\frac{H7}{n6}$	◤ $\frac{H7}{p6}$	$\frac{H7}{r6}$	◤ $\frac{H8}{s6}$	$\frac{H7}{t6}$	◤ $\frac{H7}{u6}$	$\frac{H7}{v6}$	$\frac{H7}{x6}$	$\frac{H7}{y6}$	$\frac{H7}{z6}$
H8					$\frac{H8}{e7}$	◤ $\frac{H8}{f7}$	$\frac{H8}{g7}$	◤ $\frac{H8}{h7}$	$\frac{H8}{js7}$	$\frac{H8}{k7}$	$\frac{H8}{m7}$	$\frac{H8}{n7}$	$\frac{H8}{p7}$	$\frac{H8}{r7}$	$\frac{H8}{s7}$	$\frac{H8}{t7}$	$\frac{H8}{u7}$				
				$\frac{H8}{d8}$	$\frac{H8}{e8}$	$\frac{H8}{f8}$		$\frac{H8}{h8}$													
H9			$\frac{H9}{c9}$	◤ $\frac{H9}{d9}$	$\frac{H9}{e9}$	$\frac{H9}{f9}$		◤ $\frac{H9}{h9}$													
H10			$\frac{H10}{c10}$	$\frac{H10}{d10}$				$\frac{H10}{h10}$													
H11	$\frac{H11}{a11}$	$\frac{H11}{b11}$	◤ $\frac{H11}{c11}$	$\frac{H11}{e11}$				◤ $\frac{H11}{h11}$													
H12		$\frac{H12}{b12}$						$\frac{H12}{h12}$													

注：① $\frac{H6}{n5}$、$\frac{H7}{p6}$在基本尺寸大于或等于 3mm 和$\frac{H8}{r7}$在小于或等于 100mm 时，为过渡配合。

② 标注◤的配合为优先配合。

表 C3 基本尺寸至 500mm 基轴制优先和常用配合(摘自 GB/T 1801—1999)

基准孔	孔																				
	A	B	C	D	E	F	G	H	JS	K	M	N	P	R	S	T	U	V	X	Y	Z
	间隙配合								过渡配合				过盈配合								
h5						$\frac{F6}{h5}$	$\frac{G6}{h5}$	$\frac{H6}{h5}$	$\frac{JS6}{h5}$	$\frac{K6}{h5}$	$\frac{M6}{h5}$	$\frac{N6}{h5}$	$\frac{P6}{h5}$	$\frac{R6}{h5}$	$\frac{S6}{h5}$	$\frac{T6}{h5}$					
h6						$\frac{F7}{h6}$	◤ $\frac{G7}{h6}$	◤ $\frac{H7}{h6}$	$\frac{JS6}{h6}$	◤ $\frac{U7}{h6}$	$\frac{M7}{h6}$	◤ $\frac{N7}{h6}$	◤ $\frac{P7}{h6}$	$\frac{R7}{h6}$	◤ $\frac{S7}{h6}$	$\frac{T7}{h6}$	◤ $\frac{U7}{h6}$				
h7					$\frac{E8}{h7}$	◤ $\frac{F8}{h7}$		◤ $\frac{H12}{h12}$	$\frac{JS8}{h7}$	$\frac{K8}{h7}$	$\frac{M8}{h7}$	$\frac{N8}{h7}$									
h8				$\frac{D8}{h8}$	$\frac{E8}{h8}$	$\frac{F8}{h8}$		$\frac{H8}{h8}$													
h9				◤ $\frac{D9}{h9}$	$\frac{E9}{h9}$	$\frac{F9}{h9}$		◤ $\frac{H9}{h9}$													

(续)

基准孔	孔																				
	A	B	C	D	E	F	G	H	JS	K	M	N	P	R	S	T	U	V	X	Y	Z
	间隙配合										过渡配合		过盈配合								
h10				$\frac{D10}{h10}$				$\frac{H10}{h10}$													
h11	$\frac{A11}{h11}$	$\frac{B11}{h11}$	◤ $\frac{C11}{h11}$	$\frac{D11}{h11}$				◤ $\frac{H11}{h11}$													
h12	$\frac{R12}{h12}$							$\frac{H12}{h12}$													

注：标注◤的配合为优先配合。

表 C4　优先配合特性及应用举例

基孔制	基轴制	优先配合特性及应用举例
$\frac{H11}{c11}$	$\frac{C11}{h11}$	间隙非常大，用于很松的、转动很慢的动配合，或要求大公差与大间隙的外露组件，或要求装配方便且很松的配合
$\frac{H9}{d9}$	$\frac{D9}{h9}$	间隙很大的自由转动配合，用于精度非主要要求时，或有大的温度变动、高转速或大的轴颈压力时
$\frac{H8}{f7}$	$\frac{F8}{h7}$	间隙不大的转动配合，用于中等转速与中等轴颈压力的精确转动，也用于装配较易的中等定位配合
$\frac{H7}{g6}$	$\frac{G7}{h6}$	间隙很小的滑动配合，用于不希望自由转动，但可自由移动和滑动并精密定位时，也可用于要求明确的定位配合
$\frac{H7}{h6}$ $\frac{H8}{f7}$ $\frac{H9}{h9}$ $\frac{H11}{h11}$	$\frac{H7}{h6}$ $\frac{H8}{f7}$ $\frac{H9}{h9}$ $\frac{H11}{h11}$	均为间隙定位配合，零件可自由装拆，而工作时一般相对静止不动。在最大实体条件下的间隙为零，在最小实体条件下的间隙由公差等级决定
$\frac{H7}{k6}$	$\frac{K7}{h6}$	过渡配合，用于精密定位
$\frac{H7}{n6}$	$\frac{N7}{h6}$	过渡配合，允许有较大过盈的更精密定位
$\frac{H7}{p6}$	$\frac{P7}{h6}$	过盈定位配合，过盈配合，用于定位精度特别重要时，能以最好的定位精度达到部件的刚性及对中性要求，而对内孔承受压力无特殊要求，不依靠配合的紧固性传递摩擦负荷
$\frac{H7}{s6}$	$\frac{S7}{h6}$	中等压入配合，适用于一般钢件，或用于薄壁件的冷缩配合，用于铸铁件可得到最紧的配合
$\frac{H7}{u6}$	$\frac{U7}{h6}$	压入配合，适用于可以承受大压入力的零件或不宜承受大压入力的冷缩配合

表 C5 公差等级与加工方法的关系

加工方法	公差等级(IT)																
	01	0	1	2	3	4	5	6	7	8	9	10	11	12	13	14	15	16
研磨	——	——	——	——	——	——	——											
圆磨、平磨							——	——	——	——								
金刚石车							——	——	——									
金刚石镗							——	——	——									
铰孔								——	——	——	——	——						
车、镗									——	——	——	——	——					
铣										——	——	——	——					
刨、插												——	——					
钻孔												——	——	——	——			
冲压												——	——	——	——	——		
压铸													——	——	——	——		
锻造																		

表 C6 轴公差带的极限偏差(摘自 GB/T 1800.4—1999) μm

基本尺寸/mm		常用及优先公差带												
		a	b		c			d				e		
大于	至	11	11	12	9	10	⑪	8	⑨	10	11	7	8	9
—	3	−270 −330	−140 −200	−140 −240	−60 −85	−60 −100	−60 −120	−20 −34	−20 −45	−20 −60	−20 −80	−14 −24	−14 −28	−14 −39
3	6	−270 −345	−140 −215	−140 −260	−70 −100	−70 −118	−70 −145	−30 −48	−30 −60	−30 −78	−30 −105	−20 −32	−20 −38	−20 −50
6	10	280 −370	−150 −240	−150 −300	−80 −116	−80 −138	−80 −170	−40 −62	−40 −76	−40 −98	−40 −130	−25 −40	−25 −47	−25 −61
10 14	14 18	−290 −400	−150 −260	−150 −330	−95 −138	−95 −165	−95 −205	−50 −77	−50 −93	−50 −120	−50 −160	−32 −50	−32 −59	−32 −75
18 24	24 30	−300 −430	−160 −290	−160 −370	−110 −162	−110 −194	−110 −240	−65 −98	−65 −117	−65 −149	−65 −195	−40 −61	−40 −73	−40 −92
30	40	−310 −470	−170 −330	−170 −420	−120 −182	−120 −220	−120 −280	−80	−80	−80	−80	−50	−50	−50
40	50	−320 −480	−180 −340	−180 −430	−130 −192	−130 −230	−130 −290	−119	−142	−180	−240	−75	−89	−112

(续)

基本尺寸/mm		常用及优先公差带												
		a	*b*		*c*			*d*				*e*		
大于	至	11	11	12	9	10	⑪	8	⑨	10	11	7	8	9
50	65	-340 -530	-190 -380	-190 -490	-140 -214	-140 -260	-140 -330	-100	-100	-100	-100	-60	-60	-60
65	80	-360 -550	-200 -390	-200 -500	-150 -224	-150 -270	-150 -340	-146	-174	-220	-290	-90	-106	-134
80	100	-380 -600	-220 -440	-220 -570	-170 -257	-170 -310	-170 -390	-120	-120	-120	-120	-72	-72	-72
100	120	-410 -630	-240 -460	-240 -590	-180 -267	-180 -320	-180 -400	-174	-207	-260	-340	-107	-126	-159
120	140	-460 -710	-260 -510	-260 -660	-200 -300	-200 -360	-200 -450							
140	160	-520 -770	-280 -530	-280 -680	-210 -310	-210 -370	-210 -460	-145 -208	-145 -245	-145 -305	-145 -395	-85 -125	-85 -148	-85 -185
160	180	-580 -830	-310 -560	-310 -710	-230 -330	-230 -390	-230 -480							
180	200	-660 -950	-340 -630	-340 -800	-240 -355	-240 -425	-240 -530							
200	225	-740 -030	-380 -670	-380 -840	-260 -375	-260 -445	-260 -550	-170 -242	-170 -285	-170 -355	-170 -460	-100 -146	-100 -172	-100 -215
225	250	-820 -1110	-420 -710	-420 -880	-280 -395	-280 -465	-280 -570							
250	280	-920 -1240	-480 -800	-480 -1000	-300 -430	-300 -510	-300 -620	-190	-190	-190	-190	-110	-110	-110
280	315	-1050 -1370	-540 -860	-540 -1060	-330 -460	-330 -540	-330 -650	-271	-320	-400	-510	-162	-191	-240
315	355	-1200 -1560	-600 -960	-600 -1170	-360 -500	-360 -590	-360 -720	-210	-210	-210	-210	-125	-125	-125
355	400	-1350 -1710	-680 -1040	-680 -1250	-400 -540	-400 -630	-400 -760	-299	-350	-440	-570	-182	-214	-265
400	450	-1500 -1900	-760 -1160	-760 -1390	-440 -595	-440 -690	-440 -840	-230	-230	-230	-230	-135	-135	-135
450	500	-1650 -2050	-840 -1240	-840 -1470	-480 -635	-480 -730	-480 -880	-327	-385	-480	-630	-198	-232	-290

注：基本尺寸小于1mm时，各级的 *a* 和 *b* 均不采用(摘自GB/T 1800.4—1999)。

表C6 轴公差带的极限偏差(摘自GB/T 1800.4—1999) μm

基本尺寸/mm		常用及优先公差带														
		f					*g*			*h*						
大于	至	5	6	⑦	8	9	5	⑥	7	5	⑥	⑦	8	9	10	⑪
—	3	−6 −10	−6 −12	−6 −16	−6 −20	−6 −31	−2 −6	−2 −8	−2 −12	0 −4	0 −6	0 −10	0 −14	0 −25	0 −40	0 −60
3	6	−10 −15	10 −18	−10 −22	−10 −28	−10 −40	−4 −9	−4 −12	−4 −16	0 −5	0 −8	0 −12	0 −18	0 −30	0 −48	0 −75
6	10	−13 −19	−13 −22	−13 −28	−13 −35	−13 −49	−5 −11	−5 −14	−5 −20	0 −6	0 −9	0 −15	0 −22	0 −36	0 −58	0 −90
10 14	14 18	−16 −24	−16 −27	−16 −34	−16 −43	−16 −59	−6 −14	−6 −17	−6 −24	0 −8	0 −11	0 −18	0 −27	0 −43	0 −70	0 −110
18 24	24 30	−20 −29	−20 −33	−20 −41	−20 −53	−20 −72	−7 −16	−7 −20	−7 −28	0 −9	0 −13	0 −21	0 −33	0 −52	0 −84	0 −130
30 40	40 50	−25 −36	−25 −41	−25 −50	−25 −64	−25 −87	−9 −20	−9 −25	−9 −34	0 −11	0 −16	0 −25	0 −39	0 −62	0 −100	0 −160
50 65	65 80	−30 −43	−30 −49	−30 −60	−30 −76	−30 −104	−10 −23	−10 −29	−10 −40	0 −13	0 −19	0 −30	0 −46	0 −74	0 −120	0 −190
80 100	100 120	−36 −51	−36 −58	−36 −71	−36 −90	−36 −123	−12 −27	−12 −34	−12 −47	0 −15	0 −22	0 −35	0 −54	0 −87	0 −140	0 −220
120 140 160	140 160 180	−43 −61	−43 −68	−43 −83	−43 −106	−43 −143	−14 −32	−14 −39	−14 −54	0 −18	0 −25	0 −40	0 −63	0 −100	0 −160	0 −250
180 200 225	200 225 250	−50 −70	−50 −79	−50 −96	−50 −122	−50 −165	−15 −35	−15 −44	−15 −61	0 −20	0 −29	0 −46	0 −72	0 −115	0 −185	0 −290
250 280	280 315	−56 −79	−56 −88	−56 −108	−56 −137	−56 −186	−17 −40	−17 −49	−17 −69	0 −23	0 −32	0 −52	0 −81	0 −130	0 −210	0 −320
315 355	355 400	−62 −87	−62 −98	−62 −119	−62 −151	−62 −202	−18 −43	−18 −54	−18 −75	0 −25	0 −36	0 −57	0 −87	0 −140	0 −230	0 −360
400 450	450 500	−68 −95	−68 −108	−68 −131	−68 −165	−68 −223	−20 −47	−20 −60	−20 −83	0 −27	0 −40	0 −63	0 −97	0 −155	0 −250	0 −400

(续)

基本尺寸/mm		常用及优先公差带														
		Js			*k*			*m*			*n*			*p*		
大于	至	5	6	7	5	⑥	7	5	6	7	5	⑥	7	5	⑥	7
—	3	±2	±3	±5	+4 0	+6 0	+10 0	+6 +2	+8 +2	+12 +2	+8 +4	+10 +4	+14 +4	+10 +6	+12 +6	+16 +6
3	6	±2.5	±4	±6	+6 +1	+9 +1	+13 +1	+9 +4	+12 +4	+16 +4	+13 +8	+16 +8	+20 +8	+17 +12	+20 +12	+24 +12
6	10	±3	±4.5	±7	+7 +1	+10 +1	+16 +1	+12 +6	+15 +6	+21 +6	+1 +10	+19 +10	+25 +10	+21 +15	+24 +15	+30 +15
10	14	±4	±5.5	±9	+9 +1	+12 +1	+19 +1	+15 +7	+18 +7	+25 +7	+20 +12	+23 +12	+30 +12	+26 +18	+29 +18	+36 +18
14	18															
18	24	±4.5	±6.5	±10	+11 +2	+15 +2	+23 +2	+17 +8	+21 +8	+29 +8	+24 +15	+28 +15	+36 +15	+31 +22	+35 +22	+43 +22
24	30															
30	40	±5.5	±8	±12	+13 +2	+18 +2	+27 +2	+20 +9	+25 +9	+34 +9	+28 +17	+33 +17	+42 +17	+37 +26	+42 +26	+51 +26
40	50															
50	65	±6.5	±9.5	±15	+15 +2	+21 +2	+32 +2	+24 +11	+30 +11	+41 +11	+33 +20	+39 +20	+50 +20	+45 +32	+51 +32	+62 +32
65	80															
80	100	±7.5	±11	±17	+18 +3	+25 +3	+38 +3	+28 +13	+35 +13	+48 +13	+38 +23	+45 +23	+58 +23	+52 +37	+59 +37	+72 +37
100	120															
120	140	±9	±12.5	±20	+21 +3	+28 +3	+43 +3	+33 +15	+40 +15	+55 +15	+45 +27	+52 +27	+67 +27	+61 +43	+68 +43	+83 +43
140	160															
160	180															
180	200	±10	±14.5	±23	+24 +4	+33 +4	+50 +4	+37 +17	+46 +17	+63 +17	+54 +31	+60 +31	+77 +31	+70 +50	+79 +50	+96 +50
200	225															
225	250															
250	280	±11.5	±16	±26	+27 +4	+36 +4	+56 +4	+43 +20	+52 +20	+72 +20	+57 +34	+66 +34	+86 +34	+79 +56	+88 +56	+108 +56
280	315															
315	355	±12.5	±18	±28	+29 +4	+40 +4	+61 +4	+46 +21	+57 +21	+78 +21	+62 +37	+73 +37	+94 +37	+87 +62	+98 +62	+119 +62
355	400															
400	450	±13.5	±20	±31	+32 +5	+45 +5	+68 +5	+50 +23	+63 +23	+86 +23	+67 +40	+80 +40	+103 +40	+95 +68	+108 +68	+131 +68
450	500															

（续）

r			s			t			u		v	x	y	z
5	6	7	5	⑥	7	5	6	7	⑥	7	6	6	6	6
+14 +10	+16 +10	+20 +10	+18 +14	+20 +14	+24 +14	—	—	—	+24 +18	+28 +18	—	+26 +20	—	+32 +26
+20 +15	+23 +15	+27 +15	+24 +19	+27 +19	+31 +19	—	—	—	+31 +23	+35 +23	—	+36 +28	—	+43 +35
+25 +19	+28 +19	+34 +19	+29 +23	+32 +23	+38 +23	—	—	—	+37 +28	+43 +28	—	+43 +34	—	+51 +42
+31	+34	+41	+36	+39	+46	—	—	—	+44	+51	—	+51 +40	—	+61 +50
+23	+23	+23	+28	+28	+28	—	—	—	+33	+33	+50 +39	+56 +45	—	+71 +60
+37	+41	+49	+44	+48	+56	—	—	—	+54 +41	+62 +41	+60 +47	+67 +54	+76 +63	+86 +73
+28	+28	+28	+35	+35	+35	+50 +41	+54 +41	+62 +41	+61 +43	+69 +48	+68 +55	+77 +64	+88 +75	+101 +88
+45	+50	+59	+54	+59	+68	+59 +48	+64 +48	+73 +48	+76 +60	+85 +60	+84 +68	+96 +80	+110 +94	+128 +112
+34	+34	+34	+43	+43	+43	+65 +54	+70 +54	+79 +54	+86 +70	+95 +70	+97 +81	+113 +97	+130 +114	+152 +136
+54 +41	+60 +41	+71 +41	+66 +53	+72 +53	+83 +53	+79 +66	+85 +66	+96 +66	+106 +87	+117 +87	+121 +102	+141 +122	+163 +144	+191 +172
+56 +43	+62 +43	+73 +43	+72 +59	+78 +59	+89 +59	+88 +75	+94 +75	+105 +75	+121 +102	+132 +102	+139 +120	+165 +146	+193 +174	+229 +210
+66 +51	+73 +51	+86 +51	+86 +71	+93 +71	+106 +71	+106 +91	+113 +91	+126 +91	+146 +124	+159 +124	+168 +146	+200 +178	+236 +214	+280 +258
+69 +54	+76 +54	+89 +54	+94 +79	+101 +79	+114 +79	+110 +104	+126 +104	+139 +104	+166 +144	+179 +144	+194 +172	+232 +210	+276 +254	+332 +310
+81 +63	+88 +63	+103 +63	+110 +92	+117 +92	+132 +92	+140 +122	+147 +122	+162 +122	+195 +170	+210 +170	+227 +202	+273 +248	+325 +300	+390 +365
+83 +65	+90 +65	+105 +65	+118 +100	+125 +100	+140 +100	+152 +134	+159 +134	+174 +134	+215 +190	+230 +190	+253 +228	+305 +280	+365 +340	+440 +415
+86 +68	+93 +68	+108 +68	+126 +108	+133 +108	+148 +108	+164 +146	+171 +146	+186 +146	+235 +210	+250 +210	+277 +252	+335 +310	+405 +380	+490 +465
+97 +77	+106 +77	+123 +77	+142 +122	+151 +122	+168 +122	+186 +166	+195 +166	+212 +166	+265 +236	+282 +236	+313 +284	+379 +350	+454 +425	+549 +520
+100 +80	+109 +80	+126 +80	+150 +130	+159 +130	+176 +130	+200 +180	+209 +180	+226 +180	+287 +258	+304 +258	+339 +310	+414 +385	+499 +470	+604 +575

（续）

r			s			t			u		v	x	y	z
5	6	7	5	⑥	7	5	6	7	⑥	7	6	6	6	6
+104 +84	+113 +84	+130 +84	+160 +140	+169 +140	+186 +140	+216 +196	+225 +196	+242 +196	+313 +284	+330 +284	+369 +340	+454 +425	+549 +520	+669 +640
+117 +94	+126 +94	+146 +94	+181 +158	+290 +158	+210 +158	+241 +218	+250 +218	+270 +218	+347 +315	+367 +315	+417 +385	+507 +475	+612 +580	+742 +710
+121 +98	+130 +98	+150 +98	+193 +170	+202 +170	+222 +170	+263 +240	+272 +240	+292 +240	+382 +350	+402 +350	+457 +425	+557 +525	+682 +650	+322 +790
+133 +108	+144 +108	+165 +108	+215 +190	+226 +190	+247 +190	+293 +268	+304 +268	+325 +268	+426 +390	+447 +390	+511 +475	+626 +590	+766 +730	+936 +900
+139 +114	+150 +114	+171 +114	+233 +208	+244 +208	+265 +208	+319 +294	+330 +294	+351 +294	+471 +435	+492 +435	+566 +530	+696 +660	+856 +820	+1036 +1000
+153 +126	+166 +126	+189 +126	+259 +232	+272 +232	+295 +232	+357 +330	+370 +330	+393 +330	+530 +490	+553 +490	+635 +595	+780 +740	+960 +920	+1140 +1100
+159 +132	+172 +132	+195 +132	+279 +252	+292 +252	+315 +252	+387 +360	+400 +360	+423 +360	+580 +540	+603 +540	+700 +660	+860 +820	+1040 +1000	+1290 +1250

注：带圈者为优先公差带。

表C7　标准公差数值(摘自GB/T 1800.3—1999)　　μm

基本尺寸/mm	公差等级										
	IT01	IT0	IT1	IT2	IT3	IT4	IT5	IT6	IT7	IT8	IT9
>3～6	0.4	0.6	1	1.5	2.5	4	5	8	12	18	30
>6～10	0.4	0.6	1	1.5	2.5	4	6	9	15	22	36
>10～18	0.5	0.8	1.2	2	3	5	8	11	18	27	43
>18～30	0.6	1	1.5	2.5	4	6	9	13	21	33	52
>30～50	0.6	1	1.5	2.5	4	7	11	16	25	39	62
>50～80	0.8	1.2	2	3	5	8	13	19	30	46	74
>80～120	1	1.5	2.5	4	6	10	15	22	35	54	87
基本尺寸/mm	公差等级										
	IT10	IT11	IT12	IT13	IT14	IT15	IT16	IT17	IT18		
>3～6	48	75	120	180	300	480	750	1200	1800		
>6～10	58	90	150	220	360	580	900	1500	2200		
>10～18	70	110	180	270	430	700	1100	1800	2700		
>18～30	84	130	210	330	520	840	1300	2100	3300		
>30～50	100	160	250	390	620	1000	1600	2500	3900		
>50～80	120	190	300	460	740	1200	1900	3000	4600		
>80～120	140	220	350	540	870	1400	2200	3500	5400		

附录D 螺纹

表D1 普通螺纹(摘录GB/T 193—2003、GB/T 196—2003)

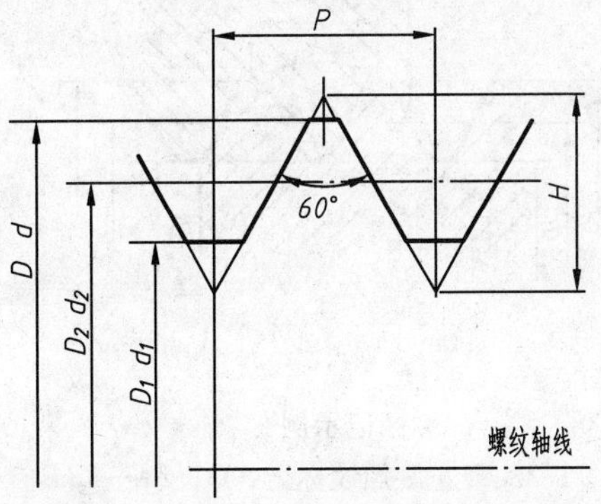

$$d_2 = d - 2 \times \frac{3}{8} H,\ D_2 = D - 2 \times \frac{3}{8} H$$

$$d_1 d_1 = d - 2 \times \frac{5}{8} H,\ D_1 = D - 2 \times \frac{5}{8} H$$

$$H = \frac{\sqrt{3}}{2} P$$

式中，D、d——内、外螺纹基本大径；

D_2、d_2——内、外螺纹基本中径；

D_1、d_1——内、外螺纹基本小径；

P——螺距；

H——原始三角形高度。

mm

公称直径 D、d		螺距 P		粗牙小径 D_1、d_1	公称直径 D、d		螺距 P		粗牙小径 D_1、d_1
第一系列	第二系列	粗牙	细牙		第一系列	第二系列	粗牙	细牙	
3		0.5	0.35	2.459	16		2	1.5、1	13.835
	3.5	0.6		2.850		18	2.5		15.294
4		0.7		3.242	20		2.5	2、1.5、1	17.294
	4.5	0.75	0.5	3.688		22	2.5		19.294
5		0.8		4.134	24		3	2、1.5、1	20.752
6		1	0.75	4.917		27	3	2、1.5、1	23.752
8		1.25	1、0.75	6.647	30		3.5	(3)、2、1.5、1	26.211
10		1.5	1.25、1、0.75、(0.5)	8.376		33	3.5	(3)、2、1.5	29.211
12		1.75	1.5、1.25	10.106	36		4	3、2、1.5	31.670
	14	2	1.5、1.25、1	11.835		39	4		34.670

注：① 优先选用第一系列。

② M14×1.25仅用于火花塞。

表 D2　管螺纹(摘录 GB/T 7306—2000、GB/T 7307—2001)

55°密封管螺纹 GB/T 7306—2000　　　55°非螺纹密封管螺纹 GB/T 7307—2001

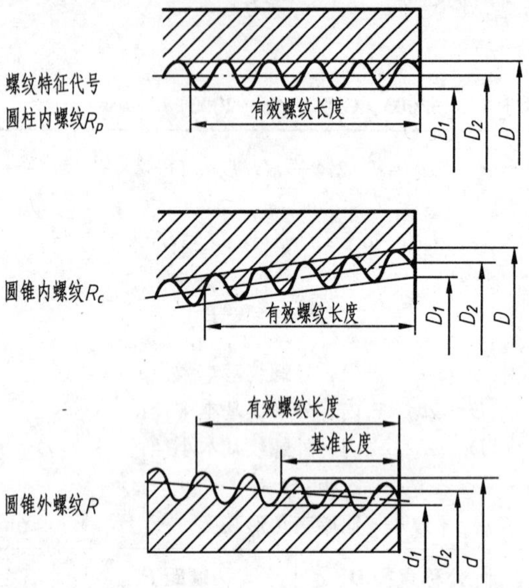

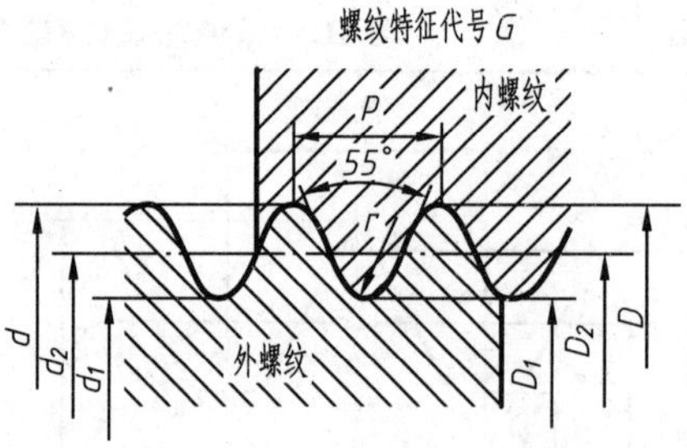

标记示例

1/2A 级左旋螺纹标记：G1/2A—*LH*

3/4 右旋圆锥内螺纹 *R*c 标记：*R*c3/4

尺寸代号	每英寸内的牙数/n	螺距 P /mm	牙高 h /mm	圆弧半径 /mm	基本直径/mm			基准距离 /mm	有效螺纹长度/mm
					大径 $D=D$	中径 $d_2=D_2$	小径 $d_1=D_1$		
1/16	28	0.907	0.581	0.125	7.723	7.142	6.561	4	6.5
1/8					9.728	9.147	8.566	4	6.5
1/4	19	1.337	0.856	0.184	13.157	12.301	11.445	6	9.7
3/8					16.662	15.806	14.950	6.4	10.1
1/2	14	1.814	1.162	0.249	20.955	19.793	18.631	8.2	13.2
5/8*					22.911	21.749	20.587		
3/4					26.441	25.279	24.117	9.5	14.5
7/8*					30.201	29.039	27.877		
1	11	2.309	1.479	0.317	33.249	31.770	30.291	10.4	16.8
11/4					37.897	40.431	38.952	12.7	19.1
11/2					41.910	46.324	44.845	12.7	19.1
2					59.614	58.135	56.656	15.9	23.4
21/2					75.184	73.705	72.226	17.5	26.7
3					87.884	86.405	84.926	20.6	29.8
4					113.030	111.551	110.072	25.4	35.8

注：① 尺寸代号有“*”者，仅有非螺纹的管螺纹。

② 用螺纹密封的管螺纹的“基本直径”为基准平面上的基本直径。

③“基准长度”、“有效螺纹长度”均为螺纹密封的管螺纹的参数。

表 D3 梯形螺纹(摘录 GB/T 5796.2—2005、GB/T 5796.3—2005)

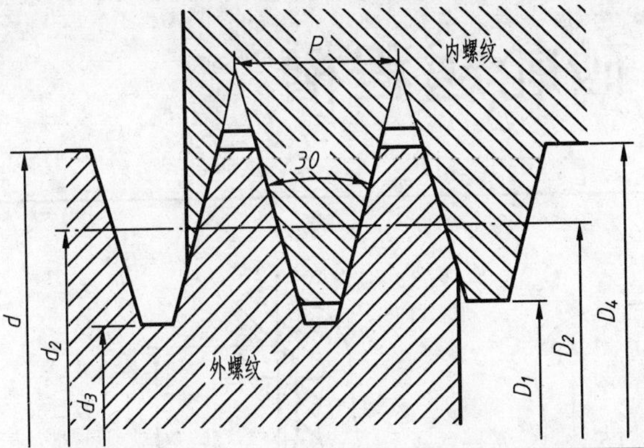

d——外螺纹大径；D_4——内螺纹大径；
d_2——外螺纹中径；D_2——内螺纹中径；
d_3——外螺纹小径；D_1——内螺纹小径。

标记示例

公称直径 28mm，螺距 5mm，中径公差带代号为 7H 的单线右旋梯形内螺纹，其标记：Tr28×5−7H

公称直径 28mm，导程为 10mm，螺距 5mm，中径公差带代号为 8e 的 c 双线左旋梯形外螺纹，其标记：Tr28×10(P5) LH−8e

mm

公称直径 d 第一系列	公称直径 d 第二系列	螺距 P	基本中径 $d_2=D_2$	基本大径 D_4	基本小径 d_3	基本小径 D_1
8		1.5	7.25	8.30	6.20	6.50
	9	1.5	8.25	9.30	7.20	7.50
		2	8.00	9.50	6.50	7.00
10		1.5	9.25	10.30	8.20	8.50
		2	9.00	10.50	7.50	8.00
	11	2	10.00	11.50	8.50	9.00
		3	9.50		7.50	8.00
12		2	11.00	12.50	9.50	10.00
		3	10.50		8.50	9.00
	14	2	13.00	14.50	11.50	12.00
		3	12.50		10.50	11.00
16		2	15.00	16.50	13.50	14.00
		4	14.00		11.50	12.00
	18	2	17.00	18.50	15.50	16.00
		4	16.00		13.50	14.00
20		2	19.00	20.50	17.50	18.00
		4	18.00		15.50	16.00
	22	3	20.00	22.50	18.50	19.00
		5	19.50		16.50	17.00
		8	18.00	23.00	13.00	14.00
24		3	22.50	24.50	20.50	21.00
		5	21.50		18.50	19.00
		8	20.00	25.00	15.00	16.00

公称直径 d 第一系列	公称直径 d 第二系列	螺距 P	基本中径 $d_2=D_2$	基本大径 D_4	基本小径 d_3	基本小径 D_1
	26	3	24.50	26.50	22.50	23.00
		5	23.50		20.50	21.00
		8	22.00	27.00	17.00	18.00
28		3	26.50	28.50	24.50	25.00
		5	25.50		22.50	23.00
		8	24.00	29.00	19.00	20.00
	30	3	28.50	30.50	26.50	29.00
		6	27.00	31.00	23.00	24.00
		10	25.00		19.00	20.00
32		3	30.50	32.50	28.50	29.00
		6	29.00	33.00	25.00	26.00
		10	27.00		21.00	22.00
	34	3	32.50	34.50	30.50	31.00
		6	31.00	35.00	27.00	28.00
		10	29.00		23.00	24.00
36		3	34.50	36.50	32.50	33.00
		6	33.00	37.00	29.00	30.00
		10	31.00		25.00	26.00
	38	3	36.50	38.50	34.50	35.00
		7	34.50	39.00	30.00	31.00
		10	33.50		27.00	28.00
40		3	38.50	40.50	36.50	37.00
		7	36.50	41.00	32.00	33.00
		10	35.00		29.00	30.00

附录 E　砂轮越程槽

F－1 砂轮越程槽(GB/T 6403.5—1986)

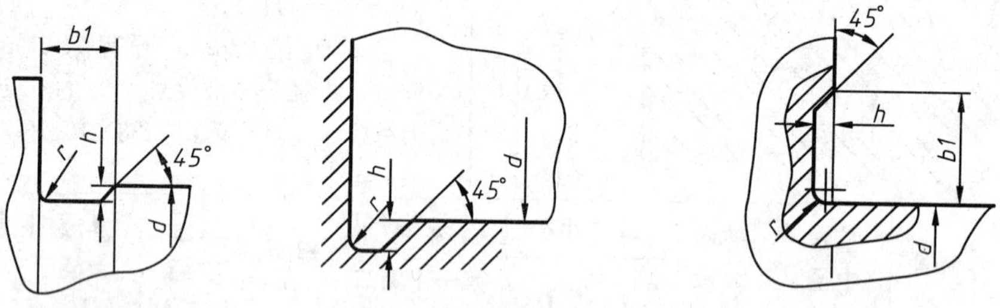

(a) 磨外圆　　(b) 磨内圆　　(c) 磨外端面

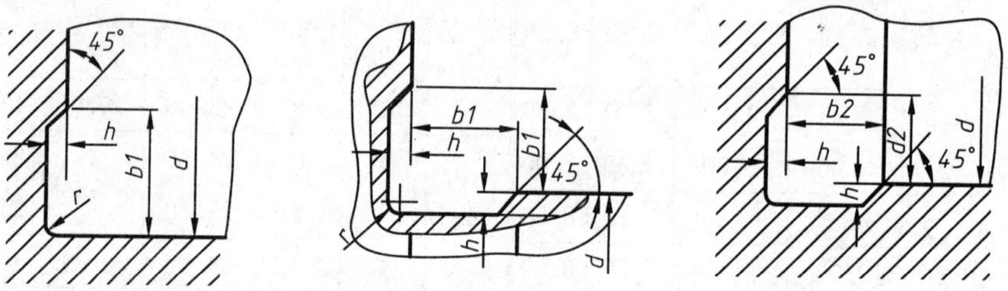

(d) 磨内端面　　(e) 磨外圆及端面　　(f) 磨内圆及端面

mm

***b*₁**	0.6	1.0	1.6	2.0	3.0	4.0	5.0	8.0	10
***b*₂**	2.0	3.0		4.0		5.0		8.0	10
h	0.1	0.2		0.3	0.4		0.6	0.8	1.2
r	0.2	0.5		0.8	1.0		1.6	2.0	3.0
d	＜10			＞10～50		＞50～100		＞100	

F－2 零件的倒圆与倒角(GB/T 6403.4—1986)

型式:　　　　装配型式:

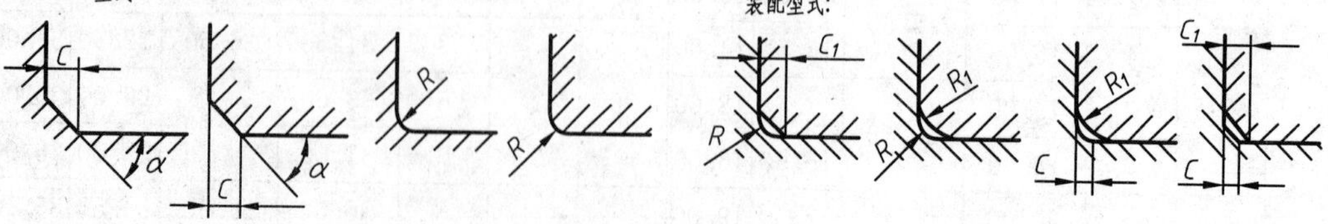

α 一般为 45°，也可采用 30°或 60°　　$C_1>R-R_1>R$　$C<058R_1$　$C_1<C$　　mm

d、D	～3	＞3～6	＞6～10	＞10～18	＞18～30	＞30～50	＞50～80	＞80～120	＞120～180	＞180～250
C、R	0.2	0.4	0.6	0.8	1.0	1.6	2.0	2.5	3.0	4.0

d、D	＞250～320	＞320～400	＞400～500	＞500～630	＞630～800	＞800～1000	＞1000～1250	＞1250～1600
C、R	5.0	6.0	8.0	10	12	16	20	25

参 考 文 献

[1] 李澄. 机械制图 [M]. 北京：高等教育出版社，2004.
[2] 吴卓. 机械制图 [M]. 北京：北京理工大学出版社，2005.
[3] 王兰美. 机械制图 [M]. 北京：高等教育出版社，2004.
[4] 刘小年. 机械制图 [M]. 北京：机械工业出版社，2004.
[5] 王巍. 机械制图 [M]. 北京：高等教育出版社，2004.
[6] 杨慧英. 机械制图 [M]. 北京：清华大学出版社，2002.
[7] 钱可强，何铭新. 机械制图 [M]. 5 版. 北京：高等教育出版社，2004.
[8] 钱自强，林大均，蔡祥兴. 大学工程制图 [M]. 上海：华东理工大学出版，2005.
[9] 郭克希，王建国. 机械制图 [M]. 北京：机械工业出版社，2006.
[10] 刘朝儒，彭福荫，高治一. 机械制图 [M]. 北京：高等教育出版社，2001.
[11] 刘魁敏. 机械制图 [M]. 北京：机械工业出版社，2004.
[12] 胡宜鸣，孟淑华. 机械制图 [M]. 北京高等教育出版社，2001.
[13] 冯秋官. 机械制图 [M]. 北京：机械工业出版社，2005.
[14] 高俊亭. 机械制图 [M]. 北京：高等教育出版社，2003.
[15] 李爱华，杨启美. 工程制图基础 [M]. 北京：高等教育出版社，2003.
[16] 焦永和，林宏. 画法几何及工程制图 [M]. 北京：北京理工大学出版社，2000.
[17] 唐克中，朱同钧. 画法几何及工程制图 [M]. 北京：高等教育出版社，2009.
[18] 梁德本，叶玉驹. 机械制图手册 [M]. 5 版. 北京：机械工业出版社，2002.